工程造价指标分类及编制指南

（市政工程）

GONGCHENG ZAOJIA ZHIBIAO FENLEI JI BIANZHI ZHINAN
(SHIZHENG GONGCHENG)

中国建设工程造价管理协会　主编

中国计划出版社

北　京

图书在版编目（CIP）数据

工程造价指标分类及编制指南. 市政工程 / 中国建设工程造价管理协会主编. -- 北京 : 中国计划出版社, 2022.8
ISBN 978-7-5182-1484-6

Ⅰ. ①工… Ⅱ. ①中… Ⅲ. ①市政工程－建筑造价管理－指南 Ⅳ. ①TU723.31-62

中国版本图书馆CIP数据核字(2022)第149580号

责任编辑：陈　飞　　　封面设计：韩可斌
责任校对：杨奇志　谭佳艺　　　责任印制：李　晨　王亚军

中国计划出版社出版发行
网址：www. jhpress. com
地址：北京市西城区木樨地北里甲 11 号国宏大厦 C 座 3 层
邮政编码：100038　电话：（010）63906433（发行部）
北京市科星印刷有限责任公司印刷

787mm×1092mm　1/16　39.75 印张　687 千字
2022 年 8 月第 1 版　2022 年 8 月第 1 次印刷

定价：118.00 元

前　言

为适应工程造价新发展理念的管理要求，提升行业数字化应用能力，实现工程造价指标数据的共享，指导工程造价从业人员及企业对工程造价指标分类及编制工作，引导企业加强工程造价指标数据积累，提升工程造价管理和服务水平，特编制《工程造价指标分类及编制指南》（以下简称《指南》）。

《指南》从工程造价指标的层级体系、项目特征、指标构成内容、计算规则等角度进行工程造价指标形成的研究，确定工程造价指标的编制原则、编制方法、表现形式、特征描述等内容，明确各项工程造价数据的归集范围、计算口径，供工程造价咨询企业和从业人员参考使用。

《指南》依据国家颁布的各类标准、规范、规程、办法等相关工程造价类、工程技术类文件进行编制，共分为房屋建筑工程、市政工程、城市轨道交通工程、房屋修缮工程四个专业，主要内容包括：总则、基本规定、范围、编制说明、附录。

《指南》由中国建设工程造价管理协会负责管理，委托北京市建设工程招标投标和造价管理协会组织编制。选取了工程造价咨询企业、建设单位、设计单位、施工单位及软件公司相关专业人员开展编制工作。在编制过程中难免有不妥之处，欢迎有关单位和人员提出宝贵意见，以便修订时及时补充和完善。意见和建议请寄送中国建设工程造价管理协会教育培训部（地址：北京市西城区百万庄大街22号2号楼7层；邮政编码：100037；联系电话：010-68335116）。

主编单位：中国建设工程造价管理协会
北京市建设工程招标投标和造价管理协会

参编单位：北京时代建业工程咨询有限公司
北京市市政工程设计研究总院有限公司
北京逸群工程技术有限公司
北京住总集团有限责任公司
北京市煤气热力工程设计院有限公司
建银工程咨询有限责任公司

北京北排建设有限公司
北京政平建设投资集团有限公司
北京路鹏达建设发展有限责任公司
北京市政建设集团有限责任公司

编制人员： 刘　维　付丽娜　于　敏　张勇胜　张　擎　梁成雷　赵雅倩
屈　望　钏　瑜　李盼到　朱　江　周　泉　蔡　力　李莉军
孔　军　卢庆志　杨先荣　代丽丽　宗　慧　付新亮　郭艳红
徐汝玉　陆学兴　孙　颖　李　政　杨春利　冀　骏　张乃国
李　超　潘梦晓　刘　扬

主　　审： 杨丽坤

审查人员： 王中和　李成栋　林　萌　李仁友　沈维春　吴佐民　杨海欧
刘大同　卢立明　朱　坚　张　超　王玉恒　金　强　于海志
余晓花

目　　次

工程造价指标分类及编制指南

1 总　　则

1.1 为深化建筑业改革，实现建设工程造价指标数据的共享与利用，指导工程造价从业人员及机构对建设工程造价指标分类及编制，引导企业加强工程造价指标数据积累，提升工程造价管理和服务水平，特制定本《指南》。

1.2 本《指南》适用于房屋建筑工程、市政工程、城市轨道交通工程、房屋修缮工程的建设工程造价指标分类及编制。

1.3 本《指南》以建设工程为主线设置造价指标各层级对应关系，明确了总投资指标、工程经济指标、主要工程量指标、主要工料价格与消耗量指标、单位工程工料价格指标、功能性（相关性）指标的计算规则及计量单位。

1.4 本《指南》为行业从业人员及机构编制建设工程造价指标数据提供参考依据，且符合国家、行业、地区的现行有关标准的规定。

2 基 本 规 定

2.1 本《指南》适用于投资估算、设计概算、施工图预算、最高投标限价、合同价、工程结算、竣工决算等数据类型的指标编制。

2.2 本《指南》指标表包括：工程类别及编码表、工程造价指标层级及编码表、建设项目特征信息及参数表、工程特征信息及参数表、建设项目总投资指标表、建设项目投资指标明细表（或单项工程指标明细表）、工程经济指标表、主要工程量指标表、主要工料价格与消耗量指标表、单位工程工料价格指标表、功能性（相关性）指标表等。

2.3 工程造价数据按本《指南》的工程类别、工程造价指标层级划分内容进行数据收集和加工；通过填写建设项目特征信息及参数、工程特征信息及参数对项目情况进行描述及标识，并利用已填写参数作为指标计算的基础数据；参考本《指南》相关指标的划分内容、计算公式、计量单位，通过运算形成单位指标、造价占比等指标，计算得出各类指标结果。

2.4 计算精度应符合下列规定：

（1）金额、单价、合价、单位指标、相关单位指标等应保留小数点后两位，第三位小数四舍五入。

（2）以“t”为单位，应保留小数点后三位数字，第四位小数四舍五入；以“m”“m^2”“m^3”“kg”“km”等为单位，应保留小数点后两位数字，第三位小数四舍五入；以“个”“件”“根”“组”“系统”“座”“处”等为单位，应取整数。

（3）造价占比以“%”为单位，应保留小数点后两位，第三位小数四舍五入。

2.5 本《指南》主要为编制工程造价指标使用，相应工程造价指数的测算方法应执行《建设工程造价指标指数分类与测算标准》GB/T 51290—2018 的相关要求。

3 建设工程造价指标分类及编制

3.1 工程类别及编码

工程类别是对专业工程设置的子分类，明确分类内容、分类层级，每个工程类别应设置唯一编码。

3.2 工程造价指标层级及编码

工程造价指标层级是根据专业工程特点搭建的工程造价指标体系结构，展示每个造价指标之间的逻辑关系，并结合工程分类、专业分类、费用分类等多种分类因素设置不同的指标层级。

3.3 建设项目特征信息及参数和工程特征信息及参数

建设项目特征信息及参数是以建设项目为单位，对整个建设项目的基本信息及参数进行描述；工程特征信息及参数是以单项工程为单位，对单项工程的基本信息及参数、工程专业信息、计价信息进行描述。

3.4 建设项目总投资指标

建设项目总投资指标是以建设项目为单位计算的总金额、总指标，是建设项目的全部费用的指标。各类费用分别计算得出单位造价、造价占比并汇总。

3.5 建设项目投资指标明细（或单项工程指标汇总）

建设项目投资指标明细（或单项工程指标汇总）是由多个单位工程或多个层级子项逐项计算得出同层级的单位造价、造价占比，由多个单位工程或多个层级子项汇总成单项工程的单位造价、造价占比，由多个单项工程汇总成建设项目的单位造价、造价占比等。

3.6 工程经济指标

工程经济指标是按工程建筑面积、体积、长度、功能性单位或自然计量单位计算得出的全费用的单位指标、相关单位指标、造价占比等。

3.7　主要工程量指标

主要工程量指标是按工程建筑面积、体积、长度、功能性单位或自然计量单位计算得出的工程实体主要构件或要素的工程量、单位指标、相关单位指标等。

3.8　主要工料价格与消耗量指标

主要工料价格与消耗量指标是按工程建筑面积、体积、长度、功能性单位或自然计量单位计算得出的生产过程中消耗的工日用量、材料用量及对应单价、合价的单位指标、造价占比等。

3.9　单位工程工料价格指标

单位工程工料价格指标是按工程建筑面积、体积、长度或自然计量单位计算得出的人工费、材料费、施工机具使用费、设备费在同一个单位工程中的金额、单位指标、造价占比等。

3.10　功能性（相关性）指标

功能性（相关性）指标是反映特性的、影响造价数值较大的各类指标。

本指南用词说明

1 为便于在执行本规定条文时区别对待，对要求严格程度不同的用词说明如下：

（1）表示很严格，非这样做不可的用词：

正面词采用“必须”，反面词采用“严禁”；

（2）表示严格，在正常情况均应这样做的用词：

正面词采用“应”，反面词采用“不应”或“不得”；

（3）表示允许稍有选择，在条件许可时首先应这样做的用词：

正面词采用“宜”，反面词采用“不宜”；

（4）表示有选择，在一定条件下可以这样做的用词，采用“可”。

2 本规定中指明应按其他有关指南、规范执行的写法为“应符合……的规定”或“应按……执行”。

引用标准名录

《建设工程造价指标指数分类与测算标准》GB/T 51290—2018
《建设工程工程量清单计价规范》GB 50500—2013
《房屋建筑与装饰工程工程量计算规范》GB 50854—2013
《仿古建筑工程工程量计算规范》GB 50855—2013
《通用安装工程工程量计算规范》GB 50856—2013
《市政工程工程量计算规范》GB 50857—2013
《园林绿化工程工程量计算规范》GB 50858—2013
《矿山工程工程量计算规范》GB 50859—2013
《构筑物工程工程量计算规范》GB 50860—2013
《城市轨道交通工程工程量计算规范》GB 50861—2013
《爆破工程工程量计算规范》GB 50862—2013
《建设工程分类标准》GB/T 50841—2013
《工程造价术语标准》GB/T 50875—2013
《办公建筑设计标准》JGJ/T 67—2019
《建设工程造价技术经济指标采集标准》DB11/T 1711—2019
《建设工程造价指标编制标准》QB/ZJL 001—2018

中国建设工程造价管理协会

工程造价指标分类及编制指南

条 文 说 明

编 制 说 明

本《指南》编制过程中，编制组对房屋建筑工程、市政工程、城市轨道交通工程、房屋修缮工程的工程造价指标分类及编制指南与实际情况进行了调查研究，对全国各地区建设工程造价指标指数分类、指标的计算等共性、个性特点进行了广泛的调查研究。

为便于在使用本《指南》时能正确理解和执行条文规定，《工程造价指标分类及编制指南》编制组编制了本《指南》的条文说明，对条文规定的目的、依据以及执行中需要注意的有关事项进行了说明。但是，本条文说明不具备与《指南》正文同等效力，仅供使用人作为理解和把握《指南》规定的参考。

1 总　　则

1.1　本条说明了编制《指南》的目的，是为响应国家深化建筑业改革的各项要求、提升工程造价行业管理和服务水平而编制。

1.2　本条明确了《指南》的适用范围。

1.3　本条明确了《指南》各类指标表包含的内容，即各专业附录包含的主要内容。

1.4　本《指南》是编制工程造价指标的参考依据。

2 基本规定

2.1 本条明确了《指南》适用于建设工程多个计价阶段的指标编制。

2.2 本条整体介绍《指南》包括的11张表，明确了各表发挥的独立作用及每张表格之间的关联关系。各指标表的分类及对应功能见《工程造价指标分类一览表》（表1）。

表1 工程造价指标分类一览表

指标表编号	列表名称	功能	说明
01	工程类别及编码表	规范类别名称，固定类别编码	如民用建筑固定编码A010000
02	工程造价指标层级及编码表	规范指标层级，明确工程造价指标逻辑架构，固定层级编码	如建筑桩基础固定编码A.1.0.1.0.1.0.1.1
03	建设项目特征信息及参数表	明确项目内容及类别、总体规模、计价阶段、投资模式等参数	用关键参数描述项目总体特征，类别参照表01的各级分类
04	工程特征信息及参数表	表达与造价指标强相关，影响单项工程功能特征的技术标准、工程规模等基本信息、突出单项工程特点的专业信息和计价信息等参数	单项工程划分参照表02的相关层级
05	建设项目总投资指标表	概述项目费用组成、全费用的单位造价指标及造价占比	表02第三层级以上的费用
06	建设项目投资指标明细表（单项工程造价指标汇总表）	细化建设项目或单项工程费用组成、全费用的单位造价指标及造价占比	细化表05的费用层级，可以细化至单位工程。如轨道工程表达表02第五层级以上
07	工程经济指标表	细化至分部分项工程的单位指标及造价占比	根据表02的层级划分，选择相适应的深度填写，可表达表02中最后一个层级
08	主要工程量指标表	细化至分部分项工程的主要工程量指标	与表07配合使用，以表达量与价的对应关系

表1（续）

指标表编号	列表名称	功能	说明
09	主要工料价格与消耗量指标表	细化构成分部分项工程的主要工料机价格和数量	为表07、表08的最底层的量与价来源，可根据工程实际自行填写
10	单位工程工料价格指标表	细化单位工程或分部分项工程单位指标的工料机及设备占比	辅助分析单价指标的工料机设备构成
11	功能性（相关性）指标表	表达功能性指标及总览综合指标的主要构成因素	如酒店床位造价指标或配筋率等

2.3 本条明确了数据收集和加工的规则及依据，工程特征信息及参数填写的作用，各类指标结果的形成。

2.4 本条明确了各类指标计算时，不同计量单位的有效位数及计算精度。

2.5 本条明确了工程造价指数测算的执行标准。

3 建设工程造价指标分类及编制

3.1 工程类别及编码

（1）工程子类别是根据专业工程的特点和常规分类而设置，不同专业工程的子类别的数量不同，房屋建筑工程设置三级分类，市政工程编码设置二级分类，城市轨道交通工程设置一级分类，房屋修缮工程设置三级分类。

（2）工程类别的编码是对不同的工程类别进行编码标识，编码由一位字母与六位阿拉伯数字组成。第一位字母为项目分类编码，第一位、第二位数字为工程类别的一级名称，第三位、第四位数字为工程类别的二级名称，第五位、第六位数字为工程类别的三级名称，没有对应级别的名称以“00”补位。

（3）项目分类编码的设置：房屋建筑与装饰工程编码为A，市政工程编码为B，城市轨道交通工程编码为C，房屋修缮工程编码为D。

3.2 工程造价指标层级及编码

（1）工程造价指标层级是对工程指标体系结构的展示与说明，是工程经济指标和主要工程量指标的架构基础。

（2）工程造价指标层级的设置是结合工程业态分类、专业分类、费用分类等多种分类因素及工程特点而设置不同的子项指标层级，对应的子项金额也是逐层汇总的，是从总级向分级分类、从分级向总级汇总的逻辑关系。

（3）工程造价指标层级编码是在同一个工程类别范围内对不同层级的内容进行编码标识，编码由一位字母与若干位阿拉伯数字组成，中间用间隔号“.”对数字进行分隔。第一位字母为项目分类编码，若干位阿拉伯数字表示不同层级，数字越少层级越高，数字越多层级越低。

（4）工程造价指标层级及编码表中“对最后一个层级的说明”是对本层级应包含费用内容的说明。

3.3 建设项目特征信息及参数和工程特征信息及参数

（1）建设项目特征信息及参数，针对建设项目共性内容、通用内容进行描述，原则上只建立一次；工程特征信息及参数，针对单项工程或单位工程个性内容进行描述，可根据项目实际情况，多次重复建立。

（2）表中设置“单项选择”“多项选择”“填写”三种方式，可根据“说明”内容进行选择或填写，需要填写的内容以影响造价较大的主要内容填写即可。

（3）表中未列项内容，可选择“其他”对未列项的内容进行补充。

（4）表中画“★”为必填项；未画“★”为选填项，可根据项目实际情况进行选填。

（5）表中“地区”应符合我国县级及以上行政区划分要求，按现行国家标准《中华人民共和国行政区划代码》GB/T 2260 规定执行。

（6）表中“编制时间”应符合不同价格类型的时间，投资估算、设计概算、施工图预算、最高投标限价应采用成果文件要求的编制日期；合同价应采用成果文件编制日期或工程开工日期；工程结算、竣工决算应采用工程竣工日期。

3.4 建设项目总投资指标

（1）建设项目总投资指标是计算整个建设项目的总指标，房屋建筑、市政工程、房屋修缮参照《建设项目总投资费用项目组成》设置，城市轨道交通工程参照《城市轨道交通工程设计概算编制办法》（建标〔2017〕89 号文）设置。

（2）建设项目总投资指标表是工程造价指标层级中第三层级以上的金额。

（3）表中的数据均为全费用综合单价（包含规费）统计出的金额，为便于指标使用人的使用，相对应的增值税税率必须在建设项目特征信息及参数表中填写清楚。

3.5 建设项目投资指标明细（或单项工程指标汇总）

（1）建设项目投资指标明细（或单项工程指标汇总）是在建设项目总投资指标的基础上，结合专业工程特点进行的细化，从不同的层级计算金额及指标。

（2）不同工程类别设置的此表内容不同，房屋建筑工程按单项工程造价指标明细表、红线内室外工程造价指标明细表设置，市政工程按单项工程表设置，城市轨道交通工程按建设项目投资指标明细表设置，房屋修缮工程按单项工程指标明细表设置。

（3）本《指南》建立的是各专业工程的造价指标体系，实际操作可根据数据源情况进行分析和填写，数据源达到哪个层级造价指标可对应到哪个层级中，数据源达不到的细项层级可不填写。

例如：数据源可达到单位工程的层级，可填写对应单位工程的数据，计算的是单位工程的指标；数据源可达到单项工程的层级，可填写对应单项工程的数据，计算的是单项工程的指标。例如：一个建设项目没有具体细项数据源，只有一项总金额，也可以只填一笔金额。

3.6 工程经济指标

（1）工程经济指标是按全费用列项，全费用包含现执行的清单计价规范中的分部分项费、其他项目费、规费、税金等费用，措施费用可根据相关规定及数据源情况单独列项。如经济指标不含税，则应在参数表中予以标注并填写税率。全费用可通过配套的工程造价指标软件实现的数据录入、数据计算、数据分析、数据的拆分与组合等各种功能。

（2）各项金额、单位指标、相关单位指标对应当前同层级。

（3）相关指标中的数量是辅助计算相关经济指标的基数。

（4）每一层的造价组成可参考“工程造价指标层级及编码表”中“对最后一个层级的说明”的内容。

3.7 主要工程量指标

（1）各项工程量、单位指标、相关单位指标对应当前同层级。

（2）相关指标中的数量是为辅助计算相关工程量指标的基数。

3.8 主要工料价格与消耗量指标

（1）主要工料价格与消耗量指标可用于工料市场价格指数的测算及价格走势的分析。

（2）各项消耗量、单价、合价、相关单位指标、造价占比对应当前同层级。

（3）同类材料，规格型号及单价不同时，可增项。

3.9 单位工程工料价格指标

（1）单位工程工料价格指标是以单位工程为基础，其中人工费、材料费、施工机具使用费、设备费各项费用的金额、单位指标及占整个单位工程的造价比例，是对单位工程费用组成的辅助分析，从不同费用结构计算各项费用及指标。

（2）人工费、材料费、施工机具使用费、设备费的金额、单位指标、造价占比对应当前同层级。

（3）单位工程工料价格指标根据项目实际的工料情况列项。

3.10 功能性（相关性）指标

（1）功能性（相关性）指标是根据造价管理经验，总结常用的、具有工程特性的、影响造价数值较大的各类指标。不同工程类别，结合不同的专业特点设置，以功能性为口径计算、统计或与本工程相关性的指标内容。

（2）功能性（相关性）指标可根据不同主体的需求，灵活设置指标内容，可以是某一个经济指标或工程量指标，也可以是多项指标的综合指标。

附录B　市 政 工 程

B.1 范　　围

B.1.1 本《指南》包括城市道路工程、桥涵工程、隧道工程、管网工程、综合管廊工程、厂站工程、城市垃圾处理工程、绿化工程、交通安全设施工程、照明工程十个工程类别。其中桥涵工程按类型分为：分离式立交桥 / 跨线桥、互通式立交桥、高架桥、跨河桥、通道箱涵、人行地下通道、人行天桥；管网工程按专业分为给水、雨水、污水、再生水、燃气、热力；厂站工程分为燃气厂站、热力厂站、给水（净水）处理厂、污水（再生水）处理厂及雨、污水泵站。其工程类别的划分与编码设置按照国家建设主管部门界定的工程归属性质，以中华人民共和国住房和城乡建设部、国家市场监督管理总局下发的《市政工程特征分类与描述标准》（征求意见稿）为基础，结合工程实际情况确定。

B.1.2 市政工程指标分类与编制指南的附录表格（附录 B　市政工程）按以上分类内容根据《工程造价指标分类与编制指南》编制要求的附录表格（B–01 ~ B–11）分别进行编制，由于分类内容中个别工程的专业特殊性与资料完整性的欠缺，其中厂站工程中的给水（净水）处理厂、污水（再生水）处理厂的附录 B–04 工程特征信息及参数表以及给水（净水）处理厂、污水（再生水）处理厂与城市垃圾处理工程附录 B–07 工程经济指标表、B–08 主要工程量指标表、B–10 单位工程工料价格指标表、B–11 功能性（相关性）指标表暂未编制。

B.2 编 制 说 明

B.2.1 工程类别及编码表。

B.2.1.1 本表中按各自的功能特点分为二级内容。

其中：隧道工程由于工法对造价影响较大，第二级采用了明挖、暗挖及盾构工法的分类方法。明挖隧道中考虑U槽结构与地下隧道指标的差异性，故予以分列。

对于交通安全设施工程，为适应城市的智慧化管理并结合新基建的发展，新增了智能化交通安全设施项目。

对于照明工程，在常规功能照明的基础上，增加了景观照明。

B.2.1.2 市政工程指标分类与编制指南的附录B表格按以上分类内容，根据本《指南》编制要求分别进行编制，共11类表格。

由于市政工程涵盖范围广，项目范围包含的单项工程内容不统一，建设项目可能由多个不同工程分类的单项工程共同组成，故不同单项工程的特征和指标应分别使用附录表B–01～表B–11中相对应的采集模板，根据数据源及阶段不同，选择填写与本阶段相适应的数据、参数及指标。

B.2.1.3 附录表B–01～表B–11是市政工程指标分类及指标采集的基础表，各表含义及表间关系参见总说明基本规定中的“工程造价指标分类一览表”的说明。

B.2.2 工程造价指标层级及编码表。

B.2.2.1 市政工程的造价层级是对建设项目总投资的层层分解，也是形成本《指南》指标的基础框架，既满足了住建部对投资费用组成的规定，又结合了市政工程十大类别中各自的工程特点。本表中将市政工程最高层级分为七级。第一级、第二级的分类和解释参照《建设项目总投资费用项目组成》，按建设项目总投资包含的工程费用、工程建设其他费用、预备费、资金筹措费和流动资金分别列项。第三级～第七级为市政工程根据各自工程特点对工程费用构成的内容进行细分的层级。

B.2.2.2 本表的三级内容与“工程类别及编码表”（表B–01）的二级内容有内在的逻辑关系，考虑到指标构成表达的相似性及篇幅的简洁原则，编制时对部分工程类别在本表中做了合并处理。如本表中道路工程不再将道路按等级细分，而是直接合并为道路工程（各等级）、城市广场工程、停车场。对于隧道工程，其不同的工法主要体现在土建工程，但同时均分别具有相同的交通安全设施项目，故在层级分类时将主体结构工程单列，并将不同工法列于主体结构工程的下一级。

B.2.3 “建设项目特征信息及参数表”（表B–03）、“工程特征信息及参数表”（表B–04）涵盖了市政工程十大类别从总体到专业的特征信息及参数。其中“建设项目特征信息及参数表”（表B–03）体现市政建设项目的总体特征信息参数，“工程特征信息及参数表”（表B–04）则按工程类别划分并结合自身项目详细特点进行描述。本表主要侧重与造价指标强相关的特征信息，分基本信息及参数、工程专业信息、计价信息三大类信息进行填写。由于市政工程的复杂性，受地域及项目特殊性的影响，对未描述详尽的特征可分别在“工程特征信息及参数表”（表B–04）的特征信息中增加参数。表B.2.3为市政工程十大类别的工程特征信息及参数表。

表 B.2.3　市政工程十大类别工程特征信息及参数表

编　　号	名　　称	说　　明
B-04	工程特征信息及参数表	表达与造价指标强相关，影响单项工程功能特征的技术标准、工程规模等基本信息、突出单项工程特点的专业信息和计价信息等参数
B-04-01-01	道路工程（各等级）特征信息及参数表	
B-04-01-02	城市广场工程特征信息及参数表	
B-04-01-03	停车场工程特征信息及参数表	
B-04-02-01	立交桥梁工程特征信息及参数表	
B-04-02-02	高架桥梁工程特征信息及参数表	
B-04-02-03	跨河桥梁工程特征信息及参数表	
B-04-03-01	明挖隧道工程特征信息及参数表	
B-04-03-02	明挖隧道（U 形槽）工程特征信息及参数表	
B-04-03-03	暗挖隧道工程特征信息及参数表	
B-04-03-04	盾构隧道工程特征信息及参数表	
B-04-03-05	交通安全与辅助设施工程特征信息及参数表	
B-04-03-06	控制中心工程特征信息及参数表	
B-04-04-01	管网工程（给水）特征信息及参数表	
B-04-04-02	管网工程（雨水）特征信息及参数表	
B-04-04-03	管网工程（污水）特征信息及参数表	
B-04-04-04	管网工程（再生水）特征信息及参数表	
B-04-04-05	管网工程（燃气）特征信息及参数表	
B-04-04-06	管网工程（热力）特征信息及参数表	
B-04-05	综合管廊工程特征信息及参数表	
B-04-06-01	燃气厂站工程特征信息及参数表	
B-04-06-02	热力厂站工程特征信息及参数表	
B-04-06-03	雨、污水泵站工程特征信息及参数表	
B-04-07	城市垃圾处理工程特征信息及参数表	

表 B.2.3（续）

编　号	名　称	说　明
B–04–08	绿化工程特征信息及参数表	
B–04–09	交通安全设施工程特征信息及参数表	
B–04–10	照明工程特征信息及参数表	

其设置原则是按工程类别划分，视工程类别的功能特征或差异较大的工法特征细分下一个层级，细分的层级基本参照了“工程造价指标层级及编码表”（表 B–02）的第三级内容，同时对信息参数采用了整合原则，例如：桥涵工程，在“工程特征信息及参数表”（表 B–04）中简化分为立交桥、高架桥和跨河桥三大类。其中立交桥整合了互通立交、通道箱涵、人行地下通道和人行天桥等特征描述，跨河桥则按不同结构桥型分述。若立交桥、高架桥遇不同受力结构桥型时，可参考跨河桥分类。

管网工程的特征信息不包含入廊管线。

“工程特征信息及参数表”（表 B–04）的分级是“工程经济指标表”（表 B–07）、“主要工程量指标表”（表 B–08）、“单位工程工料价格指标表”（表 B–10）的分级依据。

B.2.4　建设项目总投资指标表

本表涵盖了市政工程十大类别的工程费用指标与概述项目费用的组成、全费用的单位造价指标及造价占比，主要用于项目前期阶段做可研或投资规划的造价指标。

指标涉及的主要面积规定：道路面积指机动车道与非机动车道面积之和；道路总面积指道路面积、桥梁面积与隧道面积之和；道路总长度指道路长度、桥梁长度与隧道长度之和；立交桥中匝道面积仅指匝道桥的面积。

本指标中的相应工程量计算规则主要参照建设部发布的《市政工程投资估算指标》中各册的册说明规定。具体工程量计算规则如下：

B.2.4.1　道路工程：道路面积以道路中心线长度乘以道路车行道宽度，人行道不计算面积，其费用应包含在指标内。

B.2.4.2　桥梁工程：桥梁面积为桥梁总长度乘以桥面全宽所得的面积；桥长：梁式桥为两端桥台伸缩缝间的长度，拱式桥为两边桥台起拱线间距离；桥宽为两侧桥面栏杆外缘间的距离，包括车行道、分隔带、人行道、栏杆等的全部宽度。斜拉桥还包括索区宽度在内。

B.2.4.3　隧道工程：隧道长度按隧道中线的长度，以延长米计算，隧道断面按隧道净断面确定。隧道指标按单洞长度表示，若遇隧道内分上下层的情况，应单独注明。

B.2.4.4　管网工程：按管网中心线长度以延长米计算，不扣除附属构筑物、管件、阀门等所占长度，设计有支线时，应包括支线长度。热力管网中心线长度是指沟槽中心线长度。

B.2.4.5　综合管廊工程：按管廊中心线长度以延长米计算，不扣除节点长度。设计有支线时，应包括支线长度。

B.2.5　建设项目投资指标明细表（单项工程造价指标汇总表）

本表是细化“建设项目总投资指标表”（表 B–05）中各单项工程的单位造价指标及造价占比。根据项目具体情况，也可细化至单位工程的造价指标。

B.2.6 工程经济指标表

本表是按各工程类别的特点细化至分部分项工程的单位指标及造价占比，可表达至“工程造价指标层级及编码表”（表 B–02）中最后一个层级的指标。数据源中的措施费是按照单项工程或单位工程进行编制的，在相对应措施工程中进行归集；如措施费是按照建设项目进行编制的，即明细中无法按照单项工程进行区分，措施费根据实际计算原则和措施所针对的单项工程具体情况分摊到每个单项工程中。需要注意的是，根据清单规范的其他费用、规费和税金不单独列出，应分摊到各分项工程中。

B.2.7 主要工程量指标表

本表是配合“工程经济指标表”（表 B–07）使用的，以表达量与价的对应关系。

B.2.8 主要工料单价与消耗量指标表

本表只列出统一的表头，是“工程经济指标表”（表 B–07）和“主要工程量指标表”（表 B–08）最底层的数量与价格来源。由于其涉及的工料机及设备过多，且考虑由软件自动生成的数量和单价不必在本《指南》中赘述，可根据工程实际自行填写。

B.2.9 单位工程工料机价格指标表

本表是辅助分析单价指标的工料机设备的构成及占比，反映数据源的价格水平。

B.2.10 功能性（相关性）指标表

本表表达不同的市政工程按总体功能的造价指标或综合指标的总览，如停车场按车位数表达的造价指标。对于桥梁或隧道工程，也表达了配筋率的指标等。

B.3　市政工程附录指引

表 B.3　市政工程附录指引

编　　号	名　　称	说　　明
B-01	工程类别及编码表	规范类别名称，固定类别编码
B-02	工程造价指标层级及编码表	规范指标层级，明确工程造价指标逻辑架构，固定层级编码
B-03	建设项目特征信息及参数表	明确项目内容及类别、总体规模、计价阶段、投资模式等参数
B-04	工程特征信息及参数表	表达与造价指标强相关，影响单项工程功能特征的技术标准、工程规模等基本信息、突出单项工程特点的专业信息
B-04-01	道路工程特征信息及参数表	此处仅为表格的归类名称，无具体表格
B-04-01-01	道路工程（各等级）特征信息及参数表	
B-04-01-02	城市广场工程特征信息及参数表	
B-04-01-03	停车场工程特征信息及参数表	
B-04-02	桥涵工程特征信息及参数表	此处仅为表格的归类名称，无具体表格
B-04-02-01	立交桥梁工程特征信息及参数表	
B-04-02-02	高架桥梁工程特征信息及参数表	
B-04-02-03	跨河桥梁工程特征信息及参数表	
B-04-03	隧道工程特征信息及参数表	此处仅为表格的归类名称，无具体表格
B-04-03-01	明挖隧道工程特征信息及参数表	
B-04-03-02	明挖隧道（U 形槽）工程特征信息及参数表	
B-04-03-03	暗挖隧道工程特征信息及参数表	
B-04-03-04	盾构隧道工程特征信息及参数表	
B-04-03-05	隧道交通安全与辅助设施工程特征信息及参数表	
B-04-03-06	控制中心工程特征信息及参数表	

表 B.3（续）

编　号	名　称	说　明
B-04-04	管网工程特征信息及参数表	此处仅为表格的归类名称，无具体表格
B-04-04-01	管网工程（给水）特征信息及参数表	
B-04-04-02	管网工程（雨水）特征信息及参数表	
B-04-04-03	管网工程（污水）特征信息及参数表	
B-04-04-04	管网工程（再生水）特征信息及参数表	
B-04-04-05	管网工程（燃气）特征信息及参数表	
B-04-04-06	管网工程（热力）特征信息及参数表	
B-04-05	综合管廊工程特征信息及参数表	
B-04-06	厂站工程特征信息及参数表	此处仅为表格的归类名称，无具体表格
B-04-06-01	燃气厂站工程特征信息及参数表	
B-04-06-02	热力厂站工程特征信息及参数表	
B-04-06-03	雨、污水泵站工程特征信息及参数表	
B-04-07	城市垃圾处理工程特征信息及参数表	
B-04-08	绿化工程特征信息及参数表	
B-04-09	交通安全设施工程特征信息及参数表	
B-04-10	照明工程特征信息及参数表	
B-05	建设项目总投资指标表	概述项目费用组成、全费用的单位造价指标及造价占比
B-06	建设项目投资指标明细表（单项工程造价指标汇总表）	细化建设项目或单项工程费用组成、全费用的单位造价指标及造价占比
B-07	工程经济指标表	细化至分部分项工程的单位指标及造价占比
B-07-01	道路工程经济指标表	此处仅为表格的归类名称，无具体表格
B-07-01-01	道路工程（各等级）经济指标表	
B-07-01-02	城市广场工程经济指标表	
B-07-01-03	停车场工程经济指标表	

表 B.3（续）

编　号	名　称	说　明
B-07-02	桥涵工程经济指标表	此处仅为表格的归类名称，无具体表格
B-07-02-01	桥梁工程（分离式立交桥 / 跨线桥）工程经济指标表	
B-07-02-02	桥梁工程（互通式立交桥）工程经济指标表	
B-07-02-03	桥梁工程（高架桥）工程经济指标表	
B-07-02-04	桥梁工程（跨河梁桥）工程经济指标表	
B-07-02-05	桥梁工程（跨河拱桥）工程经济指标表	
B-07-02-06	桥梁工程（跨河悬索桥）工程经济指标表	
B-07-02-07	桥梁工程（跨河斜拉桥）工程经济指标表	
B-07-02-08	桥梁工程（通道箱涵）工程经济指标表	
B-07-02-09	桥梁工程（人行地下通道）工程经济指标表	
B-07-02-10	桥梁工程（人行天桥）工程经济指标表	
B-07-03	隧道工程经济指标表	此处仅为表格的归类名称，无具体表格
B-07-03-01	明挖隧道工程经济指标表	
B-07-03-02	明挖隧道（U 形槽）工程经济指标表	
B-07-03-03	暗挖隧道工程经济指标表	
B-07-03-04	盾构隧道工程经济指标表	
B-07-03-05	隧道交通安全与辅助设施工程经济指标表	
B-07-03-06	监控中心工程经济指标表	
B-07-04	管网工程经济指标表	此处仅为表格的归类名称，无具体表格
B-07-04-01	管网工程（给水）工程经济指标表	
B-07-04-02	管网工程（雨水）工程经济指标表	
B-07-04-03	管网工程（污水）工程经济指标表	
B-07-04-04	管网工程（再生水）工程经济指标表	
B-07-04-05	管网工程（燃气）工程经济指标表	
B-07-04-06	管网工程（热力）工程经济指标表	

表 B.3（续）

编　　号	名　　称	说　　明
B–07–05	综合管廊工程经济指标表	
B–07–06	厂站工程经济指标表	此处仅为表格的归类名称，无具体表格
B–07–06–01	燃气厂站（门站）工程经济指标表	
B–07–06–02	燃气厂站（储备站）工程经济指标表	
B–07–06–03	燃气厂站（调压站）工程经济指标表	
B–07–06–04	热力厂站（热源厂）工程经济指标表	
B–07–06–05	热力厂站（中继泵站）工程经济指标表	
B–07–06–06	热力厂站（热力站）工程经济指标表	
B–07–06–07	雨、污水泵站工程经济指标表	
B–07–08	绿化工程工程经济指标表	
B–07–09	交通安全设施工程工程经济指标表	
B–07–10	照明工程工程经济指标表	
B–08	主要工程量指标表	细化至分部分项工程的主要工程量指标
B–08–01	道路工程主要工程量指标表	此处仅为表格的归类名称，无具体表格
B–08–01–01	道路工程（各等级）主要工程量指标表	
B–08–01–02	城市广场工程主要工程量指标表	
B–08–01–03	停车场工程主要工程量指标表	
B–08–02	桥涵主要工程量指标表	此处仅为表格的归类名称，无具体表格
B–08–02–01	桥梁工程（分离式立交桥 / 跨线桥）主要工程量指标表	
B–08–02–02	桥梁工程（互通式立交桥）主要工程量指标表	
B–08–02–03	桥梁工程（高架桥）主要工程量指标表	
B–08–02–04	桥梁工程（跨河梁桥）主要工程量指标表	
B–08–02–05	桥梁工程（跨河拱桥）主要工程量指标表	
B–08–02–06	桥梁工程（跨河悬索桥）主要工程量指标表	

表 B.3（续）

编　　号	名　　称	说　　明
B-08-02-07	桥梁工程（跨河斜拉桥）主要工程量指标表	
B-08-02-08	桥梁工程（通道箱涵）主要工程量指标表	
B-08-02-09	桥梁工程（人行地下通道）主要工程量指标表	
B-08-02-10	桥梁工程（人行天桥）主要工程量指标表	
B-08-03	隧道主要工程量指标表	此处仅为表格的归类名称，无具体表格
B-08-03-01	明挖隧道工程主要工程量指标表	
B-08-03-02	明挖隧道（U 形槽）工程主要工程量指标表	
B-08-03-03	暗挖隧道工程主要工程量指标表	
B-08-03-04	盾构隧道工程主要工程量指标表	
B-08-03-05	隧道交通安全与辅助设施主要工程量指标表	
B-08-03-06	监控中心主要工程量指标表	
B-08-04	管网工程主要工程量指标表	此处仅为表格的归类名称，无具体表格
B-08-04-01	管网工程（给水）主要工程量指标表	
B-08-04-02	管网工程（雨水）主要工程量指标表	
B-08-04-03	管网工程（污水）主要工程量指标表	
B-08-04-04	管网工程（再生水）主要工程量指标表	
B-08-04-05	管网工程（燃气）主要工程量指标表	
B-08-04-06	管网工程（热力）主要工程量指标表	
B-08-05	综合管廊工程主要工程量指标表	
B-08-06	厂站工程主要工程量指标表	此处仅为表格的归类名称，无具体表格
B-08-06-01	燃气厂站（门站）工程主要工程量指标表	
B-08-06-02	燃气厂站（储备站）工程主要工程量指标表	
B-08-06-03	燃气厂站（调压站）工程主要工程量指标表	
B-08-06-04	热力厂站（热源厂）工程主要工程量指标表	
B-08-06-05	热力厂站（中继泵站）工程主要工程量指标表	
B-08-06-06	热力厂站（热力站）工程主要工程量指标表	

表 B.3（续）

编　号	名　称	说　明
B-08-06-07	雨、污水泵站工程主要工程量指标表	
B-08-08	绿化工程主要工程量指标表	
B-08-09	交通安全设施工程主要工程量指标表	
B-08-10	照明工程主要工程量指标表	
B-09	主要工料价格与消耗量指标表	主要工料价格与消耗量指标表
B-10	单位工程工料价格指标表	单位工程工料价格指标表
B-10-01	道路工程单位工程工料价格指标表	此处仅为表格的归类名称，无具体表格
B-10-01-01	道路工程（各等级）单位工程工料价格指标表	
B-10-01-02	城市广场工程单位工程工料价格指标表	
B-10-01-03	停车场工程单位工程工料价格指标表	
B-10-02	桥涵工程单位工程工料价格指标表	此处仅为表格的归类名称，无具体表格
B-10-02-01	桥梁工程（分离式立交桥 / 跨线桥）单位工程工料价格指标表	
B-10-02-02	桥梁工程（互通式立交）单位工程工料价格指标表	
B-10-02-03	桥梁工程（高架桥）单位工程工料价格指标表	
B-10-02-04	桥梁工程（跨河梁桥）单位工程工料价格指标表	
B-10-02-05	桥梁工程（跨河拱桥）单位工程工料价格指标表	
B-10-02-06	桥梁工程（跨河悬索桥）单位工程工料价格指标表	
B-10-02-07	桥梁工程（跨河斜拉桥）单位工程工料价格指标表	
B-10-02-08	桥梁工程（通道箱涵）单位工程工料价格指标表	
B-10-02-09	桥梁工程（人行地下通道）单位工程工料价格指标表	
B-10-02-10	桥梁工程（人行天桥）单位工程工料价格指标表	

表 B.3（续）

编　号	名　称	说　明
B-10-03	隧道工程单位工程工料价格指标表	此处仅为表格的归类名称，无具体表格
B-10-03-01	明挖隧道工程单位工程工料价格指标表	
B-10-03-02	明挖隧道（U 形槽）工程单位工程工料价格指标表	
B-10-03-03	暗挖隧道工程单位工程工料价格指标表	
B-10-03-04	盾构隧道工程单位工程工料价格指标表	
B-10-03-05	隧道交通安全与辅助设施单位工程工料价格指标表	
B-10-03-06	监控中心单位工程工料价格指标表	
B-10-04	管网工程单位工程工料价格指标表	此处仅为表格的归类名称，无具体表格
B-10-04-01	管网工程（给水）单位工程工料价格指标表	
B-10-04-02	管网工程（雨水）单位工程工料价格指标表	
B-10-04-03	管网工程（污水）单位工程工料价格指标表	
B-10-04-04	管网工程（再生水）单位工程工料价格指标表	
B-10-04-05	管网工程（燃气）单位工程工料价格指标表	
B-10-04-06	管网工程（热力）单位工程工料价格指标表	
B-10-05	综合管廊工程单位工程工料价格指标表	
B-10-06	厂站工程单位工程工料价格指标表	此处仅为表格的归类名称，无具体表格
B-10-06-01	燃气厂站工程单位工程工料价格指标表	
B-10-06-02	热力厂站工程单位工程工料价格指标表	
B-10-06-03	雨、污水泵站工程单位工程工料价格指标表	
B-10-08	绿化工程单位工程工料价格指标表	
B-10-09	交通安全设施工程单位工程工料价格指标表	
B-10-10	照明工程单位工程工料价格指标表	
B-11	功能性（相关性）指标表	表达功能性指标及总览综合指标的主要影响因素
B-11-01	道路工程功能性（相关性）指标表	此处仅为表格的归类名称，无具体表格

表 B.3（续）

编　　号	名　　称	说　　明
B-11-01-01	道路工程功能性（相关性）指标表	
B-11-01-02	城市广场工程功能性（相关性）指标表	
B-11-01-03	停车场工程功能性（相关性）指标表	
B-11-02	桥涵工程功能性（相关性）指标表	
B-11-03	隧道工程功能性（相关性）指标表	
B-11-04	管网工程功能性（相关性）指标表	
B-11-05	综合管廊工程功能性（相关性）指标表	
B-11-06	厂站工程功能性（相关性）指标表	此处仅为表格的归类名称，无具体表格
B-11-06-01	燃气厂站工程功能性（相关性）指标表	
B-11-06-02	热力厂站工程功能性（相关性）指标表	
B-11-06-03	雨、污水泵站工程功能性（相关性）指标表	
B-11-08	绿化工程功能性（相关性）指标表	
B-11-09	交通安全设施工程功能性（相关性）指标表	
B-11-10	照明工程功能性（相关性）指标表	

B.4 附　　表

B–01　工程类别及编码表（表 B–01）

表 B–01　工程类别及编码表

编码	项目分类	
	一级	二级
B010000	道路工程	
B010100		快速路
B010200		主干路
B010300		次干路
B010400		支路
B010500		里巷道路
B010600		城市广场
B010700		停车场
B020000	桥涵工程	
B020100		分离式立交桥 / 跨线桥
B020200		互通式立交桥
B020300		高架桥
B020400		跨河桥
B020500		通道箱涵
B020600		人行地下通道
B020700		人行天桥
B030000	隧道工程	
B030100		明挖隧道
B030200		明挖隧道（U 形槽）
B030300		暗挖隧道
B030400		盾构隧道

表 B-01（续）

编码	项目分类	
	一级	二级
B040000	管网工程	
B040100		给水
B040200		雨水
B040300		污水
B040400		再生水
B040500		燃气
B040600		热力
B050000	综合管廊工程	
B050100		土建工程
B050200		系统安装工程
B060000	厂站工程	
B060100		燃气厂站
B060200		热力厂站
B060300		给水（净水）处理厂
B060400		污水（再生水）处理厂
B060500		雨、污水泵站
B070000	城市垃圾处理工程	
B070100		垃圾卫生填埋
B070200		垃圾焚烧
B070300		垃圾回收站
B070400		固体废弃垃圾处理厂
B080000	绿化工程	
B080100		道路绿带
B080200		交通岛绿地
B080300		停车场绿地

表 B-01（续）

编码	项目分类	
	一级	二级
B080400		广场绿地
B090000	交通安全设施工程	
B090100		交通标志
B090200		交通标线
B090300		防护设施
B090400		交通信号灯
B090500		智能化交通设施
B100000	照明工程	
B100100		功能照明
B100200		景观照明

B-02　工程造价指标层级及编码表（表 B-02）

表 B-02　工程造价指标层级及编码表

编码	一级	二级	三级	四级	五级	六级	七级	对最后一个层级的说明
B.1	建设项目总投资							
B.1.1		工程费用						
B.1.1.1			道路工程					
B.1.1.1.1				道路工程（各等级）				
B.1.1.1.1.1					路基工程			

表 B–02（续）

编码	一级	二级	三级	四级	五级	六级	七级	对最后一个层级的说明
B.1.1.1.1.1.1						土石方工程		包括：场地清理、挖路床土石方、路基回填等
B.1.1.1.1.1.2						路基处理		包括：路基加固或路基处理等
B.1.1.1.1.2					防护工程			
B.1.1.1.1.2.1						护坡		包括：护坡基础、砌筑块料或现浇混凝土护坡等
B.1.1.1.1.2.2						挡墙		包括：现浇混凝土基础、砌筑挡墙、现浇或预制混凝土挡墙等
B.1.1.1.1.3					路面结构工程			
B.1.1.1.1.3.1						机动车道基层		包括：机动车道清理路床、各种基层的摊铺、找平、碾压及养生等
B.1.1.1.1.3.2						机动车道面层		包括：机动车道清理基层、各种面层的摊铺、找平、碾压、养生及透层油、粘层油喷洒等
B.1.1.1.1.3.3						非机动车道基层		包括：非机动车道清理路床、各种基层的摊铺、找平、碾压及养生等
B.1.1.1.1.3.4						非机动车道面层		包括：非机动车道清理基层、各种面层的摊铺、找平、碾压、养生及透层油、粘层油喷洒等

表 B–02（续）

编码	一级	二级	三级	四级	五级	六级	七级	对最后一个层级的说明
B.1.1.1.1.4					路缘石工程			
B.1.1.1.1.4.1						混凝土立缘石		包括：开槽、卧底、混凝土立缘石安砌、勾缝、养护等
B.1.1.1.1.4.2						石料立缘石		包括：开槽、卧底、石料立缘石安砌、勾缝、养护等
B.1.1.1.1.4.3						混凝土平缘石		包括：开槽、卧底、混凝土平缘石安砌、勾缝、养护等
B.1.1.1.1.4.4						石料平缘石		包括：开槽、卧底、石料平缘石安砌、勾缝、养护等
B.1.1.1.1.5					人行道及树池			
B.1.1.1.1.5.1						人行道基层		包括：清理人行道路床、基层摊铺、找平、碾压及养生等
B.1.1.1.1.5.2						人行道面层		包括：清理基层、人行道面层的安砌、灌缝、养生等
B.1.1.1.1.5.3						混凝土边框		包括：开槽、混凝土树池边框安砌、清理及树池盖安装等
B.1.1.1.1.5.4						石料边框		包括：开槽、石料树池边框安砌、清理及树池盖安装等
B.1.1.1.1.6					临时工程			
B.1.1.1.1.6.1						交通导改		包括：施工期间修建的社会交通导行路、临时导向牌、隔离墩及原状路面的恢复等

表 B-02（续）

编码	一级	二级	三级	四级	五级	六级	七级	对最后一个层级的说明
B.1.1.1.1.6.2						便桥、便道、便涵等		包括：施工期间便桥、便道、便涵的修建与拆除等
B.1.1.1.2				城市广场工程				
B.1.1.1.2.1					广场铺装工程			
B.1.1.1.2.1.1						土石方工程		包括：场地平整、土石方开挖、回填、地基处理等
B.1.1.1.2.1.2						广场铺装		包括：垫层、基础、块料面层（石材或混凝土块料）或整体面层（现浇混凝土或沥青混凝土）铺装
B.1.1.1.2.1.3						辅助工程		包括：缘石、挡墙、台阶、树池等
B.1.1.1.2.2					功能性建筑			
B.1.1.1.2.2.1						标志性建筑		包括：雕塑、碑刻、牌坊、塔、廊桥等建筑
B.1.1.1.2.2.2						建筑小品		包括：花坛、花架、水池、喷泉及艺术小品等
B.1.1.1.2.2.3						其他		包括：旗杆与健身设施及基础，休憩场所的桌、椅、遮阳及其他装饰工程等
B.1.1.1.2.3					配套设施			

表 B-02（续）

编码	一级	二级	三级	四级	五级	六级	七级	对最后一个层级的说明
B.1.1.1.2.3.1						给水排水与消防		包括：给水排水管道、闸阀、井室与雨水口、泵房与化粪池等；消防设备与器具、自动报警装置安装等
B.1.1.1.2.3.2						照明与供电		包括：供配电设备、电缆、灯杆、照明器具、特殊效果灯光设备及防雷与接地装置等
B.1.1.1.2.3.3						监控系统		包括：线缆、摄像机及监控终端设备等安装
B.1.1.1.2.3.4						导向标识		包括：交通标识、场所标识、设施标识、功能标识、方向标识、位置标识、平面示意图等
B.1.1.1.2.3.5						其他		包括：管理与设备用房建筑、装饰及室内配套设施等
B.1.1.1.3				停车场				地面停车场（停车楼执行房屋建筑工程）
B.1.1.1.3.1					铺装工程			
B.1.1.1.3.1.1						土石方工程		包括：场地平整、土石方开挖、回填、地基处理等
B.1.1.1.3.1.2						停车场铺装		包括：垫层、基础、块料面层或沥青混凝土、现浇混凝土面层铺装
B.1.1.1.3.1.3						辅助工程		包括：缘石与树池、围墙与围栏等

表 B-02（续）

编码	一级	二级	三级	四级	五级	六级	七级	对最后一个层级的说明
B.1.1.1.3.2					配套设施			
B.1.1.1.3.2.1						给水排水与消防		包括：给水排水管道、闸阀、井室与雨水口等；消防设备与器具、自动报警装置安装等
B.1.1.1.3.2.2						照明与供电		包括：供配电设备、电缆、灯杆、照明器具、防雷与接地装置等
B.1.1.1.3.2.3						收费系统		包括：线缆敷设、自动收费与道闸控制系统设备安装等
B.1.1.1.3.2.4						监控系统		包括：线缆敷设、摄像机及监控终端设备等安装
B.1.1.1.3.2.5						其他		包括：管理与设备用房建筑与装饰及室内配套设施等
B.1.1.2			桥涵工程					
B.1.1.2.1				分离式立交桥 / 跨线桥				跨线桥桥型按梁桥设置，遇不同桥型时参跨河桥指标层级
B.1.1.2.1.1					主体结构			
B.1.1.2.1.1.1						基础工程		包括：土石方工程；基坑与边坡支护；降水、排水；桩基础；扩大基础；沉井基础；承台、系梁等

表 B-02（续）

编码	一级	二级	三级	四级	五级	六级	七级	对最后一个层级的说明
B.1.1.2.1.1.2						下部结构		包括：墩（台）身；墩（台）帽盖梁；支承梁、横梁、支座、抗震设施等
B.1.1.2.1.1.3						上部结构		包括：钢筋混凝土梁；钢梁；钢混结合梁等
B.1.1.2.1.1.4						桥面系		包括：防水层；桥面铺装；人行道；挂板；路缘石；排水口（管）；栏杆；护栏；伸缩缝；桥头搭板等
B.1.1.2.1.2					附属工程			
B.1.1.2.1.2.1						护（锥）坡、挡墙		包括：1. 护（锥）坡基础、砌筑块料或现浇混凝土护坡等；2. 现浇混凝土基础、砌筑挡墙、现浇或预制混凝土挡墙等
B.1.1.2.1.2.2						其他		包括：隔声屏障；土工格栅；混凝土楼梯；装饰；拆除工程等
B.1.1.2.2				互通式立交桥				
B.1.1.2.2.1					主桥			
B.1.1.2.2.1.1						基础工程		包括：土石方工程；基坑与边坡支护；降水、排水；桩基础；扩大基础；沉井基础；承台、系梁等

表 B-02（续）

编码	一级	二级	三级	四级	五级	六级	七级	对最后一个层级的说明
B.1.1.2.2.1.2						下部结构		包括：墩（台）身；墩（台）帽盖梁；支承梁、横梁；支座；抗震设施
B.1.1.2.2.1.3						上部结构		包括：钢筋混凝土梁；钢梁；钢混结合梁
B.1.1.2.2.1.4						桥面系		包括：防水层；桥面铺装；挂板；路缘石；排水口（管）；栏杆；护栏；伸缩缝；桥头搭板等
B.1.1.2.2.2					匝道桥			
B.1.1.2.2.2.1						基础工程		包括：土石方工程；基坑与边坡支护；降水、排水；桩基础；扩大基础；沉井基础；承台、系梁等
B.1.1.2.2.2.2						下部结构		包括：墩（台）身；墩（台）帽盖梁；支承梁、横梁；支座；抗震设施等
B.1.1.2.2.2.3						上部结构		包括：钢筋混凝土梁；钢梁；钢混结合梁等
B.1.1.2.2.2.4						桥面系		包括：防水层；桥面铺装；挂板；路缘石；排水口（管）；栏杆；护栏；伸缩缝；桥头搭板等
B.1.1.2.2.3					附属工程			

表 B–02（续）

编码	一级	二级	三级	四级	五级	六级	七级	对最后一个层级的说明
B.1.1.2.2.3.1						护（锥）坡、挡墙		包括：1. 护（锥）坡基础、砌筑块料或现浇混凝土护坡等；2. 现浇混凝土基础、砌筑挡墙、现浇或预制混凝土挡墙等
B.1.1.2.2.3.2						其他		包括：隔声屏障；土工格栅；混凝土楼梯；装饰；拆除工程等
B.1.1.2.3				高架桥				
B.1.1.2.3.1					主体结构			
B.1.1.2.3.1.1						基础工程		包括：土石方工程；基坑与边坡支护；降水、排水；桩基础；扩大基础；沉井基础；承台、系梁等
B.1.1.2.3.1.2						下部结构		包括：墩（台）身；墩（台）帽盖梁；支承梁、横梁；支座；抗震设施等
B.1.1.2.3.1.3						上部结构		包括：钢筋混凝土梁；钢梁；钢混结合梁等
B.1.1.2.3.1.4						桥面系		包括：防水层；桥面铺装；挂板；路缘石；排水口（管）；栏杆；护栏；伸缩缝；桥头搭板等
B.1.1.2.3.2					附属工程			

表 B-02（续）

编码	一级	二级	三级	四级	五级	六级	七级	对最后一个层级的说明
B.1.1.2.3.2.1						护（锥）坡、挡墙		包括：1. 护（锥）坡基础、砌筑块料或现浇混凝土护坡等；2. 现浇混凝土基础、砌筑挡墙、现浇或预制混凝土挡墙等
B.1.1.2.3.2.2						其他		包括：隔声屏障；土工格栅；混凝土楼梯；装饰；拆除工程等
B.1.1.2.4				跨河桥				
B.1.1.2.4.1					梁桥			
B.1.1.2.4.1.1						基础工程		包括：筑岛围堰；土石方工程；基坑与边坡支护；降水、排水；桩基础；扩大基础；沉井基础；承台、系梁等
B.1.1.2.4.1.2						下部结构		包括：墩（台）身；墩（台）帽盖梁；支承梁、横梁；支座；抗震设施等
B.1.1.2.4.1.3						上部结构		包括：钢筋混凝土梁；钢梁；钢混结合梁等
B.1.1.2.4.1.4						桥面系		包括：防水层；桥面铺装；挂板；路缘石；排水口（管）；栏杆；护栏；伸缩缝；桥头搭板等
B.1.1.2.4.1.5						护（锥）坡、挡墙		包括：1. 护（锥）坡基础、砌筑块料或现浇混凝土护坡等；2. 现浇混凝土基础、砌筑挡墙、现浇或预制混凝土挡墙等

表 B-02（续）

编码	一级	二级	三级	四级	五级	六级	七级	对最后一个层级的说明
B.1.1.2.4.1.6						其他		包括：隔声屏障；土工格栅；混凝土楼梯；装饰；河道护砌；拆除工程等
B.1.1.2.4.2					拱桥			
B.1.1.2.4.2.1						基础工程		包括：筑岛围堰；土石方工程；基坑与边坡支护；降水、排水；桩基础；扩大基础；沉井基础；承台、系梁等
B.1.1.2.4.2.2						下部结构		包括：拱座（墩台）
B.1.1.2.4.2.3						上部结构		包括：主拱圈；梁；吊杆；系杆；拱上构造；抗震设施；支座等
B.1.1.2.4.2.4						桥面系		包括：防水层；桥面铺装；挂板；路缘石；排水口（管）；栏杆；护栏；伸缩缝；桥头搭板等
B.1.1.2.4.2.5						护（锥）坡、挡墙		包括：1. 护（锥）坡基础、砌筑块料或现浇混凝土护坡等；2. 现浇混凝土基础、砌筑挡墙、现浇或预制混凝土挡墙等
B.1.1.2.4.2.6						其他		包括：隔声屏障；检修车；土工格栅；混凝土楼梯；装饰；河道护砌；拆除工程等
B.1.1.2.4.3					悬索桥			

表 B-02（续）

编码	一级	二级	三级	四级	五级	六级	七级	对最后一个层级的说明
B.1.1.2.4.3.1						基础工程		包括：筑岛围堰；土石方工程；基坑与边坡支护；降水、排水；桩基础；扩大基础；沉井基础；承台、系梁等
B.1.1.2.4.3.2						下部结构		包括：墩（台）身；墩（台）帽盖梁；支承梁、横梁；锚锭等
B.1.1.2.4.3.3						上部结构		包括：钢筋混凝土梁；钢梁；钢混结合梁；支座；索塔、缆索系统；抗震设施等
B.1.1.2.4.3.4						桥面系		包括：防水层；桥面铺装；挂板；路缘石；排水口（管）；栏杆；护栏；伸缩缝；桥头搭板等
B.1.1.2.4.3.5						护（锥）坡、挡墙		包括：1. 护（锥）坡基础、砌筑块料或现浇混凝土护坡等；2. 包括现浇混凝土基础、砌筑挡墙、现浇或预制混凝土挡墙等
B.1.1.2.4.3.6						其他		包括：隔声屏障；检修电梯；检修车；土工格栅；混凝土楼梯；装饰；河道护砌；拆除工程等
B.1.1.2.4.4					斜拉桥			
B.1.1.2.4.4.1						基础工程		包括：筑岛围堰；土石方工程；基坑与边坡支护；降水、排水；桩基础；扩大基础；沉井基础；承台、系梁等

表 B-02（续）

编码	一级	二级	三级	四级	五级	六级	七级	对最后一个层级的说明
B.1.1.2.4.4.2						下部结构		包括：墩（台）身；墩（台）帽盖梁；支承梁、横梁等
B.1.1.2.4.4.3						上部结构		包括：钢筋混凝土梁；钢梁；钢混结合梁；支座；索塔、缆索系统；抗震设施等
B.1.1.2.4.4.4						桥面系		包括：防水层；桥面铺装；挂板；路缘石；排水口（管）；栏杆；护栏；伸缩缝；桥头搭板等
B.1.1.2.4.4.5						护（锥）坡、挡墙		包括：1. 护（锥）坡基础、砌筑块料或现浇混凝土护坡等；2. 现浇混凝土基础、砌筑挡墙、现浇或预制混凝土挡墙等
B.1.1.2.4.4.6						其他		包括：隔声屏障；检修电梯；检修车；土工格栅；混凝土楼梯；装饰；河道护砌；拆除工程等
B.1.1.2.5				通道箱涵				
B.1.1.2.5.1					主体结构			
B.1.1.2.5.1.1						土石方工程		包括：土石方工程；基坑与边坡支护；桩基础等
B.1.1.2.5.1.2						地基处理		包括：换填、CFG桩、水泥搅拌桩等地基处理方式
B.1.1.2.5.1.3						通道箱涵现浇		包括：钢筋制作安装；模板安拆；混凝土浇筑养护等

表 B-02（续）

编码	一级	二级	三级	四级	五级	六级	七级	对最后一个层级的说明
B.1.1.2.5.1.4						滑板制作		制作混凝土滑板及润滑隔离层、简易后背安装等
B.1.1.2.5.1.5						通道箱涵预制		包括：钢筋制作安装；模板安拆；混凝土浇筑养护等
B.1.1.2.5.1.6						顶进设备安拆及箱涵顶进		包括：顶进设备安拆及通道箱涵顶进
B.1.1.2.5.1.7						接缝处理		安装止水带及嵌缝等
B.1.1.2.5.2					附属工程			
B.1.1.2.5.2.1						护坡、挡墙等		包括：护坡基础、砌筑块料或现浇混凝土护坡等；现浇混凝土基础、砌筑挡墙、现浇或预制混凝土挡墙等
B.1.1.2.5.2.2						其他		包括：铁路扣轨；慢行费；隔声屏障；土工格栅；混凝土楼梯；装饰；拆除工程等
B.1.1.2.6				人行地下通道				明挖法（矿山法、顶进法、盾构法参箱涵或隧道工程）
B.1.1.2.6.1					主体结构工程			
B.1.1.2.6.1.1						土石方工程		包括：土石方工程、基坑与边坡支护、桩基础等
B.1.1.2.6.1.2						地基处理		包括：换填、CFG桩、水泥搅拌桩等地基处理方式

表 B-02（续）

编码	一级	二级	三级	四级	五级	六级	七级	对最后一个层级的说明
B.1.1.2.6.1.3						主通道		包括：垫层、底板、墙、顶板混凝土浇筑；模板制作、安拆；钢筋制作、安装；或预制混凝土侧墙、顶板安装等
B.1.1.2.6.1.4						出入口		包括：垫层、底板、侧墙、帽石、台阶、坡道混凝土浇筑；模板制作、安拆；钢筋制作、安装；块、料石砌筑、截水沟、雨水篦子等
B.1.1.2.6.1.5						防水工程		包括：涂刷防水涂料及铺设防水卷材等
B.1.1.2.6.1.6						接缝处理		包括：沉降缝、施工缝等
B.1.1.2.6.1.7						装饰工程		包括：通道及辅助用房所有装饰工程
B.1.1.2.6.2					附属工程			
B.1.1.2.6.2.1						导向标识		包括：场所标识、设施标识、功能标识、方向标识、位置标识、平面示意图、街区导向图等
B.1.1.2.6.2.2						给水排水与消防		包括：给水排水管道、闸阀与器具、泵站设备及消防设备与器具、自动报警装置安装等
B.1.1.2.6.2.3						照明与供电		包括：供配电设备、电缆、配管、配线、照明器具、应急电源与防雷及接地装置等

表 B-02（续）

编码	一级	二级	三级	四级	五级	六级	七级	对最后一个层级的说明
B.1.1.2.6.2.4						电梯与自动扶梯		包括：电梯与自动扶梯安装
B.1.1.2.6.2.5						监控系统		包括：线缆、摄像机及监控终端设备等安装
B.1.1.2.6.2.6						其他		包括：通风空调及地面建筑等
B.1.1.2.7				人行天桥				
B.1.1.2.7.1					主体结构			
B.1.1.2.7.1.1						基础工程		包括：土石方工程；基坑与边坡支护；降水、排水；桩基础；扩大基础；承台、系梁等
B.1.1.2.7.1.2						下部结构		包括：墩（台）身；墩（台）帽盖梁；支承梁、横梁等
B.1.1.2.7.1.3						上部结构		包括：钢筋混凝土梁；钢梁；钢混结合梁；支座；抗震设施等
B.1.1.2.7.1.4						桥面系		包括：防水层；桥面铺装；挂板；路缘石；排水口（管）；护栏；伸缩缝；桥头搭板等
B.1.1.2.7.2					附属工程			包括：隔声屏障；混凝土楼梯；电梯；供配电系统；装饰；拆除工程等
B.1.1.3			隧道工程					

表 B–02（续）

编码	一级	二级	三级	四级	五级	六级	七级	对最后一个层级的说明
B.1.1.3.1				主体结构工程				
B.1.1.3.1.1					明挖隧道			
B.1.1.3.1.1.1						土石方工程		包括：土方工程；石方工程；与土石方工程相关的工程
B.1.1.3.1.1.2						地基处理		包括：换填、CFG桩、水泥搅拌桩等地基处理方式
B.1.1.3.1.1.3						降排水		包括：井点降水、管井降水、排水等
B.1.1.3.1.1.4						围护结构工程		包括：土钉墙、桩撑支护、桩锚支护、地下连续墙、钢板桩、止水帷幕等；与围护工程相关的工程
B.1.1.3.1.1.5						主体结构		包括：现浇混凝土工程；钢筋工程；砌筑工程；与主体结构相关的工程
B.1.1.3.1.1.6						防水及其他		包括：防水工程；杂散电流防护；风险源注浆；除以上内容外，与主体有关的其他相关工程
B.1.1.3.1.1.7						附属工程		包括：检修步道、行车道系、防火和疏散相关结构、装饰、排水设施等
B.1.1.3.1.2					明挖隧道（U形槽）			

表 B-02（续）

编码	一级	二级	三级	四级	五级	六级	七级	对最后一个层级的说明
B.1.1.3.1.2.1						土石方工程		包括：土方工程；石方工程；地基处理工程；与土石方工程相关的工程
B.1.1.3.1.2.2						地基处理		包括：换填、CFG 桩、水泥搅拌桩等地基处理方式
B.1.1.3.1.2.3						降排水		包括：井点降水、管井降水、排水等
B.1.1.3.1.2.4						围护结构工程		包括：土钉墙、桩撑支护、桩锚支护、地下连续墙、钢板桩、止水帷幕等；与围护工程相关的工程
B.1.1.3.1.2.5						主体结构		包括：现浇混凝土工程；钢筋工程；砌筑工程；与主体结构相关的工程
B.1.1.3.1.2.6						防水及其他		包括：防水工程；杂散电流防护；风险源注浆；除以上内容外，与主体有关的其他相关工程
B.1.1.3.1.2.7						附属工程		包括：检修步道、行车道系、防火和疏散相关结构、装饰、排水设施等
B.1.1.3.1.3					暗挖隧道			
B.1.1.3.1.3.1						土石方工程		包括：土方工程；石方工程；地基处理工程；与土石方工程相关的工程
B.1.1.3.1.3.2						降排水		包括：井点降水、管井降水、排水等

表 B-02（续）

编码	一级	二级	三级	四级	五级	六级	七级	对最后一个层级的说明
B.1.1.3.1.3.3						初衬结构		包括：超前支护工程；喷锚支护工程；与衬砌结构工程相关的工程
B.1.1.3.1.3.4						二衬结构		包括：现浇混凝土工程；钢筋工程；注浆工程；与二衬结构相关的工程
B.1.1.3.1.3.5						防水及其他		包括：防水工程；杂散电流防护；风险源注浆；除以上内容外，与主体有关的其他相关工程
B.1.1.3.1.3.6						竖井及联络通道		包括：土石方工程；衬砌结构；二衬结构；防水及其他工程；与竖井及联络通道相关的工程
B.1.1.3.1.3.7						附属工程		包括：检修步道、行车道系、防火和疏散相关结构、装饰、排水设施等
B.1.1.3.1.4					盾构隧道			
B.1.1.3.1.4.1						掘进及出渣		包括：盾构吊装及吊拆；盾构掘进；衬砌压浆；盾构基座、反力架工程；与掘进机出渣相关的工程
B.1.1.3.1.4.2						管片拼装		包括：预埋槽道工程；预制管片混凝土工程；预制管片钢筋工程；预制管片接缝处理工程；与管片拼装相关的工程

表 B-02（续）

编码	一级	二级	三级	四级	五级	六级	七级	对最后一个层级的说明
B.1.1.3.1.4.3						端头加固		包括：端头加固工程；与端头加固相关的工程
B.1.1.3.1.4.4						盾构井		包括：土石方工程；围护工程；砌筑工程；主体结构工程；防水工程；与盾构井相关的工程
B.1.1.3.1.4.5						竖井及联络通道		包括：土石方工程；衬砌结构；二衬结构；防水及其他工程；与联络通道相关的工程
B.1.1.3.1.4.6						附属工程		包括：检修步道、行车道系、防火和疏散相关结构、装饰、排水设施等
B.1.1.3.2				交通安全与辅助设施				
B.1.1.3.2.1					交通安全设施			
B.1.1.3.2.1.1						交通监控设施		包括：交通安全设施线路工程；设备安装及系统调试
B.1.1.3.2.1.2						紧急呼叫设施		包括：交通安全设施线路工程；设备安装及系统调试
B.1.1.3.2.1.3						火灾报警设施		包括：交通安全设施线路工程；设备安装及系统调试
B.1.1.3.2.1.4						消防与避难设施		包括：交通安全设施线路工程；设备安装及系统调试
B.1.1.3.2.2					辅助设施			

表 B–02（续）

编码	一级	二级	三级	四级	五级	六级	七级	对最后一个层级的说明
B.1.1.3.2.2.1						给水系统设施		包括：辅助设施线路工程；设备安装及系统调试
B.1.1.3.2.2.2						排水系统设施		包括：辅助设施线路工程；设备安装及系统调试
B.1.1.3.2.2.3						照明与控制设施		包括：辅助设施线路工程；设备安装及系统调试
B.1.1.3.2.2.4						通风与控制设施		包括：辅助设施线路工程；设备安装及系统调试
B.1.1.3.2.2.5						供配电设施		包括：辅助设施线路工程；设备安装及系统调试
B.1.1.3.2.2.6						接地与防雷设施		包括：辅助设施线路工程；设备安装及系统调试
B.1.1.3.2.2.7						线缆与相关设施		包括：辅助设施线路工程；设备安装及系统调试
B.1.1.3.3				监控中心				
B.1.1.3.3.1					土建工程			
B.1.1.3.3.1.1						建筑工程		包括：土石方工程；桩基工程；砌筑工程；主体结构工程；屋面及防水工程；保温工程；与结构工程相关的工程
B.1.1.3.3.1.2						安装工程		包括：给排水及消防工程；动力照明工程；暖通工程；与安装工程相关的工程

表 B-02（续）

编码	一级	二级	三级	四级	五级	六级	七级	对最后一个层级的说明
B.1.1.3.3.1.3						装饰工程		包括：楼地面工程；墙柱面工程；天棚工程；门窗工程；与装饰工程相关的工程
B.1.1.3.3.2					设备系统			包括：监控线路工程；设备安装及系统调试
B.1.1.4			管网工程					
B.1.1.4.1				给水				
B.1.1.4.1.1					土石方工程			
B.1.1.4.1.1.1						挖填方		包括：土方、石方、余土外运、外借土方、回填等
B.1.1.4.1.1.2						地基处理		包括：换填、CFG桩等
B.1.1.4.1.1.3						沟槽支护		包括：钢板桩、土钉墙等
B.1.1.4.1.2					降排水			包括：井点降水、管井降水、排水等
B.1.1.4.1.3					管道敷设			
B.1.1.4.1.3.1						管道基础		包括：管道基础工程
B.1.1.4.1.3.2						支架安装		包括：支墩、支吊架等
B.1.1.4.1.3.3						管道安装		包括：管道敷设、管件安装，试压、消毒、冲洗等
B.1.1.4.1.3.4						管道防腐		包括：管道防潮、内外防腐等

表 B–02（续）

编码	一级	二级	三级	四级	五级	六级	七级	对最后一个层级的说明
B.1.1.4.1.3.5						探伤及其他		包括：探伤和其他特殊检测
B.1.1.4.1.4					管道附件安装			
B.1.1.4.1.4.1						阀门安装		包括：各类阀门、消火栓安装等
B.1.1.4.1.4.2						仪表安装		包括：流量仪表、压力仪表、其他传感器等
B.1.1.4.1.5					附属构筑物			
B.1.1.5.1.5.1						砌筑井		包括：砌筑各种闸阀井、检查井等
B.1.1.5.1.5.2						现浇混凝土井		包括：现浇混凝土类各种闸阀井、检查井等
B.1.1.5.1.5.3						成品井		包括：成品类各种闸阀井、检查井等
B.1.1.4.1.6					其他特殊施工			包括：管道顶进、定向钻、道路破复、特殊支护等特殊施工
B.1.1.4.2				雨水				
B.1.1.4.2.1					土石方工程			
B.1.1.4.2.1.1						挖填方		包括：土方、石方、余土外运、外借土方、回填等
B.1.1.4.2.1.2						地基处理		包括：换填、CFG桩等
B.1.1.4.2.1.3						沟槽支护		包括：钢板桩、土钉墙等
B.1.1.4.2.2					降排水			包括：井点降水、管井降水、排水等

表 B–02（续）

编码	一级	二级	三级	四级	五级	六级	七级	对最后一个层级的说明
B.1.1.4.2.3					管道敷设			
B.1.1.4.2.3.1						管道基础		包括：管道基础工程
B.1.1.4.2.3.2						管道安装		包括：管道敷设、闭水试验等
B.1.1.4.2.3.3						沟槽		包括：混凝土浇筑及预制安装、砌筑工程、雨水口等
B.1.1.4.2.4					附属构筑物			
B.1.1.4.2.4.1						砌筑井		包括：砌筑各种检查井等
B.1.1.4.2.4.2						现浇混凝土井		包括：现浇混凝土类各种检查井、闸门安装等
B.1.1.4.2.4.3						成品井		包括：成品类各种检查井等
B.1.1.4.2.5					其他特殊施工			包括：管道顶进、定向钻、道路破复、特殊支护等特殊施工
B.1.1.4.3				污水				
B.1.1.4.3.1					土石方工程			
B.1.1.4.3.1.1						挖填方		包括：土方、石方、余土外运、外借土方、回填等
B.1.1.4.3.1.2						地基处理		包括：换填、CFG桩等
B.1.1.4.3.1.3						沟槽支护		包括：钢板桩、土钉墙等
B.1.1.4.3.2					降排水			包括：井点降水、管井降水、排水等

表 B-02（续）

编码	一级	二级	三级	四级	五级	六级	七级	对最后一个层级的说明
B.1.1.4.3.3					管道敷设			
B.1.1.4.4.3.3.1						管道基础		包括：管道基础工程
B.1.1.4.4.3.3.2						管道安装		包括：管道敷设、闭水试验等
B.1.1.4.4.3.3.3						沟槽		包括：混凝土浇筑及预制安装、砌筑工程、格栅等
B.1.1.4.3.4					附属构筑物			
B.1.1.4.3.4.1						砌筑井		包括：砌筑各种检查井等
B.1.1.4.3.4.2						现浇混凝土井		包括：现浇混凝土类各种检查井、闸门安装等
B.1.1.4.3.4.3						成品井		包括：成品类各种检查井等
B.1.1.4.3.4.4						化粪池		包括：各种型号的化粪池、隔油池等
B.1.1.4.3.5					其他特殊施工			包括：管道顶进、定向钻、道路破复、特殊支护等特殊施工
B.1.1.4.4				再生水				
B.1.1.4.4.1					土石方工程			
B.1.1.4.4.1.1						挖填方		包括：土方、石方、余土外运、外借土方、回填等
B.1.1.4.4.1.2						地基处理		包括：换填、CFG桩等
B.1.1.4.4.1.3						沟槽支护		包括：钢板桩、土钉墙等

表 B-02（续）

编码	一级	二级	三级	四级	五级	六级	七级	对最后一个层级的说明
B.1.1.4.4.2					降排水			包括：井点降水、管井降水、排水等
B.1.1.4.4.3					管道敷设			
B.1.1.4.4.3.1						管道基础		包括：管道基础工程
B.1.1.4.4.3.2						管道安装		包括：管道敷设、管件安装，试压、消毒、冲洗等
B.1.1.4.4.3.3						支架安装		包括：支墩、支吊架等
B.1.1.4.4.3.4						管道防腐		包括：管道防潮、内外防腐等
B.1.1.4.4.3.5						探伤及其他		包括：探伤和其他特殊检测
B.1.1.4.4.4					管道附件安装			
B.1.1.4.4.4.1						阀门安装		包括：各类阀门、消火栓安装等
B.1.1.4.4.4.2						仪表安装		包括：流量仪表、压力仪表、其他传感器等
B.1.1.4.4.5					附属构筑物			
B.1.1.4.4.5.1						砌筑井		包括：砌筑各种闸阀井、检查井及绿化支线井等
B.1.1.4.4.5.2						现浇混凝土井		包括：现浇混凝土类各种闸阀井、检查井、绿化支线井等
B.1.1.4.4.5.3						成品井		包括：成品类各种闸阀井、检查井等

表 B–02（续）

编码	一级	二级	三级	四级	五级	六级	七级	对最后一个层级的说明
B.1.1.4.4.6					其他特殊施工			包括：管道顶进、定向钻、道路破复、特殊支护等特殊施工
B.1.1.4.5				燃气				
B.1.1.4.5.1					土石方工程			
B.1.1.4.5.1.1						挖填方		包括：土方、石方、余土外运、外借土方、回填等
B.1.1.4.5.1.2						地基处理		包括：换填、CFG 桩等
B.1.1.4.5.1.3						沟槽支护		包括：钢板桩、土钉墙等
B.1.1.4.5.2					降排水			包括：井点降水、管井降水、排水等
B.1.1.4.5.3					管道敷设			
B.1.1.4.5.3.1						管道安装		包括：管道、管件安装工程，警示带铺设，强度试验、严密性试验、清扫、吹扫等
B.1.1.4.5.3.2						支架安装		包括：支墩、支吊架等
B.1.1.4.5.3.3						管道基础		包括：管道基础工程
B.1.1.4.5.3.4						保温、刷油、防腐		包括：管道保温、绝热、防潮、刷油、防腐
B.1.1.4.5.3.5						阴极保护		包括：牺牲阳极、镯式阳极等
B.1.1.4.5.3.6						探伤及其他		包括：探伤和其他特殊检测

表 B-02（续）

编码	一级	二级	三级	四级	五级	六级	七级	对最后一个层级的说明
B.1.1.4.5.4					管道附件安装			
B.1.1.4.5.4.1						管道阀门及附件安装		包括：各类阀门、波纹管、补偿器、绝缘接头等安装
B.1.1.4.5.4.2						仪表安装		包括：电动类阀门的变送器、传感器等电控仪表安装
B.1.1.4.5.5					附属构筑物			包括：各种检测井、阀门井等
B.1.1.4.5.5.1						砌筑井		包括：砌筑类各种检测井、阀门井等
B.1.1.4.5.5.2						砌筑管沟		包括：各种类型的管道沟施工内容
B.1.1.4.5.6					其他特殊施工			包括：管道顶进、定向钻、夯管、道路破复、特殊支护等特殊施工
B.1.1.4.6				热力				
B.1.1.4.6.1					土石方工程			
B.1.1.4.6.1.1						挖填方		包括：土方、石方、余土外运、外借土方、回填等
B.1.1.4.6.1.2						地基处理		包括：换填、CFG桩等
B.1.1.4.6.1.3						沟槽支护		包括：钢板桩、土钉墙等
B.1.1.4.6.2					降排水			包括：井点降水、管井降水、排水等
B.1.1.4.6.3					管道敷设			

表 B–02（续）

编码	一级	二级	三级	四级	五级	六级	七级	对最后一个层级的说明
B.1.1.4.6.3.1						管道安装		包括：管道、管件安装工程，警示带铺设，试压、冲洗等
B.1.1.4.6.3.2						支架安装		包括：现场制作支架、成品支架等安装
B.1.1.4.6.3.3						管道基础		包括：管道基础工程
B.1.1.4.6.3.4						保温、刷油、防腐		包括：管道保温、绝热、防潮、刷油、防腐
B.1.1.4.6.3.5						探伤及其他		包括：探伤和其他特殊检测
B.1.1.4.6.4					管道附件安装			
B.1.1.4.6.4.1						管道阀门及附件安装		包括：各类阀门、补偿器、其他管道附件等安装
B.1.1.4.6.4.2						仪表安装		包括：流量仪表、温度仪表、压力仪表、其他传感器等安装
B.1.1.4.6.5					附属构筑物			
B.1.1.4.6.5.1						砌筑井		包括：砌筑类各种检测井、阀门井等
B.1.1.4.6.5.2						热力管沟		包括：各种类型的管道沟施工内容
B.1.1.4.6.6					其他特殊施工			包括：破路、管道顶进、浅埋暗挖、架空、开挖过河等特殊施工
B.1.1.5			综合管廊工程					

表 B-02（续）

编码	一级	二级	三级	四级	五级	六级	七级	对最后一个层级的说明
B.1.1.5.1				主体结构工程				包括：主管廊、支管廊
B.1.1.5.1.1					明挖			
B.1.1.5.1.1.1						土石方工程		包括：土方工程；石方工程；与土石方工程相关的工程
B.1.1.5.1.1.2						降排水		包括：井点降水、管井降水、排水等
B.1.1.5.1.1.3						围护结构工程		包括：土钉墙、桩撑支护、桩锚支护、地下连续墙、钢板桩、止水帷幕等；与围护工程相关的工程
B.1.1.5.1.1.4						主体结构		包括：现浇（预制）混凝土工程；钢筋工程；砌筑工程；与主体结构相关的工程
B.1.1.5.1.1.5						防水及其他		包括：防水工程；除以上内容外，与主体有关的其他相关工程
B.1.1.5.1.2					暗挖			
B.1.1.5.1.2.1						土石方工程		包括：土方工程；石方工程；地基处理工程；与土石方工程相关的工程
B.1.1.5.1.2.2						降排水		包括：井点降水、管井降水、排水等
B.1.1.5.1.2.3						初衬结构		包括：超前支护工程；喷锚支护工程；与衬砌结构工程相关的工程

表 B–02（续）

编码	一级	二级	三级	四级	五级	六级	七级	对最后一个层级的说明
B.1.1.5.1.2.4						二衬结构		包括：现浇混凝土工程；钢筋工程；注浆工程；与二衬结构相关的工程
B.1.1.5.1.2.5						防水及其他		包括：防水工程；杂散电流防护；除以上内容外，与主体有关的其他相关工程
B.1.1.5.2				附属设施				
B.1.1.5.2.1					支架系统			包括：支架（含成品支架）
B.1.1.5.2.2					消防系统			包括：灭火及防火监控系统
B.1.1.5.2.3					通风系统			包括：风机、风道、电缆等
B.1.1.5.2.4					供电系统			包括：箱变及电缆等
B.1.1.5.2.5					照明系统			包括：光源及线缆等
B.1.1.5.2.6					综合监控系统			包括：数据交换机、摄像头、光纤等
B.1.1.5.2.7					排水系统			包括：水泵及集水井等
B.1.1.5.2.8					标识系统			包括：标识带、标识牌等
B.1.1.5.3				监控中心				
B.1.1.5.3.1					土建结构			包括：土方、结构主体及总图工程等
B.1.1.5.3.2					装饰工程			包括：门窗、天棚、贴面、地砖等装饰工程

表 B–02（续）

编码	一级	二级	三级	四级	五级	六级	七级	对最后一个层级的说明
B.1.1.5.3.3					设备系统			包括：隧道通风、消防、监控等设备及后台控制系统
B.1.1.6			厂站工程					
B.1.1.6.1				燃气厂站				
B.1.1.6.1.1					门站			
B.1.1.6.1.1.1						建筑工程		
B.1.1.6.1.1.1.1							厂区土方	包括：场地清理、土方工程、石方工程
B.1.1.6.1.1.1.2							地基处理	包括：地基处理、基坑与边坡支护等
B.1.1.6.1.1.1.3							道路、路缘石	包括：路基处理、道路基层、道路面层、人行道、路缘石
B.1.1.6.1.1.1.4							围墙、大门	包括：围墙砌筑、喷涂装饰、大门
B.1.1.6.1.1.1.5							绿化工程	包括：绿地整理、栽植花木、绿地喷灌、园林景观等
B.1.1.6.1.1.1.6							构筑物工程	包括：水池、给排水井室、电缆井、化粪池、地沟、电缆沟、设备基础、防火围堰
B.1.1.6.1.1.1.7							各单体建筑	包括：按单体建筑分别列，工程费的计算划分参考建筑装饰工程的划分进行编制划分

表 B–02（续）

编码	一级	二级	三级	四级	五级	六级	七级	对最后一个层级的说明
B.1.1.6.1.1.2						设备及系统安装工程		
B.1.1.6.1.1.2.1							燃气工艺系统	包括：工艺设备、燃气管道、阀门、管件及其他连接件、无损探伤与热处理、管架、刷油、防腐蚀、绝热、电保护
B.1.1.6.1.1.2.2							电气工程	包括：电气设备、电缆、配管、配线、照明器具、防雷及接地装置
B.1.1.6.1.1.2.3							自动化控制工程	包括：自动化控制设备、流量仪表、压力仪表、温度仪表、电缆、配管、配线、安全监控装置
B.1.1.6.1.1.2.4							通风空调工程	包括：通风空调、通风管道、通风管道部件、管架、刷油、防腐蚀、绝热
B.1.1.6.1.1.2.5							热力工程	包括：热力设备、热力管道、阀门、管件及其他连接件、无损探伤与热处理、管架、刷油、防腐蚀、绝热
B.1.1.6.1.1.2.6							消防工程	包括：消防设备、消防管道、自动报警装置、刷油、防腐蚀、绝热
B.1.1.6.1.1.2.7							建筑智能化工程	包括：建筑智能化设备、综合布线、配管、配线、门禁、广播等

表 B-02（续）

编码	一级	二级	三级	四级	五级	六级	七级	对最后一个层级的说明
B.1.1.6.1.1.2.8							给排水采暖工程	包括：给排水采暖管道、管道附件、卫生及采暖器具
B.1.1.6.1.2					储配站			
B.1.1.6.1.2.1						建筑工程		
B.1.1.6.1.2.1.1							厂区土方	包括：场地清理、土方工程、石方工程
B.1.1.6.1.2.1.2							地基处理	包括：地基处理、基坑与边坡支护等
B.1.1.6.1.2.1.3							道路、路缘石	包括：路基处理、道路基层、道路面层、人行道、路缘石
B.1.1.6.1.2.1.4							围墙、大门	包括：围墙砌筑、喷涂装饰、大门
B.1.1.6.1.2.1.5							绿化工程	包括：绿地整理、栽植花木、绿地喷灌、园林景观等
B.1.1.6.1.2.1.6							构筑物工程	包括：水池、给排水井室、电缆井、化粪池、地沟、电缆沟、设备基础、防火围堰
B.1.1.6.1.2.1.7							各单体建筑	包括：按单体建筑分别列，工程费的计算划分参考建筑装饰工程的划分进行编制划分
B.1.1.6.1.2.2						设备及系统安装工程		

表 B-02（续）

编码	一级	二级	三级	四级	五级	六级	七级	对最后一个层级的说明
B.1.1.6.1.2.2.1							燃气工艺系统	包括：工艺设备、燃气管道、阀门、管件及其他连接件、无损探伤与热处理、管架、刷油、防腐蚀、绝热、电保护
B.1.1.6.1.2.2.2							电气工程	包括：电气设备、电缆、配管、配线、照明器具、防雷及接地装置
B.1.1.6.1.2.2.3							自动化控制工程	包括：自动化控制设备、流量仪表、压力仪表、温度仪表、电缆、配管、配线、安全监控装置
B.1.1.6.1.2.2.4							通风空调工程	包括：通风空调、通风管道、通风管道部件、管架、刷油、防腐蚀、绝热
B.1.1.6.1.2.2.5							热力工程	包括：热力设备、热力管道、阀门、管件及其他连接件、无损探伤与热处理、管架、刷油、防腐蚀、绝热
B.1.1.6.1.2.2.6							消防工程	包括：消防设备、消防管道、自动报警装置、刷油、防腐蚀、绝热
B.1.1.6.3.2.2.7							建筑智能化工程	包括：建筑智能化设备、综合布线、配管、配线、门禁、广播等
B.1.1.6.1.2.2.8							给排水采暖工程	包括：给排水采暖管道、管道附件、卫生及采暖器具

表 B-02（续）

编码	一级	二级	三级	四级	五级	六级	七级	对最后一个层级的说明
B.1.1.6.1.3					调压站（箱/柜）			
B.1.1.6.1.3.1						建筑工程		
B.1.1.6.1.3.1.1							厂区土方	包括：场地清理、土方工程、石方工程
B.1.1.6.1.3.1.2							地基处理	包括：地基处理、基坑与边坡支护等
B.1.1.6.1.3.1.3							道路、路缘石	包括：路基处理、道路基层、道路面层、人行道、路缘石
B.1.1.6.1.3.1.4							围墙、大门	包括：围墙砌筑、喷涂装饰、大门
B.1.1.6.1.3.1.5							绿化工程	包括：绿地整理、栽植花木、绿地喷灌、园林景观等
B.1.1.6.1.3.1.6							构筑物工程	包括：水池、给排水井室、电缆井、化粪池、地沟、电缆沟、设备基础、防火围堰
B.1.1.6.1.3.1.7							各单体建筑	包括：按单体建筑分别列，工程费的计算划分参考建筑装饰工程的划分进行编制划分
B.1.1.6.1.3.2						设备及系统安装工程		
B.1.1.6.1.3.2.1							燃气工艺系统	包括：工艺设备、燃气管道、阀门、管件及其他连接件、无损探伤与热处理、管架、刷油、防腐蚀、绝热、电保护

表 B–02（续）

编码	一级	二级	三级	四级	五级	六级	七级	对最后一个层级的说明
B.1.1.6.1.3.2.2							电气工程	包括：电气设备、电缆、配管、配线、照明器具、防雷及接地装置
B.1.1.6.1.3.2.3							自动化控制工程	包括：自动化控制设备、流量仪表、压力仪表、温度仪表、电缆、配管、配线、安全监控装置
B.1.1.6.1.3.2.4							通风空调工程	包括：通风空调、通风管道、通风管道部件、管架、刷油、防腐蚀、绝热
B.1.1.6.1.3.2.5							消防工程	包括：消防设备、消防管道、自动报警装置、刷油、防腐蚀、绝热
B.1.1.6.1.3.2.6							建筑智能化工程	包括：建筑智能化设备、综合布线、配管、配线、门禁、广播等
B.1.1.6.1.3.2.7							给排水采暖工程	包括：给排水采暖管道、管道附件、卫生及采暖器具
B.1.1.6.2				热力厂站				
B.1.1.6.2.1					热源厂			
B.1.1.6.2.1.1						建筑工程		
B.1.1.6.2.1.1.1							厂区土方	包括：场地清理、土方工程、石方工程
B.1.1.6.2.1.1.2							地基处理	包括：地基处理、基坑与边坡支护等

表 B–02（续）

编码	一级	二级	三级	四级	五级	六级	七级	对最后一个层级的说明
B.1.1.6.2.1.1.3							道路、路缘石	包括：路基处理、道路基层、道路面层、人行道、路缘石
B.1.1.6.2.1.1.4							围墙、大门	包括：围墙砌筑、喷涂装饰、大门
B.1.1.6.2.1.1.5							绿化工程	包括：绿地整理、栽植花木、绿地喷灌、园林景观等
B.1.1.6.2.1.1.6							构筑物工程	包括：水池、给排水井室、电缆井、化粪池、地沟、电缆沟、设备基础、防火围堰
B.1.1.6.2.1.1.7							各单体建筑	包括：按单体建筑分别列，工程费的计算划分参考建筑装饰工程的划分进行编制划分
B.1.1.6.2.1.2						设备及系统安装工程		
B.1.1.6.2.1.2.1							热力工程	包括：热力系统、化水系统、烟风系统、燃料输送系统、除灰渣系统等，热力设备、热力管道、阀门、管件及其他连接件、无损探伤与热处理、管架、刷油、防腐蚀、绝热
B.1.1.6.2.1.2.2							电气工程	包括：电气设备、电缆、配管、配线、照明器具、防雷及接地装置

表 B–02（续）

编码	一级	二级	三级	四级	五级	六级	七级	对最后一个层级的说明
B.1.1.6.2.1.2.3							自动化控制工程	包括：自动化控制设备、流量仪表、压力仪表、温度仪表、电缆、配管、配线、安全监控装置
B.1.1.6.2.1.2.4							通风空调工程	包括：通风空调、通风管道、通风管道部件、管架、刷油、防腐蚀、绝热
B.1.1.6.2.1.2.5							燃气工程	包括：燃气管道、阀门、管件及其他连接件、无损探伤与热处理、管架、刷油、防腐蚀、绝热
B.1.1.6.2.1.2.6							消防工程	包括：消防设备、消防管道、自动报警装置、刷油、防腐蚀、绝热
B.1.1.6.2.1.2.7							给排水采暖工程	包括：给排水采暖管道、管道附件、卫生及采暖器具
B.1.1.6.2.1.2.8							建筑智能化工程	包括：建筑智能化设备、综合布线、配管、配线、门禁、广播等
B.1.1.6.2.2					中继泵站			
B.1.1.6.2.2.1						建筑工程		
B.1.1.6.2.2.1.1							厂区土方	包括：场地清理、土方工程、石方工程
B.1.1.6.2.2.1.2							地基处理	包括：地基处理、基坑与边坡支护等

表 B–02（续）

编码	一级	二级	三级	四级	五级	六级	七级	对最后一个层级的说明
B.1.1.6.2.2.1.3							道路、路缘石	包括：路基处理、道路基层、道路面层、人行道、路缘石
B.1.1.6.2.2.1.4							围墙、大门	包括：围墙砌筑、喷涂装饰、大门
B.1.1.6.2.2.1.5							绿化工程	包括：绿地整理、栽植花木、绿地喷灌、园林景观等
B.1.1.6.2.2.1.6							构筑物工程	包括：水池、给排水井室、电缆井、化粪池、地沟、电缆沟、设备基础、防火围堰
B.1.1.6.2.2.1.7							各单体建筑	包括：按单体建筑分别列，工程费的计算划分参考建筑装饰工程的划分进行编制划分
B.1.1.6.2.2.2						设备及系统安装工程		
B.1.1.6.2.2.2.1							热力工程	包括：热力系统、化水系统、烟风系统、燃料输送系统、除灰渣系统等，热力设备、热力管道、阀门、管件及其他连接件、无损探伤与热处理、管架、刷油、防腐蚀、绝热
B.1.1.6.2.2.2.2							电气工程	包括：电气设备、电缆、配管、配线、照明器具、防雷及接地装置

表 B-02（续）

编码	一级	二级	三级	四级	五级	六级	七级	对最后一个层级的说明
B.1.1.6.2.2.2.3							自动化控制工程	包括：自动化控制设备、流量仪表、压力仪表、温度仪表、电缆、配管、配线、安全监控装置
B.1.1.6.2.2.2.4							通风空调工程	包括：通风空调、通风管道、通风管道部件、管架、刷油、防腐蚀、绝热
B.1.1.6.2.2.2.5							消防工程	包括：消防设备、消防管道、自动报警装置、刷油、防腐蚀、绝热
B.1.1.6.2.2.2.6							给排水采暖工程	包括：给排水采暖管道、管道附件、卫生及采暖器具
B.1.1.6.2.2.2.7							建筑智能化工程	包括：建筑智能化设备、综合布线、配管、配线、门禁、广播等
B.1.1.6.2.3					热力站			
B.1.1.6.2.3.1						建筑工程		
B.1.1.6.2.3.1.1							厂区土方	包括：场地清理、土方工程、石方工程
B.1.1.6.2.3.1.2							地基处理	包括：地基处理、基坑与边坡支护等
B.1.1.6.2.3.1.3							道路、路缘石	包括：路基处理、道路基层、道路面层、人行道、路缘石
B.1.1.6.2.3.1.4							围墙、大门	包括：围墙砌筑、喷涂装饰、大门

表 B-02（续）

编码	一级	二级	三级	四级	五级	六级	七级	对最后一个层级的说明
B.1.1.6.2.3.1.5							绿化工程	包括：绿地整理、栽植花木、绿地喷灌、园林景观等
B.1.1.6.2.3.1.6							构筑物工程	包括：水池、给排水井室、电缆井、化粪池、地沟、电缆沟、设备基础、防火围堰
B.1.1.6.2.3.1.7							各单体建筑	包括：按单体建筑分别列，工程费的计算划分参考建筑装饰工程的划分进行编制划分
B.1.1.6.2.3.2						设备及系统安装工程		
B.1.1.6.2.3.2.1							热力工程	包括：热力设备、热力管道、阀门、管件及其他连接件、无损探伤与热处理、管架、刷油、防腐蚀、绝热
B.1.1.6.2.3.2.2							电气工程	包括：电气设备、电缆、配管、配线、照明器具、防雷及接地装置
B.1.1.6.2.3.2.3							自动化控制工程	包括：自动化控制设备、流量仪表、压力仪表、温度仪表、电缆、配管、配线、安全监控装置
B.1.1.6.2.3.2.4							通风空调工程	包括：通风空调、通风管道、通风管道部件、管架、刷油、防腐蚀、绝热

表 B–02（续）

编码	一级	二级	三级	四级	五级	六级	七级	对最后一个层级的说明
B.1.1.6.2.3.2.5							消防工程	包括：消防设备、消防管道、自动报警装置、刷油、防腐蚀、绝热
B.1.1.6.2.3.2.6							给排水采暖工程	包括：给排水采暖管道、管道附件、卫生及采暖器具
B.1.1.6.2.3.2.7							建筑智能化工程	包括：建筑智能化设备、综合布线、配管、配线、门禁、广播等
B.1.1.6.3				给水（净水）处理厂				
B.1.1.6.3.1					土建工程			
B.1.1.6.3.2					设备系统安装			
B.1.1.6.4				污水（再生水）处理厂				
B.1.1.6.4.1					土建工程			
B.1.1.6.4.2					设备系统安装			
B.1.1.6.5				雨、污水泵站				
B.1.1.6.5.1					建筑装饰工程			
B.1.1.6.5.1.1						厂区土方		包括：场地清理、土石方工程等
B.1.1.6.5.1.2						地基处理		包括：地基处理、基坑与边坡支护等

表 B–02（续）

编码	一级	二级	三级	四级	五级	六级	七级	对最后一个层级的说明
B.1.1.6.5.1.3						道路、路缘石		包括：厂区道路路基处理、道路基层、道路面层、人行道、路缘石等
B.1.1.6.5.1.4						围墙、大门		包括：厂区围墙砌筑、大门安装及喷涂等工程
B.1.1.6.5.1.5						绿化工程		包括：厂区绿地整理、栽植花木、绿地喷灌、园林景观等
B.1.1.6.5.1.6						构筑物工程		包括：泵站构筑物现浇混凝土、预制混凝土及钢筋、钢构件制作安装等
B.1.1.6.5.1.7						各单体建筑		包括：各单体建筑物结构工程、门窗安装、室内外装饰、防水及屋面工程等
B.1.1.6.5.2					设备及系统安装工程			
B.1.1.6.5.2.1						工艺系统		包括：潜水泵、混流泵、格栅除污机、悬挂起重机、电动葫芦、栅渣压榨机等工艺设备及工艺管道、闸阀与支架安装等
B.1.1.6.5.2.2						电气工程		包括：电气设备、电缆、配管、配线、电缆桥架、照明与提示灯具、防雷及接地装置安装等
B.1.1.6.5.2.3						自动化控制		包括：自动化控制设备、监测检测仪器仪表、安全监控装置以及电缆、配管、配线等安装

表 B–02（续）

编码	一级	二级	三级	四级	五级	六级	七级	对最后一个层级的说明
B.1.1.6.5.2.4						通风空调工程		包括：通风机组、空调、通风管道及部件、管架等安装及刷油、防腐、绝热等
B.1.1.6.5.2.5						热力工程		包括：热力设备、热力管道、阀门、管件及其他连接件、无损探伤与热处理、管架、刷油、防腐蚀、绝热
B.1.1.6.5.2.6						消防工程		包括：消防设备与器具、消防管道、自动报警装置等安装
B.1.1.6.5.2.7						建筑智能化工程		包括：建筑智能化设备、综合布线、配管、配线、门禁、广播等
B.1.1.6.5.2.8						采暖给水排水工程		包括：给排水采暖管道、管道附件、给排水及采暖器具安装等
B.1.1.7			城市垃圾处理工程					
B.1.1.7.1				垃圾卫生填埋				
B.1.1.7.1.1					土建工程			
B.1.1.7.1.2					设备系统安装			
B.1.1.7.2				垃圾焚烧				

表 B–02（续）

编码	一级	二级	三级	四级	五级	六级	七级	对最后一个层级的说明
B.1.1.7.2.1					土建工程			
B.1.1.7.2.2					设备系统安装			
B.1.1.7.3				垃圾回收站				
B.1.1.7.3.1					土建工程			
B.1.1.7.3.2					设备系统安装			
B.1.1.7.4				固体废弃垃圾处理厂				
B.1.1.7.4.1					土建工程			
B.1.1.7.4.2					设备系统安装			
B.1.1.8			绿化工程					
B.1.1.8.1				道路绿带				
B.1.1.8.1.1					常规种植			
B.1.1.8.1.1.1						绿化用地整理		包括：平整、挖土、回填、拆除旧路与构筑物、砍伐树木与灌木、清除草皮与地被植物、客土及渣土外运等
B.1.1.8.1.1.2						种植乔木		包括：挖穴（槽）、散苗、修剪、场内苗木搬运、涂防腐剂、开堰、捆支柱、箱板拆除、种植、施肥、浇水、施工期养护

表 B-02（续）

编码	一级	二级	三级	四级	五级	六级	七级	对最后一个层级的说明
B.1.1.8.1.1.3						种植灌木、色带		包括：挖穴（槽）、修剪、场内苗木搬运、施肥、种植、立支柱、浇水、施工期养护
B.1.1.8.1.1.4						种植草坪、花卉		包括：挖坑、修剪、种植、浇水、清理、施工期养护；孔内清理、填种植土、栽植等
B.1.1.8.1.1.5						喷播植草		包括：整坡、阴坡、喷播、加覆盖物、固定等
B.1.1.8.1.2					树木挪移			
B.1.1.8.1.2.1						树木挖掘、运输		包括：挖掘树木、修剪、挖掘土球、木箱包装、装箱、现场清理；装车、场外运输、卸车、平整车道等
B.1.1.8.1.2.2						种植		包括：挖穴（槽）、散苗、修剪、场内苗木搬运、涂防腐剂、开堰、捆支柱、箱板拆除、种植、施肥、浇水、施工期养护
B.1.1.8.1.3					附属设施			
B.1.1.8.1.3.1						给水喷灌		包括：挖沟槽、管道与阀门安装、水表与喷头安装、井室砌筑、自动智能喷灌系统安装等

表 B-02（续）

编码	一级	二级	三级	四级	五级	六级	七级	对最后一个层级的说明
B.1.1.8.1.3.2						绿地排水		包括：绿地排水管道安装或沟槽砌筑、集水井砌筑等
B.1.1.8.1.3.3						绿地护栏		包括：挖基础土方、混凝土浇筑、养护、栏杆安装、清污迹、回填、清理现场等
B.1.1.8.1.3.4						其他		包括：花坛、绿地园路的修建等
B.1.1.8.2				交通岛绿带				
B.1.1.8.2.1					常规种植			
B.1.1.8.2.1.1						绿化用地整理		包括：平整、挖土、回填、拆除旧路与构筑物、砍伐树木与灌木、清除草皮与地被植物、客土及渣土外运等
B.1.1.8.2.1.2						种植乔木		包括：挖穴（槽）、散苗、修剪、场内苗木搬运、涂防腐剂、开堰、捆支柱、箱板拆除、种植、施肥、浇水、施工期养护
B.1.1.8.2.1.3						种植灌木、色带		包括：挖穴（槽）、修剪、场内苗木搬运、施肥、种植、立支柱、浇水、施工期养护
B.1.1.8.2.1.4						种植草坪、花卉		包括：挖坑、修剪、种植、浇水、清理、施工期养护；孔内清理、填种植土、栽植等

表 B-02（续）

编码	一级	二级	三级	四级	五级	六级	七级	对最后一个层级的说明
B.1.1.8.2.1.5						喷播植草		包括：整坡、阴坡、喷播、加覆盖物、固定等
B.1.1.8.2.2					树木挪移			
B.1.1.8.2.2.1						树木挖掘、运输		包括：挖掘树木、修剪、挖掘土球、木箱包装、装箱、现场清理；装车、场外运输、卸车、平整车道等
B.1.1.8.2.2.2						种植		包括：挖穴（槽）、散苗、修剪、场内苗木搬运、涂防腐剂、开堰、捆支柱、箱板拆除、种植、施肥、浇水、施工期养护
B.1.1.8.2.3					附属设施			
B.1.1.8.2.3.1						给水喷灌		包括：挖沟槽、管道与阀门安装、水表与喷头安装、井室砌筑、自动智能喷灌系统安装等
B.1.1.8.2.3.2						绿地排水		包括：绿地排水管道安装或沟槽砌筑、集水井砌筑等
B.1.1.8.2.3.3						绿地护栏		包括：挖基础土方、混凝土浇筑、养护、栏杆安装、清污迹、回填、清理现场等
B.1.1.8.2.3.4						其他		包括：花坛、绿地园路的修建等
B.1.1.8.3				停车场绿地				

表 B-02（续）

编码	一级	二级	三级	四级	五级	六级	七级	对最后一个层级的说明
B.1.1.8.3.1					常规种植			
B.1.1.8.3.1.1						绿化用地整理		包括：平整、挖土、回填、拆除旧路与构筑物、砍伐树木与灌木、清除草皮与地被植物、客土及渣土外运等
B.1.1.8.3.1.2						种植乔木		包括：挖穴（槽）、散苗、修剪、场内苗木搬运、涂防腐剂、开堰、捆支柱、箱板拆除、种植、施肥、浇水、施工期养护
B.1.1.8.3.1.3						种植灌木、色带		包括：挖穴（槽）、修剪、场内苗木搬运、施肥、种植、立支柱、浇水、施工期养护等
B.1.1.8.3.1.4						种植草坪、花卉		包括：挖坑、修剪、种植、浇水、清理、施工期养护；孔内清理、填种植土、栽植等
B.1.1.8.3.1.5						喷播植草		包括：整坡、阴坡、喷播、加覆盖物、固定等
B.1.1.8.3.2					树木挪移			
B.1.1.8.3.2.1						树木挖掘、运输		包括：挖掘树木、修剪、挖掘土球、木箱包装、装箱、现场清理；装车、场外运输、卸车、平整车道等

表 B-02（续）

编码	一级	二级	三级	四级	五级	六级	七级	对最后一个层级的说明
B.1.1.8.3.2.2						种植		包括：挖穴（槽）、散苗、修剪、场内苗木搬运、涂防腐剂、开堰、捆支柱、箱板拆除、种植、施肥、浇水、施工期养护等
B.1.1.8.3.3					附属设施			
B.1.1.8.3.3.1						给水喷灌		包括：挖沟槽、管道与阀门安装、水表与喷头安装、井室砌筑、自动智能喷灌系统安装等
B.1.1.8.3.3.2						绿地排水		包括：绿地排水管道安装或沟槽砌筑、集水井砌筑等
B.1.1.8.3.3.3						绿地护栏		包括：挖基础土方、混凝土浇筑、养护、栏杆安装、清污迹、回填、清理现场等
B.1.1.8.4				广场绿地				
B.1.1.8.4.1					常规种植			
B.1.1.8.4.1.1						绿化用地整理		包括：平整、挖土、回填、拆除旧路与构筑物、砍伐树木与灌木、清除草皮与地被植物、客土及渣土外运等
B.1.1.8.4.1.2						种植乔木		包括：挖穴（槽）、散苗、修剪、场内苗木搬运、涂防腐剂、开堰、捆支柱、箱板拆除、种植、施肥、浇水、施工期养护

表 B-02（续）

编码	一级	二级	三级	四级	五级	六级	七级	对最后一个层级的说明
B.1.1.8.4.1.3						种植灌木、色带		包括：挖穴（槽）、修剪、场内苗木搬运、施肥、种植、立支柱、浇水、施工期养护等
B.1.1.8.4.1.4						种植草坪、花卉		包括：挖坑、修剪、种植、浇水、清理、施工期养护；孔内清理、填种植土、栽植等
B.1.1.8.4.1.5						喷播植草		包括：整坡、阴坡、喷播、加覆盖物、固定等
B.1.1.8.4.2					树木挪移			
B.1.1.8.4.2.1						树木挖掘、运输		包括：挖掘树木、修剪、挖掘土球、木箱包装、装箱、现场清理；装车、场外运输、卸车、平整车道等
B.1.1.8.4.2.2						种植		包括：挖穴（槽）、散苗、修剪、场内苗木搬运、涂防腐剂、开堰、捆支柱、箱板拆除、种植、施肥、浇水、施工期养护等
B.1.1.8.4.3					附属设施			
B.1.1.8.4.3.1						给水喷灌		包括：挖沟槽、管道与阀门安装、水表与喷头安装、井室砌筑、自动智能喷灌系统安装等

表 B-02（续）

编码	一级	二级	三级	四级	五级	六级	七级	对最后一个层级的说明
B.1.1.8.4.3.2						绿地排水		包括：绿地排水管道安装或沟槽砌筑、集水井砌筑等
B.1.1.8.4.3.3						绿地护栏		包括：挖基础土方、混凝土浇筑、养护、栏杆安装、清污迹、回填、清理现场等
B.1.1.9			交通安全设施工程					
B.1.1.9.1				交通标志				包括：可变信息标志、可变限速标志安装
B.1.1.9.2				交通标线				包括：交通标线涂敷、漆划、养护等
B.1.1.9.3				防护设施				
B.1.1.9.3.1					防撞护栏			包括：混凝土、钢筋等
B.1.1.9.3.2					护栏			包括：混凝土、钢筋等
B.1.1.9.3.3					分隔设施			包括：混凝土、钢筋等
B.1.1.9.4				交通信号灯				
B.1.1.9.4.1					信号灯			包括：灯杆、基础、信号灯、线缆、手孔井
B.1.1.9.4.2					交通信号控制系统			包括：控制柜及基础及预埋管线等

表 B-02（续）

编码	一级	二级	三级	四级	五级	六级	七级	对最后一个层级的说明
B.1.1.9.5				智能化交通设施				
B.1.1.9.5.1					电子警察监控系统			包括：杆、设备安装及线缆敷设等
B.1.1.9.5.2					全景视频综合监控			
B.1.1.9.5.3					交通流信息采集			
B.1.1.9.5.4					违法停车抓拍系统			
B.1.1.9.5.5					机动车闯禁行系统			
B.1.1.9.5.6					违法鸣笛抓拍系统			
B.1.1.9.5.7					机动车未礼让行人抓拍			
B.1.1.9.5.8					车路协同设施			
B.1.1.9.5.9					新型行人过街提示系统			
B.1.1.9.5.10					智慧行人过街设施			

表 B-02（续）

编码	一级	二级	三级	四级	五级	六级	七级	对最后一个层级的说明
B.1.1.9.5.11					共享自行车规范管理电子围栏			包括：杆、设备安装及线缆敷设等
B.1.1.9.5.12					可变情报板			
B.1.1.9.5.13					道路气象检测设备			
B.1.1.10			照明工程					
B.1.1.10.1				功能照明				
B.1.1.10.1.1					常规照明			
B.1.1.10.1.1.1						变配电设备安装		包括：设备基础、箱式变电站或变压器、开闭器等设备以及各种箱柜安装等
B.1.1.10.1.1.2						普通灯杆安装		包括：灯杆基础与灯杆安装等
B.1.1.10.1.1.3						电缆、配管配线与管井		包括：电缆敷设、导线架设；电缆保护管、过路管、上线管安装；管道包封及电力井的制作、安装等
B.1.1.10.1.1.4						灯具及附属装置安装		包括：灯具及镇流器、触发器等附属装置安装等
B.1.1.10.1.1.5						控制系统安装		包括：控制电缆、光缆敷设；控制器、启动器、分光器控制台、配电箱等安装；无线终端安装及系统联调等

表 B–02（续）

编码	一级	二级	三级	四级	五级	六级	七级	对最后一个层级的说明
B.1.1.10.1.1.6						防雷接地装置		包括：防雷接地装置安装（包括接地母线、地线钎子等）
B.1.1.10.1.2					高杆照明			
B.1.1.10.1.2.1						变配电设备安装		包括：设备基础、箱式变电站或变压器、开闭器等设备以及各种箱柜安装等
B.1.1.10.1.2.2						高杆灯杆安装		包括：灯杆基础与灯杆安装等
B.1.1.10.1.2.3						电缆、配管配线与管井		包括：电缆敷设、导线架设；电缆保护管、过路管、上线管安装；管道包封及电力井的制作、安装等
B.1.1.10.1.2.4						灯具及附属装置安装		包括：灯具及镇流器、触发器等附属装置安装等
B.1.1.10.1.2.5						控制系统安装		包括：控制电缆、光缆敷设；控制器、启动器、分光器控制台、配电箱等安装；无线终端安装及系统联调等
B.1.1.10.1.2.6						防雷接地装置		包括：防雷接地装置安装（包括接地母线、地线钎子等）
B.1.1.10.2				景观照明				
B.1.1.10.2.1					桥梁景观照明			

表 B-02（续）

编码	一级	二级	三级	四级	五级	六级	七级	对最后一个层级的说明
B.1.1.10.2.1.1						电缆、配管配线与管井		包括：电缆敷设、导线架设；电缆保护管、过路管、上线管安装；管道包封及电力井的制作、安装等
B.1.1.10.2.1.2						灯具及附属装置安装		包括：灯带、效果灯光、灯具及镇流器、触发器等附属装置安装等
B.1.1.10.2.1.3						控制系统安装		包括：控制电缆、光缆敷设；控制器、启动器、分光器控制台、配电箱等安装；无线终端安装及系统联调等
B.1.1.10.2.1.4						防雷接地装置		包括：防雷接地装置安装（包括接地母线、地线钎子等）
B.1.1.10.2.2					其他景观照明			
B.1.1.10.2.2.1						电缆、配管配线与管井		包括：电缆敷设、导线架设；电缆保护管、过路管、上线管安装；管道包封及电力井的制作、安装等
B.1.1.10.2.2.2						灯具及附属装置安装		包括：效果灯光、灯具及镇流器、触发器等附属装置安装等
B.1.1.10.2.2.3						控制系统安装		包括：控制电缆、光缆敷设；控制器、启动器、分光器控制台、配电箱等安装；无线终端安装及系统联调等

表 B–02（续）

编码	一级	二级	三级	四级	五级	六级	七级	对最后一个层级的说明
B.1.1.10.2.2.4						防雷接地装置		包括：防雷接地装置安装（包括接地母线、地线钎子等）
B.1.2		工程建设其他费用						
B.1.2.1			前期工程费					
B.1.2.1.1				土地征用及补偿费				根据项目情况列项，包括全部相关内容
B.1.2.1.2				临时占地费				根据项目情况列项，包括全部相关内容
B.1.2.1.3				建（构）筑物拆迁补偿费				根据项目情况列项，包括全部相关内容
B.1.2.1.4				树木及绿化赔偿费				根据项目情况列项，包括全部相关内容
B.1.2.1.5				道路恢复费				根据项目情况列项，包括全部相关内容
B.1.2.1.6				管线迁改、加固及悬吊费				根据项目情况列项，包括全部相关内容
B.1.2.1.7				交通疏解费				根据项目情况列项，包括全部相关内容
B.1.2.1.8				其他				以上不包括的其他项目内容
B.1.2.2			其他费用					

表 B–02（续）

编码	一级	二级	三级	四级	五级	六级	七级	对最后一个层级的说明
B.1.2.2.1				场地准备费				根据项目情况列项，包括全部相关内容
B.1.2.2.2				项目建设管理费				根据项目情况列项，包括全部相关内容
B.1.2.2.3				建设工程监理与相关服务费				根据项目情况列项，包括全部相关内容
B.1.2.2.4				招标代理及招标交易服务费				根据项目情况列项，包括全部相关内容
B.1.2.2.4.1					招标代理服务费			根据项目情况列项，包括全部相关内容
B.1.2.2.4.2					招标交易服务费			根据项目情况列项，包括全部相关内容
B.1.2.2.5				前期工作费				根据项目情况列项，包括全部相关内容
B.1.2.2.5.1					可行性研究费			根据项目情况列项，包括全部相关内容
B.1.2.2.5.2					环境影响评价费			根据项目情况列项，包括全部相关内容
B.1.2.2.5.3					地震安全性评价费			根据项目情况列项，包括全部相关内容
B.1.2.2.5.4					地质灾害危险性评估费			根据项目情况列项，包括全部相关内容
B.1.2.2.5.5					节能评估费			根据项目情况列项，包括全部相关内容

表 B-02（续）

编码	一级	二级	三级	四级	五级	六级	七级	对最后一个层级的说明
B.1.2.2.5.6					社会稳定风险评估费			根据项目情况列项，包括全部相关内容
B.1.2.2.5.7					防洪评价费			根据项目情况列项，包括全部相关内容
B.1.2.2.5.8					文物勘探及保护费			根据项目情况列项，包括全部相关内容
B.1.2.2.6				勘察设计费				根据项目情况列项，包括全部相关内容
B.1.2.2.6.1					勘察费			根据项目情况列项，包括全部相关内容
B.1.2.2.6.2					设计费			根据项目情况列项，包括全部相关内容
B.1.2.2.6.3					竣工图编制费			根据项目情况列项，包括全部相关内容
B.1.2.2.6.4					施工图审查费			根据项目情况列项，包括全部相关内容
B.1.2.2.7				咨询费				根据项目情况列项，包括全部相关内容
B.1.2.2.7.1					设计咨询费			根据项目情况列项，包括全部相关内容
B.1.2.2.7.2					工程造价咨询费			根据项目情况列项，包括全部相关内容
B.1.2.2.8				联合试运转费				根据项目情况列项，包括全部相关内容
B.1.2.2.9				专利及专有技术使用费				根据项目情况列项，包括全部相关内容
B.1.2.2.10				生产准备及开办费				根据项目情况列项，包括全部相关内容

表 B-02（续）

编码	一级	二级	三级	四级	五级	六级	七级	对最后一个层级的说明
B.1.2.2.10.1					生产职工培训费			根据项目情况列项，包括全部相关内容
B.1.2.2.10.2					生产办公和生活家具用具购置费			根据项目情况列项，包括全部相关内容
B.1.2.2.10.3					工器具购置费			根据项目情况列项，包括全部相关内容
B.1.2.2.11				工程保险费				根据项目情况列项，包括全部相关内容
B.1.2.2.12				安全生产保障费				根据项目情况列项，包括全部相关内容
B.1.2.2.13				环境保护税				根据项目情况列项，包括全部相关内容
B.1.2.2.14				水资源税				根据项目情况列项，包括全部相关内容
B.1.2.2.15				水土保持咨询费				根据项目情况列项，包括全部相关内容
B.1.2.2.16				其他				以上不包括的其他项目内容
B.1.3		预备费						根据项目情况列项，包括全部相关内容
B.1.3.1			基本预备费					根据项目情况列项，包括全部相关内容
B.1.3.2			价差预备费					根据项目情况列项，包括全部相关内容
B.1.4		资金筹措费						根据项目情况列项，包括全部相关内容
B.1.5		流动资金						根据项目情况列项，包括全部相关内容

B–03 建设项目特征信息及参数表（表 B–03）

表 B–03 建设项目特征信息及参数表

<table>
<tr><th>序号</th><th colspan="2">名称</th><th>内容</th><th>说明</th></tr>
<tr><td>一</td><td colspan="2">基本信息及参数</td><td></td><td></td></tr>
<tr><td>1</td><td colspan="2">地区</td><td></td><td></td></tr>
<tr><td>2</td><td colspan="2">项目名称（或标段名称及数量）</td><td></td><td>建设单位和施工单位视具体情况填写</td></tr>
<tr><td>3</td><td colspan="2">项目规模</td><td>km、m、m^2、万 t/d 等</td><td>增加说明，视项目情况填写</td></tr>
<tr><td>4</td><td colspan="2">建设内容</td><td>道路□桥涵□隧道□管网□管廊□厂站□交通安全设施□照明□绿化□垃圾处理□</td><td></td></tr>
<tr><td>5</td><td colspan="2">建设性质</td><td>新建□、改建□、扩建□、其他□（ ）</td><td></td></tr>
<tr><td>6</td><td colspan="2">编制时间</td><td></td><td>显示到月份即可</td></tr>
<tr><td rowspan="7">7</td><td colspan="2" rowspan="7">造价类型★</td><td>估算价□</td><td rowspan="7">单项选择，根据价格分析来源填写</td></tr>
<tr><td>概算价□</td></tr>
<tr><td>预算价□</td></tr>
<tr><td>招标控制价□</td></tr>
<tr><td>合同价□</td></tr>
<tr><td>结算价□</td></tr>
<tr><td>决算价□</td></tr>
<tr><td rowspan="4">8</td><td colspan="2" rowspan="4">费用类别★</td><td>工程费用□</td><td rowspan="4">按编制内容选择</td></tr>
<tr><td>工程建设其他费用□</td></tr>
<tr><td>预备费用□</td></tr>
<tr><td>专项费用□</td></tr>
<tr><td>二</td><td colspan="2">分类工程信息</td><td></td><td></td></tr>
<tr><td rowspan="2">9</td><td rowspan="2">道路工程</td><td>道路等级</td><td>快速路□、主干路□、次干路□、支路□、里巷道路□</td><td></td></tr>
<tr><td>道路横断面形式</td><td>单幅式□、双幅式□、三幅式□、四幅式□</td><td></td></tr>
</table>

表 B-03（续）

序号	名称		内容	说明
9	道路工程	道路长度及面积	（　）km、（　）m^2	
		路面宽度	机动车道宽度（　）m；非机动车道宽度（　）m	
		路面结构厚度	机动车道厚度（　）cm；非机动车道厚度（　）cm	
		城市广场面积	（　）m^2	
		广场铺装结构厚度	（　）cm	厚度为基层与面层合计厚度
		停车场面积	（　）m^2	
		停车场铺装结构厚度	（　）cm	厚度为基层与面层合计厚度
10	桥梁工程	桥梁类型	分离式立交桥 / 跨线桥□、互通式立交桥□、高架桥□、跨河桥□、通道箱涵□、人行通道□、人行天桥□	
		桥梁结构体系	梁式桥□、拱式桥□、悬索桥□、斜拉桥□、刚构桥□、组合体系桥□	
		桥梁数量	（　）座	
11	隧道工程	隧道工法	明挖□、暗挖□、盾构□	
		隧道长度	总长度（　）单洞延长米，其中：明挖（　）单洞延长米、U 形槽（　）单洞延长米、暗挖（　）单洞延长米、盾构（　）单洞延长米	
		隧道结构净宽度	（　）m	
12	管网工程	管网类型	雨水□、污水□、给水□、再生水□、燃气□、热力□	
		管线长度	雨水管道（　）m、污水管道（　）m、给水管道（　）m、再生水管道（　）m、燃气管道（　）m、热力管道（　）m、泵站（　）座	管线长度为桩号长度加支线长度
13	管廊工程	管廊类型	单舱□、双舱□、三舱□、四舱□、五舱及以上□	
		管廊长度	单舱（　）m、双舱（　）m、三舱（　）m、四舱（　）m、五舱及以上（　）m	

表 B-03（续）

序号	名称			内容	说明
14	厂站工程	燃气厂站	类别	门站□、储配站□、调压站（箱/柜）□、其他□	
			供气能力	供气能力（　）m^3/h、年总供气能力（　）m^3	按类别分别填写
			厂站数量	（　）座	按类别分别填写
		热力厂站	类别	热源厂□、中继泵站□、热力站□、其他□	
			供热能力	（　）m^2、（　）MW、（　）蒸吨	按类别分别填写
			厂站数量	（　）座	按类别分别填写
		给水（净水）处理厂	处理能力	供水（　）万吨/日	
			建筑面积	（　）m^2	
		污水（中水）处理厂	处理能力	污水处理（　）万吨/日；再生水（　）万吨/日	
			建筑面积	（　）m^2	
		雨、污水泵站	类别	雨水泵站□、污水泵站□	
			设计流量	（　）m^3/s（用于雨水）或（　）m^3/d（用于污水）	按类别分别填写
			泵站数量	（　）座	按类别分别填写
15	城市垃圾处理工程	处理方式		填埋□、焚烧□、垃圾回收站□、固体废弃垃圾处理厂□	
		垃圾处理能力		（　）万吨/日	
		建筑面积		（　）m^2	
16	绿化工程	绿地类别		道路绿带□、交通岛绿地□、停车场绿地□、广场绿地□	
		绿化面积		（　）m^2	按类别分别填写
17	交通安全设施工程	标志牌数量		（　）套	
		道路标志线面积		（　）m^2	涂料面积
		防撞设施数量		防撞护栏（　）m、防撞垫（　）处、限界结构防撞设施（　）处、护栏（　）m、分隔设施（　）m、隔离栅（　）m、防落物网（　）m、防眩设施（　）个	

表 B-03（续）

序号	名称		内容	说明
17	交通安全设施工程	信号灯数量	十字路口（ ）处，丁字路口（ ）处，人行过街（ ）对	
		智能化交通设施	交通流信息采集系统（ ）套、全景视频监控系统（ ）套、电子警察系统（ ）套、违法停车抓拍系统（ ）套、机动车闯禁行系统（ ）套、新型行人过街提示系统（ ）套、车路协同系统（ ）套、智慧行人过街安全系统（ ）套、违法鸣笛抓拍系统（ ）套、机动车未礼让行人抓拍系统（ ）套、共享自行车规范管理电子围栏（ ）套、可变情报板（ ）套、道路气象检测设备（ ）套	
18	照明工程	照明类型	功能照明□、景观照明□	
		照明方式	常规照明□、高杆照明□、半高杆照明□	
		灯具、灯杆数量	灯具（ ）套、灯杆（ ）套	
		箱变数量	（ ）套	
三	项目信息			
19	工程承包模式		工程总承包（EPC）□	
			项目管理承包（PMC）□	
			设计—建造（DB）□	
			平行发包（DBB）□	
			施工管理承包（CM）□	
			建造－运营－移交（BOT）□	
			公共部门与私人企业合作（PPP）□	
			其他□（ ）	
			定额计价□	
			概算下浮□	
			其他□（ ）	
20	建设工期			填写到月
21	开工日期			填写到月
22	竣工日期			填写到月
23	开通日期			1. 填写到月； 2. 如是分段开通，可多次填写开通日期

B–04　工程特征信息及参数表

B–04–01　道路工程特征信息及参数表（表 B–04–01–01 ~ 表 B–04–01–03）

表 B–04–01–01　道路工程（各等级）特征信息及参数表

序号	名称	内容	说明
一	基本信息及参数		
1	施工标段		
2	工程名称★		
3	设计起止桩号	K（　）+（　）~ K（　）+（　）	
4	道路等级	快速路□、主干路□、次干路□、支路□、里巷道路□	单项选择
5	设计行车速度	（　）km/h	
6	道路红线宽度	（　）m	
7	道路横断面形式	单幅式□、双幅式□、三幅式□、四幅式□	单项选择
8	横断面宽度	（　）m 人行道 +（　）m 非机动车道 +（　）m 机非隔离带 +（　）m 机动车道 +（　）m 中央隔离带 +（　）m 机动车道 +（　）m 机非隔 +（　）m 非机动车道 +（　）m 人行道	单幅路、双幅路、三幅路不发生的项填零
9	机动车道数（双向）	机动车（　）道、非机动车（　）道	
10	道路面积★	机动车道面积（　）m^2+ 非机动车道面积（　）m^2	
11	机动车道道路面积★	面积（　）m^2	
12	机动车道道路长度	长度（　）m	
13	机动车道道路宽度	宽度（　）m	
14	机动车道路面结构厚度★	基层（　）cm+ 面层（　）cm	
15	非机动车道道路面积★	面积（　）m^2	
16	非机动车道道路长度	长度（　）m	

表 B-04-01-01（续）

序号	名称	内容	说明
17	非机动车道道路宽度	宽度（　）m	
18	非机动车道路面结构厚度★	基层（　）cm+ 面层（　）cm	
19	人行道铺装面积★	面积（　）m^2	扣除树池所占面积
20	人行道宽度	宽度（　）m	含路缘石宽度
21	人行道结构厚度★	基层（　）cm+ 面层（　）cm	
22	路缘石长度	长度（　）m	
23	挡土墙长度	长度（　）m	
24	挡土墙平均高度	高度（　）m	
二	工程专业信息		
1	路基主要土质★	土质□、石质□、其他□（　）	1. 单项选择； 2. 选择“其他”时，可对未列出的选项进行补充
2	路基处理方式	强夯处理□、振冲处理□、桩基处理□、换填处理□、其他□（　）	
2.1	其中：桩基处理方式★	石灰砂桩□、挤密砂桩□、粉喷桩□、深层搅拌桩□、柱锤冲扩桩□、水泥粉煤灰碎石桩□、预应力管桩□、其他□（　）	
2.2	其中：换填处理方式★	石灰土□、砂砾石□、二灰土□、块片石□、其他□（　）	
3	护坡	石料砌筑□、预制混凝土砌块□、现浇混凝土□、其他□（　）	
4	挡土墙★	预制混凝土挡墙□、现浇混凝土挡墙□、砌筑挡墙□、其他□（　）	
5	道路基层		
5.1	机动车道基层材料★	沥青稳定碎石基层□、沥青贯入碎石基层□、砂砾石基层□、碎（卵）石基层□、水泥稳定碎石基层□、石灰、粉煤灰、碎石□、水泥稳定土基层□、石灰稳定土基层□、其他□（　）	1. 多项选择； 2. 选择“其他”时，可对未列出的选项进行补充

表 B-04-01-01（续）

序号	名称	内容	说明
5.2	非机动车道基层材料★	沥青稳定碎石基层□、沥青贯入碎石基层□、砂砾石基层□、碎（卵）石基层□、水泥稳定碎石基层□、石灰、粉煤灰、碎石□、水泥稳定土基层□、石灰稳定土基层□、其他□（ ）	1. 多项选择； 2. 选择“其他”时，可对未列出的选项进行补充
6	道路面层		
6.1	机动车道面层材料★	沥青混凝土面层□、水泥混凝土面层□、其他□（ ）	1. 单项选择； 2. 选择“其他”时，可对未列出的选项进行补充
6.2	非机动车道面层材料★	沥青混凝土面层□、水泥混凝土面层□、其他□（ ）	
7	人行道面层★	水泥混凝土面砖□、石料面砖□、其他□（ ）	
8	人行道基层★	水泥混凝土基层□、级配碎石基层□、石灰土基层□、砂基层□、其他□（ ）	
9	路缘石	水泥混凝土路缘石□、石料路缘石□	
10	路缘石类型	立式路缘石□、L形路缘石□、平石□、其他□（ ）	
三	计价信息		
1	编制时间★		填写到月
2	是否含税价	是□、税率（ ）%；否□	单项选择，选择“是”，需填写税率
3	开工时间		填写到月
4	竣工时间		填写到月

表 B-04-01-02　城市广场工程特征信息及参数表

序号	名称	内容	说明
一	基本信息及参数		
1	施工标段		
2	工程名称★		
3	设计起止桩号	K（ ）+（ ）~K（ ）+（ ）	
4	城市广场功能	公共活动广场□、集散广场□、交通广场□、纪念性广场□、商业广场□	单项选择

表 B-04-01-02（续）

序号	名称	内容	说明
5	广场用地规模★	（ ）hm^2	
6	广场设计规划面积	面积（ ）m^2	
6.1	其中：广场铺装面积★	面积（ ）m^2	
6.2	其中：绿化用地面积★	面积（ ）m^2	
6.3	其中：行道用地面积★	面积（ ）m^2	
6.4	其中：附属建筑用地面积★	面积（ ）m^2	
7	广场功能性建筑	（ ）处	
7.1	其中：标志性建筑	雕塑（ ）处、纪念建筑（ ）处、碑刻（ ）处、城市形象建筑（ ）处、其他（ ）处	
7.2	其中：建筑小品	花坛（ ）处、花架（ ）处、水池（ ）处、喷泉（ ）处、艺术小品（ ）处、其他（ ）处	
8	广场铺装厚度★	基层（ ）cm+ 面层（ ）cm	
9	行道性质	车行道□、人行道□	
10	车行道路面积★	机动车道面积（ ）m^2+ 非机动车道面积（ ）m^2	
11	车行道路长度	长度（ ）m	
12	机动车道道路宽度	宽度（ ）m	
13	机动车道路面结构厚度★	基层（ ）cm+ 面层（ ）cm	
14	非机动车道道路宽度	宽度（ ）m	
15	非机动车道路面结构厚度★	基层（ ）cm+ 面层（ ）cm	
16	人行道铺装面积★	面积（ ）m^2	扣除树池所占面积
17	人行道宽度	宽度（ ）m	含路缘石宽度
18	人行道结构厚度★	基层（ ）cm+ 面层（ ）cm	
19	路缘石长度	长度（ ）m	

表 B-04-01-02（续）

序号	名称	内容	说明
20	挡土墙长度	长度（　）m	
21	挡土墙平均高度	高度（　）m	
二	工程专业信息		
1	地基主要土质★	土质□、石质□、其他□（　）	1. 单项选择； 2. 选择“其他”时，可对未列出的选项进行补充
2	地基处理方式	强夯处理□、振冲处理□、桩基处理□、换填处理□、其他□（　）	
2.1	其中：桩基处理方式★	石灰砂桩□、挤密砂桩□、粉喷桩□、深层搅拌桩□、柱锤冲扩桩□、水泥粉煤灰碎石桩□、预应力管桩□、其他□（　）	
2.2	其中：换填处理方式★	石灰土□、砂砾石□、二灰土□、块片石□、其他□（　）	
3	护坡	石料砌筑□、预制混凝土砌块□、现浇混凝土□、其他□（　）	
4	挡土墙★	预制混凝土挡墙□、现浇混凝土挡墙□、砌筑挡墙□、其他□（　）	
5	广场铺装		
5.1	其中：面层	石材块料□、预制混凝土块料□、其他□（　）	1. 单项选择； 2. 选择“其他”时，可对未列出的选项进行补充
5.2	其中：基层	石灰、粉煤灰、碎石□、水泥稳定土基层□、石灰稳定土基层□、砂石基层□、其他□（　）	
6	道路基层		
6.1	其中：机动车道基层材料★	沥青稳定碎石基层□、沥青贯入碎石基层□、砂砾石基层□、碎（卵）石基层□、水泥稳定碎石基层□、石灰、粉煤灰、碎石□、水泥稳定土基层□、石灰稳定土基层□、其他□（　）	1. 多项选择； 2. 选择“其他”时，可对未列出的选项进行补充
6.2	其中：非机动车道基层材料★	沥青稳定碎石基层□、沥青贯入碎石基层□、砂砾石基层□、碎（卵）石基层□、水泥稳定碎石基层□、石灰、粉煤灰、碎石□、水泥稳定土基层□、石灰稳定土基层□、其他□（　）	

表 B-04-01-02（续）

序号	名称	内容	说明
7	道路面层		
7.1	其中：机动车道面层材料★	沥青混凝土面层□、水泥混凝土面层□、其他□（ ）	1. 单项选择； 2. 选择“其他”时，可对未列出的选项进行补充
7.2	其中：非机动车道面层材料★	沥青混凝土面层□、水泥混凝土面层□、其他□（ ）	
8	人行道面层★	水泥混凝土面砖□、石料面砖□、其他□（ ）	
9	人行道基层★	水泥混凝土基层□、级配碎石基层□、石灰土基层□、砂基层□、其他□（ ）	
10	路缘石	水泥混凝土路缘石□、石料路缘石□	
11	路缘石类型	立式路缘石□、L形路缘石□、平石□	
三	计价信息		
1	编制时间★		填写到月
2	是否含税价	是□、税率（ ）%；否□	单项选择，选择“是”，需填写税率
3	开工时间		填写到月
4	竣工时间		填写到月

表 B-04-01-03　停车场工程特征信息及参数表

序号	名称	内容	说明
一	基本信息及参数		
1	施工标段		
2	工程名称★		
3	设计起止桩号	K（ ）+（ ）~K（ ）+（ ）	
4	停车场用地面积	面积（ ）m^2	
5	停车场规划设计面积	面积（ ）m^2	
6	设计停车位	共（ ）个：其中：中小型车车位（ ）个、大型车车位（ ）个	
7	停车场铺装面积★	面积（ ）m^2	

表 B–04–01–03（续）

序号	名称	内容	说明
8	行车道面积★	面积（ ）m^2	
9	附属建筑面积★	面积（ ）m^2	
10	绿化面积★	面积（ ）m^2	
11	停车场铺装厚度★	基层（ ）cm+ 面层（ ）cm	
12	车行道路长度	长度（ ）m	
13	车行道路宽度	宽度（ ）m	
14	车行道路面结构厚度★	基层（ ）cm+ 面层（ ）cm	
15	路缘石长度	长度（ ）m	
16	挡土墙长度	长度（ ）m	
17	挡土墙平均高度	高度（ ）m	
二	工程专业信息		
1	路基主要土质★	土质□、石质□、其他□（ ）	1. 单项选择； 2. 选择“其他”时，可对未列出的选项进行补充
2	路基处理方式	强夯处理□、振冲处理□、换填处理□、其他□（ ）	
2.1	其中：换填处理方式★	石灰土□、砂砾石□、二灰土□、其他□（ ）	
3	护坡	石料砌筑□、预制混凝土砌块□、现浇混凝土□、其他□（ ）	
4	挡土墙★	预制混凝土挡墙□、现浇混凝土挡墙□、砌筑挡墙□、其他□（ ）	
5	停车场面层★	石材块料□、预制混凝土块料□、沥青混凝土面层□、水泥混凝土面层□、其他□（ ）	1. 单项选择； 2. 选择“其他”时，可对未列出的选项进行补充
6	停车场基层★	砂砾石□、碎（卵）石□、水泥稳定碎石□、石灰、粉煤灰、碎石□、水泥稳定土□、石灰稳定土□、其他□（ ）	
7	车行道路面层★	沥青混凝土面层□、水泥混凝土面层□、其他□（ ）	

表 B-04-01-03（续）

序号	名称	内容	说明
8	车行道路基层★	沥青稳定碎石基层□、沥青贯入碎石基层□、砂砾石基层□、碎（卵）石基层□、水泥稳定碎石基层□、石灰、粉煤灰、碎石□、水泥稳定土基层□、石灰稳定土基层□、其他□（　）	1. 单项选择； 2. 选择“其他”时，可对未列出的选项进行补充
9	路缘石	水泥混凝土路缘石□、石料路缘石□	
10	路缘石类型	立式路缘石□、L形路缘石□、平石□	
三	计价信息		
1	编制时间★		填写到月
2	是否含税价	是□、税率（　）%；否□	单项选择，选择“是”，需填写税率
3	开工时间		填写到月
4	竣工时间		填写到月

B-04-02　桥涵工程特征信息及参数表（表 B-04-02-1 ~ 表 B-04-02-03）

表 B-04-02-01　立交桥梁工程特征信息及参数表

序号	名称	内容	说明
一	基本信息及参数		
1	施工标段		
2	工程名称★		
3	桥梁结构形式★	梁式桥□、拱式桥□、悬索桥□、斜拉桥□、刚构桥□、组合体系桥□	
4	桥梁材质	钢筋混凝土□、钢结构□、钢混组合□、石砌体□、玻璃钢□、其他□（　）	多选，按上部结构材质
5	桥位地理特征	山岭重丘□、平原微丘□、干处□、水中□、跨铁路□、软基□、跨干线交通□、跨（穿）重要风险源□	多选
6	抗震设防烈度	9度□、8度0.3g/s□、8度0.2g/s□、7度0.15g/s□、7度0.1g/s□、6度及以下□	单选

表 B-04-02-01（续）

序号	名称	内容	说明
7	抗震设防等级	甲□、乙□、丙□、丁□	单选
8	荷载等级	城A级□、城B级□、小汽车专用□、特殊荷载□	单选
9	施工工法★	预制吊装□、预制拼装□、支架现浇□、移动模架现浇□、挂篮悬浇□、现浇转体□、顶推□、缆索悬拼□、其他□（　）	1. 多项选择； 2. 选择"其他"时，可对未列出的选项进行补充
10	桥长（跨径组合）	主线桥（　）m+（　）m+（　）m…=（　）m/匝道桥1（　）m+（　）m…=（　）m/匝道桥2（　）m+（　）m…=（　）m/…	桥长按全桥伸缩缝之间的距离计，保留整位数。立交桥主桥与匝道桥分别填写。
11	桥宽	（　）m/匝道桥（　）m～（　）m	桥宽按护栏外边沿的水平投影计，分隔带有搭板的不扣，无搭板的扣除相应宽度。立交桥主桥与匝道桥分别填写，匝道桥宽不同，可用区间表示；框架桥宽按外皮宽。保留整数位
12	主线桥梁面积★	面积（　）m^2	桥梁面积＝桥长×桥宽
13	匝道桥梁面积★	面积（　）m^2	桥梁面积＝桥长×桥宽
14	立交桥总面积★	总面积（　）m^2	含主线桥及匝道桥
15	匝道桥层数	两层□、三层□、四层□、五层□	
16	匝道数	（　）条	
17	墩高区间	（　）m～（　）m	
18	通道箱涵数量	（　）座	
19	人行通道面积	主通道（　）m^2；出入口（　）m^2	
20	通道桥孔数	单孔□、双孔□、多孔□	
21	围护结构方式	地下连续墙□、钻孔灌注桩□、锚杆（锚索）□、土钉墙□、放坡开挖□、其他□（　）	

表 B-04-02-01（续）

序号	名称	内容	说明
22	地基加固方式	挤密桩□、旋喷桩□、搅拌桩□、注浆□、其他□（ ）	
23	人行天桥面积★	（ ）m^2	含坡梯道面积
二	工程专业信息		
1	地基	土层□、岩层□、砂卵石层□、软基□其他□（ ）	1. 多项选择； 2. 选择“其他”时，可对未列出的选项进行补充
2	基础		
2.1	临时工程	平台□、围堰□、降水□、便道□、便桥□	多选
2.2	桩基	混凝土板桩□、管桩（方桩）□、钢管桩□、钢管成孔灌注桩□、机械成孔灌注桩□	多选
2.3	混凝土基础	扩大基础□、承台□、沉井□、支撑梁□、桩间系梁□、锚锭□	
3	下部结构		
3.1	墩、台	现浇□、预制□、砌筑□、钢结构□	
3.2	盖梁	现浇□、预制□、钢结构□	
3.3	支座	板式橡胶支座□、钢支座□、盆式支座□、球型支座□、其他□（ ）	
4	上部结构		
4.1	结构形式	板梁□、T 梁□、I 型梁□、槽型梁□、箱梁□、桁架梁□ / 钢筋混凝土□、钢梁□、钢混叠合□	从梁型、材质、工法进行多选
4.2	施工工法	现浇□、预制□、支架现浇□、悬浇□、悬拼□、架桥机□、转体□、顶推□	
5	桥面系		
5.1	伸缩缝	梳形钢板□、钢板□、橡胶板□、毛勒缝□、沥青麻丝□、镀锌铁皮沥青玛琋脂□	
5.2	桥面防水	卷材□、涂料□	

表 B-04-02-01（续）

序号	名称	内容	说明
5.3	桥面铺装	钢筋混凝土□、沥青混凝土□、环氧沥青□	
5.4	人行步道	有□、无□	
5.5	防撞护栏	梁柱式护栏□、钢筋混凝土护栏□、组合式护栏□	
5.6	栏杆	钢筋混凝土□、石材□、普通钢材□、不锈钢□	
5.7	隔声屏	直立式□、半封闭□、全封闭□	
6	通道箱涵		
6.1	主体结构	明挖□、顶推□、暗挖□、盖挖□	
6.2	防水形式	SBS 改性沥青防水卷材□、膨润土防水毯□、聚氨酯防水涂料□、水泥基渗透结晶型防水涂料□、其他□（　）	
7	人行地下通道		
7.1	基坑支护方式★	桩基础围护□、锚喷支护□、放坡方式□、其他□（　）	
7.2	通道侧墙制作方式★	现浇混凝土侧墙□、预制混凝土侧墙□	
7.3	通道顶板制作方式★	现浇混凝土顶板□、预制混凝土顶板□	
7.4	电梯、扶梯数量★	电梯（　）部、扶梯（　）部	
8	人行天桥		
8.1	主体结构	钢箱梁□、钢桁梁□、钢筋混凝土□、玻璃钢□	
8.2	装饰部分	钢板□、铝板□、其他□（　）	
三	计价信息		
1	编制时间★		填写到月
2	是否含税价	是□、税率（　）%；否□	单项选择，选择“是”，需填写税率
3	开工时间		填写到月
4	竣工时间		填写到月

表 B-04-02-02　高架桥梁工程特征信息及参数表

序号	名称	内容	说明
一	基本信息及参数		
1	施工标段		
2	工程名称★		
3	设计起止桩号	K（　）+（　）~ K（　）+（　）	
4	道路等级★	快速路□、主干路□、次干路□	
5	道路设计行车速度	（　）km/h	
6	桥梁材质	钢筋混凝土□、钢结构□、钢混组合□、石砌体□、玻璃钢□、其他□（　）	多选，按上部结构材质
7	桥位地理特征	山岭重丘□、平原微丘□、干处□、水中□、跨铁路□、跨干线交通□、软基□	多选
8	抗震设防烈度	9 度□、8 度 0.3g/s □、8 度 0.2g/s □、7 度 0.15g/s □、7 度 0.1g/s □、6 度及以下□	单选
9	抗震设防等级	甲□、乙□、丙□、丁□	单选
10	荷载等级	城 A 级□、城 B 级□、小汽车专用□、特殊荷载□	单选
11	桥梁设计使用年限	（　）年	
12	施工工法★	预制吊装□、预制拼装□、支架现浇□、移动模架现浇□、挂篮悬浇□、现浇转体□、顶推□、缆索悬拼□等	多选
13	桥长（跨径组合）	（　）m+（　）m+（　）m···=（　）m	桥长按全桥伸缩缝之间的距离计，保留整位数
14	桥宽	（　）m	桥宽按护栏外边沿的水平投影计，分隔带有搭板的不扣，无搭板的扣除相应宽度
15	桥梁面积★	面积（　）m^2	桥梁面积 = 桥长 × 桥宽
16	平均墩高	（　）m	

表 B-04-02-02（续）

序号	名称	内容	说明
二	工程专业信息		
1	地基	土层□、岩层□、砂卵石层□、软基□其他□（ ）	1. 多项选择； 2. 选择“其他”时，可对未列出的选项进行补充（下同）
2	基础		
2.1	临时工程	平台□、围堰□、降水□、便道□、便桥□	多选
2.2	桩基	木桩□、混凝土板桩□、方桩（管桩）□、钢管桩□、钢管成孔灌注桩□、挖孔灌注桩□、机械成孔灌注桩□	
2.3	混凝土基础	扩大基础□、承台□、沉井□、支撑梁□	
3	下部结构		
3.1	墩、台	现浇□、预制□、砌筑□、钢结构□	
3.2	盖梁	现浇□、预制□、钢结构□	
3.3	支座	板式橡胶支座□、钢支座□、盆式支座□、球型支座□、其他□（ ）	
4	上部结构		
4.1	结构形式	板梁□、T梁□、I型梁□、槽型梁□、箱梁□、桁架梁□/钢筋混凝土□、钢梁□、钢混叠合□	从梁型、材质、工法进行多选
4.2	施工工法	现浇□、预制□、支架现浇□、悬浇□、悬拼□、架桥机□、转体□	
5	桥面系		
5.1	伸缩缝	梳形钢板□、钢板□、橡胶板□、毛勒缝□、沥青麻丝□、镀锌铁皮沥青玛琋脂□	
5.2	桥面防水	卷材□、涂料□	
5.3	桥面铺装	钢筋混凝土□、沥青混凝土□、环氧沥青□	
5.4	防撞护栏	梁柱式护栏□、钢筋混凝土护栏□、组合式护栏□	

表 B-04-02-02（续）

序号	名称	内容	说明
5.5	栏杆	钢筋混凝土□、石材□、普通钢材□、不锈钢□	
5.6	隔声屏	直立式□、半封闭□、全封闭□	
5.7	人行步道	有□、无□	
三	计价信息		
1	编制时间★		填写到月
2	是否含税价	是□、税率（ ）%；否□	单项选择，选择“是”，需填写税率
3	开工时间		填写到月
4	竣工时间		填写到月

表 B-04-02-03 跨河桥梁工程特征信息及参数表

序号	名称	内容	说明
一	基本信息及参数		
1	施工标段		
2	工程名称★		
3	桥梁结构形式★	梁式桥□、拱式桥□、悬索桥□、斜拉桥□、刚构桥□、组合体系桥□	
4	桥梁材质	钢筋混凝土□、钢结构□、钢混组合□、石砌体□、玻璃钢□、其他□（ ）	多选，按上部结构材质
5	桥位地理特征	山岭重丘□、平原微丘□、干处□、水中□、跨铁路□、跨干线交通□、软基□	多选
6	抗震设防烈度	9 度□、8 度 0.3g/s □、8 度 0.2g/s □、7 度 0.15g/s □、7 度 0.1g/s □、6 度及以下□	单选
7	抗震设防等级	甲□、乙□、丙□、丁□	单选
8	荷载等级	城 A 级□、城 B 级□、小汽车专用□、特殊荷载□	单选
9	桥梁设计防洪标准	（ ）年一遇	
10	桥梁设计使用年限	（ ）年	

表 B–04–02–03（续）

序号	名称	内容	说明
11	桥下通航标准	（　）	
12	施工工法★	预制吊装□、预制拼装□、支架现浇□、移动模架现浇□、挂篮悬浇□、现浇转体□、顶推□、缆索悬拼□、其他□（　）	多选
13	桥长（跨径组合）	引桥（　）m+（　）m···=（　）m/主桥（　）m+（　）m+（　）m···=（　）m/引桥（　）m+（　）m···=（　）m	桥长按全桥伸缩缝之间的距离计，保留整位数
14	桥宽	（　）m	桥宽按护栏外边沿的水平投影计，分隔带有搭板的不扣，无搭板的扣除相应宽度；保留整数位
15	桥梁面积★	主桥面积（　）m^2/引桥桥面积（　）m^2	
16	平均墩高	（　）m	
二	工程专业信息		
1	地基	土层□、岩层□、砂卵石层□、软基□其他□（　）	1. 多项选择； 2. 选择“其他”时，可对未列出的选项进行补充（下同）
2	基础		
2.1	临时工程	平台□、围堰□、降水□、便道□、便桥□	多选
2.2	桩基	木桩□、混凝土板桩□、方桩（管桩）□、钢管桩□、钢管成孔灌注桩□、挖孔灌注桩□、机械成孔灌注桩□	
2.3	混凝土基础	扩大基础□、承台□、沉井□、支撑梁□、桩间系梁□、锚锭□	
3	下部结构		
3.1	墩、台、拱座	现浇□、预制□、砌筑□、钢结构□	
3.2	盖梁	现浇□、预制□、钢结构□	
3.3	支座	板式橡胶支座□、钢支座□、盆式支座□、球型支座□、其他□（　）	

表 B-04-02-03（续）

序号	名称	内容	说明
3.4	塔	高塔□、矮塔□/单塔□、双塔□、三塔及以上□/门型□、拱形□、异型□/钢筋混凝土□、钢塔□/支架现浇□、滑模□、预制拼装□	从塔型、材质、工法进行多选
3.5	支座	橡胶支座□、钢支座□、盆式支座□、油毛毡支座□	
4	拱肋	单拱□、双拱□、三拱□/钢筋混凝土□、钢箱拱□、钢桁架拱□、钢管拱□/支架现浇□、悬浇□、悬拼□、转体□	从拱型、材质、工法进行多选
5	上部结构		
5.1	梁、拱板	板梁□、T梁□、I型梁□、槽型梁□、箱梁□、桁架梁□/钢筋混凝土□、钢梁□、钢混叠合□/现浇□、预制□、支架现浇□、悬浇□、悬拼□、架桥机□、转体□	从梁型、材质、工法进行多选
5.2	悬索桥主缆	直径（ ）mm/索数（ ）束/缆长（ ）m	悬索桥
5.3	斜拉索	平行钢丝□、钢绞线□、单索面□、双索面□、直径（ ）mm/索数（ ）束/平均索长（ ）m	斜拉桥
5.4	吊杆	柔性拉索□，刚性拉杆□	悬索桥、拱桥
6	桥面系		
6.1	伸缩缝	梳形钢板□、钢板□、橡胶板□、毛勒缝□、沥青麻丝□、镀锌铁皮沥青玛琋脂□	
6.2	桥面防水	卷材□、涂料□	
6.3	桥面铺装	钢筋混凝土□、沥青混凝土□、环氧沥青□	
6.4	防撞护栏	梁柱式护栏□、钢筋混凝土护栏□、组合式护栏□	
6.5	栏杆	钢筋混凝土□、石材□、普通钢材□、不锈钢□	
6.6	隔声屏	直立式□、半封闭□、全封闭□	
6.7	人行步道	有□、无□	

表 B-04-02-03（续）

序号	名称	内容	说明
7	装饰工程	有□、无□	
三	计价信息		
1	编制时间★		填写到月
2	是否含税价	是□、税率（　）%；否□	单项选择，选择“是”，需填写税率
3	开工时间		填写到月
4	竣工时间		填写到月

B-04-03　隧道工程特征信息及参数表（表 B-04-03-01 ~ 表 B-04-03-06）

表 B-04-03-01　明挖隧道工程特征信息及参数表

序号	名称	内容	说明
一	基本信息及参数		
1	施工标段		
2	工程名称★		
3	地质条件★	岩石□、土砂□	单项选择
4	所处位置	山岭□、水底□、城市□	单项选择
5	道路横断面形式	单幅式□、双幅式□、三幅式□、四幅式□、单层□、双层□	单项选择
6	隧道断面类型	极小断面隧道（2 ~ 3m^2）□、小断面隧道（3 ~ 10m^2）□、中等断面隧道（10 ~ 50m^2）□、大断面隧道（50 ~ 100m^2）□、特大断面隧道（大于 100m^2）□	单项选择
7	防火等级	一类□、二类□、三类□、四类□	单项选择
8	服务对象及车型	机动车专用□、机非共用□、小客车专用□	单项选择
9	隧道长度★	总长度：（　）单洞延长米	
		其中：明挖隧道长度（　）单洞延长米	
10	隧道净面积★（隧道结构内侧水平投影面积）	面积（　）m^2	

表 B-04-03-01（续）

序号	名称	内容	说明
11	隧道结构净宽度（隧道结构内侧宽度）	宽度（　）m	
12	隧道结构厚度	厚度（　）mm	
13	隧道结构平均高度★	高度（　）m	
14	隧道埋置深度	深度（　）m	
二	工程专业信息		
1	隧道主体地质	土层□、岩层□、砂卵石层□、软基□、其他□（　）	1. 多项选择；2. 选择“其他”可对未列出的选项进行补充
2	隧道横断面形式	圆形□、马蹄形□、矩形□、其他□（　）	1. 单项选择；2. 选择“其他”可对未列出的选项进行补充
3	基坑支护方式	放坡开挖□、深层搅拌水泥土围护墙□、高压旋喷桩□、槽钢钢板桩□、钻孔灌注桩□、地下连续墙□、土钉墙□、SMW 工法（劲性水泥土搅拌桩）□、其他□（　）	1. 多项选择；2. 选择“其他”可对未列出的选项进行补充
4	地基处理方式	强夯处理□、振冲处理□、桩基处理□、换填土□、其他□（　）	1. 多项选择；2. 选择“其他”可对未列出的选项进行补充
4.1	其中：桩基处理方式	石灰砂桩□、挤密砂桩□、高压旋喷桩□、深层搅拌桩□、柱锤冲扩桩□、水泥粉煤灰碎石桩□、预应力管桩□、其他□（　）	1. 多项选择；2. 选择“其他”可对未列出的选项进行补充
5	防水做法	SBS 改性沥青防水卷材□、聚氨酯防水涂料□、水泥基渗透结晶型防水涂料□、EVA 防水□、ECB 防水□、其他□（　）	1. 多项选择；2. 选择“其他”可对未列出的选项进行补充
6	风险源	江、河、湖、海□、既有建构筑物□、铁路□、地下管线□、其他□（　）	1. 多项选择；2. 选择“其他”可对未列出的选项进行补充
三	计价信息		
1	编制时间★		填写到月
2	是否含税价	是□、税率（　）%；否□	单项选择，选择“是”，需填写税率
3	开工时间		填写到月
4	竣工时间		填写到月

表 B-04-03-02 明挖隧道（U 形槽）工程特征信息及参数表

序号	名称	内容	说明
一	基本信息及参数		
1	施工标段		
2	工程名称★		
3	地质条件★	岩石□、土砂□	单项选择
4	所处位置	山岭□、城市□	单项选择
5	道路横断面形式	单幅式□、双幅式□、三幅式□、四幅式□、单层□、双层□	单项选择
6	隧道断面类型	极小断面隧道（$2\sim3m^2$）□、小断面隧道（$3\sim10m^2$）□、中等断面隧道（$10\sim50m^2$）□、大断面隧道（$50\sim100m^2$）□、特大断面隧道（大于 $100m^2$）□	单项选择
7	防火等级	一类□、二类□、三类□、四类□	单项选择
8	服务对象及车型	机动车专用□、机非共用□、小客车专用□	单项选择
9	隧道长度★	总长度：（　）单洞延长米	
		其中：明挖隧道（U 形槽）长度（　）单洞延长米	
10	隧道净面积★（隧道结构内侧水平投影面积）	面积（　）m^2	
11	隧道结构净宽度（隧道结构内侧宽度）	宽度（　）m	
12	隧道结构厚度	厚度（　）m	
13	隧道结构平均高度★	高度（　）m	
二	工程专业信息		
1	隧道主体地质	土层□、岩层□、砂卵石层□、软基□、其他□（　）	1. 多项选择；2. 选择“其他”可对未列出的选项进行补充
2	隧道横断面形式	圆形□、马蹄形□、矩形□、其他□（　）	1. 单项选择；2. 选择“其他”可对未列出的选项进行补充

表 B-04-03-02（续）

序号	名称	内容	说明
3	基坑支护方式	放坡开挖□、深层搅拌水泥土围护墙□、高压旋喷桩□、槽钢钢板桩□、钻孔灌注桩□、地下连续墙□、土钉墙□、SMW 工法（劲性水泥土搅拌桩）□、其他□（　）	1. 多项选择；2. 选择“其他”可对未列出的选项进行补充
4	地基处理方式	强夯处理□、振冲处理□、桩基处理□、换填土□、其他□（　）	1. 多项选择；2. 选择“其他”可对未列出的选项进行补充
4.1	其中：桩基处理方式	石灰砂桩□、挤密砂桩□、高压旋喷桩□、深层搅拌桩□、柱锤冲扩桩□、水泥粉煤灰碎石桩□、预应力管桩□、其他□（　）	1. 多项选择；2. 选择“其他”可对未列出的选项进行补充
5	防水做法	SBS 改性沥青防水卷材□、聚氨酯防水涂料□、水泥基渗透结晶型防水涂料□、EVA 防水□、ECB 防水□、其他□（　）	1. 多项选择；2. 选择“其他”可对未列出的选项进行补充
6	风险源	江、河、湖、海□、既有建（构）筑物□、铁路□、地下管线□、其他□（　）	1. 多项选择；2. 选择“其他”可对未列出的选项进行补充
三	计价信息		
1	编制时间★		填写到月
2	是否含税价	是□、税率（　）%；否□	单项选择，选择“是”，需填写税率
3	开工时间		填写到月
4	竣工时间		填写到月

表 B-04-03-03　暗挖隧道工程特征信息及参数表

序号	名称	内容	说明
一	基本信息及参数		
1	施工标段		
2	工程名称★		
3	地质条件★	岩石□、土砂□	单项选择
4	所处位置	山岭□、水底□、城市□	单项选择

表 B-04-03-03（续）

序号	名称	内容	说明
5	道路横断面形式	单幅式□、双幅式□、三幅式□、四幅式□、单层□、双层□	单项选择
6	隧道断面类型	极小断面隧道（2～3m^2）□、小断面隧道（3～10m^2）□、中等断面隧道（10～50m^2）□、大断面隧道（50～100m^2）□、特大断面隧道（大于 100m^2）□	单项选择
7	防火等级	一类□、二类□、三类□、四类□	单项选择
8	服务对象及车型	机动车专用□、机非共用□、小客车专用□	单项选择
9	隧道长度★	总长度：（　）单洞延长米	
		其中：暗挖隧道长度（　）单洞延长米	
10	隧道净面积★（隧道结构内侧水平投影面积）	面积（　）m^2	
11	隧道结构净宽度（隧道结构内侧宽度）	宽度（　）m	
12	隧道结构厚度	厚度（　）m	
13	隧道断面面积★（隧道结构外围断面面积）	面积（　）m^2	
14	隧道埋置深度	深度（　）m	
15	附属工程数量	竖井□（　）个 联络通道□（　）个 其他附属工程□（　）个	1. 多项选择；2. 选择“其他”可对未列出的选项进行补充；3. 保留到整数位
二	工程专业信息		
1	暗挖主要工法	全断面□、台阶法□、PBA□、CRD□、柱洞法□、中洞法□、侧洞法□、其他□（　）	1. 单项选择；2. 选择“其他”可对未列出的选项进行补充
2	隧道横断面形式	矩形（箱形）□、拱形□、马蹄形□、椭圆形□、其他□（　）	1. 单项选择；2. 选择“其他”可对未列出的选项进行补充

表 B-04-03-03（续）

序号	名称	内容	说明
3	隧道主体地质	土层□、岩层□、砂卵石层□、软基□、其他□（　）	1. 多项选择；2. 选择“其他”可对未列出的选项进行补充
4	地基处理方式	桩基处理□、注浆加固□、冷冻法加固□、其他□（　）	1. 多项选择；2. 选择“其他”可对未列出的选项进行补充
4.1	其中：桩基处理方式	挤密砂桩□、高压旋喷桩□、深层搅拌桩□、其他□（　）	1. 多项选择；2. 选择“其他”可对未列出的选项进行补充
5	防水做法	SBS 改性沥青防水卷材□、聚氨酯防水涂料□、水泥基渗透结晶型防水涂料□、EVA 防水□、ECB 防水□、其他□（　）	1. 多项选择；2. 选择“其他”可对未列出的选项进行补充
6	风险源	江、河、湖、海□、既有建构筑物□、铁路□、地下管线□、其他□（　）	1. 多项选择；2. 选择“其他”可对未列出的选项进行补充
三	计价信息		
1	编制时间★		填写到月
2	是否含税价	是□、税率（　）%；否□	单项选择，选择“是”，需填写税率
3	开工时间		填写到月
4	竣工时间		填写到月

表 B-04-03-04　盾构隧道工程特征信息及参数表

序号	名称	内容	说明
一	基本信息及参数		
1	施工标段		
2	工程名称★		
3	地质条件★	岩石□、土砂□	单项选择
4	所处位置	山岭□、水底□、城市□	单项选择
5	道路横断面形式	单幅式□、双幅式□、三幅式□、四幅式□、单层□、双层□	单项选择

表 B-04-03-04（续）

序号	名称	内容	说明
6	隧道断面类型	极小断面隧道（2～3m^2）□、小断面隧道（3～10m^2）□、中等断面隧道（10～50m^2）□、大断面隧道（50～100m^2）□、特大断面隧道（大于 100m^2）□	单项选择
7	防火等级	一类□、二类□、三类□、四类□	单项选择
8	服务对象及车型	机动车专用□、机非共用□、小客车专用□	单项选择
9	隧道长度★	总长度：（　）单洞延长米	
		其中：盾构隧道长度（　）单洞延长米	
10	隧道净面积★（隧道结构内侧水平投影面积）	面积（　）m^2	
11	隧道结构净宽度（隧道结构内侧宽度）	宽度（　）m	
12	隧道结构外径	（　）m	
13	隧道结构厚度（管片厚度）	厚度（　）m	
14	隧道断面面积★	面积（　）m^2	
15	隧道埋置深度	深度（　）m	
16	附属工程数量	盾构井□（　）个联络 通道□（　）个 其他附属工程□（　）个	1. 多项选择；2. 选择“其他”可对未列出的选项进行补充；3. 保留到整数位
二	工程专业信息		
1	盾构主要工法	泥水法□、土压法□、泥水土压混合□、TBM □、其他□（　）	1. 单项选择；2. 选择“其他”可对未列出的选项进行补充
2	管片材质	钢管片□、铸铁管片□、泥钢筋混凝土管片□、其他□（　）	1. 单项选择；2. 选择“其他”可对未列出的选项进行补充
3	隧道主体地质	土层□、岩层□、砂卵石层□、软基□、其他□（　）	1. 多项选择；2. 选择“其他”可对未列出的选项进行补充

表 B-04-03-04（续）

序号	名称	内容	说明
4	端头井加固方式	高压旋喷桩□、注浆加固□、冷冻法加固□、其他□（ ）	1. 多项选择；2. 选择“其他”可对未列出的选项进行补充
5	联络通道加固方式	高压旋喷桩□、注浆加固□、冷冻法加固□、其他□（ ）	1. 多项选择；2. 选择“其他”可对未列出的选项进行补充
6	风险源	江、河、湖、海□、既有建构筑物□、铁路□、地下管线□、其他□（ ）	1. 多项选择；2. 选择“其他”可对未列出的选项进行补充
三	计价信息		
1	编制时间★		填写到月
2	是否含税价	是□、税率（ ）%；否□	单项选择，选择“是”，需填写税率
3	开工时间		填写到月
4	竣工时间		填写到月

表 B-04-03-05 隧道交通安全与辅助设施工程特征信息及参数表

序号	名称	内容	说明
一	基本信息及参数		
1	施工标段		
2	隧道长度★	总长度：（ ）单洞延长米	
3	隧道净面积★（隧道结构内侧水平投影面积）	面积（ ）m^2	
4	电力电缆长度	长度（ ）m	
5	光缆长度	长度（ ）m	
二	计价信息		
1	编制时间★		填写到月
2	是否含税价	是□、税率（ ）%；否□	单项选择，选择“是”，需填写税率
3	开工时间		填写到月
4	竣工时间		填写到月

表 B-04-03-06　控制中心工程特征信息及参数表

序号	名称	内容	说明
一	基本信息及参数		
1	施工标段		
2	隧道长度★	总长度：（　）单洞延长米	
3	隧道净面积★（隧道结构内侧水平投影面积）	面积（　）m^2	
4	建筑面积	面积（　）m^2	
5	编制范围	建筑与装饰□	1. 多项选择；2. 选择“其他”可对未列出的选项进行补充
		给排水及消防□	
		动力与照明□	
		暖通□	
		其他□（　）	
6	建筑层数	（　）层	
7	檐高	高（　）m	
8	基础深度	深（　）m	
9	基坑底面积	面积（　）m^2	
二	工程专业信息		
1	隧道主体地质	土层□、岩层□、砂卵石层□、软基□、其他□（　）	1. 多项选择；2. 选择“其他”可对未列出的选项进行补充
2	基坑支护方式	放坡开挖□、深层搅拌水泥土围护墙□、高压旋喷桩□、槽钢钢板桩□、钻孔灌注桩□、地下连续墙□、土钉墙□、SMW 工法（劲性水泥土搅拌桩）□、其他□（　）	1. 多项选择；2. 选择“其他”可对未列出的选项进行补充
3	地基处理方式	强夯处理□、振冲处理□、桩基处理□、换填土□、其他□（　）	1. 多项选择；2. 选择“其他”可对未列出的选项进行补充
3.1	其中：桩基处理方式	石灰砂桩□、挤密砂桩□、高压旋喷桩□、深层搅拌桩□、柱锤冲扩桩□、水泥粉煤灰碎石桩□、预应力管桩□、其他□（　）	1. 多项选择；2. 选择“其他”可对未列出的选项进行补充

表 B-04-03-06（续）

序号	名称	内容	说明
4	防水做法	SBS 改性沥青防水卷材□、聚氨酯防水涂料□、水泥基渗透结晶型防水涂料□、EVA 防水□、ECB 防水□、其他□（ ）	1. 多项选择；2. 选择“其他”可对未列出的选项进行补充
5	结构类型	砖混结构□、框架结构□、钢结构□、轻钢结构□、其他□（ ）	1. 多项选择；2. 选择“其他”可对未列出的选项进行补充
6	基础类型	条形基础□、独立基础□、筏板基础□、桩基础□、其他□（ ）	1. 多项选择；2 选择“其他”可对未列出的选项进行补充
7	抗震等级	一级□、二级□、三级□、四级□	单项选择
8	抗震设防烈度	6 度□、7 度□、8 度□	单项选择
9	外墙面层	铝板□、铝塑板□、石材□、面砖□、玻璃幕墙□、不锈钢板□、外墙一体化板□、涂料□、其他□（ ）	1. 多项选择；2. 选择“其他”可对未列出的选项进行补充
10	内墙面层	铝板□、铝单板□、烤瓷铝板□、搪瓷钢板□、彩釉玻璃□、石材□、面砖□、木饰板□、不锈钢板□、涂料□、其他□（ ）	1. 多项选择；2. 选择“其他”可对未列出的选项进行补充
11	楼地面面层	水泥□、细石混凝土□、环氧自流平□、石材□、块料□、橡塑□、防静电□、预制水磨石□、其他□（ ）	1. 多项选择；2. 选择“其他”可对未列出的选项进行补充
12	天棚面层	涂料□、石膏板□、矿棉吸音板□、铝合金板□、铝合金单板□、铝合金方通□、铝合金格栅□、木质装饰板□、胶合板□、铝塑板□、PVC 板□、采光天棚□、其他□（ ）	1. 多项选择；2. 选择“其他”可对未列出的选项进行补充
13	门窗种类	铝合金□、断桥铝合金□、塑钢□、木质□、电动提升门□、钢制防火门□、金属卷帘门□、通风天窗□、玻璃门□、其他□（ ）	1. 多项选择；2. 选择“其他”可对未列出的选项进行补充
三	计价信息		
1	编制时间★		填写到月
2	是否含税价	是□、税率（ ）%；否□	单项选择，选择“是”，需填写税率
3	开工时间		填写到月
4	竣工时间		填写到月

B-04-04　管网工程特征信息及参数表（表 B-04-04-01 ~ 表 B-04-04-06）

表 B-04-04-01　管网工程（给水）特征信息及参数表

序号	名称	内容	说明
一	基本信息及参数		
1	施工标段★		
2	工程名称★		
3	设计桩号★		
4	设计压力★	（　）MPa	
5	管道材质★	钢管□、铸铁管□、混凝土管□、塑料管□、复合管材□、其他管材□（　）	可多选
6	施工地质情况	二类土及以下□、三类土□、四类土及以上□、其他□（　）	可多选、并填写比例
7	管沟平均槽深	（　）m	
8	管径范围	*DN*（　）~ *DN*（　）	填写公称直径
9	管道敷设形式	直埋□、管沟□、架设□、其他□（　）	
10	特殊施工情况	降水排水施工是□、否□	
		顶管□、定向钻□、其他□（　）	
二	工程专业信息		
1	土石方工程		
1.1	回填类型	原土□、借土□、砂□、其他□（　）	管顶以上 50cm 以下的胸腔回填
1.2	基底处理	级配砂石□、石灰土□、其他□（　）	
2	管道敷设		
2.1	连接方式★	焊接□、承插□、熔接□、其他□（　）	
2.2	刷油、防腐做法	三油二布□、四油三布□、其他□（　）	
2.3	焊口探伤比例要求	30% 以下□、50% 以下□、100% □	
3	管道附件安装		

表 B-04-04-01（续）

序号	名称	内容	说明
3.1	阀门	闸阀□、截止阀□、球阀□、止回阀□、调节阀□、其他□（ ）	可多选
3.2	支架	成品□、现场制作□	
4	附属构筑物		
4.1	井点做法	砌筑井□、混凝土井□、成品井□、其他□（ ）	
5	特殊部位		
5.1	定向钻	长度（ ）m、管道规格 *DN*（ ）	按实填写
5.2	顶管	长度（ ）m、管道规格 *DN*（ ）	按实填写
5.3	其他	长度（ ）m、管道规格 *DN*（ ）	按实填写
三	计价信息		
1	编制时间★		填写到月
2	是否含税价	是□、税率（ ）%；否□	单项选择，选择“是”，需填写税率
3	开工时间		填写到月
4	竣工时间		填写到月

表 B-04-04-02　管网工程（雨水）特征信息及参数表

序号	名称	内容	说明
一	基本信息及参数		
1	施工标段★		
2	工程名称★		
3	设计桩号★		
4	地质情况★	二类土及以下□、三类土□、四类土及以上□、其他□（ ）	可多选、并填写比例
5	管沟平均槽深	（ ）m	
6	管道材质	混凝土管□、塑料管□、复合管材□、其他管材□（ ）	可多选
7	管径范围	*DN*（ ）~ *DN*（ ）	填写公称直径

表 B-04-04-02（续）

序号	名称	内容	说明
8	管道敷设形式	直埋□、管沟□、架设□、其他□（　）	
9	特殊施工情况	降水排水施工是□、否□	
		顶管□、定向钻□	
二	工程专业信息		
1	土石方工程		
1.1	回填类型	原土□、借土□、砂□、其他□（　）	管顶以上 50cm 以下的胸腔回填
1.2	基底处理	级配砂石□、石灰土□、其他□（　）	
2	管道敷设		
2.1	连接方式	承插□、熔接□、其他□（　）	
2.2	管道基础做法	砂基础□、混凝土枕基□、混凝土带型基础□、其他□（　）	
3	附属构筑物		
3.1	检查井做法	砌筑井□、混凝土井□、成品井□、其他□（　）	
3.2	检查井数量	直线井（　）座、三通井（　）座、四通井（　）座、其他（　）座	方形井按规格断面面积区间选取
3.3	进出水口	（　）座	
4	特殊部位		
4.1	定向钻	长度（　）m、管道规格 *DN*（　）	按实填写
4.2	顶管	长度（　）m、管道规格 *DN*（　）	按实填写
4.3	其他	长度（　）m、管道规格 *DN*（　）	按实填写
三	计价信息		
1	编制时间★		填写到月
2	是否含税价	是□、税率（　）%；否□	单项选择，选择“是”，需填写税率
3	开工时间		填写到月
4	竣工时间		填写到月

表 B-04-04-03 管网工程（污水）特征信息及参数表

序号	名称	内容	说明
一	基本信息及参数		
1	施工标段★		
2	工程名称★		
3	设计桩号★		
4	地质情况★	二类土及以下□、三类土□、四类土及以上□、其他□（ ）	可多选、并填写比例
5	管沟平均槽深	（ ）m	
6	管道材质	混凝土管□、塑料管□、复合管材□、其他管材□（ ）	可多选
7	管径范围	*DN*（ ）~ *DN*（ ）	填写公称直径
8	管道敷设形式	直埋□、管沟□、架设□、其他□（ ）	
9	特殊施工情况	降水排水施工是□、否□	
		顶管□、定向钻□	
二	工程专业信息		
1	土石方工程		
1.1	回填类型	原土□、借土□、砂□、其他□（ ）	管顶以上 50cm 以下的胸腔回填
1.2	基底处理	级配砂石□、石灰土□、其他□（ ）	
2	管道敷设		
2.1	连接方式	承插□、熔接□、其他□（ ）	
2.2	管道基础做法	砂基础□、混凝土枕基□、混凝土带型基础□、其他□（ ）	
3	附属构筑物		
3.1	检查井做法	砌筑井□、混凝土井□、成品井□、其他□（ ）	
3.2	检查井数量	直线井（ ）座、三通井（ ）座、四通井（ ）座、其他（ ）座	方形井按规格断面面积区间选取
4	特殊部位		

表 B-04-04-03（续）

序号	名称	内容	说明
4.1	定向钻	长度（ ）m、管道规格 *DN*（ ）	按实填写
4.2	顶管	长度（ ）m、管道规格 *DN*（ ）	按实填写
4.3	其他	长度（ ）m、管道规格 *DN*（ ）	按实填写
三	计价信息		
1	编制时间★		填写到月
2	是否含税价	是□、税率（ ）%；否□	单项选择，选择“是”，需填写税率
3	开工时间		填写到月
4	竣工时间		填写到月

表 B-04-04-04　管网工程（再生水）特征信息及参数表

序号	名称	内容	说明
一	基本信息及参数		
1	施工标段★		
2	工程名称★		
3	设计桩号★		
4	设计压力★	（ ）MPa	
5	管道材质★	钢管□、铸铁管□、混凝土管□、塑料管□、复合管材□、其他管材□（ ）	可多选
6	施工地质情况	二类土及以下□、三类土□、四类土及以上□、其他□（ ）	可多选、并填写比例
7	管沟平均槽深	（ ）m	
8	管径范围	*DN*（ ）~ *DN*（ ）	填写公称直径
9	管道敷设形式	直埋□、管沟□、架设□、其他□（ ）	
10	特殊施工情况	降水排水施工是□、否□	
		顶管□、定向钻□、其他□（ ）	
二	工程专业信息		
1	土石方工程		

表 B-04-04-04（续）

序号	名称	内容	说明
1.1	回填类型	原土□、借土□、砂□、其他□（ ）	管顶以上 50cm 以下的胸腔回填
1.2	基底处理	级配砂石□、石灰土□、其他□（ ）	
2	管道敷设		
2.1	连接方式★	焊接□、承插□、熔接□、其他□（ ）	
2.2	刷油、防腐做法	三油二布□、四油三布□、其他□（ ）	
2.3	焊口探伤比例要求	30% 以下□、50% 以下□、100% □	
3	管道附件安装		
3.1	阀门及管件	闸阀□、截止阀□、球阀□、止回阀□、调节阀□、其他□（ ）	可多选
3.2	支架	成品□、现场制作□	
4	附属构筑物		
4.1	井点做法	砌筑井□、混凝土井□、成品井□、其他□（ ）	
5	特殊部位		
5.1	定向钻	长度（ ）m、管道规格 *DN*（ ）	按实填写
5.2	顶管	长度（ ）m、管道规格 *DN*（ ）	按实填写
5.3	其他	长度（ ）m、管道规格 *DN*（ ）	按实填写
三	计价信息		
1	编制时间★		填写到月
2	是否含税价	是□、税率（ ）%；否□	单项选择，选择“是”，需填写税率
3	开工时间		填写到月
4	竣工时间		填写到月

表 B-04-04-05　管网工程（燃气）特征信息及参数表

序号	名称	内容	说明
一	基本信息及参数		
1	施工标段		
2	工程名称★		
3	设计桩号		
4	设计压力	高压（A）□、高压（B）□、次高压（A）□、次高压（B）□、中压（A）□、中压（B）□、低压□	设计压力是否与场站保持一致
5	管道材质★	钢管□、铸铁管□、塑料管□、复合管材□、其他管材□（　）	可多选
6	管径范围	*DN*（　）~ *DN*（　）	填写公称直径
7	管线总长度★	（　）m	
8	敷设形式★	直埋□、管沟□、架设□、其他□（　）	
9	沟槽地质情况	二类土及以下□、三类土□、四类土及以上□、其他□（　）	可多选、并填写比例
10	管沟平均槽深	（　）m	
11	特殊施工情况★	降水排水施工是□、否□	
		顶管□、定向钻□、夯管□、浅埋暗挖□、开挖过河□、其他（　）	
二	工程专业信息		
1	土石方工程		
1.1	回填类型	原土□、借土□、砂□、其他□（　）	管顶以上 50cm 以下的胸腔回填
1.2	基底处理	级配砂石□、石灰土□、其他□（　）	
2	管道敷设		
2.1	连接方式★	焊接□、承插□、熔接□、其他□（　）	
2.2	刷油、防腐做法★	环氧煤沥青防腐□、环氧粉末防腐□、三层 PE 防腐□、其他□（　）	
2.3	电保护	牺牲阳极□、镯式阳极□、带状阳极□、柔性阳极□	

表 B-04-04-05（续）

序号	名称	内容	说明
2.4	探伤比例要求	30% 以下□、50% 以下□、100% □	
3	管道附件安装		
3.1	阀门及管件	闸阀□、球阀□、其他□（ ）	可多选
3.2	阀门操作形式	手动□、电动□	
4	附属构筑物		
4.1	阀室类型	砌筑井□、混凝土井□、其他□（ ）	
4.2	阀室数量	砌筑井（ ）座、混凝土井（ ）座、其他（ ）座	
4.3	管沟类型	砌筑□、混凝土□、其他□（ ）	
4.4	管沟长度	长度（ ）m	
5	特殊部位		
5.1	定向钻	长度（ ）m、管道规格 *DN*（ ）	按实填写
5.2	顶管	长度（ ）m、顶管规格 *DN*（ ）	按实填写
5.3	夯管	长度（ ）m、夯管规格 *DN*（ ）	按实填写
5.4	浅埋暗挖	长度（ ）m、断面尺寸（ ）	按实填写
5.5	开挖过河	长度（ ）m、围堰方式（ ）	按实填写
5.6	随桥架设	长度（ ）m、管道规格 *DN*（ ）	按实填写
5.7	其他		按实填写
三	计价信息		
1	编制时间★		填写到月
2	是否含税价	是□、税率（ ）%；否□	单项选择，选择“是”，需填写税率
3	开工时间		填写到月
4	竣工时间		填写到月

表 B-04-04-06　管网工程（热力）特征信息及参数表

序号	名称	内容	说明
一	基本信息及参数		
1	施工标段		
2	工程名称★		
2.1	设计桩号		
2.2	设计压力	2.5MPa □、1.6MPa 及以下□	
3	施工地质情况	二类土（普通土）及以下□、三类土（坚土）□、四类土（砂砾坚土）及以上□	可多选、并填写比例
4	管沟平均槽深	（　）m	
5	管道材质★	钢管（现场保温）□、预制热（冷）水钢管□、预制热（冷）水塑料管□、预制蒸汽钢管□、其他管材□（　）	
6	管线长度★	（　）m	按管道延长米
7	输送介质	热（冷）水□、蒸汽□	
8	管径范围	*DN*（　）~ *DN*（　）	填写公称直径
9	管道敷设形式★	直埋□、管沟□、架设□、其他□（　）	
10	特殊施工情况★	降水排水施工是□、否□	
		顶管□、定向钻□、夯管□、浅埋暗挖□、开挖过河□、其他（　）	
二	工程专业信息		
1	土石方工程		
1.1	挖填方式	人工□、机械□、混合使用□	
1.2	换填类型	原土回填□、换优质土□、换砂□、其他□（　）	
1.3	余土外运距离	10km 以内□、10km 以外□	
2	管道敷设		
2.1	连接方式★	焊接□、熔接□、其他□（　）	
2.2	管道保温、绝热材料★	橡塑□、岩棉□、玻璃棉□、挤塑板□、硅酸铝□、其他□（　）	

表 B-04-04-06（续）

序号	名称	内容	说明
2.3	保护层做法	镀锌铁皮□、沥青玻璃布□、铝板□、油毡布□、彩钢板□、其他（ ）	
2.4	刷油、防腐做法	无机富锌 - 聚氨酯□、其他□（ ）	
2.5	探伤比例要求	30% 以下□、50% 以下□、100% □	
3	管道附件安装		
3.1	阀门及管件	闸阀□、截止阀□、球阀□、止回阀□、调节阀□、其他□（ ）	可多选
3.2	补偿器	方型□、套筒□、波纹管□、其他□（ ）	
3.3	支架	成品□、现场制作□	
4	附属构筑物		
4.1	阀室类型	砌筑井□、混凝土井□、其他□（ ）	
4.2	阀室数量	砌筑井（ ）座、混凝土井（ ）座、其他（ ）座	
4.3	管沟类型	砌筑□、混凝土□、其他□（ ）	
4.4	管沟长度	长度（ ）m	
4.5	管沟断面尺寸	断面尺寸（ ）	
5	特殊部位		
5.1	浅埋暗挖	长度（ ）m、断面尺寸（ ）	按实填写
5.2	顶管	长度（ ）m、顶管规格 *DN*（ ）	按实填写
5.3	开挖过河	长度（ ）m、围堰方式（ ）	按实填写
5.4	桁架架设	长度（ ）m	按实填写
5.5	其他	长度（ ）m 方式（ ）	按实填写
三	计价信息		
1	编制时间★		填写到月
2	是否含税价	是□、税率（ ）%；否□	单项选择，选择“是”，需填写税率
3	开工时间		填写到月
4	竣工时间		填写到月

B-04-05　综合管廊工程特征信息及参数表（表 B-04-05）

表 B-04-05　综合管廊工程特征信息及参数表

序号	名称	内容	说明
一	基本信息及参数		
1	施工标段		
2	工程名称★		
3	入廊管线	给水（　）根 × 管径（*D*）× 管长（　）m	
		再生水（　）根 × 管径（*D*）× 管长（　）m	
		排水（　）根 × 管径（*D*）× 管长（　）m	
		通信（　）芯 × 光缆长（　）m/（　）对 × 电缆（　）m	
		电力（　）根 ×（　）kV ×（　）mm^2 × 缆长（　）m	
		热力（　）根 × 管径（*DN*）× 管长（　）m	
		燃气（　）根 × 管径（*DN*）× 管长（　）m	
		气力垃圾（　）根 × 管径（*D*）× 管长（　）m	
		其他（　）	
4	管廊类型	单舱□、双舱□、三舱□、四舱□、五舱□、多舱□、单层□、双层□、多层□	多项选择
5	是否包含监控中心	是□、否□	
6	是否与地下道路共构	是□、否□	
7	断面特征	净宽 [(　) + (　) +…+ (　)] m × 净高（　）m	宽度注明舱室名称，如水信 + 电力 + 热力 + 燃气 + 预留
8	管廊截面净面积★	（　）m^2	结构内径净宽 × 结构内径净高
9	管廊外皮截面积★	（　）m^2	结构外皮宽 × 结构外皮高
10	管廊长度★	管廊总长（　）m/ 主线长（　）m	管廊总长 = 主线 + 支线

表 B-04-05（续）

序号	名称	内容	说明
11	地质条件★	山岭重丘□、平原微丘□、跨河□、跨铁路□、跨干线交通□、软基□	多项选择
12	管廊槽深	（ ）m	平均槽深
13	结构形式	现浇钢筋混凝土□、装配式□、钢结构□	
14	施工工法	明挖法□、盖挖法□、浅埋暗挖□、矿山法□、预制顶推法□、盾构法□、TMB 法□、其他□（ ）	1. 多项选择； 2. 选择“其他”可对未列出的选项进行补充
二	工程专业信息		
1	地基	土质□、石质□、软基□其他□（ ）	1. 单项选择； 2. 选择“其他”时，可对未列出的选项进行补充（下同）
2	主体围护结构	地下连续墙□、钻孔灌注桩□、锚杆（锚索）□、桩板墙□、水泥劲性搅拌围护桩□、喷射混凝土（水泥砂浆）支护□、土钉墙□、放坡开挖□、混凝土支撑□、钢支撑□、其他□（ ）	1. 多项选择； 2. 选择“其他”可对未列出的选项进行补充
3	降阻水方式	降水□、注浆止水□、止水帷幕□、冻结法□、其他□（ ）	
4	地基处理	换填土地基□、强夯地基□、桩处理地基□、冲击碾压□、其他□（ ）	
5	防水做法	SBS 改性沥青防水卷材□、膨润土防水毯□、聚氨酯防水涂料□、水泥基渗透结晶型防水涂料□、EVA 防水□、ECB 防水□、其他□（ ）	
6	主体结构	现浇□、预制□、钢结构□、暗挖□、盾构□	
三	计价信息		
1	编制时间★		填写到月
2	是否含税价	是□、税率（ ）%；否□	单项选择，选择“是”，需填写税率
3	开工时间		填写到月
4	竣工时间		填写到月

B-04-06　厂站工程特征信息及参数表（表 B-04-06-01 ~ 表 B-04-06-03）

表 B-04-06-01　燃气厂站工程特征信息及参数表

序号	名称	内容	说明
一	基本信息及参数		
1	施工标段		
2	工程名称★		
3	燃气厂站类别	1. 门站□ 2. 储配站：压缩天然气 CNG 加气站□、压缩天然气 CNG 储配站□、压缩天然气 CNG 瓶组供应站□、液化石油气 LPG 储存站□、液化石油气 LPG 灌装站□、液化石油气 LPG 储配站□、液化石油气 LPG 气化站□、液化天然气（LNG）气化站□、液化天然气（LNG）瓶组气化站□ 3. 调压站（箱 / 柜）：调压站□、调压箱（调压柜）□	单项选择
4	厂站进口压力	高压（A）□、高压（B）□、次高压（A）□、次高压（B）□、中压（A）□、中压（B）□	
5	燃气厂站数量	门站（　）座、储配站（　）座、调压站（箱 / 柜）（　）座、其他（　）座	
6	门站接收能力	（　）m^3/h	
7	储存总容积能力	（　）m^3	
8	调压（计量、供气）能力	调压□、计量□、气化□，（　）m^3/h	
9	占地面积	（　）m^2	
10	建筑面积★	（　）m^2	
二	工程专业信息		
1	厂区土方	运弃（　）m^3、回填（　）m^3	
		土□、级配砂石□、其他□（　）	
2	地基处理	强夯处理□、振冲处理□、桩基处理□	
		其他□（　）	

表 B-04-06-01（续）

序号	名称	内容	说明
3	道路、路缘石	机动车道道面积（ ）m^2、做法（ ）	
		非机动车道道面积（ ）m^2、做法（ ）	
		路缘石（ ）m	
4	围墙、大门	挡土墙（ ）m、做法（ ）	
		围墙（ ）m、做法（ ）	
		大门（ ）m、做法（ ）	
5	绿化工程	面积（ ）m^2、做法（ ）	
6	消防水池	地上□、地下□、其他□（ ）	
		容积（ ）m^3	
7	构筑物工程	主要说明（ ）	
8	各单体建筑	建筑物名称（ ）、建筑面积（ ）m^3	
		地上层数（ ）、地下层数（ ）	
		结构类型：砖混结构□、剪力墙结构□、钢框架结构□、钢筋混凝土框架结构□、钢与钢筋混凝土框架结构□、钢结构□、其他（ ）	
		基础类型：独立基础□、条形基础□、带形基础□、筏板基础□、满堂基础□、砖基础□、桩基础□、桩承台基础□、其他（ ）	
9	门站燃气工艺系统	过滤□、加臭□、调压□、计量□	
		调压计量路数（ ）路	
		门站进口压力：高压（A）□、高压（B）□、次高压（A）□、次高压（B）□、中压（A）□、中压（B）□	
		调压计量出口能力：高压（A）（ ）m^3/h、高压（B）（ ）m^3/h、次高压（A）（ ）m^3/h、次高压（B）（ ）m^3/h、中压（A）（ ）m^3/h、中压（B）（ ）m^3/h	

表 B-04-06-01（续）

序号	名称	内容	说明
10	储配站燃气工艺系统	储存总容积能力（ ）m^3	
		储罐数量（ ）座	
		设计压力（ ）MPa	
		输送介质：压缩天然气 CNG □、液化天然气 LNG □、液化石油气 LPG □	
11	调压站（箱 / 柜）燃气工艺系统	过滤□、调压□、计量□	
		调压计量路数（ ）路	
		调压站进口压力：高压（A）□、高压（B）□、次高压（A）□、次高压（B）□、中压（A）□、中压（B）□	
		调压计量出口能力：高压（A）（ ）m^3/h、高压（B）（ ）m^3/h、次高压（A）（ ）m^3/h、次高压（B）（ ）m^3/h、中压（A）（ ）m^3/h、中压（B）（ ）m^3/h	
三	计价信息		
1	编制时间★		填写到月
2	是否含税价	是□、税率（ ）%；否□	单项选择，选择“是”，需填写税率
3	开工时间		填写到月
4	竣工时间		填写到月

表 B-04-06-02　热力厂站工程特征信息及参数表

序号	名称	内容	说明
一	基本信息及参数		
1	施工标段		
2	工程名称★		
3	热力厂站类别	1. 热源厂：锅炉房□、冷热电分布式能源站□、地源热泵能源站□ 2. 中继泵站□ 3. 热力站：热力站□、隔压站□	
4	热力厂站数量	热源厂（ ）座、中继泵站（ ）座、热力站（ ）座、其他（ ）座	

表 B-04-06-02（续）

序号	名称	内容	说明
5	供热面积	（　）m^2	
6	供热负荷	（　）MW、（　）蒸吨	
7	输送介质	热（冷）水□、蒸汽□	
8	设计压力	（　）MPa	
9	占地面积	（　）m^2	
10	建筑面积★	（　）m^2	
二	工程专业信息		
1	厂区土方	运弃（　）m^3、回填（　）m^3	
		土□、级配砂石□、其他□（　）	
2	地基处理	强夯处理□、振冲处理□、桩基处理□	
		其他□（　）	
3	道路、路缘石	机动车道道面积（　）m^2、做法（　）	
		非机动车道道面积（　）m^2、做法（　）	
		路缘石（　）m	
4	围墙、大门	挡土墙（　）m、做法（　）	
		围墙（　）m、做法（　）	
		大门（　）m、做法（　）	
5	绿化工程	面积（　）m^2、做法（　）	
6	消防水池	地上、地下□、其他□（　）	
		容积（　）m^3	
7	构筑物工程	主要说明（　）	
8	各单体建筑	建筑物名称（　）、建筑面积（　）m^3	
		地上层数（　）、地下层数（　）	
		结构类型：砖混结构□、剪力墙结构□、钢框架结构□、钢筋混凝土框架结构□、钢与钢筋混凝土框架结构□、钢结构□、其他（　）	
		基础类型：独立基础□、条形基础□、带形基础□、筏板基础□、满堂基础□、砖基础□、桩基础□、桩承台基础□、其他（　）	

表 B-04-06-02（续）

序号	名称	内容	说明
9	热源厂工艺系统	燃料类别：天然气□、油□、煤□、生物质□、沼气□	
		供回水温度（/）℃	
		供热方式：直接供热系统□、间接供热系统□	
10	中继泵站工艺系统	泵站输送能力（　）m^3/h	
		中继水泵数量（　）台	
11	热力站工艺系统	热交换设备类别：换热设备□、换热机组□	
		一次侧压力（　）MPa、二次侧压力（　）MPa	
		一次侧供回水温度（/）℃、二次侧供回水温度（/）℃	
		热负荷类型：采暖□、通风□、空调□、生活热水□	
		换热系统路数（　）路	
三	计价信息		
1	编制时间★		填写到月
2	是否含税价	是□、税率（　）%；否□	单项选择，选择"是"，需填写税率
3	开工时间		填写到月
4	竣工时间		填写到月

表 B-04-06-03　雨、污水泵站工程特征信息及参数表

序号	名称	内容	说明
一	基本信息及参数		
1	施工标段		
2	工程名称★		
3	泵站类别	雨水泵站□污水泵站□	
4	泵站型式	常规□一体化□	单选
5	泵站数量		

表 B-04-06-03（续）

序号	名称	内容	说明
6	输送介质	雨水□、污水□	
7	设计流量	（　）m^3/s	
8	占地面积	（　）m^2	
9	建筑面积★	（　）m^2	
二	工程专业信息		
1	厂区土方	挖土（　）m^3、运弃（　）m^3、回填（　）m^3	
		回填材料：土□、级配砂石□、其他□（　）	
2	地基处理	强夯处理□、振冲处理□、桩基处理□、其他□（　）	
3	道路、路缘石	机动车道道面积（　）m^2、做法（　）	
		非机动车道道面积（　）m^2、做法（　）	
		路缘石（　）m	
4	围墙、大门	挡土墙（　）m、做法（　）	
		围墙（　）m、做法（　）	
		大门（　）m、做法（　）	
5	绿化工程	面积（　）m^2、做法（　）	
6	消防水池	地上□、地下□、其他□（　）	
		容积（　）m^3	
7	构筑物工程	主要说明（　）	
8	各单体建筑	建筑物名称（　）、建筑面积（　）m^3	
		地上层数（　）、地下层数（　）	
		结构类型：砖混结构□、剪力墙结构□、钢框架结构□、钢筋混凝土框架结构□、钢与钢筋混凝土框架结构□、钢结构□、其他（　）	
		基础类型：独立基础□、条形基础□、带形基础□、筏板基础□、满堂基础□、砖基础□、桩基础□、桩承台基础□、其他（　）	

表 B-04-06-03（续）

序号	名称	内容	说明
9	工艺系统	泵类别：干式□、湿式□	
		泵扬程（ ）m	
		格栅系统：有□、无□	
		调蓄池：有□，计算池容（ ）m^3、无□	
三	计价信息		
1	编制时间★		填写到月
2	是否含税价	是□、税率（ ）%；否□	单项选择，选择“是”，需填写税率
3	开工时间		填写到月
4	竣工时间		填写到月

B-04-07 城市垃圾处理工程特征信息及参数表（表 B-04-07）

表 B-04-07 城市垃圾处理工程特征信息及参数表

序号	名称	内容	说明
一	基本信息及参数		
1	施工标段		
2	工程名称★		
3	处理类别	垃圾卫生填埋□垃圾焚烧□垃圾转运站□固体废弃垃圾处理厂□	
4	地理位置	市郊□远郊□山区□其他□	单项选择
5	处理规模	（ ）t/d	
6	占地面积	（ ）m^2	
二	工程专业信息		
1	垃圾卫生填埋	填埋场建设工程：	
		填埋场类型：平原□、山地□	
		填埋量（ ）万 m^3	
		填埋区土石方：挖土（ ）m^3、运弃（ ）m^3、回填（ ）m^3、石方（ ）m^3	

表 B-04-07（续）

序号	名称	内容	说明
1	垃圾卫生填埋	垃圾坝体类型：砌体□、钢混凝土□、地基处理□、大坝体积（ ）m^3	
		填埋区防渗系统：垂直防渗面积（ ）m^2，水平防渗面积（ ）m^2，做法（ ）	
		渗滤液导排系统：管长（ ）m、导流层面积（ ）m^2，做法（ ）	
		渗滤液收集区：收集区面积（ ）m^2，做法（ ）	
		渗滤液储存及输送系统：池容量（ ）m^3	
		沼气收集系统：管长（ ）m	
		除臭消杀及监控：做法（ ）	
		电气工程：做法（ ）	
		总图工程：管线总长（ ）m、围墙大门总长（ ）m、道路总长（ ）m、绿化面积（ ）m^2	
		封场工程：面积、封场工程（ ）m^2、绿化工程（ ）m^2	
2	垃圾焚烧处理	日处理规模（ ）t /d	因资料收集困难所限，垃圾焚烧处理、垃圾转运站、固体废弃垃圾处理厂的内容仅将涉及的主要系统列出，具体选项因项目具体情况自行扩展。总图工程可按垃圾卫生填埋选填
		垃圾接收及预处理系统□	
		焚烧系统□	
		余热锅炉系统□	
		烟气净化系统□	
		炉渣收集与利用系统□	
		飞灰固化系统□	
		污水处理系统，（ ）t /d	
		焚烧车间：面积（ ）m^2，高度（ ）m	
		附属设施	
		总图部分	

表 B-04-07（续）

<table>
<tr><th>序号</th><th>名称</th><th>内容</th><th>说明</th></tr>
<tr><td rowspan="5">3</td><td rowspan="5">垃圾转运站</td><td>转运规模（ ）t/d，地上 / 地下</td><td rowspan="11">因资料收集困难所限，垃圾焚烧处理、垃圾转运站、固体废弃垃圾处理厂的内容仅将涉及的主要系统列出，具体选项因项目具体情况自行扩展。总图工程可按垃圾卫生填埋选填</td></tr>
<tr><td>停车规模（ ）车辆数，地上 / 地下</td></tr>
<tr><td>渗滤液处理规模（ ）t/d，地上 / 地下</td></tr>
<tr><td>附属设施</td></tr>
<tr><td>总图部分</td></tr>
<tr><td rowspan="6">4</td><td rowspan="6">固体废弃垃圾处理厂</td><td>建筑垃圾处理部分：规模（ ）t/d</td></tr>
<tr><td>厨余垃圾处理部分：规模（ ）t/d</td></tr>
<tr><td>粪便处理部分，规模（ ）t/d</td></tr>
<tr><td>污水处理规模（ ）t/d</td></tr>
<tr><td>附属设施</td></tr>
<tr><td>总图部分</td></tr>
<tr><td>三</td><td>计价信息</td><td></td><td></td></tr>
<tr><td>1</td><td>编制时间★</td><td></td><td>填写到月</td></tr>
<tr><td>2</td><td>是否含税价</td><td>是□、税率（ ）%；否□</td><td>单项选择，选择“是”，需填写税率</td></tr>
<tr><td>3</td><td>开工时间</td><td></td><td>填写到月</td></tr>
<tr><td>4</td><td>竣工时间</td><td></td><td>填写到月</td></tr>
</table>

B-04-08　绿化工程特征信息及参数表（表 B-04-08）

表 B-04-08　绿化工程特征信息及参数表

序号	名称	内容	说明
一	基本信息及参数		
1	施工标段		
2	工程名称★		
3	道路设计起止桩号	K（ ）+（ ）~ K（ ）+（ ）	
4	道路等级	快速路□、主干路□、次干路□、支路□	
5	道路绿地分类	道路绿带□、交通岛绿地□、广场绿地□、停车场绿地□	

表 B-04-08（续）

序号	名称		内容	说明
5.1	其中	道路绿带分类	分车绿带□、行道树绿带□、路侧绿带□、其他□（　）	
5.2		交通岛绿地分类	中心岛绿地□、导向岛绿地□、立体交叉绿岛□	
6	道路绿地率		（　）%	（道路绿带宽度之和/道路红线总宽度）×100%
7	种植季节		正常种植季节□、非正常种植季节□	
二	工程专业信息			
1	土壤类别		普坚土□、砂砾坚土□	
2	土方处理方式		原土原还□、原土过筛□、客土□、造坡□	
3	树木、花卉种类		乔木□、灌木□、花卉□、地被植物□	
3.1	乔木	种类	油松□、元宝枫□、白蜡树□、槐树□、河南桧柏□、楸树□、毛白杨□、香樟□、梧桐□、其他□（　）	选择“其他”时，可对未列出的选项进行补充
		种植方式	裸根□、土球□、木箱□	
		胸径	（　）cm～（　）cm	
		数量	（　）株、（　）株、（　）株	（　）内填写树种及数量
3.2	灌木	种类	（　）	自行填写
		株高	（　）cm～（　）cm	
		数量	（　）株、（　）株、（　）株	（　）内填写种类及数量
3.3	花卉	种类		自行填写
		数量	（　）m^2、（　）m^2、（　）m^2	（　）内填写种类及数量
3.4	地被植物	草种	（　）	自行填写
		播种方式	铺草卷□、植草根□、撒草籽□	
		数量	（　）m^2、（　）m^2、（　）m^2	（　）内填写种类及数量

表 B-04-08（续）

序号	名称		内容	说明
4	绿地喷灌	管材	钢管□、塑料管□	
		管径	（ ）mm	
		长度	（ ）m	
三	计价信息			
1	编制时间★			填写到月
2	是否含税价		是□、税率（ ）%；否□	单项选择，选择“是”，需填写税率
3	开工时间			填写到月
4	竣工时间			填写到月

B-04-09 交通安全设施工程特征信息及参数表（表 B-04-09）

表 B-04-09 交通安全设施工程特征信息及参数表

序号	名称	内容	说明
一	基本信息及参数		
1	施工标段		
2	工程名称★		
3	道路等级	快速路□、主干路□、次干路□、支路□	单项选择
4	道路红线宽度	（ ）m	
5	道路横断面形式	单幅式□、双幅式□、三幅式□、四幅式□	单项选择
6	道路总面积★	道路机动车道面积（ ）m^2+道路非机动车道面积（ ）m^2+桥梁面积（ ）m^2+隧道面积（ ）m^2	
7	道路总长度★	道路长度（ ）m+桥梁长度（ ）m+隧道长度（ ）m	
二	工程专业信息★		
		一级□、二级□、三级□、四级□、五级□	1. 单项选择； 2. 选择“其他”时，可对未列出的选项进行补充（下同）
1	标志反光膜		
		其他□（ ）	

表 B-04-09（续）

序号	名称	内容	说明
2	标志底板	铝合金□、薄钢板□、合成树脂类□	
3	标线涂料	液态溶剂型□、固态热熔类□、液态双组分□、液态水性□、其他□（ ）	
4	防撞护栏防撞等级	B 级□、A 级□、SB 级□、SA 级□、SS 级□、Bm 级□、Am 级□、SBm 级□、SAm 级□	
5	护栏	长度（ ）m、高度（ ）m	
6	分隔设施	分隔柱□、分隔墩□、分隔栏杆□	
7	交通信号灯	十字路口（ ）处、丁字路口（ ）处、人行过街（ ）处、其他（ ）处	
8	电子警察监控系统	（ ）处，杆高（ ）m，（ ）像素，存储数据（ ）G	是否共杆在本栏说明
9	全景视频综合监控	（ ）处，杆高（ ）m，（ ）像素，存储数据（ ）G	
10	交通流信息采集	（ ）处，检测区域（ ）m，检测宽度（ ）车道	是否共杆在本栏说明
11	违法停车抓拍系统	（ ）处，杆高（ ）m，（ ）像素，存储数据（ ）G，有□ / 无□显示屏	是否共杆在本栏说明
12	机动车闯禁行系统	（ ）处，杆高（ ）m，（ ）像素，存储数据（ ）G	是否共杆在本栏说明
13	违法鸣笛抓拍系统	（ ）处，杆高（ ）m，（ ）像素，存储数据（ ）G	是否共杆在本栏说明
14	机动车未礼让行人抓拍	（ ）处，杆高（ ）m，（ ）像素，存储数据（ ）G	是否共杆在本栏说明
15	车路协同设施	（ ）套	
16	新型行人过街提示系统	正面（ ）像素、（ ）台 / 套	
17	智慧行人过街设施	智慧斑马线（ ）m^2，智慧红绿灯（ ）套	
18	共享自行车规范管理电子围栏	蓝牙嗅探设备（ ）套，蓝牙道钉（ ）套	
19	可变情报板	面积（ ）m^2	

表 B-04-09（续）

序号	名称	内容	说明
20	道路气象检测设备	（　）套	
三	计价信息		
1	编制时间★		填写到月
2	是否含税价	是□、税率（　）%；否□	单项选择，选择“是”，需填写税率
3	开工时间		填写到月
4	竣工时间		填写到月

B-04-10　照明工程特征信息及参数表（表 B-04-10）

表 B-04-10　照明工程特征信息及参数表

序号	名称	内容	说明
一	基本信息及参数		
1	施工标段		
2	工程名称★		
3	道路设计起止桩号	K（　）+（　）~K（　）+（　）	
4	照明工程设计起止桩号	K（　）+（　）~K（　）+（　）	
5	道路等级	快速路□、主干路□、次干路□、支路□、里巷道路□	
6	照明标准	机动车道照明□、交会区照明□、人行道及非机动车道照明□	
7	照明方式	常规照明□、高杆照明□、半高杆照明□、护栏照明□	
8	常规照明灯具布置	单侧布置□、双侧交错布置□、双侧对称布置□、中心对称布置□、横向悬索布置□	
9	高杆照明灯具布置	平面对称布置□、径向对称布置□、非对称布置□	
10	光源	高压钠灯□、金属卤化物灯□、发光二极管（LED）灯□、细管径荧光灯□、紧凑型荧光灯□	

表 B-04-10（续）

序号	名称		内容	说明
二	工程专业信息			
1	变压器种类及安装方式		组合型成套箱式变电站□、变压器（杆上安装）□、变压器（地上安装）□	
2	箱变	数量	（ ）座	
		基础尺寸	长（ ）m× 宽（ ）m× 高（ ）m	
3	灯杆	高度	（ ）m、（ ）m、（ ）m、	
		对应数量	（ ）根、（ ）根、（ ）根	
4	灯具	功率	（ ）W、（ ）W、（ ）W	
		对应数量	（ ）套、（ ）套、（ ）套	
5	电缆	规格型号	（ ）mm、（ ）mm、（ ）mm	
		对应长度	（ ）m、（ ）m、（ ）m	
6	光缆	规格型号	（ ）mm、（ ）mm、（ ）mm	
		对应长度	（ ）m、（ ）m、（ ）m	
7	控制电缆	规格型号	（ ）mm、（ ）mm、（ ）mm	
		对应长度	（ ）m、（ ）m、（ ）m	
8	电缆保护管	材质	镀锌钢管□、HDPE 双壁波纹管□、PE 管□、其他□（ ）	选择“其他”可对未列出的选项进行补充
		规格	（ ）mm	
		长度	（ ）mm	
9	电力管井	管井形式	直通□、三通□、其他□（ ）	选择“其他”可对未列出的选项进行补充
		制作方式	现浇混凝土□、砖砌□、新型预制工井□	
		数量	（ ）座	
三	计价信息			
1	编制时间★			填写到月
2	是否含税价		是□、税率（ ）%；否□	单项选择，选择“是”，需填写税率
3	开工时间			填写到月
4	竣工时间			填写到月

B–05　建设项目总投资指标表（表 B–05）

表 B–05　建设项目总投资指标表

序号	名称	金额（元）	单位指标		造价占比（%）	备注
			指标	单位		
1	工程费用		金额 ÷ 道路总面积	元 /m^2	金额（元）÷建设项目总投资（元）	道路总面积、总长度包括道路、桥梁及隧道工程
			金额 ÷ 道路总长度	元 /m		
1.1	道路工程		金额 ÷ 道路面积	元 /m^2	金额（元）÷工程费用金额（元）	
			金额 ÷ 道路长度	元 /m		
1.2	桥梁工程		金额 ÷ 桥梁面积	元 /m^2	金额（元）÷工程费用金额（元）	
			金额 ÷ 桥梁长度	元 /m		
1.3	隧道工程		金额 ÷ 隧道总长度（含 U 形槽）	元 / 单洞延长米	金额（元）÷工程费用金额（元）	
			金额 ÷ 隧道总长度（不含 U 形槽）	元 / 单洞延长米		
			金额 ÷ 隧道净面积（含 U 形槽）	元 /m^2		
			金额 ÷ 隧道净面积（不含 U 形槽）	元 /m^2		
1.4	管网工程		金额 ÷ 管网长度	元 /m	金额（元）÷工程费用金额（元）	
1.5	管廊工程		金额 ÷ 管廊长度	元 /m	金额（元）÷工程费用金额（元）	
			金额 ÷ 管廊净面积	元 /m^2		
1.6	厂站工程		金额 ÷ 年总供气能力	元 /m^3	金额（元）÷工程费用金额（元）	若厂站不同，可更换功能指标单位
			金额 ÷ 总供热能力	元 /m^2		
			金额 ÷ 设计流量	元 /m^3/s		
			金额 ÷ 日处理能力	元 / 吨 · 日		
			金额 ÷ 厂站建筑面积	元 /m^2		

表 B-05（续）

序号	名称	金额（元）	单位指标		造价占比（%）	备注
			指标	单位		
1.7	城市垃圾处理工程		金额 ÷ 日处理能力	元 / 吨 · 日	金额（元）÷ 工程费用金额（元）	
1.8	绿化工程		金额 ÷ 绿化面积	元 /m^2	金额（元）÷ 工程费用金额（元）	
			金额 ÷ 道路面积	元 /m^2		
1.9	交通安全设施工程		金额 ÷ 道路面积	元 /m^2	金额（元）÷ 工程费用金额（元）	
			金额 ÷ 道路长度	元 /m		
1.10	照明工程		金额 ÷ 道路面积	元 /m^2	金额（元）÷ 工程费用金额（元）	
			金额 ÷ 道路长度	元 /m		
2	工程建设其他费用		金额 ÷ 道路总面积	元 /m^2	金额（元）÷ 建设项目总投资（元）	道路总面积、总长度包括道路、桥梁及隧道工程
			金额 ÷ 道路总长度	元 /m		
2.1	前期工程费		金额 ÷ 道路总面积	元 /m^2	金额（元）÷ 工程建设其他费用（元）	
			金额 ÷ 道路总长度	元 /m		
2.2	其他费用		金额 ÷ 道路总面积	元 /m^2	金额（元）÷ 工程建设其他费用（元）	
			金额 ÷ 道路总长度	元 /m		
3	预备费		金额 ÷ 道路总面积	元 /m^2	金额（元）÷ 建设项目总投资（元）	
			金额 ÷ 道路总长度	元 /m		
3.1	基本预备费		金额 ÷ 道路总面积	元 /m^2	金额（元）÷ 预备费金额（元）	
			金额 ÷ 道路总长度	元 /m		
3.2	价差预备费		金额 ÷ 道路总面积	元 /m^2	金额（元）÷ 预备费金额（元）	
			金额 ÷ 道路总长度	元 /m		
4	资金筹措费		金额 ÷ 道路总面积	元 /m^2	金额（元）÷ 建设项目总投资（元）	
			金额 ÷ 道路总长度	元 /m		

表 B–05（续）

序号	名称	金额（元）	单位指标		造价占比（%）	备注
			指标	单位		
5	流动资金		金额 ÷ 道路总面积	元 /m^2	金额（元）÷建设项目总投资（元）	道路总面积、总长度包括道路、桥梁及隧道工程
			金额 ÷ 道路总长度	元 /m		
6	建设项目总投资		金额 ÷ 道路总面积	元 /m^2	总金额（元）÷建设项目总投资（元）	
			金额 ÷ 道路总长度	元 /m		

B–06 建设项目投资指标明细表（单项工程造价指标汇总表）（表 B–06）

表 B–06 建设项目投资指标明细表（单项工程造价指标汇总表）

序号	名称	金额（元）	单位指标		造价占比（%）	备注
			指标	单位		
1	工程费用		金额 ÷ 道路总面积	元 /m^2	金额（元）÷建设项目总投资（元）	道路总面积、总长度包括道路、桥梁及隧道工程
			金额 ÷ 道路总长度	元 /m		
1.1	道路工程		金额 ÷ 道路面积	元 /m^2	金额（元）÷工程费用金额（元）	
			金额 ÷ 道路长度	元 /m		
1.1.1	各种等级道路工程		金额 ÷ 道路面积	元 /m^2	金额（元）÷工程费用金额（元）	
			金额 ÷ 道路长度	元 /m		
1.1.2	城市广场工程		金额 ÷ 道路面积	元 /m^2	金额（元）÷工程费用金额（元）	
			金额 ÷ 广场面积	元 /m^2		
1.1.3	停车场		金额 ÷ 道路面积	元 /m^2	金额（元）÷工程费用金额（元）	
			金额 ÷ 停车场面积	元 /m^2		
1.2	桥梁工程		金额 ÷ 桥梁总面积	元 /m^2	金额（元）÷工程费用金额（元）	
			金额 ÷ 桥梁长度	元 /m		
1.2.1	分离式立交桥 / 跨线桥		金额 ÷ 桥梁面积	元 /m^2	金额（元）÷桥梁工程费用金额（元）	
			金额 ÷ 桥梁长度	元 /m		

表 B–06（续）

序号	名称	金额（元）	单位指标		造价占比（%）	备注
			指标	单位		
1.2.2	互通式立交桥		金额 ÷ 桥梁面积	元 /m^2	金额（元）÷ 桥梁工程费用金额（元）	
			金额 ÷ 桥梁长度	元 /m		
1.2.3	高架桥		金额 ÷ 桥梁面积	元 /m^2	金额（元）÷ 桥梁工程费用金额（元）	
			金额 ÷ 桥梁长度	元 /m		
1.2.4	跨河桥		金额 ÷ 桥梁面积	元 /m^2	金额（元）÷ 桥梁工程费用金额（元）	
			金额 ÷ 桥梁长度	元 /m		
1.2.5	通道箱涵		金额 ÷ 桥梁面积	元 /m^2	金额（元）÷ 桥梁工程费用金额（元）	
			金额 ÷ 桥梁长度	元 /m		
1.2.6	人行地下通道		金额 ÷ 桥梁面积	元 /m^2	金额（元）÷ 工程费用金额（元）	
			金额 ÷ 桥梁长度	元 /m		
1.2.7	人行天桥		金额 ÷ 桥梁面积	元 /m^2	金额（元）÷ 桥梁工程费用金额（元）	
			金额 ÷ 桥梁长度	元 /m		
1.3	隧道工程		金额 ÷ 隧道总长度（含 U 形槽）	元 / 单洞延长米	金额（元）÷ 工程费用金额（元）	
			金额 ÷ 隧道总长度（不含 U 形槽）	元 / 单洞延长米		
			金额 ÷ 隧道净面积（含 U 形槽）	元 /m^2		
			金额 ÷ 隧道净面积（不含 U 形槽）	元 /m^2		
1.3.1	其中明挖隧道		金额 ÷ 隧道净面积	元 /m^2	金额（元）÷ 隧道工程费用金额（元）	
			金额 ÷ 隧道长度	元 /m		
1.3.2	明挖隧道（U 形槽）		金额 ÷ U 形槽净面积	元 /m^2	金额（元）÷ 隧道工程费用金额（元）	纯 U 形槽费用
			金额 ÷ U 形槽长度	元 /m		

表 B-06（续）

序号	名称	金额（元）	单位指标		造价占比（%）	备注
			指标	单位		
1.3.3	暗挖隧道		金额 ÷ 隧道净面积	元 /m^2	金额（元）÷ 隧道工程费用金额（元）	
			金额 ÷ 隧道长度	元 /m		
1.3.4	盾构隧道		金额 ÷ 隧道长度	元 /m	金额（元）÷ 隧道工程费用金额（元）	
1.4	管网工程		金额 ÷ 管网长度	元 /m	金额（元）÷ 工程费用金额（元）	
1.4.1	给水管道		金额 ÷ 管线长度	元 /m	金额（元）÷ 管网工程费用金额（元）	
1.4.2	雨水管道		金额 ÷ 管线长度	元 /m	金额（元）÷ 管网工程费用金额（元）	
1.4.3	污水管道		金额 ÷ 管线长度	元 /m	金额（元）÷ 管网工程费用金额（元）	
1.4.4	再生水管道		金额 ÷ 管线长度	元 /m	金额（元）÷ 管网工程费用金额（元）	
1.4.5	燃气管道		金额 ÷ 管线长度	元 /m	金额（元）÷ 管网工程费用金额（元）	
1.4.6	热力管道		金额 ÷ 管线长度	元 /m	金额（元）÷ 管网工程费用金额（元）	
1.4.7	排水泵站		金额 ÷ 泵站数量（座）	元 / 座	金额（元）÷ 管网工程费用金额（元）	
1.5	管廊工程		金额 ÷ 管廊长度	元 /m	金额（元）÷ 工程费用金额（元）	
			金额 ÷ 管廊净面积	元 /m^2		

表 B–06（续）

序号	名称		金额（元）	单位指标		造价占比（%）	备注
				指标	单位		
1.6	厂站工程			金额 ÷ 厂站建筑面积	元 /m^2	金额（元）÷工程费用金额（元）	
1.6.1	其中	燃气厂站		金额 ÷ 供气能力	元 /（m^3/h）	金额（元）÷厂站工程费用金额（元）	
				金额 ÷ 年总供气能力	元 /m^3		本项目总供气能力
1.6.2		热力厂站		金额 ÷ 供热能力	元 /MW 或蒸吨	金额（元）÷厂站工程费用金额（元）	
				金额 ÷ 总供热能力	元 /m^2		本项目总供热面积
1.6.3		给水（净水）处理厂		金额 ÷ 日处理能力	元 /t · d	金额（元）÷厂站工程费用金额（元）	
				金额 ÷ 厂站建筑面积	元 /m^2		
1.6.4		污水（再生水）处理厂		金额 ÷ 日处理能力	元 /t · d	金额（元）÷厂站工程费用金额（元）	
				金额 ÷ 厂站建筑面积	元 /m^2		
1.6.5		雨水泵站		金额 ÷ 设计流量	元 /t · d	金额（元）÷厂站工程费用金额（元）	
				金额 ÷ 厂站建筑面积	元 /m^2		
1.6.6		污水泵站		金额 ÷ 设计流量	元 /t · d	金额（元）÷厂站工程费用金额（元）	
				金额 ÷ 厂站建筑面积	元 /m^2		
1.7	生活垃圾处理工程			金额 ÷ 日处理能力	元 /t · d	金额（元）÷工程费用金额（元）	
1.7.1	其中	垃圾卫生填埋		金额 ÷ 填埋场容积	元 /m^3	金额（元）÷生活垃圾处理工程费用金额（元）	
1.7.2		垃圾焚烧		金额 ÷ 日处理能力	元 /t · d	金额（元）÷生活垃圾处理工程费用金额（元）	

表 B-06（续）

序号	名称		金额（元）	单位指标		造价占比（%）	备注
				指标	单位		
1.7.3	其中	垃圾回收站		金额 ÷ 日处理能力	元 /t · d	金额（元）÷ 生活垃圾处理工程费用金额（元）	
1.7.4		固体废弃垃圾处理厂		金额 ÷ 日处理能力	元 /t · d	金额（元）÷ 生活垃圾处理工程费用金额（元）	
1.8	绿化工程			金额 ÷ 绿化面积	元 /m²	金额（元）÷ 工程费用金额（元）	
				金额 ÷ 道路面积	元 /m²		
				金额 ÷ 道路长度	元 /m		
1.9	交通安全设施工程			金额 ÷ 道路面积	元 /m²	金额（元）÷ 工程费用金额（元）	
				金额 ÷ 道路长度	元 /m		
1.10	照明工程			金额 ÷ 道路面积	元 /m²	金额（元）÷ 工程费用金额（元）	
				金额 ÷ 道路长度	元 /m		
2	工程建设其他费用			金额 ÷ 道路总面积	元 /m²	金额（元）÷ 工程费用金额（元）	道路总面积、总长度包括道路、桥梁及隧道工程
				金额 ÷ 道路总长度	元 /m	金额（元）÷ 建设项目总投资（元）	
2.1	前期工程费			金额 ÷ 道路总面积	元 /m²	金额（元）÷ 工程建设其他费用（元）	
				金额 ÷ 道路总长度	元 /m		
2.2	其他费用			金额 ÷ 道路总面积	元 /m²	金额（元）÷ 工程建设其他费用（元）	
				金额 ÷ 道路总长度	元 /m		

表 B–06（续）

序号	名称	金额（元）	单位指标		造价占比（%）	备注
			指标	单位		
3	预备费		金额 ÷ 道路总面积	元 /m²	金额（元）÷建设项目总投资（元）	道路总面积、总长度包括道路、桥梁及隧道工程
			金额 ÷ 道路总长度	元 /m		
3.1	基本预备费		金额 ÷ 道路总面积	元 /m²	金额（元）÷预备费金额（元）	
			金额 ÷ 道路总长度	元 /m		
3.2	价差预备费		金额 ÷ 道路总面积	元 /m²	金额（元）÷预备费金额（元）	
			金额 ÷ 道路总长度	元 /m	金额（元）÷预备费金额（元）	
4	资金筹措费		金额 ÷ 道路总面积	元 /m²	金额（元）÷建设项目总投资（元）	
			金额 ÷ 道路总长度	元 /m	金额（元）÷建设项目总投资（元）	
5	流动资金		金额 ÷ 道路总面积	元 /m²	金额（元）÷建设项目总投资（元）	
			金额 ÷ 道路总长度	元 /m	金额（元）÷建设项目总投资（元）	
6	建设项目总投资		金额 ÷ 道路总面积	元 /m²		
			金额 ÷ 道路总长度	元 /m		

B-07　工程经济指标表

B-07-01　道路工程经济指标表（表 B-07-01-01 ~ 表 B-07-01-03）

表 B-07-01-01　道路工程（各等级）经济指标表

序号	名称	金额（元）	单位指标	相关指标				造价占比（%）	备注
				相关基数	数量	单位	相关单位指标（元 / 单位）		
		A	B		C		D=A ÷ C		
	道路工程工程费用		金额（元）÷ 道路面积（m^2）	道路长度		m	金额（元）÷ 道路长度（m）		
1	分部分项		金额（元）÷ 道路面积（m^2）	道路长度		m	金额（元）÷ 道路长度（m）	金额（元）÷ 道路工程金额（元）	
1.1	路基工程		金额（元）÷ 道路面积（m^2）	道路长度		m	金额（元）÷ 道路长度（m）	金额（元）÷ 分部分项金额（元）	
1.1.1	土石方工程		金额（元）÷ 道路面积（m^2）	道路长度		m	金额（元）÷ 道路长度（m）	金额（元）÷ 路基工程金额（元）	
1.1.2	路基处理		金额（元）÷ 道路面积（m^2）	道路长度		m	金额（元）÷ 道路长度（m）	金额（元）÷ 路基工程金额（元）	
1.2	防护工程		金额（元）÷ 道路面积（m^2）	道路长度		m	金额（元）÷ 道路长度（m）	金额（元）÷ 分部分项金额（元）	
1.2.1	护坡		金额（元）÷ 道路面积（m^2）	道路长度		m	金额（元）÷ 道路长度（m）	金额（元）÷ 防护工程金额（元）	
1.2.2	挡墙		金额（元）÷ 道路面积（m^2）	道路长度		m	金额（元）÷ 道路长度（m）	金额（元）÷ 防护工程金额（元）	
1.3	路面结构工程		金额（元）÷ 道路面积（m^2）	道路长度		m	金额（元）÷ 道路长度（m）	金额（元）÷ 分部分项金额（元）	

表 B-07-01-01（续）

序号	名称	金额（元）	单位指标	相关指标				造价占比（%）	备注
				相关基数	数量	单位	相关单位指标（元/单位）		
		A	B		C		D=A÷C		
1.3.1	机动车道基层		金额（元）÷道路面积（m^2）	道路长度		m	金额（元）÷道路长度（m）	金额（元）÷路面结构工程金额（元）	
1.3.2	非机动车道基层		金额（元）÷道路面积（m^2）	道路长度		m	金额（元）÷道路长度（m）	金额（元）÷路面结构工程金额（元）	
1.3.3	机动车道面层		金额（元）÷道路面积（m^2）	道路长度		m	金额（元）÷道路长度（m）	金额（元）÷路面结构工程金额（元）	
1.3.4	非机动车道面层		金额（元）÷道路面积（m^2）	道路长度		m	金额（元）÷道路长度（m）	金额（元）÷路面结构工程金额（元）	
1.4	路缘石工程		金额（元）÷道路面积（m^2）	道路长度		m	金额（元）÷道路长度（m）	金额（元）÷分部分项金额（元）	
1.5	人行道及树池		金额（元）÷道路面积（m^2）	道路长度		m	金额（元）÷道路长度（m）	金额（元）÷分部分项金额（元）	
1.5.1	人行道面层		金额（元）÷道路面积（m^2）	道路长度		m	金额（元）÷道路长度（m）	金额（元）÷人行道及树池金额（元）	
1.5.2	人行道基层		金额（元）÷道路面积（m^2）	道路长度		m	金额（元）÷道路长度（m）	金额（元）÷人行道及树池金额（元）	
1.5.3	树池		金额（元）÷道路面积（m^2）	道路长度		m	金额（元）÷道路长度（m）	金额（元）÷人行道及树池金额（元）	
1.6	附属工程		金额（元）÷道路面积（m^2）	道路长度		m	金额（元）÷道路长度（m）	金额（元）÷分部分项金额（元）	
2	措施费用		金额（元）÷道路面积（m^2）	道路长度		m	金额（元）÷道路长度（m）	金额（元）÷道路工程金额（元）	

表 B-07-01-02　城市广场工程经济指标表

序号	名称	金额（元）	单位指标	相关指标				造价占比（%）	备注
				相关基数	数量	单位	相关单位指标（元/单位）		
		A	B		C		D=A÷C		
	城市广场工程工程费用		金额（元）÷广场面积（m^2）	道路总面积		m^2	金额（元）÷道路总面积（m^2）		
1	分部分项		金额（元）÷广场面积（m^2）	广场铺装面积		m^2	金额（元）÷广场铺装面积（m^2）	金额（元）÷广场工程费用金额（元）	
1.1	广场铺装工程		金额（元）÷广场面积（m^2）	广场铺装面积		m^2	金额（元）÷广场铺装面积（m^2）	金额（元）÷分部分项金额（元）	
1.1.1	土石方工程		金额（元）÷广场面积（m^2）	广场铺装面积		m^2	金额（元）÷广场铺装面积（m^2）	金额（元）÷广场铺装工程金额（元）	
1.1.2	广场铺装		金额（元）÷广场面积（m^2）	广场铺装面积		m^2	金额（元）÷广场铺装面积（m^2）	金额（元）÷广场铺装工程金额（元）	
1.1.3	辅助工程		金额（元）÷广场面积（m^2）	广场铺装面积		m^2	金额（元）÷广场铺装面积（m^2）	金额（元）÷广场铺装工程金额（元）	
1.2	功能性建筑		金额（元）÷广场面积（m^2）	广场铺装面积		m^2	金额（元）÷广场铺装面积（m^2）	金额（元）÷分部分项金额（元）	
1.2.1	标志性建筑		金额（元）÷广场面积（m^2）	广场铺装面积		m^2	金额（元）÷广场铺装面积（m^2）	金额（元）÷功能性建筑工程金额（元）	
1.2.2	建筑小品		金额（元）÷广场面积（m^2）	广场铺装面积		m^2	金额（元）÷广场铺装面积（m^2）	金额（元）÷功能性建筑工程金额（元）	

表 B-07-01-02（续）

序号	名称	金额（元）	单位指标	相关指标				造价占比（%）	备注
				相关基数	数量	单位	相关单位指标（元 / 单位）		
		A	B		C		D=A ÷ C		
1.2.3	其他		金额（元）÷广场面积（m^2）	广场铺装面积		m^2	金额（元）÷广场铺装面积（m^2）	金额（元）÷功能性建筑工程金额（元）	
1.3	配套设施		金额（元）÷广场面积（m^2）	广场铺装面积		m^2	金额（元）÷广场铺装面积（m^2）	金额（元）÷分部分项金额（元）	
1.3.1	给排水与消防		金额（元）÷广场面积（m^2）	广场铺装面积		m^2	金额（元）÷广场铺装面积（m^2）	金额（元）÷配套设施工程金额（元）	
1.3.2	照明与供电		金额（元）÷广场面积（m^2）	广场铺装面积		m^2	金额（元）÷广场铺装面积（m^2）	金额（元）÷配套设施工程金额（元）	
1.3.3	监控系统		金额（元）÷广场面积（m^2）	广场铺装面积		m^2	金额（元）÷广场铺装面积（m^2）	金额（元）÷配套设施工程金额（元）	
1.3.4	导向标识		金额（元）÷广场面积（m^2）	广场铺装面积		m^2	金额（元）÷广场铺装面积（m^2）	金额（元）÷配套设施工程金额（元）	
1.3.5	其他		金额（元）÷广场面积（m^2）	广场铺装面积		m^2	金额（元）÷广场铺装面积（m^2）	金额（元）÷配套设施工程金额（元）	
2	措施费用		金额（元）÷广场面积（m^2）	广场铺装面积		m^2	金额（元）÷广场铺装面积（m^2）	金额（元）÷广场工程费用金额（元）	

表 B-07-01-03　停车场工程经济指标表

序号	名称	金额（元）	单位指标	相关指标				造价占比（%）	备注
				相关基数	数量	单位	相关单位指标（元 / 单位）		
		A	B		C		D=A÷C		
	停车场工程工程费用		金额（元）÷停车场面积（m^2）	道路总面积		m^2	金额（元）÷道路总面积（m^2）		
1	分部分项		金额（元）÷停车场面积（m^2）	道路总面积		m^2	金额（元）÷道路总面积（m^2）	金额（元）÷停车场工程费用金额（元）	
1.1	铺装工程		金额（元）÷停车场面积（m^2）	道路总面积		m^2	金额（元）÷道路总面积（m^2）	金额（元）÷分部分项金额（元）	
1.1.1	土石方工程		金额（元）÷停车场面积（m^2）	道路总面积		m^2	金额（元）÷道路总面积（m^2）	金额（元）÷铺装工程金额（元）	
1.1.2	停车场铺装		金额（元）÷停车场面积（m^2）	道路总面积		m^2	金额（元）÷道路总面积（m^2）	金额（元）÷铺装工程金额（元）	
1.1.3	辅助工程		金额（元）÷停车场面积（m^2）	道路总面积		m^2	金额（元）÷道路总面积（m^2）	金额（元）÷铺装工程金额（元）	
1.2	配套设施		金额（元）÷停车场面积（m^2）	道路总面积		m^2	金额（元）÷道路总面积（m^2）	金额（元）÷分部分项金额（元）	
1.2.1	给排水与消防		金额（元）÷停车场面积（m^2）	道路总面积		m^2	金额（元）÷道路总面积（m^2）	金额（元）÷配套设施工程金额（元）	
1.2.2	照明与供电		金额（元）÷停车场面积（m^2）	道路总面积		m^2	金额（元）÷道路总面积（m^2）	金额（元）÷配套设施工程金额（元）	
1.2.3	收费系统		金额（元）÷停车场面积（m^2）	道路总面积		m^2	金额（元）÷道路总面积（m^2）	金额（元）÷配套设施工程金额（元）	

表 B-07-01-03（续）

序号	名称	金额（元）	单位指标	相关指标				造价占比（%）	备注
				相关基数	数量	单位	相关单位指标（元 / 单位）		
		A	B		C		D=A ÷ C		
1.2.4	监控系统		金额（元）÷停车场面积（m^2）	道路总面积		m^2	金额（元）÷道路总面积（m^2）	金额（元）÷配套设施工程金额（元）	
1.2.5	其他		金额（元）÷停车场面积（m^2）	道路总面积		m^2	金额（元）÷道路总面积（m^2）	金额（元）÷配套设施工程金额（元）	
2	措施费用		金额（元）÷停车场面积（m^2）	道路总面积		m^2	金额（元）÷道路总面积（m^2）	金额（元）÷停车场工程费用金额（元）	

B-07-02　桥涵工程经济指标表（表 B-07-02-01 ~ 表 B-07-02-10）

表 B-07-02-01　桥梁工程（分离式立交桥 / 跨线桥）工程经济指标表

序号	名称	金额（元）	单位指标	相关指标				造价占比（%）	备注
				相关基数	数量	单位	相关单位指标（元 / 单位）		
		A	B		C		D=A ÷ C		
	桥梁工程工程费用		金额（元）÷桥梁总面积（m^2）	桥梁总长度		m	金额（元）÷桥梁总长度（m）	金额（元）÷桥梁工程总金额（元）	所有桥梁的合计数据
1	分离式立交桥		金额（元）÷桥梁面积（m^2）	桥梁长度		m	金额（元）÷桥梁长度（m）	金额（元）÷桥梁工程金额（元）	
1.1	主体结构		金额（元）÷桥梁面积（m^2）	桥梁长度		m	金额（元）÷桥梁长度（m）	金额（元）÷分离式立交桥金额（元）	
1.1.1	基础工程		金额（元）÷桥梁面积（m^2）	桥梁长度		m	金额（元）÷桥梁长度（m）	金额（元）÷主体结构金额（元）	

表 B-07-02-01（续）

序号	名称	金额（元）	单位指标	相关指标				造价占比（%）	备注
				相关基数	数量	单位	相关单位指标（元 / 单位）		
		A	B		C		D=A÷C		
1.1.1.1	土石方工程		金额（元）÷桥梁面积（m^2）	桥梁长度		m	金额（元）÷桥梁长度（m）	金额（元）÷基础工程金额（元）	
1.1.1.2	基坑与边坡支护		金额（元）÷桥梁面积（m^2）	桥梁长度		m	金额（元）÷桥梁长度（m）	金额（元）÷基础工程金额（元）	
1.1.1.3	桩基础		金额（元）÷桥梁面积（m^2）	桥梁长度		m	金额（元）÷桥梁长度（m）	金额（元）÷基础工程金额（元）	
1.1.1.4	扩大基础		金额（元）÷桥梁面积（m^2）	桥梁长度		m	金额（元）÷桥梁长度（m）	金额（元）÷基础工程金额（元）	
1.1.1.5	沉井基础		金额（元）÷桥梁面积（m^2）	桥梁长度		m	金额（元）÷桥梁长度（m）	金额（元）÷基础工程金额（元）	
1.1.1.6	承台、系梁		金额（元）÷桥梁面积（m^2）	桥梁长度		m	金额（元）÷桥梁长度（m）	金额（元）÷基础工程金额（元）	
1.1.2	下部结构		金额（元）÷桥梁面积（m^2）	桥梁长度		m	金额（元）÷桥梁长度（m）	金额（元）÷主体结构金额（元）	
1.1.2.1	墩(台)身		金额（元）÷桥梁面积（m^2）	桥梁长度		m	金额（元）÷桥梁长度（m）	金额（元）÷下部结构金额（元）	
1.1.2.2	墩(台)帽盖梁		金额（元）÷桥梁面积（m^2）	桥梁长度		m	金额（元）÷桥梁长度（m）	金额（元）÷下部结构金额（元）	
1.1.2.3	支承梁、横梁		金额（元）÷桥梁面积（m^2）	桥梁长度		m	金额（元）÷桥梁长度（m）	金额（元）÷下部结构金额（元）	

表 B-07-02-01（续）

序号	名称	金额（元）	单位指标	相关指标				造价占比（%）	备注
				相关基数	数量	单位	相关单位指标（元 / 单位）		
		A	B		C		D=A ÷ C		
1.1.3	上部结构		金额（元）÷桥梁面积（m^2）	桥梁长度		m	金额（元）÷桥梁长度（m）	金额（元）÷主体结构金额（元）	
1.1.3.1	钢筋混凝土梁		金额（元）÷桥梁面积（m^2）	桥梁长度		m	金额（元）÷桥梁长度（m）	金额（元）÷上部结构金额（元）	
1.1.3.2	钢梁		金额（元）÷桥梁面积（m^2）	桥梁长度		m	金额（元）÷桥梁长度（m）	金额（元）÷上部结构金额（元）	
1.1.3.3	钢混结合梁		金额（元）÷桥梁面积（m^2）	桥梁长度		m	金额（元）÷桥梁长度（m）	金额（元）÷上部结构金额（元）	
1.1.3.4	支座		金额（元）÷桥梁面积（m^2）	桥梁长度		m	金额（元）÷桥梁长度（m）	金额（元）÷上部结构金额（元）	
1.1.3.5	抗震设施		金额（元）÷桥梁面积（m^2）	桥梁长度		m	金额（元）÷桥梁长度（m）	金额（元）÷上部结构金额（元）	
1.1.4	桥面系		金额（元）÷桥梁面积（m^2）	桥梁长度		m	金额（元）÷桥梁长度（m）	金额（元）÷主体结构金额（元）	
1.1.4.1	防水层		金额（元）÷桥梁面积（m^2）	桥梁长度		m	金额（元）÷桥梁长度（m）	金额（元）÷桥面系金额（元）	
1.1.4.2	桥面铺装		金额（元）÷桥梁面积（m^2）	桥梁长度		m	金额（元）÷桥梁长度（m）	金额（元）÷桥面系金额（元）	
1.1.4.3	挂板		金额（元）÷桥梁面积（m^2）	桥梁长度		m	金额（元）÷桥梁长度（m）	金额（元）÷桥面系金额（元）	

表 B-07-02-01（续）

序号	名称	金额（元）	单位指标	相关指标				造价占比（%）	备注
				相关基数	数量	单位	相关单位指标（元/单位）		
		A	B		C		D=A÷C		
1.1.4.4	路缘石		金额（元）÷桥梁面积（m^2）	桥梁长度		m	金额（元）÷桥梁长度（m）	金额（元）÷桥面系金额（元）	
1.1.4.5	排水口		金额（元）÷桥梁面积（m^2）	桥梁长度		m	金额（元）÷桥梁长度（m）	金额（元）÷桥面系金额（元）	
1.1.4.6	金属护栏		金额（元）÷桥梁面积（m^2）	桥梁长度		m	金额（元）÷桥梁长度（m）	金额（元）÷桥面系金额（元）	
1.1.4.7	混凝土护栏		金额（元）÷桥梁面积（m^2）	桥梁长度		m	金额（元）÷桥梁长度（m）	金额（元）÷桥面系金额（元）	
1.1.4.8	伸缩缝		金额（元）÷桥梁面积（m^2）	桥梁长度		m	金额（元）÷桥梁长度（m）	金额（元）÷桥面系金额（元）	
1.1.4.9	桥头搭板		金额（元）÷桥梁面积（m^2）	桥梁长度		m	金额（元）÷桥梁长度（m）	金额（元）÷桥面系金额（元）	
1.2	附属工程		金额（元）÷桥梁面积（m^2）	桥梁长度		m	金额（元）÷桥梁长度（m）	金额（元）÷分离式立交桥金额（元）	
1.2.1	护坡、挡墙		金额（元）÷桥梁面积（m^2）	桥梁长度		m	金额（元）÷桥梁长度（m）	金额（元）÷附属工程金额（元）	
1.2.2	隔声屏障		金额（元）÷桥梁面积（m^2）	桥梁长度		m	金额（元）÷桥梁长度（m）	金额（元）÷附属工程金额（元）	
1.2.3	土工格栅		金额（元）÷桥梁面积（m^2）	桥梁长度		m	金额（元）÷桥梁长度（m）	金额（元）÷附属工程金额（元）	

表 B-07-02-01（续）

序号	名称	金额（元）	单位指标	相关指标				造价占比（%）	备注
				相关基数	数量	单位	相关单位指标（元/单位）		
		A	B		C		D=A÷C		
1.2.4	混凝土楼梯		金额（元）÷桥梁面积（m^2）	桥梁长度		m	金额（元）÷桥梁长度（m）	金额（元）÷附属工程金额（元）	
1.2.5	装饰		金额（元）÷桥梁面积（m^2）	桥梁长度		m	金额（元）÷桥梁长度（m）	金额（元）÷附属工程金额（元）	
1.2.6	拆除工程		金额（元）÷桥梁面积（m^2）	桥梁长度		m	金额（元）÷桥梁长度（m）	金额（元）÷附属工程金额（元）	
1.3	措施费用		金额（元）÷桥梁面积（m^2）	桥梁长度		m	金额（元）÷桥梁长度（m）	金额（元）÷分离式立交桥金额（元）	

表 B-07-02-02　桥梁工程（互通式立交桥）工程经济指标表

序号	名称	金额（元）	单位指标	相关指标				造价占比（%）	备注
				相关基数	数量	单位	相关单位指标（元/单位）		
		A	B		C		D=A÷C		
2	互通式立交桥		金额（元）÷桥梁面积（m^2）	桥梁长度		m	金额（元）÷桥梁长度（m）	金额（元）÷桥梁工程金额（元）	桥梁面积、长度为主桥面积＋匝道面积
2.1	主桥		金额（元）÷主桥面积（m^2）	主桥长度		m	金额（元）÷主桥长度（m）	金额（元）÷互通式立交桥金额（元）	
2.1.1	主体结构		金额（元）÷主桥面积（m^2）	主桥长度		m	金额（元）÷主桥长度（m）	金额（元）÷主桥金额（元）	
2.1.1.1	基础工程		金额（元）÷主桥面积（m^2）	主桥长度		m	金额（元）÷主桥长度（m）	金额（元）÷主体结构金额（元）	

表 B-07-02-02（续）

序号	名称	金额（元）	单位指标	相关指标				造价占比（%）	备注
				相关基数	数量	单位	相关单位指标（元 / 单位）		
		A	B		C		D=A÷C		
2.1.1.1.1	土石方工程		金额（元）÷主桥面积（m^2）	主桥长度		m	金额（元）÷主桥长度（m）	金额（元）÷基础工程金额（元）	
2.1.1.1.2	基坑与边坡支护		金额（元）÷主桥面积（m^2）	主桥长度		m	金额（元）÷主桥长度（m）	金额（元）÷基础工程金额（元）	
2.1.1.1.3	桩基础		金额（元）÷主桥面积（m^2）	主桥长度		m	金额（元）÷主桥长度（m）	金额（元）÷基础工程金额（元）	
2.1.1.1.4	扩大基础		金额（元）÷主桥面积（m^2）	主桥长度		m	金额（元）÷主桥长度（m）	金额（元）÷基础工程金额（元）	
2.1.1.1.5	沉井基础		金额（元）÷主桥面积（m^2）	主桥长度		m	金额（元）÷主桥长度（m）	金额（元）÷基础工程金额（元）	
2.1.1.1.6	承台、系梁		金额（元）÷主桥面积（m^2）	主桥长度		m	金额（元）÷主桥长度（m）	金额（元）÷基础工程金额（元）	
2.1.1.2	下部结构		金额（元）÷主桥面积（m^2）	主桥长度		m	金额（元）÷主桥长度（m）	金额（元）÷桥梁工程金额（元）	
2.1.1.2.1	墩（台）身		金额（元）÷主桥面积（m^2）	主桥长度		m	金额（元）÷主桥长度（m）	金额（元）÷桥梁工程金额（元）	
2.1.1.2.2	墩（台）帽盖梁		金额（元）÷主桥面积（m^2）	主桥长度		m	金额（元）÷主桥长度（m）	金额（元）÷桥梁工程金额（元）	
2.1.1.2.3	支承梁、横梁		金额（元）÷主桥面积（m^2）	主桥长度		m	金额（元）÷主桥长度（m）	金额（元）÷桥梁工程金额（元）	

表 B-07-02-02（续）

序号	名称	金额（元）	单位指标	相关指标				造价占比（%）	备注
				相关基数	数量	单位	相关单位指标（元/单位）		
		A	B		C		D=A÷C		
2.1.1.3	上部结构		金额（元）÷主桥面积（m^2）	主桥长度		m	金额（元）÷主桥长度（m）	金额（元）÷主体结构金额（元）	
2.1.1.3.1	钢筋混凝土梁		金额（元）÷主桥面积（m^2）	主桥长度		m	金额（元）÷主桥长度（m）	金额（元）÷上部结构金额（元）	
2.1.1.3.2	钢梁		金额（元）÷主桥面积（m^2）	主桥长度		m	金额（元）÷主桥长度（m）	金额（元）÷上部结构金额（元）	
2.1.1.3.3	钢混结合梁		金额（元）÷主桥面积（m^2）	主桥长度		m	金额（元）÷主桥长度（m）	金额（元）÷上部结构金额（元）	
2.1.1.3.4	支座		金额（元）÷主桥面积（m^2）	主桥长度		m	金额（元）÷主桥长度（m）	金额（元）÷上部结构金额（元）	
2.1.1.3.5	抗震设施		金额（元）÷主桥面积（m^2）	主桥长度		m	金额（元）÷主桥长度（m）	金额（元）÷上部结构金额（元）	
2.1.1.4	桥面系		金额（元）÷主桥面积（m^2）	主桥长度		m	金额（元）÷主桥长度（m）	金额（元）÷主体结构金额（元）	
2.1.1.4.1	防水层		金额（元）÷主桥面积（m^2）	主桥长度		m	金额（元）÷主桥长度（m）	金额（元）÷桥面系金额（元）	
2.1.1.4.2	桥面铺装		金额（元）÷主桥面积（m^2）	主桥长度		m	金额（元）÷主桥长度（m）	金额（元）÷桥面系金额（元）	
2.1.1.4.3	挂板		金额（元）÷主桥面积（m^2）	主桥长度		m	金额（元）÷主桥长度（m）	金额（元）÷桥面系金额（元）	

表 B-07-02-02（续）

序号	名称	金额（元）	单位指标	相关指标				造价占比（%）	备注
				相关基数	数量	单位	相关单位指标（元/单位）		
		A	B		C		D=A÷C		
2.1.1.4.4	路缘石		金额（元）÷主桥面积（m^2）	主桥长度		m	金额（元）÷主桥长度（m）	金额（元）÷桥面系金额（元）	
2.1.1.4.5	排水口		金额（元）÷主桥面积（m^2）	主桥长度		m	金额（元）÷主桥长度（m）	金额（元）÷桥面系金额（元）	
2.1.1.4.6	金属护栏		金额（元）÷主桥面积（m^2）	主桥长度		m	金额（元）÷主桥长度（m）	金额（元）÷桥面系金额（元）	
2.1.1.4.7	混凝土护栏		金额（元）÷主桥面积（m^2）	主桥长度		m	金额（元）÷主桥长度（m）	金额（元）÷桥面系金额（元）	
2.1.1.4.8	伸缩缝		金额（元）÷主桥面积（m^2）	主桥长度		m	金额（元）÷主桥长度（m）	金额（元）÷桥面系金额（元）	
2.1.1.4.9	桥头搭板		金额（元）÷主桥面积（m^2）	主桥长度		m	金额（元）÷主桥长度（m）	金额（元）÷桥面系金额（元）	
2.1.2	附属工程		金额（元）÷主桥面积（m^2）	主桥长度		m	金额（元）÷主桥长度（m）	金额（元）÷主桥金额（元）	
2.1.2.1	护坡、挡墙		金额（元）÷主桥面积（m^2）	主桥长度		m	金额（元）÷主桥长度（m）	金额（元）÷附属工程金额（元）	
2.1.2.2	隔声屏障		金额（元）÷主桥面积（m^2）	主桥长度		m	金额（元）÷主桥长度（m）	金额（元）÷附属工程金额（元）	
2.1.2.3	土工格栅		金额（元）÷主桥面积（m^2）	主桥长度		m	金额（元）÷主桥长度（m）	金额（元）÷附属工程金额（元）	
2.1.2.4	混凝土楼梯		金额（元）÷主桥面积（m^2）	主桥长度		m	金额（元）÷主桥长度（m）	金额（元）÷附属工程金额（元）	

表 B-07-02-02（续）

序号	名称	金额（元）	单位指标	相关指标				造价占比（%）	备注
				相关基数	数量	单位	相关单位指标（元 / 单位）		
		A	B		C		D=A ÷ C		
2.1.2.5	装饰		金额（元）÷ 主桥面积（m^2）	主桥长度		m	金额（元）÷ 主桥长度（m）	金额（元）÷ 附属工程金额（元）	
2.1.2.6	拆除工程		金额（元）÷ 主桥面积（m^2）	主桥长度		m	金额（元）÷ 主桥长度（m）	金额（元）÷ 附属工程金额（元）	
2.2	匝道桥		金额（元）÷ 匝道桥面积（m^2）	匝道桥长度		m	金额（元）÷ 匝道桥长度（m）	金额（元）÷ 互通式立交桥金额（元）	
2.2.1	主体结构		金额（元）÷ 匝道桥面积（m^2）	匝道桥长度		m	金额（元）÷ 匝道桥长度（m）	金额（元）÷ 主桥金额（元）	
2.2.1.1	基础工程		金额（元）÷ 匝道桥面积（m^2）	匝道桥长度		m	金额（元）÷ 匝道桥长度（m）	金额（元）÷ 主体结构金额（元）	
2.2.1.1.1	土石方工程		金额（元）÷ 匝道桥面积（m^2）	匝道桥长度		m	金额（元）÷ 匝道桥长度（m）	金额（元）÷ 基础工程金额（元）	
2.2.1.1.2	基坑与边坡支护		金额（元）÷ 匝道桥面积（m^2）	匝道桥长度		m	金额（元）÷ 匝道桥长度（m）	金额（元）÷ 基础工程金额（元）	
2.2.1.1.3	桩基础		金额（元）÷ 匝道桥面积（m^2）	匝道桥长度		m	金额（元）÷ 匝道桥长度（m）	金额（元）÷ 基础工程金额（元）	
2.2.1.1.4	扩大基础		金额（元）÷ 匝道桥面积（m^2）	匝道桥长度		m	金额（元）÷ 匝道桥长度（m）	金额（元）÷ 基础工程金额（元）	
2.2.1.1.5	沉井基础		金额（元）÷ 匝道桥面积（m^2）	匝道桥长度		m	金额（元）÷ 匝道桥长度（m）	金额（元）÷ 基础工程金额（元）	

表 B-07-02-02（续）

序号	名称	金额（元）	单位指标	相关指标				造价占比（%）	备注
				相关基数	数量	单位	相关单位指标（元 / 单位）		
		A	B		C		D=A÷C		
2.2.1.1.6	承台、系梁		金额（元）÷匝道桥面积（m^2）	匝道桥长度		m	金额（元）÷匝道桥长度（m）	金额（元）÷基础工程金额（元）	
2.2.1.2	下部结构		金额（元）÷匝道桥面积（m^2）	匝道桥长度		m	金额（元）÷匝道桥长度（m）	金额（元）÷桥梁工程金额（元）	
2.2.1.2.1	墩（台）身		金额（元）÷匝道桥面积（m^2）	匝道桥长度		m	金额（元）÷匝道桥长度（m）	金额（元）÷桥梁工程金额（元）	
2.2.1.2.2	墩（台）帽盖梁		金额（元）÷匝道桥面积（m^2）	匝道桥长度		m	金额（元）÷匝道桥长度（m）	金额（元）÷桥梁工程金额（元）	
2.2.1.2.3	支承梁、横梁		金额（元）÷匝道桥面积（m^2）	匝道桥长度		m	金额（元）÷匝道桥长度（m）	金额（元）÷桥梁工程金额（元）	
2.2.1.3	上部结构		金额（元）÷匝道桥面积（m^2）	匝道桥长度		m	金额（元）÷匝道桥长度（m）	金额（元）÷主体结构金额（元）	
2.2.1.3.1	钢筋混凝土梁		金额（元）÷匝道桥面积（m^2）	匝道桥长度		m	金额（元）÷匝道桥长度（m）	金额（元）÷上部结构金额（元）	
2.2.1.3.2	钢梁		金额（元）÷匝道桥面积（m^2）	匝道桥长度		m	金额（元）÷匝道桥长度（m）	金额（元）÷上部结构金额（元）	
2.2.1.3.3	钢混结合梁		金额（元）÷匝道桥面积（m^2）	匝道桥长度		m	金额（元）÷匝道桥长度（m）	金额（元）÷上部结构金额（元）	
2.2.1.3.4	支座		金额（元）÷匝道桥面积（m^2）	匝道桥长度		m	金额（元）÷匝道桥长度（m）	金额（元）÷上部结构金额（元）	

表 B-07-02-02（续）

序号	名称	金额（元）	单位指标	相关指标				造价占比（%）	备注
				相关基数	数量	单位	相关单位指标（元 / 单位）		
		A	B		C		D=A ÷ C		
2.2.1.3.5	抗震设施		金额（元）÷匝道桥面积（m^2）	匝道桥长度		m	金额（元）÷匝道桥长度（m）	金额（元）÷上部结构金额（元）	
2.2.1.4	桥面系		金额（元）÷匝道桥面积（m^2）	匝道桥长度		m	金额（元）÷匝道桥长度（m）	金额（元）÷主体结构金额（元）	
2.2.1.4.1	防水层		金额（元）÷匝道桥面积（m^2）	匝道桥长度		m	金额（元）÷匝道桥长度（m）	金额（元）÷桥面系金额（元）	
2.2.1.4.2	桥面铺装		金额（元）÷匝道桥面积（m^2）	匝道桥长度		m	金额（元）÷匝道桥长度（m）	金额（元）÷桥面系金额（元）	
2.2.1.4.3	挂板		金额（元）÷匝道桥面积（m^2）	匝道桥长度		m	金额（元）÷匝道桥长度（m）	金额（元）÷桥面系金额（元）	
2.2.1.4.4	路缘石		金额（元）÷匝道桥面积（m^2）	匝道桥长度		m	金额（元）÷匝道桥长度（m）	金额（元）÷桥面系金额（元）	
2.2.1.4.5	排水口		金额（元）÷匝道桥面积（m^2）	匝道桥长度		m	金额（元）÷匝道桥长度（m）	金额（元）÷桥面系金额（元）	
2.2.1.4.6	金属护栏		金额（元）÷匝道桥面积（m^2）	匝道桥长度		m	金额（元）÷匝道桥长度（m）	金额（元）÷桥面系金额（元）	
2.2.1.4.7	混凝土护栏		金额（元）÷匝道桥面积（m^2）	匝道桥长度		m	金额（元）÷匝道桥长度（m）	金额（元）÷桥面系金额（元）	
2.2.1.4.8	伸缩缝		金额（元）÷匝道桥面积（m^2）	匝道桥长度		m	金额（元）÷匝道桥长度（m）	金额（元）÷桥面系金额（元）	

表 B-07-02-02（续）

序号	名称	金额（元）	单位指标	相关指标				造价占比（%）	备注
				相关基数	数量	单位	相关单位指标（元 / 单位）		
		A	B		C		D=A÷C		
2.2.1.4.9	桥头搭板		金额（元）÷匝道桥面积（m^2）	匝道桥长度		m	金额（元）÷匝道桥长度（m）	金额（元）÷桥面系金额（元）	
2.2.2	附属工程		金额（元）÷匝道桥面积（m^2）	匝道桥长度		m	金额（元）÷匝道桥长度（m）	金额（元）÷主桥金额（元）	
2.2.2.1	护坡、挡墙		金额（元）÷匝道桥面积（m^2）	匝道桥长度		m	金额（元）÷匝道桥长度（m）	金额（元）÷附属工程金额（元）	
2.2.2.2	隔声屏障		金额（元）÷匝道桥面积（m^2）	匝道桥长度		m	金额（元）÷匝道桥长度（m）	金额（元）÷附属工程金额（元）	
2.2.2.3	土工格栅		金额（元）÷匝道桥面积（m^2）	匝道桥长度		m	金额（元）÷匝道桥长度（m）	金额（元）÷附属工程金额（元）	
2.2.2.4	混凝土楼梯		金额（元）÷匝道桥面积（m^2）	匝道桥长度		m	金额（元）÷匝道桥长度（m）	金额（元）÷附属工程金额（元）	
2.2.2.5	装饰		金额（元）÷匝道桥面积（m^2）	匝道桥长度		m	金额（元）÷匝道桥长度（m）	金额（元）÷附属工程金额（元）	
2.2.2.6	拆除工程		金额（元）÷匝道桥面积（m^2）	匝道桥长度		m	金额（元）÷匝道桥长度（m）	金额（元）÷附属工程金额（元）	
2.3	措施费用		金额（元）÷桥梁总面积（m^2）	桥梁总长度		m	金额（元）÷桥梁总长度（m）	金额（元）÷互通式立交桥金额（元）	

表 B-07-02-03　桥梁工程（高架桥）工程经济指标表

序号	名称	金额（元）	单位指标	相关指标				造价占比（%）	备注
				相关基数	数量	单位	相关单位指标（元 / 单位）		
		A	B		C		D=A ÷ C		
3	高架桥		金额（元）÷ 桥梁面积（m^2）	桥梁长度		m	金额（元）÷ 桥梁长度（m）	金额（元）÷ 桥梁工程金额（元）	
3.1	主体结构		金额（元）÷ 桥梁面积（m^2）	桥梁长度		m	金额（元）÷ 桥梁长度（m）	金额（元）÷ 高架桥金额（元）	
3.1.1	基础工程		金额（元）÷ 桥梁面积（m^2）	桥梁长度		m	金额（元）÷ 桥梁长度（m）	金额（元）÷ 主体结构金额（元）	
3.1.1.1	土石方工程		金额（元）÷ 桥梁面积（m^2）	桥梁长度		m	金额（元）÷ 桥梁长度（m）	金额（元）÷ 基础工程金额（元）	
3.1.1.2	基坑与边坡支护		金额（元）÷ 桥梁面积（m^2）	桥梁长度		m	金额（元）÷ 桥梁长度（m）	金额（元）÷ 基础工程金额（元）	
3.1.1.3	桩基础		金额（元）÷ 桥梁面积（m^2）	桥梁长度		m	金额（元）÷ 桥梁长度（m）	金额（元）÷ 基础工程金额（元）	
3.1.1.4	扩大基础		金额（元）÷ 桥梁面积（m^2）	桥梁长度		m	金额（元）÷ 桥梁长度（m）	金额（元）÷ 基础工程金额（元）	
3.1.1.5	沉井基础		金额（元）÷ 桥梁面积（m^2）	桥梁长度		m	金额（元）÷ 桥梁长度（m）	金额（元）÷ 基础工程金额（元）	
3.1.1.6	承台、系梁		金额（元）÷ 桥梁面积（m^2）	桥梁长度		m	金额（元）÷ 桥梁长度（m）	金额（元）÷ 基础工程金额（元）	
3.1.2	下部结构		金额（元）÷ 桥梁面积（m^2）	桥梁长度		m	金额（元）÷ 桥梁长度（m）	金额（元）÷ 主体结构金额（元）	

表 B-07-02-03（续）

序号	名称	金额（元）	单位指标	相关指标				造价占比（%）	备注
				相关基数	数量	单位	相关单位指标（元/单位）		
		A	B		C		D=A÷C		
3.1.2.1	墩(台)身		金额（元）÷桥梁面积（m^2）	桥梁长度		m	金额（元）÷桥梁长度（m）	金额（元）÷下部结构金额（元）	
3.1.2.2	墩(台)帽盖梁		金额（元）÷桥梁面积（m^2）	桥梁长度		m	金额（元）÷桥梁长度（m）	金额（元）÷下部结构金额（元）	
3.1.2.3	支承梁、横梁		金额（元）÷桥梁面积（m^2）	桥梁长度		m	金额（元）÷桥梁长度（m）	金额（元）÷下部结构金额（元）	
3.1.3	上部结构		金额（元）÷桥梁面积（m^2）	桥梁长度		m	金额（元）÷桥梁长度（m）	金额（元）÷主体结构金额（元）	
3.1.3.1	钢筋混凝土梁		金额（元）÷桥梁面积（m^2）	桥梁长度		m	金额（元）÷桥梁长度（m）	金额（元）÷上部结构金额（元）	
3.1.3.2	钢梁		金额（元）÷桥梁面积（m^2）	桥梁长度		m	金额（元）÷桥梁长度（m）	金额（元）÷上部结构金额（元）	
3.1.3.3	钢混结合梁		金额（元）÷桥梁面积（m^2）	桥梁长度		m	金额（元）÷桥梁长度（m）	金额（元）÷上部结构金额（元）	
3.1.3.4	支座		金额（元）÷桥梁面积（m^2）	桥梁长度		m	金额（元）÷桥梁长度（m）	金额（元）÷上部结构金额（元）	
3.1.3.5	抗震设施		金额（元）÷桥梁面积（m^2）	桥梁长度		m	金额（元）÷桥梁长度（m）	金额（元）÷上部结构金额（元）	
3.1.4	桥面系		金额（元）÷桥梁面积（m^2）	桥梁长度		m	金额（元）÷桥梁长度（m）	金额（元）÷主体结构金额（元）	

表 B-07-02-03（续）

序号	名称	金额（元）	单位指标	相关指标				造价占比（%）	备注
				相关基数	数量	单位	相关单位指标（元 / 单位）		
		A	B		C		D=A ÷ C		
3.1.4.1	防水层		金额（元）÷桥梁面积（m^2）	桥梁长度		m	金额（元）÷桥梁长度（m）	金额（元）÷桥面系金额（元）	
3.1.4.2	桥面铺装		金额（元）÷桥梁面积（m^2）	桥梁长度		m	金额（元）÷桥梁长度（m）	金额（元）÷桥面系金额（元）	
3.1.4.3	挂板		金额（元）÷桥梁面积（m^2）	桥梁长度		m	金额（元）÷桥梁长度（m）	金额（元）÷桥面系金额（元）	
3.1.4.4	路缘石		金额（元）÷桥梁面积（m^2）	桥梁长度		m	金额（元）÷桥梁长度（m）	金额（元）÷桥面系金额（元）	
3.1.4.5	排水口		金额（元）÷桥梁面积（m^2）	桥梁长度		m	金额（元）÷桥梁长度（m）	金额（元）÷桥面系金额（元）	
3.1.4.6	金属护栏		金额（元）÷桥梁面积（m^2）	桥梁长度		m	金额（元）÷桥梁长度（m）	金额（元）÷桥面系金额（元）	
3.1.4.7	混凝土护栏		金额（元）÷桥梁面积（m^2）	桥梁长度		m	金额（元）÷桥梁长度（m）	金额（元）÷桥面系金额（元）	
3.1.4.8	伸缩缝		金额（元）÷桥梁面积（m^2）	桥梁长度		m	金额（元）÷桥梁长度（m）	金额（元）÷桥面系金额（元）	
3.1.4.9	桥头搭板		金额（元）÷桥梁面积（m^2）	桥梁长度		m	金额（元）÷桥梁长度（m）	金额（元）÷桥面系金额（元）	
3.2	附属工程		金额（元）÷桥梁面积（m^2）	桥梁长度		m	金额（元）÷桥梁长度（m）	金额（元）÷高架桥金额（元）	
3.2.1	护坡、挡墙		金额（元）÷桥梁面积（m^2）	桥梁长度		m	金额（元）÷桥梁长度（m）	金额（元）÷附属工程金额（元）	

表 B-07-02-03（续）

序号	名称	金额（元）	单位指标	相关指标				造价占比（%）	备注
				相关基数	数量	单位	相关单位指标（元/单位）		
		A	B		C		D=A÷C		
3.2.2	隔声屏障		金额（元）÷桥梁面积（m^2）	桥梁长度		m	金额（元）÷桥梁长度（m）	金额（元）÷附属工程金额（元）	
3.2.3	土工格栅		金额（元）÷桥梁面积（m^2）	桥梁长度		m	金额（元）÷桥梁长度（m）	金额（元）÷附属工程金额（元）	
3.2.4	混凝土楼梯		金额（元）÷桥梁面积（m^2）	桥梁长度		m	金额（元）÷桥梁长度（m）	金额（元）÷附属工程金额（元）	
3.2.5	装饰		金额（元）÷桥梁面积（m^2）	桥梁长度		m	金额（元）÷桥梁长度（m）	金额（元）÷附属工程金额（元）	
3.2.6	拆除工程		金额（元）÷桥梁面积（m^2）	桥梁长度		m	金额（元）÷桥梁长度（m）	金额（元）÷附属工程金额（元）	
3.3	措施费用		金额（元）÷桥梁面积（m^2）	桥梁长度		m	金额（元）÷桥梁长度（m）	金额（元）÷高架桥金额（元）	

表 B-07-02-04　桥梁工程（跨河梁桥）工程经济指标表

序号	名称	金额（元）	单位指标	相关指标				造价占比（%）	备注
				相关基数	数量	单位	相关单位指标（元/单位）		
		A	B		C		D=A÷C		
4	跨河梁桥		金额（元）÷桥梁面积（m^2）	桥梁长度		m	金额（元）÷桥梁长度（m）	金额（元）÷桥梁工程金额（元）	
4.1	主体结构		金额（元）÷桥梁面积（m^2）	桥梁长度		m	金额（元）÷桥梁长度（m）	金额（元）÷跨河梁桥金额（元）	

表 B-07-02-04（续）

序号	名称	金额（元）	单位指标	相关指标				造价占比（%）	备注
				相关基数	数量	单位	相关单位指标（元/单位）		
		A	B		C		D=A÷C		
4.1.1	基础工程		金额（元）÷桥梁面积（m^2）	桥梁长度		m	金额（元）÷桥梁长度（m）	金额（元）÷主体结构金额（元）	
4.1.1.1	筑岛围堰		金额（元）÷桥梁面积（m^2）	桥梁长度		m	金额（元）÷桥梁长度（m）	金额（元）÷基础工程金额（元）	
4.1.1.2	土石方工程		金额（元）÷桥梁面积（m^2）	桥梁长度		m	金额（元）÷桥梁长度（m）	金额（元）÷基础工程金额（元）	
4.1.1.3	基坑与边坡支护		金额（元）÷桥梁面积（m^2）	桥梁长度		m	金额（元）÷桥梁长度（m）	金额（元）÷基础工程金额（元）	
4.1.1.4	桩基础		金额（元）÷桥梁面积（m^2）	桥梁长度		m	金额（元）÷桥梁长度（m）	金额（元）÷基础工程金额（元）	
4.1.1.5	扩大基础		金额（元）÷桥梁面积（m^2）	桥梁长度		m	金额（元）÷桥梁长度（m）	金额（元）÷基础工程金额（元）	
4.1.1.6	沉井基础		金额（元）÷桥梁面积（m^2）	桥梁长度		m	金额（元）÷桥梁长度（m）	金额（元）÷基础工程金额（元）	
4.1.1.7	承台、系梁		金额（元）÷桥梁面积（m^2）	桥梁长度		m	金额（元）÷桥梁长度（m）	金额（元）÷基础工程金额（元）	
4.1.2	下部结构		金额（元）÷桥梁面积（m^2）	桥梁长度		m	金额（元）÷桥梁长度（m）	金额（元）÷主体结构金额（元）	
4.1.2.1	墩(台)身		金额（元）÷桥梁面积（m^2）	桥梁长度		m	金额（元）÷桥梁长度（m）	金额（元）÷下部结构金额（元）	

表 B-07-02-04（续）

序号	名称	金额（元）	单位指标	相关指标				造价占比（%）	备注
				相关基数	数量	单位	相关单位指标（元 / 单位）		
		A	B		C		D=A ÷ C		
4.1.2.2	墩(台)帽盖梁		金额（元）÷桥梁面积（m^2）	桥梁长度		m	金额（元）÷桥梁长度（m）	金额（元）÷下部结构金额（元）	
4.1.2.3	支承梁、横梁		金额（元）÷桥梁面积（m^2）	桥梁长度		m	金额（元）÷桥梁长度（m）	金额（元）÷下部结构金额（元）	
4.1.3	上部结构		金额（元）÷桥梁面积（m^2）	桥梁长度		m	金额（元）÷桥梁长度（m）	金额（元）÷主体结构金额（元）	
4.1.3.1	钢筋混凝土梁		金额（元）÷桥梁面积（m^2）	桥梁长度		m	金额（元）÷桥梁长度（m）	金额（元）÷上部结构金额（元）	
4.1.3.2	钢梁		金额（元）÷桥梁面积（m^2）	桥梁长度		m	金额（元）÷桥梁长度（m）	金额（元）÷上部结构金额（元）	
4.1.3.3	钢混结合梁		金额（元）÷桥梁面积（m^2）	桥梁长度		m	金额（元）÷桥梁长度（m）	金额（元）÷上部结构金额（元）	
4.1.3.4	支座		金额（元）÷桥梁面积（m^2）	桥梁长度		m	金额（元）÷桥梁长度（m）	金额（元）÷上部结构金额（元）	
4.1.3.5	抗震设施		金额（元）÷桥梁面积（m^2）	桥梁长度		m	金额（元）÷桥梁长度（m）	金额（元）÷上部结构金额（元）	
4.1.4	桥面系		金额（元）÷桥梁面积（m^2）	桥梁长度		m	金额（元）÷桥梁长度（m）	金额（元）÷主体结构金额（元）	
4.1.4.1	防水层		金额（元）÷桥梁面积（m^2）	桥梁长度		m	金额（元）÷桥梁长度（m）	金额（元）÷桥面系金额（元）	

表 B-07-02-04（续）

序号	名称	金额（元）	单位指标	相关指标				造价占比（%）	备注
				相关基数	数量	单位	相关单位指标（元/单位）		
		A	B		C		D=A÷C		
4.1.4.2	桥面铺装		金额（元）÷桥梁面积（m^2）	桥梁长度		m	金额（元）÷桥梁长度（m）	金额（元）÷桥面系金额（元）	
4.1.4.3	挂板		金额（元）÷桥梁面积（m^2）	桥梁长度		m	金额（元）÷桥梁长度（m）	金额（元）÷桥面系金额（元）	
4.1.4.4	路缘石		金额（元）÷桥梁面积（m^2）	桥梁长度		m	金额（元）÷桥梁长度（m）	金额（元）÷桥面系金额（元）	
4.1.4.5	排水口		金额（元）÷桥梁面积（m^2）	桥梁长度		m	金额（元）÷桥梁长度（m）	金额（元）÷桥面系金额（元）	
4.1.4.6	金属护栏		金额（元）÷桥梁面积（m^2）	桥梁长度		m	金额（元）÷桥梁长度（m）	金额（元）÷桥面系金额（元）	
4.1.4.7	混凝土护栏		金额（元）÷桥梁面积（m^2）	桥梁长度		m	金额（元）÷桥梁长度（m）	金额（元）÷桥面系金额（元）	
4.1.4.8	伸缩缝		金额（元）÷桥梁面积（m^2）	桥梁长度		m	金额（元）÷桥梁长度（m）	金额（元）÷桥面系金额（元）	
4.1.4.9	桥头搭板		金额（元）÷桥梁面积（m^2）	桥梁长度		m	金额（元）÷桥梁长度（m）	金额（元）÷桥面系金额（元）	
4.2	附属工程		金额（元）÷桥梁面积（m^2）	桥梁长度		m	金额（元）÷桥梁长度（m）	金额（元）÷跨河梁桥金额（元）	
4.2.1	护坡、挡墙		金额（元）÷桥梁面积（m^2）	桥梁长度		m	金额（元）÷桥梁长度（m）	金额（元）÷附属工程金额（元）	
4.2.2	隔声屏障		金额（元）÷桥梁面积（m^2）	桥梁长度		m	金额（元）÷桥梁长度（m）	金额（元）÷附属工程金额（元）	

表 B-07-02-04（续）

序号	名称	金额（元）	单位指标	相关指标				造价占比（%）	备注
				相关基数	数量	单位	相关单位指标（元 / 单位）		
		A	B		C		D=A÷C		
4.2.3	土工格栅		金额（元）÷桥梁面积（m^2）	桥梁长度		m	金额（元）÷桥梁长度（m）	金额（元）÷附属工程金额（元）	
4.2.4	混凝土楼梯		金额（元）÷桥梁面积（m^2）	桥梁长度		m	金额（元）÷桥梁长度（m）	金额（元）÷附属工程金额（元）	
4.2.5	装饰		金额（元）÷桥梁面积（m^2）	桥梁长度		m	金额（元）÷桥梁长度（m）	金额（元）÷附属工程金额（元）	
4.2.6	河道护砌		金额（元）÷桥梁面积（m^2）	桥梁长度		m	金额（元）÷桥梁长度（m）	金额（元）÷附属工程金额（元）	
4.2.7	拆除工程		金额（元）÷桥梁面积（m^2）	桥梁长度		m	金额（元）÷桥梁长度（m）	金额（元）÷附属工程金额（元）	
4.3	措施费用		金额（元）÷桥梁面积（m^2）	桥梁长度		m	金额（元）÷桥梁长度（m）	金额（元）÷跨河梁桥金额（元）	

表 B-07-02-05　桥梁工程（跨河拱桥）工程经济指标表

序号	名称	金额（元）	单位指标	相关指标				造价占比（%）	备注
				相关基数	数量	单位	相关单位指标（元 / 单位）		
		A	B		C		D=A÷C		
5	跨河拱桥		金额（元）÷桥梁面积（m^2）	桥梁长度		m	金额（元）÷桥梁长度（m）	金额（元）÷桥梁工程金额（元）	
5.1	主体结构		金额（元）÷桥梁面积（m^2）	桥梁长度		m	金额（元）÷桥梁长度（m）	金额（元）÷跨河拱桥金额（元）	
5.1.1	基础工程		金额（元）÷桥梁面积（m^2）	桥梁长度		m	金额（元）÷桥梁长度（m）	金额（元）÷主体结构金额（元）	

表 B-07-02-05（续）

序号	名称	金额（元）	单位指标	相关指标				造价占比（%）	备注
				相关基数	数量	单位	相关单位指标（元 / 单位）		
		A	B		C		D=A ÷ C		
5.1.1.1	筑岛围堰		金额（元）÷桥梁面积（m^2）	桥梁长度		m	金额（元）÷桥梁长度（m）	金额（元）÷基础工程金额（元）	
5.1.1.2	土石方工程		金额（元）÷桥梁面积（m^2）	桥梁长度		m	金额（元）÷桥梁长度（m）	金额（元）÷基础工程金额（元）	
5.1.1.3	基坑与边坡支护		金额（元）÷桥梁面积（m^2）	桥梁长度		m	金额（元）÷桥梁长度（m）	金额（元）÷基础工程金额（元）	
5.1.1.4	桩基础		金额（元）÷桥梁面积（m^2）	桥梁长度		m	金额（元）÷桥梁长度（m）	金额（元）÷基础工程金额（元）	
5.1.1.5	扩大基础		金额（元）÷桥梁面积（m^2）	桥梁长度		m	金额（元）÷桥梁长度（m）	金额（元）÷基础工程金额（元）	
5.1.1.6	沉井基础		金额（元）÷桥梁面积（m^2）	桥梁长度		m	金额（元）÷桥梁长度（m）	金额（元）÷基础工程金额（元）	
5.1.1.7	承台、系梁		金额（元）÷桥梁面积（m^2）	桥梁长度		m	金额（元）÷桥梁长度（m）	金额（元）÷基础工程金额（元）	
5.1.2	下部结构		金额（元）÷桥梁面积（m^2）	桥梁长度		m	金额（元）÷桥梁长度（m）	金额（元）÷主体结构金额（元）	
5.1.2.1	拱座		金额（元）÷桥梁面积（m^2）	桥梁长度		m	金额（元）÷桥梁长度（m）	金额（元）÷下部结构金额（元）	
5.1.3	上部结构		金额（元）÷桥梁面积（m^2）	桥梁长度		m	金额（元）÷桥梁长度（m）	金额（元）÷主体结构金额（元）	

表 B-07-02-05（续）

序号	名称	金额（元）	单位指标	相关指标				造价占比（%）	备注
				相关基数	数量	单位	相关单位指标（元/单位）		
		A	B		C		D=A÷C		
5.1.3.1	主拱圈		金额（元）÷桥梁面积（m^2）	桥梁长度		m	金额（元）÷桥梁长度（m）	金额（元）÷上部结构金额（元）	
5.1.3.2	梁		金额（元）÷桥梁面积（m^2）	桥梁长度		m	金额（元）÷桥梁长度（m）	金额（元）÷上部结构金额（元）	
5.1.3.3	吊杆		金额（元）÷桥梁面积（m^2）	桥梁长度		m	金额（元）÷桥梁长度（m）	金额（元）÷上部结构金额（元）	
5.1.3.4	拱上构造		金额（元）÷桥梁面积（m^2）	桥梁长度		m	金额（元）÷桥梁长度（m）	金额（元）÷上部结构金额（元）	
5.1.3.5	抗震设施		金额（元）÷桥梁面积（m^2）	桥梁长度		m	金额（元）÷桥梁长度（m）	金额（元）÷上部结构金额（元）	
5.1.3.6	支座		金额（元）÷桥梁面积（m^2）	桥梁长度		m	金额（元）÷桥梁长度（m）	金额（元）÷上部结构金额（元）	
5.1.4	桥面系		金额（元）÷桥梁面积（m^2）	桥梁长度		m	金额（元）÷桥梁长度（m）	金额（元）÷主体结构金额（元）	
5.1.4.1	防水层		金额（元）÷桥梁面积（m^2）	桥梁长度		m	金额（元）÷桥梁长度（m）	金额（元）÷桥面系金额（元）	
5.1.4.2	桥面铺装		金额（元）÷桥梁面积（m^2）	桥梁长度		m	金额（元）÷桥梁长度（m）	金额（元）÷桥面系金额（元）	
5.1.4.3	挂板		金额（元）÷桥梁面积（m^2）	桥梁长度		m	金额（元）÷桥梁长度（m）	金额（元）÷桥面系金额（元）	

表 B-07-02-05（续）

序号	名称	金额（元）	单位指标	相关指标				造价占比（%）	备注
				相关基数	数量	单位	相关单位指标（元/单位）		
		A	B		C		D=A÷C		
5.1.4.4	路缘石		金额（元）÷桥梁面积（m^2）	桥梁长度		m	金额（元）÷桥梁长度（m）	金额（元）÷桥面系金额（元）	
5.1.4.5	排水口		金额（元）÷桥梁面积（m^2）	桥梁长度		m	金额（元）÷桥梁长度（m）	金额（元）÷桥面系金额（元）	
5.1.4.6	金属护栏		金额（元）÷桥梁面积（m^2）	桥梁长度		m	金额（元）÷桥梁长度（m）	金额（元）÷桥面系金额（元）	
5.1.4.7	混凝土护栏		金额（元）÷桥梁面积（m^2）	桥梁长度		m	金额（元）÷桥梁长度（m）	金额（元）÷桥面系金额（元）	
5.1.4.8	桥头搭板		金额（元）÷桥梁面积（m^2）	桥梁长度		m	金额（元）÷桥梁长度（m）	金额（元）÷桥面系金额（元）	
5.2	附属工程		金额（元）÷桥梁面积（m^2）	桥梁长度		m	金额（元）÷桥梁长度（m）	金额（元）÷跨河拱桥金额（元）	
5.2.1	护坡、挡墙		金额（元）÷桥梁面积（m^2）	桥梁长度		m	金额（元）÷桥梁长度（m）	金额（元）÷附属工程金额（元）	
5.2.2	隔声屏障		金额（元）÷桥梁面积（m^2）	桥梁长度		m	金额（元）÷桥梁长度（m）	金额（元）÷附属工程金额（元）	
5.2.3	土工格栅		金额（元）÷桥梁面积（m^2）	桥梁长度		m	金额（元）÷桥梁长度（m）	金额（元）÷附属工程金额（元）	
5.2.4	混凝土楼梯		金额（元）÷桥梁面积（m^2）	桥梁长度		m	金额（元）÷桥梁长度（m）	金额（元）÷附属工程金额（元）	

表 B-07-02-05（续）

序号	名称	金额（元）	单位指标	相关指标				造价占比（%）	备注
				相关基数	数量	单位	相关单位指标（元 / 单位）		
		A	B		C		D=A ÷ C		
5.2.5	装饰		金额（元）÷桥梁面积（m^2）	桥梁长度		m	金额（元）÷桥梁长度（m）	金额（元）÷附属工程金额（元）	
5.2.6	河道护砌		金额（元）÷桥梁面积（m^2）	桥梁长度		m	金额（元）÷桥梁长度（m）	金额（元）÷附属工程金额（元）	
5.2.7	拆除工程		金额（元）÷桥梁面积（m^2）	桥梁长度		m	金额（元）÷桥梁长度（m）	金额（元）÷附属工程金额（元）	
5.3	措施费用		金额（元）÷桥梁面积（m^2）	桥梁长度		m	金额（元）÷桥梁长度（m）	金额（元）÷跨河拱桥金额（元）	

表 B-07-02-06　桥梁工程（跨河悬索桥）工程经济指标表

序号	名称	金额（元）	单位指标	相关指标				造价占比（%）	备注
				相关基数	数量	单位	相关单位指标（元 / 单位）		
		A	B		C		D=A ÷ C		
6	跨河悬索桥		金额（元）÷桥梁面积（m^2）	桥梁长度		m	金额（元）÷桥梁长度（m）	金额（元）÷桥梁工程金额（元）	
6.1	主体结构		金额（元）÷桥梁面积（m^2）	桥梁长度		m	金额（元）÷桥梁长度（m）	金额（元）÷跨河悬索桥金额（元）	
6.1.1	基础工程		金额（元）÷桥梁面积（m^2）	桥梁长度		m	金额（元）÷桥梁长度（m）	金额（元）÷主体结构金额（元）	
6.1.1.1	筑岛围堰		金额（元）÷桥梁面积（m^2）	桥梁长度		m	金额（元）÷桥梁长度（m）	金额（元）÷基础工程金额（元）	

表 B-07-02-06（续）

序号	名称	金额（元）	单位指标	相关指标				造价占比（%）	备注
				相关基数	数量	单位	相关单位指标（元/单位）		
		A	B		C		D=A÷C		
6.1.1.2	土石方工程		金额（元）÷桥梁面积（m^2）	桥梁长度		m	金额（元）÷桥梁长度（m）	金额（元）÷基础工程金额（元）	
6.1.1.3	基坑与边坡支护		金额（元）÷桥梁面积（m^2）	桥梁长度		m	金额（元）÷桥梁长度（m）	金额（元）÷基础工程金额（元）	
6.1.1.4	桩基础		金额（元）÷桥梁面积（m^2）	桥梁长度		m	金额（元）÷桥梁长度（m）	金额（元）÷基础工程金额（元）	
6.1.1.5	沉井基础		金额（元）÷桥梁面积（m^2）	桥梁长度		m	金额（元）÷桥梁长度（m）	金额（元）÷基础工程金额（元）	
6.1.1.6	承台、系梁		金额（元）÷桥梁面积（m^2）	桥梁长度		m	金额（元）÷桥梁长度（m）	金额（元）÷基础工程金额（元）	
6.1.2	下部结构		金额（元）÷桥梁面积（m^2）	桥梁长度		m	金额（元）÷桥梁长度（m）	金额（元）÷主体结构金额（元）	
6.1.2.1	墩(台)身		金额（元）÷桥梁面积（m^2）	桥梁长度		m	金额（元）÷桥梁长度（m）	金额（元）÷下部结构金额（元）	
6.1.2.2	墩(台)帽盖梁		金额（元）÷桥梁面积（m^2）	桥梁长度		m	金额（元）÷桥梁长度（m）	金额（元）÷下部结构金额（元）	
6.1.2.3	支承梁、横梁		金额（元）÷桥梁面积（m^2）	桥梁长度		m	金额（元）÷桥梁长度（m）	金额（元）÷下部结构金额（元）	
6.1.2.4	锚锭		金额（元）÷桥梁面积（m^2）	桥梁长度		m	金额（元）÷桥梁长度（m）	金额（元）÷下部结构金额（元）	

表 B-07-02-06（续）

序号	名称	金额（元）	单位指标	相关指标				造价占比（%）	备注
				相关基数	数量	单位	相关单位指标（元/单位）		
		A	B		C		D=A÷C		
6.1.3	上部结构		金额（元）÷桥梁面积（m^2）	桥梁长度		m	金额（元）÷桥梁长度（m）	金额（元）÷主体结构金额（元）	
6.1.3.1	钢筋混凝土梁		金额（元）÷桥梁面积（m^2）	桥梁长度		m	金额（元）÷桥梁长度（m）	金额（元）÷上部结构金额（元）	
6.1.3.2	钢梁		金额（元）÷桥梁面积（m^2）	桥梁长度		m	金额（元）÷桥梁长度（m）	金额（元）÷上部结构金额（元）	
6.1.3.3	钢混结合梁		金额（元）÷桥梁面积（m^2）	桥梁长度		m	金额（元）÷桥梁长度（m）	金额（元）÷上部结构金额（元）	
6.1.3.4	支座		金额（元）÷桥梁面积（m^2）	桥梁长度		m	金额（元）÷桥梁长度（m）	金额（元）÷上部结构金额（元）	
6.1.3.5	抗震设施		金额（元）÷桥梁面积（m^2）	桥梁长度		m	金额（元）÷桥梁长度（m）	金额（元）÷上部结构金额（元）	
6.1.3.6	索塔结构		金额（元）÷桥梁面积（m^2）	桥梁长度		m	金额（元）÷桥梁长度（m）	金额（元）÷上部结构金额（元）	
6.1.3.7	缆索系统		金额（元）÷桥梁面积（m^2）	桥梁长度		m	金额（元）÷桥梁长度（m）	金额（元）÷上部结构金额（元）	
6.1.3.8	主缆		金额（元）÷桥梁面积（m^2）	桥梁长度		m	金额（元）÷桥梁长度（m）	金额（元）÷上部结构金额（元）	
6.1.3.9	锚索（杆）		金额（元）÷桥梁面积（m^2）	桥梁长度		m	金额（元）÷桥梁长度（m）	金额（元）÷上部结构金额（元）	

表 B-07-02-06（续）

序号	名称	金额（元）	单位指标	相关指标				造价占比（%）	备注
				相关基数	数量	单位	相关单位指标（元/单位）		
		A	B		C		D=A÷C		
6.1.4	桥面系		金额（元）÷桥梁面积（m^2）	桥梁长度		m	金额（元）÷桥梁长度（m）	金额（元）÷主体结构金额（元）	
6.1.4.1	防水层		金额（元）÷桥梁面积（m^2）	桥梁长度		m	金额（元）÷桥梁长度（m）	金额（元）÷桥面系金额（元）	
6.1.4.2	桥面铺装		金额（元）÷桥梁面积（m^2）	桥梁长度		m	金额（元）÷桥梁长度（m）	金额（元）÷桥面系金额（元）	
6.1.4.3	挂板		金额（元）÷桥梁面积（m^2）	桥梁长度		m	金额（元）÷桥梁长度（m）	金额（元）÷桥面系金额（元）	
6.1.4.4	路缘石		金额（元）÷桥梁面积（m^2）	桥梁长度		m	金额（元）÷桥梁长度（m）	金额（元）÷桥面系金额（元）	
6.1.4.5	排水口		金额（元）÷桥梁面积（m^2）	桥梁长度		m	金额（元）÷桥梁长度（m）	金额（元）÷桥面系金额（元）	
6.1.4.6	金属护栏		金额（元）÷桥梁面积（m^2）	桥梁长度		m	金额（元）÷桥梁长度（m）	金额（元）÷桥面系金额（元）	
6.1.4.7	混凝土护栏		金额（元）÷桥梁面积（m^2）	桥梁长度		m	金额（元）÷桥梁长度（m）	金额（元）÷桥面系金额（元）	
6.1.4.8	伸缩缝		金额（元）÷桥梁面积（m^2）	桥梁长度		m	金额（元）÷桥梁长度（m）	金额（元）÷桥面系金额（元）	
6.1.4.9	桥头搭板		金额（元）÷桥梁面积（m^2）	桥梁长度		m	金额（元）÷桥梁长度（m）	金额（元）÷桥面系金额（元）	

表 B-07-02-06（续）

序号	名称	金额（元）	单位指标	相关指标				造价占比（%）	备注
				相关基数	数量	单位	相关单位指标（元/单位）		
		A	B		C		D=A÷C		
6.2	附属工程		金额（元）÷桥梁面积（m^2）	桥梁长度		m	金额（元）÷桥梁长度（m）	金额（元）÷跨河悬索桥金额（元）	
6.2.1	护坡、挡墙		金额（元）÷桥梁面积（m^2）	桥梁长度		m	金额（元）÷桥梁长度（m）	金额（元）÷附属工程金额（元）	
6.2.2	隔声屏障		金额（元）÷桥梁面积（m^2）	桥梁长度		m	金额（元）÷桥梁长度（m）	金额（元）÷附属工程金额（元）	
6.2.3	土工格栅		金额（元）÷桥梁面积（m^2）	桥梁长度		m	金额（元）÷桥梁长度（m）	金额（元）÷附属工程金额（元）	
6.2.4	混凝土楼梯		金额（元）÷桥梁面积（m^2）	桥梁长度		m	金额（元）÷桥梁长度（m）	金额（元）÷附属工程金额（元）	
6.2.5	装饰		金额（元）÷桥梁面积（m^2）	桥梁长度		m	金额（元）÷桥梁长度（m）	金额（元）÷附属工程金额（元）	
6.2.6	河道护砌		金额（元）÷桥梁面积（m^2）	桥梁长度		m	金额（元）÷桥梁长度（m）	金额（元）÷附属工程金额（元）	
6.2.7	拆除工程		金额（元）÷桥梁面积（m^2）	桥梁长度		m	金额（元）÷桥梁长度（m）	金额（元）÷附属工程金额（元）	
6.3	措施费用		金额（元）÷桥梁面积（m^2）	桥梁长度		m	金额（元）÷桥梁长度（m）	金额（元）÷跨河悬索桥金额（元）	

表 B-07-02-07　桥梁工程（跨河斜拉桥）工程经济指标表

序号	名称	金额（元）	单位指标	相关指标				造价占比（%）	备注
				相关基数	数量	单位	相关单位指标（元 / 单位）		
		A	B		C		D=A ÷ C		
7	跨河斜拉桥		金额（元）÷桥梁面积（m^2）	桥梁长度		m	金额（元）÷桥梁长度（m）	金额（元）÷桥梁工程金额（元）	
7.1	主体结构		金额（元）÷桥梁面积（m^2）	桥梁长度		m	金额（元）÷桥梁长度（m）	金额（元）÷跨河斜拉桥金额（元）	
7.1.1	基础工程		金额（元）÷桥梁面积（m^2）	桥梁长度		m	金额（元）÷桥梁长度（m）	金额（元）÷主体结构金额（元）	
7.1.1.1	筑岛围堰		金额（元）÷桥梁面积（m^2）	桥梁长度		m	金额（元）÷桥梁长度（m）	金额（元）÷基础工程金额（元）	
7.1.1.2	土石方工程		金额（元）÷桥梁面积（m^2）	桥梁长度		m	金额（元）÷桥梁长度（m）	金额（元）÷基础工程金额（元）	
7.1.1.3	基坑与边坡支护		金额（元）÷桥梁面积（m^2）	桥梁长度		m	金额（元）÷桥梁长度（m）	金额（元）÷基础工程金额（元）	
7.1.1.4	桩基础		金额（元）÷桥梁面积（m^2）	桥梁长度		m	金额（元）÷桥梁长度（m）	金额（元）÷基础工程金额（元）	
7.1.1.5	沉井基础		金额（元）÷桥梁面积（m^2）	桥梁长度		m	金额（元）÷桥梁长度（m）	金额（元）÷基础工程金额（元）	
7.1.1.6	承台、系梁		金额（元）÷桥梁面积（m^2）	桥梁长度		m	金额（元）÷桥梁长度（m）	金额（元）÷基础工程金额（元）	
7.1.2	下部结构		金额（元）÷桥梁面积（m^2）	桥梁长度		m	金额（元）÷桥梁长度（m）	金额（元）÷主体结构金额（元）	

表 B–07–02–07（续）

序号	名称	金额（元）	单位指标	相关指标				造价占比（%）	备注
				相关基数	数量	单位	相关单位指标（元/单位）		
		A	B		C		D=A÷C		
7.1.2.1	墩(台)身		金额（元）÷桥梁面积（m^2）	桥梁长度		m	金额（元）÷桥梁长度（m）	金额（元）÷下部结构金额（元）	
7.1.2.2	墩(台)帽盖梁		金额（元）÷桥梁面积（m^2）	桥梁长度		m	金额（元）÷桥梁长度（m）	金额（元）÷下部结构金额（元）	
7.1.2.3	支承梁、横梁		金额（元）÷桥梁面积（m^2）	桥梁长度		m	金额（元）÷桥梁长度（m）	金额（元）÷下部结构金额（元）	
7.1.3	上部结构		金额（元）÷桥梁面积（m^2）	桥梁长度		m	金额（元）÷桥梁长度（m）	金额（元）÷主体结构金额（元）	
7.1.3.1	钢筋混凝土梁		金额（元）÷桥梁面积（m^2）	桥梁长度		m	金额（元）÷桥梁长度（m）	金额（元）÷上部结构金额（元）	
7.1.3.2	钢梁		金额（元）÷桥梁面积（m^2）	桥梁长度		m	金额（元）÷桥梁长度（m）	金额（元）÷上部结构金额（元）	
7.1.3.3	钢混结合梁		金额（元）÷桥梁面积（m^2）	桥梁长度		m	金额（元）÷桥梁长度（m）	金额（元）÷上部结构金额（元）	
7.1.3.4	支座		金额（元）÷桥梁面积（m^2）	桥梁长度		m	金额（元）÷桥梁长度（m）	金额（元）÷上部结构金额（元）	
7.1.3.5	抗震设施		金额（元）÷桥梁面积（m^2）	桥梁长度		m	金额（元）÷桥梁长度（m）	金额（元）÷上部结构金额（元）	
7.1.3.6	索塔		金额（元）÷桥梁面积（m^2）	桥梁长度		m	金额（元）÷桥梁长度（m）	金额（元）÷上部结构金额（元）	

表 B-07-02-07（续）

序号	名称	金额（元）	单位指标	相关指标				造价占比（%）	备注
				相关基数	数量	单位	相关单位指标（元/单位）		
		A	B		C		D=A÷C		
7.1.3.7	斜拉索		金额（元）÷桥梁面积（m^2）	桥梁长度		m	金额（元）÷桥梁长度（m）	金额（元）÷上部结构金额（元）	
7.1.4	桥面系		金额（元）÷桥梁面积（m^2）	桥梁长度		m	金额（元）÷桥梁长度（m）	金额（元）÷主体结构金额（元）	
7.1.4.1	防水层		金额（元）÷桥梁面积（m^2）	桥梁长度		m	金额（元）÷桥梁长度（m）	金额（元）÷桥面系金额（元）	
7.1.4.2	桥面铺装		金额（元）÷桥梁面积（m^2）	桥梁长度		m	金额（元）÷桥梁长度（m）	金额（元）÷桥面系金额（元）	
7.1.4.3	挂板		金额（元）÷桥梁面积（m^2）	桥梁长度		m	金额（元）÷桥梁长度（m）	金额（元）÷桥面系金额（元）	
7.1.4.4	路缘石		金额（元）÷桥梁面积（m^2）	桥梁长度		m	金额（元）÷桥梁长度（m）	金额（元）÷桥面系金额（元）	
7.1.4.5	排水口		金额（元）÷桥梁面积（m^2）	桥梁长度		m	金额（元）÷桥梁长度（m）	金额（元）÷桥面系金额（元）	
7.1.4.6	金属护栏		金额（元）÷桥梁面积（m^2）	桥梁长度		m	金额（元）÷桥梁长度（m）	金额（元）÷桥面系金额（元）	
7.1.4.7	混凝土护栏		金额（元）÷桥梁面积（m^2）	桥梁长度		m	金额（元）÷桥梁长度（m）	金额（元）÷桥面系金额（元）	
7.1.4.8	伸缩缝		金额（元）÷桥梁面积（m^2）	桥梁长度		m	金额（元）÷桥梁长度（m）	金额（元）÷桥面系金额（元）	

表 B-07-02-07（续）

序号	名称	金额（元）	单位指标	相关指标				造价占比（%）	备注
				相关基数	数量	单位	相关单位指标（元 / 单位）		
		A	B		C		D=A ÷ C		
7.1.4.9	桥头搭板		金额（元）÷桥梁面积（m^2）	桥梁长度		m	金额（元）÷桥梁长度（m）	金额（元）÷桥面系金额（元）	
7.2	附属工程		金额（元）÷桥梁面积（m^2）	桥梁长度		m	金额（元）÷桥梁长度（m）	金额（元）÷跨河斜拉桥金额（元）	
7.2.1	护坡、挡墙		金额（元）÷桥梁面积（m^2）	桥梁长度		m	金额（元）÷桥梁长度（m）	金额（元）÷附属工程金额（元）	
7.2.2	隔声屏障		金额（元）÷桥梁面积（m^2）	桥梁长度		m	金额（元）÷桥梁长度（m）	金额（元）÷附属工程金额（元）	
7.2.3	土工格栅		金额（元）÷桥梁面积（m^2）	桥梁长度		m	金额（元）÷桥梁长度（m）	金额（元）÷附属工程金额（元）	
7.2.4	混凝土楼梯		金额（元）÷桥梁面积（m^2）	桥梁长度		m	金额（元）÷桥梁长度（m）	金额（元）÷附属工程金额（元）	
7.2.5	装饰		金额（元）÷桥梁面积（m^2）	桥梁长度		m	金额（元）÷桥梁长度（m）	金额（元）÷附属工程金额（元）	
7.2.6	河道护砌		金额（元）÷桥梁面积（m^2）	桥梁长度		m	金额（元）÷桥梁长度（m）	金额（元）÷附属工程金额（元）	
7.2.7	拆除工程		金额（元）÷桥梁面积（m^2）	桥梁长度		m	金额（元）÷桥梁长度（m）	金额（元）÷附属工程金额（元）	
7.3	措施费用		金额（元）÷桥梁面积（m^2）	桥梁长度		m	金额（元）÷桥梁长度（m）	金额（元）÷跨河斜拉桥金额（元）	

表 B-07-02-08　桥梁工程（通道箱涵）工程经济指标表

序号	名称	金额（元）	单位指标	相关指标				造价占比（%）	备注
				相关基数	数量	单位	相关单位指标（元 / 单位）		
		A	B		C		D=A÷C		
8	通道箱涵		金额（元）÷桥梁面积（m^2）	桥梁长度		m	金额（元）÷桥梁长度（m）	金额（元）÷桥梁工程金额（元）	
8.1	主体结构		金额（元）÷桥梁面积（m^2）	桥梁长度		m	金额（元）÷桥梁长度（m）	金额（元）÷通道箱涵金额（元）	
8.1.1	基础工程		金额（元）÷桥梁面积（m^2）	桥梁长度		m	金额（元）÷桥梁长度（m）	金额（元）÷主体结构金额（元）	
8.1.1.1	土石方工程		金额（元）÷桥梁面积（m^2）	桥梁长度		m	金额（元）÷桥梁长度（m）	金额（元）÷基础工程金额（元）	
8.1.1.2	基坑与边坡支护		金额（元）÷桥梁面积（m^2）	桥梁长度		m	金额（元）÷桥梁长度（m）	金额（元）÷基础工程金额（元）	
8.1.1.3	桩基础		金额（元）÷桥梁面积（m^2）	桥梁长度		m	金额（元）÷桥梁长度（m）	金额（元）÷基础工程金额（元）	
8.1.1.4	地基处理		金额（元）÷桥梁面积（m^2）	桥梁长度		m	金额（元）÷桥梁长度（m）	金额（元）÷基础工程金额（元）	
8.1.2	通道（箱涵）现浇		金额（元）÷桥梁面积（m^2）	桥梁长度		m	金额（元）÷桥梁长度（m）	金额（元）÷主体结构金额（元）	
8.1.3	滑板制作		金额（元）÷桥梁面积（m^2）	桥梁长度		m	金额（元）÷桥梁长度（m）	金额（元）÷主体结构金额（元）	
8.1.4	通道（箱涵）预制		金额（元）÷桥梁面积（m^2）	桥梁长度		m	金额（元）÷桥梁长度（m）	金额（元）÷主体结构金额（元）	

表 B-07-02-08（续）

序号	名称	金额（元）	单位指标	相关指标				造价占比（%）	备注
				相关基数	数量	单位	相关单位指标（元 / 单位）		
		A	B		C		D=A ÷ C		
8.1.5	通道（箱涵）顶进		金额（元）÷桥梁面积（m^2）	桥梁长度		m	金额（元）÷桥梁长度（m）	金额（元）÷主体结构金额（元）	
8.1.6	接缝处理		金额（元）÷桥梁面积（m^2）	桥梁长度		m	金额（元）÷桥梁长度（m）	金额（元）÷主体结构金额（元）	
8.1.7	桥面系		金额（元）÷桥梁面积（m^2）	桥梁长度		m	金额（元）÷桥梁长度（m）	金额（元）÷主体结构金额（元）	
8.1.7.1	防水层		金额（元）÷桥梁面积（m^2）	桥梁长度		m	金额（元）÷桥梁长度（m）	金额（元）÷桥面系金额（元）	
8.1.7.2	桥面铺装		金额（元）÷桥梁面积（m^2）	桥梁长度		m	金额（元）÷桥梁长度（m）	金额（元）÷桥面系金额（元）	
8.1.7.3	挂板		金额（元）÷桥梁面积（m^2）	桥梁长度		m	金额（元）÷桥梁长度（m）	金额（元）÷桥面系金额（元）	
8.1.7.4	路缘石		金额（元）÷桥梁面积（m^2）	桥梁长度		m	金额（元）÷桥梁长度（m）	金额（元）÷桥面系金额（元）	
8.1.7.5	排水口		金额（元）÷桥梁面积（m^2）	桥梁长度		m	金额（元）÷桥梁长度（m）	金额（元）÷桥面系金额（元）	
8.1.7.6	金属护栏		金额（元）÷桥梁面积（m^2）	桥梁长度		m	金额（元）÷桥梁长度（m）	金额（元）÷桥面系金额（元）	
8.1.7.7	混凝土护栏		金额（元）÷桥梁面积（m^2）	桥梁长度		m	金额（元）÷桥梁长度（m）	金额（元）÷桥面系金额（元）	

表 B-07-02-08（续）

序号	名称	金额（元）	单位指标	相关指标				造价占比（%）	备注
				相关基数	数量	单位	相关单位指标（元 / 单位）		
		A	B		C		D=A÷C		
8.1.7.8	桥头搭板		金额（元）÷桥梁面积（m^2）	桥梁长度		m	金额（元）÷桥梁长度（m）	金额（元）÷桥面系金额（元）	
8.2	附属工程		金额（元）÷桥梁面积（m^2）	桥梁长度		m	金额（元）÷桥梁长度（m）	金额（元）÷通道箱涵金额（元）	
8.2.1	护坡、挡墙		金额（元）÷桥梁面积（m^2）	桥梁长度		m	金额（元）÷桥梁长度（m）	金额（元）÷附属工程金额（元）	
8.2.2	铁路扣轨		金额（元）÷桥梁面积（m^2）	桥梁长度		m	金额（元）÷桥梁长度（m）	金额（元）÷附属工程金额（元）	
8.2.3	慢行费		金额（元）÷桥梁面积（m^2）	桥梁长度		m	金额（元）÷桥梁长度（m）	金额（元）÷附属工程金额（元）	
8.2.4	隔声屏障		金额（元）÷桥梁面积（m^2）	桥梁长度		m	金额（元）÷桥梁长度（m）	金额（元）÷附属工程金额（元）	
8.2.5	土工格栅		金额（元）÷桥梁面积（m^2）	桥梁长度		m	金额（元）÷桥梁长度（m）	金额（元）÷附属工程金额（元）	
8.2.6	混凝土楼梯		金额（元）÷桥梁面积（m^2）	桥梁长度		m	金额（元）÷桥梁长度（m）	金额（元）÷附属工程金额（元）	
8.2.7	装饰		金额（元）÷桥梁面积（m^2）	桥梁长度		m	金额（元）÷桥梁长度（m）	金额（元）÷附属工程金额（元）	
8.2.8	拆除工程		金额（元）÷桥梁面积（m^2）	桥梁长度		m	金额（元）÷桥梁长度（m）	金额（元）÷附属工程金额（元）	
8.3	措施费用		金额（元）÷桥梁面积（m^2）	桥梁长度		m	金额（元）÷桥梁长度（m）	金额（元）÷通道箱涵金额（元）	

表 B-07-02-09　桥梁工程（人行地下通道）工程经济指标表

序号	名称	金额（元）	单位指标	相关指标				造价占比（%）	备注
				相关基数	数量	单位	相关单位指标（元 / 单位）		
		A	B		C		D=A ÷ C		
9	人行通道		金额（元）÷ 桥梁面积（m^2）	桥梁长度		m	金额（元）÷ 桥梁长度（m）	金额（元）÷ 桥梁工程金额（元）	
9.1	主体结构工程		金额（元）÷ 桥梁面积（m^2）	桥梁长度		m	金额（元）÷ 桥梁长度（m）	金额（元）÷ 人行通道金额（元）	
9.1.1	土石方工程		金额（元）÷ 桥梁面积（m^2）	桥梁长度		m	金额（元）÷ 桥梁长度（m）	金额（元）÷ 主体结构金额（元）	
9.1.2	主通道		金额（元）÷ 桥梁面积（m^2）	桥梁长度		m	金额（元）÷ 桥梁长度（m）	金额（元）÷ 主体结构金额（元）	
9.1.3	出入口		金额（元）÷ 桥梁面积（m^2）	桥梁长度		m	金额（元）÷ 桥梁长度（m）	金额（元）÷ 主体结构金额（元）	
9.1.4	防水工程		金额（元）÷ 桥梁面积（m^2）	桥梁长度		m	金额（元）÷ 桥梁长度（m）	金额（元）÷ 主体结构金额（元）	
9.1.5	接缝处理		金额（元）÷ 桥梁面积（m^2）	桥梁长度		m	金额（元）÷ 桥梁长度（m）	金额（元）÷ 主体结构金额（元）	
9.1.6	装饰工程		金额（元）÷ 桥梁面积（m^2）	桥梁长度		m	金额（元）÷ 桥梁长度（m）	金额（元）÷ 主体结构金额（元）	
9.1.7	地基处理		金额（元）÷ 桥梁面积（m^2）	桥梁长度		m	金额（元）÷ 桥梁长度（m）	金额（元）÷ 主体结构金额（元）	
9.2	附属工程		金额（元）÷ 桥梁面积（m^2）	桥梁长度		m	金额（元）÷ 桥梁长度（m）	金额（元）÷ 人行通道金额（元）	

表 B–07–02–09（续）

序号	名称	金额（元）	单位指标	相关指标				造价占比（%）	备注
				相关基数	数量	单位	相关单位指标（元 / 单位）		
		A	B		C		D=A ÷ C		
9.2.1	导向标识		金额（元）÷ 桥梁面积（m^2）	桥梁长度		m	金额（元）÷ 桥梁长度（m）	金额（元）÷ 附属工程金额（元）	
9.2.2	给排水与消防		金额（元）÷ 桥梁面积（m^2）	桥梁长度		m	金额（元）÷ 桥梁长度（m）	金额（元）÷ 附属工程金额（元）	
9.2.3	照明与供电		金额（元）÷ 桥梁面积（m^2）	桥梁长度		m	金额（元）÷ 桥梁长度（m）	金额（元）÷ 附属工程金额（元）	
9.2.4	电梯与自动扶梯		金额（元）÷ 桥梁面积（m^2）	桥梁长度		m	金额（元）÷ 桥梁长度（m）	金额（元）÷ 附属工程金额（元）	
9.2.5	监控系统		金额（元）÷ 桥梁面积（m^2）	桥梁长度		m	金额（元）÷ 桥梁长度（m）	金额（元）÷ 附属工程金额（元）	
9.2.6	其他		金额（元）÷ 桥梁面积（m^2）	桥梁长度		m	金额（元）÷ 桥梁长度（m）	金额（元）÷ 附属工程金额（元）	
9.3	措施费用		金额（元）÷ 桥梁面积（m^2）	桥梁长度		m	金额（元）÷ 桥梁长度（m）	金额（元）÷ 人行通道金额（元）	

表 B–07–02–10　桥梁工程（人行天桥）工程经济指标表

序号	名称	金额（元）	单位指标	相关指标				造价占比（%）	备注
				相关基数	数量	单位	相关单位指标（元 / 单位）		
		A	B		C		D=A ÷ C		
10	人行天桥		金额（元）÷ 桥梁面积（m^2）	桥梁长度		m	金额（元）÷ 桥梁长度（m）	金额（元）÷ 桥梁工程金额（元）	
10.1	主体结构		金额（元）÷ 桥梁面积（m^2）	桥梁长度		m	金额（元）÷ 桥梁长度（m）	金额（元）÷ 人行天桥金额（元）	

表 B-07-02-10（续）

序号	名称	金额（元）	单位指标	相关指标				造价占比（%）	备注
				相关基数	数量	单位	相关单位指标（元 / 单位）		
		A	B		C		D=A ÷ C		
10.1.1	基础工程		金额（元）÷桥梁面积（m^2）	桥梁长度		m	金额（元）÷桥梁长度（m）	金额（元）÷主体结构金额（元）	
10.1.1.1	土石方工程		金额（元）÷桥梁面积（m^2）	桥梁长度		m	金额（元）÷桥梁长度（m）	金额（元）÷基础工程金额（元）	
10.1.1.2	基坑与边坡支护		金额（元）÷桥梁面积（m^2）	桥梁长度		m	金额（元）÷桥梁长度（m）	金额（元）÷基础工程金额（元）	
10.1.1.3	桩基础		金额（元）÷桥梁面积（m^2）	桥梁长度		m	金额（元）÷桥梁长度（m）	金额（元）÷基础工程金额（元）	
10.1.1.4	扩大基础		金额（元）÷桥梁面积（m^2）	桥梁长度		m	金额（元）÷桥梁长度（m）	金额（元）÷基础工程金额（元）	
10.1.1.5	承台、系梁		金额（元）÷桥梁面积（m^2）	桥梁长度		m	金额（元）÷桥梁长度（m）	金额（元）÷基础工程金额（元）	
10.1.2	下部结构		金额（元）÷桥梁面积（m^2）	桥梁长度		m	金额（元）÷桥梁长度（m）	金额（元）÷主体结构金额（元）	
10.1.2.1	墩(台)身		金额（元）÷桥梁面积（m^2）	桥梁长度		m	金额（元）÷桥梁长度（m）	金额（元）÷下部结构金额（元）	
10.1.2.2	墩(台)帽盖梁		金额（元）÷桥梁面积（m^2）	桥梁长度		m	金额（元）÷桥梁长度（m）	金额（元）÷下部结构金额（元）	
10.1.2.3	支承梁、横梁		金额（元）÷桥梁面积（m^2）	桥梁长度		m	金额（元）÷桥梁长度（m）	金额（元）÷下部结构金额（元）	

表 B-07-02-10（续）

序号	名称	金额（元）	单位指标	相关指标				造价占比（%）	备注
				相关基数	数量	单位	相关单位指标（元/单位）		
		A	B		C		D=A ÷ C		
10.1.3	上部结构		金额（元）÷桥梁面积（m^2）	桥梁长度		m	金额（元）÷桥梁长度（m）	金额（元）÷主体结构金额（元）	
10.1.3.1	钢筋混凝土梁		金额（元）÷桥梁面积（m^2）	桥梁长度		m	金额（元）÷桥梁长度（m）	金额（元）÷上部结构金额（元）	
10.1.3.2	钢梁		金额（元）÷桥梁面积（m^2）	桥梁长度		m	金额（元）÷桥梁长度（m）	金额（元）÷上部结构金额（元）	
10.1.3.3	玻璃钢梁		金额（元）÷桥梁面积（m^2）	桥梁长度		m	金额（元）÷桥梁长度（m）	金额（元）÷上部结构金额（元）	
10.1.3.4	支座		金额（元）÷桥梁面积（m^2）	桥梁长度		m	金额（元）÷桥梁长度（m）	金额（元）÷上部结构金额（元）	
10.1.3.5	抗震设施		金额（元）÷桥梁面积（m^2）	桥梁长度		m	金额（元）÷桥梁长度（m）	金额（元）÷上部结构金额（元）	
10.1.4	桥面系		金额（元）÷桥梁面积（m^2）	桥梁长度		m	金额（元）÷桥梁长度（m）	金额（元）÷主体结构金额（元）	
10.1.4.1	防水层		金额（元）÷桥梁面积（m^2）	桥梁长度		m	金额（元）÷桥梁长度（m）	金额（元）÷桥面系金额（元）	
10.1.4.2	桥面铺装		金额（元）÷桥梁面积（m^2）	桥梁长度		m	金额（元）÷桥梁长度（m）	金额（元）÷桥面系金额（元）	
10.1.4.3	挂板		金额（元）÷桥梁面积（m^2）	桥梁长度		m	金额（元）÷桥梁长度（m）	金额（元）÷桥面系金额（元）	

表 B-07-02-10（续）

序号	名称	金额（元）	单位指标	相关指标				造价占比（%）	备注
				相关基数	数量	单位	相关单位指标（元 / 单位）		
		A	B		C		D=A÷C		
10.1.4.4	路缘石		金额（元）÷桥梁面积（m^2）	桥梁长度		m	金额（元）÷桥梁长度（m）	金额（元）÷桥面系金额（元）	
10.1.4.5	排水口		金额（元）÷桥梁面积（m^2）	桥梁长度		m	金额（元）÷桥梁长度（m）	金额（元）÷桥面系金额（元）	
10.1.4.6	金属护栏		金额（元）÷桥梁面积（m^2）	桥梁长度		m	金额（元）÷桥梁长度（m）	金额（元）÷桥面系金额（元）	
10.1.4.7	混凝土护栏		金额（元）÷桥梁面积（m^2）	桥梁长度		m	金额（元）÷桥梁长度（m）	金额（元）÷桥面系金额（元）	
10.1.4.8	伸缩缝		金额（元）÷桥梁面积（m^2）	桥梁长度		m	金额（元）÷桥梁长度（m）	金额（元）÷桥面系金额（元）	
10.2	附属工程		金额（元）÷桥梁面积（m^2）	桥梁长度		m	金额（元）÷桥梁长度（m）	金额（元）÷人行天桥金额（元）	
10.2.1	隔声屏障		金额（元）÷桥梁面积（m^2）	桥梁长度		m	金额（元）÷桥梁长度（m）	金额（元）÷附属工程金额（元）	
10.2.2	混凝土楼梯		金额（元）÷桥梁面积（m^2）	桥梁长度		m	金额（元）÷桥梁长度（m）	金额（元）÷附属工程金额（元）	
10.2.3	电梯		金额（元）÷桥梁面积（m^2）	桥梁长度		m	金额（元）÷桥梁长度（m）	金额（元）÷附属工程金额（元）	
10.2.4	供配电系统		金额（元）÷桥梁面积（m^2）	桥梁长度		m	金额（元）÷桥梁长度（m）	金额（元）÷附属工程金额（元）	

表 B-07-02-10（续）

序号	名称	金额（元）	单位指标	相关指标				造价占比（%）	备注
				相关基数	数量	单位	相关单位指标（元 / 单位）		
		A	B		C		D=A ÷ C		
10.2.5	装饰		金额（元）÷ 桥梁面积（m^2）	桥梁长度		m	金额（元）÷ 桥梁长度（m）	金额（元）÷ 附属工程金额（元）	
10.2.6	拆除工程		金额（元）÷ 桥梁面积（m^2）	桥梁长度		m	金额（元）÷ 桥梁长度（m）	金额（元）÷ 附属工程金额（元）	
10.3	措施费用		金额（元）÷ 桥梁面积（m^2）	桥梁长度		m	金额（元）÷ 桥梁长度（m）	金额（元）÷ 人行天桥金额（元）	

B-07-03　隧道工程经济指标表（表 B-07-03-01 ~ 表 B-07-03-06）

表 B-07-03-01　明挖隧道工程经济指标表

序号	名称	金额（元）	单位指标	相关指标				造价占比（%）	备注
				相关基数	数量	单位	相关单位指标（元 / 单位）		
		A	B		C		D=A ÷ C		
	明挖隧道工程费用		金额（元）÷ 隧道净面积（m^2）	隧道长度		单洞延长米	金额（元）÷ 隧道长度（单洞延长米）	金额（元）÷ 主体结构工程金额（元）	
1	分部分项		金额（元）÷ 隧道净面积（m^2）	隧道长度		单洞延长米	金额（元）÷ 隧道长度（单洞延长米）	金额（元）÷ 明挖隧道工程金额（元）	
1.1	土石方工程		金额（元）÷ 隧道净面积（m^2）	隧道长度		单洞延长米	金额（元）÷ 隧道长度（单洞延长米）	金额（元）÷ 分部分项金额（元）	
1.2	围护结构工程		金额（元）÷ 隧道净面积（m^2）	隧道长度		单洞延长米	金额（元）÷ 隧道长度（单洞延长米）	金额（元）÷ 分部分项金额（元）	

表 B-07-03-01（续）

序号	名称	金额（元）	单位指标	相关指标				造价占比（%）	备注
				相关基数	数量	单位	相关单位指标（元/单位）		
		A	B		C		D=A÷C		
1.2.1	地基处理		金额（元）÷隧道净面积（m^2）	隧道长度		单洞延长米	金额（元）÷隧道长度（单洞延长米）	金额（元）÷围护结构工程金额（元）	
1.2.2	基坑与边坡支护		金额（元）÷隧道净面积（m^2）	隧道长度		单洞延长米	金额（元）÷隧道长度（单洞延长米）	金额（元）÷围护结构工程金额（元）	
1.3	主体结构		金额（元）÷隧道净面积（m^2）	隧道长度		单洞延长米	金额（元）÷隧道长度（单洞延长米）	金额（元）÷分部分项金额（元）	
1.4	防水及其他		金额（元）÷隧道净面积（m^2）	隧道长度		单洞延长米	金额（元）÷隧道长度（单洞延长米）	金额（元）÷分部分项金额（元）	
1.4.1	防水工程		金额（元）÷隧道净面积（m^2）	隧道长度		单洞延长米	金额（元）÷隧道长度（单洞延长米）	金额（元）÷防水及其他金额（元）	
1.4.2	其他工程		金额（元）÷隧道净面积（m^2）	隧道长度		单洞延长米	金额（元）÷隧道长度（单洞延长米）	金额（元）÷防水及其他金额（元）	
1.5	附属工程		金额（元）÷隧道净面积（m^2）	隧道长度		单洞延长米	金额（元）÷隧道长度（单洞延长米）	金额（元）÷分部分项金额（元）	
2	措施费用		金额（元）÷隧道净面积（m^2）	隧道长度		单洞延长米	金额（元）÷隧道长度（单洞延长米）	金额（元）÷明挖隧道工程金额（元）	
2.1	其中：降排水		金额（元）÷隧道净面积（m^2）	隧道长度		单洞延长米	金额（元）÷隧道长度（单洞延长米）	金额（元）÷措施费用金额（元）	

表 B-07-03-02　明挖隧道（U 形槽）工程经济指标表

序号	名称	金额（元）	单位指标	相关指标				造价占比（%）	备注
				相关基数	数量	单位	相关单位指标（元 / 单位）		
		A	B		C		D=A÷C		
	明挖隧道（U 形槽）工程费用		金额（元）÷U 形槽净面积（m^2）	隧道长度		单洞延长米	金额（元）÷U 形槽长度（单洞延长米）	金额（元）÷主体结构工程金额（元）	本表中隧道净面积及隧道长度指 U 形槽净面积及 U 形槽长度
1	分部分项		金额（元）÷U 形槽净面积（m^2）	隧道长度		单洞延长米	金额（元）÷U 形槽长度（单洞延长米）	金额（元）÷明挖隧道（U 形槽）工程金额（元）	
1.1	土石方工程		金额（元）÷U 形槽净面积（m^2）	隧道长度		单洞延长米	金额（元）÷U 形槽长度（单洞延长米）	金额（元）÷分部分项金额（元）	
1.2	围护结构工程		金额（元）÷U 形槽净面积（m^2）	隧道长度		单洞延长米	金额（元）÷U 形槽长度（单洞延长米）	金额（元）÷分部分项金额（元）	
1.2.1	地基处理		金额（元）÷U 形槽净面积（m^2）	隧道长度		单洞延长米	金额（元）÷U 形槽长度（单洞延长米）	金额（元）÷围护结构工程金额（元）	
1.2.2	基坑与边坡支护		金额（元）÷U 形槽净面积（m^2）	隧道长度		单洞延长米	金额（元）÷U 形槽长度（单洞延长米）	金额（元）÷围护结构工程金额（元）	
1.3	主体结构		金额（元）÷U 形槽净面积（m^2）	隧道长度		单洞延长米	金额（元）÷U 形槽长度（单洞延长米）	金额（元）÷分部分项金额（元）	
1.4	防水及其他		金额（元）÷U 形槽净面积（m^2）	隧道长度		单洞延长米	金额（元）÷U 形槽长度（单洞延长米）	金额（元）÷分部分项金额（元）	

表 B-07-03-02（续）

序号	名称	金额（元）	单位指标	相关指标				造价占比（%）	备注
				相关基数	数量	单位	相关单位指标（元 / 单位）		
		A	B		C		D=A÷C		
1.4.1	防水工程		金额（元）÷U形槽净面积（m^2）	隧道长度		单洞延长米	金额（元）÷U形槽长度（单洞延长米）	金额（元）÷防水及其他金额（元）	
1.4.2	其他工程		金额（元）÷U形槽净面积（m^2）	隧道长度		单洞延长米	金额（元）÷U形槽长度（单洞延长米）	金额（元）÷防水及其他金额（元）	
1.5	附属工程		金额（元）÷隧道净面积（m^2）	隧道长度		单洞延长米	金额（元）÷隧道长度（单洞延长米）	金额（元）÷分部分项金额（元）	
2	措施费用		金额（元）÷U形槽净面积（m^2）	隧道长度		单洞延长米	金额（元）÷U形槽长度（单洞延长米）	金额（元）÷明挖隧道（U形槽）工程金额（元）	
2.1	其中：降排水		金额（元）÷隧道净面积（m^2）	隧道长度		单洞延长米	金额（元）÷隧道长度（单洞延长米）	金额（元）÷措施费用金额（元）	

表 B-07-03-03　暗挖隧道工程经济指标表

序号	名称	金额（元）	单位指标	相关指标				造价占比（%）	备注
				相关基数	数量	单位	相关单位指标（元 / 单位）		
		A	B		C		D=A÷C		
	暗挖隧道工程费用		金额（元）÷隧道净面积（m^2）	隧道长度		单洞延长米	金额（元）÷隧道长度（单洞延长米）	金额（元）÷主体结构工程金额（元）	
1	分部分项		金额（元）÷隧道净面积（m^2）	隧道长度		单洞延长米	金额（元）÷隧道长度（单洞延长米）	金额（元）÷暗挖隧道工程金额（元）	
1.1	土石方工程		金额（元）÷隧道净面积（m^2）	隧道长度		单洞延长米	金额（元）÷隧道长度（单洞延长米）	金额（元）÷分部分项金额（元）	

表 B-07-03-03（续）

序号	名称	金额（元）	单位指标	相关指标				造价占比（%）	备注
				相关基数	数量	单位	相关单位指标（元 / 单位）		
		A	B		C		D=A÷C		
1.2	初衬结构		金额（元）÷隧道净面积（m^2）	隧道长度		单洞延长米	金额（元）÷隧道长度（单洞延长米）	金额（元）÷分部分项金额（元）	
1.3	二衬结构		金额（元）÷隧道净面积（m^2）	隧道长度		单洞延长米	金额（元）÷隧道长度（单洞延长米）	金额（元）÷分部分项金额（元）	
1.4	防水及其他		金额（元）÷隧道净面积（m^2）	隧道长度		单洞延长米	金额（元）÷隧道长度（单洞延长米）	金额（元）÷分部分项金额（元）	
1.4.1	防水工程		金额（元）÷隧道净面积（m^2）	隧道长度		单洞延长米	金额（元）÷隧道长度（单洞延长米）	金额（元）÷防水及其他金额（元）	
1.4.2	其他工程		金额（元）÷隧道净面积（m^2）	隧道长度		单洞延长米	金额（元）÷隧道长度（单洞延长米）	金额（元）÷防水及其他金额（元）	
1.5	竖井及联络通道		金额（元）÷隧道净面积（m^2）	隧道长度		单洞延长米	金额（元）÷隧道长度（单洞延长米）	金额（元）÷分部分项金额（元）	
1.6	附属工程		金额（元）÷隧道净面积（m^2）	隧道长度		单洞延长米	金额（元）÷隧道长度（单洞延长米）	金额（元）÷分部分项金额（元）	
2	措施费用		金额（元）÷隧道净面积（m^2）	隧道长度		单洞延长米	金额（元）÷隧道长度（单洞延长米）	金额（元）÷暗挖隧道工程金额（元）	
2.1	其中：降排水		金额（元）÷隧道净面积（m^2）	隧道长度		单洞延长米	金额（元）÷隧道长度（单洞延长米）	金额（元）÷措施费用金额（元）	

表 B-07-03-04　盾构隧道工程经济指标表

序号	名称	金额（元）	单位指标	相关指标				造价占比（%）	备注
				相关基数	数量	单位	相关单位指标（元/单位）		
		A	B		C		D=A÷C		
	盾构隧道工程费用		金额（元）÷隧道净面积（m^2）	隧道长度		单洞延长米	金额（元）÷隧道长度（单洞延长米）	金额（元）÷主体结构工程金额（元）	
1	分部分项		金额（元）÷隧道净面积（m^2）	隧道长度		单洞延长米	金额（元）÷隧道长度（单洞延长米）	金额（元）÷盾构隧道工程金额（元）	
1.1	掘进及出渣		金额（元）÷隧道净面积（m^2）	隧道长度		单洞延长米	金额（元）÷隧道长度（单洞延长米）	金额（元）÷分部分项金额（元）	
1.2	管片拼装		金额（元）÷隧道净面积（m^2）	隧道长度		单洞延长米	金额（元）÷隧道长度（单洞延长米）	金额（元）÷分部分项金额（元）	
1.3	预埋槽道		金额（元）÷隧道净面积（m^2）	隧道长度		单洞延长米	金额（元）÷隧道长度（单洞延长米）	金额（元）÷分部分项金额（元）	
1.4	端头加固		金额（元）÷隧道净面积（m^2）	隧道长度		单洞延长米	金额（元）÷隧道长度（单洞延长米）	金额（元）÷分部分项金额（元）	
1.5	盾构井		金额（元）÷隧道净面积（m^2）	隧道长度		单洞延长米	金额（元）÷隧道长度（单洞延长米）	金额（元）÷分部分项金额（元）	
1.6	联络通道		金额（元）÷隧道净面积（m^2）	隧道长度		单洞延长米	金额（元）÷隧道长度（单洞延长米）	金额（元）÷分部分项金额（元）	
1.7	附属工程		金额（元）÷隧道净面积（m^2）	隧道长度		单洞延长米	金额（元）÷隧道长度（单洞延长米）	金额（元）÷分部分项金额（元）	
2	措施费用		金额（元）÷隧道净面积（m^2）	隧道长度		单洞延长米	金额（元）÷隧道长度（单洞延长米）	金额（元）÷盾构隧道工程金额（元）	

表 B-07-03-05　隧道交通安全与辅助设施工程经济指标表

序号	名称	金额（元）	单位指标	相关指标				造价占比（%）	备注
				相关基数	数量	单位	相关单位指标（元 / 单位）		
		A	B		C		D=A ÷ C		
	交通安全与辅助设施		金额（元）÷隧道净面积（m^2）	隧道长度		单洞延长米	金额（元）÷隧道长度（单洞延长米）		
1	分部分项		金额（元）÷隧道净面积（m^2）	隧道长度		单洞延长米	金额（元）÷隧道长度（单洞延长米）	金额（元）÷交通安全与辅助设施工程金额（元）	
1.1	交通安全设施		金额（元）÷隧道净面积（m^2）	隧道长度		单洞延长米	金额（元）÷隧道长度（单洞延长米）	金额（元）÷分部分项金额（元）	
1.1.1	交通监控设施		金额（元）÷隧道净面积（m^2）	隧道长度		单洞延长米	金额（元）÷隧道长度（单洞延长米）	金额（元）÷交通安全设施金额（元）	
1.1.2	紧急呼叫设施		金额（元）÷隧道净面积（m^2）	隧道长度		单洞延长米	金额（元）÷隧道长度（单洞延长米）	金额（元）÷交通安全设施金额（元）	
1.1.3	火灾报警设施		金额（元）÷隧道净面积（m^2）	隧道长度		单洞延长米	金额（元）÷隧道长度（单洞延长米）	金额（元）÷交通安全设施金额（元）	
1.1.4	消防与避难设施		金额（元）÷隧道净面积（m^2）	隧道长度		单洞延长米	金额（元）÷隧道长度（单洞延长米）	金额（元）÷交通安全设施金额（元）	
1.2	辅助设施		金额（元）÷隧道净面积（m^2）	隧道长度		单洞延长米	金额（元）÷隧道长度（单洞延长米）	金额（元）÷分部分项金额（元）	
1.2.1	给水系统设施		金额（元）÷隧道净面积（m^2）	隧道长度		单洞延长米	金额（元）÷隧道长度（单洞延长米）	金额（元）÷辅助设施金额（元）	
1.2.2	排水系统设施		金额（元）÷隧道净面积（m^2）	隧道长度		单洞延长米	金额（元）÷隧道长度（单洞延长米）	金额（元）÷辅助设施金额（元）	
1.2.3	照明与控制设施		金额（元）÷隧道净面积（m^2）	隧道长度		单洞延长米	金额（元）÷隧道长度（单洞延长米）	金额（元）÷辅助设施金额（元）	

表 B-07-03-05（续）

序号	名称	金额（元）	单位指标	相关指标				造价占比（%）	备注
				相关基数	数量	单位	相关单位指标（元/单位）		
		A	B		C		D=A÷C		
1.2.4	通风与控制设施		金额（元）÷隧道净面积（m^2）	隧道长度		单洞延长米	金额（元）÷隧道长度（单洞延长米）	金额（元）÷辅助设施金额（元）	
1.2.5	供配电设施		金额（元）÷隧道净面积（m^2）	隧道长度		单洞延长米	金额（元）÷隧道长度（单洞延长米）	金额（元）÷辅助设施金额（元）	
1.2.6	接地与防雷设施		金额（元）÷隧道净面积（m^2）	隧道长度		单洞延长米	金额（元）÷隧道长度（单洞延长米）	金额（元）÷辅助设施金额（元）	
1.2.7	线缆与相关设施		金额（元）÷隧道净面积（m^2）	隧道长度		单洞延长米	金额（元）÷隧道长度（单洞延长米）	金额（元）÷辅助设施金额（元）	
2	措施费用		金额（元）÷隧道净面积（m^2）	隧道长度		单洞延长米	金额（元）÷隧道长度（单洞延长米）	金额（元）÷交通安全与辅助设施工程金额（元）	

表 B-07-03-06　监控中心工程经济指标表

序号	名称	金额（元）	单位指标	相关指标				造价占比（%）	备注
				相关基数	数量	单位	相关单位指标（元/单位）		
		A	B		C		D=A÷C		
	土建工程		金额（元）÷隧道净面积（m^2）	建筑面积		m^2	金额（元）÷建筑面积（m^2）	金额（元）÷监控中心工程金额	
	建筑工程		金额（元）÷隧道净面积（m^2）	建筑面积		m^2	金额（元）÷建筑面积（m^2）	金额（元）÷土建工程金额（元）	
1	分部分项		金额（元）÷隧道净面积（m^2）	建筑面积		m^2	金额（元）÷建筑面积（m^2）	金额（元）÷建筑工程金额（元）	

表 B-07-03-06（续）

序号	名称	金额（元）	单位指标	相关指标				造价占比（%）	备注
				相关基数	数量	单位	相关单位指标（元 / 单位）		
		A	B		C		D=A ÷ C		
2	措施费用		金额（元）÷隧道净面积（m^2）	建筑面积		m^2	金额（元）÷建筑面积（m^2）	金额（元）÷建筑工程金额（元）	
	安装工程		金额（元）÷隧道净面积（m^2）	建筑面积		m^2	金额（元）÷建筑面积（m^2）	金额（元）÷土建工程金额（元）	
1	分部分项		金额（元）÷隧道净面积（m^2）	建筑面积		m^2	金额（元）÷建筑面积（m^2）	金额（元）÷安装工程金额（元）	
2	措施费用		金额（元）÷隧道净面积（m^2）	建筑面积		m^2	金额（元）÷建筑面积（m^2）	金额（元）÷安装工程金额（元）	
	装饰工程		金额（元）÷隧道净面积（m^2）	建筑面积		m^2	金额（元）÷建筑面积（m^2）	金额（元）÷土建工程金额（元）	
1	分部分项		金额（元）÷隧道净面积（m^2）	建筑面积		m^2	金额（元）÷建筑面积（m^2）	金额（元）÷装修工程金额（元）	
2	措施费用		金额（元）÷隧道净面积（m^2）	建筑面积		m^2	金额（元）÷建筑面积（m^2）	金额（元）÷装修工程金额（元）	
	设备系统		金额（元）÷隧道净面积（m^2）	建筑面积		m^2	金额（元）÷建筑面积（m^2）	金额（元）÷监控中心工程金额（元）	
1	分部分项		金额（元）÷隧道净面积（m^2）	建筑面积		m^2	金额（元）÷建筑面积（m^2）	金额（元）÷设备系统工程金额（元）	
1.1	监控设施		金额（元）÷隧道净面积（m^2）	建筑面积		m^2	金额（元）÷建筑面积（m^2）	金额（元）÷分部分项金额（元）	
2	措施费用		金额（元）÷隧道净面积（m^2）	建筑面积		m^2	金额（元）÷建筑面积（m^2）	金额（元）÷设备系统工程金额（元）	

B-07-04　管网工程经济指标表（表 B-07-04-01 ~ 表 B-07-04-06）

表 B-07-04-01　管网工程（给水）工程经济指标表

序号	名称	金额（元）	单位指标	相关指标				造价占比（%）	备注
				相关基数	数量	单位	相关单位指标（元 / 单位）		
		A	B		C		D=A ÷ C		
	管网工程工程费用		金额（元）÷管道长度（m）	道路长度		m	金额（元）÷道路长度（m）		
1	分部分项		金额（元）÷管道长度（m）	道路长度		m	金额（元）÷道路长度（m）	金额（元）÷管网工程金额（元）	
1.1	土石方工程		金额（元）÷管道长度（m）	道路长度		m	金额（元）÷道路长度（m）	金额（元）÷分部分项金额（元）	
1.1.1	开挖		金额（元）÷管道长度（m）	道路长度		m	金额（元）÷道路长度（m）	金额（元）÷土石方工程金额（元）	
1.1.2	回填		金额（元）÷管道长度（m）	道路长度		m	金额（元）÷道路长度（m）	金额（元）÷土石方工程金额（元）	
1.2	管道工程		金额（元）÷管道长度（m）	道路长度		m	金额（元）÷道路长度（m）	金额（元）÷分部分项金额（元）	
1.2.1	管道安装		金额（元）÷管道长度（m）	道路长度		m	金额（元）÷道路长度（m）	金额（元）÷管道工程金额（元）	
1.2.2	管道基础施工		金额（元）÷管道长度（m）	道路长度		m	金额（元）÷道路长度（m）	金额（元）÷管道工程金额（元）	
1.2.3	刷油、防腐		金额（元）÷管道长度（m）	道路长度		m	金额（元）÷道路长度（m）	金额（元）÷管道工程金额（元）	
1.2.4	探伤检测		金额（元）÷管道长度（m）	道路长度		m	金额（元）÷道路长度（m）	金额（元）÷管道工程金额（元）	

表 B-07-04-01（续）

序号	名称	金额（元）	单位指标	相关指标				造价占比（%）	备注
				相关基数	数量	单位	相关单位指标（元 / 单位）		
		A	B		C		D=A ÷ C		
1.3	管道附件工程		金额（元）÷ 管道长度（m）	道路长度		m	金额（元）÷ 道路长度（m）	金额（元）÷ 分部分项金额（元）	
1.3.1	阀门安装		金额（元）÷ 管道长度（m）	道路长度		m	金额（元）÷ 道路长度（m）	金额（元）÷ 管道附件工程金额（元）	
1.3.2	支架制作、安装		金额（元）÷ 管道长度（m）	道路长度		m	金额（元）÷ 道路长度（m）	金额（元）÷ 管道附件工程金额（元）	
1.4	构筑物工程		金额（元）÷ 管道长度（m）	道路长度		m	金额（元）÷ 道路长度（m）	金额（元）÷ 分部分项金额（元）	
1.4.1	砌筑井		金额（元）÷ 管道长度（m）	道路长度		m	金额（元）÷ 道路长度（m）	金额（元）÷ 构筑物工程金额（元）	
1.4.2	混凝土井		金额（元）÷ 管道长度（m）	道路长度		m	金额（元）÷ 道路长度（m）	金额（元）÷ 构筑物工程金额（元）	
1.4.3	成品井		金额（元）÷ 管道长度（m）	道路长度		m	金额（元）÷ 道路长度（m）	金额（元）÷ 构筑物工程金额（元）	
1.5	其他工程		金额（元）÷ 管道长度（m）	道路长度		m	金额（元）÷ 道路长度（m）	金额（元）÷ 分部分项金额（元）	
1.5.1	定向钻		金额（元）÷ 管道长度（m）	道路长度		m	金额（元）÷ 道路长度（m）	金额（元）÷ 其他工程金额（元）	
1.5.2	顶管		金额（元）÷ 管道长度（m）	道路长度		m	金额（元）÷ 道路长度（m）	金额（元）÷ 其他工程金额（元）	
2	措施费用		金额（元）÷ 管道长度（m）	道路长度		m	金额（元）÷ 道路长度（m）	金额（元）÷ 管网工程金额（元）	

表 B-07-04-01（续）

序号	名称	金额（元）	单位指标	相关指标				造价占比（%）	备注
				相关基数	数量	单位	相关单位指标（元/单位）		
		A	B		C		D=A÷C		
2.1	总价措施		金额（元）÷管道长度（m）	道路长度		m	金额（元）÷道路长度（m）	金额（元）÷措施费用金额（元）	
2.2	降水、排水		金额（元）÷管道长度（m）	道路长度		m	金额（元）÷道路长度（m）	金额（元）÷措施费用金额（元）	
2.3	支护工程		金额（元）÷管道长度（m）	道路长度		m	金额（元）÷道路长度（m）	金额（元）÷措施费用金额（元）	
2.4	特殊保护施工		金额（元）÷管道长度（m）	道路长度		m	金额（元）÷道路长度（m）	金额（元）÷措施费用金额（元）	

表 B-07-04-02　管网工程（雨水）工程经济指标表

序号	名称	金额（元）	单位指标	相关指标				造价占比（%）	备注
				相关基数	数量	单位	相关单位指标（元/单位）		
		A	B		C		D=A÷C		
	管网工程工程费用		金额（元）÷管道长度（m）	道路长度		m	金额（元）÷道路长度（m）		
1	分部分项		金额（元）÷管道长度（m）	道路长度		m	金额（元）÷道路长度（m）	金额（元）÷管网工程金额（元）	
1.1	土石方工程		金额（元）÷管道长度（m）	道路长度		m	金额（元）÷道路长度（m）	金额（元）÷分部分项金额（元）	
1.1.1	开挖		金额（元）÷管道长度（m）	道路长度		m	金额（元）÷道路长度（m）	金额（元）÷土石方工程金额（元）	

表 B-07-04-02（续）

序号	名称	金额（元）	单位指标	相关指标				造价占比（%）	备注
				相关基数	数量	单位	相关单位指标（元 / 单位）		
		A	B		C		D=A ÷ C		
1.1.2	回填		金额（元）÷管道长度（m）	道路长度		m	金额（元）÷道路长度（m）	金额（元）÷土石方工程金额（元）	
1.2	管道工程		金额（元）÷管道长度（m）	道路长度		m	金额（元）÷道路长度（m）	金额（元）÷分部分项金额（元）	
1.2.1	管道安装		金额（元）÷管道长度（m）	道路长度		m	金额（元）÷道路长度（m）	金额（元）÷管道工程金额（元）	
1.2.2	管道基础施工		金额（元）÷管道长度（m）	道路长度		m	金额（元）÷道路长度（m）	金额（元）÷管道工程金额（元）	
1.3	构筑物工程		金额（元）÷管道长度（m）	道路长度		m	金额（元）÷道路长度（m）	金额（元）÷分部分项金额（元）	
1.3.1	砌筑井		金额（元）÷管道长度（m）	道路长度		m	金额（元）÷道路长度（m）	金额（元）÷构筑物工程金额（元）	
1.3.2	混凝土井		金额（元）÷管道长度（m）	道路长度		m	金额（元）÷道路长度（m）	金额（元）÷构筑物工程金额（元）	
1.3.3	成品井		金额（元）÷管道长度（m）	道路长度		m	金额（元）÷道路长度（m）	金额（元）÷构筑物工程金额（元）	
1.3.4	进出水口		金额（元）÷管道长度（m）	道路长度		m	金额（元）÷道路长度（m）	金额（元）÷构筑物工程金额（元）	
1.4	其他工程		金额（元）÷管道长度（m）	道路长度		m	金额（元）÷道路长度（m）	金额（元）÷分部分项金额（元）	
1.4.1	定向钻		金额（元）÷管道长度（m）	道路长度		m	金额（元）÷道路长度（m）	金额（元）÷其他工程金额（元）	

表 B-07-04-02（续）

序号	名称	金额（元）	单位指标	相关指标				造价占比（%）	备注
				相关基数	数量	单位	相关单位指标（元 / 单位）		
		A	B		C		D=A÷C		
1.4.2	顶管		金额（元）÷管道长度（m）	道路长度		m	金额（元）÷道路长度（m）	金额（元）÷其他工程金额（元）	
2	措施费用		金额（元）÷管道长度（m）	道路长度		m	金额（元）÷道路长度（m）	金额（元）÷管网工程金额（元）	
2.1	总价措施		金额（元）÷管道长度（m）	道路长度		m	金额（元）÷道路长度（m）	金额（元）÷措施费用金额（元）	
2.2	降水、排水		金额（元）÷管道长度（m）	道路长度		m	金额（元）÷道路长度（m）	金额（元）÷措施费用金额（元）	
2.3	支护工程		金额（元）÷管道长度（m）	道路长度		m	金额（元）÷道路长度（m）	金额（元）÷措施费用金额（元）	
2.4	特殊保护施工		金额（元）÷管道长度（m）	道路长度		m	金额（元）÷道路长度（m）	金额（元）÷措施费用金额（元）	

表 B-07-04-03　管网工程（污水）工程经济指标表

序号	名称	金额（元）	单位指标	相关指标				造价占比（%）	备注
				相关基数	数量	单位	相关单位指标（元 / 单位）		
		A	B		C		D=A÷C		
	管网工程工程费用		金额（元）÷管道长度（m）	道路长度		m	金额（元）÷道路长度（m）		
1	分部分项		金额（元）÷管道长度（m）	道路长度		m	金额（元）÷道路长度（m）	金额（元）÷管网工程金额（元）	
1.1	土石方工程		金额（元）÷管道长度（m）	道路长度		m	金额（元）÷道路长度（m）	金额（元）÷分部分项金额（元）	

表 B-07-04-03（续）

序号	名称	金额（元）	单位指标	相关指标				造价占比（%）	备注
				相关基数	数量	单位	相关单位指标（元 / 单位）		
		A	B		C		D=A÷C		
1.1.1	开挖		金额（元）÷管道长度（m）	道路长度		m	金额（元）÷道路长度（m）	金额（元）÷土石方工程金额（元）	
1.1.2	回填		金额（元）÷管道长度（m）	道路长度		m	金额（元）÷道路长度（m）	金额（元）÷土石方工程金额（元）	
1.2	管道工程		金额（元）÷管道长度（m）	道路长度		m	金额（元）÷道路长度（m）	金额（元）÷分部分项金额（元）	
1.2.1	管道安装		金额（元）÷管道长度（m）	道路长度		m	金额（元）÷道路长度（m）	金额（元）÷管道工程金额（元）	
1.2.2	管道基础施工		金额（元）÷管道长度（m）	道路长度		m	金额（元）÷道路长度（m）	金额（元）÷管道工程金额（元）	
1.3	构筑物工程		金额（元）÷管道长度（m）	道路长度		m	金额（元）÷道路长度（m）	金额（元）÷分部分项金额（元）	
1.3.1	砌筑井		金额（元）÷管道长度（m）	道路长度		m	金额（元）÷道路长度（m）	金额（元）÷构筑物工程金额（元）	
1.3.2	混凝土井		金额（元）÷管道长度（m）	道路长度		m	金额（元）÷道路长度（m）	金额（元）÷构筑物工程金额（元）	
1.3.3	成品井		金额（元）÷管道长度（m）	道路长度		m	金额（元）÷道路长度（m）	金额（元）÷构筑物工程金额（元）	
1.4	其他工程		金额（元）÷管道长度（m）	道路长度		m	金额（元）÷道路长度（m）	金额（元）÷分部分项金额（元）	
1.4.1	定向钻		金额（元）÷管道长度（m）	道路长度		m	金额（元）÷道路长度（m）	金额（元）÷其他工程金额（元）	

表 B-07-04-03（续）

序号	名称	金额（元）	单位指标	相关指标				造价占比（%）	备注
				相关基数	数量	单位	相关单位指标（元/单位）		
		A	B		C		D=A÷C		
1.4.2	顶管		金额（元）÷管道长度（m）	道路长度		m	金额（元）÷道路长度（m）	金额（元）÷其他工程金额（元）	
2	措施费用		金额（元）÷管道长度（m）	道路长度		m	金额（元）÷道路长度（m）	金额（元）÷管网工程金额（元）	
2.1	总价措施		金额（元）÷管道长度（m）	道路长度		m	金额（元）÷道路长度（m）	金额（元）÷措施费用金额（元）	
2.2	降水、排水		金额（元）÷管道长度（m）	道路长度		m	金额（元）÷道路长度（m）	金额（元）÷措施费用金额（元）	
2.3	支护工程		金额（元）÷管道长度（m）	道路长度		m	金额（元）÷道路长度（m）	金额（元）÷措施费用金额（元）	
2.4	特殊保护施工		金额（元）÷管道长度（m）	道路长度		m	金额（元）÷道路长度（m）	金额（元）÷措施费用金额（元）	

表 B-07-04-04　管网工程（再生水）工程经济指标表

序号	名称	金额（元）	单位指标	相关指标				造价占比（%）	备注
				相关基数	数量	单位	相关单位指标（元/单位）		
		A	B		C		D=A÷C		
	管网工程工程费用		金额（元）÷管道长度（m）	道路长度		m	金额（元）÷道路长度（m）		
1	分部分项		金额（元）÷管道长度（m）	道路长度		m	金额（元）÷道路长度（m）	金额（元）÷管网工程金额（元）	
1.1	土石方工程		金额（元）÷管道长度（m）	道路长度		m	金额（元）÷道路长度（m）	金额（元）÷分部分项金额（元）	

表 B-07-04-04（续）

序号	名称	金额（元）	单位指标	相关指标				造价占比（%）	备注
				相关基数	数量	单位	相关单位指标（元/单位）		
		A	B		C		D=A÷C		
1.1.1	开挖		金额（元）÷管道长度（m）	道路长度		m	金额（元）÷道路长度（m）	金额（元）÷土石方工程金额（元）	
1.1.2	回填		金额（元）÷管道长度（m）	道路长度		m	金额（元）÷道路长度（m）	金额（元）÷土石方工程金额（元）	
1.2	管道工程		金额（元）÷管道长度（m）	道路长度		m	金额（元）÷道路长度（m）	金额（元）÷分部分项金额（元）	
1.2.1	管道安装		金额（元）÷管道长度（m）	道路长度		m	金额（元）÷道路长度（m）	金额（元）÷管道工程金额（元）	
1.2.2	管道基础施工		金额（元）÷管道长度（m）	道路长度		m	金额（元）÷道路长度（m）	金额（元）÷管道工程金额（元）	
1.2.3	刷油、防腐		金额（元）÷管道长度（m）	道路长度		m	金额（元）÷道路长度（m）	金额（元）÷管道工程金额（元）	
1.2.4	探伤检测		金额（元）÷管道长度（m）	道路长度		m	金额（元）÷道路长度（m）	金额（元）÷管道工程金额（元）	
1.3	管道附件工程		金额（元）÷管道长度（m）	道路长度		m	金额（元）÷道路长度（m）	金额（元）÷分部分项金额（元）	
1.3.1	阀门安装		金额（元）÷管道长度（m）	道路长度		m	金额（元）÷道路长度（m）	金额（元）÷管道附件工程金额（元）	
1.3.2	支架制作、安装		金额（元）÷管道长度（m）	道路长度		m	金额（元）÷道路长度（m）	金额（元）÷管道附件工程金额（元）	
1.4	构筑物工程		金额（元）÷管道长度（m）	道路长度		m	金额（元）÷道路长度（m）	金额（元）÷分部分项金额（元）	

表 B-07-04-04（续）

序号	名称	金额（元）	单位指标	相关指标				造价占比（%）	备注
				相关基数	数量	单位	相关单位指标（元/单位）		
		A	B		C		D=A÷C		
1.4.1	砌筑井		金额（元）÷管道长度（m）	道路长度		m	金额（元）÷道路长度（m）	金额（元）÷构筑物工程金额（元）	
1.4.2	混凝土井		金额（元）÷管道长度（m）	道路长度		m	金额（元）÷道路长度（m）	金额（元）÷构筑物工程金额（元）	
1.4.3	成品井		金额（元）÷管道长度（m）	道路长度		m	金额（元）÷道路长度（m）	金额（元）÷构筑物工程金额（元）	
1.5	其他工程		金额（元）÷管道长度（m）	道路长度		m	金额（元）÷道路长度（m）	金额（元）÷分部分项金额（元）	
1.5.1	定向钻		金额（元）÷管道长度（m）	道路长度		m	金额（元）÷道路长度（m）	金额（元）÷其他工程金额（元）	
1.5.2	顶管		金额（元）÷管道长度（m）	道路长度		m	金额（元）÷道路长度（m）	金额（元）÷其他工程金额（元）	
2	措施费用		金额（元）÷管道长度（m）	道路长度		m	金额（元）÷道路长度（m）	金额（元）÷管网工程金额（元）	
2.1	总价措施		金额（元）÷管道长度（m）	道路长度		m	金额（元）÷道路长度（m）	金额（元）÷措施费用金额（元）	
2.2	降水、排水		金额（元）÷管道长度（m）	道路长度		m	金额（元）÷道路长度（m）	金额（元）÷措施费用金额（元）	
2.3	支护工程		金额（元）÷管道长度（m）	道路长度		m	金额（元）÷道路长度（m）	金额（元）÷措施费用金额（元）	
2.4	特殊保护施工		金额（元）÷管道长度（m）	道路长度		m	金额（元）÷道路长度（m）	金额（元）÷措施费用金额（元）	

表 B-07-04-05　管网工程（燃气）工程经济指标表

序号	名称	金额（元）	单位指标	相关指标				造价占比（%）	备注
				相关基数	数量	单位	相关单位指标（元/单位）		
		A	B		C		D=A÷C		
	管网工程工程费用		金额（元）÷管道长度（m）	供气能力		元/（m^3/h）	金额（元）÷供气能力（m^3/h）		
1	分部分项		金额（元）÷管道长度（m）	供气能力		元/（m^3/h）	金额（元）÷供气能力（m^3/h）	金额（元）÷管网工程金额（元）	
1.1	土石方工程		金额（元）÷管道长度（m）	供气能力		元/（m^3/h）	金额（元）÷供气能力（m^3/h）	金额（元）÷分部分项金额（元）	
1.1.1	开挖		金额（元）÷管道长度（m）	供气能力		元/（m^3/h）	金额（元）÷供气能力（m^3/h）	金额（元）÷土石方工程金额（元）	
1.1.2	回填		金额（元）÷管道长度（m）	供气能力		元/（m^3/h）	金额（元）÷供气能力（m^3/h）	金额（元）÷土石方工程金额（元）	
1.2	管道工程		金额（元）÷管道长度（m）	供气能力		元/（m^3/h）	金额（元）÷供气能力（m^3/h）	金额（元）÷分部分项金额（元）	
1.2.1	管道安装		金额（元）÷管道长度（m）	供气能力		元/（m^3/h）	金额（元）÷供气能力（m^3/h）	金额（元）÷管道工程金额（元）	
1.2.2	管道基础施工		金额（元）÷管道长度（m）	供气能力		元/（m^3/h）	金额（元）÷供气能力（m^3/h）	金额（元）÷管道工程金额（元）	
1.2.3	刷油、防腐		金额（元）÷管道长度（m）	供气能力		元/（m^3/h）	金额（元）÷供气能力（m^3/h）	金额（元）÷管道工程金额（元）	
1.2.4	探伤检测		金额（元）÷管道长度（m）	供气能力		元/（m^3/h）	金额（元）÷供气能力（m^3/h）	金额（元）÷管道工程金额（元）	

表 B-07-04-05（续）

序号	名称	金额（元）	单位指标	相关指标				造价占比（%）	备注
				相关基数	数量	单位	相关单位指标（元/单位）		
		A	B		C		D=A÷C		
1.3	管道附件工程		金额（元）÷管道长度（m）	供气能力		元/（m^3/h）	金额（元）÷供气能力（m^3/h）	金额（元）÷分部分项金额（元）	
1.3.1	阀门安装		金额（元）÷管道长度（m）	供气能力		元/（m^3/h）	金额（元）÷供气能力（m^3/h）	金额（元）÷管道附件工程金额（元）	
1.4	阀室		金额（元）÷管道长度（m）	供气能力		元/（m^3/h）	金额（元）÷供气能力（m^3/h）	金额（元）÷分部分项金额（元）	
1.4.1	砌筑井		金额（元）÷管道长度（m）	供气能力		元/（m^3/h）	金额（元）÷供气能力（m^3/h）	金额（元）÷构筑物工程金额（元）	
1.4.2	混凝土井		金额（元）÷管道长度（m）	供气能力		元/（m^3/h）	金额（元）÷供气能力（m^3/h）	金额（元）÷构筑物工程金额（元）	
1.4.3	成品井		金额（元）÷管道长度（m）	供气能力		元/（m^3/h）	金额（元）÷供气能力（m^3/h）	金额（元）÷构筑物工程金额（元）	
1.5	特殊部位施工		金额（元）÷管道长度（m）	供气能力		元/（m^3/h）	金额（元）÷供气能力（m^3/h）	金额（元）÷分部分项金额（元）	
1.5.1	定向钻		金额（元）÷管道长度（m）	供气能力		元/（m^3/h）	金额（元）÷供气能力（m^3/h）	金额（元）÷其他工程金额（元）	
1.5.2	顶管		金额（元）÷管道长度（m）	供气能力		元/（m^3/h）	金额（元）÷供气能力（m^3/h）	金额（元）÷其他工程金额（元）	
1.5.3	其他		金额（元）÷管道长度（m）	供气能力		元/（m^3/h）	金额（元）÷供气能力（m^3/h）	金额（元）÷其他工程金额（元）	

表 B-07-04-05（续）

序号	名称	金额（元）	单位指标	相关指标				造价占比（%）	备注
				相关基数	数量	单位	相关单位指标（元/单位）		
		A	B		C		D=A÷C		
2	措施费用		金额（元）÷管道长度（m）	供气能力		元/（m^3/h）	金额（元）÷供气能力（m^3/h）	金额（元）÷管网工程金额（元）	
2.1	总价措施		金额（元）÷管道长度（m）	供气能力		元/（m^3/h）	金额（元）÷供气能力（m^3/h）	金额（元）÷措施费用金额（元）	
2.2	降水、排水		金额（元）÷管道长度（m）	供气能力		元/（m^3/h）	金额（元）÷供气能力（m^3/h）	金额（元）÷措施费用金额（元）	
2.3	支护工程		金额（元）÷管道长度（m）	供气能力		元/（m^3/h）	金额（元）÷供气能力（m^3/h）	金额（元）÷措施费用金额（元）	
2.4	特殊保护施工		金额（元）÷管道长度（m）	供气能力		元/（m^3/h）	金额（元）÷供气能力（m^3/h）	金额（元）÷措施费用金额（元）	

表 B-07-04-06　管网工程（热力）工程经济指标表

序号	名称	金额（元）	单位指标	相关指标				造价占比（%）	备注
				相关基数	数量	单位	相关单位指标（元/单位）		
		A	B		C		D=A÷C		
	管网工程工程费用		金额（元）÷管道长度（m）	供热能力		元/（m^2）	金额（元）÷供热能力（m^2）		
1	分部分项		金额（元）÷管道长度（m）	供热能力		元/（m^2）	金额（元）÷供热能力（m^2）	金额（元）÷管网工程金额（元）	
1.1	土石方工程		金额（元）÷管道长度（m）	供热能力		元/（m^2）	金额（元）÷供热能力（m^2）	金额（元）÷分部分项金额（元）	

表 B-07-04-06（续）

序号	名称	金额（元）	单位指标	相关指标				造价占比（%）	备注
				相关基数	数量	单位	相关单位指标（元/单位）		
		A	B		C		D=A÷C		
1.1.1	开挖		金额（元）÷管道长度（m）	供热能力		元/（m^2）	金额（元）÷供热能力（m^2）	金额（元）÷土石方工程金额（元）	
1.1.2	回填		金额（元）÷管道长度（m）	供热能力		元/（m^2）	金额（元）÷供热能力（m^2）	金额（元）÷土石方工程金额（元）	
1.2	管道工程		金额（元）÷管道长度（m）	供热能力		元/（m^2）	金额（元）÷供热能力（m^2）	金额（元）÷分部分项金额（元）	
1.2.1	管道安装		金额（元）÷管道长度（m）	供热能力		元/（m^2）	金额（元）÷供热能力（m^2）	金额（元）÷管道工程金额（元）	
1.2.2	管道基础施工		金额（元）÷管道长度（m）	供热能力		元/（m^2）	金额（元）÷供热能力（m^2）	金额（元）÷管道工程金额（元）	
1.2.3	刷油、防腐		金额（元）÷管道长度（m）	供热能力		元/（m^2）	金额（元）÷供热能力（m^2）	金额（元）÷管道工程金额（元）	
1.2.4	保温、绝热		金额（元）÷管道长度（m）	供热能力		元/（m^2）	金额（元）÷供热能力（m^2）	金额（元）÷管道工程金额（元）	
1.2.5	探伤检测		金额（元）÷管道长度（m）	供热能力		元/（m^2）	金额（元）÷供热能力（m^2）	金额（元）÷管道工程金额（元）	
1.3	管道附件工程		金额（元）÷管道长度（m）	供热能力		元/（m^2）	金额（元）÷供热能力（m^2）	金额（元）÷分部分项金额（元）	
1.3.1	阀门安装		金额（元）÷管道长度（m）	供热能力		元/（m^2）	金额（元）÷供热能力（m^2）	金额（元）÷管道附件工程金额（元）	

表 B-07-04-06（续）

序号	名称	金额（元）	单位指标	相关指标				造价占比（%）	备注
				相关基数	数量	单位	相关单位指标（元 / 单位）		
		A	B		C		D=A ÷ C		
1.3.2	补偿器		金额（元）÷ 管道长度（m）	供热能力		元 /（m^2）	金额（元）÷ 供热能力（m^2）	金额（元）÷ 管道附件工程金额（元）	
1.3.3	支架制作、安装		金额（元）÷ 管道长度（m）	供热能力		元 /（m^2）	金额（元）÷ 供热能力（m^2）	金额（元）÷ 管道附件工程金额（元）	
1.4	构筑物工程		金额（元）÷ 管道长度（m）	供热能力		元 /（m^2）	金额（元）÷ 供热能力（m^2）	金额（元）÷ 分部分项金额（元）	
1.4.1	砌筑井		金额（元）÷ 管道长度（m）	供热能力		元 /（m^2）	金额（元）÷ 供热能力（m^2）	金额（元）÷ 构筑物工程金额（元）	
1.4.2	混凝土井		金额（元）÷ 管道长度（m）	供热能力		元 /（m^2）	金额（元）÷ 供热能力（m^2）	金额（元）÷ 构筑物工程金额（元）	
1.4.3	成品井		金额（元）÷ 管道长度（m）	供热能力		元 /（m^2）	金额（元）÷ 供热能力（m^2）	金额（元）÷ 构筑物工程金额（元）	
1.5	其他工程		金额（元）÷ 管道长度（m）	供热能力		元 /（m^2）	金额（元）÷ 供热能力（m^2）	金额（元）÷ 分部分项金额（元）	
1.5.1	定向钻		金额（元）÷ 管道长度（m）	供热能力		元 /（m^2）	金额（元）÷ 供热能力（m^2）	金额（元）÷ 其他工程金额（元）	
1.5.2	顶管		金额（元）÷ 管道长度（m）	供热能力		元 /（m^2）	金额（元）÷ 供热能力（m^2）	金额（元）÷ 其他工程金额（元）	
1.5.3	其他		金额（元）÷ 管道长度（m）	供热能力		元 /（m^2）	金额（元）÷ 供热能力（m^2）	金额（元）÷ 其他工程金额（元）	

表 B-07-04-06（续）

序号	名称	金额（元）	单位指标	相关指标				造价占比（%）	备注
				相关基数	数量	单位	相关单位指标（元/单位）		
		A	B		C		D=A÷C		
2	措施费用		金额（元）÷管道长度（m）	供热能力		元/（m^2）	金额（元）÷供热能力（m^2）	金额（元）÷管网工程金额（元）	
2.1	总价措施		金额（元）÷管道长度（m）	供热能力		元/（m^2）	金额（元）÷供热能力（m^2）	金额（元）÷措施费用金额（元）	
2.2	降水、排水		金额（元）÷管道长度（m）	供热能力		元/（m^2）	金额（元）÷供热能力（m^2）	金额（元）÷措施费用金额（元）	
2.3	支护工程		金额（元）÷管道长度（m）	供热能力		元/（m^2）	金额（元）÷供热能力（m^2）	金额（元）÷措施费用金额（元）	
2.4	特殊保护施工		金额（元）÷管道长度（m）	供热能力		元/（m^2）	金额（元）÷供热能力（m^2）	金额（元）÷措施费用金额（元）	

B-07-05　综合管廊工程经济指标表（表 B-07-05）

表 B-07-05　综合管廊工程经济指标表

序号	名称	金额（元）	单位指标	相关指标				造价占比（%）	备注
				相关基数	数量	单位	相关单位指标（元/单位）		
		A	B		C		D=A÷C		
	综合管廊工程费用		金额（元）÷管廊长度（m）	管廊净空面积		m^2	金额（元）÷管廊净空面积（m^2）		
1	分部分项		金额（元）÷管廊长度（m）	管廊净空面积		m^2	金额（元）÷管廊净空面积（m^2）	金额（元）÷管廊工程金额（元）	
1.1	土石方与支护结构		金额（元）÷管廊长度（m）	管廊净空面积		m^2	金额（元）÷管廊净空面积（m^2）	金额（元）÷分部分项金额（元）	

表 B-07-05（续）

序号	名称	金额（元）	单位指标	相关指标				造价占比（%）	备注
				相关基数	数量	单位	相关单位指标（元 / 单位）		
		A	B		C		D=A ÷ C		
1.1.1	土石方工程		金额（元）÷ 管廊长度（m）	管廊净空面积		m^2	金额（元）÷ 管廊净空面积（m^2）	金额（元）÷ 土石方与支护工程金额（元）	
1.1.2	地基处理		金额（元）÷ 管廊长度（m）	管廊净空面积		m^2	金额（元）÷ 管廊净空面积（m^2）	金额（元）÷ 土石方与支护工程金额（元）	
1.1.3	基坑支护		金额（元）÷ 管廊长度（m）	管廊净空面积		m^2	金额（元）÷ 管廊净空面积（m^2）	金额（元）÷ 土石方与支护工程金额（元）	
1.2	管廊主体结构		金额（元）÷ 管廊长度（m）	管廊净空面积		m^2	金额（元）÷ 管廊净空面积（m^2）	金额（元）÷ 分部分项金额（元）	
1.2.1	主体结构		金额（元）÷ 管廊长度（m）	管廊净空面积		m^2	金额（元）÷ 管廊净空面积（m^2）	金额（元）÷ 管廊主体结构工程金额（元）	
1.2.2	防水工程		金额（元）÷ 管廊长度（m）	管廊净空面积		m^2	金额（元）÷ 管廊净空面积（m^2）	金额（元）÷ 管廊主体结构工程金额（元）	
1.3	安装工程		金额（元）÷ 管廊长度（m）	管廊净空面积		m^2	金额（元）÷ 管廊净空面积（m^2）	金额（元）÷ 分部分项金额（元）	
1.3.1	支架系统		金额（元）÷ 管廊长度（m）	管廊净空面积		m^2	金额（元）÷ 管廊净空面积（m^2）	金额（元）÷ 安装金额（元）	
1.3.2	消防系统		金额（元）÷ 管廊长度（m）	管廊净空面积		m^2	金额（元）÷ 管廊净空面积（m^2）	金额（元）÷ 安装金额（元）	
1.3.3	通风系统		金额（元）÷ 管廊长度（m）	管廊净空面积		m^2	金额（元）÷ 管廊净空面积（m^2）	金额（元）÷ 安装金额（元）	

表 B-07-05（续）

序号	名称	金额（元）	单位指标	相关指标				造价占比（%）	备注
				相关基数	数量	单位	相关单位指标（元/单位）		
		A	B		C		D=A÷C		
1.3.4	供电系统		金额（元）÷管廊长度（m）	管廊净空面积		m^2	金额（元）÷管廊净空面积（m^2）	金额（元）÷安装金额（元）	
1.3.5	照明系统		金额（元）÷管廊长度（m）	管廊净空面积		m^2	金额（元）÷管廊净空面积（m^2）	金额（元）÷安装金额（元）	
1.3.6	监控与报警系统		金额（元）÷管廊长度（m）	管廊净空面积		m^2	金额（元）÷管廊净空面积（m^2）	金额（元）÷安装金额（元）	
1.3.7	排水系统		金额（元）÷管廊长度（m）	管廊净空面积		m^2	金额（元）÷管廊净空面积（m^2）	金额（元）÷安装金额（元）	
1.3.8	标识系统		金额（元）÷管廊长度（m）	管廊净空面积		m^2	金额（元）÷管廊净空面积（m^2）	金额（元）÷安装金额（元）	
1.4	监控中心		金额（元）÷建筑面积（m^2）	管廊净空面积		m^2	金额（元）÷管廊净空面积（m^2）	金额（元）÷分部分项金额（元）	
1.4.1	土建结构		金额（元）÷建筑面积（m^2）	管廊净空面积		m^2	金额（元）÷管廊净空面积（m^2）	金额（元）÷监控中心金额（元）	
1.4.2	装饰工程		金额（元）÷建筑面积（m^2）	管廊净空面积		m^2	金额（元）÷管廊净空面积（m^2）	金额（元）÷监控中心金额（元）	
1.4.3	设备系统		金额（元）÷建筑面积（m^2）	管廊净空面积		m^2	金额（元）÷管廊净空面积（m^2）	金额（元）÷监控中心金额（元）	
2	措施费用		金额（元）÷管廊长度（m）	管廊净空面积		m^2	金额（元）÷管廊净空面积（m^2）	金额（元）÷管廊工程金额（元）	

B-07-06 厂站工程经济指标表（表 B-07-06-01 ~ 表 B-07-06-07）

表 B-07-06-01 燃气厂站（门站）工程经济指标表

序号	名称	金额（元）	单位指标	相关指标				造价占比（%）	备注
				相关基数	数量	单位	相关单位指标（元 / 单位）		
		A	B		C		D=A ÷ C		
	燃气门站工程费用		金额（元）÷供气能力（m^3/h）	年供气量		m^3	金额（元）÷年供气量（m^3）		
1	分部分项		金额（元）÷供气能力（m^3/h）	年供气量		m^3	金额（元）÷年供气量（m^3）	金额（元）÷燃气门站工程金额（元）	
1.1	建筑装饰工程		金额（元）÷供气能力（m^3/h）	年供气量		m^3	金额（元）÷年供气量（m^3）	金额（元）÷分部分项工程金额（元）	
1.1.1	厂区土方		金额（元）÷供气能力（m^3/h）	年供气量		m^3	金额（元）÷年供气量（m^3）	金额（元）÷建筑装饰工程金额（元）	
1.1.2	地基处理		金额（元）÷供气能力（m^3/h）	年供气量		m^3	金额（元）÷年供气量（m^3）	金额（元）÷建筑装饰工程金额（元）	
1.1.3	道路、路缘石		金额（元）÷供气能力（m^3/h）	年供气量		m^3	金额（元）÷年供气量（m^3）	金额（元）÷建筑装饰工程金额（元）	
1.1.4	围墙、大门		金额（元）÷供气能力（m^3/h）	年供气量		m^3	金额（元）÷年供气量（m^3）	金额（元）÷建筑装饰工程金额（元）	
1.1.5	绿化工程		金额（元）÷供气能力（m^3/h）	年供气量		m^3	金额（元）÷年供气量（m^3）	金额（元）÷建筑装饰工程金额（元）	
1.1.6	构筑物工程		金额（元）÷供气能力（m^3/h）	年供气量		m^3	金额（元）÷年供气量（m^3）	金额（元）÷建筑装饰工程金额（元）	
1.1.7	各单体建筑		金额（元）÷供气能力（m^3/h）	年供气量		m^3	金额（元）÷年供气量（m^3）	金额（元）÷建筑装饰工程金额（元）	

表 B-07-06-01（续）

序号	名称	金额（元）	单位指标	相关指标				造价占比（%）	备注
				相关基数	数量	单位	相关单位指标（元/单位）		
		A	B		C		D=A÷C		
1.2	设备及系统安装工程		金额（元）÷供气能力（m^3/h）	年供气量		m^3	金额（元）÷年供气量（m^3）	金额（元）÷分部分项工程金额（元）	
1.2.1	燃气工艺系统		金额（元）÷供气能力（m^3/h）	年供气量		m^3	金额（元）÷年供气量（m^3）	金额（元）÷设备及系统安装工程金额（元）	
1.2.1.1	工艺设备		金额（元）÷供气能力（m^3/h）	年供气量		m^3	金额（元）÷年供气量（m^3）	金额（元）÷燃气工艺系统工程金额（元）	
1.2.1.2	燃气管道		金额（元）÷供气能力（m^3/h）	年供气量		m^3	金额（元）÷年供气量（m^3）	金额（元）÷燃气工艺系统工程金额（元）	含管件、其他连接件、探伤、管架、刷油、防腐蚀、绝热
1.2.1.3	阀门		金额（元）÷供气能力（m^3/h）	年供气量		m^3	金额（元）÷年供气量（m^3）	金额（元）÷燃气工艺系统工程金额（元）	
1.2.1.4	电保护		金额（元）÷供气能力（m^3/h）	年供气量		m^3	金额（元）÷年供气量（m^3）	金额（元）÷燃气工艺系统工程金额（元）	
1.2.2	电气工程		金额（元）÷供气能力（m^3/h）	年供气量		m^3	金额（元）÷年供气量（m^3）	金额（元）÷设备及系统安装工程金额（元）	可参考《房屋建筑与装饰工程特征分类与描述标准》
1.2.2.1	电气设备		金额（元）÷供气能力（m^3/h）	年供气量		m^3	金额（元）÷年供气量（m^3）	金额（元）÷电气工程金额（元）	

表 B-07-06-01（续）

序号	名称	金额（元）	单位指标	相关指标				造价占比（%）	备注
				相关基数	数量	单位	相关单位指标（元 / 单位）		
		A	B		C		D=A ÷ C		
1.2.2.2	电缆		金额（元）÷供气能力（m^3/h）	年供气量		m^3	金额（元）÷年供气量（m^3）	金额（元）÷电气工程金额（元）	
1.2.2.3	配管、配线		金额（元）÷供气能力（m^3/h）	年供气量		m^3	金额（元）÷年供气量（m^3）	金额（元）÷电气工程金额（元）	
1.2.2.4	照明器具		金额（元）÷供气能力（m^3/h）	年供气量		m^3	金额（元）÷年供气量（m^3）	金额（元）÷电气工程金额（元）	
1.2.2.5	防雷及接地装置		金额（元）÷供气能力（m^3/h）	年供气量		m^3	金额（元）÷年供气量（m^3）	金额（元）÷电气工程金额（元）	
1.2.3	自动化控制		金额（元）÷供气能力（m^3/h）	年供气量		m^3	金额（元）÷年供气量（m^3）	金额（元）÷设备及系统安装工程金额（元）	
1.2.3.1	自动化控制设备		金额（元）÷供气能力（m^3/h）	年供气量		m^3	金额（元）÷年供气量（m^3）	金额（元）÷自动化控制工程金额	
1.2.3.2	流量仪表		金额（元）÷供气能力（m^3/h）	年供气量		m^3	金额（元）÷年供气量（m^3）	金额（元）÷自动化控制工程金额	
1.2.3.3	压力仪表		金额（元）÷供气能力（m^3/h）	年供气量		m^3	金额（元）÷年供气量（m^3）	金额（元）÷自动化控制工程金额	
1.2.3.4	温度仪表		金额（元）÷供气能力（m^3/h）	年供气量		m^3	金额（元）÷年供气量（m^3）	金额（元）÷自动化控制工程金额	
1.2.3.5	电缆		金额（元）÷供气能力（m^3/h）	年供气量		m^3	金额（元）÷年供气量（m^3）	金额（元）÷自动化控制工程金额	

表 B-07-06-01（续）

序号	名称	金额（元）	单位指标	相关指标				造价占比（%）	备注
				相关基数	数量	单位	相关单位指标（元/单位）		
		A	B		C		D=A÷C		
1.2.3.6	配管、配线		金额（元）÷供气能力（m^3/h）	年供气量		m^3	金额（元）÷年供气量（m^3）	金额（元）÷自动化控制工程金额	
1.2.3.7	安全监控装置		金额（元）÷供气能力（m^3/h）	年供气量		m^3	金额（元）÷年供气量（m^3）	金额（元）÷自动化控制工程金额	
1.2.4	通风空调工程		金额（元）÷供气能力（m^3/h）	年供气量		m^3	金额（元）÷年供气量（m^3）	金额（元）÷设备及系统安装工程金额（元）	可参考《房屋建筑与装饰工程特征分类与描述标准》
1.2.4.1	通风空调		金额（元）÷供气能力（m^3/h）	年供气量		m^3	金额（元）÷年供气量（m^3）	金额（元）÷通风空调工程金额（元）	
1.2.4.2	通风管道		金额（元）÷供气能力（m^3/h）	年供气量		m^3	金额（元）÷年供气量（m^3）	金额（元）÷通风空调工程金额（元）	含通风管道部件、管架、刷油、防腐蚀、绝热
1.2.5	热力工程		金额（元）÷供气能力（m^3/h）	年供气量		m^3	金额（元）÷年供气量（m^3）	金额（元）÷设备及系统安装工程金额（元）	
1.2.5.1	热力设备		金额（元）÷供气能力（m^3/h）	年供气量		m^3	金额（元）÷年供气量（m^3）	金额（元）÷热力工程金额（元）	
1.2.5.2	热力管道		金额（元）÷供气能力（m^3/h）	年供气量		m^3	金额（元）÷年供气量（m^3）	金额（元）÷热力工程金额（元）	含管件、其他连接件、探伤、管架、刷油、防腐蚀、绝热

表 B-07-06-01（续）

序号	名称	金额（元）	单位指标	相关指标				造价占比（%）	备注
				相关基数	数量	单位	相关单位指标（元/单位）		
		A	B		C		D=A÷C		
1.2.5.3	阀门		金额（元）÷供气能力（m^3/h）	年供气量		m^3	金额（元）÷年供气量（m^3）	金额（元）÷热力工程金额（元）	
1.2.6	消防工程		金额（元）÷供气能力（m^3/h）	年供气量		m^3	金额（元）÷年供气量（m^3）	金额（元）÷设备及系统安装工程金额（元）	
1.2.6.1	消防设备		金额（元）÷供气能力（m^3/h）	年供气量		m^3	金额（元）÷年供气量（m^3）	金额（元）÷消防工程金额（元）	
1.2.6.2	消防管道		金额（元）÷供气能力（m^3/h）	年供气量		m^3	金额（元）÷年供气量（m^3）	金额（元）÷消防工程金额（元）	含管道部件、管架、刷油、防腐蚀、绝热
1.2.6.3	自动报警装置		金额（元）÷供气能力（m^3/h）	年供气量		m^3	金额（元）÷年供气量（m^3）	金额（元）÷消防工程金额（元）	
1.2.7	建筑智能化工程		金额（元）÷供气能力（m^3/h）	年供气量		m^3	金额（元）÷年供气量（m^3）	金额（元）÷设备及系统安装工程金额（元）	
1.2.7.1	闭路监控系统		金额（元）÷供气能力（m^3/h）	年供气量		m^3	金额（元）÷年供气量（m^3）	金额（元）÷建筑智能化工程金额（元）	
1.2.7.2	门禁控制系统		金额（元）÷供气能力（m^3/h）	年供气量		m^3	金额（元）÷年供气量（m^3）	金额（元）÷建筑智能化工程金额（元）	
1.2.8	采暖给水排水工程		金额（元）÷供气能力（m^3/h）	年供气量		m^3	金额（元）÷年供气量（m^3）	金额（元）÷设备及系统安装工程金额（元）	

表 B-07-06-01（续）

序号	名称	金额（元）	单位指标	相关指标				造价占比（%）	备注
				相关基数	数量	单位	相关单位指标（元/单位）		
		A	B		C		D=A÷C		
1.2.8.1	给排水采暖管道		金额（元）÷供气能力（m^3/h）	年供气量		m^3	金额（元）÷年供气量（m^3）	金额（元）÷采暖给水排水工程金额（元）	含管道部件、管架、刷油、防腐蚀、绝热
1.2.8.2	卫生器具		金额（元）÷供气能力（m^3/h）	年供气量		m^3	金额（元）÷年供气量（m^3）	金额（元）÷采暖给水排水工程金额	
1.2.8.3	采暖器具		金额（元）÷供气能力（m^3/h）	年供气量		m^3	金额（元）÷年供气量（m^3）	金额（元）÷采暖给水排水工程金额	
2	措施费用		金额（元）÷供气能力（m^3/h）	年供气量		m^3	金额（元）÷年供气量（m^3）	金额（元）÷燃气门站工程金额（元）	

表 B-07-06-02　燃气厂站（储备站）工程经济指标表

序号	名称	金额（元）	单位指标	相关指标				造价占比（%）	备注
				相关基数	数量	单位	相关单位指标（元/单位）		
		A	B		C		D=A÷C		
	燃气储备站工程费用		金额（元）÷储气能力（m^3）	年供气量		m^3	金额（元）÷年供气量（m^3）		
1	分部分项		金额（元）÷储气能力（m^3）	年供气量		m^3	金额（元）÷年供气量（m^3）	金额（元）÷燃气储备站工程金额（元）	
1.1	建筑装饰工程		金额（元）÷储气能力（m^3）	年供气量		m^3	金额（元）÷年供气量（m^3）	金额（元）÷分部分项工程金额（元）	
1.1.1	厂区土方		金额（元）÷储气能力（m^3）	年供气量		m^3	金额（元）÷年供气量（m^3）	金额（元）÷建筑装饰工程金额（元）	

表 B-07-06-02（续）

序号	名称	金额（元）	单位指标	相关指标				造价占比（%）	备注
				相关基数	数量	单位	相关单位指标（元 / 单位）		
		A	B		C		D=A ÷ C		
1.1.2	地基处理		金额（元）÷储气能力（m^3）	年供气量		m^3	金额（元）÷年供气量（m^3）	金额（元）÷建筑装饰工程金额（元）	
1.1.3	道路、路缘石		金额（元）÷储气能力（m^3）	年供气量		m^3	金额（元）÷年供气量（m^3）	金额（元）÷建筑装饰工程金额（元）	
1.1.4	围墙、大门		金额（元）÷储气能力（m^3）	年供气量		m^3	金额（元）÷年供气量（m^3）	金额（元）÷建筑装饰工程金额（元）	
1.1.5	绿化工程		金额（元）÷储气能力（m^3）	年供气量		m^3	金额（元）÷年供气量（m^3）	金额（元）÷建筑装饰工程金额（元）	
1.1.6	构筑物工程		金额（元）÷储气能力（m^3）	年供气量		m^3	金额（元）÷年供气量（m^3）	金额（元）÷建筑装饰工程金额（元）	
1.1.7	各单体建筑		金额（元）÷储气能力（m^3）	年供气量		m^3	金额（元）÷年供气量（m^3）	金额（元）÷建筑装饰工程金额（元）	
1.2	设备及系统安装工程		金额（元）÷储气能力（m^3）	年供气量		m^3	金额（元）÷年供气量（m^3）	金额（元）÷分部分项工程金额（元）	
1.2.1	燃气工艺系统		金额（元）÷储气能力（m^3）	年供气量		m^3	金额（元）÷年供气量（m^3）	金额（元）÷设备及系统安装工程金额（元）	
1.2.1.1	工艺设备		金额（元）÷储气能力（m^3）	年供气量		m^3	金额（元）÷年供气量（m^3）	金额（元）÷燃气工艺系统工程金额（元）	
1.2.1.2	燃气管道		金额（元）÷储气能力（m^3）	年供气量		m^3	金额（元）÷年供气量（m^3）	金额（元）÷燃气工艺系统工程金额（元）	含管件、其他连接件、探伤、管架、刷油、防腐蚀、绝热

表 B-07-06-02（续）

序号	名称	金额（元）	单位指标	相关指标				造价占比（%）	备注
				相关基数	数量	单位	相关单位指标（元 / 单位）		
		A	B		C		D=A ÷ C		
1.2.1.3	阀门		金额（元）÷储气能力（m^3）	年供气量		m^3	金额（元）÷年供气量（m^3）	金额（元）÷燃气工艺系统工程金额（元）	
1.2.1.4	电保护		金额（元）÷储气能力（m^3）	年供气量		m^3	金额（元）÷年供气量（m^3）	金额（元）÷燃气工艺系统工程金额（元）	
1.2.2	电气工程		金额（元）÷储气能力（m^3）	年供气量		m^3	金额（元）÷年供气量（m^3）	金额（元）÷设备及系统安装工程金额（元）	可参考《房屋建筑与装饰工程特征分类与描述标准》
1.2.2.1	电气设备		金额（元）÷储气能力（m^3）	年供气量		m^3	金额（元）÷年供气量（m^3）	金额（元）÷电气工程金额（元）	
1.2.2.2	电缆		金额（元）÷储气能力（m^3）	年供气量		m^3	金额（元）÷年供气量（m^3）	金额（元）÷电气工程金额（元）	
1.2.2.3	配管、配线		金额（元）÷储气能力（m^3）	年供气量		m^3	金额（元）÷年供气量（m^3）	金额（元）÷电气工程金额（元）	
1.2.2.4	照明器具		金额（元）÷储气能力（m^3）	年供气量		m^3	金额（元）÷年供气量（m^3）	金额（元）÷电气工程金额（元）	
1.2.2.5	防雷及接地装置		金额（元）÷储气能力（m^3）	年供气量		m^3	金额（元）÷年供气量（m^3）	金额（元）÷电气工程金额（元）	
1.2.3	自动化控制		金额（元）÷储气能力（m^3）	年供气量		m^3	金额（元）÷年供气量（m^3）	金额（元）÷设备及系统安装工程金额（元）	

表 B-07-06-02（续）

序号	名称	金额（元）	单位指标	相关指标				造价占比（%）	备注
				相关基数	数量	单位	相关单位指标（元/单位）		
		A	B		C		D=A÷C		
1.2.3.1	自动化控制设备		金额（元）÷储气能力（m^3）	年供气量		m^3	金额（元）÷年供气量（m^3）	金额（元）÷自动化控制工程金额（元）	
1.2.3.2	流量仪表		金额（元）÷储气能力（m^3）	年供气量		m^3	金额（元）÷年供气量（m^3）	金额（元）÷自动化控制工程金额（元）	
1.2.3.3	压力仪表		金额（元）÷储气能力（m^3）	年供气量		m^3	金额（元）÷年供气量（m^3）	金额（元）÷自动化控制工程金额（元）	
1.2.3.4	温度仪表		金额（元）÷储气能力（m^3）	年供气量		m^3	金额（元）÷年供气量（m^3）	金额（元）÷自动化控制工程金额（元）	
1.2.3.5	电缆		金额（元）÷储气能力（m^3）	年供气量		m^3	金额（元）÷年供气量（m^3）	金额（元）÷自动化控制工程金额（元）	
1.2.3.6	配管、配线		金额（元）÷储气能力（m^3）	年供气量		m^3	金额（元）÷年供气量（m^3）	金额（元）÷自动化控制工程金额（元）	
1.2.3.7	安全监控装置		金额（元）÷储气能力（m^3）	年供气量		m^3	金额（元）÷年供气量（m^3）	金额（元）÷自动化控制工程金额（元）	
1.2.4	通风空调工程		金额（元）÷储气能力（m^3）	年供气量		m^3	金额（元）÷年供气量（m^3）	金额（元）÷设备及系统安装工程金额（元）	可参考《房屋建筑与装饰工程特征分类与描述标准》
1.2.4.1	通风空调		金额（元）÷储气能力（m^3）	年供气量		m^3	金额（元）÷年供气量（m^3）	金额（元）÷通风空调工程金额（元）	

表 B-07-06-02（续）

序号	名称	金额（元）	单位指标	相关指标				造价占比（%）	备注
				相关基数	数量	单位	相关单位指标（元/单位）		
		A	B		C		D=A÷C		
1.2.4.2	通风管道		金额（元）÷储气能力（m^3）	年供气量		m^3	金额（元）÷年供气量（m^3）	金额（元）÷通风空调工程金额（元）	含通风管道部件、管架、刷油、防腐蚀、绝热
1.2.5	热力工程		金额（元）÷储气能力（m^3）	年供气量		m^3	金额（元）÷年供气量（m^3）	金额（元）÷设备及系统安装工程金额（元）	
1.2.5.1	热力设备		金额（元）÷储气能力（m^3）	年供气量		m^3	金额（元）÷年供气量（m^3）	金额（元）÷热力工程金额（元）	
1.2.5.2	热力管道		金额（元）÷储气能力（m^3）	年供气量		m^3	金额（元）÷年供气量（m^3）	金额（元）÷热力工程金额（元）	含管件、其他连接件、探伤、管架、刷油、防腐蚀、绝热
1.2.5.3	阀门		金额（元）÷储气能力（m^3）	年供气量		m^3	金额（元）÷年供气量（m^3）	金额（元）÷热力工程金额（元）	
1.2.6	消防工程		金额（元）÷储气能力（m^3）	年供气量		m^3	金额（元）÷年供气量（m^3）	金额（元）÷设备及系统安装工程金额（元）	
1.2.6.1	消防设备		金额（元）÷储气能力（m^3）	年供气量		m^3	金额（元）÷年供气量（m^3）	金额（元）÷消防工程金额（元）	
1.2.6.2	消防管道		金额（元）÷储气能力（m^3）	年供气量		m^3	金额（元）÷年供气量（m^3）	金额（元）÷消防工程金额（元）	含管道部件、管架、刷油、防腐蚀、绝热
1.2.6.3	自动报警装置		金额（元）÷储气能力（m^3）	年供气量		m^3	金额（元）÷年供气量（m^3）	金额（元）÷消防工程金额（元）	

表 B-07-06-02（续）

序号	名称	金额（元）	单位指标	相关指标				造价占比（%）	备注
				相关基数	数量	单位	相关单位指标（元 / 单位）		
		A	B		C		D=A ÷ C		
1.2.7	建筑智能化工程		金额（元）÷储气能力（m^3）	年供气量		m^3	金额（元）÷年供气量（m^3）	金额（元）÷设备及系统安装工程金额（元）	
1.2.7.1	闭路监控系统		金额（元）÷储气能力（m^3）	年供气量		m^3	金额（元）÷年供气量（m^3）	金额（元）÷建筑智能化工程金额	
1.2.7.2	门禁控制系统		金额（元）÷储气能力（m^3）	年供气量		m^3	金额（元）÷年供气量（m^3）	金额（元）÷建筑智能化工程金额	
1.2.8	采暖给水排水工程		金额（元）÷储气能力（m^3）	年供气量		m^3	金额（元）÷年供气量（m^3）	金额（元）÷设备及系统安装工程金额（元）	
1.2.8.1	给水排水采暖管道		金额（元）÷储气能力（m^3）	年供气量		m^3	金额（元）÷年供气量（m^3）	金额（元）÷采暖给水排水工程金额（元）	含管道部件、管架、刷油、防腐蚀、绝热
1.2.8.2	卫生器具		金额（元）÷储气能力（m^3）	年供气量		m^3	金额（元）÷年供气量（m^3）	金额（元）÷采暖给水排水工程金额	
1.2.8.3	采暖器具		金额（元）÷储气能力（m^3）	年供气量		m^3	金额（元）÷年供气量（m^3）	金额（元）÷采暖给水排水工程金额	
2	措施费用		金额（元）÷储气能力（m^3）	年供气量		m^3	金额（元）÷年供气量（m^3）	金额（元）÷燃气储备站工程金额	

表 B-07-06-03　燃气厂站（调压站）工程经济指标表

序号	名称	金额（元）	单位指标	相关指标				造价占比（%）	备注
				相关基数	数量	单位	相关单位指标（元/单位）		
		A	B		C		D=A÷C		
	燃气调压站工程费用		金额（元）÷供气能力（m^3/h）	年供气量		m^3	金额（元）÷年供气量（m^3）		
1	分部分项		金额（元）÷供气能力（m^3/h）	年供气量		m^3	金额（元）÷年供气量（m^3）	金额（元）÷燃气调压站工程金额（元）	
1.1	建筑装饰工程		金额（元）÷供气能力（m^3/h）	年供气量		m^3	金额（元）÷年供气量（m^3）	金额（元）÷分部分项工程金额（元）	
1.1.1	厂区土方		金额（元）÷供气能力（m^3/h）	年供气量		m^3	金额（元）÷年供气量（m^3）	金额（元）÷建筑装饰工程金额（元）	
1.1.2	地基处理		金额（元）÷供气能力（m^3/h）	年供气量		m^3	金额（元）÷年供气量（m^3）	金额（元）÷建筑装饰工程金额（元）	
1.1.3	道路、路缘石		金额（元）÷供气能力（m^3/h）	年供气量		m^3	金额（元）÷年供气量（m^3）	金额（元）÷建筑装饰工程金额（元）	
1.1.4	围墙、大门		金额（元）÷供气能力（m^3/h）	年供气量		m^3	金额（元）÷年供气量（m^3）	金额（元）÷建筑装饰工程金额（元）	
1.1.5	绿化工程		金额（元）÷供气能力（m^3/h）	年供气量		m^3	金额（元）÷年供气量（m^3）	金额（元）÷建筑装饰工程金额（元）	
1.1.6	构筑物工程		金额（元）÷供气能力（m^3/h）	年供气量		m^3	金额（元）÷年供气量（m^3）	金额（元）÷建筑装饰工程金额（元）	
1.1.7	各单体建筑		金额（元）÷供气能力（m^3/h）	年供气量		m^3	金额（元）÷年供气量（m^3）	金额（元）÷建筑装饰工程金额（元）	

表 B-07-06-03（续）

序号	名称	金额（元）	单位指标	相关指标				造价占比（%）	备注
				相关基数	数量	单位	相关单位指标（元/单位）		
		A	B		C		D=A÷C		
1.2	设备及系统安装工程		金额（元）÷储气能力（m^3）	年供气量		m^3	金额（元）÷年供气量（m^3）	金额（元）÷分部分项工程金额（元）	
1.2.1	燃气工艺系统		金额（元）÷供气能力（m^3/h）	年供气量		m^3	金额（元）÷年供气量（m^3）	金额（元）÷设备及系统安装工程金额（元）	
1.2.1.1	工艺设备		金额（元）÷供气能力（m^3/h）	年供气量		m^3	金额（元）÷年供气量（m^3）	金额（元）÷燃气工艺系统工程金额（元）	
1.2.1.2	燃气管道		金额（元）÷供气能力（m^3/h）	年供气量		m^3	金额（元）÷年供气量（m^3）	金额（元）÷燃气工艺系统工程金额（元）	含管件、其他连接件、探伤、管架、刷油、防腐蚀、绝热
1.2.1.3	阀门		金额（元）÷供气能力（m^3/h）	年供气量		m^3	金额（元）÷年供气量（m^3）	金额（元）÷燃气工艺系统工程金额（元）	
1.2.1.4	电保护		金额（元）÷供气能力（m^3/h）	年供气量		m^3	金额（元）÷年供气量（m^3）	金额（元）÷燃气工艺系统工程金额（元）	
1.2.2	电气工程		金额（元）÷供气能力（m^3/h）	年供气量		m^3	金额（元）÷年供气量（m^3）	金额（元）÷设备及系统安装工程金额（元）	可参考《房屋建筑与装饰工程特征分类与描述标准》
1.2.2.1	电气设备		金额（元）÷供气能力（m^3/h）	年供气量		m^3	金额（元）÷年供气量（m^3）	金额（元）÷电气工程金额（元）	

表 B-07-06-03（续）

序号	名称	金额（元）	单位指标	相关指标				造价占比（%）	备注
				相关基数	数量	单位	相关单位指标（元 / 单位）		
		A	B		C		D=A ÷ C		
1.2.2.2	电缆		金额（元）÷供气能力（m^3/h）	年供气量		m^3	金额（元）÷年供气量（m^3）	金额（元）÷电气工程金额（元）	
1.2.2.3	配管、配线		金额（元）÷供气能力（m^3/h）	年供气量		m^3	金额（元）÷年供气量（m^3）	金额（元）÷电气工程金额（元）	
1.2.2.4	照明器具		金额（元）÷供气能力（m^3/h）	年供气量		m^3	金额（元）÷年供气量（m^3）	金额（元）÷电气工程金额（元）	
1.2.2.5	防雷及接地装置		金额（元）÷供气能力（m^3/h）	年供气量		m^3	金额（元）÷年供气量（m^3）	金额（元）÷电气工程金额（元）	
1.2.3	自动化控制		金额（元）÷供气能力（m^3/h）	年供气量		m^3	金额（元）÷年供气量（m^3）	金额（元）÷设备及系统安装工程金额（元）	
1.2.3.1	自动化控制设备		金额（元）÷供气能力（m^3/h）	年供气量		m^3	金额（元）÷年供气量（m^3）	金额（元）÷自动化控制工程金额（元）	
1.2.3.2	流量仪表		金额（元）÷供气能力（m^3/h）	年供气量		m^3	金额（元）÷年供气量（m^3）	金额（元）÷自动化控制工程金额（元）	
1.2.3.3	压力仪表		金额（元）÷供气能力（m^3/h）	年供气量		m^3	金额（元）÷年供气量（m^3）	金额（元）÷自动化控制工程金额（元）	
1.2.3.4	温度仪表		金额（元）÷供气能力（m^3/h）	年供气量		m^3	金额（元）÷年供气量（m^3）	金额（元）÷自动化控制工程金额（元）	

表 B-07-06-03（续）

序号	名称	金额（元）	单位指标	相关指标				造价占比（%）	备注
				相关基数	数量	单位	相关单位指标（元 / 单位）		
		A	B		C		D=A÷C		
1.2.3.5	电缆		金额（元）÷供气能力（m^3/h）	年供气量		m^3	金额（元）÷年供气量（m^3）	金额（元）÷自动化控制工程金额（元）	
1.2.3.6	配管、配线		金额（元）÷供气能力（m^3/h）	年供气量		m^3	金额（元）÷年供气量（m^3）	金额（元）÷自动化控制工程金额（元）	
1.2.3.7	安全监控装置		金额（元）÷供气能力（m^3/h）	年供气量		m^3	金额（元）÷年供气量（m^3）	金额（元）÷自动化控制工程金额（元）	
1.2.4	通风空调工程		金额（元）÷供气能力（m^3/h）	年供气量		m^3	金额（元）÷年供气量（m^3）	金额（元）÷设备及系统安装工程金额（元）	可参考《房屋建筑与装饰工程特征分类与描述标准》
1.2.4.1	通风空调		金额（元）÷供气能力（m^3/h）	年供气量		m^3	金额（元）÷年供气量（m^3）	金额（元）÷通风空调工程金额（元）	
1.2.4.2	通风管道		金额（元）÷供气能力（m^3/h）	年供气量		m^3	金额（元）÷年供气量（m^3）	金额（元）÷通风空调工程金额（元）	含通风管道部件、管架、刷油、防腐蚀、绝热
1.2.5	热力工程		金额（元）÷供气能力（m^3/h）	年供气量		m^3	金额（元）÷年供气量（m^3）	金额（元）÷设备及系统安装工程金额（元）	
1.2.5.1	热力设备		金额（元）÷供气能力（m^3/h）	年供气量		m^3	金额（元）÷年供气量（m^3）	金额（元）÷热力工程金额（元）	

表 B-07-06-03（续）

序号	名称	金额（元）	单位指标	相关指标				造价占比（%）	备注
				相关基数	数量	单位	相关单位指标（元/单位）		
		A	B		C		D=A÷C		
1.2.5.2	热力管道		金额（元）÷供气能力（m^3/h）	年供气量		m^3	金额（元）÷年供气量（m^3）	金额（元）÷热力工程金额（元）	含管件、其他连接件、探伤、管架、刷油、防腐蚀、绝热
1.2.5.3	阀门		金额（元）÷供气能力（m^3/h）	年供气量		m^3	金额（元）÷年供气量（m^3）	金额（元）÷热力工程金额（元）	
1.2.6	消防工程		金额（元）÷供气能力（m^3/h）	年供气量		m^3	金额（元）÷年供气量（m^3）	金额（元）÷设备及系统安装工程金额（元）	
1.2.6.1	消防设备		金额（元）÷供气能力（m^3/h）	年供气量		m^3	金额（元）÷年供气量（m^3）	金额（元）÷消防工程金额（元）	
1.2.6.2	消防管道		金额（元）÷供气能力（m^3/h）	年供气量		m^3	金额（元）÷年供气量（m^3）	金额（元）÷消防工程金额（元）	含管道部件、管架、刷油、防腐蚀、绝热
1.2.6.3	自动报警装置		金额（元）÷供气能力（m^3/h）	年供气量		m^3	金额（元）÷年供气量（m^3）	金额（元）÷消防工程金额（元）	
1.2.7	建筑智能化工程		金额（元）÷供气能力（m^3/h）	年供气量		m^3	金额（元）÷年供气量（m^3）	金额（元）÷设备及系统安装工程金额（元）	
1.2.7.1	闭路监控系统		金额（元）÷供气能力（m^3/h）	年供气量		m^3	金额（元）÷年供气量（m^3）	金额（元）÷建筑智能化工程金额（元）	
1.2.7.2	门禁控制系统		金额（元）÷供气能力（m^3/h）	年供气量		m^3	金额（元）÷年供气量（m^3）	金额（元）÷建筑智能化工程金额（元）	

表 B-07-06-03（续）

序号	名称	金额（元）	单位指标	相关指标				造价占比（%）	备注
				相关基数	数量	单位	相关单位指标（元 / 单位）		
		A	B		C		D=A÷C		
1.2.8	采暖给水排水工程		金额（元）÷供气能力（m^3/h）	年供气量		m^3	金额（元）÷年供气量（m^3）	金额（元）÷设备及系统安装工程金额（元）	
1.2.8.1	给水排水采暖管道		金额（元）÷供气能力（m^3/h）	年供气量		m^3	金额（元）÷年供气量（m^3）	金额（元）÷采暖给水排水工程金额（元）	含管道部件、管架、刷油、防腐蚀、绝热
1.2.8.2	卫生器具		金额（元）÷供气能力（m^3/h）	年供气量		m^3	金额（元）÷年供气量（m^3）	金额（元）÷采暖给水排水工程金额（元）	
1.2.8.3	采暖器具		金额（元）÷供气能力（m^3/h）	年供气量		m^3	金额（元）÷年供气量（m^3）	金额（元）÷采暖给水排水工程金额（元）	
2	措施费用		金额（元）÷供气能力（m^3/h）	年供气量		m^3	金额（元）÷年供气量（m^3）	金额（元）÷燃气调压站工程金额（元）	

表 B-07-06-04　热力厂站（热源厂）工程经济指标表

序号	名称	金额（元）	单位指标	相关指标				造价占比（%）	备注
				相关基数	数量	单位	相关单位指标（元 / 单位）		
		A	B		C		D=A÷C		
	热源厂工程费用		金额（元）÷供热能力（MW 或蒸吨）	供热面积		m^2	金额（元）÷供热面积（m^2）		
1	分部分项		金额（元）÷供热能力（MW 或蒸吨）	供热面积		m^2	金额（元）÷供热面积（m^2）	金额（元）÷热源厂工程金额（元）	

表 B-07-06-04（续）

序号	名称	金额（元）	单位指标	相关指标				造价占比（%）	备注
				相关基数	数量	单位	相关单位指标（元/单位）		
		A	B		C		D=A÷C		
1.1	建筑装饰工程		金额（元）÷供热能力（MW或蒸吨）	供热面积		m^2	金额（元）÷供热面积（m^2）	金额（元）÷分部分项工程金额（元）	
1.1.1	厂区土方		金额（元）÷供热能力（MW或蒸吨）	供热面积		m^2	金额（元）÷供热面积（m^2）	金额（元）÷建筑装饰工程金额（元）	
1.1.2	地基处理		金额（元）÷供热能力（MW或蒸吨）	供热面积		m^2	金额（元）÷供热面积（m^2）	金额（元）÷建筑装饰工程金额（元）	
1.1.3	道路、路缘石		金额（元）÷供热能力（MW或蒸吨）	供热面积		m^2	金额（元）÷供热面积（m^2）	金额（元）÷建筑装饰工程金额（元）	
1.1.4	围墙、大门		金额（元）÷供热能力（MW或蒸吨）	供热面积		m^2	金额（元）÷供热面积（m^2）	金额（元）÷建筑装饰工程金额（元）	
1.1.5	绿化工程		金额（元）÷供热能力（MW或蒸吨）	供热面积		m^2	金额（元）÷供热面积（m^2）	金额（元）÷建筑装饰工程金额（元）	
1.1.6	构筑物工程		金额（元）÷供热能力（MW或蒸吨）	供热面积		m^2	金额（元）÷供热面积（m^2）	金额（元）÷建筑装饰工程金额（元）	
1.1.7	各单体建筑		金额（元）÷供热能力（MW或蒸吨）	供热面积		m^2	金额（元）÷供热面积（m^2）	金额（元）÷建筑装饰工程金额（元）	
1.2	设备及系统安装工程		金额（元）÷供热能力（MW或蒸吨）	供热面积		m^2	金额（元）÷供热面积（m^2）	金额（元）÷分部分项工程金额（元）	
1.2.1	热力工艺系统		金额（元）÷供热能力（MW或蒸吨）	供热面积		m^2	金额（元）÷供热面积（m^2）	金额（元）÷设备及系统安装工程金额（元）	

表 B-07-06-04（续）

序号	名称	金额（元）	单位指标	相关指标				造价占比（%）	备注
				相关基数	数量	单位	相关单位指标（元 / 单位）		
		A	B		C		D=A ÷ C		
1.2.1.1	工艺设备		金额（元）÷供热能力（MW 或蒸吨）	供热面积		m^2	金额（元）÷供热面积（m^2）	金额（元）÷热力工艺系统工程金额（元）	
1.2.1.2	热力管道		金额（元）÷供热能力（MW 或蒸吨）	供热面积		m^2	金额（元）÷供热面积（m^2）	金额（元）÷热力工艺系统工程金额（元）	含管件、其他连接件、探伤、管架、刷油、防腐蚀、绝热
1.2.1.3	阀门		金额（元）÷供热能力（MW 或蒸吨）	供热面积		m^2	金额（元）÷供热面积（m^2）	金额（元）÷热力工艺系统工程金额（元）	
1.2.2	电气工程		金额（元）÷供热能力（MW 或蒸吨）	供热面积		m^2	金额（元）÷供热面积（m^2）	金额（元）÷设备及系统安装工程金额（元）	可参考《房屋建筑与装饰工程特征分类与描述标准》
1.2.2.1	电气设备		金额（元）÷供热能力（MW 或蒸吨）	供热面积		m^2	金额（元）÷供热面积（m^2）	金额（元）÷电气工程金额（元）	
1.2.2.2	电缆		金额（元）÷供热能力（MW 或蒸吨）	供热面积		m^2	金额（元）÷供热面积（m^2）	金额（元）÷电气工程金额（元）	
1.2.2.3	配管、配线		金额（元）÷供热能力（MW 或蒸吨）	供热面积		m^2	金额（元）÷供热面积（m^2）	金额（元）÷电气工程金额（元）	
1.2.2.4	照明器具		金额（元）÷供热能力（MW 或蒸吨）	供热面积		m^2	金额（元）÷供热面积（m^2）	金额（元）÷电气工程金额（元）	
1.2.2.5	防雷及接地装置		金额（元）÷供热能力（MW 或蒸吨）	供热面积		m^2	金额（元）÷供热面积（m^2）	金额（元）÷电气工程金额（元）	

表 B-07-06-04（续）

序号	名称	金额（元）	单位指标	相关指标				造价占比（%）	备注
				相关基数	数量	单位	相关单位指标（元/单位）		
		A	B		C		D=A÷C		
1.2.3	自动化控制		金额（元）÷供热能力（MW 或蒸吨）	供热面积		m^2	金额（元）÷供热面积（m^2）	金额（元）÷设备及系统安装工程金额（元）	
1.2.3.1	自动化控制设备		金额（元）÷供热能力（MW 或蒸吨）	供热面积		m^2	金额（元）÷供热面积（m^2）	金额（元）÷自动化控制工程金额（元）	
1.2.3.2	流量仪表		金额（元）÷供热能力（MW 或蒸吨）	供热面积		m^2	金额（元）÷供热面积（m^2）	金额（元）÷自动化控制工程金额（元）	
1.2.3.3	压力仪表		金额（元）÷供热能力（MW 或蒸吨）	供热面积		m^2	金额（元）÷供热面积（m^2）	金额（元）÷自动化控制工程金额（元）	
1.2.3.4	温度仪表		金额（元）÷供热能力（MW 或蒸吨）	供热面积		m^2	金额（元）÷供热面积（m^2）	金额（元）÷自动化控制工程金额（元）	
1.2.3.5	电缆		金额（元）÷供热能力（MW 或蒸吨）	供热面积		m^2	金额（元）÷供热面积（m^2）	金额（元）÷自动化控制工程金额（元）	
1.2.3.6	配管、配线		金额（元）÷供热能力（MW 或蒸吨）	供热面积		m^2	金额（元）÷供热面积（m^2）	金额（元）÷自动化控制工程金额（元）	
1.2.3.7	安全监控装置		金额（元）÷供热能力（MW 或蒸吨）	供热面积		m^2	金额（元）÷供热面积（m^2）	金额（元）÷自动化控制工程金额（元）	
1.2.4	通风空调工程		金额（元）÷供热能力（MW 或蒸吨）	供热面积		m^2	金额（元）÷供热面积（m^2）	金额（元）÷设备及系统安装工程金额（元）	可参考《房屋建筑与装饰工程特征分类与描述标准》

表 B-07-06-04（续）

序号	名称	金额（元）	单位指标	相关指标				造价占比（%）	备注
				相关基数	数量	单位	相关单位指标（元 / 单位）		
		A	B		C		D=A ÷ C		
1.2.4.1	通风空调		金额（元）÷供热能力（MW 或蒸吨）	供热面积		m^2	金额（元）÷供热面积（m^2）	金额（元）÷通风空调工程金额（元）	
1.2.4.2	通风管道		金额（元）÷供热能力（MW 或蒸吨）	供热面积		m^2	金额（元）÷供热面积（m^2）	金额（元）÷通风空调工程金额（元）	含通风管道部件、管架、刷油、防腐蚀、绝热
1.2.5	燃气工程		金额（元）÷供热能力（MW 或蒸吨）	供热面积		m^2	金额（元）÷供热面积（m^2）	金额（元）÷设备及系统安装工程金额（元）	
1.2.5.1	燃气管道		金额（元）÷供热能力（MW 或蒸吨）	供热面积		m^2	金额（元）÷供热面积（m^2）	金额（元）÷燃气工程金额（元）	含管件、其他连接件、探伤、管架、刷油、防腐蚀、绝热
1.2.5.2	阀门		金额（元）÷供热能力（MW 或蒸吨）	供热面积		m^2	金额（元）÷供热面积（m^2）	金额（元）÷燃气工程金额（元）	
1.2.6	消防工程		金额（元）÷供热能力（MW 或蒸吨）	供热面积		m^2	金额（元）÷供热面积（m^2）	金额（元）÷设备及系统安装工程金额（元）	
1.2.6.1	消防设备		金额（元）÷供热能力（MW 或蒸吨）	供热面积		m^2	金额（元）÷供热面积（m^2）	金额（元）÷消防工程金额（元）	
1.2.6.2	消防管道		金额（元）÷供热能力（MW 或蒸吨）	供热面积		m^2	金额（元）÷供热面积（m^2）	金额（元）÷消防工程金额（元）	含管道部件、管架、刷油、防腐蚀、绝热

表 B-07-06-04（续）

序号	名称	金额（元）	单位指标	相关指标				造价占比（%）	备注
				相关基数	数量	单位	相关单位指标（元 / 单位）		
		A	B		C		D=A÷C		
1.2.6.3	自动报警装置		金额（元）÷供热能力（MW 或蒸吨）	供热面积		m^2	金额（元）÷供热面积（m^2）	金额（元）÷消防工程金额（元）	
1.2.7	建筑智能化工程		金额（元）÷供热能力（MW 或蒸吨）	供热面积		m^2	金额（元）÷供热面积（m^2）	金额（元）÷设备及系统安装工程金额（元）	
1.2.7.1	闭路监控系统		金额（元）÷供热能力（MW 或蒸吨）	供热面积		m^2	金额（元）÷供热面积（m^2）	金额（元）÷建筑智能化工程金额（元）	
1.2.7.2	门禁控制系统		金额（元）÷供热能力（MW 或蒸吨）	供热面积		m^2	金额（元）÷供热面积（m^2）	金额（元）÷建筑智能化工程金额（元）	
1.2.8	采暖给水排水工程		金额（元）÷供热能力（MW 或蒸吨）	供热面积		m^2	金额（元）÷供热面积（m^2）	金额（元）÷设备及系统安装工程金额（元）	
1.2.8.1	给水排水采暖管道		金额（元）÷供热能力（MW 或蒸吨）	供热面积		m^2	金额（元）÷供热面积（m^2）	金额（元）÷采暖给水排水工程金额（元）	含管道部件、管架、刷油、防腐蚀、绝热
1.2.8.2	卫生器具		金额（元）÷供热能力（MW 或蒸吨）	供热面积		m^2	金额（元）÷供热面积（m^2）	金额（元）÷采暖给水排水工程金额（元）	
1.2.8.3	采暖器具		金额（元）÷供热能力（MW 或蒸吨）	供热面积		m^2	金额（元）÷供热面积（m^2）	金额（元）÷采暖给水排水工程金额（元）	
2	措施费用		金额（元）÷供热能力（MW 或蒸吨）	供热面积		m^2	金额（元）÷供热面积（m^2）	金额（元）÷热源厂工程金额（元）	

表 B-07-06-05　热力厂站（中继泵站）工程经济指标表

序号	名称	金额（元）	单位指标	相关指标				造价占比（%）	备注
				相关基数	数量	单位	相关单位指标（元 / 单位）		
		A	B		C		D=A ÷ C		
	中继泵站工程费用		金额（元）÷ 供热能力（MW 或蒸吨）	供热面积		m^2	金额（元）÷ 供热面积（m^2）		
1	分部分项		金额（元）÷ 供热能力（MW 或蒸吨）	供热面积		m^2	金额（元）÷ 供热面积（m^2）	金额（元）÷ 中继泵站工程金额（元）	
1.1	建筑装饰工程		金额（元）÷ 供热能力（MW 或蒸吨）	供热面积		m^2	金额（元）÷ 供热面积（m^2）	金额（元）÷ 分部分项工程金额（元）	
1.1.1	厂区土方		金额（元）÷ 供热能力（MW 或蒸吨）	供热面积		m^2	金额（元）÷ 供热面积（m^2）	金额（元）÷ 建筑装饰工程金额（元）	
1.1.2	地基处理		金额（元）÷ 供热能力（MW 或蒸吨）	供热面积		m^2	金额（元）÷ 供热面积（m^2）	金额（元）÷ 建筑装饰工程金额（元）	
1.1.3	道路、路缘石		金额（元）÷ 供热能力（MW 或蒸吨）	供热面积		m^2	金额（元）÷ 供热面积（m^2）	金额（元）÷ 建筑装饰工程金额（元）	
1.1.4	围墙、大门		金额（元）÷ 供热能力（MW 或蒸吨）	供热面积		m^2	金额（元）÷ 供热面积（m^2）	金额（元）÷ 建筑装饰工程金额（元）	
1.1.5	绿化工程		金额（元）÷ 供热能力（MW 或蒸吨）	供热面积		m^2	金额（元）÷ 供热面积（m^2）	金额（元）÷ 建筑装饰工程金额（元）	
1.1.6	构筑物工程		金额（元）÷ 供热能力（MW 或蒸吨）	供热面积		m^2	金额（元）÷ 供热面积（m^2）	金额（元）÷ 建筑装饰工程金额（元）	
1.1.7	各单体建筑		金额（元）÷ 供热能力（MW 或蒸吨）	供热面积		m^2	金额（元）÷ 供热面积（m^2）	金额（元）÷ 建筑装饰工程金额（元）	

表 B-07-06-05（续）

序号	名称	金额（元）	单位指标	相关指标				造价占比（%）	备注
				相关基数	数量	单位	相关单位指标（元 / 单位）		
		A	B		C		D=A ÷ C		
1.2	设备及系统安装工程		金额（元）÷ 供热能力（MW 或蒸吨）	供热面积		m^2	金额（元）÷ 供热面积（m^2）	金额（元）÷ 分部分项工程金额（元）	
1.2.1	热力工艺系统		金额（元）÷ 供热能力（MW 或蒸吨）	供热面积		m^2	金额（元）÷ 供热面积（m^2）	金额（元）÷ 设备及系统安装工程金额（元）	
1.2.1.1	工艺设备		金额（元）÷ 供热能力（MW 或蒸吨）	供热面积		m^2	金额（元）÷ 供热面积（m^2）	金额（元）÷ 热力工艺系统工程金额（元）	
1.2.1.2	热力管道		金额（元）÷ 供热能力（MW 或蒸吨）	供热面积		m^2	金额（元）÷ 供热面积（m^2）	金额（元）÷ 热力工艺系统工程金额（元）	含管件、其他连接件、探伤、管架、刷油、防腐蚀、绝热
1.2.1.3	阀门		金额（元）÷ 供热能力（MW 或蒸吨）	供热面积		m^2	金额（元）÷ 供热面积（m^2）	金额（元）÷ 热力工艺系统工程金额（元）	
1.2.2	电气工程		金额（元）÷ 供热能力（MW 或蒸吨）	供热面积		m^2	金额（元）÷ 供热面积（m^2）	金额（元）÷ 设备及系统安装工程金额（元）	可参考《房屋建筑与装饰工程特征分类与描述标准》
1.2.2.1	电气设备		金额（元）÷ 供热能力（MW 或蒸吨）	供热面积		m^2	金额（元）÷ 供热面积（m^2）	金额（元）÷ 电气工程金额（元）	
1.2.2.2	电缆		金额（元）÷ 供热能力（MW 或蒸吨）	供热面积		m^2	金额（元）÷ 供热面积（m^2）	金额（元）÷ 电气工程金额（元）	

表 B-07-06-05（续）

序号	名称	金额（元）	单位指标	相关指标				造价占比（%）	备注
				相关基数	数量	单位	相关单位指标（元 / 单位）		
		A	B		C		D=A÷C		
1.2.2.3	配管、配线		金额（元）÷供热能力（MW 或蒸吨）	供热面积		m^2	金额（元）÷供热面积（m^2）	金额（元）÷电气工程金额（元）	
1.2.2.4	照明器具		金额（元）÷供热能力（MW 或蒸吨）	供热面积		m^2	金额（元）÷供热面积（m^2）	金额（元）÷电气工程金额（元）	
1.2.2.5	防雷及接地装置		金额（元）÷供热能力（MW 或蒸吨）	供热面积		m^2	金额（元）÷供热面积（m^2）	金额（元）÷电气工程金额（元）	
1.2.3	自动化控制		金额（元）÷供热能力（MW 或蒸吨）	供热面积		m^2	金额（元）÷供热面积（m^2）	金额（元）÷设备及系统安装工程金额（元）	
1.2.3.1	自动化控制设备		金额（元）÷供热能力（MW 或蒸吨）	供热面积		m^2	金额（元）÷供热面积（m^2）	金额（元）÷自动化控制工程金额（元）	
1.2.3.2	流量仪表		金额（元）÷供热能力（MW 或蒸吨）	供热面积		m^2	金额（元）÷供热面积（m^2）	金额（元）÷自动化控制工程金额（元）	
1.2.3.3	压力仪表		金额（元）÷供热能力（MW 或蒸吨）	供热面积		m^2	金额（元）÷供热面积（m^2）	金额（元）÷自动化控制工程金额（元）	
1.2.3.4	温度仪表		金额（元）÷供热能力（MW 或蒸吨）	供热面积		m^2	金额（元）÷供热面积（m^2）	金额（元）÷自动化控制工程金额（元）	
1.2.3.5	电缆		金额（元）÷供热能力（MW 或蒸吨）	供热面积		m^2	金额（元）÷供热面积（m^2）	金额（元）÷自动化控制工程金额（元）	
1.2.3.6	配管、配线		金额（元）÷供热能力（MW 或蒸吨）	供热面积		m^2	金额（元）÷供热面积（m^2）	金额（元）÷自动化控制工程金额（元）	

表 B-07-06-05（续）

序号	名称	金额（元）	单位指标	相关指标				造价占比（%）	备注
				相关基数	数量	单位	相关单位指标（元 / 单位）		
		A	B		C		D=A ÷ C		
1.2.3.7	安全监控装置		金额（元）÷供热能力（MW 或蒸吨）	供热面积		m^2	金额（元）÷供热面积（m^2）	金额（元）÷自动化控制工程金额（元）	
1.2.4	通风空调工程		金额（元）÷供热能力（MW 或蒸吨）	供热面积		m^2	金额（元）÷供热面积（m^2）	金额（元）÷设备及系统安装工程金额（元）	可参考《房屋建筑与装饰工程特征分类与描述标准》
1.2.4.1	通风空调		金额（元）÷供热能力（MW 或蒸吨）	供热面积		m^2	金额（元）÷供热面积（m^2）	金额（元）÷通风空调工程金额（元）	
1.2.4.2	通风管道		金额（元）÷供热能力（MW 或蒸吨）	供热面积		m^2	金额（元）÷供热面积（m^2）	金额（元）÷通风空调工程金额（元）	含通风管道部件、管架、刷油、防腐蚀、绝热
1.2.5	燃气工程		金额（元）÷供热能力（MW 或蒸吨）	供热面积		m^2	金额（元）÷供热面积（m^2）	金额（元）÷设备及系统安装工程金额（元）	
1.2.5.1	燃气管道		金额（元）÷供热能力（MW 或蒸吨）	供热面积		m^2	金额（元）÷供热面积（m^2）	金额（元）÷燃气工程金额（元）	含管件、其他连接件、探伤、管架、刷油、防腐蚀、绝热
1.2.5.2	阀门		金额（元）÷供热能力（MW 或蒸吨）	供热面积		m^2	金额（元）÷供热面积（m^2）	金额（元）÷燃气工程金额（元）	
1.2.6	消防工程		金额（元）÷供热能力（MW 或蒸吨）	供热面积		m^2	金额（元）÷供热面积（m^2）	金额（元）÷设备及系统安装工程金额（元）	

表 B-07-06-05（续）

序号	名称	金额（元）	单位指标	相关指标				造价占比（%）	备注
				相关基数	数量	单位	相关单位指标（元/单位）		
		A	B		C		D=A÷C		
1.2.6.1	消防设备		金额（元）÷供热能力（MW或蒸吨）	供热面积		m^2	金额（元）÷供热面积（m^2）	金额（元）÷消防工程金额（元）	
1.2.6.2	消防管道		金额（元）÷供热能力（MW或蒸吨）	供热面积		m^2	金额（元）÷供热面积（m^2）	金额（元）÷消防工程金额（元）	含管道部件、管架、刷油、防腐蚀、绝热
1.2.6.3	自动报警装置		金额（元）÷供热能力（MW或蒸吨）	供热面积		m^2	金额（元）÷供热面积（m^2）	金额（元）÷消防工程金额（元）	
1.2.7	建筑智能化工程		金额（元）÷供热能力（MW或蒸吨）	供热面积		m^2	金额（元）÷供热面积（m^2）	金额（元）÷设备及系统安装工程金额（元）	
1.2.7.1	闭路监控系统		金额（元）÷供热能力（MW或蒸吨）	供热面积		m^2	金额（元）÷供热面积（m^2）	金额（元）÷建筑智能化工程金额（元）	
1.2.7.2	门禁控制系统		金额（元）÷供热能力（MW或蒸吨）	供热面积		m^2	金额（元）÷供热面积（m^2）	金额（元）÷建筑智能化工程金额（元）	
1.2.8	采暖给水排水工程		金额（元）÷供热能力（MW或蒸吨）	供热面积		m^2	金额（元）÷供热面积（m^2）	金额（元）÷设备及系统安装工程金额（元）	
1.2.8.1	给水排水采暖管道		金额（元）÷供热能力（MW或蒸吨）	供热面积		m^2	金额（元）÷供热面积（m^2）	金额（元）÷采暖给水排水工程金额（元）	含管道部件、管架、刷油、防腐蚀、绝热
1.2.8.2	卫生器具		金额（元）÷供热能力（MW或蒸吨）	供热面积		m^2	金额（元）÷供热面积（m^2）	金额（元）÷采暖给水排水工程金额（元）	

表 B-07-06-05（续）

序号	名称	金额（元）	单位指标	相关指标				造价占比（%）	备注
				相关基数	数量	单位	相关单位指标（元/单位）		
		A	B		C		D=A÷C		
1.2.8.3	采暖器具		金额（元）÷供热能力（MW 或蒸吨）	供热面积		m^2	金额（元）÷供热面积（m^2）	金额（元）÷采暖给水排水工程金额（元）	
2	措施费用		金额（元）÷供热能力（MW 或蒸吨）	供热面积		m^2	金额（元）÷供热面积（m^2）	金额（元）÷中继泵站工程金额（元）	

表 B-07-06-06 热力厂站（热力站）工程经济指标表

序号	名称	金额（元）	单位指标	相关指标				造价占比（%）	备注
				相关基数	数量	单位	相关单位指标（元/单位）		
		A	B		C		D=A÷C		
	热力站工程费用		金额（元）÷供热能力（MW 或蒸吨）	供热面积		m^2	金额（元）÷供热面积（m^2）		
1	分部分项		金额（元）÷供热能力（MW 或蒸吨）	供热面积		m^2	金额（元）÷供热面积（m^2）	金额（元）÷热力站工程金额（元）	
1.1	建筑装饰工程		金额（元）÷供热能力（MW 或蒸吨）	供热面积		m^2	金额（元）÷供热面积（m^2）	金额（元）÷分部分项工程金额（元）	
1.1.1	厂区土方		金额（元）÷供热能力（MW 或蒸吨）	供热面积		m^2	金额（元）÷供热面积（m^2）	金额（元）÷建筑装饰工程金额（元）	
1.1.2	地基处理		金额（元）÷供热能力（MW 或蒸吨）	供热面积		m^2	金额（元）÷供热面积（m^2）	金额（元）÷建筑装饰工程金额（元）	
1.1.3	道路、路缘石		金额（元）÷供热能力（MW 或蒸吨）	供热面积		m^2	金额（元）÷供热面积（m^2）	金额（元）÷建筑装饰工程金额（元）	

表 B-07-06-06（续）

序号	名称	金额（元）	单位指标	相关指标				造价占比（%）	备注
				相关基数	数量	单位	相关单位指标（元 / 单位）		
		A	B		C		D=A ÷ C		
1.1.4	围墙、大门		金额（元）÷供热能力（MW 或蒸吨）	供热面积		m^2	金额（元）÷供热面积（m^2）	金额（元）÷建筑装饰工程金额（元）	
1.1.5	绿化工程		金额（元）÷供热能力（MW 或蒸吨）	供热面积		m^2	金额（元）÷供热面积（m^2）	金额（元）÷建筑装饰工程金额（元）	
1.1.6	构筑物工程		金额（元）÷供热能力（MW 或蒸吨）	供热面积		m^2	金额（元）÷供热面积（m^2）	金额（元）÷建筑装饰工程金额（元）	
1.1.7	各单体建筑		金额（元）÷供热能力（MW 或蒸吨）	供热面积		m^2	金额（元）÷供热面积（m^2）	金额（元）÷建筑装饰工程金额（元）	
1.2	设备及系统安装工程		金额（元）÷供热能力（MW 或蒸吨）	供热面积		m^2	金额（元）÷供热面积（m^2）	金额（元）÷分部分项工程金额（元）	
1.2.1	热力工艺系统		金额（元）÷供热能力（MW 或蒸吨）	供热面积		m^2	金额（元）÷供热面积（m^2）	金额（元）÷设备及系统安装工程金额（元）	
1.2.1.1	工艺设备		金额（元）÷供热能力（MW 或蒸吨）	供热面积		m^2	金额（元）÷供热面积（m^2）	金额（元）÷热力工艺系统工程金额（元）	
1.2.1.2	热力管道		金额（元）÷供热能力（MW 或蒸吨）	供热面积		m^2	金额（元）÷供热面积（m^2）	金额（元）÷热力工艺系统工程金额（元）	含管件、其他连接件、探伤、管架、刷油、防腐蚀、绝热

表 B-07-06-06（续）

序号	名称	金额（元）	单位指标	相关指标				造价占比（%）	备注
				相关基数	数量	单位	相关单位指标（元 / 单位）		
		A	B		C		D=A ÷ C		
1.2.1.3	阀门		金额（元）÷供热能力（MW 或蒸吨）	供热面积		m^2	金额（元）÷供热面积（m^2）	金额（元）÷热力工艺系统工程金额（元）	
1.2.2	电气工程		金额（元）÷供热能力（MW 或蒸吨）	供热面积		m^2	金额（元）÷供热面积（m^2）	金额（元）÷设备及系统安装工程金额（元）	可参考《房屋建筑与装饰工程特征分类与描述标准》
1.2.2.1	电气设备		金额（元）÷供热能力（MW 或蒸吨）	供热面积		m^2	金额（元）÷供热面积（m^2）	金额（元）÷电气工程金额（元）	
1.2.2.2	电缆		金额（元）÷供热能力（MW 或蒸吨）	供热面积		m^2	金额（元）÷供热面积（m^2）	金额（元）÷电气工程金额（元）	
1.2.2.3	配管、配线		金额（元）÷供热能力（MW 或蒸吨）	供热面积		m^2	金额（元）÷供热面积（m^2）	金额（元）÷电气工程金额（元）	
1.2.2.4	照明器具		金额（元）÷供热能力（MW 或蒸吨）	供热面积		m^2	金额（元）÷供热面积（m^2）	金额（元）÷电气工程金额（元）	
1.2.2.5	防雷及接地装置		金额（元）÷供热能力（MW 或蒸吨）	供热面积		m^2	金额（元）÷供热面积（m^2）	金额（元）÷电气工程金额（元）	
1.2.3	自动化控制		金额（元）÷供热能力（MW 或蒸吨）	供热面积		m^2	金额（元）÷供热面积（m^2）	金额（元）÷设备及系统安装工程金额（元）	
1.2.3.1	自动化控制设备		金额（元）÷供热能力（MW 或蒸吨）	供热面积		m^2	金额（元）÷供热面积（m^2）	金额（元）÷自动化控制工程金额（元）	

表 B-07-06-06（续）

序号	名称	金额（元）	单位指标	相关指标				造价占比（%）	备注
				相关基数	数量	单位	相关单位指标（元 / 单位）		
		A	B		C		D=A ÷ C		
1.2.3.2	流量仪表		金额（元）÷ 供热能力（MW 或蒸吨）	供热面积		m^2	金额（元）÷ 供热面积（m^2）	金额（元）÷ 自动化控制工程金额（元）	
1.2.3.3	压力仪表		金额（元）÷ 供热能力（MW 或蒸吨）	供热面积		m^2	金额（元）÷ 供热面积（m^2）	金额（元）÷ 自动化控制工程金额（元）	
1.2.3.4	温度仪表		金额（元）÷ 供热能力（MW 或蒸吨）	供热面积		m^2	金额（元）÷ 供热面积（m^2）	金额（元）÷ 自动化控制工程金额（元）	
1.2.3.5	电缆		金额（元）÷ 供热能力（MW 或蒸吨）	供热面积		m^2	金额（元）÷ 供热面积（m^2）	金额（元）÷ 自动化控制工程金额（元）	
1.2.3.6	配管、配线		金额（元）÷ 供热能力（MW 或蒸吨）	供热面积		m^2	金额（元）÷ 供热面积（m^2）	金额（元）÷ 自动化控制工程金额（元）	
1.2.3.7	安全监控装置		金额（元）÷ 供热能力（MW 或蒸吨）	供热面积		m^2	金额（元）÷ 供热面积（m^2）	金额（元）÷ 自动化控制工程金额（元）	
1.2.4	通风空调工程		金额（元）÷ 供热能力（MW 或蒸吨）	供热面积		m^2	金额（元）÷ 供热面积（m^2）	金额（元）÷ 设备及系统安装工程金额（元）	可参考《房屋建筑与装饰工程特征分类与描述标准》
1.2.4.1	通风空调		金额（元）÷ 供热能力（MW 或蒸吨）	供热面积		m^2	金额（元）÷ 供热面积（m^2）	金额（元）÷ 通风空调工程金额（元）	
1.2.4.2	通风管道		金额（元）÷ 供热能力（MW 或蒸吨）	供热面积		m^2	金额（元）÷ 供热面积（m^2）	金额（元）÷ 通风空调工程金额（元）	含通风管道部件、管架、刷油、防腐蚀、绝热

表 B-07-06-06（续）

序号	名称	金额（元）	单位指标	相关指标				造价占比（%）	备注
				相关基数	数量	单位	相关单位指标（元 / 单位）		
		A	B		C		D=A ÷ C		
1.2.5	燃气工程		金额（元）÷供热能力（MW 或蒸吨）	供热面积		m^2	金额（元）÷供热面积（m^2）	金额（元）÷设备及系统安装工程金额（元）	
1.2.5.1	燃气管道		金额（元）÷供热能力（MW 或蒸吨）	供热面积		m^2	金额（元）÷供热面积（m^2）	金额（元）÷燃气工程金额（元）	含管件、其他连接件、探伤、管架、刷油、防腐蚀、绝热
1.2.5.2	阀门		金额（元）÷供热能力（MW 或蒸吨）	供热面积		m^2	金额（元）÷供热面积（m^2）	金额（元）÷燃气工程金额（元）	
1.2.6	消防工程		金额（元）÷供热能力（MW 或蒸吨）	供热面积		m^2	金额（元）÷供热面积（m^2）	金额（元）÷设备及系统安装工程金额（元）	
1.2.6.1	消防设备		金额（元）÷供热能力（MW 或蒸吨）	供热面积		m^2	金额（元）÷供热面积（m^2）	金额（元）÷消防工程金额（元）	
1.2.6.2	消防管道		金额（元）÷供热能力（MW 或蒸吨）	供热面积		m^2	金额（元）÷供热面积（m^2）	金额（元）÷消防工程金额（元）	含管道部件、管架、刷油、防腐蚀、绝热
1.2.6.3	自动报警装置		金额（元）÷供热能力（MW 或蒸吨）	供热面积		m^2	金额（元）÷供热面积（m^2）	金额（元）÷消防工程金额（元）	
1.2.7	建筑智能化工程		金额（元）÷供热能力（MW 或蒸吨）	供热面积		m^2	金额（元）÷供热面积（m^2）	金额（元）÷设备及系统安装工程金额（元）	

表 B-07-06-06（续）

序号	名称	金额（元）	单位指标	相关指标				造价占比（%）	备注
				相关基数	数量	单位	相关单位指标（元 / 单位）		
		A	B		C		D=A ÷ C		
1.2.7.1	闭路监控系统		金额（元）÷ 供热能力（MW 或蒸吨）	供热面积		m^2	金额（元）÷ 供热面积（m^2）	金额（元）÷ 建筑智能化工程金额（元）	
1.2.7.2	门禁控制系统		金额（元）÷ 供热能力（MW 或蒸吨）	供热面积		m^2	金额（元）÷ 供热面积（m^2）	金额（元）÷ 建筑智能化工程金额（元）	
1.2.8	采暖给水排水工程		金额（元）÷ 供热能力（MW 或蒸吨）	供热面积		m^2	金额（元）÷ 供热面积（m^2）	金额（元）÷ 设备及系统安装工程金额（元）	
1.2.8.1	给水排水采暖管道		金额（元）÷ 供热能力（MW 或蒸吨）	供热面积		m^2	金额（元）÷ 供热面积（m^2）	金额（元）÷ 采暖给水排水工程金额（元）	含管道部件、管架、刷油、防腐蚀、绝热
1.2.8.2	卫生器具		金额（元）÷ 供热能力（MW 或蒸吨）	供热面积		m^2	金额（元）÷ 供热面积（m^2）	金额（元）÷ 采暖给水排水工程金额（元）	
1.2.8.3	采暖器具		金额（元）÷ 供热能力（MW 或蒸吨）	供热面积		m^2	金额（元）÷ 供热面积（m^2）	金额（元）÷ 采暖给水排水工程金额（元）	
2	措施费用		金额（元）÷ 供热能力（MW 或蒸吨）	供热面积		m^2	金额（元）÷ 供热面积（m^2）	金额（元）÷ 热力站工程金额（元）	

表 B-07-06-07　雨、污水泵站工程经济指标表

序号	名称	金额（元）	单位指标	相关指标				造价占比（%）	备注
				相关基数	数量	单位	相关单位指标（元 / 单位）		
		A	B		C		D=A ÷ C		
	雨、污水泵站工程费用		金额（元）÷设计流量（m^3/s）	建筑面积		m^2	金额（元）÷建筑面积（m^2）		
1	分部分项		金额（元）÷设计流量（m^3/s）	建筑面积		m^2	金额（元）÷建筑面积（m^2）	金额（元）÷雨、污水泵站工程金额（元）	
1.1	建筑装饰工程		金额（元）÷设计流量（m^3/s）	建筑面积		m^2	金额（元）÷建筑面积（m^2）	金额（元）÷分部分项工程金额（元）	
1.1.1	厂区土方		金额（元）÷设计流量（m^3/s）	建筑面积		m^2	金额（元）÷建筑面积（m^2）	金额（元）÷建筑装饰工程金额（元）	
1.1.2	地基处理		金额（元）÷设计流量（m^3/s）	建筑面积		m^2	金额（元）÷建筑面积（m^2）	金额（元）÷建筑装饰工程金额（元）	
1.1.3	道路、路缘石		金额（元）÷设计流量（m^3/s）	建筑面积		m^2	金额（元）÷建筑面积（m^2）	金额（元）÷建筑装饰工程金额（元）	
1.1.4	围墙、大门		金额（元）÷设计流量（m^3/s）	建筑面积		m^2	金额（元）÷建筑面积（m^2）	金额（元）÷建筑装饰工程金额（元）	
1.1.5	绿化工程		金额（元）÷设计流量（m^3/s）	建筑面积		m^2	金额（元）÷建筑面积（m^2）	金额（元）÷建筑装饰工程金额（元）	
1.1.6	构筑物工程		金额（元）÷设计流量（m^3/s）	建筑面积		m^2	金额（元）÷建筑面积（m^2）	金额（元）÷建筑装饰工程金额（元）	
1.1.7	各单体建筑		金额（元）÷设计流量（m^3/s）	建筑面积		m^2	金额（元）÷建筑面积（m^2）	金额（元）÷建筑装饰工程金额（元）	

表 B-07-06-07（续）

序号	名称	金额（元）	单位指标	相关指标				造价占比（%）	备注
				相关基数	数量	单位	相关单位指标（元/单位）		
		A	B		C		D=A÷C		
1.2	设备及系统安装工程		金额（元）÷设计流量（m^3/s）	建筑面积		m^2	金额（元）÷建筑面积（m^2）	金额（元）÷分部分项工程金额（元）	
1.2.1	工艺系统		金额（元）÷设计流量（m^3/s）	建筑面积		m^2	金额（元）÷建筑面积（m^2）	金额（元）÷设备及系统安装工程金额（元）	
1.2.1.1	工艺设备		金额（元）÷设计流量（m^3/s）	建筑面积		m^2	金额（元）÷建筑面积（m^2）	金额（元）÷工艺设备工程金额（元）	
1.2.1.2	工艺管道		金额（元）÷设计流量（m^3/s）	建筑面积		m^2	金额（元）÷建筑面积（m^2）	金额（元）÷工艺设备工程金额（元）	含管件、其他连接件、探伤、管架、刷油、防腐蚀、绝热
1.2.2	电气工程		金额（元）÷设计流量（m^3/s）	建筑面积		m^2	金额（元）÷建筑面积（m^2）	金额（元）÷设备及系统安装工程金额（元）	可参考《房屋建筑与装饰工程特征分类与描述标准》
1.2.2.1	电气设备		金额（元）÷设计流量（m^3/s）	建筑面积		m^2	金额（元）÷建筑面积（m^2）	金额（元）÷电气工程金额（元）	
1.2.2.2	电缆		金额（元）÷设计流量（m^3/s）	建筑面积		m^2	金额（元）÷建筑面积（m^2）	金额（元）÷电气工程金额（元）	
1.2.2.3	配管、配线		金额（元）÷设计流量（m^3/s）	建筑面积		m^2	金额（元）÷建筑面积（m^2）	金额（元）÷电气工程金额（元）	
1.2.2.4	照明器具		金额（元）÷设计流量（m^3/s）	建筑面积		m^2	金额（元）÷建筑面积（m^2）	金额（元）÷电气工程金额（元）	

表 B-07-06-07（续）

序号	名称	金额（元）	单位指标	相关指标				造价占比（%）	备注
				相关基数	数量	单位	相关单位指标（元 / 单位）		
		A	B		C		D=A ÷ C		
1.2.2.5	防雷及接地装置		金额（元）÷设计流量（m^3/s）	建筑面积		m^2	金额（元）÷建筑面积（m^2）	金额（元）÷电气工程金额（元）	
1.2.3	自动化控制		金额（元）÷设计流量（m^3/s）	建筑面积		m^2	金额（元）÷建筑面积（m^2）	金额（元）÷设备及系统安装工程金额（元）	
1.2.3.1	自动化控制设备		金额（元）÷设计流量（m^3/s）	建筑面积		m^2	金额（元）÷建筑面积（m^2）	金额（元）÷自动化控制工程金额（元）	
1.2.3.2	流量仪表		金额（元）÷设计流量（m^3/s）	建筑面积		m^2	金额（元）÷建筑面积（m^2）	金额（元）÷自动化控制工程金额（元）	
1.2.3.3	液位仪表		金额（元）÷设计流量（m^3/s）	建筑面积		m^2	金额（元）÷建筑面积（m^2）	金额（元）÷自动化控制工程金额（元）	
1.2.3.4	雨量监测设施		金额（元）÷设计流量（m^3/s）	建筑面积		m^2	金额（元）÷建筑面积（m^2）	金额（元）÷自动化控制工程金额（元）	
1.2.3.5	电缆		金额（元）÷设计流量（m^3/s）	建筑面积		m^2	金额（元）÷建筑面积（m^2）	金额（元）÷自动化控制工程金额（元）	
1.2.3.6	配管、配线		金额（元）÷设计流量（m^3/s）	建筑面积		m^2	金额（元）÷建筑面积（m^2）	金额（元）÷自动化控制工程金额（元）	
1.2.3.7	安全监控（火灾、安防、有害气体等）装置		金额（元）÷设计流量（m^3/s）	建筑面积		m^2	金额（元）÷建筑面积（m^2）	金额（元）÷自动化控制工程金额（元）	
1.2.4	通风空调工程		金额（元）÷设计流量（m^3/s）	建筑面积		m^2	金额（元）÷建筑面积（m^2）	金额（元）÷设备及系统安装工程金额（元）	可参考《房屋建筑与装饰工程特征分类与描述标准》

表 B-07-06-07（续）

序号	名称	金额（元）	单位指标	相关指标				造价占比（%）	备注
				相关基数	数量	单位	相关单位指标（元 / 单位）		
		A	B		C		D=A ÷ C		
1.2.4.1	通风空调设备		金额（元）÷设计流量（m^3/s）	建筑面积		m^2	金额（元）÷建筑面积（m^2）	金额（元）÷通风空调工程金额（元）	
1.2.4.2	通风管道		金额（元）÷设计流量（m^3/s）	建筑面积		m^2	金额（元）÷建筑面积（m^2）	金额（元）÷通风空调工程金额（元）	含通风管道部件、管架、刷油、防腐蚀、绝热
1.2.5	热力工程		金额（元）÷设计流量（m^3/s）	建筑面积		m^2	金额（元）÷建筑面积（m^2）	金额（元）÷设备及系统安装工程金额（元）	
1.2.5.1	热力设备		金额（元）÷设计流量（m^3/s）	建筑面积		m^2	金额（元）÷建筑面积（m^2）	金额（元）÷热力工程金额（元）	
1.2.5.2	热力管道		金额（元）÷设计流量（m^3/s）	建筑面积		m^2	金额（元）÷建筑面积（m^2）	金额（元）÷热力工程金额（元）	含管件、其他连接件、探伤、管架、刷油、防腐蚀、绝热
1.2.6	消防工程		金额（元）÷设计流量（m^3/s）	建筑面积		m^2	金额（元）÷建筑面积（m^2）	金额（元）÷设备及系统安装工程金额（元）	
1.2.6.1	消防设备		金额（元）÷设计流量（m^3/s）	建筑面积		m^2	金额（元）÷建筑面积（m^2）	金额（元）÷消防工程金额（元）	
1.2.6.2	消防管道		金额（元）÷设计流量（m^3/s）	建筑面积		m^2	金额（元）÷建筑面积（m^2）	金额（元）÷消防工程金额（元）	含管道部件、管架、刷油、防腐蚀、绝热
1.2.6.3	自动报警装置		金额（元）÷设计流量（m^3/s）	建筑面积		m^2	金额（元）÷建筑面积（m^2）	金额（元）÷消防工程金额（元）	

表 B-07-06-07（续）

序号	名称	金额（元）	单位指标	相关指标				造价占比（%）	备注
				相关基数	数量	单位	相关单位指标（元 / 单位）		
		A	B		C		D=A ÷ C		
1.2.7	建筑智能化工程		金额（元）÷ 设计流量（m^3/s）	建筑面积		m^2	金额（元）÷ 建筑面积（m^2）	金额（元）÷ 设备及系统安装工程金额（元）	
1.2.7.1	闭路监控系统		金额（元）÷ 设计流量（m^3/s）	建筑面积		m^2	金额（元）÷ 建筑面积（m^2）	金额（元）÷ 建筑智能化工程金额（元）	
1.2.7.2	门禁控制系统		金额（元）÷ 设计流量（m^3/s）	建筑面积		m^2	金额（元）÷ 建筑面积（m^2）	金额（元）÷ 建筑智能化工程金额（元）	
1.2.8	采暖给水排水工程		金额（元）÷ 设计流量（m^3/s）	建筑面积		m^2	金额（元）÷ 建筑面积（m^2）	金额（元）÷ 设备及系统安装工程金额（元）	
1.2.8.1	给水排水采暖管道		金额（元）÷ 设计流量（m^3/s）	建筑面积		m^2	金额（元）÷ 建筑面积（m^2）	金额（元）÷ 采暖给水排水工程金额（元）	含管道部件、管架、刷油、防腐蚀、绝热
1.2.8.2	卫生器具		金额（元）÷ 设计流量（m^3/s）	建筑面积		m^2	金额（元）÷ 建筑面积（m^2）	金额（元）÷ 采暖给水排水工程金额（元）	
1.2.8.3	采暖器具		金额（元）÷ 设计流量（m^3/s）	建筑面积		m^2	金额（元）÷ 建筑面积（m^2）	金额（元）÷ 采暖给水排水工程金额（元）	
2	措施费用		金额（元）÷ 设计流量（m^3/s）	建筑面积		m^2	金额（元）÷ 建筑面积（m^2）	金额（元）÷ 雨、污水泵站工程金额（元）	

B-07-08　绿化工程工程经济指标表（表 B-07-08）

表 B-07-08　绿化工程工程经济指标表

序号	名称	金额（元）	单位指标	相关指标				造价占比（%）	备注
				相关基数	数量	单位	相关单位指标（元 / 单位）		
		A	B		C		D=A ÷ C		
	绿化工程工程费用		金额（元）÷绿化面积（m^2）	道路面积		m^2	金额（元）÷道路面积（m^2）		
1	分部分项		金额（元）÷绿化面积（m^2）	道路面积		m^2	金额（元）÷道路面积（m^2）	金额（元）÷绿化工程金额（元）	
1.1	绿化用地整理		金额（元）÷绿化面积（m^2）	道路面积		m^2	金额（元）÷道路面积（m^2）	金额（元）÷分部分项金额（元）	
1.1.1	平整用地		金额（元）÷绿化面积（m^2）	道路面积		m^2	金额（元）÷道路面积（m^2）	金额（元）÷绿化用地整理金额（元）	
1.1.2	挖、填土方		金额（元）÷绿化面积（m^2）	道路面积		m^2	金额（元）÷道路面积（m^2）	金额（元）÷绿化用地整理金额（元）	
1.1.3	拆除旧路与构筑物		金额（元）÷绿化面积（m^2）	道路面积		m^2	金额（元）÷道路面积（m^2）	金额（元）÷绿化用地整理金额（元）	
1.1.4	伐树、挖树根、砍挖灌木		金额（元）÷绿化面积（m^2）	道路面积		m^2	金额（元）÷道路面积（m^2）	金额（元）÷绿化用地整理金额（元）	
1.1.5	砍挖绿篱、清除地被植物等		金额（元）÷绿化面积（m^2）	道路面积		m^2	金额（元）÷道路面积（m^2）	金额（元）÷绿化用地整理金额（元）	
1.1.6	渣土外运		金额（元）÷绿化面积（m^2）	道路面积		m^2	金额（元）÷道路面积（m^2）	金额（元）÷绿化用地整理金额（元）	
1.2	栽植花木		金额（元）÷绿化面积（m^2）	道路面积		m^2	金额（元）÷道路面积（m^2）	金额（元）÷分部分项金额（元）	

表 B-07-08（续）

序号	名称	金额（元）	单位指标	相关指标				造价占比（%）	备注
				相关基数	数量	单位	相关单位指标（元 / 单位）		
		A	B		C		D=A ÷ C		
1.2.1	种植乔木		金额（元）÷ 绿化面积（m^2）	道路面积		m^2	金额（元）÷ 道路面积（m^2）	金额（元）÷ 栽植花木金额（元）	
1.2.2	灌木		金额（元）÷ 绿化面积（m^2）	道路面积		m^2	金额（元）÷ 道路面积（m^2）	金额（元）÷ 栽植花木金额（元）	
1.2.3	绿篱		金额（元）÷ 绿化面积（m^2）	道路面积		m^2	金额（元）÷ 道路面积（m^2）	金额（元）÷ 栽植花木金额（元）	
1.2.4	色带		金额（元）÷ 绿化面积（m^2）	道路面积		m^2	金额（元）÷ 道路面积（m^2）	金额（元）÷ 栽植花木金额（元）	
1.2.5	草坪		金额（元）÷ 绿化面积（m^2）	道路面积		m^2	金额（元）÷ 道路面积（m^2）	金额（元）÷ 栽植花木金额（元）	
1.2.6	花卉		金额（元）÷ 绿化面积（m^2）	道路面积		m^2	金额（元）÷ 道路面积（m^2）	金额（元）÷ 栽植花木金额（元）	
1.2.7	坡地喷播植草		金额（元）÷ 绿化面积（m^2）	道路面积		m^2	金额（元）÷ 道路面积（m^2）	金额（元）÷ 栽植花木金额（元）	
1.3	掘苗、运输		金额（元）÷ 绿化面积（m^2）	道路面积		m^2	金额（元）÷ 道路面积（m^2）	金额（元）÷ 分部分项金额（元）	
1.3.1	裸根乔木、灌木		金额（元）÷ 绿化面积（m^2）	道路面积		m^2	金额（元）÷ 道路面积（m^2）	金额（元）÷ 掘苗、运输金额（元）	
1.3.2	土球苗木		金额（元）÷ 绿化面积（m^2）	道路面积		m^2	金额（元）÷ 道路面积（m^2）	金额（元）÷ 掘苗、运输金额（元）	

表 B-07-08（续）

序号	名称	金额（元）	单位指标	相关指标				造价占比（%）	备注
				相关基数	数量	单位	相关单位指标（元/单位）		
		A	B		C		D=A÷C		
1.3.3	木箱苗木		金额（元）÷绿化面积（m²）	道路面积		m²	金额（元）÷道路面积（m²）	金额（元）÷掘苗、运输金额（元）	
1.4	绿地喷灌系统		金额（元）÷绿化面积（m²）	道路面积		m²	金额（元）÷道路面积（m²）	金额（元）÷分部分项金额（元）	
1.4.1	管道安装		金额（元）÷绿化面积（m²）	道路面积		m²	金额（元）÷道路面积（m²）	金额（元）÷绿地喷灌系统金额（元）	
1.4.2	阀门安装		金额（元）÷绿化面积（m²）	道路面积		m²	金额（元）÷道路面积（m²）	金额（元）÷绿地喷灌系统金额（元）	
1.4.3	喷灌喷头与快速取水阀安装		金额（元）÷绿化面积（m²）	道路面积		m²	金额（元）÷道路面积（m²）	金额（元）÷绿地喷灌系统金额（元）	
1.4.4	井室砌筑		金额（元）÷绿化面积（m²）	道路面积		m²	金额（元）÷道路面积（m²）	金额（元）÷绿地喷灌系统金额（元）	
1.5	自动智能喷灌系统安装		金额（元）÷绿化面积（m²）	道路面积		m²	金额（元）÷道路面积（m²）	金额（元）÷分部分项金额（元）	
1.5.1	传感装置安装		金额（元）÷绿化面积（m²）	道路面积		m²	金额（元）÷道路面积（m²）	金额（元）÷自动智能喷灌系统金额（元）	
1.5.2	控制器、模块安装		金额（元）÷绿化面积（m²）	道路面积		m²	金额（元）÷道路面积（m²）	金额（元）÷自动智能喷灌系统金额（元）	
1.5.3	解码器安装		金额（元）÷绿化面积（m²）	道路面积		m²	金额（元）÷道路面积（m²）	金额（元）÷自动智能喷灌系统金额（元）	

表 B-07-08（续）

序号	名称	金额（元）	单位指标	相关指标				造价占比（%）	备注
				相关基数	数量	单位	相关单位指标（元 / 单位）		
		A	B		C		D=A ÷ C		
1.5.4	接地电泳保护器安装		金额（元）÷ 绿化面积（m^2）	道路面积		m^2	金额（元）÷ 道路面积（m^2）	金额（元）÷ 自动智能喷灌系统金额（元）	
1.6	定比施肥系统安装		金额（元）÷ 绿化面积（m^2）	道路面积		m^2	金额（元）÷ 道路面积（m^2）	金额（元）÷ 分部分项金额（元）	
2	措施费用		金额（元）÷ 绿化面积（m^2）	道路面积		m	金额（元）÷ 道路面积（m^2）	金额（元）÷ 绿化工程金额（元）	

B-07-09　交通安全设施工程工程经济指标表（表 B-07-09）

表 B-07-09　交通安全设施工程工程经济指标表

序号	名称	金额（元）	单位指标	相关指标				造价占比（%）	备注
				相关基数	数量	单位	相关单位指标（元 / 单位）		
		A	B		C		D=A ÷ C		
	交通安全设施工程工程费用		金额（元）÷ 道路总面积（m^2）	道路总长度		m	金额（元）÷ 道路总长度（m）	金额（元）÷ 道路工程金额（元）	
1	分部分项		金额（元）÷ 道路总面积（m^2）	道路总长度		m	金额（元）÷ 道路总长度（m）	金额（元）÷ 交通安全设施金额（元）	
1.1	交通标志		金额（元）÷ 道路总面积（m^2）	道路总长度		m	金额（元）÷ 道路总长度（m）	金额（元）÷ 分部分项金额（元）	
1.2	交通标线		金额（元）÷ 道路总面积（m^2）	道路总长度		m	金额（元）÷ 道路总长度（m）	金额（元）÷ 分部分项金额（元）	

表 B-07-09（续）

序号	名称	金额（元）	单位指标	相关指标				造价占比（%）	备注
				相关基数	数量	单位	相关单位指标（元/单位）		
		A	B		C		D=A÷C		
1.3	防护设施		金额（元）÷道路总面积（m^2）	道路总长度		m	金额（元）÷道路总长度（m）	金额（元）÷分部分项金额（元）	
1.3.1	防撞护栏		金额（元）÷道路总面积（m^2）	道路总长度		m	金额（元）÷道路总长度（m）	金额（元）÷防护设施金额（元）	
1.3.2	护栏		金额（元）÷道路总面积（m^2）	道路总长度		m	金额（元）÷道路总长度（m）	金额（元）÷防护设施金额（元）	
1.3.3	分隔设施		金额（元）÷道路总面积（m^2）	道路总长度		m	金额（元）÷道路总长度（m）	金额（元）÷防护设施金额（元）	
1.4	交通信号灯		金额（元）÷套	道路总长度		m	金额（元）÷道路总长度（m）	金额（元）÷分部分项金额（元）	
1.4.1	信号灯		金额（元）÷套	道路总长度		m	金额（元）÷道路总长度（m）	金额（元）÷交通信号灯金额（元）	
1.4.2	交通信号控制系统		金额（元）÷套	道路总长度		m	金额（元）÷道路总长度（m）	金额（元）÷交通信号灯金额（元）	
1.5	智能化交通设施		金额（元）÷道路总面积（m^2）	道路总长度		m	金额（元）÷道路总长度（m）	金额（元）÷分部分项金额（元）	
1.5.1	电子警察监控系统		金额（元）÷处	道路总长度		m	金额（元）÷道路总长度（m）	金额（元）÷智能化交通设施（元）	
1.5.2	全景视频综合监控		金额（元）÷处	道路总长度		m	金额（元）÷道路总长度（m）	金额（元）÷智能化交通设施（元）	
1.5.3	交通流信息采集		金额（元）÷处	道路总长度		m	金额（元）÷道路总长度（m）	金额（元）÷智能化交通设施（元）	

表 B-07-09（续）

序号	名称	金额（元）	单位指标	相关指标				造价占比（%）	备注
				相关基数	数量	单位	相关单位指标（元 / 单位）		
		A	B		C		D=A÷C		
1.5.4	违法停车抓拍系统		金额（元）÷ 处	道路总长度		m	金额（元）÷ 道路总长度（m）	金额（元）÷ 智能化交通设施（元）	
1.5.5	机动车闯禁行系统		金额（元）÷ 处	道路总长度		m	金额（元）÷ 道路总长度（m）	金额（元）÷ 智能化交通设施（元）	
1.5.6	违法鸣笛抓拍系统		金额（元）÷ 处	道路总长度		m	金额（元）÷ 道路总长度（m）	金额（元）÷ 智能化交通设施（元）	
1.5.7	机动车未礼让行人抓拍		金额（元）÷ 处	道路总长度		m	金额（元）÷ 道路总长度（m）	金额（元）÷ 智能化交通设施（元）	
1.5.8	车路协同设施		金额（元）÷ 处	道路总长度		m	金额（元）÷ 道路总长度（m）	金额（元）÷ 智能化交通设施（元）	
1.5.9	新型行人过街提示系统		金额（元）÷ 处	道路总长度		m	金额（元）÷ 道路总长度（m）	金额（元）÷ 智能化交通设施（元）	
1.5.10	智慧行人过街设施		金额（元）÷ 处	道路总长度		m	金额（元）÷ 道路总长度（m）	金额（元）÷ 智能化交通设施（元）	
1.5.11	共享自行车规范管理电子围栏		金额（元）÷ 处	道路总长度		m	金额（元）÷ 道路总长度（m）	金额（元）÷ 智能化交通设施（元）	
1.5.12	可变情报板		金额（元）÷ 块	道路总长度		m	金额（元）÷ 道路总长度（m）	金额（元）÷ 智能化交通设施（元）	
1.5.13	道路气象检测设备		金额（元）÷ 处	道路总长度		m	金额（元）÷ 道路总长度（m）	金额（元）÷ 智能化交通设施（元）	
2	措施费用		金额（元）÷ 道路总面积（m^2）	道路总长度		m	金额（元）÷ 道路总长度（m）	金额（元）÷ 道路工程金额（元）	

B–07–10　照明工程工程经济指标表（表 B–07–10）

表 B–07–10　照明工程工程经济指标表

序号	名称	金额（元）	单位指标	相关指标				造价占比（%）	备注
				相关基数	数量	单位	相关单位指标（元/单位）		
		A	B		C		D=A÷C		
	照明工程工程费用		金额（元）÷道路总面积（m^2）	道路总长度		m	金额（元）÷道路总长度（m）		
1	分部分项		金额（元）÷道路总面积（m^2）	道路总长度		m	金额（元）÷道路总长度（m）	金额（元）÷照明工程金额（元）	
1.1	变配电设备安装		金额（元）÷道路总面积（m^2）	道路总长度		m	金额（元）÷道路总长度（m）	金额（元）÷分部分项金额（元）	
1.1.1	变压器安装		金额（元）÷道路总面积（m^2）	道路总长度		m	金额（元）÷道路总长度（m）	金额（元）÷变配电设备安装金额（元）	
1.1.2	组合型成套箱式变电站 160kV·A		金额（元）÷道路总面积（m^2）	道路总长度		m	金额（元）÷道路总长度（m）	金额（元）÷变配电设备安装金额（元）	
1.1.3	开闭器安装		金额（元）÷道路总面积（m^2）	道路总长度		m	金额（元）÷道路总长度（m）	金额（元）÷变配电设备安装金额（元）	
1.1.4	箱变基础		金额（元）÷道路总面积（m^2）	道路总长度		m	金额（元）÷道路总长度（m）	金额（元）÷变配电设备安装金额（元）	
1.1.5	开闭器基础		金额（元）÷道路总面积（m^2）	道路总长度		m	金额（元）÷道路总长度（m）	金额（元）÷变配电设备安装金额（元）	
1.1.6	配电箱（柜）安装		金额（元）÷道路总面积（m^2）	道路总长度		m	金额（元）÷道路总长度（m）	金额（元）÷变配电设备安装金额（元）	

表 B-07-10（续）

序号	名称	金额（元）	单位指标	相关指标				造价占比（%）	备注
				相关基数	数量	单位	相关单位指标（元 / 单位）		
		A	B		C		D=A ÷ C		
1.1.7	控制箱（柜）安装		金额（元）÷ 道路总面积（m²）	道路总长度		m	金额（元）÷ 道路总长度（m）	金额（元）÷ 变配电设备安装金额（元）	
1.1.8	开关柜安装		金额（元）÷ 道路总面积（m²）	道路总长度		m	金额（元）÷ 道路总长度（m）	金额（元）÷ 变配电设备安装金额（元）	
1.1.9	控制台安装		金额（元）÷ 道路总面积（m²）	道路总长度		m	金额（元）÷ 道路总长度（m）	金额（元）÷ 变配电设备安装金额（元）	
1.1.10	10kV 杆上设备安装		金额（元）÷ 道路总面积（m²）	道路总长度		m	金额（元）÷ 道路总长度（m）	金额（元）÷ 变配电设备安装金额（元）	
1.1.11	箱变内计量安装及电缆封堵、防火处理		金额（元）÷ 道路总面积（m²）	道路总长度		m	金额（元）÷ 道路总长度（m）	金额（元）÷ 变配电设备安装金额（元）	
1.1.12	送配电装置系统试验		金额（元）÷ 道路总面积（m²）	道路总长度		m	金额（元）÷ 道路总长度（m）	金额（元）÷ 变配电设备安装金额（元）	
1.1.13	其他		金额（元）÷ 道路总面积（m²）	道路总长度		m	金额（元）÷ 道路总长度（m）	金额（元）÷ 变配电设备安装金额（元）	以上未包括项目
1.2	灯杆组立、安装		金额（元）÷ 道路总面积（m²）	道路总长度		m	金额（元）÷ 道路总长度（m）	金额（元）÷ 分部分项金额（元）	
1.2.1	常规灯杆		金额（元）÷ 道路总面积（m²）	道路总长度		m	金额（元）÷ 道路总长度（m）	金额（元）÷ 灯杆组立、安装金额（元）	
1.2.2	半高杆灯杆		金额（元）÷ 道路总面积（m²）	道路总长度		m	金额（元）÷ 道路总长度（m）	金额（元）÷ 灯杆组立、安装金额（元）	

表 B-07-10（续）

序号	名称	金额（元）	单位指标	相关指标				造价占比（%）	备注
				相关基数	数量	单位	相关单位指标（元 / 单位）		
		A	B		C		D=A ÷ C		
1.2.3	高杆灯杆		金额（元）÷道路总面积（m^2）	道路总长度		m	金额（元）÷道路总长度（m）	金额（元）÷灯杆组立、安装金额（元）	
1.2.4	灯杆基础		金额（元）÷道路总面积（m^2）	道路总长度		m	金额（元）÷道路总长度（m）	金额（元）÷灯杆组立、安装金额（元）	
1.2.5	其他		金额（元）÷道路总面积（m^2）	道路总长度		m	金额（元）÷道路总长度（m）	金额（元）÷灯杆组立、安装金额（元）	以上未包括项目
1.3	电缆与配管配线		金额（元）÷道路总面积（m^2）	道路总长度		m	金额（元）÷道路总长度（m）	金额（元）÷分部分项金额（元）	
1.3.1	电缆敷设		金额（元）÷道路总面积（m^2）	道路总长度		m	金额（元）÷道路总长度（m）	金额（元）÷电缆与配管配线金额（元）	
1.3.2	电缆头安装		金额（元）÷道路总面积（m^2）	道路总长度		m	金额（元）÷道路总长度（m）	金额（元）÷电缆与配管配线金额（元）	
1.3.3	导线架设		金额（元）÷道路总面积（m^2）	道路总长度		m	金额（元）÷道路总长度（m）	金额（元）÷电缆与配管配线金额（元）	
1.3.4	接地母线地线网安装		金额（元）÷道路总面积（m^2）	道路总长度		m	金额（元）÷道路总长度（m）	金额（元）÷电缆与配管配线金额（元）	
1.3.5	接地极地线钎子安装		金额（元）÷道路总面积（m^2）	道路总长度		m	金额（元）÷道路总长度（m）	金额（元）÷电缆与配管配线金额（元）	
1.3.6	电缆保护管安装		金额（元）÷道路总面积（m^2）	道路总长度		m	金额（元）÷道路总长度（m）	金额（元）÷电缆与配管配线金额（元）	

表 B-07-10（续）

序号	名称	金额（元）	单位指标	相关指标				造价占比（%）	备注
				相关基数	数量	单位	相关单位指标（元/单位）		
		A	B		C		D=A÷C		
1.3.7	过路管安装		金额（元）÷道路总面积（m^2）	道路总长度		m	金额（元）÷道路总长度（m）	金额（元）÷电缆与配管配线金额（元）	
1.3.8	上线管安装		金额（元）÷道路总面积（m^2）	道路总长度		m	金额（元）÷道路总长度（m）	金额（元）÷电缆与配管配线金额（元）	
1.3.9	管道包封		金额（元）÷道路总面积（m^2）	道路总长度		m	金额（元）÷道路总长度（m）	金额（元）÷电缆与配管配线金额（元）	
1.3.10	电力管井		金额（元）÷道路总面积（m^2）	道路总长度		m	金额（元）÷道路总长度（m）	金额（元）÷电缆与配管配线金额（元）	
1.3.11	新型预制工井		金额（元）÷道路总面积（m^2）	道路总长度		m	金额（元）÷道路总长度（m）	金额（元）÷电缆与配管配线金额（元）	
1.3.12	其他		金额（元）÷道路总面积（m^2）	道路总长度		m	金额（元）÷道路总长度（m）	金额（元）÷电缆与配管配线金额（元）	以上未包括项目
1.4	照明灯具安装		金额（元）÷道路总面积（m^2）	道路总长度		m	金额（元）÷道路总长度（m）	金额（元）÷分部分项金额（元）	
1.4.1	单臂悬挑灯具安装		金额（元）÷道路总面积（m^2）	道路总长度		m	金额（元）÷道路总长度（m）	金额（元）÷照明灯具安装金额（元）	
1.4.2	双臂悬挑灯具安装		金额（元）÷道路总面积（m^2）	道路总长度		m	金额（元）÷道路总长度（m）	金额（元）÷照明灯具安装金额（元）	
1.4.3	高杆灯具安装		金额（元）÷道路总面积（m^2）	道路总长度		m	金额（元）÷道路总长度（m）	金额（元）÷照明灯具安装金额（元）	

表 B-07-10（续）

序号	名称	金额（元）	单位指标	相关指标				造价占比（%）	备注
				相关基数	数量	单位	相关单位指标（元/单位）		
		A	B		C		D=A÷C		
1.4.4	隧道灯安装		金额（元）÷道路总面积（m^2）	道路总长度		m	金额（元）÷道路总长度（m）	金额（元）÷照明灯具安装金额（元）	
1.4.5	射灯安装		金额（元）÷道路总面积（m^2）	道路总长度		m	金额（元）÷道路总长度（m）	金额（元）÷照明灯具安装金额（元）	
1.4.6	灯带安装		金额（元）÷道路总面积（m^2）	道路总长度		m	金额（元）÷道路总长度（m）	金额（元）÷照明灯具安装金额（元）	
1.4.7	艺术灯箱安装		金额（元）÷道路总面积（m^2）	道路总长度		m	金额（元）÷道路总长度（m）	金额（元）÷照明灯具安装金额（元）	
1.4.8	其他灯具安装		金额（元）÷道路总面积（m^2）	道路总长度		m	金额（元）÷道路总长度（m）	金额（元）÷照明灯具安装金额（元）	桥栏杆灯、地下通道灯等
1.4.9	灯具附属装置安装		金额（元）÷道路总面积（m^2）	道路总长度		m	金额（元）÷道路总长度（m）	金额（元）÷照明灯具安装金额（元）	镇流器、触发器等附属装置
1.4.10	其他		金额（元）÷道路总面积（m^2）	道路总长度		m	金额（元）÷道路总长度（m）	金额（元）÷照明灯具安装金额（元）	以上未包括项目
1.5	控制系统安装		金额（元）÷道路总面积（m^2）	道路总长度		m	金额（元）÷道路总长度（m）	金额（元）÷分部分项金额（元）	
1.5.1	控制电缆敷设		金额（元）÷道路总面积（m^2）	道路总长度		m	金额（元）÷道路总长度（m）	金额（元）÷控制系统安装金额（元）	3K1G 开闭站自动化
1.5.2	光缆敷设		金额（元）÷道路总面积（m^2）	道路总长度		m	金额（元）÷道路总长度（m）	金额（元）÷控制系统安装金额（元）	3K1G 开闭站自动化

表 B-07-10（续）

序号	名称	金额（元）	单位指标	相关指标				造价占比（%）	备注
				相关基数	数量	单位	相关单位指标（元/单位）		
		A	B		C		D=A÷C		
1.5.3	控制器安装		金额（元）÷道路总面积（m^2）	道路总长度		m	金额（元）÷道路总长度（m）	金额（元）÷控制系统安装金额（元）	
1.5.4	启动器安装		金额（元）÷道路总面积（m^2）	道路总长度		m	金额（元）÷道路总长度（m）	金额（元）÷控制系统安装金额（元）	
1.5.5	控制保护屏安装		金额（元）÷道路总面积（m^2）	道路总长度		m	金额（元）÷道路总长度（m）	金额（元）÷控制系统安装金额（元）	
1.5.6	控制台安装		金额（元）÷道路总面积（m^2）	道路总长度		m	金额（元）÷道路总长度（m）	金额（元）÷控制系统安装金额（元）	
1.5.7	配电箱安装		金额（元）÷道路总面积（m^2）	道路总长度		m	金额（元）÷道路总长度（m）	金额（元）÷控制系统安装金额（元）	3K1G 开闭站自动化
1.5.8	无线终端		金额（元）÷道路总面积（m^2）	道路总长度		m	金额（元）÷道路总长度（m）	金额（元）÷控制系统安装金额（元）	3K1G 开闭站自动化
1.5.9	光网络单元		金额（元）÷道路总面积（m^2）	道路总长度		m	金额（元）÷道路总长度（m）	金额（元）÷控制系统安装金额（元）	3K1G 开闭站自动化
1.5.10	分光器		金额（元）÷道路总面积（m^2）	道路总长度		m	金额（元）÷道路总长度（m）	金额（元）÷控制系统安装金额（元）	3K1G 开闭站自动化
1.5.11	分线接线箱（盒）		金额（元）÷道路总面积（m^2）	道路总长度		m	金额（元）÷道路总长度（m）	金额（元）÷控制系统安装金额（元）	3K1G 开闭站自动化
1.5.12	标识牌		金额（元）÷道路总面积（m^2）	道路总长度		m	金额（元）÷道路总长度（m）	金额（元）÷控制系统安装金额（元）	3K1G 开闭站自动化

表 B-07-10（续）

序号	名称	金额（元）	单位指标	相关指标				造价占比（%）	备注
				相关基数	数量	单位	相关单位指标（元/单位）		
		A	B		C		D=A÷C		
1.5.13	尾纤		金额（元）÷道路总面积（m^2）	道路总长度		m	金额（元）÷道路总长度（m）	金额（元）÷控制系统安装金额（元）	3K1G 开闭站自动化
1.5.14	计算机应用、网络系统系统联调		金额（元）÷道路总面积（m^2）	道路总长度		m	金额（元）÷道路总长度（m）	金额（元）÷控制系统安装金额（元）	3K1G 开闭站自动化
1.5.15	其他		金额（元）÷道路总面积（m^2）	道路总长度		m	金额（元）÷道路总长度（m）	金额（元）÷控制系统安装金额（元）	以上未包括项目
2	措施费用		金额（元）÷道路总面积（m^2）	道路总长度		m	金额（元）÷道路总长度（m）	金额（元）÷照明工程金额（元）	

B-08 主要工程量指标表

B-08-01 道路工程主要工程量指标表（表 B-08-01-01 ~ 表 B-08-01-03）

表 B-08-01-01 道路工程（各等级）主要工程量指标表

序号	名称	计量单位	工程量	单位指标	相关指标				备注
					相关基数	数量	单位	相关单位指标	
			A	B		C		D=A÷C	
	道路工程								
1	路基与防护工程								
1.1	土石方工程	m^3		工程量 ÷ 道路面积（m^2）	道路长度		m	工程量 ÷ 道路长度（m）	
1.1.1	场地清理	m^2		工程量 ÷ 道路面积（m^2）	道路长度		m	工程量 ÷ 道路长度（m）	
1.1.1.1	清表	m^2		工程量 ÷ 道路面积（m^2）	道路长度		m	工程量 ÷ 道路长度（m）	

表 B-08-01-01（续）

序号	名称	计量单位	工程量	单位指标	相关指标				备注
					相关基数	数量	单位	相关单位指标	
			A	B		C		D=A÷C	
1.1.1.2	挖旧路结构	m^3		工程量 ÷ 道路面积（m^2）	道路长度		m	工程量 ÷ 道路长度（m）	
1.1.1.3	拆除构筑物	m^3		工程量 ÷ 道路面积（m^2）	道路长度		m	工程量 ÷ 道路长度（m）	
1.1.2	路床土石方	m^3		工程量 ÷ 道路面积（m^2）	道路长度		m	工程量 ÷ 道路长度（m）	
1.1.2.1	挖土方	m^3		工程量 ÷ 道路面积（m^2）	道路长度		m	工程量 ÷ 道路长度（m）	
1.1.2.2	挖石方	m^3		工程量 ÷ 道路面积（m^2）	道路长度		m	工程量 ÷ 道路长度（m）	
1.1.2.3	石方爆破	m^3		工程量 ÷ 道路面积（m^2）	道路长度		m	工程量 ÷ 道路长度（m）	
1.1.2.4	石方清理	m^3		工程量 ÷ 道路面积（m^2）	道路长度		m	工程量 ÷ 道路长度（m）	
1.1.2.5	挖土质边沟、排水沟	m^3		工程量 ÷ 道路面积（m^2）	道路长度		m	工程量 ÷ 道路长度（m）	
1.1.3	路基回填	m^3		工程量 ÷ 道路面积（m^2）	道路长度		m	工程量 ÷ 道路长度（m）	
1.1.3.1	填土压实	m^3		工程量 ÷ 道路面积（m^2）	道路长度		m	工程量 ÷ 道路长度（m）	
1.1.3.2	填石碾压	m^3		工程量 ÷ 道路面积（m^2）	道路长度		m	工程量 ÷ 道路长度（m）	
1.1.3.3	修整碾压路床	m^2		工程量 ÷ 道路面积（m^2）	道路长度		m	工程量 ÷ 道路长度（m）	
1.1.4	粒料回填	m^3		工程量 ÷ 道路面积（m^2）	道路长度		m	工程量 ÷ 道路长度（m）	
1.1.4.1	级配砂砾石	m^3		工程量 ÷ 道路面积（m^2）	道路长度		m	工程量 ÷ 道路长度（m）	
1.1.4.2	石灰、粉煤灰、砂砾	m^3		工程量 ÷ 道路面积（m^2）	道路长度		m	工程量 ÷ 道路长度（m）	

表 B-08-01-01（续）

序号	名称	计量单位	工程量	单位指标	相关指标				备注
					相关基数	数量	单位	相关单位指标	
			A	B		C		D=A ÷ C	
1.1.4.3	石灰、粉煤灰、碎石	m^3		工程量 ÷ 道路面积（m^2）	道路长度		m	工程量 ÷ 道路长度（m）	
1.2	盲沟及特殊路基处理								
1.2.1	砾石盲沟	m^3		工程量 ÷ 道路面积（m^2）	道路长度		m	工程量 ÷ 道路长度（m）	
1.2.2	滤管盲沟	m		工程量 ÷ 道路面积（m^2）	道路长度		m	工程量 ÷ 道路长度（m）	
1.2.3	土工格栅	m^2		工程量 ÷ 道路面积（m^2）	道路长度		m	工程量 ÷ 道路长度（m）	
1.2.4	掺石灰处理	m^3		工程量 ÷ 道路面积（m^2）	道路长度		m	工程量 ÷ 道路长度（m）	
1.2.5	强夯处理	m^2		工程量 ÷ 道路面积（m^2）	道路长度		m	工程量 ÷ 道路长度（m）	
1.2.6	石灰砂桩	m^3		工程量 ÷ 道路面积（m^2）	道路长度		m	工程量 ÷ 道路长度（m）	
1.2.7	挤密砂桩	m^3		工程量 ÷ 道路面积（m^2）	道路长度		m	工程量 ÷ 道路长度（m）	
1.2.8	振冲粒料桩	m^3		工程量 ÷ 道路面积（m^2）	道路长度		m	工程量 ÷ 道路长度（m）	
1.2.9	深层搅拌桩	m^3		工程量 ÷ 道路面积（m^2）	道路长度		m	工程量 ÷ 道路长度（m）	
1.2.10	粉喷桩	m^3		工程量 ÷ 道路面积（m^2）	道路长度		m	工程量 ÷ 道路长度（m）	
1.2.11	柱锤冲扩桩	m^3		工程量 ÷ 道路面积（m^2）	道路长度		m	工程量 ÷ 道路长度（m）	
1.2.12	水泥粉煤灰碎石桩	m^3		工程量 ÷ 道路面积（m^2）	道路长度		m	工程量 ÷ 道路长度（m）	
1.2.13	预应力管桩	m		工程量 ÷ 道路面积（m^2）	道路长度		m	工程量 ÷ 道路长度（m）	

表 B-08-01-01（续）

序号	名称	计量单位	工程量	单位指标	相关指标				备注
					相关基数	数量	单位	相关单位指标	
			A	B		C		D=A÷C	
1.2.14	褥垫层	m^3		工程量 ÷ 道路面积（m^2）	道路长度		m	工程量 ÷ 道路长度（m）	
1.3	护坡及挡墙								
1.3.1	护坡	m^2		工程量 ÷ 道路面积（m^2）	道路长度		m	工程量 ÷ 道路长度（m）	
1.3.1.1	砌筑护坡	m^2		工程量 ÷ 道路面积（m^2）	道路长度		m	工程量 ÷ 道路长度（m）	
1.3.1.2	混凝土护坡	m^2		工程量 ÷ 道路面积（m^2）	道路长度		m	工程量 ÷ 道路长度（m）	
1.3.2	挡墙	m^3		工程量 ÷ 道路面积（m^2）	道路长度		m	工程量 ÷ 道路长度（m）	
1.3.2.1	砌筑挡墙	m^3		工程量 ÷ 道路面积（m^2）	道路长度		m	工程量 ÷ 道路长度（m）	
1.3.2.2	现浇混凝土挡墙	m^3		工程量 ÷ 道路面积（m^2）	道路长度		m	工程量 ÷ 道路长度（m）	
1.3.2.3	预制混凝土挡墙	m^3		工程量 ÷ 道路面积（m^2）	道路长度		m	工程量 ÷ 道路长度（m）	
1.3.2.4	挡墙钢筋	t		工程量 ÷ 道路面积（m^2）	道路长度		m	工程量 ÷ 道路长度（m）	
1.3.3	边沟	m^2		工程量 ÷ 道路面积（m^2）	道路长度		m	工程量 ÷ 道路长度（m）	
1.3.3.1	砌筑边沟	m^2		工程量 ÷ 道路面积（m^2）	道路长度		m	工程量 ÷ 道路长度（m）	
1.3.3.2	混凝土边沟	m^2		工程量 ÷ 道路面积（m^2）	道路长度		m	工程量 ÷ 道路长度（m）	
2	路面结构工程	m^2		工程量 ÷ 道路面积（m^2）	道路长度		m	工程量 ÷ 道路长度（m）	
2.1	道路基层	m^2		工程量 ÷ 道路面积（m^2）	道路长度		m	工程量 ÷ 道路长度（m）	

表 B-08-01-01（续）

序号	名称	计量单位	工程量	单位指标	相关指标				备注
					相关基数	数量	单位	相关单位指标	
			A	B		C		D=A ÷ C	
2.1.1	机动车道基层	m^2		工程量 ÷ 道路面积（m^2）	道路长度		m	工程量 ÷ 道路长度（m）	
2.1.1.1	沥青稳定碎石	m^2		工程量 ÷ 道路面积（m^2）	道路长度		m	工程量 ÷ 道路长度（m）	
2.1.1.2	沥青贯入碎石	m^2		工程量 ÷ 道路面积（m^2）	道路长度		m	工程量 ÷ 道路长度（m）	
2.1.1.3	水泥稳定碎石	m^2		工程量 ÷ 道路面积（m^2）	道路长度		m	工程量 ÷ 道路长度（m）	
2.1.1.4	石灰、粉煤灰、碎石	m^2		工程量 ÷ 道路面积（m^2）	道路长度		m	工程量 ÷ 道路长度（m）	
2.1.1.5	水泥稳定土	m^2		工程量 ÷ 道路面积（m^2）	道路长度		m	工程量 ÷ 道路长度（m）	
2.1.1.6	石灰稳定土	m^2		工程量 ÷ 道路面积（m^2）	道路长度		m	工程量 ÷ 道路长度（m）	
2.1.2	非机动车道基层	m^2		工程量 ÷ 道路面积（m^2）	道路长度		m	工程量 ÷ 道路长度（m）	
2.1.2.1	沥青稳定碎石	m^2		工程量 ÷ 道路面积（m^2）	道路长度		m	工程量 ÷ 道路长度（m）	
2.1.2.2	沥青贯入碎石	m^2		工程量 ÷ 道路面积（m^2）	道路长度		m	工程量 ÷ 道路长度（m）	
2.1.2.3	水泥稳定碎石	m^2		工程量 ÷ 道路面积（m^2）	道路长度		m	工程量 ÷ 道路长度（m）	
2.1.2.4	石灰、粉煤灰、碎石	m^2		工程量 ÷ 道路面积（m^2）	道路长度		m	工程量 ÷ 道路长度（m）	
2.1.2.5	水泥稳定土	m^2		工程量 ÷ 道路面积（m^2）	道路长度		m	工程量 ÷ 道路长度（m）	
2.1.2.6	石灰稳定土	m^2		工程量 ÷ 道路面积（m^2）	道路长度		m	工程量 ÷ 道路长度（m）	
2.2	道路面层	m^2		工程量 ÷ 道路面积（m^2）	道路长度		m	工程量 ÷ 道路长度（m）	

表 B-08-01-01（续）

序号	名称	计量单位	工程量	单位指标	相关指标				备注
					相关基数	数量	单位	相关单位指标	
			A	B		C		D=A÷C	
2.2.1	机动车道面层	m^2		工程量 ÷ 道路面积（m^2）	道路长度		m	工程量 ÷ 道路长度（m）	
2.2.1.1	SMA-13 沥青混凝土	m^2		工程量 ÷ 道路面积（m^2）	道路长度		m	工程量 ÷ 道路长度（m）	
2.2.1.2	细粒式 AC-13 沥青混凝土	m^2		工程量 ÷ 道路面积（m^2）	道路长度		m	工程量 ÷ 道路长度（m）	
2.2.1.3	中粒式 AC-16、20 沥青混凝土	m^2		工程量 ÷ 道路面积（m^2）	道路长度		m	工程量 ÷ 道路长度（m）	
2.2.1.4	粗粒式 AC-25、30 沥青混凝土	m^2		工程量 ÷ 道路面积（m^2）	道路长度		m	工程量 ÷ 道路长度（m）	
2.2.1.5	改性沥青混凝土	m^2		工程量 ÷ 道路面积（m^2）	道路长度		m	工程量 ÷ 道路长度（m）	
2.2.1.6	粘层	m^2		工程量 ÷ 道路面积（m^2）	道路长度		m	工程量 ÷ 道路长度（m）	
2.2.1.7	透层	m^2		工程量 ÷ 道路面积（m^2）	道路长度		m	工程量 ÷ 道路长度（m）	
2.2.1.8	封层	m^2		工程量 ÷ 道路面积（m^2）	道路长度		m	工程量 ÷ 道路长度（m）	
2.2.1.9	水泥混凝土面层	m^2		工程量 ÷ 道路面积（m^2）	道路长度		m	工程量 ÷ 道路长度（m）	
2.2.1.10	钢筋	t		工程量 ÷ 道路面积（m^2）	道路长度		m	工程量 ÷ 道路长度（m）	
2.2.2	非机动车道面层	m^2		工程量 ÷ 道路面积（m^2）	道路长度		m	工程量 ÷ 道路长度（m）	
2.2.2.1	细粒式 AC-13 沥青混凝土	m^2		工程量 ÷ 道路面积（m^2）	道路长度		m	工程量 ÷ 道路长度（m）	
2.2.2.2	中粒式 AC-16、20 沥青混凝土	m^2		工程量 ÷ 道路面积（m^2）	道路长度		m	工程量 ÷ 道路长度（m）	
2.2.2.3	粗粒式 AC-25、30 沥青混凝土	m^2		工程量 ÷ 道路面积（m^2）	道路长度		m	工程量 ÷ 道路长度（m）	

表 B-08-01-01（续）

序号	名称	计量单位	工程量	单位指标	相关指标				备注
					相关基数	数量	单位	相关单位指标	
			A	B		C		D=A÷C	
2.2.2.4	粘层	m^2		工程量 ÷ 道路面积（m^2）	道路长度		m	工程量 ÷ 道路长度（m）	
2.2.2.5	透层	m^2		工程量 ÷ 道路面积（m^2）	道路长度		m	工程量 ÷ 道路长度（m）	
2.2.2.6	封层	m^2		工程量 ÷ 道路面积（m^2）	道路长度		m	工程量 ÷ 道路长度（m）	
3	路缘石								
3.1	混凝土立缘石	m		工程量 ÷ 道路面积（m^2）	道路长度		m	工程量 ÷ 道路长度（m）	
3.2	石料立缘石	m		工程量 ÷ 道路面积（m^2）	道路长度		m	工程量 ÷ 道路长度（m）	
3.3	混凝土平缘石	m		工程量 ÷ 道路面积（m^2）	道路长度		m	工程量 ÷ 道路长度（m）	
3.4	石料平缘石	m		工程量 ÷ 道路面积（m^2）	道路长度		m	工程量 ÷ 道路长度（m）	
4	人行道及树池								
4.1	人行道基层	m^2		工程量 ÷ 道路面积（m^2）	道路长度		m	工程量 ÷ 道路长度（m）	
4.1.1	石灰稳定土	m^2		工程量 ÷ 道路面积（m^2）	道路长度		m	工程量 ÷ 道路长度（m）	
4.1.2	粗砂	m^2		工程量 ÷ 道路面积（m^2）	道路长度		m	工程量 ÷ 道路长度（m）	
4.1.3	级配砂砾石	m^2		工程量 ÷ 道路面积（m^2）	道路长度		m	工程量 ÷ 道路长度（m）	
4.1.4	级配碎石	m^2		工程量 ÷ 道路面积（m^2）	道路长度		m	工程量 ÷ 道路长度（m）	

表 B-08-01-01（续）

序号	名称	计量单位	工程量	单位指标	相关指标				备注
					相关基数	数量	单位	相关单位指标	
			A	B		C		D=A÷C	
4.1.5	无砂混凝土	m^2		工程量 ÷ 道路面积（m^2）	道路长度		m	工程量 ÷ 道路长度（m）	
4.2	人行道面层	m^2		工程量 ÷ 道路面积（m^2）	道路长度		m	工程量 ÷ 道路长度（m）	
4.2.1	混凝土步道砖	m^2		工程量 ÷ 道路面积（m^2）	道路长度		m	工程量 ÷ 道路长度（m）	
4.2.2	混凝土盲道砖	m^2		工程量 ÷ 道路面积（m^2）	道路长度		m	工程量 ÷ 道路长度（m）	
4.2.3	石料步道砖	m^2		工程量 ÷ 道路面积（m^2）	道路长度		m	工程量 ÷ 道路长度（m）	
4.2.4	现浇混凝土	m^2		工程量 ÷ 道路面积（m^2）	道路长度		m	工程量 ÷ 道路长度（m）	
4.3	树池								
4.3.1	混凝土边框	座		工程量 ÷ 道路面积（m^2）	道路长度		m	工程量 ÷ 道路长度（m）	
4.3.2	石料边框	座		工程量 ÷ 道路面积（m^2）	道路长度		m	工程量 ÷ 道路长度（m）	
5	附属工程								
5.1	便道	m^2		工程量 ÷ 道路面积（m^2）	道路长度		m	工程量 ÷ 道路长度（m）	
5.2	交通导改设施	m		工程量 ÷ 道路面积（m^2）	道路长度		m	工程量 ÷ 道路长度（m）	
6	钢筋含量								
6.1	现浇混凝土挡墙钢筋含量	t/m^3		钢筋工程量 ÷ 混凝土工程量	道路长度		m	工程量 ÷ 道路长度（m）	
6.2	预制混凝土挡墙钢筋含量	t/m^3		钢筋工程量 ÷ 混凝土工程量	道路长度		m	工程量 ÷ 道路长度（m）	

表 B-08-01-02 城市广场工程主要工程量指标表

序号	名称	计量单位	工程量	单位指标	相关指标				备注
					相关基数	数量	单位	相关单位指标	
			A	B		C		D=A÷C	
	城市广场工程								
1	广场铺装工程								
1.1	土石方工程								
1.1.1	场地清理								
1.1.1.1	清表	m^2		工程量 ÷ 广场总面积（m^2）	广场铺装面积		m^2	工程量 ÷ 广场铺装面积（m^2）	
1.1.1.2	挖旧路结构	m^3		工程量 ÷ 广场总面积（m^2）	广场铺装面积		m^2	工程量 ÷ 广场铺装面积（m^2）	
1.1.1.3	拆除构筑物	m^3		工程量 ÷ 广场总面积（m^2）	广场铺装面积		m^2	工程量 ÷ 广场铺装面积（m^2）	
1.1.2	土石方开挖								
1.1.2.1	挖土方	m^3		工程量 ÷ 广场总面积（m^2）	广场铺装面积		m^2	工程量 ÷ 广场铺装面积（m^2）	
1.1.2.2	挖石方	m^3		工程量 ÷ 广场总面积（m^2）	广场铺装面积		m^2	工程量 ÷ 广场铺装面积（m^2）	
1.1.2.3	石方爆破与清理	m^3		工程量 ÷ 广场总面积（m^2）	广场铺装面积		m^2	工程量 ÷ 广场铺装面积（m^2）	
1.1.3	场地回填	m^3							
1.1.3.1	填土压实	m^3		工程量 ÷ 广场总面积（m^2）	广场铺装面积		m^2	工程量 ÷ 广场铺装面积（m^2）	
1.1.3.2	填石碾压	m^3		工程量 ÷ 广场总面积（m^2）	广场铺装面积		m^2	工程量 ÷ 广场铺装面积（m^2）	
1.1.3.3	级配砂砾石回填	m^3		工程量 ÷ 广场总面积（m^2）	广场铺装面积		m^2	工程量 ÷ 广场铺装面积（m^2）	
1.1.4	地基处理								
1.1.4.1	掺石灰处理	m^3		工程量 ÷ 广场总面积（m^2）	广场铺装面积		m^2	工程量 ÷ 广场铺装面积（m^2）	
1.1.4.2	强夯处理	m^2		工程量 ÷ 广场总面积（m^2）	广场铺装面积		m^2	工程量 ÷ 广场铺装面积（m^2）	

表 B-08-01-02（续）

序号	名称	计量单位	工程量	单位指标	相关指标				备注
					相关基数	数量	单位	相关单位指标	
			A	B		C		D=A ÷ C	
1.1.4.3	石灰砂桩	m^3		工程量 ÷ 广场总面积（m^2）	广场铺装面积		m^2	工程量 ÷ 广场铺装面积（m^2）	
1.1.4.4	振冲粒料桩	m^3		工程量 ÷ 广场总面积（m^2）	广场铺装面积		m^2	工程量 ÷ 广场铺装面积（m^2）	
1.1.4.5	水泥粉煤灰碎石桩	m^3		工程量 ÷ 广场总面积（m^2）	广场铺装面积		m^2	工程量 ÷ 广场铺装面积（m^2）	
1.2	广场铺装	m^2		工程量 ÷ 广场总面积（m^2）	广场铺装面积		m^2	工程量 ÷ 广场铺装面积（m^2）	
1.2.1	广场基层铺设	m^3		工程量 ÷ 广场总面积（m^2）	广场铺装面积		m^2	工程量 ÷ 广场铺装面积（m^2）	
1.2.1.1	石灰、粉煤灰、碎石基层	m^3		工程量 ÷ 广场总面积（m^2）	广场铺装面积		m^2	工程量 ÷ 广场铺装面积（m^2）	
1.2.1.2	混凝土基层	m^3		工程量 ÷ 广场总面积（m^2）	广场铺装面积		m^2	工程量 ÷ 广场铺装面积（m^2）	
1.2.1.3	砂基层	m^3		工程量 ÷ 广场总面积（m^2）	广场铺装面积		m^2	工程量 ÷ 广场铺装面积（m^2）	
1.2.1.4	级配砂砾石基层	m^3		工程量 ÷ 广场总面积（m^2）	广场铺装面积		m^2	工程量 ÷ 广场铺装面积（m^2）	
1.2.1.5	碎石基层	m^2		工程量 ÷ 广场总面积（m^2）	广场铺装面积		m^2	工程量 ÷ 广场铺装面积（m^2）	
1.2.2	广场面层铺装	m^2		工程量 ÷ 广场总面积（m^2）	广场铺装面积		m^2	工程量 ÷ 广场铺装面积（m^2）	
1.2.2.1	石材铺装	m^2		工程量 ÷ 广场总面积（m^2）	广场铺装面积		m^2	工程量 ÷ 广场铺装面积（m^2）	
1.2.2.2	混凝土块料铺装	m^2		工程量 ÷ 广场总面积（m^2）	广场铺装面积		m^2	工程量 ÷ 广场铺装面积（m^2）	
1.2.2.3	现浇混凝土整体面层铺装	m^2		工程量 ÷ 广场总面积（m^2）	广场铺装面积		m^2	工程量 ÷ 广场铺装面积（m^2）	
1.2.3	广场车行道铺设	m^2		工程量 ÷ 广场总面积（m^2）	广场铺装面积		m^2	工程量 ÷ 广场铺装面积（m^2）	

表 B-08-01-02（续）

序号	名称	计量单位	工程量	单位指标	相关指标				备注
					相关基数	数量	单位	相关单位指标	
			A	B		C		D=A÷C	
1.2.3.1	车行道基层铺设	m^2		工程量 ÷ 广场总面积（m^2）	广场铺装面积		m^2	工程量 ÷ 广场铺装面积（m^2）	
1.2.3.2	车行道面层铺设	m^2		工程量 ÷ 广场总面积（m^2）	广场铺装面积		m^2	工程量 ÷ 广场铺装面积（m^2）	
1.3	辅助工程								
1.3.1	缘石与树池工程								
1.3.1.1	混凝土立缘石	m		工程量 ÷ 广场总面积（m^2）	广场铺装面积		m^2	工程量 ÷ 广场铺装面积（m^2）	
1.3.1.2	石料立缘石	m		工程量 ÷ 广场总面积（m^2）	广场铺装面积		m^2	工程量 ÷ 广场铺装面积（m^2）	
1.3.1.3	混凝土平缘石	m		工程量 ÷ 广场总面积（m^2）	广场铺装面积		m^2	工程量 ÷ 广场铺装面积（m^2）	
1.3.1.4	石料平缘石	m		工程量 ÷ 广场总面积（m^2）	广场铺装面积		m^2	工程量 ÷ 广场铺装面积（m^2）	
1.3.1.5	树池（混凝土边框）	座		工程量 ÷ 广场总面积（m^2）	广场铺装面积		m^2	工程量 ÷ 广场铺装面积（m^2）	
1.3.1.6	树池（石料边框）	座		工程量 ÷ 广场总面积（m^2）	广场铺装面积		m^2	工程量 ÷ 广场铺装面积（m^2）	
1.3.2	护坡、挡墙与排水沟								
1.3.2.1	砌筑护坡	m^2		工程量 ÷ 广场总面积（m^2）	广场铺装面积		m^2	工程量 ÷ 广场铺装面积（m^2）	
1.3.2.2	现浇混凝土护坡	m^2		工程量 ÷ 广场总面积（m^2）	广场铺装面积		m^2	工程量 ÷ 广场铺装面积（m^2）	
1.3.2.3	砌筑挡墙	m^3		工程量 ÷ 广场总面积（m^2）	广场铺装面积		m^2	工程量 ÷ 广场铺装面积（m^2）	
1.3.2.4	现浇混凝土挡墙	m^3		工程量 ÷ 广场总面积（m^2）	广场铺装面积		m^2	工程量 ÷ 广场铺装面积（m^2）	

表 B-08-01-02（续）

序号	名称	计量单位	工程量	单位指标	相关指标				备注
					相关基数	数量	单位	相关单位指标	
			A	B		C		D=A÷C	
1.3.2.5	预制混凝土挡墙	m^3		工程量÷广场总面积（m^2）	广场铺装面积		m^2	工程量÷广场铺装面积（m^2）	
1.3.2.6	石材砌筑台阶	m^2		工程量÷广场总面积（m^2）	广场铺装面积		m^2	工程量÷广场铺装面积（m^2）	
1.3.2.7	混凝土块料台阶	m^2		工程量÷广场总面积（m^2）	广场铺装面积		m^2	工程量÷广场铺装面积（m^2）	
1.3.2.8	砌筑边沟	m^3		工程量÷广场总面积（m^2）	广场铺装面积		m^2	工程量÷广场铺装面积（m^2）	
1.3.2.9	混凝土边沟	m^3		工程量÷广场总面积（m^2）	广场铺装面积		m^2	工程量÷广场铺装面积（m^2）	
1.3.2.10	钢筋	t		工程量÷广场总面积（m^2）	广场铺装面积		m^2	工程量÷广场铺装面积（m^2）	
2	功能性建筑								
2.1	标志性建筑	处		工程量÷广场总面积（m^2）	广场铺装面积		m^2	工程量÷广场铺装面积（m^2）	
2.1.1	雕塑	处		工程量÷广场总面积（m^2）	广场铺装面积		m^2	工程量÷广场铺装面积（m^2）	填写时需注明材料及规模
2.1.2	碑刻	处		工程量÷广场总面积（m^2）	广场铺装面积		m^2	工程量÷广场铺装面积（m^2）	
2.1.3	牌坊	处		工程量÷广场总面积（m^2）	广场铺装面积		m^2	工程量÷广场铺装面积（m^2）	
2.1.4	塔	处		工程量÷广场总面积（m^2）	广场铺装面积		m^2	工程量÷广场铺装面积（m^2）	
2.1.5	廊桥	处		工程量÷广场总面积（m^2）	广场铺装面积		m^2	工程量÷广场铺装面积（m^2）	
2.2	建筑小品	处							
2.2.1	花坛	处		工程量÷广场总面积（m^2）	广场铺装面积		m^2	工程量÷广场铺装面积（m^2）	
2.2.2	花架	处		工程量÷广场总面积（m^2）	广场铺装面积		m^2	工程量÷广场铺装面积（m^2）	

表 B-08-01-02（续）

序号	名称	计量单位	工程量	单位指标	相关指标				备注
					相关基数	数量	单位	相关单位指标	
			A	B		C		D=A÷C	
2.2.3	水池	处		工程量 ÷ 广场总面积（m^2）	广场铺装面积		m^2	工程量 ÷ 广场铺装面积（m^2）	
2.2.4	喷泉	处		工程量 ÷ 广场总面积（m^2）	广场铺装面积		m^2	工程量 ÷ 广场铺装面积（m^2）	
2.2.5	其他艺术小品	处		工程量 ÷ 广场总面积（m^2）	广场铺装面积		m^2	工程量 ÷ 广场铺装面积（m^2）	
2.3	其他	处							
2.3.1	旗杆与基础	处		工程量 ÷ 广场总面积（m^2）	广场铺装面积		m^2	工程量 ÷ 广场铺装面积（m^2）	
2.3.2	健身设施与基础	处		工程量 ÷ 广场总面积（m^2）	广场铺装面积		m^2	工程量 ÷ 广场铺装面积（m^2）	
2.3.3	桌、椅	个		工程量 ÷ 广场总面积（m^2）	广场铺装面积		m^2	工程量 ÷ 广场铺装面积（m^2）	
2.3.4	装饰工程	m^2		工程量 ÷ 广场总面积（m^2）	广场铺装面积		m^2	工程量 ÷ 广场铺装面积（m^2）	
3	配套设施								
3.1	给水、排水与消防								
3.1.1	给水工程								
3.1.1.1	给水管道	m		工程量 ÷ 广场总面积（m^2）	广场铺装面积		m^2	工程量 ÷ 广场铺装面积（m^2）	
3.1.1.2	闸阀及附件	个		工程量 ÷ 广场总面积（m^2）	广场铺装面积		m^2	工程量 ÷ 广场铺装面积（m^2）	
3.1.1.3	闸阀井	座		工程量 ÷ 广场总面积（m^2）	广场铺装面积		m^2	工程量 ÷ 广场铺装面积（m^2）	
3.1.2	排水工程								
3.1.2.1	排水管道	m		工程量 ÷ 广场总面积（m^2）	广场铺装面积		m^2	工程量 ÷ 广场铺装面积（m^2）	需注明管径或尺寸，并分别填写
3.1.2.2	排水方沟	m		工程量 ÷ 广场总面积（m^2）	广场铺装面积		m^2	工程量 ÷ 广场铺装面积（m^2）	

表 B-08-01-02（续）

序号	名称	计量单位	工程量	单位指标	相关指标				备注
					相关基数	数量	单位	相关单位指标	
			A	B		C		D=A÷C	
3.1.2.3	雨水篦子	m		工程量 ÷ 广场总面积（m^2）	广场铺装面积		m^2	工程量 ÷ 广场铺装面积（m^2）	
3.1.2.4	检查井	座		工程量 ÷ 广场总面积（m^2）	广场铺装面积		m^2	工程量 ÷ 广场铺装面积（m^2）	
3.1.2.5	雨污水泵站	座		工程量 ÷ 广场总面积（m^2）	广场铺装面积		m^2	工程量 ÷ 广场铺装面积（m^2）	
3.1.2.6	化粪池	座		工程量 ÷ 广场总面积（m^2）	广场铺装面积		m^2	工程量 ÷ 广场铺装面积（m^2）	
3.1.3	消防工程								
3.1.3.1	消防管道	m		工程量 ÷ 广场总面积（m^2）	广场铺装面积		m^2	工程量 ÷ 广场铺装面积（m^2）	
3.1.3.2	消火栓设备与器具	个		工程量 ÷ 广场总面积（m^2）	广场铺装面积		m^2	工程量 ÷ 广场铺装面积（m^2）	
3.1.3.3	消火栓井	个		工程量 ÷ 广场总面积（m^2）	广场铺装面积		m^2	工程量 ÷ 广场铺装面积（m^2）	
3.1.3.4	自动报警装置	处		工程量 ÷ 广场总面积（m^2）	广场铺装面积		m^2	工程量 ÷ 广场铺装面积（m^2）	
3.1.3.5	灭火器	个		工程量 ÷ 广场总面积（m^2）	广场铺装面积		m^2	工程量 ÷ 广场铺装面积（m^2）	
3.2	照明与供电								
3.2.1	变配电设备安装								
3.2.1.1	组合型成套箱式变电站或变压器安装	台		工程量 ÷ 广场总面积（m^2）	广场铺装面积		m^2	工程量 ÷ 广场铺装面积（m^2）	
3.2.1.2	箱变基础	个		工程量 ÷ 广场总面积（m^2）	广场铺装面积		m^2	工程量 ÷ 广场铺装面积（m^2）	

表 B-08-01-02（续）

序号	名称	计量单位	工程量	单位指标	相关指标				备注
					相关基数	数量	单位	相关单位指标	
			A	B		C		D=A÷C	
3.2.1.3	开闭器及基础安装	台		工程量 ÷ 广场总面积（m^2）	广场铺装面积		m^2	工程量 ÷ 广场铺装面积（m^2）	
3.2.1.4	配电箱（柜）、控制箱（柜）、开关柜等安装	台		工程量 ÷ 广场总面积（m^2）	广场铺装面积		m^2	工程量 ÷ 广场铺装面积（m^2）	
3.2.2	灯杆组立、安装								
3.2.2.1	常规灯杆及基础	套		工程量 ÷ 广场总面积（m^2）	广场铺装面积		m^2	工程量 ÷ 广场铺装面积（m^2）	
3.2.2.2	半高杆灯杆及基础	套		工程量 ÷ 广场总面积（m^2）	广场铺装面积		m^2	工程量 ÷ 广场铺装面积（m^2）	
3.2.2.3	高杆灯杆及基础	套		工程量 ÷ 广场总面积（m^2）	广场铺装面积		m^2	工程量 ÷ 广场铺装面积（m^2）	
3.2.2.4	异型灯杆及基础	套		工程量 ÷ 广场总面积（m^2）	广场铺装面积		m^2	工程量 ÷ 广场铺装面积（m^2）	
3.2.3	电缆与配管配线								
3.2.3.1	电缆敷设	m		工程量 ÷ 广场总面积（m^2）	广场铺装面积		m^2	工程量 ÷ 广场铺装面积（m^2）	
3.2.3.2	导线架设	m		工程量 ÷ 广场总面积（m^2）	广场铺装面积		m^2	工程量 ÷ 广场铺装面积（m^2）	
3.2.3.3	电缆保护管	m		工程量 ÷ 广场总面积（m^2）	广场铺装面积		m^2	工程量 ÷ 广场铺装面积（m^2）	
3.2.3.4	管道包封	m^3		工程量 ÷ 广场总面积（m^2）	广场铺装面积		m^2	工程量 ÷ 广场铺装面积（m^2）	
3.2.3.5	电力管井	座		工程量 ÷ 广场总面积（m^2）	广场铺装面积		m^2	工程量 ÷ 广场铺装面积（m^2）	

表 B-08-01-02（续）

序号	名称	计量单位	工程量	单位指标	相关指标				备注
					相关基数	数量	单位	相关单位指标	
			A	B		C		D=A ÷ C	
3.2.4	照明灯具安装								
3.2.4.1	普通照明灯具安装	套		工程量 ÷ 广场总面积（m^2）	广场铺装面积		m^2	工程量 ÷ 广场铺装面积（m^2）	
3.2.4.2	特殊效果灯光设备安装	套		工程量 ÷ 广场总面积（m^2）	广场铺装面积		m^2	工程量 ÷ 广场铺装面积（m^2）	
3.2.5	控制系统安装								
3.2.5.1	控制电缆敷设	m		工程量 ÷ 广场总面积（m^2）	广场铺装面积		m^2	工程量 ÷ 广场铺装面积（m^2）	
3.2.5.2	光缆敷设	m		工程量 ÷ 广场总面积（m^2）	广场铺装面积		m^2	工程量 ÷ 广场铺装面积（m^2）	
3.2.5.3	控制器安装	台		工程量 ÷ 广场总面积（m^2）	广场铺装面积		m^2	工程量 ÷ 广场铺装面积（m^2）	
3.2.5.4	启动器安装	台		工程量 ÷ 广场总面积（m^2）	广场铺装面积		m^2	工程量 ÷ 广场铺装面积（m^2）	
3.3	监控系统								
3.3.1	摄像机	台		工程量 ÷ 广场总面积（m^2）	广场铺装面积		m^2	工程量 ÷ 广场铺装面积（m^2）	
3.3.2	监控终端设备安装	套		工程量 ÷ 广场总面积（m^2）	广场铺装面积		m^2	工程量 ÷ 广场铺装面积（m^2）	
3.4	导向标识	面		工程量 ÷ 广场总面积（m^2）	广场铺装面积		m^2	工程量 ÷ 广场铺装面积（m^2）	
3.5	其他								
3.5.1	管理用房	m^2		工程量 ÷ 广场总面积（m^2）	广场铺装面积		m^2	工程量 ÷ 广场铺装面积（m^2）	
3.5.2	设备用房	m^2		工程量 ÷ 广场总面积（m^2）	广场铺装面积		m^2	工程量 ÷ 广场铺装面积（m^2）	

表 B-08-01-03　停车场工程主要工程量指标表

序号	名称	计量单位	工程量	单位指标	相关指标				备注
					相关基数	数量	单位	相关单位指标	
			A	B		C		D=A÷C	
	停车场工程								
1	铺装工程								
1.1	土石方工程	m^3							
1.1.1	场地清理								
1.1.1.1	清表	m^2		工程量 ÷ 停车场面积（m^2）	道路面积		m^2	工程量 ÷ 道路面积（m^2）	
1.1.1.2	挖旧路结构	m^3		工程量 ÷ 停车场面积（m^2）	道路面积		m^2	工程量 ÷ 道路面积（m^2）	
1.1.2	土石方开挖	m^3		工程量 ÷ 停车场面积（m^2）	道路面积		m^2	工程量 ÷ 道路面积（m^2）	
1.1.2.1	挖土方	m^3		工程量 ÷ 停车场面积（m^2）	道路面积		m^2	工程量 ÷ 道路面积（m^2）	
1.1.2.2	挖石方	m^3		工程量 ÷ 停车场面积（m^2）	道路面积		m^2	工程量 ÷ 道路面积（m^2）	
1.1.2.3	石方爆破及清理	m^3		工程量 ÷ 停车场面积（m^2）	道路面积		m^2	工程量 ÷ 道路面积（m^2）	
1.1.3	场地回填	m^3		工程量 ÷ 停车场面积（m^2）	道路面积		m^2	工程量 ÷ 道路面积（m^2）	
1.1.3.1	填土压实	m^3		工程量 ÷ 停车场面积（m^2）	道路面积		m^2	工程量 ÷ 道路面积（m^2）	
1.1.3.2	填石碾压	m^3		工程量 ÷ 停车场面积（m^2）	道路面积		m^2	工程量 ÷ 道路面积（m^2）	
1.1.3.3	级配砂砾石回填	m^3		工程量 ÷ 停车场面积（m^2）	道路面积		m^2	工程量 ÷ 道路面积（m^2）	
1.1.4	地基处理	m^3		工程量 ÷ 停车场面积（m^2）	道路面积		m^2	工程量 ÷ 道路面积（m^2）	
1.1.4.1	掺石灰处理	m^3		工程量 ÷ 停车场面积（m^2）	道路面积		m^2	工程量 ÷ 道路面积（m^2）	

表 B-08-01-03（续）

序号	名称	计量单位	工程量	单位指标	相关指标				备注
					相关基数	数量	单位	相关单位指标	
			A	B		C		D=A÷C	
1.1.4.2	强夯处理	m^2		工程量 ÷ 停车场面积（m^2）	道路面积		m^2	工程量 ÷ 道路面积（m^2）	
1.1.4.3	石灰砂桩	m^3		工程量 ÷ 停车场面积（m^2）	道路面积		m^2	工程量 ÷ 道路面积（m^2）	
1.1.4.4	振冲粒料桩	m^3		工程量 ÷ 停车场面积（m^2）	道路面积		m^2	工程量 ÷ 道路面积（m^2）	
1.1.4.5	水泥粉煤灰碎石桩	m^3		工程量 ÷ 停车场面积（m^2）	道路面积		m^2	工程量 ÷ 道路面积（m^2）	
1.1.4.6	褥垫层	m^3		工程量 ÷ 停车场面积（m^2）	道路面积		m^2	工程量 ÷ 道路面积（m^2）	
1.2	停车场铺装								
1.2.1	停车场基层铺设	m^2		工程量 ÷ 停车场面积（m^2）	道路面积		m^2	工程量 ÷ 道路面积（m^2）	
1.2.1.1	石灰、粉煤灰、碎石基层	m^3		工程量 ÷ 停车场面积（m^2）	道路面积		m^2	工程量 ÷ 道路面积（m^2）	
1.2.1.2	混凝土基层	m^3		工程量 ÷ 停车场面积（m^2）	道路面积		m^2	工程量 ÷ 道路面积（m^2）	
1.2.1.3	砂基层	m^3		工程量 ÷ 停车场面积（m^2）	道路面积		m^2	工程量 ÷ 道路面积（m^2）	
1.2.1.4	级配砂砾石基层	m^3		工程量 ÷ 停车场面积（m^2）	道路面积		m^2	工程量 ÷ 道路面积（m^2）	
1.2.1.5	碎石基层	m^3		工程量 ÷ 停车场面积（m^2）	道路面积		m^2	工程量 ÷ 道路面积（m^2）	
1.2.2	停车场面层铺装	m^2		工程量 ÷ 停车场面积（m^2）	道路面积		m^2	工程量 ÷ 道路面积（m^2）	
1.2.2.1	石材铺装	m^2		工程量 ÷ 停车场面积（m^2）	道路面积		m^2	工程量 ÷ 道路面积（m^2）	
1.2.2.2	混凝土块料铺装	m^2		工程量 ÷ 停车场面积（m^2）	道路面积		m^2	工程量 ÷ 道路面积（m^2）	

表 B-08-01-03（续）

序号	名称	计量单位	工程量	单位指标	相关指标				备注
					相关基数	数量	单位	相关单位指标	
			A	B		C		D=A÷C	
1.2.2.3	现浇混凝土整体面层铺装	m^2		工程量 ÷ 停车场面积（m^2）	道路面积		m^2	工程量 ÷ 道路面积（m^2）	
1.2.3	停车场车行道铺设	m^2		工程量 ÷ 停车场面积（m^2）	道路面积		m^2	工程量 ÷ 道路面积（m^2）	
1.2.3.1	车行道基层铺设	m^2		工程量 ÷ 停车场面积（m^2）	道路面积		m^2	工程量 ÷ 道路面积（m^2）	
1.2.3.2	车行道面层铺设	m^2		工程量 ÷ 停车场面积（m^2）	道路面积		m^2	工程量 ÷ 道路面积（m^2）	
1.3	辅助工程								
1.3.1	护坡、挡墙与排水沟								
1.3.1.1	砌筑护坡	m^2		工程量 ÷ 停车场面积（m^2）	道路面积		m^2	工程量 ÷ 道路面积（m^2）	
1.3.1.2	现浇混凝土护坡	m^2		工程量 ÷ 停车场面积（m^2）	道路面积		m^2	工程量 ÷ 道路面积（m^2）	
1.3.1.3	砌筑挡墙	m^3		工程量 ÷ 停车场面积（m^2）	道路面积		m^2	工程量 ÷ 道路面积（m^2）	
1.3.1.4	现浇混凝土挡墙	m^3		工程量 ÷ 停车场面积（m^2）	道路面积		m^2	工程量 ÷ 道路面积（m^2）	
1.3.1.5	预制混凝土挡墙	m^3		工程量 ÷ 停车场面积（m^2）	道路面积		m^2	工程量 ÷ 道路面积（m^2）	
1.3.1.6	石材砌筑台阶	m^2		工程量 ÷ 停车场面积（m^2）	道路面积		m^2	工程量 ÷ 道路面积（m^2）	
1.3.1.7	混凝土块料台阶	m^2		工程量 ÷ 停车场面积（m^2）	道路面积		m^2	工程量 ÷ 道路面积（m^2）	
1.3.1.8	砌筑边沟	m^3		工程量 ÷ 停车场面积（m^2）	道路面积		m^2	工程量 ÷ 道路面积（m^2）	
1.3.1.9	混凝土边沟	m^3		工程量 ÷ 停车场面积（m^2）	道路面积		m^2	工程量 ÷ 道路面积（m^2）	

表 B-08-01-03（续）

序号	名称	计量单位	工程量	单位指标	相关指标				备注
					相关基数	数量	单位	相关单位指标	
			A	B		C		D=A÷C	
1.3.1.10	钢筋	t		工程量 ÷ 停车场面积（m^2）	道路面积		m^2	工程量 ÷ 道路面积（m^2）	
1.3.2	缘石与树池工程								
1.3.2.1	混凝土立缘石	m		工程量 ÷ 停车场面积（m^2）	道路面积		m^2	工程量 ÷ 道路面积（m^2）	
1.3.2.2	石料立缘石	m		工程量 ÷ 停车场面积（m^2）	道路面积		m^2	工程量 ÷ 道路面积（m^2）	
1.3.2.3	混凝土平缘石	m		工程量 ÷ 停车场面积（m^2）	道路面积		m^2	工程量 ÷ 道路面积（m^2）	
1.3.2.4	石料平缘石	m		工程量 ÷ 停车场面积（m^2）	道路面积		m^2	工程量 ÷ 道路面积（m^2）	
1.3.2.5	树池（混凝土边框）	座		工程量 ÷ 停车场面积（m^2）	道路面积		m^2	工程量 ÷ 道路面积（m^2）	
1.3.2.6	树池（石料边框）	座		工程量 ÷ 停车场面积（m^2）	道路面积		m^2	工程量 ÷ 道路面积（m^2）	
2	配套设施								
2.1	给水、排水与消防								
2.1.1	给水工程								
2.1.1.1	给水管道	m		工程量 ÷ 停车场面积（m^2）	道路面积		m^2	工程量 ÷ 道路面积（m^2）	
2.1.1.2	闸阀及附件	个		工程量 ÷ 停车场面积（m^2）	道路面积		m^2	工程量 ÷ 道路面积（m^2）	
2.1.1.3	闸阀井	座		工程量 ÷ 停车场面积（m^2）	道路面积		m^2	工程量 ÷ 道路面积（m^2）	
2.1.2	排水工程								
2.1.2.1	排水管道	m		工程量 ÷ 停车场面积（m^2）	道路面积		m^2	工程量 ÷ 道路面积（m^2）	

表 B-08-01-03（续）

序号	名称	计量单位	工程量	单位指标	相关指标				备注
					相关基数	数量	单位	相关单位指标	
			A	B		C		D=A÷C	
2.1.2.2	排水方沟	m		工程量 ÷ 停车场面积（m^2）	道路面积		m^2	工程量 ÷ 道路面积（m^2）	
2.1.2.3	雨水篦子	m		工程量 ÷ 停车场面积（m^2）	道路面积		m^2	工程量 ÷ 道路面积（m^2）	
2.1.2.4	检查井	座		工程量 ÷ 停车场面积（m^2）	道路面积		m^2	工程量 ÷ 道路面积（m^2）	
2.1.2.5	雨污水泵房	座		工程量 ÷ 停车场面积（m^2）	道路面积		m^2	工程量 ÷ 道路面积（m^2）	
2.1.3	消防工程								
2.1.3.1	消防管道	m		工程量 ÷ 停车场面积（m^2）	道路面积		m^2	工程量 ÷ 道路面积（m^2）	
2.1.3.2	消火栓设备与器具	个		工程量 ÷ 停车场面积（m^2）	道路面积		m^2	工程量 ÷ 道路面积（m^2）	
2.1.3.3	消火栓井	个		工程量 ÷ 停车场面积（m^2）	道路面积		m^2	工程量 ÷ 道路面积（m^2）	
2.1.3.4	自动报警系统	项		工程量 ÷ 停车场面积（m^2）	道路面积		m^2	工程量 ÷ 道路面积（m^2）	
2.1.3.5	灭火器	个		工程量 ÷ 停车场面积（m^2）	道路面积		m^2	工程量 ÷ 道路面积（m^2）	
2.2	照明与供电								
2.2.1	变配电设备安装								
2.2.1.1	组合型成套箱式变电站或变压器安装	台		工程量 ÷ 停车场面积（m^2）	道路面积		m^2	工程量 ÷ 道路面积（m^2）	
2.2.1.2	箱变基础	个		工程量 ÷ 停车场面积（m^2）	道路面积		m^2	工程量 ÷ 道路面积（m^2）	
2.2.1.3	开闭器及基础安装	台		工程量 ÷ 停车场面积（m^2）	道路面积		m^2	工程量 ÷ 道路面积（m^2）	

表 B–08–01–03（续）

序号	名称	计量单位	工程量	单位指标	相关指标				备注
					相关基数	数量	单位	相关单位指标	
			A	B		C		D=A÷C	
2.2.1.4	配电箱（柜）、控制箱（柜）、开关柜等安装	台		工程量 ÷ 停车场面积（m^2）	道路面积		m^2	工程量 ÷ 道路面积（m^2）	
2.2.2	灯杆组立、安装	套		工程量 ÷ 停车场面积（m^2）	道路面积		m^2	工程量 ÷ 道路面积（m^2）	
2.2.3	电缆与配管配线								
2.2.3.1	电缆敷设	m		工程量 ÷ 停车场面积（m^2）	道路面积		m^2	工程量 ÷ 道路面积（m^2）	
2.2.3.2	导线架设	m		工程量 ÷ 停车场面积（m^2）	道路面积		m^2	工程量 ÷ 道路面积（m^2）	
2.2.3.3	电缆保护管	m		工程量 ÷ 停车场面积（m^2）	道路面积		m^2	工程量 ÷ 道路面积（m^2）	
2.2.3.4	管道包封	m^3		工程量 ÷ 停车场面积（m^2）	道路面积		m^2	工程量 ÷ 道路面积（m^2）	
2.2.3.5	电力管井	座		工程量 ÷ 停车场面积（m^2）	道路面积		m^2	工程量 ÷ 道路面积（m^2）	
2.2.4	照明灯具安装	套		工程量 ÷ 停车场面积（m^2）	道路面积		m^2	工程量 ÷ 道路面积（m^2）	
2.3	收费系统								
2.3.1	线缆敷设	m		工程量 ÷ 停车场面积（m^2）	道路面积		m^2	工程量 ÷ 道路面积（m^2）	
2.3.2	自动收费系统与设备安装	套		工程量 ÷ 停车场面积（m^2）	道路面积		m^2	工程量 ÷ 道路面积（m^2）	
2.3.3	道闸控制系统设备安装	套		工程量 ÷ 停车场面积（m^2）	道路面积		m^2	工程量 ÷ 道路面积（m^2）	
2.4	监控系统								
2.4.1	摄像机	台		工程量 ÷ 停车场面积（m^2）	道路面积		m^2	工程量 ÷ 道路面积（m^2）	

表 B-08-01-03（续）

序号	名称	计量单位	工程量	单位指标	相关指标				备注
					相关基数	数量	单位	相关单位指标	
			A	B		C		D=A÷C	
2.4.2	监控终端设备安装	套		工程量 ÷ 停车场面积（m^2）	道路面积		m^2	工程量 ÷ 道路面积（m^2）	
2.5	其他								
2.5.1	管理用房	m^2		工程量 ÷ 停车场面积（m^2）	道路面积		m^2	工程量 ÷ 道路面积（m^2）	
2.5.2	设备用房	m^2		工程量 ÷ 停车场面积（m^2）	道路面积		m^2	工程量 ÷ 道路面积（m^2）	

B-08-02　桥涵主要工程量指标表（表 B-08-02-01 ~ 表 B-08-02-10）

表 B-08-02-01　桥梁工程（分离式立交桥 / 跨线桥）主要工程量指标表

序号	名称	计量单位	工程量	单位指标	相关指标				备注
					相关基数	数量	单位	相关单位指标	
			A	B		C		D=A÷C	
1	分离式立交桥 / 跨线桥								
1.1	主体结构								
1.1.1	基础工程								
1.1.1.1	土石方工程	m^3		工程量 ÷ 桥梁面积（m^2）	道路面积		m^2	工程量 ÷ 道路面积（m^2）	
1.1.1.1.1	挖方	m^3		工程量 ÷ 桥梁面积（m^2）	道路面积		m^2	工程量 ÷ 道路面积（m^2）	
1.1.1.1.2	回填方	m^3		工程量 ÷ 桥梁面积（m^2）	道路面积		m^2	工程量 ÷ 道路面积（m^2）	
1.1.1.2	基坑支护								
1.1.1.2.1	地下连续墙	m^3		工程量 ÷ 桥梁面积（m^2）	道路面积		m^2	工程量 ÷ 道路面积（m^2）	

表 B-08-02-01（续）

序号	名称	计量单位	工程量	单位指标	相关指标				备注
					相关基数	数量	单位	相关单位指标	
			A	B		C		D=A÷C	
1.1.1.2.2	咬合灌注桩	m		工程量 ÷ 桥梁面积（m^2）	道路面积		m^2	工程量 ÷ 道路面积（m^2）	
1.1.1.2.3	预应力锚杆、锚索	m		工程量 ÷ 桥梁面积（m^2）	道路面积		m^2	工程量 ÷ 道路面积（m^2）	
1.1.1.2.4	其他锚杆、土钉	m		工程量 ÷ 桥梁面积（m^2）	道路面积		m^2	工程量 ÷ 道路面积（m^2）	
1.1.1.2.5	喷射混凝土、水泥砂浆	m^3		工程量 ÷ 桥梁面积（m^2）	道路面积		m^2	工程量 ÷ 道路面积（m^2）	
1.1.1.3	桩基础	m		工程量 ÷ 桥梁面积（m^2）	道路面积		m^2	工程量 ÷ 道路面积（m^2）	
1.1.1.3.1	打桩	m		工程量 ÷ 桥梁面积（m^2）	道路面积		m^2	工程量 ÷ 道路面积（m^2）	
1.1.1.3.2	灌注桩	m		工程量 ÷ 桥梁面积（m^2）	道路面积		m^2	工程量 ÷ 道路面积（m^2）	
1.1.1.4	扩大基础	m^3		工程量 ÷ 桥梁面积（m^2）	道路面积		m^2	工程量 ÷ 道路面积（m^2）	
1.1.1.4.1	混凝土	m^3		工程量 ÷ 桥梁面积（m^2）	道路面积		m^2	工程量 ÷ 道路面积（m^2）	
1.1.1.4.2	砌体	m^3		工程量 ÷ 桥梁面积（m^2）	道路面积		m^2	工程量 ÷ 道路面积（m^2）	
1.1.1.5	沉井基础	m^3		工程量 ÷ 桥梁面积（m^2）	道路面积		m^2	工程量 ÷ 道路面积（m^2）	
1.1.1.6	承台、系梁	m^3		工程量 ÷ 桥梁面积（m^2）	道路面积		m^2	工程量 ÷ 道路面积（m^2）	
1.1.1.7	基础钢筋	t		工程量 ÷ 桥梁面积（m^2）	道路面积		m^2	工程量 ÷ 道路面积（m^2）	
1.1.2	下部结构								
1.1.2.1	墩（台）身	m^3		工程量 ÷ 桥梁面积（m^2）	道路面积		m^2	工程量 ÷ 道路面积（m^2）	

表 B-08-02-01（续）

序号	名称	计量单位	工程量	单位指标	相关指标				备注
					相关基数	数量	单位	相关单位指标	
			A	B		C		D=A ÷ C	
1.1.2.1.1	砌体结构	m^3		工程量 ÷ 桥梁面积（m^2）	道路面积		m^2	工程量 ÷ 道路面积（m^2）	
1.1.2.1.2	预应力钢筋	t		工程量 ÷ 桥梁面积（m^2）	道路面积		m^2	工程量 ÷ 道路面积（m^2）	
1.1.2.1.3	钢绞线	t		工程量 ÷ 桥梁面积（m^2）	道路面积		m^2	工程量 ÷ 道路面积（m^2）	
1.1.2.1.4	现浇混凝土	m^3		工程量 ÷ 桥梁面积（m^2）	道路面积		m^2	工程量 ÷ 道路面积（m^2）	
1.1.2.1.5	预制混凝土	m^3		工程量 ÷ 桥梁面积（m^2）	道路面积		m^2	工程量 ÷ 道路面积（m^2）	
1.1.2.1.6	钢结构	t		工程量 ÷ 桥梁面积（m^2）	道路面积		m^2	工程量 ÷ 道路面积（m^2）	
1.1.2.2	墩（台）帽、盖梁	m^3		工程量 ÷ 桥梁面积（m^2）	道路面积		m^2	工程量 ÷ 道路面积（m^2）	
1.1.2.2.1	预应力钢筋	t		工程量 ÷ 桥梁面积（m^2）	道路面积		m^2	工程量 ÷ 道路面积（m^2）	
1.1.2.2.2	钢绞线	t		工程量 ÷ 桥梁面积（m^2）	道路面积		m^2	工程量 ÷ 道路面积（m^2）	
1.1.2.2.3	现浇混凝土	m^3		工程量 ÷ 桥梁面积（m^2）	道路面积		m^2	工程量 ÷ 道路面积（m^2）	
1.1.2.2.4	预制混凝土	m^3		工程量 ÷ 桥梁面积（m^2）	道路面积		m^2	工程量 ÷ 道路面积（m^2）	
1.1.2.2.5	钢结构	t		工程量 ÷ 桥梁面积（m^2）	道路面积		m^2	工程量 ÷ 道路面积（m^2）	
1.1.2.3	支承梁、横梁	m^3		工程量 ÷ 桥梁面积（m^2）	道路面积		m^2	工程量 ÷ 道路面积（m^2）	
1.1.2.4	下部结构钢筋	t		工程量 ÷ 桥梁面积（m^2）	道路面积		m^2	工程量 ÷ 道路面积（m^2）	
1.1.3	上部结构								

表 B-08-02-01（续）

序号	名称	计量单位	工程量	单位指标	相关指标				备注
					相关基数	数量	单位	相关单位指标	
			A	B		C		D=A ÷ C	
1.1.3.1	梁	m^3		工程量 ÷ 桥梁面积（m^2）	道路面积		m^2	工程量 ÷ 道路面积（m^2）	
1.1.3.1.1	钢筋混凝土梁	m^3		工程量 ÷ 桥梁面积（m^2）	道路面积		m^2	工程量 ÷ 道路面积（m^2）	
1.1.3.1.2	钢梁	t		工程量 ÷ 桥梁面积（m^2）	道路面积		m^2	工程量 ÷ 道路面积（m^2）	
1.1.3.1.3	钢混结合梁	m^3		工程量 ÷ 桥梁面积（m^2）	道路面积		m^2	工程量 ÷ 道路面积（m^2）	
1.1.3.1.4	钢结构	t		工程量 ÷ 桥梁面积（m^2）	道路面积		m^2	工程量 ÷ 道路面积（m^2）	
1.1.3.1.5	钢绞线	t		工程量 ÷ 桥梁面积（m^2）	道路面积		m^2	工程量 ÷ 道路面积（m^2）	
1.1.3.1.6	支座	个		工程量 ÷ 桥梁面积（m^2）	道路面积		m^2	工程量 ÷ 道路面积（m^2）	
1.1.3.1.7	锚锭	m^3		工程量 ÷ 桥梁面积（m^2）	道路面积		m^2	工程量 ÷ 道路面积（m^2）	
1.1.3.2	索塔结构								
1.1.3.2.1	索塔	m^3		工程量 ÷ 桥梁面积（m^2）	道路面积		m^2	工程量 ÷ 道路面积（m^2）	
1.1.3.2.2	缆索系统	t		工程量 ÷ 桥梁面积（m^2）	道路面积		m^2	工程量 ÷ 道路面积（m^2）	
1.1.3.2.3	钢绞	t		工程量 ÷ 桥梁面积（m^2）	道路面积		m^2	工程量 ÷ 道路面积（m^2）	
1.1.3.2.4	钢丝束	t		工程量 ÷ 桥梁面积（m^2）	道路面积		m^2	工程量 ÷ 道路面积（m^2）	
1.1.3.2.5	主索	t		工程量 ÷ 桥梁面积（m^2）	道路面积		m^2	工程量 ÷ 道路面积（m^2）	
1.1.3.2.6	吊杆	t		工程量 ÷ 桥梁面积（m^2）	道路面积		m^2	工程量 ÷ 道路面积（m^2）	

表 B-08-02-01（续）

序号	名称	计量单位	工程量	单位指标	相关指标				备注
					相关基数	数量	单位	相关单位指标	
			A	B		C		D=A÷C	
1.1.3.3	上部结构钢筋	t		工程量 ÷ 桥梁面积（m^2）	道路面积		m^2	工程量 ÷ 道路面积（m^2）	
1.1.4	桥面系	m^2		工程量 ÷ 桥梁面积（m^2）	道路面积		m^2	工程量 ÷ 道路面积（m^2）	
1.1.4.1	金属护栏	m		工程量 ÷ 桥梁面积（m^2）	道路面积		m^2	工程量 ÷ 道路面积（m^2）	
1.1.4.2	混凝土护栏	m		工程量 ÷ 桥梁面积（m^2）	道路面积		m^2	工程量 ÷ 道路面积（m^2）	
1.1.4.3	伸缩缝	m		工程量 ÷ 桥梁面积（m^2）	道路面积		m^2	工程量 ÷ 道路面积（m^2）	
1.2	附属工程	元		工程量 ÷ 桥梁面积（m^2）	道路面积		m^2	工程量 ÷ 道路面积（m^2）	
1.2.1	隔声屏障	m^2		工程量 ÷ 桥梁面积（m^2）	道路面积		m^2	工程量 ÷ 道路面积（m^2）	
1.2.2	砌筑工程	m^3		工程量 ÷ 桥梁面积（m^2）	道路面积		m^2	工程量 ÷ 道路面积（m^2）	
1.2.3	混凝土楼梯	m^3		工程量 ÷ 桥梁面积（m^2）	道路面积		m^2	工程量 ÷ 道路面积（m^2）	
1.2.4	桥头搭板	m^3		工程量 ÷ 桥梁面积（m^2）	道路面积		m^2	工程量 ÷ 道路面积（m^2）	
1.3	装饰	m^2		工程量 ÷ 桥梁面积（m^2）	道路面积		m^2	工程量 ÷ 道路面积（m^2）	
1.3.1	抹面	m^2		工程量 ÷ 桥梁面积（m^2）	道路面积		m^2	工程量 ÷ 道路面积（m^2）	
1.3.2	镶贴面层	m^2		工程量 ÷ 桥梁面积（m^2）	道路面积		m^2	工程量 ÷ 道路面积（m^2）	
1.3.3	涂料、油漆	m^2		工程量 ÷ 桥梁面积（m^2）	道路面积		m^2	工程量 ÷ 道路面积（m^2）	
1.3.4	地面铺贴	m^2		工程量 ÷ 桥梁面积（m^2）	道路面积		m^2	工程量 ÷ 道路面积（m^2）	

表 B-08-02-01（续）

序号	名称	计量单位	工程量	单位指标	相关指标				备注
					相关基数	数量	单位	相关单位指标	
			A	B		C		D=A÷C	
1.4	钢筋含量								
1.4.1	喷射混凝土钢筋含量	t		喷射混凝土钢筋工程量 ÷ 喷射混凝土工程量（m^3）	道路面积		m^2	工程量 ÷ 道路面积（m^2）	
1.4.2	桩基钢筋含筋量	t		桩基钢筋工程量 ÷ 桩基混凝土工程量（m^3）	道路面积		m^2	工程量 ÷ 道路面积（m^2）	
1.4.3	现浇混凝土钢筋含量	t		现浇混凝土钢筋工程量 ÷ 现浇混凝土混凝土工程量（m^3）	道路面积		m^2	工程量 ÷ 道路面积（m^2）	
1.4.4	预制混凝土钢筋含量	t		预制混凝土钢筋工程量 ÷ 预制混凝土混凝土工程量（m^3）	道路面积		m^2	工程量 ÷ 道路面积（m^2）	

表 B-08-02-02　桥梁工程（互通式立交桥）主要工程量指标表

序号	名称	计量单位	工程量	单位指标	相关指标				备注
					相关基数	数量	单位	相关单位指标	
			A	B		C		D=A÷C	
2	互通式立交桥								
2.1	主桥								
2.1.1	主体结构								
2.1.1.1	基础工程								
2.1.1.1.1	土石方工程	m^3		工程量 ÷ 桥梁面积（m^2）	道路面积		m^2	工程量 ÷ 道路面积（m^2）	
2.1.1.1.1.1	挖方	m^3		工程量 ÷ 桥梁面积（m^2）	道路面积		m^2	工程量 ÷ 道路面积（m^2）	

表 B-08-02-02（续）

序号	名称	计量单位	工程量	单位指标	相关指标				备注
					相关基数	数量	单位	相关单位指标	
			A	B		C		D=A÷C	
2.1.1.1.1.2	回填方	m^3		工程量 ÷ 桥梁面积（m^2）	道路面积		m^2	工程量 ÷ 道路面积（m^2）	
2.1.1.1.2	基坑支护								
2.1.1.1.2.1	地下连续墙	m^3		工程量 ÷ 桥梁面积（m^2）	道路面积		m^2	工程量 ÷ 道路面积（m^2）	
2.1.1.1.2.2	咬合灌注桩	m		工程量 ÷ 桥梁面积（m^2）	道路面积		m^2	工程量 ÷ 道路面积（m^2）	
2.1.1.1.2.3	预应力锚杆、锚索	m		工程量 ÷ 桥梁面积（m^2）	道路面积		m^2	工程量 ÷ 道路面积（m^2）	
2.1.1.1.2.4	其他锚杆、土钉	m		工程量 ÷ 桥梁面积（m^2）	道路面积		m^2	工程量 ÷ 道路面积（m^2）	
2.1.1.1.2.5	喷射混凝土、水泥砂浆	m^3		工程量 ÷ 桥梁面积（m^2）	道路面积		m^2	工程量 ÷ 道路面积（m^2）	
2.1.1.1.3	桩基础	m		工程量 ÷ 桥梁面积（m^2）	道路面积		m^2	工程量 ÷ 道路面积（m^2）	
2.1.1.1.3.1	打桩	m		工程量 ÷ 桥梁面积（m^2）	道路面积		m^2	工程量 ÷ 道路面积（m^2）	
2.1.1.1.3.2	灌注桩	m		工程量 ÷ 桥梁面积（m^2）	道路面积		m^2	工程量 ÷ 道路面积（m^2）	
2.1.1.1.4	扩大基础	m^3		工程量 ÷ 桥梁面积（m^2）	道路面积		m^2	工程量 ÷ 道路面积（m^2）	
2.1.1.1.4.1	混凝土	m^3		工程量 ÷ 桥梁面积（m^2）	道路面积		m^2	工程量 ÷ 道路面积（m^2）	
2.1.1.1.4.2	砌体	m^3		工程量 ÷ 桥梁面积（m^2）	道路面积		m^2	工程量 ÷ 道路面积（m^2）	
2.1.1.1.5	沉井基础	m^3		工程量 ÷ 桥梁面积（m^2）	道路面积		m^2	工程量 ÷ 道路面积（m^2）	
2.1.1.1.6	承台、系梁	m^3		工程量 ÷ 桥梁面积（m^2）	道路面积		m^2	工程量 ÷ 道路面积（m^2）	

表 B-08-02-02（续）

序号	名称	计量单位	工程量	单位指标	相关指标				备注
					相关基数	数量	单位	相关单位指标	
			A	B		C		D=A ÷ C	
2.1.1.1.7	基础钢筋	t		工程量 ÷ 桥梁面积（m^2）	道路面积		m^2	工程量 ÷ 道路面积（m^2）	
2.1.1.2	下部结构								
2.1.1.2.1	墩（台）身	m^3		工程量 ÷ 桥梁面积（m^2）	道路面积		m^2	工程量 ÷ 道路面积（m^2）	
2.1.1.2.1.1	砌体结构	m^3		工程量 ÷ 桥梁面积（m^2）	道路面积		m^2	工程量 ÷ 道路面积（m^2）	
2.1.1.2.1.2	预应力钢筋	t		工程量 ÷ 桥梁面积（m^2）	道路面积		m^2	工程量 ÷ 道路面积（m^2）	
2.1.1.2.1.3	钢绞线	t		工程量 ÷ 桥梁面积（m^2）	道路面积		m^2	工程量 ÷ 道路面积（m^2）	
2.1.1.2.1.4	现浇混凝土	m^3		工程量 ÷ 桥梁面积（m^2）	道路面积		m^2	工程量 ÷ 道路面积（m^2）	
2.1.1.2.1.5	预制混凝土	m^3		工程量 ÷ 桥梁面积（m^2）	道路面积		m^2	工程量 ÷ 道路面积（m^2）	
2.1.1.2.1.6	钢结构	t		工程量 ÷ 桥梁面积（m^2）	道路面积		m^2	工程量 ÷ 道路面积（m^2）	
2.1.1.2.2	墩（台）帽、盖梁	m^3		工程量 ÷ 桥梁面积（m^2）	道路面积		m^2	工程量 ÷ 道路面积（m^2）	
2.1.1.2.2.1	预应力钢筋	t		工程量 ÷ 桥梁面积（m^2）	道路面积		m^2	工程量 ÷ 道路面积（m^2）	
2.1.1.2.2.2	钢绞线	t		工程量 ÷ 桥梁面积（m^2）	道路面积		m^2	工程量 ÷ 道路面积（m^2）	
2.1.1.2.2.3	现浇混凝土	m^3		工程量 ÷ 桥梁面积（m^2）	道路面积		m^2	工程量 ÷ 道路面积（m^2）	
2.1.1.2.2.4	预制混凝土	m^3		工程量 ÷ 桥梁面积（m^2）	道路面积		m^2	工程量 ÷ 道路面积（m^2）	
2.1.1.2.2.5	钢结构	t		工程量 ÷ 桥梁面积（m^2）	道路面积		m^2	工程量 ÷ 道路面积（m^2）	

表 B-08-02-02（续）

序号	名称	计量单位	工程量	单位指标	相关指标				备注
					相关基数	数量	单位	相关单位指标	
			A	B		C		D=A÷C	
2.1.1.2.3	支承梁、横梁	m^3		工程量 ÷ 桥梁面积（m^2）	道路面积		m^2	工程量 ÷ 道路面积（m^2）	
2.1.1.2.4	下部结构钢筋	t		工程量 ÷ 桥梁面积（m^2）	道路面积		m^2	工程量 ÷ 道路面积（m^2）	
2.1.1.3	上部结构								
2.1.1.3.1	梁	m^3		工程量 ÷ 桥梁面积（m^2）	道路面积		m^2	工程量 ÷ 道路面积（m^2）	
2.1.1.3.1.1	钢筋混凝土梁	m^3		工程量 ÷ 桥梁面积（m^2）	道路面积		m^2	工程量 ÷ 道路面积（m^2）	
2.1.1.3.1.2	钢梁	t		工程量 ÷ 桥梁面积（m^2）	道路面积		m^2	工程量 ÷ 道路面积（m^2）	
2.1.1.3.1.3	钢混结合梁	m^3		工程量 ÷ 桥梁面积（m^2）	道路面积		m^2	工程量 ÷ 道路面积（m^2）	
2.1.1.3.1.4	钢结构	t		工程量 ÷ 桥梁面积（m^2）	道路面积		m^2	工程量 ÷ 道路面积（m^2）	
2.1.1.3.1.5	钢绞线	t		工程量 ÷ 桥梁面积（m^2）	道路面积		m^2	工程量 ÷ 道路面积（m^2）	
2.1.1.3.1.6	支座	个		工程量 ÷ 桥梁面积（m^2）	道路面积		m^2	工程量 ÷ 道路面积（m^2）	
2.1.1.3.2	上部结构钢筋	t		工程量 ÷ 桥梁面积（m^2）	道路面积		m^2	工程量 ÷ 道路面积（m^2）	
2.1.1.4	桥面系	m^2		工程量 ÷ 桥梁面积（m^2）	道路面积		m^2	工程量 ÷ 道路面积（m^2）	
2.1.1.4.1	金属护栏	m		工程量 ÷ 桥梁面积（m^2）	道路面积		m^2	工程量 ÷ 道路面积（m^2）	
2.1.1.4.2	混凝土护栏	m		工程量 ÷ 桥梁面积（m^2）	道路面积		m^2	工程量 ÷ 道路面积（m^2）	
2.1.1.4.3	伸缩缝	m		工程量 ÷ 桥梁面积（m^2）	道路面积		m^2	工程量 ÷ 道路面积（m^2）	

表 B-08-02-02（续）

序号	名称	计量单位	工程量	单位指标	相关指标				备注
					相关基数	数量	单位	相关单位指标	
			A	B		C		D=A÷C	
2.1.1.4.4	桥头搭板	m^3		工程量 ÷ 桥梁面积（m^2）	道路面积		m^2	工程量 ÷ 道路面积（m^2）	
2.1.2	附属工程	元		工程量 ÷ 桥梁面积（m^2）	道路面积		m^2	工程量 ÷ 道路面积（m^2）	
2.1.2.1	护坡、挡墙	m^3		工程量 ÷ 桥梁面积（m^2）	道路面积		m^2	工程量 ÷ 道路面积（m^2）	
2.1.2.2	隔声屏障	m^2		工程量 ÷ 桥梁面积（m^2）	道路面积		m^2	工程量 ÷ 道路面积（m^2）	
2.1.2.3	混凝土楼梯	m^3		工程量 ÷ 桥梁面积（m^2）	道路面积		m^2	工程量 ÷ 道路面积（m^2）	
2.1.2.4	装饰	m^2		工程量 ÷ 桥梁面积（m^2）	道路面积		m^2	工程量 ÷ 道路面积（m^2）	
2.1.2.4.1	抹面	m^2		工程量 ÷ 桥梁面积（m^2）	道路面积		m^2	工程量 ÷ 道路面积（m^2）	
2.1.2.4.2	镶贴面层	m^2		工程量 ÷ 桥梁面积（m^2）	道路面积		m^2	工程量 ÷ 道路面积（m^2）	
2.1.2.4.3	涂料、油漆	m^2		工程量 ÷ 桥梁面积（m^2）	道路面积		m^2	工程量 ÷ 道路面积（m^2）	
2.1.2.4.4	地面铺贴	m^2		工程量 ÷ 桥梁面积（m^2）	道路面积		m^2	工程量 ÷ 道路面积（m^2）	
2.1.3	钢筋含量								
2.1.3.1	喷射混凝土钢筋含量	t		喷射混凝土钢筋工程量 ÷ 喷射混凝土工程量（m^3）	道路面积		m^2	工程量 ÷ 道路面积（m^2）	
2.1.3.2	桩基钢筋含筋量	t		桩基钢筋工程量 ÷ 桩基混凝土工程量（m^3）	道路面积		m^2	工程量 ÷ 道路面积（m^2）	
2.1.3.3	现浇混凝土钢筋含量	t		现浇混凝土钢筋工程量 ÷ 现浇混凝土混凝土工程量（m^3）	道路面积		m^2	工程量 ÷ 道路面积（m^2）	

表 B-08-02-02（续）

序号	名称	计量单位	工程量	单位指标	相关指标				备注
					相关基数	数量	单位	相关单位指标	
			A	B		C		D=A÷C	
2.1.3.4	预制混凝土钢筋含量	t		预制混凝土钢筋工程量÷预制混凝土混凝土工程量（m^3）	道路面积		m^2	工程量÷道路面积（m^2）	
2.2	匝道桥								
2.2.1	主体结构								
2.2.1.1	基础工程								
2.2.1.1.1	土石方工程	m^3		工程量÷桥梁面积（m^2）	道路面积		m^2	工程量÷道路面积（m^2）	
2.2.1.1.1.1	挖方	m^3		工程量÷桥梁面积（m^2）	道路面积		m^2	工程量÷道路面积（m^2）	
2.2.1.1.1.2	回填方	m^3		工程量÷桥梁面积（m^2）	道路面积		m^2	工程量÷道路面积（m^2）	
2.2.1.1.2	基坑支护								
2.2.1.1.2.1	地下连续墙	m^3		工程量÷桥梁面积（m^2）	道路面积		m^2	工程量÷道路面积（m^2）	
2.2.1.1.2.2	咬合灌注桩	m		工程量÷桥梁面积（m^2）	道路面积		m^2	工程量÷道路面积（m^2）	
2.2.1.1.2.3	预应力锚杆、锚索	m		工程量÷桥梁面积（m^2）	道路面积		m^2	工程量÷道路面积（m^2）	
2.2.1.1.2.4	其他锚杆、土钉	m		工程量÷桥梁面积（m^2）	道路面积		m^2	工程量÷道路面积（m^2）	
2.2.1.1.2.5	喷射混凝土、水泥砂浆	m^3		工程量÷桥梁面积（m^2）	道路面积		m^2	工程量÷道路面积（m^2）	
2.2.1.1.3	桩基础	m		工程量÷桥梁面积（m^2）	道路面积		m^2	工程量÷道路面积（m^2）	
2.2.1.1.3.1	打桩	m		工程量÷桥梁面积（m^2）	道路面积		m^2	工程量÷道路面积（m^2）	
2.2.1.1.3.2	灌注桩	m		工程量÷桥梁面积（m^2）	道路面积		m^2	工程量÷道路面积（m^2）	

表 B-08-02-02（续）

序号	名称	计量单位	工程量	单位指标	相关指标				备注
					相关基数	数量	单位	相关单位指标	
			A	B		C		D=A÷C	
2.2.1.1.4	扩大基础	m^3		工程量 ÷ 桥梁面积（m^2）	道路面积		m^2	工程量 ÷ 道路面积（m^2）	
2.2.1.1.4.1	混凝土	m^3		工程量 ÷ 桥梁面积（m^2）	道路面积		m^2	工程量 ÷ 道路面积（m^2）	
2.2.1.1.4.2	砌体	m^3		工程量 ÷ 桥梁面积（m^2）	道路面积		m^2	工程量 ÷ 道路面积（m^2）	
2.2.1.1.5	沉井基础	m^3		工程量 ÷ 桥梁面积（m^2）	道路面积		m^2	工程量 ÷ 道路面积（m^2）	
2.2.1.1.6	承台、系梁	m^3		工程量 ÷ 桥梁面积（m^2）	道路面积		m^2	工程量 ÷ 道路面积（m^2）	
2.2.1.1.7	基础钢筋	t		工程量 ÷ 桥梁面积（m^2）	道路面积		m^2	工程量 ÷ 道路面积（m^2）	
2.2.1.2	下部结构								
2.2.1.2.1	墩（台）身	m^3		工程量 ÷ 桥梁面积（m^2）	道路面积		m^2	工程量 ÷ 道路面积（m^2）	
2.2.1.2.1.1	砌体结构	m^3		工程量 ÷ 桥梁面积（m^2）	道路面积		m^2	工程量 ÷ 道路面积（m^2）	
2.2.1.2.1.2	预应力钢筋	t		工程量 ÷ 桥梁面积（m^2）	道路面积		m^2	工程量 ÷ 道路面积（m^2）	
2.2.1.2.1.3	钢绞线	t		工程量 ÷ 桥梁面积（m^2）	道路面积		m^2	工程量 ÷ 道路面积（m^2）	
2.2.1.2.1.4	现浇混凝土	m^3		工程量 ÷ 桥梁面积（m^2）	道路面积		m^2	工程量 ÷ 道路面积（m^2）	
2.2.1.2.1.5	预制混凝土	m^3		工程量 ÷ 桥梁面积（m^2）	道路面积		m^2	工程量 ÷ 道路面积（m^2）	
2.2.1.2.1.6	钢结构	t		工程量 ÷ 桥梁面积（m^2）	道路面积		m^2	工程量 ÷ 道路面积（m^2）	
2.2.1.2.2	墩（台）帽、盖梁	m^3		工程量 ÷ 桥梁面积（m^2）	道路面积		m^2	工程量 ÷ 道路面积（m^2）	

表 B-08-02-02（续）

序号	名称	计量单位	工程量	单位指标	相关指标				备注
					相关基数	数量	单位	相关单位指标	
			A	B		C		D=A ÷ C	
2.2.1.2.2.1	预应力钢筋	t		工程量 ÷ 桥梁面积（m^2）	道路面积		m^2	工程量 ÷ 道路面积（m^2）	
2.2.1.2.2.2	钢绞线	t		工程量 ÷ 桥梁面积（m^2）	道路面积		m^2	工程量 ÷ 道路面积（m^2）	
2.2.1.2.2.3	现浇混凝土	m^3		工程量 ÷ 桥梁面积（m^2）	道路面积		m^2	工程量 ÷ 道路面积（m^2）	
2.2.1.2.2.4	预制混凝土	m^3		工程量 ÷ 桥梁面积（m^2）	道路面积		m^2	工程量 ÷ 道路面积（m^2）	
2.2.1.2.2.5	钢结构	t		工程量 ÷ 桥梁面积（m^2）	道路面积		m^2	工程量 ÷ 道路面积（m^2）	
2.2.1.2.3	支承梁、横梁	m^3		工程量 ÷ 桥梁面积（m^2）	道路面积		m^2	工程量 ÷ 道路面积（m^2）	
2.2.1.2.4	下部结构钢筋	t		工程量 ÷ 桥梁面积（m^2）	道路面积		m^2	工程量 ÷ 道路面积（m^2）	
2.2.1.3	上部结构								
2.2.1.3.1	梁	m^3		工程量 ÷ 桥梁面积（m^2）	道路面积		m^2	工程量 ÷ 道路面积（m^2）	
2.2.1.3.1.1	钢筋混凝土梁	m^3		工程量 ÷ 桥梁面积（m^2）	道路面积		m^2	工程量 ÷ 道路面积（m^2）	
2.2.1.3.1.2	钢梁	t		工程量 ÷ 桥梁面积（m^2）	道路面积		m^2	工程量 ÷ 道路面积（m^2）	
2.2.1.3.1.3	钢混结合梁	m^3		工程量 ÷ 桥梁面积（m^2）	道路面积		m^2	工程量 ÷ 道路面积（m^2）	
2.2.1.3.1.4	钢结构	t		工程量 ÷ 桥梁面积（m^2）	道路面积		m^2	工程量 ÷ 道路面积（m^2）	
2.2.1.3.1.5	钢绞线	t		工程量 ÷ 桥梁面积（m^2）	道路面积		m^2	工程量 ÷ 道路面积（m^2）	
2.2.1.3.1.6	支座	个		工程量 ÷ 桥梁面积（m^2）	道路面积		m^2	工程量 ÷ 道路面积（m^2）	

表 B-08-02-02（续）

序号	名称	计量单位	工程量	单位指标	相关指标				备注
					相关基数	数量	单位	相关单位指标	
			A	B		C		D=A ÷ C	
2.2.1.3.2	上部结构钢筋	t		工程量 ÷ 桥梁面积（m^2）	道路面积		m^2	工程量 ÷ 道路面积（m^2）	
2.2.1.4	桥面系	m^2		工程量 ÷ 桥梁面积（m^2）	道路面积		m^2	工程量 ÷ 道路面积（m^2）	
2.2.1.4.1	金属护栏	m		工程量 ÷ 桥梁面积（m^2）	道路面积		m^2	工程量 ÷ 道路面积（m^2）	
2.2.1.4.2	混凝土护栏	m		工程量 ÷ 桥梁面积（m^2）	道路面积		m^2	工程量 ÷ 道路面积（m^2）	
2.2.1.4.3	伸缩缝	m		工程量 ÷ 桥梁面积（m^2）	道路面积		m^2	工程量 ÷ 道路面积（m^2）	
2.2.1.4.4	桥头搭板	m^3		工程量 ÷ 桥梁面积（m^2）	道路面积		m^2	工程量 ÷ 道路面积（m^2）	
2.2.2	附属工程	元		工程量 ÷ 桥梁面积（m^2）	道路面积		m^2	工程量 ÷ 道路面积（m^2）	
2.2.2.1	护坡、挡墙	m^3		工程量 ÷ 桥梁面积（m^2）	道路面积		m^2	工程量 ÷ 道路面积（m^2）	
2.2.2.2	隔声屏障	m^2		工程量 ÷ 桥梁面积（m^2）	道路面积		m^2	工程量 ÷ 道路面积（m^2）	
2.2.2.3	混凝土楼梯	m^3		工程量 ÷ 桥梁面积（m^2）	道路面积		m^2	工程量 ÷ 道路面积（m^2）	
2.2.2.4	装饰	m^2		工程量 ÷ 桥梁面积（m^2）	道路面积		m^2	工程量 ÷ 道路面积（m^2）	
2.2.2.4.1	抹面	m^2		工程量 ÷ 桥梁面积（m^2）	道路面积		m^2	工程量 ÷ 道路面积（m^2）	
2.2.2.4.2	镶贴面层	m^2		工程量 ÷ 桥梁面积（m^2）	道路面积		m^2	工程量 ÷ 道路面积（m^2）	
2.2.2.4.3	涂料、油漆	m^2		工程量 ÷ 桥梁面积（m^2）	道路面积		m^2	工程量 ÷ 道路面积（m^2）	
2.2.2.4.4	地面铺贴	m^2		工程量 ÷ 桥梁面积（m^2）	道路面积		m^2	工程量 ÷ 道路面积（m^2）	

表 B-08-02-02（续）

序号	名称	计量单位	工程量	单位指标	相关指标				备注
					相关基数	数量	单位	相关单位指标	
			A	B		C		D=A÷C	
2.2.3	钢筋含量								
2.2.3.1	喷射混凝土钢筋含量	t		喷射混凝土钢筋工程量 ÷ 喷射混凝土工程量（m^3）	道路面积		m^2	工程量 ÷ 道路面积（m^2）	
2.2.3.2	桩基钢筋含筋量	t		桩基钢筋工程量 ÷ 桩基混凝土工程量（m^3）	道路面积		m^2	工程量 ÷ 道路面积（m^2）	
2.2.3.3	现浇混凝土钢筋含量	t		现浇混凝土钢筋工程量 ÷ 现浇混凝土混凝土工程量（m^3）	道路面积		m^2	工程量 ÷ 道路面积（m^2）	
2.2.3.4	预制混凝土钢筋含量	t		预制混凝土钢筋工程量 ÷ 预制混凝土混凝土工程量（m^3）	道路面积		m^2	工程量 ÷ 道路面积（m^2）	

表 B-08-02-03　桥梁工程（高架桥）主要工程量指标表

序号	名称	计量单位	工程量	单位指标	相关指标				备注
					相关基数	数量	单位	相关单位指标	
			A	B		C		D=A÷C	
3	高架桥								
3.1	主体结构								
3.1.1	基础工程								
3.1.1.1	土石方工程	m^3		工程量 ÷ 桥梁面积（m^2）	道路面积		m^2	工程量 ÷ 道路面积（m^2）	
3.1.1.1.1	挖方	m^3		工程量 ÷ 桥梁面积（m^2）	道路面积		m^2	工程量 ÷ 道路面积（m^2）	
3.1.1.1.2	回填方	m^3		工程量 ÷ 桥梁面积（m^2）	道路面积		m^2	工程量 ÷ 道路面积（m^2）	

表 B-08-02-03（续）

序号	名称	计量单位	工程量	单位指标	相关指标				备注
					相关基数	数量	单位	相关单位指标	
			A	B		C		D=A÷C	
3.1.1.2	基坑支护								
3.1.1.2.1	地下连续墙	m^3		工程量 ÷ 桥梁面积（m^2）	道路面积		m^2	工程量 ÷ 道路面积（m^2）	
3.1.1.2.2	咬合灌注桩	m		工程量 ÷ 桥梁面积（m^2）	道路面积		m^2	工程量 ÷ 道路面积（m^2）	
3.1.1.2.3	预应力锚杆、锚索	m		工程量 ÷ 桥梁面积（m^2）	道路面积		m^2	工程量 ÷ 道路面积（m^2）	
3.1.1.2.4	其他锚杆、土钉	m		工程量 ÷ 桥梁面积（m^2）	道路面积		m^2	工程量 ÷ 道路面积（m^2）	
3.1.1.2.5	喷射混凝土、水泥砂浆	m^3		工程量 ÷ 桥梁面积（m^2）	道路面积		m^2	工程量 ÷ 道路面积（m^2）	
3.1.1.3	桩基础	m		工程量 ÷ 桥梁面积（m^2）	道路面积		m^2	工程量 ÷ 道路面积（m^2）	
3.1.1.3.1	打桩	m		工程量 ÷ 桥梁面积（m^2）	道路面积		m^2	工程量 ÷ 道路面积（m^2）	
3.1.1.3.2	灌注桩	m		工程量 ÷ 桥梁面积（m^2）	道路面积		m^2	工程量 ÷ 道路面积（m^2）	
3.1.1.4	扩大基础	m^3		工程量 ÷ 桥梁面积（m^2）	道路面积		m^2	工程量 ÷ 道路面积（m^2）	
3.1.1.4.1	混凝土	m^3		工程量 ÷ 桥梁面积（m^2）	道路面积		m^2	工程量 ÷ 道路面积（m^2）	
3.1.1.4.2	砌体	m^3		工程量 ÷ 桥梁面积（m^2）	道路面积		m^2	工程量 ÷ 道路面积（m^2）	
3.1.1.5	沉井基础	m^3		工程量 ÷ 桥梁面积（m^2）	道路面积		m^2	工程量 ÷ 道路面积（m^2）	
3.1.1.6	承台、系梁	m^3		工程量 ÷ 桥梁面积（m^2）	道路面积		m^2	工程量 ÷ 道路面积（m^2）	
3.1.1.7	基础钢筋	t		工程量 ÷ 桥梁面积（m^2）	道路面积		m^2	工程量 ÷ 道路面积（m^2）	
3.1.2	下部结构								

表 B-08-02-03（续）

序号	名称	计量单位	工程量	单位指标	相关指标				备注
					相关基数	数量	单位	相关单位指标	
			A	B		C		D=A÷C	
3.1.2.1	墩（台）身	m^3		工程量 ÷ 桥梁面积（m^2）	道路面积		m^2	工程量 ÷ 道路面积（m^2）	
3.1.2.1.1	砌体结构	m^3		工程量 ÷ 桥梁面积（m^2）	道路面积		m^2	工程量 ÷ 道路面积（m^2）	
3.1.2.1.2	预应力钢筋	t		工程量 ÷ 桥梁面积（m^2）	道路面积		m^2	工程量 ÷ 道路面积（m^2）	
3.1.2.1.3	钢绞线	t		工程量 ÷ 桥梁面积（m^2）	道路面积		m^2	工程量 ÷ 道路面积（m^2）	
3.1.2.1.4	现浇混凝土	m^3		工程量 ÷ 桥梁面积（m^2）	道路面积		m^2	工程量 ÷ 道路面积（m^2）	
3.1.2.1.5	预制混凝土	m^3		工程量 ÷ 桥梁面积（m^2）	道路面积		m^2	工程量 ÷ 道路面积（m^2）	
3.1.2.1.6	钢结构	t		工程量 ÷ 桥梁面积（m^2）	道路面积		m^2	工程量 ÷ 道路面积（m^2）	
3.1.2.2	墩（台）帽、盖梁	m^3		工程量 ÷ 桥梁面积（m^2）	道路面积		m^2	工程量 ÷ 道路面积（m^2）	
3.1.2.2.1	预应力钢筋	t		工程量 ÷ 桥梁面积（m^2）	道路面积		m^2	工程量 ÷ 道路面积（m^2）	
3.1.2.2.2	钢绞线	t		工程量 ÷ 桥梁面积（m^2）	道路面积		m^2	工程量 ÷ 道路面积（m^2）	
3.1.2.2.3	现浇混凝土	m^3		工程量 ÷ 桥梁面积（m^2）	道路面积		m^2	工程量 ÷ 道路面积（m^2）	
3.1.2.2.4	预制混凝土	m^3		工程量 ÷ 桥梁面积（m^2）	道路面积		m^2	工程量 ÷ 道路面积（m^2）	
3.1.2.2.5	钢结构	t		工程量 ÷ 桥梁面积（m^2）	道路面积		m^2	工程量 ÷ 道路面积（m^2）	
3.1.2.3	支承梁、横梁	m^3		工程量 ÷ 桥梁面积（m^2）	道路面积		m^2	工程量 ÷ 道路面积（m^2）	
3.1.2.4	下部结构钢筋	t		工程量 ÷ 桥梁面积（m^2）	道路面积		m^2	工程量 ÷ 道路面积（m^2）	

表 B-08-02-03（续）

序号	名称	计量单位	工程量	单位指标	相关指标				备注
					相关基数	数量	单位	相关单位指标	
			A	B		C		D=A÷C	
3.1.3	上部结构								
3.1.3.1	梁	m^3		工程量 ÷ 桥梁面积（m^2）	道路面积		m^2	工程量 ÷ 道路面积（m^2）	
3.1.3.1.1	钢筋混凝土梁	m^3		工程量 ÷ 桥梁面积（m^2）	道路面积		m^2	工程量 ÷ 道路面积（m^2）	
3.1.3.1.2	钢梁	t		工程量 ÷ 桥梁面积（m^2）	道路面积		m^2	工程量 ÷ 道路面积（m^2）	
3.1.3.1.3	钢混结合梁	m^3		工程量 ÷ 桥梁面积（m^2）	道路面积		m^2	工程量 ÷ 道路面积（m^2）	
3.1.3.1.4	钢结构	t		工程量 ÷ 桥梁面积（m^2）	道路面积		m^2	工程量 ÷ 道路面积（m^2）	
3.1.3.1.5	钢绞线	t		工程量 ÷ 桥梁面积（m^2）	道路面积		m^2	工程量 ÷ 道路面积（m^2）	
3.1.3.1.6	支座	个		工程量 ÷ 桥梁面积（m^2）	道路面积		m^2	工程量 ÷ 道路面积（m^2）	
3.1.3.2	上部结构钢筋	t		工程量 ÷ 桥梁面积（m^2）	道路面积		m^2	工程量 ÷ 道路面积（m^2）	
3.1.4	桥面系	m^2		工程量 ÷ 桥梁面积（m^2）	道路面积		m^2	工程量 ÷ 道路面积（m^2）	
3.1.4.1	金属护栏	m		工程量 ÷ 桥梁面积（m^2）	道路面积		m^2	工程量 ÷ 道路面积（m^2）	
3.1.4.2	混凝土护栏	m		工程量 ÷ 桥梁面积（m^2）	道路面积		m^2	工程量 ÷ 道路面积（m^2）	
3.1.4.3	伸缩缝	m		工程量 ÷ 桥梁面积（m^2）	道路面积		m^2	工程量 ÷ 道路面积（m^2）	
3.1.4.4	桥头搭板	m^3		工程量 ÷ 桥梁面积（m^2）	道路面积		m^2	工程量 ÷ 道路面积（m^2）	
3.2	附属工程	元		工程量 ÷ 桥梁面积（m^2）	道路面积		m^2	工程量 ÷ 道路面积（m^2）	

表 B-08-02-03（续）

序号	名称	计量单位	工程量	单位指标	相关指标				备注
					相关基数	数量	单位	相关单位指标	
			A	B		C		D=A÷C	
3.2.1	护坡、挡墙	m^3		工程量 ÷ 桥梁面积（m^2）	道路面积		m^2	工程量 ÷ 道路面积（m^2）	
3.2.2	隔声屏障	m^2		工程量 ÷ 桥梁面积（m^2）	道路面积		m^2	工程量 ÷ 道路面积（m^2）	
3.2.3	混凝土楼梯	m^3		工程量 ÷ 桥梁面积（m^2）	道路面积		m^2	工程量 ÷ 道路面积（m^2）	
3.2.4	装饰	m^2		工程量 ÷ 桥梁面积（m^2）	道路面积		m^2	工程量 ÷ 道路面积（m^2）	
3.2.4.1	抹面	m^2		工程量 ÷ 桥梁面积（m^2）	道路面积		m^2	工程量 ÷ 道路面积（m^2）	
3.2.4.2	镶贴面层	m^2		工程量 ÷ 桥梁面积（m^2）	道路面积		m^2	工程量 ÷ 道路面积（m^2）	
3.2.4.3	涂料、油漆	m^2		工程量 ÷ 桥梁面积（m^2）	道路面积		m^2	工程量 ÷ 道路面积（m^2）	
3.2.4.4	地面铺贴	m^2		工程量 ÷ 桥梁面积（m^2）	道路面积		m^2	工程量 ÷ 道路面积（m^2）	
3.3	钢筋含量								
3.3.1	喷射混凝土钢筋含量	t		喷射混凝土钢筋工程量 ÷ 喷射混凝土工程量（m^3）	道路面积		m^2	工程量 ÷ 道路面积（m^2）	
3.3.2	桩基钢筋含筋量	t		桩基钢筋工程量 ÷ 桩基混凝土工程量（m^3）	道路面积		m^2	工程量 ÷ 道路面积（m^2）	
3.3.3	现浇混凝土钢筋含量	t		现浇混凝土钢筋工程量 ÷ 现浇混凝土混凝土工程量（m^3）	道路面积		m^2	工程量 ÷ 道路面积（m^2）	
3.3.4	预制混凝土钢筋含量	t		预制混凝土钢筋工程量 ÷ 预制混凝土混凝土工程量（m^3）	道路面积		m^2	工程量 ÷ 道路面积（m^2）	

表 B-08-02-04　桥梁工程（跨河梁桥）主要工程量指标表

序号	名称	计量单位	工程量	单位指标	相关指标				备注
					相关基数	数量	单位	相关单位指标	
			A	B		C		D=A÷C	
4	跨河梁桥								
4.1	主体结构								
4.1.1	基础工程								
4.1.1.1	筑岛围堰	m^3		工程量 ÷ 桥梁面积（m^2）	道路面积		m^2	工程量 ÷ 道路面积（m^2）	
4.1.1.2	土石方工程	m^3		工程量 ÷ 桥梁面积（m^2）	道路面积		m^2	工程量 ÷ 道路面积（m^2）	
4.1.1.2.1	挖方	m^3		工程量 ÷ 桥梁面积（m^2）	道路面积		m^2	工程量 ÷ 道路面积（m^2）	
4.1.1.2.2	回填方	m^3		工程量 ÷ 桥梁面积（m^2）	道路面积		m^2	工程量 ÷ 道路面积（m^2）	
4.1.1.3	基坑支护								
4.1.1.3.1	地下连续墙	m^3		工程量 ÷ 桥梁面积（m^2）	道路面积		m^2	工程量 ÷ 道路面积（m^2）	
4.1.1.3.2	咬合灌注桩	m		工程量 ÷ 桥梁面积（m^2）	道路面积		m^2	工程量 ÷ 道路面积（m^2）	
4.1.1.3.3	预应力锚杆、锚索	m		工程量 ÷ 桥梁面积（m^2）	道路面积		m^2	工程量 ÷ 道路面积（m^2）	
4.1.1.3.4	其他锚杆、土钉	m		工程量 ÷ 桥梁面积（m^2）	道路面积		m^2	工程量 ÷ 道路面积（m^2）	
4.1.1.3.5	喷射混凝土、水泥砂浆	m^3		工程量 ÷ 桥梁面积（m^2）	道路面积		m^2	工程量 ÷ 道路面积（m^2）	
4.1.1.4	桩基础	m		工程量 ÷ 桥梁面积（m^2）	道路面积		m^2	工程量 ÷ 道路面积（m^2）	
4.1.1.4.1	打桩	m		工程量 ÷ 桥梁面积（m^2）	道路面积		m^2	工程量 ÷ 道路面积（m^2）	
4.1.1.4.2	灌注桩	m		工程量 ÷ 桥梁面积（m^2）	道路面积		m^2	工程量 ÷ 道路面积（m^2）	

表 B-08-02-04（续）

序号	名称	计量单位	工程量	单位指标	相关指标				备注
					相关基数	数量	单位	相关单位指标	
			A	B		C		D=A÷C	
4.1.1.5	扩大基础	m^3		工程量 ÷ 桥梁面积（m^2）	道路面积		m^2	工程量 ÷ 道路面积（m^2）	
4.1.1.5.1	混凝土	m^3		工程量 ÷ 桥梁面积（m^2）	道路面积		m^2	工程量 ÷ 道路面积（m^2）	
4.1.1.5.2	砌体	m^3		工程量 ÷ 桥梁面积（m^2）	道路面积		m^2	工程量 ÷ 道路面积（m^2）	
4.1.1.6	沉井基础	m^3		工程量 ÷ 桥梁面积（m^2）	道路面积		m^2	工程量 ÷ 道路面积（m^2）	
4.1.1.7	承台、系梁	m^3		工程量 ÷ 桥梁面积（m^2）	道路面积		m^2	工程量 ÷ 道路面积（m^2）	
4.1.1.8	基础钢筋	t		工程量 ÷ 桥梁面积（m^2）	道路面积		m^2	工程量 ÷ 道路面积（m^2）	
4.1.2	下部结构								
4.1.2.1	墩（台）身	m^3		工程量 ÷ 桥梁面积（m^2）	道路面积		m^2	工程量 ÷ 道路面积（m^2）	
4.1.2.1.1	砌体结构	m^3		工程量 ÷ 桥梁面积（m^2）	道路面积		m^2	工程量 ÷ 道路面积（m^2）	
4.1.2.1.2	预应力钢筋	t		工程量 ÷ 桥梁面积（m^2）	道路面积		m^2	工程量 ÷ 道路面积（m^2）	
4.1.2.1.3	钢绞线	t		工程量 ÷ 桥梁面积（m^2）	道路面积		m^2	工程量 ÷ 道路面积（m^2）	
4.1.2.1.4	现浇混凝土	m^3		工程量 ÷ 桥梁面积（m^2）	道路面积		m^2	工程量 ÷ 道路面积（m^2）	
4.1.2.1.5	预制混凝土	m^3		工程量 ÷ 桥梁面积（m^2）	道路面积		m^2	工程量 ÷ 道路面积（m^2）	
4.1.2.1.6	钢结构	t		工程量 ÷ 桥梁面积（m^2）	道路面积		m^2	工程量 ÷ 道路面积（m^2）	
4.1.2.2	墩（台）帽、盖梁	m^3		工程量 ÷ 桥梁面积（m^2）	道路面积		m^2	工程量 ÷ 道路面积（m^2）	

表 B-08-02-04（续）

序号	名称	计量单位	工程量	单位指标	相关指标				备注
					相关基数	数量	单位	相关单位指标	
			A	B		C		D=A÷C	
4.1.2.2.1	预应力钢筋	t		工程量 ÷ 桥梁面积（m^2）	道路面积		m^2	工程量 ÷ 道路面积（m^2）	
4.1.2.2.2	钢绞线	t		工程量 ÷ 桥梁面积（m^2）	道路面积		m^2	工程量 ÷ 道路面积（m^2）	
4.1.2.2.3	现浇混凝土	m^3		工程量 ÷ 桥梁面积（m^2）	道路面积		m^2	工程量 ÷ 道路面积（m^2）	
4.1.2.2.4	预制混凝土	m^3		工程量 ÷ 桥梁面积（m^2）	道路面积		m^2	工程量 ÷ 道路面积（m^2）	
4.1.2.2.5	钢结构	t		工程量 ÷ 桥梁面积（m^2）	道路面积		m^2	工程量 ÷ 道路面积（m^2）	
4.1.2.3	支承梁、横梁	m^3		工程量 ÷ 桥梁面积（m^2）	道路面积		m^2	工程量 ÷ 道路面积（m^2）	
4.1.2.4	下部结构钢筋	t		工程量 ÷ 桥梁面积（m^2）	道路面积		m^2	工程量 ÷ 道路面积（m^2）	
4.1.3	上部结构								
4.1.3.1	梁	m^3		工程量 ÷ 桥梁面积（m^2）	道路面积		m^2	工程量 ÷ 道路面积（m^2）	
4.1.3.1.1	钢筋混凝土梁	m^3		工程量 ÷ 桥梁面积（m^2）	道路面积		m^2	工程量 ÷ 道路面积（m^2）	
4.1.3.1.2	钢梁	t		工程量 ÷ 桥梁面积（m^2）	道路面积		m^2	工程量 ÷ 道路面积（m^2）	
4.1.3.1.3	钢混结合梁	m^3		工程量 ÷ 桥梁面积（m^2）	道路面积		m^2	工程量 ÷ 道路面积（m^2）	
4.1.3.1.4	钢结构	t		工程量 ÷ 桥梁面积（m^2）	道路面积		m^2	工程量 ÷ 道路面积（m^2）	
4.1.3.1.5	钢绞线	t		工程量 ÷ 桥梁面积（m^2）	道路面积		m^2	工程量 ÷ 道路面积（m^2）	
4.1.3.1.6	支座	个		工程量 ÷ 桥梁面积（m^2）	道路面积		m^2	工程量 ÷ 道路面积（m^2）	

表 B-08-02-04（续）

序号	名称	计量单位	工程量	单位指标	相关指标				备注
					相关基数	数量	单位	相关单位指标	
			A	B		C		D=A ÷ C	
4.1.3.2	上部结构钢筋	t		工程量 ÷ 桥梁面积（m^2）	道路面积		m^2	工程量 ÷ 道路面积（m^2）	
4.1.4	桥面系	m^2		工程量 ÷ 桥梁面积（m^2）	道路面积		m^2	工程量 ÷ 道路面积（m^2）	
4.1.4.1	金属护栏	m		工程量 ÷ 桥梁面积（m^2）	道路面积		m^2	工程量 ÷ 道路面积（m^2）	
4.1.4.2	混凝土护栏	m		工程量 ÷ 桥梁面积（m^2）	道路面积		m^2	工程量 ÷ 道路面积（m^2）	
4.1.4.3	伸缩缝	m		工程量 ÷ 桥梁面积（m^2）	道路面积		m^2	工程量 ÷ 道路面积（m^2）	
4.1.4.4	桥头搭板	m^3		工程量 ÷ 桥梁面积（m^2）	道路面积		m^2	工程量 ÷ 道路面积（m^2）	
4.2	附属工程	元		工程量 ÷ 桥梁面积（m^2）	道路面积		m^2	工程量 ÷ 道路面积（m^2）	
4.2.1	护坡、挡墙	m^3		工程量 ÷ 桥梁面积（m^2）	道路面积		m^2	工程量 ÷ 道路面积（m^2）	
4.2.2	河道护砌	m^3		工程量 ÷ 桥梁面积（m^2）	道路面积		m^2	工程量 ÷ 道路面积（m^2）	
4.2.3	混凝土楼梯	m^3		工程量 ÷ 桥梁面积（m^2）	道路面积		m^2	工程量 ÷ 道路面积（m^2）	
4.2.4	装饰	m^2		工程量 ÷ 桥梁面积（m^2）	道路面积		m^2	工程量 ÷ 道路面积（m^2）	
4.2.4.1	抹面	m^2		工程量 ÷ 桥梁面积（m^2）	道路面积		m^2	工程量 ÷ 道路面积（m^2）	
4.2.4.2	镶贴面层	m^2		工程量 ÷ 桥梁面积（m^2）	道路面积		m^2	工程量 ÷ 道路面积（m^2）	
4.2.4.3	涂料、油漆	m^2		工程量 ÷ 桥梁面积（m^2）	道路面积		m^2	工程量 ÷ 道路面积（m^2）	
4.2.4.4	地面铺贴	m^2		工程量 ÷ 桥梁面积（m^2）	道路面积		m^2	工程量 ÷ 道路面积（m^2）	

表 B-08-02-04（续）

序号	名称	计量单位	工程量	单位指标	相关指标				备注
					相关基数	数量	单位	相关单位指标	
			A	B		C		D=A ÷ C	
4.3	钢筋含量								
4.3.1	喷射混凝土钢筋含量	t		喷射混凝土钢筋工程量 ÷ 喷射混凝土工程量（m^3）	道路面积		m^2	工程量 ÷ 道路面积（m^2）	
4.3.2	桩基钢筋含筋量	t		桩基钢筋工程量 ÷ 桩基混凝土工程量（m^3）	道路面积		m^2	工程量 ÷ 道路面积（m^2）	
4.3.3	现浇混凝土钢筋含量	t		现浇混凝土钢筋工程量 ÷ 现浇混凝土混凝土工程量（m^3）	道路面积		m^2	工程量 ÷ 道路面积（m^2）	
4.3.4	预制混凝土钢筋含量	t		预制混凝土钢筋工程量 ÷ 预制混凝土混凝土工程量（m^3）	道路面积		m^2	工程量 ÷ 道路面积（m^2）	

表 B-08-02-05　桥梁工程（跨河拱桥）主要工程量指标表

序号	名称	计量单位	工程量	单位指标	相关指标				备注
					相关基数	数量	单位	相关单位指标	
			A	B		C		D=A ÷ C	
5	跨河拱桥								
5.1	主体结构								
5.1.1	基础工程								
5.1.1.1	围堰工程	m^3		工程量 ÷ 桥梁面积（m^2）	道路面积		m^2	工程量 ÷ 道路面积（m^2）	
5.1.1.2	土石方工程	m^3		工程量 ÷ 桥梁面积（m^2）	道路面积		m^2	工程量 ÷ 道路面积（m^2）	
5.1.1.2.1	挖方	m^3		工程量 ÷ 桥梁面积（m^2）	道路面积		m^2	工程量 ÷ 道路面积（m^2）	

表 B-08-02-05（续）

序号	名称	计量单位	工程量	单位指标	相关指标				备注
					相关基数	数量	单位	相关单位指标	
			A	B		C		D=A÷C	
5.1.1.2.2	回填方	m^3		工程量 ÷ 桥梁面积（m^2）	道路面积		m^2	工程量 ÷ 道路面积（m^2）	
5.1.1.3	基坑支护								
5.1.1.3.1	地下连续墙	m^3		工程量 ÷ 桥梁面积（m^2）	道路面积		m^2	工程量 ÷ 道路面积（m^2）	
5.1.1.3.2	咬合灌注桩	m		工程量 ÷ 桥梁面积（m^2）	道路面积		m^2	工程量 ÷ 道路面积（m^2）	
5.1.1.3.3	预应力锚杆、锚索	m		工程量 ÷ 桥梁面积（m^2）	道路面积		m^2	工程量 ÷ 道路面积（m^2）	
5.1.1.3.4	其他锚杆、土钉	m		工程量 ÷ 桥梁面积（m^2）	道路面积		m^2	工程量 ÷ 道路面积（m^2）	
5.1.1.3.5	喷射混凝土、水泥砂浆	m^3		工程量 ÷ 桥梁面积（m^2）	道路面积		m^2	工程量 ÷ 道路面积（m^2）	
5.1.1.4	桩基础	m		工程量 ÷ 桥梁面积（m^2）	道路面积		m^2	工程量 ÷ 道路面积（m^2）	
5.1.1.4.1	打桩	m		工程量 ÷ 桥梁面积（m^2）	道路面积		m^2	工程量 ÷ 道路面积（m^2）	
5.1.1.4.2	灌注桩	m		工程量 ÷ 桥梁面积（m^2）	道路面积		m^2	工程量 ÷ 道路面积（m^2）	
5.1.1.5	扩大基础	m^3		工程量 ÷ 桥梁面积（m^2）	道路面积		m^2	工程量 ÷ 道路面积（m^2）	
5.1.1.5.1	混凝土	m^3		工程量 ÷ 桥梁面积（m^2）	道路面积		m^2	工程量 ÷ 道路面积（m^2）	
5.1.1.5.2	砌体	m^3		工程量 ÷ 桥梁面积（m^2）	道路面积		m^2	工程量 ÷ 道路面积（m^2）	
5.1.1.6	沉井基础	m^3		工程量 ÷ 桥梁面积（m^2）	道路面积		m^2	工程量 ÷ 道路面积（m^2）	
5.1.1.7	承台、系梁	m^3		工程量 ÷ 桥梁面积（m^2）	道路面积		m^2	工程量 ÷ 道路面积（m^2）	
5.1.1.8	基础钢筋	t		工程量 ÷ 桥梁面积（m^2）	道路面积		m^2	工程量 ÷ 道路面积（m^2）	

表 B-08-02-05（续）

序号	名称	计量单位	工程量	单位指标	相关指标				备注
					相关基数	数量	单位	相关单位指标	
			A	B		C		D=A÷C	
5.1.2	下部结构								
5.1.2.1	拱座	m^3		工程量 ÷ 桥梁面积（m^2）	道路面积		m^2	工程量 ÷ 道路面积（m^2）	
5.1.2.2	拱座钢筋	t		工程量 ÷ 桥梁面积（m^2）	道路面积		m^2	工程量 ÷ 道路面积（m^2）	
5.1.3	上部结构								
5.1.3.1	拱圈	m^3（t）		工程量 ÷ 桥梁面积（m^2）	道路面积		m^2	工程量 ÷ 道路面积（m^2）	钢拱常用
5.1.3.2	梁	m^3（t）		工程量 ÷ 桥梁面积（m^2）	道路面积		m^2	工程量 ÷ 道路面积（m^2）	
5.1.3.3	吊杆	t		工程量 ÷ 桥梁面积（m^2）	道路面积		m^2	工程量 ÷ 道路面积（m^2）	
5.1.3.4	拱上构造	m^3		工程量 ÷ 桥梁面积（m^2）	道路面积		m^2	工程量 ÷ 道路面积（m^2）	
5.1.3.5	上部结构钢筋	t		工程量 ÷ 桥梁面积（m^2）	道路面积		m^2	工程量 ÷ 道路面积（m^2）	
5.1.3.6	支座	个		工程量 ÷ 桥梁面积（m^2）	道路面积		m^2	工程量 ÷ 道路面积（m^2）	
5.1.4	桥面系	m^2		工程量 ÷ 桥梁面积（m^2）	道路面积		m^2	工程量 ÷ 道路面积（m^2）	
5.1.4.1	金属护栏	m		工程量 ÷ 桥梁面积（m^2）	道路面积		m^2	工程量 ÷ 道路面积（m^2）	
5.1.4.2	混凝土护栏	m		工程量 ÷ 桥梁面积（m^2）	道路面积		m^2	工程量 ÷ 道路面积（m^2）	
5.1.4.3	伸缩缝	m		工程量 ÷ 桥梁面积（m^2）	道路面积		m^2	工程量 ÷ 道路面积（m^2）	
5.1.4.4	桥头搭板	m^3		工程量 ÷ 桥梁面积（m^2）	道路面积		m^2	工程量 ÷ 道路面积（m^2）	
5.2	附属工程	元		工程量 ÷ 桥梁面积（m^2）	道路面积		m^2	工程量 ÷ 道路面积（m^2）	

表 B-08-02-05（续）

序号	名称	计量单位	工程量	单位指标	相关指标				备注
					相关基数	数量	单位	相关单位指标	
			A	B		C		D=A÷C	
5.2.1	护坡、挡墙	m^3		工程量 ÷ 桥梁面积（m^2）	道路面积		m^2	工程量 ÷ 道路面积（m^2）	
5.2.2	河道护砌	m^3		工程量 ÷ 桥梁面积（m^2）	道路面积		m^2	工程量 ÷ 道路面积（m^2）	
5.2.3	混凝土楼梯	m^3		工程量 ÷ 桥梁面积（m^2）	道路面积		m^2	工程量 ÷ 道路面积（m^2）	
5.2.4	装饰	m^2		工程量 ÷ 桥梁面积（m^2）	道路面积		m^2	工程量 ÷ 道路面积（m^2）	
5.2.4.1	抹面	m^2		工程量 ÷ 桥梁面积（m^2）	道路面积		m^2	工程量 ÷ 道路面积（m^2）	
5.2.4.2	镶贴面层	m^2		工程量 ÷ 桥梁面积（m^2）	道路面积		m^2	工程量 ÷ 道路面积（m^2）	
5.2.4.3	涂料、油漆	m^2		工程量 ÷ 桥梁面积（m^2）	道路面积		m^2	工程量 ÷ 道路面积（m^2）	
5.2.4.4	地面铺贴	m^2		工程量 ÷ 桥梁面积（m^2）	道路面积		m^2	工程量 ÷ 道路面积（m^2）	
5.3	钢筋含量								
5.3.1	喷射混凝土钢筋含量	t		喷射混凝土钢筋工程量 ÷ 喷射混凝土工程量（m^3）	道路面积		m^2	工程量 ÷ 道路面积（m^2）	
5.3.2	桩基钢筋含筋量	t		桩基钢筋工程量 ÷ 桩基混凝土工程量（m^3）	道路面积		m^2	工程量 ÷ 道路面积（m^2）	
5.3.3	现浇混凝土钢筋含量	t		现浇混凝土钢筋工程量 ÷ 现浇混凝土混凝土工程量（m^3）	道路面积		m^2	工程量 ÷ 道路面积（m^2）	
5.3.4	预制混凝土钢筋含量	t		预制混凝土钢筋工程量 ÷ 预制混凝土混凝土工程量（m^3）	道路面积		m^2	工程量 ÷ 道路面积（m^2）	

表 B-08-02-06　桥梁工程（跨河悬索桥）主要工程量指标表

<table>
<tr><th rowspan="3">序号</th><th rowspan="3">名称</th><th rowspan="3">计量单位</th><th rowspan="2">工程量</th><th rowspan="2">单位指标</th><th colspan="4">相关指标</th><th rowspan="3">备注</th></tr>
<tr><th>相关基数</th><th>数量</th><th>单位</th><th>相关单位指标</th></tr>
<tr><th>A</th><th>B</th><th></th><th>C</th><th></th><th>D=A÷C</th></tr>
<tr><td>6</td><td>悬索桥</td><td></td><td></td><td></td><td></td><td></td><td></td><td></td><td></td></tr>
<tr><td>6.1</td><td>主体结构</td><td></td><td></td><td></td><td></td><td></td><td></td><td></td><td></td></tr>
<tr><td>6.1.1</td><td>基础工程</td><td></td><td></td><td></td><td></td><td></td><td></td><td></td><td></td></tr>
<tr><td>6.1.1.1</td><td>筑岛围堰</td><td>m^3</td><td></td><td>工程量 ÷ 桥梁面积（m^2）</td><td>道路面积</td><td></td><td>m^2</td><td>工程量 ÷ 道路面积（m^2）</td><td></td></tr>
<tr><td>6.1.1.2</td><td>土石方工程</td><td>m^3</td><td></td><td>工程量 ÷ 桥梁面积（m^2）</td><td>道路面积</td><td></td><td>m^2</td><td>工程量 ÷ 道路面积（m^2）</td><td></td></tr>
<tr><td>6.1.1.2.1</td><td>挖方</td><td>m^3</td><td></td><td>工程量 ÷ 桥梁面积（m^2）</td><td>道路面积</td><td></td><td>m^2</td><td>工程量 ÷ 道路面积（m^2）</td><td></td></tr>
<tr><td>6.1.1.2.2</td><td>回填方</td><td>m^3</td><td></td><td>工程量 ÷ 桥梁面积（m^2）</td><td>道路面积</td><td></td><td>m^2</td><td>工程量 ÷ 道路面积（m^2）</td><td></td></tr>
<tr><td>6.1.1.3</td><td>基坑支护</td><td></td><td></td><td></td><td></td><td></td><td></td><td></td><td></td></tr>
<tr><td>6.1.1.3.1</td><td>地下连续墙</td><td>m^3</td><td></td><td>工程量 ÷ 桥梁面积（m^2）</td><td>道路面积</td><td></td><td>m^2</td><td>工程量 ÷ 道路面积（m^2）</td><td></td></tr>
<tr><td>6.1.1.3.2</td><td>咬合灌注桩</td><td>m</td><td></td><td>工程量 ÷ 桥梁面积（m^2）</td><td>道路面积</td><td></td><td>m^2</td><td>工程量 ÷ 道路面积（m^2）</td><td></td></tr>
<tr><td>6.1.1.3.3</td><td>预应力锚杆、锚索</td><td>m</td><td></td><td>工程量 ÷ 桥梁面积（m^2）</td><td>道路面积</td><td></td><td>m^2</td><td>工程量 ÷ 道路面积（m^2）</td><td></td></tr>
<tr><td>6.1.1.3.4</td><td>其他锚杆、土钉</td><td>m</td><td></td><td>工程量 ÷ 桥梁面积（m^2）</td><td>道路面积</td><td></td><td>m^2</td><td>工程量 ÷ 道路面积（m^2）</td><td></td></tr>
<tr><td>6.1.1.3.5</td><td>喷射混凝土、水泥砂浆</td><td>m^3</td><td></td><td>工程量 ÷ 桥梁面积（m^2）</td><td>道路面积</td><td></td><td>m^2</td><td>工程量 ÷ 道路面积（m^2）</td><td></td></tr>
<tr><td>6.1.1.4</td><td>桩基础</td><td>m</td><td></td><td>工程量 ÷ 桥梁面积（m^2）</td><td>道路面积</td><td></td><td>m^2</td><td>工程量 ÷ 道路面积（m^2）</td><td></td></tr>
<tr><td>6.1.1.4.1</td><td>打桩</td><td>m</td><td></td><td>工程量 ÷ 桥梁面积（m^2）</td><td>道路面积</td><td></td><td>m^2</td><td>工程量 ÷ 道路面积（m^2）</td><td></td></tr>
<tr><td>6.1.1.4.2</td><td>灌注桩</td><td>m</td><td></td><td>工程量 ÷ 桥梁面积（m^2）</td><td>道路面积</td><td></td><td>m^2</td><td>工程量 ÷ 道路面积（m^2）</td><td></td></tr>
</table>

表 B-08-02-06（续）

序号	名称	计量单位	工程量	单位指标	相关指标				备注
					相关基数	数量	单位	相关单位指标	
			A	B		C		D=A ÷ C	
6.1.1.5	沉井基础	m^3		工程量 ÷ 桥梁面积（m^2）	道路面积		m^2	工程量 ÷ 道路面积（m^2）	
6.1.1.6	承台、系梁	m^3		工程量 ÷ 桥梁面积（m^2）	道路面积		m^2	工程量 ÷ 道路面积（m^2）	
6.1.1.7	基础钢筋	t		工程量 ÷ 桥梁面积（m^2）	道路面积		m^2	工程量 ÷ 道路面积（m^2）	
6.1.2	下部结构								
6.1.2.1	墩（台）身	m^3		工程量 ÷ 桥梁面积（m^2）	道路面积		m^2	工程量 ÷ 道路面积（m^2）	
6.1.2.1.1	预应力钢筋	t		工程量 ÷ 桥梁面积（m^2）	道路面积		m^2	工程量 ÷ 道路面积（m^2）	
6.1.2.1.2	钢绞线	t		工程量 ÷ 桥梁面积（m^2）	道路面积		m^2	工程量 ÷ 道路面积（m^2）	
6.1.2.1.3	现浇混凝土	m^3		工程量 ÷ 桥梁面积（m^2）	道路面积		m^2	工程量 ÷ 道路面积（m^2）	
6.1.2.1.4	预制混凝土	m^3		工程量 ÷ 桥梁面积（m^2）	道路面积		m^2	工程量 ÷ 道路面积（m^2）	
6.1.2.1.5	钢结构	t		工程量 ÷ 桥梁面积（m^2）	道路面积		m^2	工程量 ÷ 道路面积（m^2）	
6.1.2.2	墩（台）帽、盖梁	m^3		工程量 ÷ 桥梁面积（m^2）	道路面积		m^2	工程量 ÷ 道路面积（m^2）	
6.1.2.2.1	预应力钢筋	t		工程量 ÷ 桥梁面积（m^2）	道路面积		m^2	工程量 ÷ 道路面积（m^2）	
6.1.2.2.2	钢绞线	t		工程量 ÷ 桥梁面积（m^2）	道路面积		m^2	工程量 ÷ 道路面积（m^2）	
6.1.2.2.3	现浇混凝土	m^3		工程量 ÷ 桥梁面积（m^2）	道路面积		m^2	工程量 ÷ 道路面积（m^2）	
6.1.2.2.4	预制混凝土	m^3		工程量 ÷ 桥梁面积（m^2）	道路面积		m^2	工程量 ÷ 道路面积（m^2）	

表 B-08-02-06（续）

序号	名称	计量单位	工程量	单位指标	相关指标				备注
					相关基数	数量	单位	相关单位指标	
			A	B		C		D=A÷C	
6.1.2.2.5	钢结构	t		工程量 ÷ 桥梁面积（m^2）	道路面积		m^2	工程量 ÷ 道路面积（m^2）	
6.1.2.2.6	支承梁、横梁	m^3		工程量 ÷ 桥梁面积（m^2）	道路面积		m^2	工程量 ÷ 道路面积（m^2）	
6.1.2.3	锚锭	m^3		工程量 ÷ 桥梁面积（m^2）	道路面积		m^2	工程量 ÷ 道路面积（m^2）	
6.1.2.4	下部结构钢筋	t		工程量 ÷ 桥梁面积（m^2）	道路面积		m^2	工程量 ÷ 道路面积（m^2）	
6.1.3	上部结构								
6.1.3.1	梁	m^3		工程量 ÷ 桥梁面积（m^2）	道路面积		m^2	工程量 ÷ 道路面积（m^2）	
6.1.3.1.1	钢筋混凝土梁	m^3		工程量 ÷ 桥梁面积（m^2）	道路面积		m^2	工程量 ÷ 道路面积（m^2）	
6.1.3.1.2	钢梁	t		工程量 ÷ 桥梁面积（m^2）	道路面积		m^2	工程量 ÷ 道路面积（m^2）	
6.1.3.1.3	钢混结合梁	m^3		工程量 ÷ 桥梁面积（m^2）	道路面积		m^2	工程量 ÷ 道路面积（m^2）	
6.1.3.1.4	钢结构	t		工程量 ÷ 桥梁面积（m^2）	道路面积		m^2	工程量 ÷ 道路面积（m^2）	
6.1.3.1.5	钢绞线	t		工程量 ÷ 桥梁面积（m^2）	道路面积		m^2	工程量 ÷ 道路面积（m^2）	
6.1.3.1.6	支座	个		工程量 ÷ 桥梁面积（m^2）	道路面积		m^2	工程量 ÷ 道路面积（m^2）	
6.1.3.2	索塔结构								
6.1.3.2.1	索塔	m^3		工程量 ÷ 桥梁面积（m^2）	道路面积		m^2	工程量 ÷ 道路面积（m^2）	
6.1.3.2.2	缆索系统	t		工程量 ÷ 桥梁面积（m^2）	道路面积		m^2	工程量 ÷ 道路面积（m^2）	
6.1.3.2.3	钢绞	t		工程量 ÷ 桥梁面积（m^2）	道路面积		m^2	工程量 ÷ 道路面积（m^2）	

表 B-08-02-06（续）

序号	名称	计量单位	工程量	单位指标	相关指标				备注
					相关基数	数量	单位	相关单位指标	
			A	B		C		D=A÷C	
6.1.3.2.4	钢丝束	t		工程量 ÷ 桥梁面积（m^2）	道路面积		m^2	工程量 ÷ 道路面积（m^2）	
6.1.3.2.5	主缆	t		工程量 ÷ 桥梁面积（m^2）	道路面积		m^2	工程量 ÷ 道路面积（m^2）	
6.1.3.2.6	吊杆	t		工程量 ÷ 桥梁面积（m^2）	道路面积		m^2	工程量 ÷ 道路面积（m^2）	
6.1.3.3	上部结构钢筋	t		工程量 ÷ 桥梁面积（m^2）	道路面积		m^2	工程量 ÷ 道路面积（m^2）	
6.1.4	桥面系	m^2		工程量 ÷ 桥梁面积（m^2）	道路面积		m^2	工程量 ÷ 道路面积（m^2）	
6.1.4.1	金属护栏	m		工程量 ÷ 桥梁面积（m^2）	道路面积		m^2	工程量 ÷ 道路面积（m^2）	
6.1.4.2	混凝土护栏	m		工程量 ÷ 桥梁面积（m^2）	道路面积		m^2	工程量 ÷ 道路面积（m^2）	
6.1.4.3	伸缩缝	m		工程量 ÷ 桥梁面积（m^2）	道路面积		m^2	工程量 ÷ 道路面积（m^2）	
6.1.4.4	桥头搭板	m^3		工程量 ÷ 桥梁面积（m^2）	道路面积		m^2	工程量 ÷ 道路面积（m^2）	
6.2	附属工程	元		工程量 ÷ 桥梁面积（m^2）	道路面积		m^2	工程量 ÷ 道路面积（m^2）	
6.2.1	护坡、挡墙	m^3		工程量 ÷ 桥梁面积（m^2）	道路面积		m^2	工程量 ÷ 道路面积（m^2）	
6.2.2	河道护砌	m^3		工程量 ÷ 桥梁面积（m^2）	道路面积		m^2	工程量 ÷ 道路面积（m^2）	
6.2.3	混凝土楼梯	m^3		工程量 ÷ 桥梁面积（m^2）	道路面积		m^2	工程量 ÷ 道路面积（m^2）	

表 B-08-02-06（续）

序号	名称	计量单位	工程量	单位指标	相关指标				备注
					相关基数	数量	单位	相关单位指标	
			A	B		C		D=A÷C	
6.2.4	装饰	m^2		工程量 ÷ 桥梁面积（m^2）	道路面积		m^2	工程量 ÷ 道路面积（m^2）	
6.2.4.1	抹面	m^2		工程量 ÷ 桥梁面积（m^2）	道路面积		m^2	工程量 ÷ 道路面积（m^2）	
6.2.4.2	镶贴面层	m^2		工程量 ÷ 桥梁面积（m^2）	道路面积		m^2	工程量 ÷ 道路面积（m^2）	
6.2.4.3	涂料、油漆	m^2		工程量 ÷ 桥梁面积（m^2）	道路面积		m^2	工程量 ÷ 道路面积（m^2）	
6.2.4.4	地面铺贴	m^2		工程量 ÷ 桥梁面积（m^2）	道路面积		m^2	工程量 ÷ 道路面积（m^2）	
6.3	钢筋含量								
6.3.1	喷射混凝土钢筋含量	t		喷射混凝土钢筋工程量 ÷ 喷射混凝土工程量（m^3）	道路面积		m^2	工程量 ÷ 道路面积（m^2）	
6.3.2	桩基钢筋含筋量	t		桩基钢筋工程量 ÷ 桩基混凝土工程量（m^3）	道路面积		m^2	工程量 ÷ 道路面积（m^2）	
6.3.3	现浇混凝土钢筋含量	t		现浇混凝土钢筋工程量 ÷ 现浇混凝土混凝土工程量（m^3）	道路面积		m^2	工程量 ÷ 道路面积（m^2）	
6.3.4	预制混凝土钢筋含量	t		预制混凝土钢筋工程量 ÷ 预制混凝土混凝土工程量（m^3）	道路面积		m^2	工程量 ÷ 道路面积（m^2）	

表 B-08-02-07　桥梁工程（跨河斜拉桥）主要工程量指标表

序号	名称	计量单位	工程量	单位指标	相关指标				备注
					相关基数	数量	单位	相关单位指标	
			A	B		C		D=A÷C	
7	斜拉桥								
7.1	主体结构								
7.1.1	基础工程								
7.1.1.1	筑岛围堰	m^3		工程量 ÷ 桥梁面积（m^2）	道路面积		m^2	工程量 ÷ 道路面积（m^2）	
7.1.1.2	土石方工程	m^3		工程量 ÷ 桥梁面积（m^2）	道路面积		m^2	工程量 ÷ 道路面积（m^2）	
7.1.1.2.1	挖方	m^3		工程量 ÷ 桥梁面积（m^2）	道路面积		m^2	工程量 ÷ 道路面积（m^2）	
7.1.1.2.2	回填方	m^3		工程量 ÷ 桥梁面积（m^2）	道路面积		m^2	工程量 ÷ 道路面积（m^2）	
7.1.1.3	基坑支护								
7.1.1.3.1	地下连续墙	m^3		工程量 ÷ 桥梁面积（m^2）	道路面积		m^2	工程量 ÷ 道路面积（m^2）	
7.1.1.3.2	咬合灌注桩	m		工程量 ÷ 桥梁面积（m^2）	道路面积		m^2	工程量 ÷ 道路面积（m^2）	
7.1.1.3.3	预应力锚杆、锚索	m		工程量 ÷ 桥梁面积（m^2）	道路面积		m^2	工程量 ÷ 道路面积（m^2）	
7.1.1.3.4	其他锚杆、土钉	m		工程量 ÷ 桥梁面积（m^2）	道路面积		m^2	工程量 ÷ 道路面积（m^2）	
7.1.1.3.5	喷射混凝土、水泥砂浆	m^3		工程量 ÷ 桥梁面积（m^2）	道路面积		m^2	工程量 ÷ 道路面积（m^2）	
7.1.1.4	桩基础	m		工程量 ÷ 桥梁面积（m^2）	道路面积		m^2	工程量 ÷ 道路面积（m^2）	
7.1.1.4.1	打桩	m		工程量 ÷ 桥梁面积（m^2）	道路面积		m^2	工程量 ÷ 道路面积（m^2）	
7.1.1.4.2	灌注桩	m		工程量 ÷ 桥梁面积（m^2）	道路面积		m^2	工程量 ÷ 道路面积（m^2）	
7.1.1.5	沉井基础	m^3		工程量 ÷ 桥梁面积（m^2）	道路面积		m^2	工程量 ÷ 道路面积（m^2）	

表 B-08-02-07（续）

序号	名称	计量单位	工程量	单位指标	相关指标				备注
					相关基数	数量	单位	相关单位指标	
			A	B		C		D=A÷C	
7.1.1.6	承台、系梁	m^3		工程量 ÷ 桥梁面积（m^2）	道路面积		m^2	工程量 ÷ 道路面积（m^2）	
7.1.1.7	基础钢筋	t		工程量 ÷ 桥梁面积（m^2）	道路面积		m^2	工程量 ÷ 道路面积（m^2）	
7.1.2	下部结构								
7.1.2.1	墩（台）身	m^3		工程量 ÷ 桥梁面积（m^2）	道路面积		m^2	工程量 ÷ 道路面积（m^2）	
7.1.2.1.1	预应力钢筋	t		工程量 ÷ 桥梁面积（m^2）	道路面积		m^2	工程量 ÷ 道路面积（m^2）	
7.1.2.1.2	钢绞线	t		工程量 ÷ 桥梁面积（m^2）	道路面积		m^2	工程量 ÷ 道路面积（m^2）	
7.1.2.1.3	现浇混凝土	m^3		工程量 ÷ 桥梁面积（m^2）	道路面积		m^2	工程量 ÷ 道路面积（m^2）	
7.1.2.1.4	预制混凝土	m^3		工程量 ÷ 桥梁面积（m^2）	道路面积		m^2	工程量 ÷ 道路面积（m^2）	
7.1.2.1.5	钢结构	t		工程量 ÷ 桥梁面积（m^2）	道路面积		m^2	工程量 ÷ 道路面积（m^2）	
7.1.2.2	墩（台）帽、盖梁	m^3		工程量 ÷ 桥梁面积（m^2）	道路面积		m^2	工程量 ÷ 道路面积（m^2）	
7.1.2.2.1	预应力钢筋	t		工程量 ÷ 桥梁面积（m^2）	道路面积		m^2	工程量 ÷ 道路面积（m^2）	
7.1.2.2.2	钢绞线	t		工程量 ÷ 桥梁面积（m^2）	道路面积		m^2	工程量 ÷ 道路面积（m^2）	
7.1.2.2.3	现浇混凝土	m^3		工程量 ÷ 桥梁面积（m^2）	道路面积		m^2	工程量 ÷ 道路面积（m^2）	
7.1.2.2.4	预制混凝土	m^3		工程量 ÷ 桥梁面积（m^2）	道路面积		m^2	工程量 ÷ 道路面积（m^2）	
7.1.2.2.5	钢结构	t		工程量 ÷ 桥梁面积（m^2）	道路面积		m^2	工程量 ÷ 道路面积（m^2）	

表 B-08-02-07（续）

序号	名称	计量单位	工程量	单位指标	相关指标				备注
					相关基数	数量	单位	相关单位指标	
			A	B		C		D=A÷C	
7.1.2.3	支承梁、横梁	m^3		工程量 ÷ 桥梁面积（m^2）	道路面积		m^2	工程量 ÷ 道路面积（m^2）	
7.1.2.4	下部结构钢筋	t		工程量 ÷ 桥梁面积（m^2）	道路面积		m^2	工程量 ÷ 道路面积（m^2）	
7.1.3	上部结构								
7.1.3.1	梁	m^3		工程量 ÷ 桥梁面积（m^2）	道路面积		m^2	工程量 ÷ 道路面积（m^2）	
7.1.3.1.1	钢筋混凝土梁	m^3		工程量 ÷ 桥梁面积（m^2）	道路面积		m^2	工程量 ÷ 道路面积（m^2）	
7.1.3.1.2	钢梁	t		工程量 ÷ 桥梁面积（m^2）	道路面积		m^2	工程量 ÷ 道路面积（m^2）	
7.1.3.1.3	钢混结合梁	m^3		工程量 ÷ 桥梁面积（m^2）	道路面积		m^2	工程量 ÷ 道路面积（m^2）	
7.1.3.1.4	钢结构	t		工程量 ÷ 桥梁面积（m^2）	道路面积		m^2	工程量 ÷ 道路面积（m^2）	
7.1.3.1.5	钢绞线	t		工程量 ÷ 桥梁面积（m^2）	道路面积		m^2	工程量 ÷ 道路面积（m^2）	
7.1.3.1.6	支座	个		工程量 ÷ 桥梁面积（m^2）	道路面积		m^2	工程量 ÷ 道路面积（m^2）	
7.1.3.2	索塔	m^3		工程量 ÷ 桥梁面积（m^2）	道路面积		m^2	工程量 ÷ 道路面积（m^2）	
7.1.3.3	缆索系统	t		工程量 ÷ 桥梁面积（m^2）	道路面积		m^2	工程量 ÷ 道路面积（m^2）	
7.1.3.3.1	钢绞	t		工程量 ÷ 桥梁面积（m^2）	道路面积		m^2	工程量 ÷ 道路面积（m^2）	
7.1.3.3.2	钢丝束	t		工程量 ÷ 桥梁面积（m^2）	道路面积		m^2	工程量 ÷ 道路面积（m^2）	
7.1.3.3.3	斜拉索	t		工程量 ÷ 桥梁面积（m^2）	道路面积		m^2	工程量 ÷ 道路面积（m^2）	

表 B-08-02-07（续）

序号	名称	计量单位	工程量	单位指标	相关指标				备注
					相关基数	数量	单位	相关单位指标	
			A	B		C		D=A÷C	
7.1.3.4	上部结构钢筋	t		工程量 ÷ 桥梁面积（m^2）	道路面积		m^2	工程量 ÷ 道路面积（m^2）	
7.1.4	桥面系	m^2		工程量 ÷ 桥梁面积（m^2）	道路面积		m^2	工程量 ÷ 道路面积（m^2）	
7.1.4.1	金属护栏	m		工程量 ÷ 桥梁面积（m^2）	道路面积		m^2	工程量 ÷ 道路面积（m^2）	
7.1.4.2	混凝土护栏	m		工程量 ÷ 桥梁面积（m^2）	道路面积		m^2	工程量 ÷ 道路面积（m^2）	
7.1.4.3	伸缩缝	m		工程量 ÷ 桥梁面积（m^2）	道路面积		m^2	工程量 ÷ 道路面积（m^2）	
7.1.4.4	桥头搭板	m^3		工程量 ÷ 桥梁面积（m^2）	道路面积		m^2	工程量 ÷ 道路面积（m^2）	
7.2	附属工程	元		工程量 ÷ 桥梁面积（m^2）	道路面积		m^2	工程量 ÷ 道路面积（m^2）	
7.2.1	护坡、挡墙	m^3		工程量 ÷ 桥梁面积（m^2）	道路面积		m^2	工程量 ÷ 道路面积（m^2）	
7.2.2	河道护砌	m^3		工程量 ÷ 桥梁面积（m^2）	道路面积		m^2	工程量 ÷ 道路面积（m^2）	
7.2.3	混凝土楼梯	m^3		工程量 ÷ 桥梁面积（m^2）	道路面积		m^2	工程量 ÷ 道路面积（m^2）	
7.2.4	装饰	m^2		工程量 ÷ 桥梁面积（m^2）	道路面积		m^2	工程量 ÷ 道路面积（m^2）	
7.2.4.1	抹面	m^2		工程量 ÷ 桥梁面积（m^2）	道路面积		m^2	工程量 ÷ 道路面积（m^2）	
7.2.4.2	镶贴面层	m^2		工程量 ÷ 桥梁面积（m^2）	道路面积		m^2	工程量 ÷ 道路面积（m^2）	
7.2.4.3	涂料、油漆	m^2		工程量 ÷ 桥梁面积（m^2）	道路面积		m^2	工程量 ÷ 道路面积（m^2）	
7.2.4.4	地面铺贴	m^2		工程量 ÷ 桥梁面积（m^2）	道路面积		m^2	工程量 ÷ 道路面积（m^2）	

表 B-08-02-07（续）

序号	名称	计量单位	工程量	单位指标	相关指标				备注
					相关基数	数量	单位	相关单位指标	
			A	B		C		D=A÷C	
7.3	钢筋工程								
7.3.1	喷射混凝土钢筋含量	t		喷射混凝土钢筋工程量 ÷ 喷射混凝土工程量（m^3）	道路面积		m^2	工程量 ÷ 道路面积（m^2）	
7.3.2	桩基钢筋含筋量	t		桩基钢筋工程量 ÷ 桩基混凝土工程量（m^3）	道路面积		m^2	工程量 ÷ 道路面积（m^2）	
7.3.3	现浇混凝土钢筋含量	t		现浇混凝土钢筋工程量 ÷ 现浇混凝土混凝土工程量（m^3）	道路面积		m^2	工程量 ÷ 道路面积（m^2）	
7.3.4	预制混凝土钢筋含量	t		预制混凝土钢筋工程量 ÷ 预制混凝土混凝土工程量（m^3）	道路面积		m^2	工程量 ÷ 道路面积（m^2）	

表 B-08-02-08　桥梁工程（通道箱涵）主要工程量指标表

序号	名称	计量单位	工程量	单位指标	相关指标				备注
					相关基数	数量	单位	相关单位指标	
			A	B		C		D=A÷C	
8	立交箱涵								
8.1	主体结构								
8.1.1	基础工程								
8.1.1.1	土石方工程	m^3		工程量 ÷ 桥梁面积（m^2）	道路面积		m^2	工程量 ÷ 道路面积（m^2）	
8.1.1.1.1	挖方	m^3		工程量 ÷ 桥梁面积（m^2）	道路面积		m^2	工程量 ÷ 道路面积（m^2）	
8.1.1.1.2	回填方	m^3		工程量 ÷ 桥梁面积（m^2）	道路面积		m^2	工程量 ÷ 道路面积（m^2）	

表 B-08-02-08（续）

序号	名称	计量单位	工程量	单位指标	相关指标				备注
					相关基数	数量	单位	相关单位指标	
			A	B		C		D=A ÷ C	
8.1.1.2	基坑支护								
8.1.1.2.1	地下连续墙	m^3		工程量 ÷ 桥梁面积（m^2）	道路面积		m^2	工程量 ÷ 道路面积（m^2）	
8.1.1.2.2	咬合灌注桩	m		工程量 ÷ 桥梁面积（m^2）	道路面积		m^2	工程量 ÷ 道路面积（m^2）	
8.1.1.2.3	预应力锚杆、锚索	m		工程量 ÷ 桥梁面积（m^2）	道路面积		m^2	工程量 ÷ 道路面积（m^2）	
8.1.1.2.4	其他锚杆、土钉	m		工程量 ÷ 桥梁面积（m^2）	道路面积		m^2	工程量 ÷ 道路面积（m^2）	
8.1.1.2.5	喷射混凝土、水泥砂浆	m^3		工程量 ÷ 桥梁面积（m^2）	道路面积		m^2	工程量 ÷ 道路面积（m^2）	
8.1.1.3	桩基础	m		工程量 ÷ 桥梁面积（m^2）	道路面积		m^2	工程量 ÷ 道路面积（m^2）	
8.1.1.3.1	打桩	m		工程量 ÷ 桥梁面积（m^2）	道路面积		m^2	工程量 ÷ 道路面积（m^2）	
8.1.1.3.2	灌注桩	m		工程量 ÷ 桥梁面积（m^2）	道路面积		m^2	工程量 ÷ 道路面积（m^2）	
8.1.1.4	基础钢筋	t		工程量 ÷ 桥梁面积（m^2）	道路面积		m^2	工程量 ÷ 道路面积（m^2）	
8.1.1.5	地基处理	m^3		工程量 ÷ 桥梁面积（m^2）	道路面积		m^2	工程量 ÷ 道路面积（m^2）	
8.1.2	通道（箱涵）工程								
8.1.2.1	通道（箱涵）现浇	m^3		工程量 ÷ 桥梁面积（m^2）	道路面积		m^2	工程量 ÷ 道路面积（m^2）	
8.1.2.2	滑板制作	m		工程量 ÷ 桥梁面积（m^2）	道路面积		m^2	工程量 ÷ 道路面积（m^2）	
8.1.2.3	通道（箱涵）预制	m^3		工程量 ÷ 桥梁面积（m^2）	道路面积		m^2	工程量 ÷ 道路面积（m^2）	

表 B-08-02-08（续）

序号	名称	计量单位	工程量	单位指标	相关指标				备注
					相关基数	数量	单位	相关单位指标	
			A	B		C		D=A÷C	
8.1.2.4	通道（箱涵）顶进	m		工程量 ÷ 桥梁面积（m^2）	道路面积		m^2	工程量 ÷ 道路面积（m^2）	
8.1.2.5	接缝处理	m		工程量 ÷ 桥梁面积（m^2）	道路面积		m^2	工程量 ÷ 道路面积（m^2）	
8.1.2.6	箱涵钢筋	t		工程量 ÷ 桥梁面积（m^2）	道路面积		m^2	工程量 ÷ 道路面积（m^2）	
8.1.3	桥面系	m^2		工程量 ÷ 桥梁面积（m^2）	道路面积		m^2	工程量 ÷ 道路面积（m^2）	
8.1.3.1	金属护栏	m		工程量 ÷ 桥梁面积（m^2）	道路面积		m^2	工程量 ÷ 道路面积（m^2）	
8.1.3.2	混凝土护栏	m		工程量 ÷ 桥梁面积（m^2）	道路面积		m^2	工程量 ÷ 道路面积（m^2）	
8.1.3.3	伸缩缝	m		工程量 ÷ 桥梁面积（m^2）	道路面积		m^2	工程量 ÷ 道路面积（m^2）	
8.1.3.4	桥头搭板	m^3		工程量 ÷ 桥梁面积（m^2）	道路面积		m^2	工程量 ÷ 道路面积（m^2）	
8.2	附属工程	元		工程量 ÷ 桥梁面积（m^2）	道路面积		m^2	工程量 ÷ 道路面积（m^2）	
8.2.1	护坡、挡墙	m^3		工程量 ÷ 桥梁面积（m^2）	道路面积		m^2	工程量 ÷ 道路面积（m^2）	
8.2.2	隔声屏障	m^2		工程量 ÷ 桥梁面积（m^2）	道路面积		m^2	工程量 ÷ 道路面积（m^2）	
8.2.3	混凝土楼梯	m^3		工程量 ÷ 桥梁面积（m^2）	道路面积		m^2	工程量 ÷ 道路面积（m^2）	
8.2.4	装饰	m^2		工程量 ÷ 桥梁面积（m^2）	道路面积		m^2	工程量 ÷ 道路面积（m^2）	
8.2.4.1	抹面	m^2		工程量 ÷ 桥梁面积（m^2）	道路面积		m^2	工程量 ÷ 道路面积（m^2）	
8.2.4.2	镶贴面层	m^2		工程量 ÷ 桥梁面积（m^2）	道路面积		m^2	工程量 ÷ 道路面积（m^2）	

表 B-08-02-08（续）

序号	名称	计量单位	工程量	单位指标	相关指标				备注
					相关基数	数量	单位	相关单位指标	
			A	B		C		D=A÷C	
8.2.4.3	涂料、油漆	m^2		工程量 ÷ 桥梁面积（m^2）	道路面积		m^2	工程量 ÷ 道路面积（m^2）	
8.2.4.4	地面铺贴	m^2		工程量 ÷ 桥梁面积（m^2）	道路面积		m^2	工程量 ÷ 道路面积（m^2）	
8.3	钢筋工程								
8.3.1	喷射混凝土钢筋含量	t		喷射混凝土钢筋工程量 ÷ 喷射混凝土工程量（m^3）	道路面积		m^2	工程量 ÷ 道路面积（m^2）	
8.3.2	桩基钢筋含筋量	t		桩基钢筋工程量 ÷ 桩基混凝土工程量（m^3）	道路面积		m^2	工程量 ÷ 道路面积（m^2）	
8.3.3	现浇混凝土钢筋含量	t		现浇混凝土钢筋工程量 ÷ 现浇混凝土混凝土工程量（m^3）	道路面积		m^2	工程量 ÷ 道路面积（m^2）	
8.3.4	预制混凝土钢筋含量	t		预制混凝土钢筋工程量 ÷ 预制混凝土混凝土工程量（m^3）	道路面积		m^2	工程量 ÷ 道路面积（m^2）	

表 B-08-02-09　桥梁工程（人行地下通道）主要工程量指标表

序号	名称	计量单位	工程量	单位指标	相关指标				备注
					相关基数	数量	单位	相关单位指标	
			A	B		C		D=A÷C	
9	人行通道								
9.1	主体结构								
9.1.1	基础工程								
9.1.1.1	土石方工程	m^3		工程量 ÷ 桥梁面积（m^2）	道路面积		m^2	工程量 ÷ 道路面积（m^2）	

表 B-08-02-09（续）

序号	名称	计量单位	工程量	单位指标	相关指标				备注
					相关基数	数量	单位	相关单位指标	
			A	B		C		D=A÷C	
9.1.1.1.1	挖方	m^3		工程量 ÷ 桥梁面积（m^2）	道路面积		m^2	工程量 ÷ 道路面积（m^2）	
9.1.1.1.2	回填方	m^3		工程量 ÷ 桥梁面积（m^2）	道路面积		m^2	工程量 ÷ 道路面积（m^2）	
9.1.1.2	基坑支护								
9.1.1.2.1	地下连续墙	m^3		工程量 ÷ 桥梁面积（m^2）	道路面积		m^2	工程量 ÷ 道路面积（m^2）	
9.1.1.2.2	咬合灌注桩	m		工程量 ÷ 桥梁面积（m^2）	道路面积		m^2	工程量 ÷ 道路面积（m^2）	
9.1.1.2.3	预应力锚杆、锚索	m		工程量 ÷ 桥梁面积（m^2）	道路面积		m^2	工程量 ÷ 道路面积（m^2）	
9.1.1.2.4	其他锚杆、土钉	m		工程量 ÷ 桥梁面积（m^2）	道路面积		m^2	工程量 ÷ 道路面积（m^2）	
9.1.1.2.5	喷射混凝土、水泥砂浆	m^3		工程量 ÷ 桥梁面积（m^2）	道路面积		m^2	工程量 ÷ 道路面积（m^2）	
9.1.1.3	桩基础	m		工程量 ÷ 桥梁面积（m^2）	道路面积		m^2	工程量 ÷ 道路面积（m^2）	
9.1.1.3.1	打桩	m		工程量 ÷ 桥梁面积（m^2）	道路面积		m^2	工程量 ÷ 道路面积（m^2）	
9.1.1.3.2	灌注桩	m		工程量 ÷ 桥梁面积（m^2）	道路面积		m^2	工程量 ÷ 道路面积（m^2）	
9.1.1.4	基础钢筋	t		工程量 ÷ 桥梁面积（m^2）	道路面积		m^2	工程量 ÷ 道路面积（m^2）	
9.1.1.5	地基处理	m^3		工程量 ÷ 桥梁面积（m^2）	道路面积		m^2	工程量 ÷ 道路面积（m^2）	
9.1.2	通道（箱涵）工程								
9.1.2.1	通道（箱涵）现浇	m^3		工程量 ÷ 桥梁面积（m^2）	道路面积		m^2	工程量 ÷ 道路面积（m^2）	

表 B-08-02-09（续）

序号	名称	计量单位	工程量	单位指标	相关指标				备注
					相关基数	数量	单位	相关单位指标	
			A	B		C		D=A÷C	
9.1.2.2	滑板制作	m		工程量 ÷ 桥梁面积（m^2）	道路面积		m^2	工程量 ÷ 道路面积（m^2）	
9.1.2.3	通道（箱涵）预制	m^3		工程量 ÷ 桥梁面积（m^2）	道路面积		m^2	工程量 ÷ 道路面积（m^2）	
9.1.2.4	通道（箱涵）顶进	m		工程量 ÷ 桥梁面积（m^2）	道路面积		m^2	工程量 ÷ 道路面积（m^2）	
9.1.2.5	接缝处理	m		工程量 ÷ 桥梁面积（m^2）	道路面积		m^2	工程量 ÷ 道路面积（m^2）	
9.1.2.6	箱涵钢筋	t		工程量 ÷ 桥梁面积（m^2）	道路面积		m^2	工程量 ÷ 道路面积（m^2）	
9.1.3	桥面系	m^2		工程量 ÷ 桥梁面积（m^2）	道路面积		m^2	工程量 ÷ 道路面积（m^2）	
9.1.3.1	金属护栏	m		工程量 ÷ 桥梁面积（m^2）	道路面积		m^2	工程量 ÷ 道路面积（m^2）	
9.1.3.2	混凝土护栏	m		工程量 ÷ 桥梁面积（m^2）	道路面积		m^2	工程量 ÷ 道路面积（m^2）	
9.1.3.3	伸缩缝	m		工程量 ÷ 桥梁面积（m^2）	道路面积		m^2	工程量 ÷ 道路面积（m^2）	
9.1.3.4	桥头搭板	m^3		工程量 ÷ 桥梁面积（m^2）	道路面积		m^2	工程量 ÷ 道路面积（m^2）	
9.2	附属工程	元		工程量 ÷ 桥梁面积（m^2）	道路面积		m^2	工程量 ÷ 道路面积（m^2）	
9.2.1	护坡、挡墙	m^3		工程量 ÷ 桥梁面积（m^2）	道路面积		m^2	工程量 ÷ 道路面积（m^2）	
9.2.2	隔声屏障	m^2		工程量 ÷ 桥梁面积（m^2）	道路面积		m^2	工程量 ÷ 道路面积（m^2）	
9.2.3	混凝土楼梯	m^3		工程量 ÷ 桥梁面积（m^2）	道路面积		m^2	工程量 ÷ 道路面积（m^2）	

表 B-08-02-09（续）

序号	名称	计量单位	工程量	单位指标	相关指标				备注
					相关基数	数量	单位	相关单位指标	
			A	B		C		D=A÷C	
9.2.4	装饰	m^2		工程量 ÷ 桥梁面积（m^2）	道路面积		m^2	工程量 ÷ 道路面积（m^2）	
9.2.4.1	抹面	m^2		工程量 ÷ 桥梁面积（m^2）	道路面积		m^2	工程量 ÷ 道路面积（m^2）	
9.2.4.2	镶贴面层	m^2		工程量 ÷ 桥梁面积（m^2）	道路面积		m^2	工程量 ÷ 道路面积（m^2）	
9.2.4.3	涂料、油漆	m^2		工程量 ÷ 桥梁面积（m^2）	道路面积		m^2	工程量 ÷ 道路面积（m^2）	
9.2.4.4	地面铺贴	m^2		工程量 ÷ 桥梁面积（m^2）	道路面积		m^2	工程量 ÷ 道路面积（m^2）	
9.3	钢筋工程								
9.3.1	喷射混凝土钢筋含量	t		喷射混凝土钢筋工程量 ÷ 喷射混凝土工程量（m^3）	道路面积		m^2	工程量 ÷ 道路面积（m^2）	
9.3.2	桩基钢筋含筋量	t		桩基钢筋工程量 ÷ 桩基混凝土工程量（m^3）	道路面积		m^2	工程量 ÷ 道路面积（m^2）	
9.3.3	现浇混凝土钢筋含量	t		现浇混凝土钢筋工程量 ÷ 现浇混凝土混凝土工程量（m^3）	道路面积		m^2	工程量 ÷ 道路面积（m^2）	
9.3.4	预制混凝土钢筋含量	t		预制混凝土钢筋工程量 ÷ 预制混凝土混凝土工程量（m^3）	道路面积		m^2	工程量 ÷ 道路面积（m^2）	

表 B-08-02-10　桥梁工程（人行天桥）主要工程量指标表

序号	名称	计量单位	工程量	单位指标	相关指标				备注
					相关基数	数量	单位	相关单位指标	
			A	B		C		D=A÷C	
10	人行天桥								
10.1	主体结构								
10.1.1	基础工程								
10.1.1.1	土石方工程	m^3		工程量 ÷ 桥梁面积（m^2）	道路面积		m^2	工程量 ÷ 道路面积（m^2）	
10.1.1.1.1	挖方	m^3		工程量 ÷ 桥梁面积（m^2）	道路面积		m^2	工程量 ÷ 道路面积（m^2）	
10.1.1.1.2	回填方	m^3		工程量 ÷ 桥梁面积（m^2）	道路面积		m^2	工程量 ÷ 道路面积（m^2）	
10.1.1.2	基坑支护								
10.1.1.3	桩基础	m		工程量 ÷ 桥梁面积（m^2）	道路面积		m^2	工程量 ÷ 道路面积（m^2）	
10.1.1.3.1	打桩	m		工程量 ÷ 桥梁面积（m^2）	道路面积		m^2	工程量 ÷ 道路面积（m^2）	
10.1.1.3.2	灌注桩	m		工程量 ÷ 桥梁面积（m^2）	道路面积		m^2	工程量 ÷ 道路面积（m^2）	
10.1.1.4	混凝土扩大基础	m^3		工程量 ÷ 桥梁面积（m^2）	道路面积		m^2	工程量 ÷ 道路面积（m^2）	
10.1.1.5	沉井基础	m^3		工程量 ÷ 桥梁面积（m^2）	道路面积		m^2	工程量 ÷ 道路面积（m^2）	
10.1.1.6	承台、系梁	m^3		工程量 ÷ 桥梁面积（m^2）	道路面积		m^2	工程量 ÷ 道路面积（m^2）	
10.1.1.7	基础钢筋	t		工程量 ÷ 桥梁面积（m^2）	道路面积		m^2	工程量 ÷ 道路面积（m^2）	
10.1.2	下部结构								
10.1.2.1	墩（台）身	m^3		工程量 ÷ 桥梁面积（m^2）	道路面积		m^2	工程量 ÷ 道路面积（m^2）	

表 B-08-02-10（续）

序号	名称	计量单位	工程量	单位指标	相关指标				备注
					相关基数	数量	单位	相关单位指标	
			A	B		C		D=A÷C	
10.1.2.1.1	预应力钢筋	t		工程量 ÷ 桥梁面积（m^2）	道路面积		m^2	工程量 ÷ 道路面积（m^2）	
10.1.2.1.2	钢绞线	t		工程量 ÷ 桥梁面积（m^2）	道路面积		m^2	工程量 ÷ 道路面积（m^2）	
10.1.2.1.3	现浇混凝土	m^3		工程量 ÷ 桥梁面积（m^2）	道路面积		m^2	工程量 ÷ 道路面积（m^2）	
10.1.2.1.4	预制混凝土	m^3		工程量 ÷ 桥梁面积（m^2）	道路面积		m^2	工程量 ÷ 道路面积（m^2）	
10.1.2.1.5	钢结构	t		工程量 ÷ 桥梁面积（m^2）	道路面积		m^2	工程量 ÷ 道路面积（m^2）	
10.1.2.2	墩（台）帽、盖梁	m^3		工程量 ÷ 桥梁面积（m^2）	道路面积		m^2	工程量 ÷ 道路面积（m^2）	
10.1.2.2.1	预应力钢筋	t		工程量 ÷ 桥梁面积（m^2）	道路面积		m^2	工程量 ÷ 道路面积（m^2）	
10.1.2.2.2	钢绞线	t		工程量 ÷ 桥梁面积（m^2）	道路面积		m^2	工程量 ÷ 道路面积（m^2）	
10.1.2.2.3	现浇混凝土	m^3		工程量 ÷ 桥梁面积（m^2）	道路面积		m^2	工程量 ÷ 道路面积（m^2）	
10.1.2.2.4	预制混凝土	m^3		工程量 ÷ 桥梁面积（m^2）	道路面积		m^2	工程量 ÷ 道路面积（m^2）	
10.1.2.2.5	钢结构	t		工程量 ÷ 桥梁面积（m^2）	道路面积		m^2	工程量 ÷ 道路面积（m^2）	
10.1.2.3	下部结构钢筋	t		工程量 ÷ 桥梁面积（m^2）	道路面积		m^2	工程量 ÷ 道路面积（m^2）	
10.1.3	上部结构								
10.1.3.1	梁	m^3		工程量 ÷ 桥梁面积（m^2）	道路面积		m^2	工程量 ÷ 道路面积（m^2）	

表 B-08-02-10（续）

序号	名称	计量单位	工程量	单位指标	相关指标				备注
					相关基数	数量	单位	相关单位指标	
			A	B		C		D=A÷C	
10.1.3.1.1	钢筋混凝土梁	m^3		工程量 ÷ 桥梁面积（m^2）	道路面积		m^2	工程量 ÷ 道路面积（m^2）	
10.1.3.1.2	钢梁	t		工程量 ÷ 桥梁面积（m^2）	道路面积		m^2	工程量 ÷ 道路面积（m^2）	
10.1.3.1.3	玻璃钢	t		工程量 ÷ 桥梁面积（m^2）	道路面积		m^2	工程量 ÷ 道路面积（m^2）	
10.1.3.1.4	钢结构	t		工程量 ÷ 桥梁面积（m^2）	道路面积		m^2	工程量 ÷ 道路面积（m^2）	
10.1.3.1.5	钢绞线	t		工程量 ÷ 桥梁面积（m^2）	道路面积		m^2	工程量 ÷ 道路面积（m^2）	
10.1.3.1.6	支座	个		工程量 ÷ 桥梁面积（m^2）	道路面积		m^2	工程量 ÷ 道路面积（m^2）	
10.1.3.2	上部结构钢筋	t		工程量 ÷ 桥梁面积（m^2）	道路面积		m^2	工程量 ÷ 道路面积（m^2）	
10.1.4	桥面系	m^2		工程量 ÷ 桥梁面积（m^2）	道路面积		m^2	工程量 ÷ 道路面积（m^2）	
10.1.4.1	金属护栏	m		工程量 ÷ 桥梁面积（m^2）	道路面积		m^2	工程量 ÷ 道路面积（m^2）	
10.1.4.2	混凝土护栏	m		工程量 ÷ 桥梁面积（m^2）	道路面积		m^2	工程量 ÷ 道路面积（m^2）	
10.1.4.3	伸缩缝	m		工程量 ÷ 桥梁面积（m^2）	道路面积		m^2	工程量 ÷ 道路面积（m^2）	
10.2	附属工程	元		工程量 ÷ 桥梁面积（m^2）	道路面积		m^2	工程量 ÷ 道路面积（m^2）	
10.2.1	隔声屏障	m^2		工程量 ÷ 桥梁面积（m^2）	道路面积		m^2	工程量 ÷ 道路面积（m^2）	
10.2.2	混凝土楼梯	m^3		工程量 ÷ 桥梁面积（m^2）	道路面积		m^2	工程量 ÷ 道路面积（m^2）	

表 B-08-02-10（续）

序号	名称	计量单位	工程量	单位指标	相关指标				备注
					相关基数	数量	单位	相关单位指标	
			A	B		C		D=A÷C	
10.2.3	电梯	座		工程量 ÷ 桥梁面积（m^2）	道路面积		m^2	工程量 ÷ 道路面积（m^2）	
10.2.4	供配电系统	元		工程量 ÷ 桥梁面积（m^2）	道路面积		m^2	工程量 ÷ 道路面积（m^2）	
10.2.5	装饰	m^2		工程量 ÷ 桥梁面积（m^2）	道路面积		m^2	工程量 ÷ 道路面积（m^2）	
10.2.5.1	抹面	m^2		工程量 ÷ 桥梁面积（m^2）	道路面积		m^2	工程量 ÷ 道路面积（m^2）	
10.2.5.2	镶贴面层	m^2		工程量 ÷ 桥梁面积（m^2）	道路面积		m^2	工程量 ÷ 道路面积（m^2）	
10.2.5.3	涂料、油漆	m^2		工程量 ÷ 桥梁面积（m^2）	道路面积		m^2	工程量 ÷ 道路面积（m^2）	
10.2.5.4	地面铺贴	m^2		工程量 ÷ 桥梁面积（m^2）	道路面积		m^2	工程量 ÷ 道路面积（m^2）	
10.3	钢筋工程								
10.3.1	喷射混凝土钢筋含量	t		喷射混凝土钢筋工程量 ÷ 喷射混凝土工程量（m^3）	道路面积		m^2	工程量 ÷ 道路面积（m^2）	
10.3.2	桩基钢筋含筋量	t		桩基钢筋工程量 ÷ 桩基混凝土工程量（m^3）	道路面积		m^2	工程量 ÷ 道路面积（m^2）	
10.3.3	现浇混凝土钢筋含量	t		现浇混凝土钢筋工程量 ÷ 现浇混凝土混凝土工程量（m^3）	道路面积		m^2	工程量 ÷ 道路面积（m^2）	
10.3.4	预制混凝土钢筋含量	t		预制混凝土钢筋工程量 ÷ 预制混凝土混凝土工程量（m^3）	道路面积		m^2	工程量 ÷ 道路面积（m^2）	

B-08-03 隧道主要工程量指标表（表 B-08-03-01 ~ 表 B-08-03-06）

表 B-08-03-01 明挖隧道工程主要工程量指标表

序号	名称	计量单位	工程量	单位指标	相关指标				备注
					相关基数	数量	单位	相关单位指标	
			A	B		C		D=A ÷ C	
	明挖隧道工程								
1	土石方工程								
1.1	挖方								
1.1.1	平整场地	m^2		工程数量 ÷ 隧道净面积（m^2）	道路面积		m^2	工程数量 ÷ 道路面积（m^2）	
1.1.2	挖一般土方	m^3		工程数量 ÷ 隧道净面积（m^2）	道路面积		m^2	工程数量 ÷ 道路面积（m^2）	
1.1.3	挖沟槽土方	m^3		工程数量 ÷ 隧道净面积（m^2）	道路面积		m^2	工程数量 ÷ 道路面积（m^2）	
1.1.4	挖基坑土方	m^3		工程数量 ÷ 隧道净面积（m^2）	道路面积		m^2	工程数量 ÷ 道路面积（m^2）	
1.1.5	挖淤泥、流砂	m^3		工程数量 ÷ 隧道净面积（m^2）	道路面积		m^2	工程数量 ÷ 道路面积（m^2）	
1.1.6	挖石方	m^3		工程数量 ÷ 隧道净面积（m^2）	道路面积		m^2	工程数量 ÷ 道路面积（m^2）	
1.1.7	挖基坑石方	m^3		工程数量 ÷ 隧道净面积（m^2）	道路面积		m^2	工程数量 ÷ 道路面积（m^2）	
1.1.8	石方爆破	m^3		工程数量 ÷ 隧道净面积（m^2）	道路面积		m^2	工程数量 ÷ 道路面积（m^2）	
1.2	填方								
1.2.1	填方（素土）	m^3		工程数量 ÷ 隧道净面积（m^2）	道路面积		m^2	工程数量 ÷ 道路面积（m^2）	
1.2.2	填方（2：8 灰土）	m^3		工程数量 ÷ 隧道净面积（m^2）	道路面积		m^2	工程数量 ÷ 道路面积（m^2）	
1.2.3	填方（3：7 灰土）	m^3		工程数量 ÷ 隧道净面积（m^2）	道路面积		m^2	工程数量 ÷ 道路面积（m^2）	

表 B-08-03-01（续）

序号	名称	计量单位	工程量	单位指标	相关指标				备注
					相关基数	数量	单位	相关单位指标	
			A	B		C		D=A÷C	
1.2.4	填方（房心回填）	m^3		工程数量 ÷ 隧道净面积（m^2）	道路面积		m^2	工程数量 ÷ 道路面积（m^2）	
1.2.5	填方（级配砂石）	m^3		工程数量 ÷ 隧道净面积（m^2）	道路面积		m^2	工程数量 ÷ 道路面积（m^2）	
1.2.6	填方（炉渣）	m^3		工程数量 ÷ 隧道净面积（m^2）	道路面积		m^2	工程数量 ÷ 道路面积（m^2）	
1.2.7	填方（CL5.0轻集料混凝土）	m^3		工程数量 ÷ 隧道净面积（m^2）	道路面积		m^2	工程数量 ÷ 道路面积（m^2）	
1.3	外弃								
1.3.1	弃土（石）运输和消纳	m^3		工程数量 ÷ 隧道净面积（m^2）	道路面积		m^2	工程数量 ÷ 道路面积（m^2）	
1.3.2	建筑垃圾外弃和消纳	m^3		工程数量 ÷ 隧道净面积（m^2）	道路面积		m^2	工程数量 ÷ 道路面积（m^2）	
2	围护结构工程								
2.1	地基处理								
2.1.1	强夯地基	m^2		工程数量 ÷ 隧道净面积（m^2）	道路面积		m^2	工程数量 ÷ 道路面积（m^2）	
2.1.2	石灰砂桩	m^3		工程数量 ÷ 隧道净面积（m^2）	道路面积		m^2	工程数量 ÷ 道路面积（m^2）	
2.1.3	砂石桩	m^3		工程数量 ÷ 隧道净面积（m^2）	道路面积		m^2	工程数量 ÷ 道路面积（m^2）	
2.1.4	挤密桩	m		工程数量 ÷ 隧道净面积（m^2）	道路面积		m^2	工程数量 ÷ 道路面积（m^2）	
2.1.5	振冲粒料桩	m^3		工程数量 ÷ 隧道净面积（m^2）	道路面积		m^2	工程数量 ÷ 道路面积（m^2）	
2.1.6	深层搅拌桩	m		工程数量 ÷ 隧道净面积（m^2）	道路面积		m^2	工程数量 ÷ 道路面积（m^2）	
2.1.7	高压旋喷桩	m		工程数量 ÷ 隧道净面积（m^2）	道路面积		m^2	工程数量 ÷ 道路面积（m^2）	

表 B-08-03-01（续）

序号	名称	计量单位	工程量	单位指标	相关指标				备注
					相关基数	数量	单位	相关单位指标	
			A	B		C		D=A ÷ C	
2.1.8	柱锤冲扩桩	m		工程数量 ÷ 隧道净面积（m^2）	道路面积		m^2	工程数量 ÷ 道路面积（m^2）	
2.1.9	水泥粉煤灰碎石桩	m^3		工程数量 ÷ 隧道净面积（m^2）	道路面积		m^2	工程数量 ÷ 道路面积（m^2）	
2.1.10	预应力管桩	m		工程数量 ÷ 隧道净面积（m^2）	道路面积		m^2	工程数量 ÷ 道路面积（m^2）	
2.1.11	褥垫层	m^3		工程数量 ÷ 隧道净面积（m^2）	道路面积		m^2	工程数量 ÷ 道路面积（m^2）	
2.2	基坑与边坡支护								
2.2.1	地下连续墙	m^3		工程数量 ÷ 隧道净面积（m^2）	道路面积		m^2	工程数量 ÷ 道路面积（m^2）	
2.2.2	连续墙钢筋笼	t		工程数量 ÷ 隧道净面积（m^2）	道路面积		m^2	工程数量 ÷ 道路面积（m^2）	
2.2.3	锚索	m		工程数量 ÷ 隧道净面积（m^2）	道路面积		m^2	工程数量 ÷ 道路面积（m^2）	
2.2.4	土钉	m		工程数量 ÷ 隧道净面积（m^2）	道路面积		m^2	工程数量 ÷ 道路面积（m^2）	
2.2.5	喷射混凝土	m^2		工程数量 ÷ 隧道净面积（m^2）	道路面积		m^2	工程数量 ÷ 道路面积（m^2）	
2.2.6	现浇混凝土（冠梁、挡土墙）	m^3		工程数量 ÷ 隧道净面积（m^2）	道路面积		m^2	工程数量 ÷ 道路面积（m^2）	
2.2.7	现浇混凝土钢筋	t		工程数量 ÷ 隧道净面积（m^2）	道路面积		m^2	工程数量 ÷ 道路面积（m^2）	
2.2.8	钢筋网片	t		工程数量 ÷ 隧道净面积（m^2）	道路面积		m^2	工程数量 ÷ 道路面积（m^2）	
2.2.9	玻璃纤维筋	m		工程数量 ÷ 隧道净面积（m^2）	道路面积		m^2	工程数量 ÷ 道路面积（m^2）	

表 B-08-03-01（续）

序号	名称	计量单位	工程量	单位指标	相关指标				备注
					相关基数	数量	单位	相关单位指标	
			A	B		C		D=A ÷ C	
2.2.10	地连墙工程混凝土含钢量	t		钢筋笼工程量 ÷ 地连墙工程混凝土量合计（m^3）	道路面积		m^2	工程数量 ÷ 道路面积（m^2）	钢筋笼工程量和地下连续墙混凝土工程量引用本工程量指标表中对应名称的工程量
2.2.11	现浇混凝土含钢量	t		现浇混凝土钢筋工程量 ÷ 现浇混凝土工程量（m^3）	道路面积		m^2	工程数量 ÷ 道路面积（m^2）	现浇混凝土钢筋工程量和现浇混凝土工程量引用本工程量指标表中对应名称的工程量
2.2.12	喷射混凝土含钢量	t		钢筋网片工程量 ÷ 喷射混凝土工程量（m^3）	道路面积		m^2	工程数量 ÷ 道路面积（m^2）	钢筋网片工程量和喷射混凝土工程量引用本工程量指标表中对应名称的工程量
2.2.13	灌注桩	m		工程数量 ÷ 隧道净面积（m^2）	道路面积		m^2	工程数量 ÷ 道路面积（m^2）	
2.2.14	灌注桩后压浆	根		工程数量 ÷ 隧道净面积（m^2）	道路面积		m^2	工程数量 ÷ 道路面积（m^2）	

表 B-08-03-01（续）

序号	名称	计量单位	工程量	单位指标	相关指标				备注
					相关基数	数量	单位	相关单位指标	
			A	B		C		D=A÷C	
2.2.15	声测管	t		工程数量 ÷ 隧道净面积（m^2）	道路面积		m^2	工程数量 ÷ 道路面积（m^2）	
2.2.16	钢筋笼	t		工程数量 ÷ 隧道净面积（m^2）	道路面积		m^2	工程数量 ÷ 道路面积（m^2）	
2.2.17	钢管桩	t		工程数量 ÷ 隧道净面积（m^2）	道路面积		m^2	工程数量 ÷ 道路面积（m^2）	
2.2.18	灌注桩工程混凝土含钢量	t		钢筋笼工程量 ÷ 灌注桩工程混凝土量合计（m^3）	道路面积		m^2	工程数量 ÷ 道路面积（m^2）	钢筋笼工程量和灌注桩混凝土工程量引用本工程量指标表中对应名称的工程量
3	主体结构								
3.1	现浇混凝土工程								
3.1.1	混凝土垫层	m^3		工程数量 ÷ 隧道净面积（m^2）	道路面积		m^2	工程数量 ÷ 道路面积（m^2）	
3.1.2	混凝土墙	m^3		工程数量 ÷ 隧道净面积（m^2）	道路面积		m^2	工程数量 ÷ 道路面积（m^2）	
3.1.3	混凝土底板	m^3		工程数量 ÷ 隧道净面积（m^2）	道路面积		m^2	工程数量 ÷ 道路面积（m^2）	
3.1.4	混凝土顶板	m^3		工程数量 ÷ 隧道净面积（m^2）	道路面积		m^2	工程数量 ÷ 道路面积（m^2）	
3.2	钢筋工程								
3.2.1	现浇混凝土钢筋	t		工程数量 ÷ 隧道净面积（m^2）	道路面积		m^2	工程数量 ÷ 道路面积（m^2）	

表 B-08-03-01（续）

序号	名称	计量单位	工程量	单位指标	相关指标				备注
					相关基数	数量	单位	相关单位指标	
			A	B		C		D=A÷C	
3.2.2	现浇混凝土含钢量	t		现浇混凝土钢筋工程量 ÷ 现浇混凝土工程量（m^3）	道路面积		m^2	工程数量 ÷ 道路面积（m^2）	现浇混凝土钢筋工程量和现浇混凝土工程量引用本工程量指标表中对应名称的工程量
4	防水及其他								
4.1	防水工程								
4.1.1	卷材防水	m^2		工程数量 ÷ 隧道净面积（m^2）	道路面积		m^2	工程数量 ÷ 道路面积（m^2）	
4.1.2	涂膜防水	m^2		工程数量 ÷ 隧道净面积（m^2）	道路面积		m^2	工程数量 ÷ 道路面积（m^2）	
4.1.3	变形缝	m		工程数量 ÷ 隧道净面积（m^2）	道路面积		m^2	工程数量 ÷ 道路面积（m^2）	
4.1.4	施工缝	m		工程数量 ÷ 隧道净面积（m^2）	道路面积		m^2	工程数量 ÷ 道路面积（m^2）	
4.2	其他工程								
4.2.1	工程水电费	m^2		工程数量 ÷ 隧道净面积（m^2）	道路面积		m^2	工程数量 ÷ 道路面积（m^2）	
4.2.2	杂散电流防护	m^2		工程数量 ÷ 隧道净面积（m^2）	道路面积		m^2	工程数量 ÷ 道路面积（m^2）	
4.2.3	风险源注浆	m^3		工程数量 ÷ 隧道净面积（m^2）	道路面积		m^2	工程数量 ÷ 道路面积（m^2）	

表 B-08-03-02　明挖隧道（U 形槽）工程主要工程量指标表

序号	名称	计量单位	工程量	单位指标	相关指标				备注
					相关基数	数量	单位	相关单位指标	
			A	B		C		D=A÷C	
	明挖隧道（U形槽）								
1	土石方工程								
1.1	挖方								
1.1.1	平整场地	m^2		工程数量÷隧道净面积（m^2）	道路面积		m^2	工程数量÷道路面积（m^2）	
1.1.2	挖一般土方	m^3		工程数量÷隧道净面积（m^2）	道路面积		m^2	工程数量÷道路面积（m^2）	
1.1.3	挖沟槽土方	m^3		工程数量÷隧道净面积（m^2）	道路面积		m^2	工程数量÷道路面积（m^2）	
1.1.4	挖基坑土方	m^3		工程数量÷隧道净面积（m^2）	道路面积		m^2	工程数量÷道路面积（m^2）	
1.1.5	挖淤泥、流砂	m^3		工程数量÷隧道净面积（m^2）	道路面积		m^2	工程数量÷道路面积（m^2）	
1.1.6	挖石方	m^3		工程数量÷隧道净面积（m^2）	道路面积		m^2	工程数量÷道路面积（m^2）	
1.1.7	挖基坑石方	m^3		工程数量÷隧道净面积（m^2）	道路面积		m^2	工程数量÷道路面积（m^2）	
1.1.8	石方爆破	m^3		工程数量÷隧道净面积（m^2）	道路面积		m^2	工程数量÷道路面积（m^2）	
1.2	填方								
1.2.1	填方（素土）	m^3		工程数量÷隧道净面积（m^2）	道路面积		m^2	工程数量÷道路面积（m^2）	
1.2.2	填方（2∶8灰土）	m^3		工程数量÷隧道净面积（m^2）	道路面积		m^2	工程数量÷道路面积（m^2）	
1.2.3	填方（3∶7灰土）	m^3		工程数量÷隧道净面积（m^2）	道路面积		m^2	工程数量÷道路面积（m^2）	
1.2.4	填方（房心回填）	m^3		工程数量÷隧道净面积（m^2）	道路面积		m^2	工程数量÷道路面积（m^2）	

表 B-08-03-02（续）

序号	名称	计量单位	工程量	单位指标	相关指标				备注
					相关基数	数量	单位	相关单位指标	
			A	B		C		D=A÷C	
1.2.5	填方（级配砂石）	m^3		工程数量 ÷ 隧道净面积（m^2）	道路面积		m^2	工程数量 ÷ 道路面积（m^2）	
1.2.6	填方（炉渣）	m^3		工程数量 ÷ 隧道净面积（m^2）	道路面积		m^2	工程数量 ÷ 道路面积（m^2）	
1.2.7	填方（CL5.0 轻集料混凝土）	m^3		工程数量 ÷ 隧道净面积（m^2）	道路面积		m^2	工程数量 ÷ 道路面积（m^2）	
1.3	外弃								
1.3.1	弃土（石）运输和消纳	m^3		工程数量 ÷ 隧道净面积（m^2）	道路面积		m^2	工程数量 ÷ 道路面积（m^2）	
1.3.2	建筑垃圾外弃和消纳	m^3		工程数量 ÷ 隧道净面积（m^2）	道路面积		m^2	工程数量 ÷ 道路面积（m^2）	
2	围护结构工程								
2.1	地基处理								
2.1.1	强夯地基	m^2		工程数量 ÷ 隧道净面积（m^2）	道路面积		m^2	工程数量 ÷ 道路面积（m^2）	
2.1.2	石灰砂桩	m^3		工程数量 ÷ 隧道净面积（m^2）	道路面积		m^2	工程数量 ÷ 道路面积（m^2）	
2.1.3	砂石桩	m^3		工程数量 ÷ 隧道净面积（m^2）	道路面积		m^2	工程数量 ÷ 道路面积（m^2）	
2.1.4	挤密桩	m		工程数量 ÷ 隧道净面积（m^2）	道路面积		m^2	工程数量 ÷ 道路面积（m^2）	
2.1.5	振冲粒料桩	m^3		工程数量 ÷ 隧道净面积（m^2）	道路面积		m^2	工程数量 ÷ 道路面积（m^2）	
2.1.6	深层搅拌桩	m		工程数量 ÷ 隧道净面积（m^2）	道路面积		m^2	工程数量 ÷ 道路面积（m^2）	
2.1.7	高压旋喷桩	m		工程数量 ÷ 隧道净面积（m^2）	道路面积		m^2	工程数量 ÷ 道路面积（m^2）	

表 B-08-03-02（续）

序号	名称	计量单位	工程量	单位指标	相关指标				备注
					相关基数	数量	单位	相关单位指标	
			A	B		C		D=A ÷ C	
2.1.8	柱锤冲扩桩	m		工程数量 ÷ 隧道净面积（m^2）	道路面积		m^2	工程数量 ÷ 道路面积（m^2）	
2.1.9	水泥粉煤灰碎石桩	m^3		工程数量 ÷ 隧道净面积（m^2）	道路面积		m^2	工程数量 ÷ 道路面积（m^2）	
2.1.10	预应力管桩	m		工程数量 ÷ 隧道净面积（m^2）	道路面积		m^2	工程数量 ÷ 道路面积（m^2）	
2.1.11	褥垫层	m^3		工程数量 ÷ 隧道净面积（m^2）	道路面积		m^2	工程数量 ÷ 道路面积（m^2）	
2.2	基坑与边坡支护								
2.2.1	地下连续墙	m^3		工程数量 ÷ 隧道净面积（m^2）	道路面积		m^2	工程数量 ÷ 道路面积（m^2）	
2.2.2	连续墙钢筋笼	t		工程数量 ÷ 隧道净面积（m^2）	道路面积		m^2	工程数量 ÷ 道路面积（m^2）	
2.2.3	锚索	m		工程数量 ÷ 隧道净面积（m^2）	道路面积		m^2	工程数量 ÷ 道路面积（m^2）	
2.2.4	土钉	m		工程数量 ÷ 隧道净面积（m^2）	道路面积		m^2	工程数量 ÷ 道路面积（m^2）	
2.2.5	喷射混凝土	m^2		工程数量 ÷ 隧道净面积（m^2）	道路面积		m^2	工程数量 ÷ 道路面积（m^2）	
2.2.6	现浇混凝土（冠梁、挡土墙）	m^3		工程数量 ÷ 隧道净面积（m^2）	道路面积		m^2	工程数量 ÷ 道路面积（m^2）	
2.2.7	现浇混凝土钢筋	t		工程数量 ÷ 隧道净面积（m^2）	道路面积		m^2	工程数量 ÷ 道路面积（m^2）	
2.2.8	钢筋网片	t		工程数量 ÷ 隧道净面积（m^2）	道路面积		m^2	工程数量 ÷ 道路面积（m^2）	
2.2.9	玻璃纤维筋	m		工程数量 ÷ 隧道净面积（m^2）	道路面积		m^2	工程数量 ÷ 道路面积（m^2）	

表 B-08-03-02（续）

序号	名称	计量单位	工程量	单位指标	相关指标				备注
					相关基数	数量	单位	相关单位指标	
			A	B		C		D=A÷C	
2.2.10	地连墙混凝土含钢量	t		钢筋笼工程量 ÷ 地连墙工程混凝土量合计（m^3）	道路面积		m^2	工程数量 ÷ 道路面积（m^2）	钢筋笼工程量和地下连续墙混凝土工程量引用本工程量指标表中对应名称的工程量
2.2.11	现浇混凝土含钢量	t		现浇混凝土钢筋工程量 ÷ 现浇混凝土工程量（m^3）	道路面积		m^2	工程数量 ÷ 道路面积（m^2）	现浇混凝土钢筋工程量和现浇混凝土工程量引用本工程量指标表中对应名称的工程量
2.2.12	喷射混凝土含钢量	t		钢筋网片工程量 ÷ 喷射混凝土工程量（m^3）	道路面积		m^2	工程数量 ÷ 道路面积（m^2）	钢筋网片工程量和喷射混凝土工程量引用本工程量指标表中对应名称的工程量
2.2.13	灌注桩	m		工程数量 ÷ 隧道净面积（m^2）	道路面积		m^2	工程数量 ÷ 道路面积（m^2）	
2.2.14	灌注桩后压浆	根		工程数量 ÷ 隧道净面积（m^2）	道路面积		m^2	工程数量 ÷ 道路面积（m^2）	

表 B-08-03-02（续）

序号	名称	计量单位	工程量	单位指标	相关指标				备注
					相关基数	数量	单位	相关单位指标	
			A	B		C		D=A÷C	
2.2.15	声测管	t		工程数量 ÷ 隧道净面积（m^2）	道路面积		m^2	工程数量 ÷ 道路面积（m^2）	
2.2.16	钢筋笼	t		工程数量 ÷ 隧道净面积（m^2）	道路面积		m^2	工程数量 ÷ 道路面积（m^2）	
2.2.17	钢管桩	t		工程数量 ÷ 隧道净面积（m^2）	道路面积		m^2	工程数量 ÷ 道路面积（m^2）	
2.2.18	灌注桩工程混凝土含钢量	t		钢筋笼工程量 ÷ 灌注桩工程混凝土量合计（m^3）	道路面积		m^2	工程数量 ÷ 道路面积（m^2）	钢筋笼工程量和灌注桩混凝土工程量引用本工程量指标表中对应名称的工程量
3	主体结构								
3.1	现浇混凝土工程								
3.1.1	混凝土垫层	m^3		工程数量 ÷ 隧道净面积（m^2）	道路面积		m^2	工程数量 ÷ 道路面积（m^2）	
3.1.2	混凝土墙	m^3		工程数量 ÷ 隧道净面积（m^2）	道路面积		m^2	工程数量 ÷ 道路面积（m^2）	
3.1.3	混凝土底板	m^3		工程数量 ÷ 隧道净面积（m^2）	道路面积		m^2	工程数量 ÷ 道路面积（m^2）	
3.1.4	混凝土顶板	m^3		工程数量 ÷ 隧道净面积（m^2）	道路面积		m^2	工程数量 ÷ 道路面积（m^2）	
3.2	钢筋工程								
3.2.1	现浇混凝土钢筋	t		工程数量 ÷ 隧道净面积（m^2）	道路面积		m^2	工程数量 ÷ 道路面积（m^2）	

表 B-08-03-02（续）

序号	名称	计量单位	工程量	单位指标	相关指标				备注
					相关基数	数量	单位	相关单位指标	
			A	B		C		D=A ÷ C	
3.2.2	现浇混凝土含钢量	t		现浇混凝土钢筋工程量 ÷ 现浇混凝土工程量（m^3）	道路面积		m^2	工程数量 ÷ 道路面积（m^2）	现浇混凝土钢筋工程量和现浇混凝土工程量引用本工程量指标表中对应名称的工程量
4	防水及其他								
4.1	防水工程								
4.1.1	卷材防水	m^2		工程数量 ÷ 隧道净面积（m^2）	道路面积		m^2	工程数量 ÷ 道路面积（m^2）	
4.1.2	涂膜防水	m^2		工程数量 ÷ 隧道净面积（m^2）	道路面积		m^2	工程数量 ÷ 道路面积（m^2）	
4.1.3	变形缝	m		工程数量 ÷ 隧道净面积（m^2）	道路面积		m^2	工程数量 ÷ 道路面积（m^2）	
4.1.4	施工缝	m		工程数量 ÷ 隧道净面积（m^2）	道路面积		m^2	工程数量 ÷ 道路面积（m^2）	
4.2	其他工程								
4.2.1	工程水电费	m^2		工程数量 ÷ 隧道净面积（m^2）	道路面积		m^2	工程数量 ÷ 道路面积（m^2）	
4.2.2	杂散电流防护	m^2		工程数量 ÷ 隧道净面积（m^2）	道路面积		m^2	工程数量 ÷ 道路面积（m^2）	
4.2.3	风险源注浆	m^3		工程数量 ÷ 隧道净面积（m^2）	道路面积		m^2	工程数量 ÷ 道路面积（m^2）	

表 B-08-03-03　暗挖隧道工程主要工程量指标表

序号	名称	计量单位	工程量	单位指标	相关指标				备注
					相关基数	数量	单位	相关单位指标	
			A	B		C		D=A ÷ C	
	暗挖隧道工程								
1	土石方工程								
1.1	挖方								
1.1.1	暗挖土方	m^3		工程数量 ÷ 隧道净面积（m^2）	道路面积		m^2	工程数量 ÷ 道路面积（m^2）	
1.1.2	暗挖石方	m^3		工程数量 ÷ 隧道净面积（m^2）	道路面积		m^2	工程数量 ÷ 道路面积（m^2）	
1.1.3	平洞开挖	m^3		工程数量 ÷ 隧道净面积（m^2）	道路面积		m^2	工程数量 ÷ 道路面积（m^2）	
1.2	填方								
1.2.1	填方（素土）	m^3		工程数量 ÷ 隧道净面积（m^2）	道路面积		m^2	工程数量 ÷ 道路面积（m^2）	
1.3	外弃								
1.3.1	弃土（石）运输和消纳	m^3		工程数量 ÷ 隧道净面积（m^2）	道路面积		m^2	工程数量 ÷ 道路面积（m^2）	
1.3.2	建筑垃圾外弃和消纳	m^3		工程数量 ÷ 隧道净面积（m^2）	道路面积		m^2	工程数量 ÷ 道路面积（m^2）	
2	初衬结构								
2.1	超前支护								
2.1.1	超前支护注浆	m^3		工程数量 ÷ 隧道净面积（m^2）	道路面积		m^2	工程数量 ÷ 道路面积（m^2）	
2.1.2	小导管	m		工程数量 ÷ 隧道净面积（m^2）	道路面积		m^2	工程数量 ÷ 道路面积（m^2）	
2.1.3	管棚	m		工程数量 ÷ 隧道净面积（m^2）	道路面积		m^2	工程数量 ÷ 道路面积（m^2）	
2.2	初期支护								
2.2.1	初支背后注浆	m^3		工程数量 ÷ 隧道净面积（m^2）	道路面积		m^2	工程数量 ÷ 道路面积（m^2）	

表 B-08-03-03（续）

序号	名称	计量单位	工程量	单位指标	相关指标				备注
					相关基数	数量	单位	相关单位指标	
			A	B		C		D=A÷C	
2.2.2	拱部喷射混凝土	m^3		工程数量 ÷ 隧道净面积（m^2）	道路面积		m^2	工程数量 ÷ 道路面积（m^2）	
2.2.3	边墙喷射混凝土	m^3		工程数量 ÷ 隧道净面积（m^2）	道路面积		m^2	工程数量 ÷ 道路面积（m^2）	
2.2.4	非预应力钢筋（钢筋网及连接筋）	t		工程数量 ÷ 隧道净面积（m^2）	道路面积		m^2	工程数量 ÷ 道路面积（m^2）	
2.2.5	非预应力钢筋（钢格栅）	t		工程数量 ÷ 隧道净面积（m^2）	道路面积		m^2	工程数量 ÷ 道路面积（m^2）	
2.2.6	型钢（钢格栅）	t		工程数量 ÷ 隧道净面积（m^2）	道路面积		m^2	工程数量 ÷ 道路面积（m^2）	
2.2.7	封闭掌子面喷射混凝土	m^3		工程数量 ÷ 隧道净面积（m^2）	道路面积		m^2	工程数量 ÷ 道路面积（m^2）	
2.2.8	拆除钢筋混凝土结构	m^3		工程数量 ÷ 隧道净面积（m^2）	道路面积		m^2	工程数量 ÷ 道路面积（m^2）	
2.2.9	渣土运输和消纳（有筋）	m^3		工程数量 ÷ 隧道净面积（m^2）	道路面积		m^2	工程数量 ÷ 道路面积（m^2）	
2.2.10	衬砌混凝土含钢量	t		钢格栅工程量 ÷ 初支喷射混凝土工程量（m^3）	道路面积		m^2	工程数量 ÷ 道路面积（m^2）	钢格栅工程量和初支喷射混凝土工程量引用本工程量指标表中对应名称的工程量
3	二衬结构								
3.1	二衬结构								
3.1.1	二衬背后注浆	m^3		工程数量 ÷ 隧道净面积（m^2）	道路面积		m^2	工程数量 ÷ 道路面积（m^2）	

表 B-08-03-03（续）

序号	名称	计量单位	工程量	单位指标	相关指标				备注
					相关基数	数量	单位	相关单位指标	
			A	B		C		D=A÷C	
3.1.2	隧道内衬混凝土	m^3		工程数量 ÷ 隧道净面积（m^2）	道路面积		m^2	工程数量 ÷ 道路面积（m^2）	
3.1.3	非预应力钢筋（二衬钢筋）	t		工程数量 ÷ 隧道净面积（m^2）	道路面积		m^2	工程数量 ÷ 道路面积（m^2）	
3.1.4	二衬混凝土含钢量	t		二衬钢筋工程量 ÷ 隧道内衬混凝土工程量（m^3）	道路面积		m^2	工程数量 ÷ 道路面积（m^2）	二衬钢筋工程量和二衬混凝土工程量引用本工程量指标表中对应名称的工程量
4	防水及其他								
4.1	防水工程								
4.1.1	卷材防水层	m^2		工程数量 ÷ 隧道净面积（m^2）	道路面积		m^2	工程数量 ÷ 道路面积（m^2）	
4.1.2	变形缝	m		工程数量 ÷ 隧道净面积（m^2）	道路面积		m^2	工程数量 ÷ 道路面积（m^2）	
4.1.3	施工缝	m		工程数量 ÷ 隧道净面积（m^2）	道路面积		m^2	工程数量 ÷ 道路面积（m^2）	
4.2	其他工程								
4.2.1	工程水电费	m^2		工程数量 ÷ 隧道净面积（m^2）	道路面积		m^2	工程数量 ÷ 道路面积（m^2）	
4.2.2	杂散电流防护	m^2		工程数量 ÷ 隧道净面积（m^2）	道路面积		m^2	工程数量 ÷ 道路面积（m^2）	
4.2.3	风险源注浆	m^3		工程数量 ÷ 隧道净面积（m^2）	道路面积		m^2	工程数量 ÷ 道路面积（m^2）	
5	竖井及联络通道								

表 B-08-03-03（续）

序号	名称	计量单位	工程量	单位指标	相关指标				备注
					相关基数	数量	单位	相关单位指标	
			A	B		C		D=A÷C	
5.1	竖井								
5.1.1	挖竖井土方	m^3		工程数量 ÷ 隧道净面积（m^2）	道路面积		m^2	工程数量 ÷ 道路面积（m^2）	
5.1.2	填方（素土）	m^3		工程数量 ÷ 隧道净面积（m^2）	道路面积		m^2	工程数量 ÷ 道路面积（m^2）	
5.1.3	弃方	m^3		工程数量 ÷ 隧道净面积（m^2）	道路面积		m^2	工程数量 ÷ 道路面积（m^2）	
5.1.4	超前支护注浆	m^3		工程数量 ÷ 隧道净面积（m^2）	道路面积		m^2	工程数量 ÷ 道路面积（m^2）	
5.1.5	琐脚锚杆（管）	m		工程数量 ÷ 隧道净面积（m^2）	道路面积		m^2	工程数量 ÷ 道路面积（m^2）	
5.1.6	初支背后注浆	m^3		工程数量 ÷ 隧道净面积（m^2）	道路面积		m^2	工程数量 ÷ 道路面积（m^2）	
5.1.7	喷射混凝土	m^3		工程数量 ÷ 隧道净面积（m^2）	道路面积		m^2	工程数量 ÷ 道路面积（m^2）	
5.1.8	现浇混凝土圈梁	m^3		工程数量 ÷ 隧道净面积（m^2）	道路面积		m^2	工程数量 ÷ 道路面积（m^2）	
5.1.9	非预应力钢筋（钢筋网及连接筋）	t		工程数量 ÷ 隧道净面积（m^2）	道路面积		m^2	工程数量 ÷ 道路面积（m^2）	
5.1.10	非预应力钢筋（钢格栅）	t		工程数量 ÷ 隧道净面积（m^2）	道路面积		m^2	工程数量 ÷ 道路面积（m^2）	
5.1.11	现浇混凝土钢筋	t		工程数量 ÷ 隧道净面积（m^2）	道路面积		m^2	工程数量 ÷ 道路面积（m^2）	
5.1.12	拆除钢筋混凝土结构	m^3		工程数量 ÷ 隧道净面积（m^2）	道路面积		m^2	工程数量 ÷ 道路面积（m^2）	
5.1.13	渣土运输和消纳（有筋）	m^3		工程数量 ÷ 隧道净面积（m^2）	道路面积		m^2	工程数量 ÷ 道路面积（m^2）	

表 B-08-03-03（续）

序号	名称	计量单位	工程量	单位指标	相关指标				备注
					相关基数	数量	单位	相关单位指标	
			A	B		C		D=A÷C	
5.1.14	现浇混凝土含钢量	t		现浇混凝土钢筋工程量 ÷ 现浇混凝土工程量（m^3）	道路面积		m^2	工程数量 ÷ 道路面积（m^2）	现浇混凝土钢筋工程量和现浇混凝土工程量引用本工程量指标表中对应名称的工程量
5.1.15	衬砌混凝土含钢量	t		钢格栅、钢筋网及连接筋工程量 ÷ 喷射混凝土工程量（m^3）	道路面积		m^2	工程数量 ÷ 道路面积（m^2）	钢格栅、钢筋网及连接筋工程量和喷射混凝土工程量引用本工程量指标表中对应名称的工程量
5.2	联络通道								
5.2.1	暗挖土石方	m^3		工程数量 ÷ 隧道净面积（m^2）	道路面积		m^2	工程数量 ÷ 道路面积（m^2）	
5.2.2	填方（素土）	m^3		工程数量 ÷ 隧道净面积（m^2）	道路面积		m^2	工程数量 ÷ 道路面积（m^2）	
5.2.3	弃方	m^3		工程数量 ÷ 隧道净面积（m^2）	道路面积		m^2	工程数量 ÷ 道路面积（m^2）	
5.2.4	超前支护注浆	m^3		工程数量 ÷ 隧道净面积（m^2）	道路面积		m^2	工程数量 ÷ 道路面积（m^2）	
5.2.5	小导管	m		工程数量 ÷ 隧道净面积（m^2）	道路面积		m^2	工程数量 ÷ 道路面积（m^2）	

表 B-08-03-03（续）

序号	名称	计量单位	工程量	单位指标	相关指标				备注
					相关基数	数量	单位	相关单位指标	
			A	B		C		D=A÷C	
5.2.6	管棚	m		工程数量 ÷ 隧道净面积（m^2）	道路面积		m^2	工程数量 ÷ 道路面积（m^2）	
5.2.7	初支背后注浆	m^3		工程数量 ÷ 隧道净面积（m^2）	道路面积		m^2	工程数量 ÷ 道路面积（m^2）	
5.2.8	拱部喷射混凝土	m^3		工程数量 ÷ 隧道净面积（m^2）	道路面积		m^2	工程数量 ÷ 道路面积（m^2）	
5.2.9	边墙喷射混凝土	m^3		工程数量 ÷ 隧道净面积（m^2）	道路面积		m^2	工程数量 ÷ 道路面积（m^2）	
5.2.10	非预应力钢筋（钢筋网及连接筋）	t		工程数量 ÷ 隧道净面积（m^2）	道路面积		m^2	工程数量 ÷ 道路面积（m^2）	
5.2.11	非预应力钢筋（钢格栅）	t		工程数量 ÷ 隧道净面积（m^2）	道路面积		m^2	工程数量 ÷ 道路面积（m^2）	
5.2.12	型钢（钢格栅）	t		工程数量 ÷ 隧道净面积（m^2）	道路面积		m^2	工程数量 ÷ 道路面积（m^2）	
5.2.13	封闭掌子面喷射混凝土	m^3		工程数量 ÷ 隧道净面积（m^2）	道路面积		m^2	工程数量 ÷ 道路面积（m^2）	
5.2.14	拆除钢筋混凝土结构	m^3		工程数量 ÷ 隧道净面积（m^2）	道路面积		m^2	工程数量 ÷ 道路面积（m^2）	
5.2.15	渣土运输和消纳（有筋）	m^3		工程数量 ÷ 隧道净面积（m^2）	道路面积		m^2	工程数量 ÷ 道路面积（m^2）	
5.2.16	衬砌混凝土含钢量	t		钢格栅工程量 ÷ 初支喷射混凝土工程量（m^3）	道路面积		m^2	工程数量 ÷ 道路面积（m^2）	钢格栅工程量和初支喷射混凝土工程量引用本工程量指标表中对应名称的工程量

表 B-08-03-03（续）

序号	名称	计量单位	工程量	单位指标	相关指标				备注
					相关基数	数量	单位	相关单位指标	
			A	B		C		D=A÷C	
5.2.17	二衬背后注浆	m^3		工程数量 ÷ 隧道净面积（m^2）	道路面积		m^2	工程数量 ÷ 道路面积（m^2）	
5.2.18	隧道内衬混凝土	m^3		工程数量 ÷ 隧道净面积（m^2）	道路面积		m^2	工程数量 ÷ 道路面积（m^2）	
5.2.19	非预应力钢筋（二衬钢筋）	t		工程数量 ÷ 隧道净面积（m^2）	道路面积		m^2	工程数量 ÷ 道路面积（m^2）	
5.2.20	二衬混凝土含钢量	t		二衬钢筋工程量 ÷ 隧道内衬混凝土工程量（m^3）	道路面积		m^2	工程数量 ÷ 道路面积（m^2）	二衬钢筋工程量和二衬混凝土工程量引用本工程量指标表中对应名称的工程量
5.2.21	卷材防水层	m^2		工程数量 ÷ 隧道净面积（m^2）	道路面积		m^2	工程数量 ÷ 道路面积（m^2）	
5.2.22	变形缝	m		工程数量 ÷ 隧道净面积（m^2）	道路面积		m^2	工程数量 ÷ 道路面积（m^2）	
5.2.23	施工缝	m		工程数量 ÷ 隧道净面积（m^2）	道路面积		m^2	工程数量 ÷ 道路面积（m^2）	
5.2.24	深孔注浆	m^3		工程数量 ÷ 隧道净面积（m^2）	道路面积		m^2	工程数量 ÷ 道路面积（m^2）	
5.2.25	土体加固	m^3		工程数量 ÷ 隧道净面积（m^2）	道路面积		m^2	工程数量 ÷ 道路面积（m^2）	

表 B-08-03-04　盾构隧道工程主要工程量指标表

序号	名称	计量单位	工程量	单位指标	相关指标				备注
					相关基数	数量	单位	相关单位指标	
			A	B		C		D=A÷C	
	盾构隧道工程								
1	掘进及出渣								
1.1	掘进及出渣								
1.1.1	盾构吊装及吊拆	台·次		工程数量 ÷ 隧道净面积（m^2）	道路面积		m^2	工程数量 ÷ 道路面积（m^2）	
1.1.2	盾构掘进	m		工程数量 ÷ 隧道净面积（m^2）	道路面积		m^2	工程数量 ÷ 道路面积（m^2）	
1.1.3	衬砌壁后压浆	m^3		工程数量 ÷ 隧道净面积（m^2）	道路面积		m^2	工程数量 ÷ 道路面积（m^2）	
1.1.4	盾构基座、反力架	个		工程数量 ÷ 隧道净面积（m^2）	道路面积		m^2	工程数量 ÷ 道路面积（m^2）	
2	管片拼装								
2.1	管片拼装								
2.1.1	预制钢筋混凝土管片	m^3		工程数量 ÷ 隧道净面积（m^2）	道路面积		m^2	工程数量 ÷ 道路面积（m^2）	
2.1.2	管片钢筋	t		工程数量 ÷ 隧道净面积（m^2）	道路面积		m^2	工程数量 ÷ 道路面积（m^2）	
2.1.3	管片设置密封条	环		工程数量 ÷ 隧道净面积（m^2）	道路面积		m^2	工程数量 ÷ 道路面积（m^2）	
2.1.4	柔性接缝环	m		工程数量 ÷ 隧道净面积（m^2）	道路面积		m^2	工程数量 ÷ 道路面积（m^2）	
2.1.5	管片嵌缝	环		工程数量 ÷ 隧道净面积（m^2）	道路面积		m^2	工程数量 ÷ 道路面积（m^2）	
2.1.6	预制管片混凝土含钢量	t		管片钢筋工程量 ÷ 预制管片混凝土工程量（m^3）	道路面积		m^2	工程数量 ÷ 道路面积（m^2）	管片钢筋工程量和预制钢筋混凝土管片混凝土工程量引用本工程量指标表中对应名称的工程量

表 B-08-03-04（续）

序号	名称	计量单位	工程量	单位指标	相关指标				备注
					相关基数	数量	单位	相关单位指标	
			A	B		C		D=A÷C	
3	预埋槽道								
3.1	预埋槽道								
3.1.1	预埋槽道	m		工程数量 ÷ 隧道净面积（m^2）	道路面积		m^2	工程数量 ÷ 道路面积（m^2）	
4	端头加固								
4.1	端头加固								
4.1.1	端头加固	m^3		工程数量 ÷ 隧道净面积（m^2）	道路面积		m^2	工程数量 ÷ 道路面积（m^2）	
5	盾构井								
5.1	土石方工程								
5.1.1	挖方	m^3		工程数量 ÷ 隧道净面积（m^2）	道路面积		m^2	工程数量 ÷ 道路面积（m^2）	
5.1.2	填方	m^3		工程数量 ÷ 隧道净面积（m^2）	道路面积		m^2	工程数量 ÷ 道路面积（m^2）	
5.1.3	弃方	m^3		工程数量 ÷ 隧道净面积（m^2）	道路面积		m^2	工程数量 ÷ 道路面积（m^2）	
5.2	围护结构工程								
5.2.1	灌注桩	m		工程数量 ÷ 隧道净面积（m^2）	道路面积		m^2	工程数量 ÷ 道路面积（m^2）	
5.2.2	灌注桩后压浆	根		工程数量 ÷ 隧道净面积（m^2）	道路面积		m^2	工程数量 ÷ 道路面积（m^2）	
5.2.3	现浇混凝土（冠梁、挡土墙）	m^3		工程数量 ÷ 隧道净面积（m^2）	道路面积		m^2	工程数量 ÷ 道路面积（m^2）	
5.2.4	喷射混凝土	m^2		工程数量 ÷ 隧道净面积（m^2）	道路面积		m^2	工程数量 ÷ 道路面积（m^2）	
5.2.5	声测管	t		工程数量 ÷ 隧道净面积（m^2）	道路面积		m^2	工程数量 ÷ 道路面积（m^2）	
5.2.6	现浇混凝土钢筋	t		工程数量 ÷ 隧道净面积（m^2）	道路面积		m^2	工程数量 ÷ 道路面积（m^2）	

表 B-08-03-04（续）

序号	名称	计量单位	工程量	单位指标	相关指标				备注
					相关基数	数量	单位	相关单位指标	
			A	B		C		D=A÷C	
5.2.7	钢筋网片	t		工程数量 ÷ 隧道净面积（m^2）	道路面积		m^2	工程数量 ÷ 道路面积（m^2）	
5.2.8	钢筋笼	t		工程数量 ÷ 隧道净面积（m^2）	道路面积		m^2	工程数量 ÷ 道路面积（m^2）	
5.2.9	现浇混凝土含钢量	t		现浇混凝土钢筋工程量 ÷ 现浇混凝土工程量（m^3）	道路面积		m^2	工程数量 ÷ 道路面积（m^2）	现浇混凝土钢筋工程量和现浇混凝土工程量引用本工程量指标表中对应名称的工程量
5.2.10	喷射混凝土含钢量	t		钢筋网片工程量 ÷ 喷射混凝土工程量（m^3）	道路面积		m^2	工程数量 ÷ 道路面积（m^2）	钢筋网片工程量和喷射混凝土工程量引用本工程量指标表中对应名称的工程量
5.2.11	灌注桩工程混凝土含钢量	t		钢筋笼工程量 ÷ 灌注桩工程混凝土量合计（m^3）	道路面积		m^2	工程数量 ÷ 道路面积（m^2）	钢筋笼工程量和灌注桩混凝土工程量引用本工程量指标表中对应名称的工程量
5.3	主体结构								

表 B-08-03-04（续）

<table>
<tr><th rowspan="3">序号</th><th rowspan="3">名称</th><th rowspan="3">计量单位</th><th>工程量</th><th>单位指标</th><th colspan="4">相关指标</th><th rowspan="3">备注</th></tr>
<tr><th rowspan="2">A</th><th rowspan="2">B</th><th>相关基数</th><th>数量</th><th>单位</th><th>相关单位指标</th></tr>
<tr><th></th><th>C</th><th></th><th>D=A ÷ C</th></tr>
<tr><td>5.3.1</td><td>混凝土垫层</td><td>m^3</td><td></td><td>工程数量 ÷ 隧道净面积（m^2）</td><td>道路面积</td><td></td><td>m^2</td><td>工程数量 ÷ 道路面积（m^2）</td><td></td></tr>
<tr><td>5.3.2</td><td>混凝土底板</td><td>m^3</td><td></td><td>工程数量 ÷ 隧道净面积（m^2）</td><td>道路面积</td><td></td><td>m^2</td><td>工程数量 ÷ 道路面积（m^2）</td><td></td></tr>
<tr><td>5.3.3</td><td>混凝土墙</td><td>m^3</td><td></td><td>工程数量 ÷ 隧道净面积（m^2）</td><td>道路面积</td><td></td><td>m^2</td><td>工程数量 ÷ 道路面积（m^2）</td><td></td></tr>
<tr><td>5.3.4</td><td>现浇混凝土钢筋</td><td>t</td><td></td><td>工程数量 ÷ 隧道净面积（m^2）</td><td>道路面积</td><td></td><td>m^2</td><td>工程数量 ÷ 道路面积（m^2）</td><td></td></tr>
<tr><td>5.3.5</td><td>现浇混凝土含钢量</td><td>t</td><td></td><td>现浇混凝土钢筋工程量 ÷ 现浇混凝土工程量（m^3）</td><td>道路面积</td><td></td><td>m^2</td><td>工程数量 ÷ 道路面积（m^2）</td><td>现浇混凝土钢筋工程量和现浇混凝土工程量引用本工程量指标表中对应名称的工程量</td></tr>
<tr><td>5.4</td><td>防水工程</td><td></td><td></td><td></td><td></td><td></td><td></td><td></td><td></td></tr>
<tr><td>5.4.1</td><td>卷材防水</td><td>m^2</td><td></td><td>工程数量 ÷ 隧道净面积（m^2）</td><td>道路面积</td><td></td><td>m^2</td><td>工程数量 ÷ 道路面积（m^2）</td><td></td></tr>
<tr><td>5.4.2</td><td>施工缝</td><td>m</td><td></td><td>工程数量 ÷ 隧道净面积（m^2）</td><td>道路面积</td><td></td><td>m^2</td><td>工程数量 ÷ 道路面积（m^2）</td><td></td></tr>
<tr><td>6</td><td>联络通道</td><td></td><td></td><td></td><td></td><td></td><td></td><td></td><td></td></tr>
<tr><td>6.1</td><td>联络通道</td><td></td><td></td><td></td><td></td><td></td><td></td><td></td><td></td></tr>
<tr><td>6.1.1</td><td>暗挖土石方</td><td>m^3</td><td></td><td>工程数量 ÷ 隧道净面积（m^2）</td><td>道路面积</td><td></td><td>m^2</td><td>工程数量 ÷ 道路面积（m^2）</td><td></td></tr>
<tr><td>6.1.2</td><td>填方（素土）</td><td>m^3</td><td></td><td>工程数量 ÷ 隧道净面积（m^2）</td><td>道路面积</td><td></td><td>m^2</td><td>工程数量 ÷ 道路面积（m^2）</td><td></td></tr>
<tr><td>6.1.3</td><td>弃方</td><td>m^3</td><td></td><td>工程数量 ÷ 隧道净面积（m^2）</td><td>道路面积</td><td></td><td>m^2</td><td>工程数量 ÷ 道路面积（m^2）</td><td></td></tr>
</table>

表 B-08-03-04（续）

序号	名称	计量单位	工程量	单位指标	相关指标				备注
					相关基数	数量	单位	相关单位指标	
			A	B		C		D=A÷C	
6.1.4	超前支护注浆	m^3		工程数量 ÷ 隧道净面积（m^2）	道路面积		m^2	工程数量 ÷ 道路面积（m^2）	
6.1.5	小导管	m		工程数量 ÷ 隧道净面积（m^2）	道路面积		m^2	工程数量 ÷ 道路面积（m^2）	
6.1.6	管棚	m		工程数量 ÷ 隧道净面积（m^2）	道路面积		m^2	工程数量 ÷ 道路面积（m^2）	
6.1.7	初支背后注浆	m^3		工程数量 ÷ 隧道净面积（m^2）	道路面积		m^2	工程数量 ÷ 道路面积（m^2）	
6.1.8	拱部喷射混凝土	m^3		工程数量 ÷ 隧道净面积（m^2）	道路面积		m^2	工程数量 ÷ 道路面积（m^2）	
6.1.9	边墙喷射混凝土	m^3		工程数量 ÷ 隧道净面积（m^2）	道路面积		m^2	工程数量 ÷ 道路面积（m^2）	
6.1.10	非预应力钢筋（钢筋网及连接筋）	t		工程数量 ÷ 隧道净面积（m^2）	道路面积		m^2	工程数量 ÷ 道路面积（m^2）	
6.1.11	非预应力钢筋（钢格栅）	t		工程数量 ÷ 隧道净面积（m^2）	道路面积		m^2	工程数量 ÷ 道路面积（m^2）	
6.1.12	型钢（钢格栅）	t		工程数量 ÷ 隧道净面积（m^2）	道路面积		m^2	工程数量 ÷ 道路面积（m^2）	
6.1.13	封闭掌子面喷射混凝土	m^3		工程数量 ÷ 隧道净面积（m^2）	道路面积		m^2	工程数量 ÷ 道路面积（m^2）	
6.1.14	拆除钢筋混凝土结构	m^3		工程数量 ÷ 隧道净面积（m^2）	道路面积		m^2	工程数量 ÷ 道路面积（m^2）	
6.1.15	渣土运输和消纳（有筋）	m^3		工程数量 ÷ 隧道净面积（m^2）	道路面积		m^2	工程数量 ÷ 道路面积（m^2）	
6.1.16	衬砌混凝土含钢量	t		钢格栅工程量 ÷ 初支喷射混凝土工程量（m^3）	道路面积		m^2	工程数量 ÷ 道路面积（m^2）	钢格栅工程量和初支喷射混凝土工程量引用本工程量指标表中对应名称的工程量

表 B-08-03-04（续）

序号	名称	计量单位	工程量	单位指标	相关指标				备注
					相关基数	数量	单位	相关单位指标	
			A	B		C		D=A÷C	
6.1.17	二衬背后注浆	m^3		工程数量 ÷ 隧道净面积（m^2）	道路面积		m^2	工程数量 ÷ 道路面积（m^2）	
6.1.18	隧道内衬混凝土	m^3		工程数量 ÷ 隧道净面积（m^2）	道路面积		m^2	工程数量 ÷ 道路面积（m^2）	
6.1.19	非预应力钢筋（二衬钢筋）	t		工程数量 ÷ 隧道净面积（m^2）	道路面积		m^2	工程数量 ÷ 道路面积（m^2）	
6.1.20	二衬混凝土含钢量	t		二衬钢筋工程量 ÷ 隧道内衬混凝土工程量（m^3）	道路面积		m^2	工程数量 ÷ 道路面积（m^2）	二衬钢筋工程量和二衬混凝土工程量引用本工程量指标表中对应名称的工程量
6.1.21	卷材防水层	m^2		工程数量 ÷ 隧道净面积（m^2）	道路面积		m^2	工程数量 ÷ 道路面积（m^2）	
6.1.22	变形缝	m		工程数量 ÷ 隧道净面积（m^2）	道路面积		m^2	工程数量 ÷ 道路面积（m^2）	
6.1.23	施工缝	m		工程数量 ÷ 隧道净面积（m^2）	道路面积		m^2	工程数量 ÷ 道路面积（m^2）	
6.1.24	深孔注浆	m^3		工程数量 ÷ 隧道净面积（m^2）	道路面积		m^2	工程数量 ÷ 道路面积（m^2）	
6.1.25	土体加固	m^3		工程数量 ÷ 隧道净面积（m^2）	道路面积		m^2	工程数量 ÷ 道路面积（m^2）	

表 B-08-03-05 隧道交通安全与辅助设施主要工程量指标表

序号	名称	计量单位	工程量	单位指标	相关指标				备注
					相关基数	数量	单位	相关单位指标	
			A	B		C		D=A÷C	
	交通安全与辅助设施								
1	交通安全设施								
1.1	交通监控设施								
1.1.1	交换机	台		工程数量 ÷ 隧道净面积（m^2）	道路面积		m^2	工程数量 ÷ 道路面积（m^2）	
1.1.2	服务器	台		工程数量 ÷ 隧道净面积（m^2）	道路面积		m^2	工程数量 ÷ 道路面积（m^2）	
1.1.3	工作站、操作员站	台		工程数量 ÷ 隧道净面积（m^2）	道路面积		m^2	工程数量 ÷ 道路面积（m^2）	
1.1.4	系统软件	套		工程数量 ÷ 隧道净面积（m^2）	道路面积		m^2	工程数量 ÷ 道路面积（m^2）	
1.1.5	存储设备	台		工程数量 ÷ 隧道净面积（m^2）	道路面积		m^2	工程数量 ÷ 道路面积（m^2）	
1.1.6	打印机	台		工程数量 ÷ 隧道净面积（m^2）	道路面积		m^2	工程数量 ÷ 道路面积（m^2）	
1.1.7	显示设备	台 /m^2		工程数量 ÷ 隧道净面积（m^2）	道路面积		m^2	工程数量 ÷ 道路面积（m^2）	
1.1.8	信号处理设备	台		工程数量 ÷ 隧道净面积（m^2）	道路面积		m^2	工程数量 ÷ 道路面积（m^2）	
1.1.9	智能配电柜	台		工程数量 ÷ 隧道净面积（m^2）	道路面积		m^2	工程数量 ÷ 道路面积（m^2）	
1.1.10	智能电源控制器	台		工程数量 ÷ 隧道净面积（m^2）	道路面积		m^2	工程数量 ÷ 道路面积（m^2）	
1.1.11	前置通信处理器	台		工程数量 ÷ 隧道净面积（m^2）	道路面积		m^2	工程数量 ÷ 道路面积（m^2）	
1.1.12	综合后备盘	台		工程数量 ÷ 隧道净面积（m^2）	道路面积		m^2	工程数量 ÷ 道路面积（m^2）	

表 B-08-03-05（续）

序号	名称	计量单位	工程量	单位指标	相关指标				备注
					相关基数	数量	单位	相关单位指标	
			A	B		C		D=A÷C	
1.1.13	桥架、线槽	m		工程数量 ÷ 隧道净面积（m^2）	道路面积		m^2	工程数量 ÷ 道路面积（m^2）	
1.1.14	配管	m		工程数量 ÷ 隧道净面积（m^2）	道路面积		m^2	工程数量 ÷ 道路面积（m^2）	
1.1.15	配线	m		工程数量 ÷ 隧道净面积（m^2）	道路面积		m^2	工程数量 ÷ 道路面积（m^2）	
1.1.16	电力电缆	m		工程数量 ÷ 隧道净面积（m^2）	道路面积		m^2	工程数量 ÷ 道路面积（m^2）	
1.1.17	控制电缆	m		工程数量 ÷ 隧道净面积（m^2）	道路面积		m^2	工程数量 ÷ 道路面积（m^2）	
1.1.18	光缆	m		工程数量 ÷ 隧道净面积（m^2）	道路面积		m^2	工程数量 ÷ 道路面积（m^2）	
1.1.19	同轴电缆	m		工程数量 ÷ 隧道净面积（m^2）	道路面积		m^2	工程数量 ÷ 道路面积（m^2）	
1.1.20	设备线（缆）	m		工程数量 ÷ 隧道净面积（m^2）	道路面积		m^2	工程数量 ÷ 道路面积（m^2）	
1.1.21	通信电缆	m		工程数量 ÷ 隧道净面积（m^2）	道路面积		m^2	工程数量 ÷ 道路面积（m^2）	
1.1.22	双绞线	m		工程数量 ÷ 隧道净面积（m^2）	道路面积		m^2	工程数量 ÷ 道路面积（m^2）	
1.1.23	电缆头	个		工程数量 ÷ 隧道净面积（m^2）	道路面积		m^2	工程数量 ÷ 道路面积（m^2）	
1.1.24	光缆成端、接续	个		工程数量 ÷ 隧道净面积（m^2）	道路面积		m^2	工程数量 ÷ 道路面积（m^2）	
1.2	紧急呼叫设施								
1.2.1	机柜、机架	架		工程数量 ÷ 隧道净面积（m^2）	道路面积		m^2	工程数量 ÷ 道路面积（m^2）	
1.2.2	配线架、子架	架（个）		工程数量 ÷ 隧道净面积（m^2）	道路面积		m^2	工程数量 ÷ 道路面积（m^2）	

表 B-08-03-05（续）

序号	名称	计量单位	工程量	单位指标	相关指标				备注
					相关基数	数量	单位	相关单位指标	
			A	B		C		D=A÷C	
1.2.3	传输设备	端（套）		工程数量 ÷ 隧道净面积（m^2）	道路面积		m^2	工程数量 ÷ 道路面积（m^2）	
1.2.4	网管系统设备	套		工程数量 ÷ 隧道净面积（m^2）	道路面积		m^2	工程数量 ÷ 道路面积（m^2）	
1.2.5	同步数字网络设备	台		工程数量 ÷ 隧道净面积（m^2）	道路面积		m^2	工程数量 ÷ 道路面积（m^2）	
1.2.6	电话交换设备	部（套）		工程数量 ÷ 隧道净面积（m^2）	道路面积		m^2	工程数量 ÷ 道路面积（m^2）	
1.2.7	维护终端、打印机、话务台告警设备	套		工程数量 ÷ 隧道净面积（m^2）	道路面积		m^2	工程数量 ÷ 道路面积（m^2）	
1.2.8	计费、查号系统设备	套		工程数量 ÷ 隧道净面积（m^2）	道路面积		m^2	工程数量 ÷ 道路面积（m^2）	
1.2.9	增减中继线	回线		工程数量 ÷ 隧道净面积（m^2）	道路面积		m^2	工程数量 ÷ 道路面积（m^2）	
1.2.10	模块、保安装置	架（只、个）		工程数量 ÷ 隧道净面积（m^2）	道路面积		m^2	工程数量 ÷ 道路面积（m^2）	
1.2.11	调度操作台	台		工程数量 ÷ 隧道净面积（m^2）	道路面积		m^2	工程数量 ÷ 道路面积（m^2）	
1.2.12	数字记录仪	套		工程数量 ÷ 隧道净面积（m^2）	道路面积		m^2	工程数量 ÷ 道路面积（m^2）	
1.2.13	综合设备柜	架（只、个）		工程数量 ÷ 隧道净面积（m^2）	道路面积		m^2	工程数量 ÷ 道路面积（m^2）	
1.2.14	电话机	台		工程数量 ÷ 隧道净面积（m^2）	道路面积		m^2	工程数量 ÷ 道路面积（m^2）	
1.2.15	交接箱	个		工程数量 ÷ 隧道净面积（m^2）	道路面积		m^2	工程数量 ÷ 道路面积（m^2）	
1.2.16	分线盒	个		工程数量 ÷ 隧道净面积（m^2）	道路面积		m^2	工程数量 ÷ 道路面积（m^2）	

表 B-08-03-05（续）

序号	名称	计量单位	工程量	单位指标	相关指标				备注
					相关基数	数量	单位	相关单位指标	
			A	B		C		D=A÷C	
1.2.17	电话出线盒、轨旁电话插销盒	个		工程数量÷隧道净面积（m^2）	道路面积		m^2	工程数量÷道路面积（m^2）	
1.2.18	桥架、线槽总长度	m		工程数量÷隧道净面积（m^2）	道路面积		m^2	工程数量÷道路面积（m^2）	
1.2.19	配管总长度	m		工程数量÷隧道净面积（m^2）	道路面积		m^2	工程数量÷道路面积（m^2）	
1.2.20	配线长度	m		工程数量÷隧道净面积（m^2）	道路面积		m^2	工程数量÷道路面积（m^2）	
1.2.21	电力电缆长度	m		工程数量÷隧道净面积（m^2）	道路面积		m^2	工程数量÷道路面积（m^2）	
1.2.22	控制电缆长度	m		工程数量÷隧道净面积（m^2）	道路面积		m^2	工程数量÷道路面积（m^2）	
1.2.23	光缆长度	m		工程数量÷隧道净面积（m^2）	道路面积		m^2	工程数量÷道路面积（m^2）	
1.2.24	同轴电缆总长度	m		工程数量÷隧道净面积（m^2）	道路面积		m^2	工程数量÷道路面积（m^2）	
1.2.25	设备线（缆）长度	m		工程数量÷隧道净面积（m^2）	道路面积		m^2	工程数量÷道路面积（m^2）	
1.2.26	通信电缆长度	m		工程数量÷隧道净面积（m^2）	道路面积		m^2	工程数量÷道路面积（m^2）	
1.2.27	电缆头	个		工程数量÷隧道净面积（m^2）	道路面积		m^2	工程数量÷道路面积（m^2）	
1.2.28	光缆成端、接续	个		工程数量÷隧道净面积（m^2）	道路面积		m^2	工程数量÷道路面积（m^2）	
1.3	火灾报警设施								
1.3.1	点型探测器	只		工程数量÷隧道净面积（m^2）	道路面积		m^2	工程数量÷道路面积（m^2）	
1.3.2	线型探测器	m		工程数量÷隧道净面积（m^2）	道路面积		m^2	工程数量÷道路面积（m^2）	

表 B-08-03-05（续）

序号	名称	计量单位	工程量	单位指标	相关指标				备注
					相关基数	数量	单位	相关单位指标	
			A	B		C		D=A ÷ C	
1.3.3	按钮	只		工程数量 ÷ 隧道净面积（m^2）	道路面积		m^2	工程数量 ÷ 道路面积（m^2）	
1.3.4	模块（接口）	只		工程数量 ÷ 隧道净面积（m^2）	道路面积		m^2	工程数量 ÷ 道路面积（m^2）	
1.3.5	报警控制器	台		工程数量 ÷ 隧道净面积（m^2）	道路面积		m^2	工程数量 ÷ 道路面积（m^2）	
1.3.6	联动控制器	台		工程数量 ÷ 隧道净面积（m^2）	道路面积		m^2	工程数量 ÷ 道路面积（m^2）	
1.3.7	报警联动一体机	台		工程数量 ÷ 隧道净面积（m^2）	道路面积		m^2	工程数量 ÷ 道路面积（m^2）	
1.3.8	重复显示器	台		工程数量 ÷ 隧道净面积（m^2）	道路面积		m^2	工程数量 ÷ 道路面积（m^2）	
1.3.9	警报装置	只		工程数量 ÷ 隧道净面积（m^2）	道路面积		m^2	工程数量 ÷ 道路面积（m^2）	
1.3.10	远程控制器	台		工程数量 ÷ 隧道净面积（m^2）	道路面积		m^2	工程数量 ÷ 道路面积（m^2）	
1.3.11	消防广播	台		工程数量 ÷ 隧道净面积（m^2）	道路面积		m^2	工程数量 ÷ 道路面积（m^2）	
1.3.12	消防通信设备	台		工程数量 ÷ 隧道净面积（m^2）	道路面积		m^2	工程数量 ÷ 道路面积（m^2）	
1.3.13	报警备用电源	台		工程数量 ÷ 隧道净面积（m^2）	道路面积		m^2	工程数量 ÷ 道路面积（m^2）	
1.3.14	模块箱	站		工程数量 ÷ 隧道净面积（m^2）	道路面积		m^2	工程数量 ÷ 道路面积（m^2）	
1.3.15	手报箱	台		工程数量 ÷ 隧道净面积（m^2）	道路面积		m^2	工程数量 ÷ 道路面积（m^2）	
1.3.16	大空间高空灭火装置	台		工程数量 ÷ 隧道净面积（m^2）	道路面积		m^2	工程数量 ÷ 道路面积（m^2）	
1.3.17	火灾显示板（层显）	台		工程数量 ÷ 隧道净面积（m^2）	道路面积		m^2	工程数量 ÷ 道路面积（m^2）	

表 B-08-03-05（续）

序号	名称	计量单位	工程量	单位指标	相关指标				备注
					相关基数	数量	单位	相关单位指标	
			A	B		C		D=A÷C	
1.3.18	放气指示灯	站		工程数量 ÷ 隧道净面积（m^2）	道路面积		m^2	工程数量 ÷ 道路面积（m^2）	
1.3.19	气体灭火控制器	台		工程数量 ÷ 隧道净面积（m^2）	道路面积		m^2	工程数量 ÷ 道路面积（m^2）	
1.3.20	桥架、线槽	m		工程数量 ÷ 隧道净面积（m^2）	道路面积		m^2	工程数量 ÷ 道路面积（m^2）	
1.3.21	配管	m		工程数量 ÷ 隧道净面积（m^2）	道路面积		m^2	工程数量 ÷ 道路面积（m^2）	
1.3.22	配线	m		工程数量 ÷ 隧道净面积（m^2）	道路面积		m^2	工程数量 ÷ 道路面积（m^2）	
1.3.23	电力电缆	m		工程数量 ÷ 隧道净面积（m^2）	道路面积		m^2	工程数量 ÷ 道路面积（m^2）	
1.3.24	控制电缆	m		工程数量 ÷ 隧道净面积（m^2）	道路面积		m^2	工程数量 ÷ 道路面积（m^2）	
1.3.25	光缆	m		工程数量 ÷ 隧道净面积（m^2）	道路面积		m^2	工程数量 ÷ 道路面积（m^2）	
1.3.26	设备线（缆）	m		工程数量 ÷ 隧道净面积（m^2）	道路面积		m^2	工程数量 ÷ 道路面积（m^2）	
1.3.27	通信电缆	m		工程数量 ÷ 隧道净面积（m^2）	道路面积		m^2	工程数量 ÷ 道路面积（m^2）	
1.3.28	电缆头	个		工程数量 ÷ 隧道净面积（m^2）	道路面积		m^2	工程数量 ÷ 道路面积（m^2）	
1.3.29	光缆成端、接续	个		工程数量 ÷ 隧道净面积（m^2）	道路面积		m^2	工程数量 ÷ 道路面积（m^2）	
1.4	消防与避难设施								
1.4.1	消火栓钢管	m		工程数量 ÷ 隧道净面积（m^2）	道路面积		m^2	工程数量 ÷ 道路面积（m^2）	
1.4.2	室内消火栓	套		工程数量 ÷ 隧道净面积（m^2）	道路面积		m^2	工程数量 ÷ 道路面积（m^2）	

表 B-08-03-05（续）

序号	名称	计量单位	工程量	单位指标	相关指标				备注
					相关基数	数量	单位	相关单位指标	
			A	B		C		D=A÷C	
1.4.3	消防水泵接合器	套		工程数量 ÷ 隧道净面积（m^2）	道路面积		m^2	工程数量 ÷ 道路面积（m^2）	
1.4.4	灭火器	具（组）		工程数量 ÷ 隧道净面积（m^2）	道路面积		m^2	工程数量 ÷ 道路面积（m^2）	
1.4.5	消防水炮	台		工程数量 ÷ 隧道净面积（m^2）	道路面积		m^2	工程数量 ÷ 道路面积（m^2）	
1.4.6	碳钢管	m		工程数量 ÷ 隧道净面积（m^2）	道路面积		m^2	工程数量 ÷ 道路面积（m^2）	
1.4.7	铜管	m		工程数量 ÷ 隧道净面积（m^2）	道路面积		m^2	工程数量 ÷ 道路面积（m^2）	
2	辅助设施								
2.1	给水系统设施								
2.1.1	镀锌钢管	m		工程数量 ÷ 隧道净面积（m^2）	道路面积		m^2	工程数量 ÷ 道路面积（m^2）	
2.1.2	钢管	m		工程数量 ÷ 隧道净面积（m^2）	道路面积		m^2	工程数量 ÷ 道路面积（m^2）	
2.1.3	不锈钢管	m		工程数量 ÷ 隧道净面积（m^2）	道路面积		m^2	工程数量 ÷ 道路面积（m^2）	
2.1.4	铜管	m		工程数量 ÷ 隧道净面积（m^2）	道路面积		m^2	工程数量 ÷ 道路面积（m^2）	
2.1.5	铸铁管	m		工程数量 ÷ 隧道净面积（m^2）	道路面积		m^2	工程数量 ÷ 道路面积（m^2）	
2.1.6	塑料管	m		工程数量 ÷ 隧道净面积（m^2）	道路面积		m^2	工程数量 ÷ 道路面积（m^2）	
2.1.7	复合管	m		工程数量 ÷ 隧道净面积（m^2）	道路面积		m^2	工程数量 ÷ 道路面积（m^2）	
2.1.8	直埋式预制保温管	m		工程数量 ÷ 隧道净面积（m^2）	道路面积		m^2	工程数量 ÷ 道路面积（m^2）	
2.1.9	承插陶瓷缸瓦管	m		工程数量 ÷ 隧道净面积（m^2）	道路面积		m^2	工程数量 ÷ 道路面积（m^2）	

表 B-08-03-05（续）

序号	名称	计量单位	工程量	单位指标	相关指标				备注
					相关基数	数量	单位	相关单位指标	
			A	B		C		D=A÷C	
2.1.10	承插水泥管	m		工程数量 ÷ 隧道净面积（m^2）	道路面积		m^2	工程数量 ÷ 道路面积（m^2）	
2.1.11	管道支架	kg/ 套		工程数量 ÷ 隧道净面积（m^2）	道路面积		m^2	工程数量 ÷ 道路面积（m^2）	
2.1.12	阀门部件（合计）	阀门总数		工程数量 ÷ 隧道净面积（m^2）	道路面积		m^2	工程数量 ÷ 道路面积（m^2）	
2.2	排水系统设施								
2.2.1	镀锌钢管	m		工程数量 ÷ 隧道净面积（m^2）	道路面积		m^2	工程数量 ÷ 道路面积（m^2）	
2.2.2	钢管	m		工程数量 ÷ 隧道净面积（m^2）	道路面积		m^2	工程数量 ÷ 道路面积（m^2）	
2.2.3	不锈钢管	m		工程数量 ÷ 隧道净面积（m^2）	道路面积		m^2	工程数量 ÷ 道路面积（m^2）	
2.2.4	铜管	m		工程数量 ÷ 隧道净面积（m^2）	道路面积		m^2	工程数量 ÷ 道路面积（m^2）	
2.2.5	铸铁管	m		工程数量 ÷ 隧道净面积（m^2）	道路面积		m^2	工程数量 ÷ 道路面积（m^2）	
2.2.6	塑料管	m		工程数量 ÷ 隧道净面积（m^2）	道路面积		m^2	工程数量 ÷ 道路面积（m^2）	
2.2.7	复合管	m		工程数量 ÷ 隧道净面积（m^2）	道路面积		m^2	工程数量 ÷ 道路面积（m^2）	
2.2.8	直埋式预制保温管	m		工程数量 ÷ 隧道净面积（m^2）	道路面积		m^2	工程数量 ÷ 道路面积（m^2）	
2.2.9	承插陶瓷缸瓦管	m		工程数量 ÷ 隧道净面积（m^2）	道路面积		m^2	工程数量 ÷ 道路面积（m^2）	
2.2.10	承插水泥管	m		工程数量 ÷ 隧道净面积（m^2）	道路面积		m^2	工程数量 ÷ 道路面积（m^2）	
2.2.11	管道支架	kg/ 套		工程数量 ÷ 隧道净面积（m^2）	道路面积		m^2	工程数量 ÷ 道路面积（m^2）	

表 B-08-03-05（续）

序号	名称	计量单位	工程量	单位指标	相关指标				备注
					相关基数	数量	单位	相关单位指标	
			A	B		C		D=A÷C	
2.2.12	阀门部件（合计）	阀门总数		工程数量 ÷ 隧道净面积（m^2）	道路面积		m^2	工程数量 ÷ 道路面积（m^2）	
2.3	照明与控制设施								
2.3.1	配电箱（柜）	台		工程数量 ÷ 隧道净面积（m^2）	道路面积		m^2	工程数量 ÷ 道路面积（m^2）	
2.3.2	灯具	套		工程数量 ÷ 隧道净面积（m^2）	道路面积		m^2	工程数量 ÷ 道路面积（m^2）	
2.3.3	小电器	个		工程数量 ÷ 隧道净面积（m^2）	道路面积		m^2	工程数量 ÷ 道路面积（m^2）	
2.3.4	母线	m		工程数量 ÷ 隧道净面积（m^2）	道路面积		m^2	工程数量 ÷ 道路面积（m^2）	
2.3.5	电力电缆	m		工程数量 ÷ 隧道净面积（m^2）	道路面积		m^2	工程数量 ÷ 道路面积（m^2）	
2.3.6	控制电缆	m		工程数量 ÷ 隧道净面积（m^2）	道路面积		m^2	工程数量 ÷ 道路面积（m^2）	
2.3.7	电缆保护管	m		工程数量 ÷ 隧道净面积（m^2）	道路面积		m^2	工程数量 ÷ 道路面积（m^2）	
2.3.8	配管	m		工程数量 ÷ 隧道净面积（m^2）	道路面积		m^2	工程数量 ÷ 道路面积（m^2）	
2.3.9	电缆桥架	m		工程数量 ÷ 隧道净面积（m^2）	道路面积		m^2	工程数量 ÷ 道路面积（m^2）	
2.3.10	电缆头	个		工程数量 ÷ 隧道净面积（m^2）	道路面积		m^2	工程数量 ÷ 道路面积（m^2）	
2.3.11	光缆成端、接续	个		工程数量 ÷ 隧道净面积（m^2）	道路面积		m^2	工程数量 ÷ 道路面积（m^2）	
2.3.12	配线	m		工程数量 ÷ 隧道净面积（m^2）	道路面积		m^2	工程数量 ÷ 道路面积（m^2）	
2.4	通风与控制设施								

表 B-08-03-05（续）

序号	名称	计量单位	工程量	单位指标	相关指标				备注
					相关基数	数量	单位	相关单位指标	
			A	B		C		D=A÷C	
2.4.1	钢板风管	m^2		工程数量 ÷ 隧道净面积（m^2）	道路面积		m^2	工程数量 ÷ 道路面积（m^2）	
2.4.2	复合风管	m^2		工程数量 ÷ 隧道净面积（m^2）	道路面积		m^2	工程数量 ÷ 道路面积（m^2）	
2.4.3	阀门总个数	个		工程数量 ÷ 隧道净面积（m^2）	道路面积		m^2	工程数量 ÷ 道路面积（m^2）	
2.4.4	碳钢风口、散流器、百叶窗	个		工程数量 ÷ 隧道净面积（m^2）	道路面积		m^2	工程数量 ÷ 道路面积（m^2）	
2.4.5	不锈钢风口、散流器、百叶窗	个		工程数量 ÷ 隧道净面积（m^2）	道路面积		m^2	工程数量 ÷ 道路面积（m^2）	
2.4.6	塑料风口、散流器、百叶窗	个		工程数量 ÷ 隧道净面积（m^2）	道路面积		m^2	工程数量 ÷ 道路面积（m^2）	
2.4.7	玻璃钢风口	个		工程数量 ÷ 隧道净面积（m^2）	道路面积		m^2	工程数量 ÷ 道路面积（m^2）	
2.4.8	铝及铝合金风口、散流器	个		工程数量 ÷ 隧道净面积（m^2）	道路面积		m^2	工程数量 ÷ 道路面积（m^2）	
2.4.9	柔性接口	m^2		工程数量 ÷ 隧道净面积（m^2）	道路面积		m^2	工程数量 ÷ 道路面积（m^2）	
2.4.10	消声器	个		工程数量 ÷ 隧道净面积（m^2）	道路面积		m^2	工程数量 ÷ 道路面积（m^2）	
2.4.11	静压箱	个 /m^2		工程数量 ÷ 隧道净面积（m^2）	道路面积		m^2	工程数量 ÷ 道路面积（m^2）	
2.4.12	离心式通风机	台		工程数量 ÷ 隧道净面积（m^2）	道路面积		m^2	工程数量 ÷ 道路面积（m^2）	
2.4.13	离心式引风机	台		工程数量 ÷ 隧道净面积（m^2）	道路面积		m^2	工程数量 ÷ 道路面积（m^2）	
2.4.14	轴流通风机	台		工程数量 ÷ 隧道净面积（m^2）	道路面积		m^2	工程数量 ÷ 道路面积（m^2）	
2.4.15	回转式鼓风机	台		工程数量 ÷ 隧道净面积（m^2）	道路面积		m^2	工程数量 ÷ 道路面积（m^2）	

表 B-08-03-05（续）

序号	名称	计量单位	工程量	单位指标	相关指标				备注
					相关基数	数量	单位	相关单位指标	
			A	B		C		D=A÷C	
2.4.16	离心式鼓风机	台		工程数量 ÷ 隧道净面积（m^2）	道路面积		m^2	工程数量 ÷ 道路面积（m^2）	
2.5	供配电设施								
2.5.1	干式变压器	台		工程数量 ÷ 隧道净面积（m^2）	道路面积		m^2	工程数量 ÷ 道路面积（m^2）	
2.5.2	箱式变电站	台		工程数量 ÷ 隧道净面积（m^2）	道路面积		m^2	工程数量 ÷ 道路面积（m^2）	
2.5.3	高压开关柜	台		工程数量 ÷ 隧道净面积（m^2）	道路面积		m^2	工程数量 ÷ 道路面积（m^2）	
2.5.4	直流开关柜	台		工程数量 ÷ 隧道净面积（m^2）	道路面积		m^2	工程数量 ÷ 道路面积（m^2）	
2.5.5	低压开关柜	台		工程数量 ÷ 隧道净面积（m^2）	道路面积		m^2	工程数量 ÷ 道路面积（m^2）	
2.5.6	模拟盘	块		工程数量 ÷ 隧道净面积（m^2）	道路面积		m^2	工程数量 ÷ 道路面积（m^2）	
2.5.7	母线槽	m		工程数量 ÷ 隧道净面积（m^2）	道路面积		m^2	工程数量 ÷ 道路面积（m^2）	
2.5.8	铜母排	m		工程数量 ÷ 隧道净面积（m^2）	道路面积		m^2	工程数量 ÷ 道路面积（m^2）	
2.5.9	绝缘垫	m^2		工程数量 ÷ 隧道净面积（m^2）	道路面积		m^2	工程数量 ÷ 道路面积（m^2）	
2.5.10	屏柜接线	芯		工程数量 ÷ 隧道净面积（m^2）	道路面积		m^2	工程数量 ÷ 道路面积（m^2）	
2.5.11	电力电缆	m		工程数量 ÷ 隧道净面积（m^2）	道路面积		m^2	工程数量 ÷ 道路面积（m^2）	
2.5.12	控制电缆	m		工程数量 ÷ 隧道净面积（m^2）	道路面积		m^2	工程数量 ÷ 道路面积（m^2）	
2.5.13	电缆终端头	个		工程数量 ÷ 隧道净面积（m^2）	道路面积		m^2	工程数量 ÷ 道路面积（m^2）	

表 B-08-03-05（续）

序号	名称	计量单位	工程量	单位指标	相关指标				备注
					相关基数	数量	单位	相关单位指标	
			A	B		C		D=A ÷ C	
2.5.14	电缆中间头	个		工程数量 ÷ 隧道净面积（m^2）	道路面积		m^2	工程数量 ÷ 道路面积（m^2）	
2.5.15	电缆保护管	m		工程数量 ÷ 隧道净面积（m^2）	道路面积		m^2	工程数量 ÷ 道路面积（m^2）	
2.5.16	线槽	m		工程数量 ÷ 隧道净面积（m^2）	道路面积		m^2	工程数量 ÷ 道路面积（m^2）	
2.5.17	桥架	m		工程数量 ÷ 隧道净面积（m^2）	道路面积		m^2	工程数量 ÷ 道路面积（m^2）	
2.5.18	支架、吊架	套 /t		工程数量 ÷ 隧道净面积（m^2）	道路面积		m^2	工程数量 ÷ 道路面积（m^2）	
2.5.19	配管	m		工程数量 ÷ 隧道净面积（m^2）	道路面积		m^2	工程数量 ÷ 道路面积（m^2）	
2.5.20	配线	m		工程数量 ÷ 隧道净面积（m^2）	道路面积		m^2	工程数量 ÷ 道路面积（m^2）	
2.6	接地与防雷设施								
2.6.1	接地体	根（块）		工程数量 ÷ 隧道净面积（m^2）	道路面积		m^2	工程数量 ÷ 道路面积（m^2）	
2.6.2	接地母线	m		工程数量 ÷ 隧道净面积（m^2）	道路面积		m^2	工程数量 ÷ 道路面积（m^2）	
2.6.3	接地引出装置	处		工程数量 ÷ 隧道净面积（m^2）	道路面积		m^2	工程数量 ÷ 道路面积（m^2）	
2.6.4	接地端子箱（板）	台（块）		工程数量 ÷ 隧道净面积（m^2）	道路面积		m^2	工程数量 ÷ 道路面积（m^2）	
2.6.5	网隔地线	m		工程数量 ÷ 隧道净面积（m^2）	道路面积		m^2	工程数量 ÷ 道路面积（m^2）	
2.6.6	接地跨接	处		工程数量 ÷ 隧道净面积（m^2）	道路面积		m^2	工程数量 ÷ 道路面积（m^2）	
2.6.7	降阻剂	kg		工程数量 ÷ 隧道净面积（m^2）	道路面积		m^2	工程数量 ÷ 道路面积（m^2）	

表 B-08-03-05（续）

序号	名称	计量单位	工程量	单位指标	相关指标				备注
					相关基数	数量	单位	相关单位指标	
			A	B		C		D=A ÷ C	
2.6.8	电源引入防雷箱	台		工程数量 ÷ 隧道净面积（m^2）	道路面积		m^2	工程数量 ÷ 道路面积（m^2）	
2.7	线缆与相关设施								
2.7.1	电力电缆	m		工程数量 ÷ 隧道净面积（m^2）	道路面积		m^2	工程数量 ÷ 道路面积（m^2）	
2.7.2	控制电缆	m		工程数量 ÷ 隧道净面积（m^2）	道路面积		m^2	工程数量 ÷ 道路面积（m^2）	
2.7.3	电缆保护管	m		工程数量 ÷ 隧道净面积（m^2）	道路面积		m^2	工程数量 ÷ 道路面积（m^2）	
2.7.4	线槽	m		工程数量 ÷ 隧道净面积（m^2）	道路面积		m^2	工程数量 ÷ 道路面积（m^2）	
2.7.5	桥架	m		工程数量 ÷ 隧道净面积（m^2）	道路面积		m^2	工程数量 ÷ 道路面积（m^2）	
2.7.6	支架、吊架	套 /t		工程数量 ÷ 隧道净面积（m^2）	道路面积		m^2	工程数量 ÷ 道路面积（m^2）	
2.7.7	配管	m		工程数量 ÷ 隧道净面积（m^2）	道路面积		m^2	工程数量 ÷ 道路面积（m^2）	
2.7.8	配线	m		工程数量 ÷ 隧道净面积（m^2）	道路面积		m^2	工程数量 ÷ 道路面积（m^2）	

表 B-08-03-06　监控中心主要工程量指标表

序号	名称	计量单位	工程量	单位指标	相关指标				备注
					相关基数	数量	单位	相关单位指标	
			A	B		C		D=A ÷ C	
一	监控中心 - 土建								
1	建筑工程								
1.1	土石方工程								
1.1.1	挖方	m^3		工程数量 ÷ 隧道净面积（m^2）	道路面积		m^2	工程数量 ÷ 道路面积（m^2）	

表 B-08-03-06（续）

序号	名称	计量单位	工程量	单位指标	相关指标				备注
					相关基数	数量	单位	相关单位指标	
			A	B		C		D=A÷C	
1.1.2	填方	m^3		工程数量 ÷ 隧道净面积（m^2）	道路面积		m^2	工程数量 ÷ 道路面积（m^2）	
1.1.3	弃方	m^3		工程数量 ÷ 隧道净面积（m^2）	道路面积		m^2	工程数量 ÷ 道路面积（m^2）	
1.2	桩基工程								
1.2.1	灌注桩	m		工程数量 ÷ 隧道净面积（m^2）	道路面积		m^2	工程数量 ÷ 道路面积（m^2）	
1.2.2	灌注桩后压浆	根		工程数量 ÷ 隧道净面积（m^2）	道路面积		m^2	工程数量 ÷ 道路面积（m^2）	
1.2.3	声测管	t		工程数量 ÷ 隧道净面积（m^2）	道路面积		m^2	工程数量 ÷ 道路面积（m^2）	
1.2.4	钢筋笼	t		工程数量 ÷ 隧道净面积（m^2）	道路面积		m^2	工程数量 ÷ 道路面积（m^2）	
1.2.5	灌注桩工程混凝土含钢量	t		钢筋笼工程量 ÷ 灌注桩工程混凝土量合计（m^3）	道路面积		m^2	工程数量 ÷ 道路面积（m^2）	钢筋笼工程量和灌注桩混凝土工程量引用本工程量指标表中对应名称的工程量
1.3	砌筑工程								
1.3.1	砌筑工程	m^3		工程数量 ÷ 隧道净面积（m^2）	道路面积		m^2	工程数量 ÷ 道路面积（m^2）	
1.4	主体结构								
1.4.1	混凝土垫层	m^3		工程数量 ÷ 隧道净面积（m^2）	道路面积		m^2	工程数量 ÷ 道路面积（m^2）	
1.4.2	混凝土底板	m^3		工程数量 ÷ 隧道净面积（m^2）	道路面积		m^2	工程数量 ÷ 道路面积（m^2）	

表 B-08-03-06（续）

序号	名称	计量单位	工程量	单位指标	相关指标				备注
					相关基数	数量	单位	相关单位指标	
			A	B		C		D=A ÷ C	
1.4.3	混凝土柱	m^3		工程数量 ÷ 隧道净面积（m^2）	道路面积		m^2	工程数量 ÷ 道路面积（m^2）	
1.4.4	混凝土梁	m^3		工程数量 ÷ 隧道净面积（m^2）	道路面积		m^2	工程数量 ÷ 道路面积（m^2）	
1.4.5	混凝土墙	m^3		工程数量 ÷ 隧道净面积（m^2）	道路面积		m^2	工程数量 ÷ 道路面积（m^2）	
1.4.6	混凝土顶板	m^3		工程数量 ÷ 隧道净面积（m^2）	道路面积		m^2	工程数量 ÷ 道路面积（m^2）	
1.4.7	现浇混凝土钢筋	t		工程数量 ÷ 隧道净面积（m^2）	道路面积		m^2	工程数量 ÷ 道路面积（m^2）	
1.4.8	现浇混凝土含钢量	t		现浇混凝土钢筋工程量 ÷ 现浇混凝土工程量（m^3）	道路面积		m^2	工程数量 ÷ 道路面积（m^2）	现浇混凝土钢筋工程量和现浇混凝土工程量引用本工程量指标表中对应名称的工程量
1.5	屋面及防水工程								
1.5.1	卷材防水	m^2		工程数量 ÷ 隧道净面积（m^2）	道路面积		m^2	工程数量 ÷ 道路面积（m^2）	
1.5.2	涂膜防水	m^2		工程数量 ÷ 隧道净面积（m^2）	道路面积		m^2	工程数量 ÷ 道路面积（m^2）	
1.5.3	屋面排水管	m		工程数量 ÷ 隧道净面积（m^2）	道路面积		m^2	工程数量 ÷ 道路面积（m^2）	
1.5.4	雨棚泄水管	个		工程数量 ÷ 隧道净面积（m^2）	道路面积		m^2	工程数量 ÷ 道路面积（m^2）	
1.6	保温工程								

表 B-08-03-06（续）

序号	名称	计量单位	工程量	单位指标	相关指标				备注
					相关基数	数量	单位	相关单位指标	
			A	B		C		D=A÷C	
1.6.1	保温隔热墙面	m^2		工程数量 ÷ 隧道净面积（m^2）	道路面积		m^2	工程数量 ÷ 道路面积（m^2）	
2	安装工程								
2.1	给水、排水及消防工程								
2.1.1	镀锌钢管	m		工程数量 ÷ 隧道净面积（m^2）	道路面积		m^2	工程数量 ÷ 道路面积（m^2）	
2.1.2	钢管	m		工程数量 ÷ 隧道净面积（m^2）	道路面积		m^2	工程数量 ÷ 道路面积（m^2）	
2.1.3	不锈钢管	m		工程数量 ÷ 隧道净面积（m^2）	道路面积		m^2	工程数量 ÷ 道路面积（m^2）	
2.1.4	铜管	m		工程数量 ÷ 隧道净面积（m^2）	道路面积		m^2	工程数量 ÷ 道路面积（m^2）	
2.1.5	铸铁管	m		工程数量 ÷ 隧道净面积（m^2）	道路面积		m^2	工程数量 ÷ 道路面积（m^2）	
2.1.6	塑料管	m		工程数量 ÷ 隧道净面积（m^2）	道路面积		m^2	工程数量 ÷ 道路面积（m^2）	
2.1.7	复合管	m		工程数量 ÷ 隧道净面积（m^2）	道路面积		m^2	工程数量 ÷ 道路面积（m^2）	
2.1.8	直埋式预制保温管	m		工程数量 ÷ 隧道净面积（m^2）	道路面积		m^2	工程数量 ÷ 道路面积（m^2）	
2.1.9	承插陶瓷缸瓦管	m		工程数量 ÷ 隧道净面积（m^2）	道路面积		m^2	工程数量 ÷ 道路面积（m^2）	
2.1.10	承插水泥管	m		工程数量 ÷ 隧道净面积（m^2）	道路面积		m^2	工程数量 ÷ 道路面积（m^2）	
2.1.11	管道支架	kg/ 套		工程数量 ÷ 隧道净面积（m^2）	道路面积		m^2	工程数量 ÷ 道路面积（m^2）	
2.1.12	阀门部件（合计）	阀门总数		工程数量 ÷ 隧道净面积（m^2）	道路面积		m^2	工程数量 ÷ 道路面积（m^2）	

表 B-08-03-06（续）

序号	名称	计量单位	工程量	单位指标	相关指标				备注
					相关基数	数量	单位	相关单位指标	
			A	B		C		D=A ÷ C	
2.1.13	水表	组（站）		工程数量 ÷ 隧道净面积（m^2）	道路面积		m^2	工程数量 ÷ 道路面积（m^2）	
2.1.14	饮水器	套		工程数量 ÷ 隧道净面积（m^2）	道路面积		m^2	工程数量 ÷ 道路面积（m^2）	
2.1.15	变频给水设备	套		工程数量 ÷ 隧道净面积（m^2）	道路面积		m^2	工程数量 ÷ 道路面积（m^2）	
2.1.16	稳压给水设备	套		工程数量 ÷ 隧道净面积（m^2）	道路面积		m^2	工程数量 ÷ 道路面积（m^2）	
2.1.17	无负压给水设备	套		工程数量 ÷ 隧道净面积（m^2）	道路面积		m^2	工程数量 ÷ 道路面积（m^2）	
2.1.18	气压罐	台		工程数量 ÷ 隧道净面积（m^2）	道路面积		m^2	工程数量 ÷ 道路面积（m^2）	
2.1.19	太阳能集热装置	套		工程数量 ÷ 隧道净面积（m^2）	道路面积		m^2	工程数量 ÷ 道路面积（m^2）	
2.1.20	地源（水源、气源）热泵机组	组		工程数量 ÷ 隧道净面积（m^2）	道路面积		m^2	工程数量 ÷ 道路面积（m^2）	
2.1.21	水处理器	台		工程数量 ÷ 隧道净面积（m^2）	道路面积		m^2	工程数量 ÷ 道路面积（m^2）	
2.1.22	超声波灭藻设备	台		工程数量 ÷ 隧道净面积（m^2）	道路面积		m^2	工程数量 ÷ 道路面积（m^2）	
2.1.23	水质净化器	台		工程数量 ÷ 隧道净面积（m^2）	道路面积		m^2	工程数量 ÷ 道路面积（m^2）	
2.1.24	紫外线杀菌设备	台		工程数量 ÷ 隧道净面积（m^2）	道路面积		m^2	工程数量 ÷ 道路面积（m^2）	
2.1.25	热水器、开水炉	台		工程数量 ÷ 隧道净面积（m^2）	道路面积		m^2	工程数量 ÷ 道路面积（m^2）	
2.1.26	消毒器、消毒锅	台		工程数量 ÷ 隧道净面积（m^2）	道路面积		m^2	工程数量 ÷ 道路面积（m^2）	
2.1.27	直饮水设备	套		工程数量 ÷ 隧道净面积（m^2）	道路面积		m^2	工程数量 ÷ 道路面积（m^2）	

表 B-08-03-06（续）

序号	名称	计量单位	工程量	单位指标	相关指标				备注
					相关基数	数量	单位	相关单位指标	
			A	B		C		D=A÷C	
2.1.28	水箱	台		工程数量 ÷ 隧道净面积（m^2）	道路面积		m^2	工程数量 ÷ 道路面积（m^2）	
2.1.29	洗脸盆	组		工程数量 ÷ 隧道净面积（m^2）	道路面积		m^2	工程数量 ÷ 道路面积（m^2）	
2.1.30	洗涤盆	组		工程数量 ÷ 隧道净面积（m^2）	道路面积		m^2	工程数量 ÷ 道路面积（m^2）	
2.1.31	大便器	组		工程数量 ÷ 隧道净面积（m^2）	道路面积		m^2	工程数量 ÷ 道路面积（m^2）	
2.1.32	小便器	组		工程数量 ÷ 隧道净面积（m^2）	道路面积		m^2	工程数量 ÷ 道路面积（m^2）	
2.1.33	其他成品卫生器具	组		工程数量 ÷ 隧道净面积（m^2）	道路面积		m^2	工程数量 ÷ 道路面积（m^2）	
2.1.34	烘手器	站		工程数量 ÷ 隧道净面积（m^2）	道路面积		m^2	工程数量 ÷ 道路面积（m^2）	
2.1.35	淋浴器	套		工程数量 ÷ 隧道净面积（m^2）	道路面积		m^2	工程数量 ÷ 道路面积（m^2）	
2.1.36	淋浴间	套		工程数量 ÷ 隧道净面积（m^2）	道路面积		m^2	工程数量 ÷ 道路面积（m^2）	
2.1.37	大、小便槽自动冲洗水箱	套		工程数量 ÷ 隧道净面积（m^2）	道路面积		m^2	工程数量 ÷ 道路面积（m^2）	
2.1.38	给水、排水附（配）件	站（组）		工程数量 ÷ 隧道净面积（m^2）	道路面积		m^2	工程数量 ÷ 道路面积（m^2）	
2.1.39	小便槽冲洗管	m		工程数量 ÷ 隧道净面积（m^2）	道路面积		m^2	工程数量 ÷ 道路面积（m^2）	
2.1.40	水喷淋钢管	m		工程数量 ÷ 隧道净面积（m^2）	道路面积		m^2	工程数量 ÷ 道路面积（m^2）	
2.1.41	消火栓钢管	m		工程数量 ÷ 隧道净面积（m^2）	道路面积		m^2	工程数量 ÷ 道路面积（m^2）	
2.1.42	水喷淋（雾）喷头	站		工程数量 ÷ 隧道净面积（m^2）	道路面积		m^2	工程数量 ÷ 道路面积（m^2）	

表 B-08-03-06（续）

序号	名称	计量单位	工程量	单位指标	相关指标				备注
					相关基数	数量	单位	相关单位指标	
			A	B		C		D=A÷C	
2.1.43	报警装置	组		工程数量 ÷ 隧道净面积（m^2）	道路面积		m^2	工程数量 ÷ 道路面积（m^2）	
2.1.44	温感式水幕装置	组		工程数量 ÷ 隧道净面积（m^2）	道路面积		m^2	工程数量 ÷ 道路面积（m^2）	
2.1.45	水流指示器	站		工程数量 ÷ 隧道净面积（m^2）	道路面积		m^2	工程数量 ÷ 道路面积（m^2）	
2.1.46	减压孔板	站		工程数量 ÷ 隧道净面积（m^2）	道路面积		m^2	工程数量 ÷ 道路面积（m^2）	
2.1.47	末端试水装置	组		工程数量 ÷ 隧道净面积（m^2）	道路面积		m^2	工程数量 ÷ 道路面积（m^2）	
2.1.48	集热板制作安装	站		工程数量 ÷ 隧道净面积（m^2）	道路面积		m^2	工程数量 ÷ 道路面积（m^2）	
2.1.49	室内消火栓	套		工程数量 ÷ 隧道净面积（m^2）	道路面积		m^2	工程数量 ÷ 道路面积（m^2）	
2.1.50	室外消火栓	套		工程数量 ÷ 隧道净面积（m^2）	道路面积		m^2	工程数量 ÷ 道路面积（m^2）	
2.1.51	消防水泵接合器	套		工程数量 ÷ 隧道净面积（m^2）	道路面积		m^2	工程数量 ÷ 道路面积（m^2）	
2.1.52	灭火器	具（组）		工程数量 ÷ 隧道净面积（m^2）	道路面积		m^2	工程数量 ÷ 道路面积（m^2）	
2.1.53	消防水炮	台		工程数量 ÷ 隧道净面积（m^2）	道路面积		m^2	工程数量 ÷ 道路面积（m^2）	
2.1.54	碳钢管	m		工程数量 ÷ 隧道净面积（m^2）	道路面积		m^2	工程数量 ÷ 道路面积（m^2）	
2.2	动力照明工程								
2.2.1	配电箱（柜）	台		工程数量 ÷ 隧道净面积（m^2）	道路面积		m^2	工程数量 ÷ 道路面积（m^2）	
2.2.2	灯具	套		工程数量 ÷ 隧道净面积（m^2）	道路面积		m^2	工程数量 ÷ 道路面积（m^2）	

表 B-08-03-06（续）

序号	名称	计量单位	工程量	单位指标	相关指标				备注
					相关基数	数量	单位	相关单位指标	
			A	B		C		D=A÷C	
2.2.3	小电器	个		工程数量 ÷ 隧道净面积（m^2）	道路面积		m^2	工程数量 ÷ 道路面积（m^2）	
2.2.4	母线	m		工程数量 ÷ 隧道净面积（m^2）	道路面积		m^2	工程数量 ÷ 道路面积（m^2）	
2.2.5	电力电缆	m		工程数量 ÷ 隧道净面积（m^2）	道路面积		m^2	工程数量 ÷ 道路面积（m^2）	
2.2.6	控制电缆	m		工程数量 ÷ 隧道净面积（m^2）	道路面积		m^2	工程数量 ÷ 道路面积（m^2）	
2.2.7	电缆保护管	m		工程数量 ÷ 隧道净面积（m^2）	道路面积		m^2	工程数量 ÷ 道路面积（m^2）	
2.2.8	配管	m		工程数量 ÷ 隧道净面积（m^2）	道路面积		m^2	工程数量 ÷ 道路面积（m^2）	
2.2.9	电缆桥架	m		工程数量 ÷ 隧道净面积（m^2）	道路面积		m^2	工程数量 ÷ 道路面积（m^2）	
2.2.10	电缆头	个		工程数量 ÷ 隧道净面积（m^2）	道路面积		m^2	工程数量 ÷ 道路面积（m^2）	
2.2.11	光缆成端、接续	个		工程数量 ÷ 隧道净面积（m^2）	道路面积		m^2	工程数量 ÷ 道路面积（m^2）	
2.2.12	配线	m		工程数量 ÷ 隧道净面积（m^2）	道路面积		m^2	工程数量 ÷ 道路面积（m^2）	
2.3	暖通工程								
2.3.1	空调器	台（组）		工程数量 ÷ 隧道净面积（m^2）	道路面积		m^2	工程数量 ÷ 道路面积（m^2）	
2.3.2	风机盘管	台		工程数量 ÷ 隧道净面积（m^2）	道路面积		m^2	工程数量 ÷ 道路面积（m^2）	
2.3.3	过滤器	台 / m^2		工程数量 ÷ 隧道净面积（m^2）	道路面积		m^2	工程数量 ÷ 道路面积（m^2）	
2.3.4	配管	m		工程数量 ÷ 隧道净面积（m^2）	道路面积		m^2	工程数量 ÷ 道路面积（m^2）	

表 B-08-03-06（续）

序号	名称	计量单位	工程量	单位指标	相关指标				备注
					相关基数	数量	单位	相关单位指标	
			A	B		C		D=A÷C	
2.3.5	铜管	m		工程数量 ÷ 隧道净面积（m^2）	道路面积		m^2	工程数量 ÷ 道路面积（m^2）	
2.3.6	水箱	台		工程数量 ÷ 隧道净面积（m^2）	道路面积		m^2	工程数量 ÷ 道路面积（m^2）	
2.3.7	钢板风管	m^2		工程数量 ÷ 隧道净面积（m^2）	道路面积		m^2	工程数量 ÷ 道路面积（m^2）	
2.3.8	复合风管	m^2		工程数量 ÷ 隧道净面积（m^2）	道路面积		m^2	工程数量 ÷ 道路面积（m^2）	
2.3.9	阀门合计	个		工程数量 ÷ 隧道净面积（m^2）	道路面积		m^2	工程数量 ÷ 道路面积（m^2）	
2.3.10	碳钢风口、散流器、百叶窗	个		工程数量 ÷ 隧道净面积（m^2）	道路面积		m^2	工程数量 ÷ 道路面积（m^2）	
2.3.11	不锈钢风口、散流器、百叶窗	个		工程数量 ÷ 隧道净面积（m^2）	道路面积		m^2	工程数量 ÷ 道路面积（m^2）	
2.3.12	塑料风口、散流器、百叶窗	个		工程数量 ÷ 隧道净面积（m^2）	道路面积		m^2	工程数量 ÷ 道路面积（m^2）	
2.3.13	玻璃钢风口	个		工程数量 ÷ 隧道净面积（m^2）	道路面积		m^2	工程数量 ÷ 道路面积（m^2）	
2.3.14	铝及铝合金风口、散流器	个		工程数量 ÷ 隧道净面积（m^2）	道路面积		m^2	工程数量 ÷ 道路面积（m^2）	
2.3.15	柔性接口	m^2		工程数量 ÷ 隧道净面积（m^2）	道路面积		m^2	工程数量 ÷ 道路面积（m^2）	
2.3.16	消声器	个		工程数量 ÷ 隧道净面积（m^2）	道路面积		m^2	工程数量 ÷ 道路面积（m^2）	
2.3.17	静压箱	个 /m^2		工程数量 ÷ 隧道净面积（m^2）	道路面积		m^2	工程数量 ÷ 道路面积（m^2）	
2.3.18	离心式通风机	台		工程数量 ÷ 隧道净面积（m^2）	道路面积		m^2	工程数量 ÷ 道路面积（m^2）	
2.3.19	离心式引风机	台		工程数量 ÷ 隧道净面积（m^2）	道路面积		m^2	工程数量 ÷ 道路面积（m^2）	

表 B-08-03-06（续）

序号	名称	计量单位	工程量	单位指标	相关指标				备注
					相关基数	数量	单位	相关单位指标	
			A	B		C		D=A÷C	
2.3.20	轴流通风机	台		工程数量 ÷ 隧道净面积（m^2）	道路面积		m^2	工程数量 ÷ 道路面积（m^2）	
2.3.21	回转式鼓风机	台		工程数量 ÷ 隧道净面积（m^2）	道路面积		m^2	工程数量 ÷ 道路面积（m^2）	
2.3.22	离心式鼓风机	台		工程数量 ÷ 隧道净面积（m^2）	道路面积		m^2	工程数量 ÷ 道路面积（m^2）	
2.3.23	活塞式压缩机	台		工程数量 ÷ 隧道净面积（m^2）	道路面积		m^2	工程数量 ÷ 道路面积（m^2）	
2.3.24	回转式螺杆压缩机	台		工程数量 ÷ 隧道净面积（m^2）	道路面积		m^2	工程数量 ÷ 道路面积（m^2）	
2.3.25	离心式压缩机（电动机驱动）	台		工程数量 ÷ 隧道净面积（m^2）	道路面积		m^2	工程数量 ÷ 道路面积（m^2）	
3	装饰工程								
3.1	楼地面工程								
3.1.1	块料楼地面	m^2		工程数量 ÷ 隧道净面积（m^2）	道路面积		m^2	工程数量 ÷ 道路面积（m^2）	
3.1.2	整体面层	m^2		工程数量 ÷ 隧道净面积（m^2）	道路面积		m^2	工程数量 ÷ 道路面积（m^2）	
3.1.3	踢脚线	m^2		工程数量 ÷ 隧道净面积（m^2）	道路面积		m^2	工程数量 ÷ 道路面积（m^2）	
3.2	墙柱面工程								
3.2.1	墙面抹灰	m^2		工程数量 ÷ 隧道净面积（m^2）	道路面积		m^2	工程数量 ÷ 道路面积（m^2）	
3.2.2	柱面抹灰	m^2		工程数量 ÷ 隧道净面积（m^2）	道路面积		m^2	工程数量 ÷ 道路面积（m^2）	
3.2.3	墙面块料面层	m^2		工程数量 ÷ 隧道净面积（m^2）	道路面积		m^2	工程数量 ÷ 道路面积（m^2）	
3.2.4	柱面镶贴面层	m^2		工程数量 ÷ 隧道净面积（m^2）	道路面积		m^2	工程数量 ÷ 道路面积（m^2）	

表 B-08-03-06（续）

序号	名称	计量单位	工程量	单位指标	相关指标				备注
					相关基数	数量	单位	相关单位指标	
			A	B		C		D=A÷C	
3.3	天棚工程								
3.3.1	天棚抹灰	m^2		工程数量 ÷ 隧道净面积（m^2）	道路面积		m^2	工程数量 ÷ 道路面积（m^2）	
3.3.2	天棚吊顶	m^2		工程数量 ÷ 隧道净面积（m^2）	道路面积		m^2	工程数量 ÷ 道路面积（m^2）	
3.4	门窗工程								
3.4.1	（木 / 金属 / 特殊）门	m^2		工程数量 ÷ 隧道净面积（m^2）	道路面积		m^2	工程数量 ÷ 道路面积（m^2）	
3.4.2	（木 / 金属 / 特殊）窗	m^2		工程数量 ÷ 隧道净面积（m^2）	道路面积		m^2	工程数量 ÷ 道路面积（m^2）	
3.5	其他工程								
3.5.1	金属扶手（带栏杆、栏板）	m		工程数量 ÷ 隧道净面积（m^2）	道路面积		m^2	工程数量 ÷ 道路面积（m^2）	
3.5.2	成品隔断	间		工程数量 ÷ 隧道净面积（m^2）	道路面积		m^2	工程数量 ÷ 道路面积（m^2）	
二	监控中心－设备系统								
1	设备系统								
1.1	设备系统								
1.1.1	输入设备	台		工程数量 ÷ 隧道净面积（m^2）	道路面积		m^2	工程数量 ÷ 道路面积（m^2）	
1.1.2	输出设备	台		工程数量 ÷ 隧道净面积（m^2）	道路面积		m^2	工程数量 ÷ 道路面积（m^2）	
1.1.3	控制设备	台		工程数量 ÷ 隧道净面积（m^2）	道路面积		m^2	工程数量 ÷ 道路面积（m^2）	
1.1.4	存储设备	台		工程数量 ÷ 隧道净面积（m^2）	道路面积		m^2	工程数量 ÷ 道路面积（m^2）	
1.1.5	插箱、机柜	台		工程数量 ÷ 隧道净面积（m^2）	道路面积		m^2	工程数量 ÷ 道路面积（m^2）	

表 B-08-03-06（续）

序号	名称	计量单位	工程量	单位指标	相关指标				备注
					相关基数	数量	单位	相关单位指标	
			A	B		C		D=A÷C	
1.1.6	互联电缆	条		工程数量 ÷ 隧道净面积（m^2）	道路面积		m^2	工程数量 ÷ 道路面积（m^2）	
1.1.7	接口卡	台（套）		工程数量 ÷ 隧道净面积（m^2）	道路面积		m^2	工程数量 ÷ 道路面积（m^2）	
1.1.8	集线器	台（套）		工程数量 ÷ 隧道净面积（m^2）	道路面积		m^2	工程数量 ÷ 道路面积（m^2）	
1.1.9	路由器	台（套）		工程数量 ÷ 隧道净面积（m^2）	道路面积		m^2	工程数量 ÷ 道路面积（m^2）	
1.1.10	收发器	台（套）		工程数量 ÷ 隧道净面积（m^2）	道路面积		m^2	工程数量 ÷ 道路面积（m^2）	
1.1.11	防火墙	台（套）		工程数量 ÷ 隧道净面积（m^2）	道路面积		m^2	工程数量 ÷ 道路面积（m^2）	
1.1.12	交换机	台（套）		工程数量 ÷ 隧道净面积（m^2）	道路面积		m^2	工程数量 ÷ 道路面积（m^2）	
1.1.13	网络服务器	台（套）		工程数量 ÷ 隧道净面积（m^2）	道路面积		m^2	工程数量 ÷ 道路面积（m^2）	
1.1.14	软件	套		工程数量 ÷ 隧道净面积（m^2）	道路面积		m^2	工程数量 ÷ 道路面积（m^2）	
1.1.15	机柜、机架	台		工程数量 ÷ 隧道净面积（m^2）	道路面积		m^2	工程数量 ÷ 道路面积（m^2）	
1.1.16	抗震底座	个		工程数量 ÷ 隧道净面积（m^2）	道路面积		m^2	工程数量 ÷ 道路面积（m^2）	
1.1.17	分线接线箱（盒）	个		工程数量 ÷ 隧道净面积（m^2）	道路面积		m^2	工程数量 ÷ 道路面积（m^2）	
1.1.18	电视、电话插座	个		工程数量 ÷ 隧道净面积（m^2）	道路面积		m^2	工程数量 ÷ 道路面积（m^2）	
1.1.19	双绞线缆	m		工程数量 ÷ 隧道净面积（m^2）	道路面积		m^2	工程数量 ÷ 道路面积（m^2）	
1.1.20	大对数电缆	m		工程数量 ÷ 隧道净面积（m^2）	道路面积		m^2	工程数量 ÷ 道路面积（m^2）	

表 B-08-03-06（续）

序号	名称	计量单位	工程量	单位指标	相关指标				备注
					相关基数	数量	单位	相关单位指标	
			A	B		C		D=A÷C	
1.1.21	光缆	m		工程数量 ÷ 隧道净面积（m^2）	道路面积		m^2	工程数量 ÷ 道路面积（m^2）	
1.1.22	光纤束、光缆外护套	m		工程数量 ÷ 隧道净面积（m^2）	道路面积		m^2	工程数量 ÷ 道路面积（m^2）	
1.1.23	跳线	条		工程数量 ÷ 隧道净面积（m^2）	道路面积		m^2	工程数量 ÷ 道路面积（m^2）	
1.1.24	配线架	个（块）		工程数量 ÷ 隧道净面积（m^2）	道路面积		m^2	工程数量 ÷ 道路面积（m^2）	
1.1.25	跳线架	个（块）		工程数量 ÷ 隧道净面积（m^2）	道路面积		m^2	工程数量 ÷ 道路面积（m^2）	
1.1.26	信息插座	个（块）		工程数量 ÷ 隧道净面积（m^2）	道路面积		m^2	工程数量 ÷ 道路面积（m^2）	
1.1.27	光纤盒	个（块）		工程数量 ÷ 隧道净面积（m^2）	道路面积		m^2	工程数量 ÷ 道路面积（m^2）	
1.1.28	光纤连接	芯（端口）		工程数量 ÷ 隧道净面积（m^2）	道路面积		m^2	工程数量 ÷ 道路面积（m^2）	
1.1.29	光缆终端盒	个		工程数量 ÷ 隧道净面积（m^2）	道路面积		m^2	工程数量 ÷ 道路面积（m^2）	
1.1.30	布放尾纤	根		工程数量 ÷ 隧道净面积（m^2）	道路面积		m^2	工程数量 ÷ 道路面积（m^2）	
1.1.31	线管理器	个		工程数量 ÷ 隧道净面积（m^2）	道路面积		m^2	工程数量 ÷ 道路面积（m^2）	
1.1.32	跳块	个		工程数量 ÷ 隧道净面积（m^2）	道路面积		m^2	工程数量 ÷ 道路面积（m^2）	
1.1.33	通信网络控制设备	台（套）		工程数量 ÷ 隧道净面积（m^2）	道路面积		m^2	工程数量 ÷ 道路面积（m^2）	
1.1.34	控制器	台（套）		工程数量 ÷ 隧道净面积（m^2）	道路面积		m^2	工程数量 ÷ 道路面积（m^2）	

表 B-08-03-06（续）

序号	名称	计量单位	工程量	单位指标	相关指标				备注
					相关基数	数量	单位	相关单位指标	
			A	B		C		D=A÷C	
1.1.35	控制箱	台（套）		工程数量 ÷ 隧道净面积（m^2）	道路面积		m^2	工程数量 ÷ 道路面积（m^2）	
1.1.36	第三方通信设备接口	台（套）		工程数量 ÷ 隧道净面积（m^2）	道路面积		m^2	工程数量 ÷ 道路面积（m^2）	
1.1.37	传感器	支（台）		工程数量 ÷ 隧道净面积（m^2）	道路面积		m^2	工程数量 ÷ 道路面积（m^2）	
1.1.38	电动调节阀执行机构	个		工程数量 ÷ 隧道净面积（m^2）	道路面积		m^2	工程数量 ÷ 道路面积（m^2）	
1.1.39	电动、电磁阀门	个		工程数量 ÷ 隧道净面积（m^2）	道路面积		m^2	工程数量 ÷ 道路面积（m^2）	
1.1.40	服务器	台		工程数量 ÷ 隧道净面积（m^2）	道路面积		m^2	工程数量 ÷ 道路面积（m^2）	
1.1.41	服务器显示设备	台		工程数量 ÷ 隧道净面积（m^2）	道路面积		m^2	工程数量 ÷ 道路面积（m^2）	
1.1.42	通信接口输入输出设备	个		工程数量 ÷ 隧道净面积（m^2）	道路面积		m^2	工程数量 ÷ 道路面积（m^2）	
1.1.43	共用天线	副		工程数量 ÷ 隧道净面积（m^2）	道路面积		m^2	工程数量 ÷ 道路面积（m^2）	
1.1.44	卫星电视天线、馈线系统	副		工程数量 ÷ 隧道净面积（m^2）	道路面积		m^2	工程数量 ÷ 道路面积（m^2）	
1.1.45	前端机柜	个		工程数量 ÷ 隧道净面积（m^2）	道路面积		m^2	工程数量 ÷ 道路面积（m^2）	
1.1.46	电视墙	套		工程数量 ÷ 隧道净面积（m^2）	道路面积		m^2	工程数量 ÷ 道路面积（m^2）	
1.1.47	射频同轴电缆	m		工程数量 ÷ 隧道净面积（m^2）	道路面积		m^2	工程数量 ÷ 道路面积（m^2）	
1.1.48	同轴电缆接头	个		工程数量 ÷ 隧道净面积（m^2）	道路面积		m^2	工程数量 ÷ 道路面积（m^2）	
1.1.49	前端射频设备	套		工程数量 ÷ 隧道净面积（m^2）	道路面积		m^2	工程数量 ÷ 道路面积（m^2）	

表 B-08-03-06（续）

序号	名称	计量单位	工程量	单位指标	相关指标				备注
					相关基数	数量	单位	相关单位指标	
			A	B		C		D=A÷C	
1.1.50	卫星地面站接收设备	台		工程数量 ÷ 隧道净面积（m^2）	道路面积		m^2	工程数量 ÷ 道路面积（m^2）	
1.1.51	有线电视系统管理设备	台		工程数量 ÷ 隧道净面积（m^2）	道路面积		m^2	工程数量 ÷ 道路面积（m^2）	
1.1.52	干线设备	个		工程数量 ÷ 隧道净面积（m^2）	道路面积		m^2	工程数量 ÷ 道路面积（m^2）	
1.1.53	分配网络	个		工程数量 ÷ 隧道净面积（m^2）	道路面积		m^2	工程数量 ÷ 道路面积（m^2）	
1.1.54	扩声系统设备	台		工程数量 ÷ 隧道净面积（m^2）	道路面积		m^2	工程数量 ÷ 道路面积（m^2）	
1.1.55	背景音乐系统设备	台		工程数量 ÷ 隧道净面积（m^2）	道路面积		m^2	工程数量 ÷ 道路面积（m^2）	
1.1.56	视频系统设备	台		工程数量 ÷ 隧道净面积（m^2）	道路面积		m^2	工程数量 ÷ 道路面积（m^2）	
1.1.57	入侵探测设备	套		工程数量 ÷ 隧道净面积（m^2）	道路面积		m^2	工程数量 ÷ 道路面积（m^2）	
1.1.58	入侵报警控制器	套		工程数量 ÷ 隧道净面积（m^2）	道路面积		m^2	工程数量 ÷ 道路面积（m^2）	
1.1.59	入侵报警中心显示设备	套		工程数量 ÷ 隧道净面积（m^2）	道路面积		m^2	工程数量 ÷ 道路面积（m^2）	
1.1.60	入侵报警信号传输设备	套		工程数量 ÷ 隧道净面积（m^2）	道路面积		m^2	工程数量 ÷ 道路面积（m^2）	
1.1.61	出入口目标识别设备	台		工程数量 ÷ 隧道净面积（m^2）	道路面积		m^2	工程数量 ÷ 道路面积（m^2）	
1.1.62	出入口控制设备	台		工程数量 ÷ 隧道净面积（m^2）	道路面积		m^2	工程数量 ÷ 道路面积（m^2）	
1.1.63	出入口执行机构设备	台		工程数量 ÷ 隧道净面积（m^2）	道路面积		m^2	工程数量 ÷ 道路面积（m^2）	
1.1.64	监控摄像设备	台		工程数量 ÷ 隧道净面积（m^2）	道路面积		m^2	工程数量 ÷ 道路面积（m^2）	

表 B-08-03-06（续）

序号	名称	计量单位	工程量	单位指标	相关指标				备注
					相关基数	数量	单位	相关单位指标	
			A	B		C		D=A÷C	
1.1.65	视频控制设备	台（套）		工程数量 ÷ 隧道净面积（m^2）	道路面积		m^2	工程数量 ÷ 道路面积（m^2）	
1.1.66	音频、视频及脉冲分配器	台（套）		工程数量 ÷ 隧道净面积（m^2）	道路面积		m^2	工程数量 ÷ 道路面积（m^2）	
1.1.67	视频补偿器	台（套）		工程数量 ÷ 隧道净面积（m^2）	道路面积		m^2	工程数量 ÷ 道路面积（m^2）	
1.1.68	视频传输设备	台（套）		工程数量 ÷ 隧道净面积（m^2）	道路面积		m^2	工程数量 ÷ 道路面积（m^2）	
1.1.69	录像设备	台（套）		工程数量 ÷ 隧道净面积（m^2）	道路面积		m^2	工程数量 ÷ 道路面积（m^2）	
1.1.70	显示设备	台 / m^2		工程数量 ÷ 隧道净面积（m^2）	道路面积		m^2	工程数量 ÷ 道路面积（m^2）	
1.1.71	安全检查设备	台（套）		工程数量 ÷ 隧道净面积（m^2）	道路面积		m^2	工程数量 ÷ 道路面积（m^2）	

B-08-04　管网工程主要工程量指标表（表 B-08-04-01 ~ 表 B-08-04-06）

表 B-08-04-01　管网工程（给水）主要工程量指标表

序号	名称	计量单位	工程量	单位指标	相关指标				备注
					相关基数	数量	单位	相关单位指标	
			A	B		C		D=A÷C	
1	土石方工程								
1.1	开挖	m^3		工程数量 ÷ 管线长度（m）	道路长度		m	工程数量 ÷ 道路长度（m）	
1.2	回填								
1.2.1	回填	m^3		工程数量 ÷ 管线长度（m）	道路长度		m	工程数量 ÷ 道路长度（m）	
1.2.2	换填	m^3		工程数量 ÷ 管线长度（m）	道路长度		m	工程数量 ÷ 道路长度（m）	

表 B-08-04-01（续）

序号	名称	计量单位	工程量	单位指标	相关指标				备注
					相关基数	数量	单位	相关单位指标	
			A	B		C		D=A÷C	
2	管道安装								各型号合计量
2.1	给水管								
2.1.1	钢管	m		工程数量 ÷ 管线长度（m）	道路长度		m	工程数量 ÷ 道路长度（m）	
2.1.2	铸铁管	m		工程数量 ÷ 管线长度（m）	道路长度		m	工程数量 ÷ 道路长度（m）	
2.1.3	混凝土管	m		工程数量 ÷ 管线长度（m）	道路长度		m	工程数量 ÷ 道路长度（m）	
2.1.4	塑料管	m		工程数量 ÷ 管线长度（m）	道路长度		m	工程数量 ÷ 道路长度（m）	
2.1.5	复合管材	m		工程数量 ÷ 管线长度（m）	道路长度		m	工程数量 ÷ 道路长度（m）	
2.2	管道基础施工	m		工程数量 ÷ 管线长度（m）	道路长度		m	工程数量 ÷ 道路长度（m）	
2.3	刷油、防腐	m^2		工程数量 ÷ 管线长度（m）	道路长度		m	工程数量 ÷ 道路长度（m）	
2.4	探伤检测	m		工程数量 ÷ 管线长度（m）	道路长度		m	工程数量 ÷ 道路长度（m）	
3	管道附件工程								
3.1	阀门安装	个		工程数量 ÷ 管线长度（m）	道路长度		m	工程数量 ÷ 道路长度（m）	
3.2	支架制作、安装	t		工程数量 ÷ 管线长度（m）	道路长度		m	工程数量 ÷ 道路长度（m）	
4	构筑物工程								
4.1	砌筑井	座		工程数量 ÷ 管线长度（m）	道路长度		m	工程数量 ÷ 道路长度（m）	
4.2	混凝土井	座		工程数量 ÷ 管线长度（m）	道路长度		m	工程数量 ÷ 道路长度（m）	

表 B–08–04–01（续）

序号	名称	计量单位	工程量	单位指标	相关指标				备注
					相关基数	数量	单位	相关单位指标	
			A	B		C		D=A÷C	
4.3	成品井	座		工程数量 ÷ 管线长度（m）	道路长度		m	工程数量 ÷ 道路长度（m）	
5	其他特殊工程			工程数量 ÷ 管线长度（m）	道路长度		m	工程数量 ÷ 道路长度（m）	
5.1	定向钻	m		工程数量 ÷ 管线长度（m）	道路长度		m	工程数量 ÷ 道路长度（m）	
5.2	顶管	m		工程数量 ÷ 管线长度（m）	道路长度		m	工程数量 ÷ 道路长度（m）	

表 B–08–04–02　管网工程（雨水）主要工程量指标表

序号	名称	计量单位	工程量	单位指标	相关指标				备注
					相关基数	数量	单位	相关单位指标	
			A	B		C		D=A÷C	
1	土石方工程								
1.1	开挖	m^3		工程数量 ÷ 管线长度（m）	道路长度		m	工程数量 ÷ 道路长度（m）	
1.2	回填								
1.2.1	回填	m^3		工程数量 ÷ 管线长度（m）	道路长度		m	工程数量 ÷ 道路长度（m）	
1.2.2	换填	m^3		工程数量 ÷ 管线长度（m）	道路长度		m	工程数量 ÷ 道路长度（m）	
2	管道安装								各型号合计量
2.1	雨水管								
2.1.1	混凝土管	m		工程数量 ÷ 管线长度（m）	道路长度		m	工程数量 ÷ 道路长度（m）	
2.1.2	塑料管	m		工程数量 ÷ 管线长度（m）	道路长度		m	工程数量 ÷ 道路长度（m）	
2.1.3	复合管材	m		工程数量 ÷ 管线长度（m）	道路长度		m	工程数量 ÷ 道路长度（m）	

表 B-08-04-02（续）

序号	名称	计量单位	工程量	单位指标	相关指标				备注
					相关基数	数量	单位	相关单位指标	
			A	B		C		D=A÷C	
2.2	管道基础施工	m		工程数量 ÷ 管线长度（m）	道路长度		m	工程数量 ÷ 道路长度（m）	
3	构筑物工程								
3.1	砌筑井	座		工程数量 ÷ 管线长度（m）	道路长度		m	工程数量 ÷ 道路长度（m）	
3.2	混凝土井	座		工程数量 ÷ 管线长度（m）	道路长度		m	工程数量 ÷ 道路长度（m）	
3.3	成品井	座		工程数量 ÷ 管线长度（m）	道路长度		m	工程数量 ÷ 道路长度（m）	
3.4	出入水口	个		工程数量 ÷ 管线长度（m）	道路长度		m	工程数量 ÷ 道路长度（m）	
4	其他特殊工程			工程数量 ÷ 管线长度（m）	道路长度		m	工程数量 ÷ 道路长度（m）	
4.1	定向钻	m		工程数量 ÷ 管线长度（m）	道路长度		m	工程数量 ÷ 道路长度（m）	
4.2	顶管	m		工程数量 ÷ 管线长度（m）	道路长度		m	工程数量 ÷ 道路长度（m）	

表 B-08-04-03　管网工程（污水）主要工程量指标表

序号	名称	计量单位	工程量	单位指标	相关指标				备注
					相关基数	数量	单位	相关单位指标	
			A	B		C		D=A÷C	
1	土石方工程								
1.1	开挖	m^3		工程数量 ÷ 管线长度（m）	道路长度		m	工程数量 ÷ 道路长度（m）	
1.2	回填								
1.2.1	回填	m^3		工程数量 ÷ 管线长度（m）	道路长度		m	工程数量 ÷ 道路长度（m）	

表 B-08-04-03（续）

序号	名称	计量单位	工程量	单位指标	相关指标				备注
					相关基数	数量	单位	相关单位指标	
			A	B		C		D=A÷C	
1.2.2	换填	m^3		工程数量 ÷ 管线长度（m）	道路长度		m	工程数量 ÷ 道路长度（m）	
2	管道安装								各型号合计量
2.1	污水管								
2.1.1	混凝土管	m		工程数量 ÷ 管线长度（m）	道路长度		m	工程数量 ÷ 道路长度（m）	
2.1.2	塑料管	m		工程数量 ÷ 管线长度（m）	道路长度		m	工程数量 ÷ 道路长度（m）	
2.1.3	复合管材	m		工程数量 ÷ 管线长度（m）	道路长度		m	工程数量 ÷ 道路长度（m）	
2.2	管道基础施工	m		工程数量 ÷ 管线长度（m）	道路长度		m	工程数量 ÷ 道路长度（m）	
3	构筑物工程								
3.1	砌筑井	座		工程数量 ÷ 管线长度（m）	道路长度		m	工程数量 ÷ 道路长度（m）	
3.2	混凝土井	座		工程数量 ÷ 管线长度（m）	道路长度		m	工程数量 ÷ 道路长度（m）	
3.3	成品井	座		工程数量 ÷ 管线长度（m）	道路长度		m	工程数量 ÷ 道路长度（m）	
4	其他特殊工程			工程数量 ÷ 管线长度（m）	道路长度		m	工程数量 ÷ 道路长度（m）	
4.1	定向钻	m		工程数量 ÷ 管线长度（m）	道路长度		m	工程数量 ÷ 道路长度（m）	
4.2	顶管	m		工程数量 ÷ 管线长度（m）	道路长度		m	工程数量 ÷ 道路长度（m）	

表 B-08-04-04　管网工程（再生水）主要工程量指标表

序号	名称	计量单位	工程量	单位指标	相关指标				备注
					相关基数	数量	单位	相关单位指标	
			A	B		C		D=A÷C	
1	土石方工程								
1.1	开挖	m^3		工程数量 ÷ 管线长度（m）	道路长度		m	工程数量 ÷ 道路长度（m）	
1.2	回填								
1.2.1	回填	m^3		工程数量 ÷ 管线长度（m）	道路长度		m	工程数量 ÷ 道路长度（m）	
1.2.2	换填	m^3		工程数量 ÷ 管线长度（m）	道路长度		m	工程数量 ÷ 道路长度（m）	
2	管道安装								各型号合计量
2.1	再生水管								
2.1.1	钢管	m		工程数量 ÷ 管线长度（m）	道路长度		m	工程数量 ÷ 道路长度（m）	
2.1.2	铸铁管	m		工程数量 ÷ 管线长度（m）	道路长度		m	工程数量 ÷ 道路长度（m）	
2.1.3	混凝土管	m		工程数量 ÷ 管线长度（m）	道路长度		m	工程数量 ÷ 道路长度（m）	
2.1.4	塑料管	m		工程数量 ÷ 管线长度（m）	道路长度		m	工程数量 ÷ 道路长度（m）	
2.1.5	复合管材	m		工程数量 ÷ 管线长度（m）	道路长度		m	工程数量 ÷ 道路长度（m）	
2.2	管道基础施工	m		工程数量 ÷ 管线长度（m）	道路长度		m	工程数量 ÷ 道路长度（m）	
2.3	刷油、防腐	m^2		工程数量 ÷ 管线长度（m）	道路长度		m	工程数量 ÷ 道路长度（m）	
2.4	探伤检测	m		工程数量 ÷ 管线长度（m）	道路长度		m	工程数量 ÷ 道路长度（m）	
3	管道附件工程								
3.1	阀门安装	个		工程数量 ÷ 管线长度（m）	道路长度		m	工程数量 ÷ 道路长度（m）	

表 B-08-04-04（续）

序号	名称	计量单位	工程量	单位指标	相关指标				备注
					相关基数	数量	单位	相关单位指标	
			A	B		C		D=A÷C	
3.2	支架制作、安装	t		工程数量 ÷ 管线长度（m）	道路长度		m	工程数量 ÷ 道路长度（m）	
4	构筑物工程								
4.1	砌筑井	座		工程数量 ÷ 管线长度（m）	道路长度		m	工程数量 ÷ 道路长度（m）	
4.2	混凝土井	座		工程数量 ÷ 管线长度（m）	道路长度		m	工程数量 ÷ 道路长度（m）	
4.3	成品井	座		工程数量 ÷ 管线长度（m）	道路长度		m	工程数量 ÷ 道路长度（m）	
5	其他特殊工程			工程数量 ÷ 管线长度（m）	道路长度		m	工程数量 ÷ 道路长度（m）	
5.1	定向钻	m		工程数量 ÷ 管线长度（m）	道路长度		m	工程数量 ÷ 道路长度（m）	
5.2	顶管	m		工程数量 ÷ 管线长度（m）	道路长度		m	工程数量 ÷ 道路长度（m）	

表 B-08-04-05　管网工程（燃气）主要工程量指标表

序号	名称	计量单位	工程量	单位指标	相关指标				备注
					相关基数	数量	单位	相关单位指标	
			A	B		C		D=A÷C	
1	土石方工程								
1.1	开挖	m^3		工程数量 ÷ 管线长度（m）	年总供气能力		m^3	工程数量 ÷ 年总供气能力（m^3）	
1.2	回填								
1.2.1	回填	m^3		工程数量 ÷ 管线长度（m）	年总供气能力		m^3	工程数量 ÷ 年总供气能力（m^3）	

表 B-08-04-05（续）

序号	名称	计量单位	工程量	单位指标	相关指标				备注
					相关基数	数量	单位	相关单位指标	
			A	B		C		D=A÷C	
1.2.2	换填	m^3		工程数量 ÷ 管线长度（m）	年总供气能力		m^3	工程数量 ÷ 年总供气能力（m^3）	
2	管道安装								
2.1	燃气管								
2.1.1	钢管	m		工程数量 ÷ 管线长度（m）	年总供气能力		m^3	工程数量 ÷ 年总供气能力（m^3）	
2.1.2	铸铁管	m		工程数量 ÷ 管线长度（m）	年总供气能力		m^3	工程数量 ÷ 年总供气能力（m^3）	
2.1.3	混凝土管	m		工程数量 ÷ 管线长度（m）	年总供气能力		m^3	工程数量 ÷ 年总供气能力（m^3）	
2.1.4	塑料管	m		工程数量 ÷ 管线长度（m）	年总供气能力		m^3	工程数量 ÷ 年总供气能力（m^3）	
2.1.5	复合管材	m		工程数量 ÷ 管线长度（m）	年总供气能力		m^3	工程数量 ÷ 年总供气能力（m^3）	
2.2	管道基础施工	m		工程数量 ÷ 管线长度（m）	年总供气能力		m^3	工程数量 ÷ 年总供气能力（m^3）	
2.3	刷油、防腐	m^2		工程数量 ÷ 管线长度（m）	年总供气能力		m^3	工程数量 ÷ 年总供气能力（m^3）	
2.4	探伤检测	m		工程数量 ÷ 管线长度（m）	年总供气能力		m^3	工程数量 ÷ 年总供气能力（m^3）	
3	管道附件工程								
3.1	阀门安装	个		工程数量 ÷ 管线长度（m）	年总供气能力		m^3	工程数量 ÷ 年总供气能力（m^3）	
3.2	支架制作、安装	t		工程数量 ÷ 管线长度（m）	年总供气能力		m^3	工程数量 ÷ 年总供气能力（m^3）	
4	构筑物工程								
4.1	砌筑井	座		工程数量 ÷ 管线长度（m）	年总供气能力		m^3	工程数量 ÷ 年总供气能力（m^3）	

表 B-08-04-05（续）

序号	名称	计量单位	工程量	单位指标	相关指标				备注
					相关基数	数量	单位	相关单位指标	
			A	B		C		D=A÷C	
4.2	混凝土井	座		工程数量 ÷ 管线长度（m）	年总供气能力		m^3	工程数量 ÷ 年总供气能力（m^3）	
5	其他特殊工程			工程数量 ÷ 管线长度（m）	年总供气能力		m^3	工程数量 ÷ 年总供气能力（m^3）	
5.1	定向钻	m		工程数量 ÷ 管线长度（m）	年总供气能力		m^3	工程数量 ÷ 年总供气能力（m^3）	
5.2	顶管	m		工程数量 ÷ 管线长度（m）	年总供气能力		m^3	工程数量 ÷ 年总供气能力（m^3）	

表 B-08-04-06　管网工程（热力）主要工程量指标表

序号	名称	计量单位	工程量	单位指标	相关指标				备注
					相关基数	数量	单位	相关单位指标	
			A	B		C		D=A÷C	
1	土石方工程								
1.1	开挖	m^3		工程数量 ÷ 管线长度（m）	供热面积		m^2	工程数量 ÷ 供热面积（m^2）	
1.2	回填								
1.2.1	回填	m^3		工程数量 ÷ 管线长度（m）	供热面积		m^2	工程数量 ÷ 供热面积（m^2）	
1.2.2	换填	m^3		工程数量 ÷ 管线长度（m）	供热面积		m^2	工程数量 ÷ 供热面积（m^2）	
2	管道安装								
2.1	热力管								
2.1.1	钢管	m		工程数量 ÷ 管线长度（m）	供热面积		m^2	工程数量 ÷ 供热面积（m^2）	
2.1.2	预制钢管	m		工程数量 ÷ 管线长度（m）	供热面积		m^2	工程数量 ÷ 供热面积（m^2）	
2.1.3	蒸汽钢管	m		工程数量 ÷ 管线长度（m）	供热面积		m^2	工程数量 ÷ 供热面积（m^2）	

表 B-08-04-06（续）

序号	名称	计量单位	工程量	单位指标	相关指标				备注
					相关基数	数量	单位	相关单位指标	
			A	B		C		D=A ÷ C	
2.1.4	其他管	m		工程数量 ÷ 管线长度（m）	供热面积		m^2	工程数量 ÷ 供热面积（m^2）	
2.2	管道基础施工	m		工程数量 ÷ 管线长度（m）	供热面积		m^2	工程数量 ÷ 供热面积（m^2）	
2.3	刷油、防腐	m^2		工程数量 ÷ 管线长度（m）	供热面积		m^2	工程数量 ÷ 供热面积（m^2）	
2.4	探伤检测	m		工程数量 ÷ 管线长度（m）	供热面积		m^2	工程数量 ÷ 供热面积（m^2）	
2.5	保温、绝热	m^3		工程数量 ÷ 管线长度（m）	供热面积		m^2	工程数量 ÷ 供热面积（m^2）	
3	管道附件工程								
3.1	阀门安装	个		工程数量 ÷ 管线长度（m）	供热面积		m^2	工程数量 ÷ 供热面积（m^2）	
3.2	补偿器	个		工程数量 ÷ 管线长度（m）	供热面积		m^2	工程数量 ÷ 供热面积（m^2）	
3.3	支架制作、安装	t		工程数量 ÷ 管线长度（m）	供热面积		m^2	工程数量 ÷ 供热面积（m^2）	
4	构筑物工程								
4.1	砌筑井	座		工程数量 ÷ 管线长度（m）	供热面积		m^2	工程数量 ÷ 供热面积（m^2）	
4.2	混凝土井	座		工程数量 ÷ 管线长度（m）	供热面积		m^2	工程数量 ÷ 供热面积（m^2）	
4.3	成品井	座		工程数量 ÷ 管线长度（m）	供热面积		m^2	工程数量 ÷ 供热面积（m^2）	
5	其他特殊工程			工程数量 ÷ 管线长度（m）	供热面积		m^2	工程数量 ÷ 供热面积（m^2）	
5.1	定向钻	m		工程数量 ÷ 管线长度（m）	供热面积		m^2	工程数量 ÷ 供热面积（m^2）	
5.2	顶管	m		工程数量 ÷ 管线长度（m）	供热面积		m^2	工程数量 ÷ 供热面积（m^2）	

B-08-05 综合管廊工程主要工程量指标表（表 B-08-05）

表 B-08-05 综合管廊工程主要工程量指标表

序号	名称	计量单位	工程量	单位指标	相关指标				备注
					相关基数	数量	单位	相关单位指标	
			A	B		C		D=A÷C	
	综合管廊工程								
	土建工程								
1	土石方与支护结构工程								
1.1	土石方工程	m^3		工程数量÷管廊长度（m）	管廊净面积		m^2	工程数量÷管廊净面积（m^2）	
1.1.1	土方工程	m^3		工程数量÷管廊长度（m）	管廊净面积		m^2	工程数量÷管廊净面积（m^2）	
1.1.2	石方工程	m^3		工程数量÷管廊长度（m）	管廊净面积		m^2	工程数量÷管廊净面积（m^2）	
1.1.3	回填	m^3		工程数量÷管廊长度（m）	管廊净面积		m^2	工程数量÷管廊净面积（m^2）	
1.2	地基处理	m^2		工程数量÷管廊长度（m）	管廊净面积		m^2	工程数量÷管廊净面积（m^2）	地基处理面积按基坑水平投影面积
1.2.1	填料加固	m^3		工程数量÷管廊长度（m）	管廊净面积		m^2	工程数量÷管廊净面积（m^2）	
1.2.2	填料桩	m		工程数量÷管廊长度（m）	管廊净面积		m^2	工程数量÷管廊净面积（m^2）	
1.2.3	铺土工织物	m^2		工程数量÷管廊长度（m）	管廊净面积		m^2	工程数量÷管廊净面积（m^2）	
1.2.4	地基加固	m^3		工程数量÷管廊长度（m）	管廊净面积		m^2	工程数量÷管廊净面积（m^2）	
1.3	基坑及边坡支护	m^2		工程数量÷管廊长度（m）	管廊净面积		m^2	工程数量÷管廊净面积（m^2）	支护面积按基坑侧面积

表 B-08-05（续）

序号	名称	计量单位	工程量	单位指标	相关指标				备注
					相关基数	数量	单位	相关单位指标	
			A	B		C		D=A÷C	
1.3.1	咬合灌注桩	m		工程数量÷管廊长度（m）	基坑周长		m	工程数量÷基坑周长（m）	
1.3.2	型钢水泥土搅拌桩	m		工程数量÷管廊长度（m）	基坑周长		m	工程数量÷基坑周长（m）	
1.3.3	打拔钢板桩	m		工程数量÷管廊长度（m）	基坑周长		m	工程数量÷基坑周长（m）	
1.3.4	锚杆	m		工程数量÷管廊长度（m）	边坡面积		m^2	工程数量÷边坡面积（m^2）	
1.3.5	预应力锚索	m		工程数量÷管廊长度（m）	边坡面积		m	工程数量÷边坡面积（m^2）	
1.3.6	挂网、护坡土钉	m^2		工程数量÷管廊长度（m）	边坡面积		m^2	工程数量÷边坡面积（m^2）	
1.3.7	喷射混凝土	m^3		工程数量÷管廊长度（m）	边坡面积		m^2	工程数量÷边坡面积（m^2）	
1.3.8	喷射混凝土含钢量	t/m^3		钢筋网片工程量÷喷射混凝土工程量（m^3）					
1.4	桩基础工程								
1.4.1	打桩	m		工程数量÷管廊长度（m）	管廊净面积		m^2	工程数量÷管廊净面积（m^2）	
1.4.2	灌注桩	m^3		工程数量÷管廊长度（m）	管廊净面积		m^2	工程数量÷管廊净面积（m^2）	
1.4.3	预制混凝土含钢量	t/m^3		预制构件钢筋工程量÷预制混凝土工程量（m^3）					
1.4.4	桩基工程混凝土含钢量	t/m^3		钢筋笼工程量÷桩基混凝土工程量（m^3）					
2	管廊主体结构工程								

表 B-08-05（续）

序号	名称	计量单位	工程量	单位指标	相关指标				备注
					相关基数	数量	单位	相关单位指标	
			A	B		C		D=A÷C	
2.1	砌筑工程	m^3		工程数量 ÷ 管廊长度（m）	管廊净面积		m^2	工程数量 ÷ 管廊净面积（m^2）	
2.1.1	砖砌体	m^3		工程数量 ÷ 管廊长度（m）	管廊净面积		m^2	工程数量 ÷ 管廊净面积（m^2）	
2.1.2	砌块砌体	m^3		工程数量 ÷ 管廊长度（m）	管廊净面积		m^2	工程数量 ÷ 管廊净面积（m^2）	
2.1.3	石砌体	m^3		工程数量 ÷ 管廊长度（m）	管廊净面积		m^2	工程数量 ÷ 管廊净面积（m^2）	
2.1.4	垫层	m^3		工程数量 ÷ 管廊长度（m）	管廊净面积		m^2	工程数量 ÷ 管廊净面积（m^2）	
2.2	混凝土及钢筋混凝土工程	m^2		工程数量 ÷ 管廊长度（m）	管廊净面积		m^2	工程数量 ÷ 管廊净面积（m^2）	
2.2.1	现浇混凝土	m^3		工程数量 ÷ 管廊长度（m）	管廊净面积		m^2	工程数量 ÷ 管廊净面积（m^2）	
2.2.2	预制混凝土	m^3		工程数量 ÷ 管廊长度（m）	管廊净面积		m^2	工程数量 ÷ 管廊净面积（m^2）	
2.2.3	现浇混凝土钢筋、连接筋	t		工程数量 ÷ 现浇混凝土体积（m^3）	管廊净面积		m^2	工程数量 ÷ 管廊净面积（m^2）	
2.2.4	预制构件钢筋	t		工程数量 ÷ 预制混凝土体积（m^3）	管廊净面积		m^2	工程数量 ÷ 管廊净面积（m^2）	
2.2.5	预制混凝土含钢量	t/m^3		预制构件钢筋工程量 ÷ 预制混凝土工程量（m^3）					
2.2.6	现浇混凝土含钢量	t/m^3		现浇混凝土钢筋、连接筋工程量 ÷ 现浇混凝土工程量（m^3）					
2.3	门窗工程								
2.3.1	门	m^2		工程数量 ÷ 管廊长度（m）	管廊净面积		m^2	工程数量 ÷ 管廊净面积（m^2）	

表 B-08-05（续）

序号	名称	计量单位	工程量	单位指标	相关指标				备注
					相关基数	数量	单位	相关单位指标	
			A	B		C		D=A÷C	
2.3.2	窗	m^2		工程数量÷管廊长度（m）	管廊净面积		m^2	工程数量÷管廊净面积（m^2）	
2.3.3	配件	个		工程数量÷管廊长度（m）	管廊净面积		m^2	工程数量÷管廊净面积（m^2）	
2.4	防水工程								
2.4.1	明挖防水	m^2		工程数量÷管廊长度（m）	管廊净面积		m^2	工程数量÷管廊净面积（m^2）	
2.4.2	暗挖防水	m^2		工程数量÷管廊长度（m）	管廊净面积		m^2	工程数量÷管廊净面积（m^2）	
2.4.3	刚性防水	m^2		工程数量÷管廊长度（m）	管廊净面积		m^2	工程数量÷管廊净面积（m^2）	
2.4.4	变形缝与施工缝	m		工程数量÷管廊长度（m）	管廊净面积		m^2	工程数量÷管廊净面积（m^2）	
2.5	装饰工程								
2.5.1	楼地面工程	m^2		工程数量÷管廊长度（m）	管廊净面积		m^2	工程数量÷管廊净面积（m^2）	
2.5.2	墙、柱面装饰工程	m^2		工程数量÷管廊长度（m）	管廊净面积		m^2	工程数量÷管廊净面积（m^2）	
2.5.3	顶棚工程	m^2		工程数量÷管廊长度（m）	管廊净面积		m^2	工程数量÷管廊净面积（m^2）	
2.6	竖井工程								
2.6.1	锁脚锚管	m		工程数量÷管廊长度（m）	管廊净面积		m^2	工程数量÷管廊净面积（m^2）	
2.6.2	竖井初衬钢筋	t		工程数量÷管廊长度（m）	管廊净面积		m^2	工程数量÷管廊净面积（m^2）	
2.6.3	竖井二衬钢筋	t		工程数量÷竖井混凝土体积（m^3）	管廊净面积		m^2	工程数量÷管廊净面积（m^2）	
2.6.4	竖井混凝土	m^3		工程数量÷管廊长度（m）	管廊净面积		m^2	工程数量÷管廊净面积（m^2）	

表 B-08-05（续）

序号	名称	计量单位	工程量	单位指标	相关指标				备注
					相关基数	数量	单位	相关单位指标	
			A	B		C		D=A ÷ C	
2.6.5	衬砌混凝土含钢量	t		钢格栅、钢筋工程量 ÷ 衬砌射混凝土工程量（m^3）					
2.7	暗挖工程								
2.7.1	小导管	m		工程数量 ÷ 管廊长度（m）	管廊净面积		m^2	工程数量 ÷ 管廊净面积（m^2）	
2.7.2	大管棚	m		工程数量 ÷ 管廊长度（m）	管廊净面积		m^2	工程数量 ÷ 管廊净面积（m^2）	
2.7.3	洞内锚杆	m		工程数量 ÷ 管廊长度（m）	管廊净面积		m^2	工程数量 ÷ 管廊净面积（m^2）	
2.7.4	初衬钢筋	t		工程数量 ÷ 管廊长度（m）	管廊净面积		m^2	工程数量 ÷ 管廊净面积（m^2）	
2.7.5	喷射混凝土	m^3		工程数量 ÷ 管廊长度（m）	管廊净面积		m^2	工程数量 ÷ 管廊净面积（m^2）	
2.7.6	地下注浆	m^3		工程数量 ÷ 管廊长度（m）	管廊净面积		m^2	工程数量 ÷ 管廊净面积（m^2）	
2.7.7	暗挖混凝土结构	m^3		工程数量 ÷ 管廊长度（m）	管廊净面积		m^2	工程数量 ÷ 管廊净面积（m^2）	
2.7.8	二衬钢筋及钢构件	t		工程数量 ÷ 暗挖混凝土结构体积（m^3）	管廊净面积		m^2	工程数量 ÷ 管廊净面积（m^2）	
2.7.9	洞内回填	m^3		工程数量 ÷ 管廊长度（m）	管廊净面积		m^2	工程数量 ÷ 管廊净面积（m^2）	
2.7.10	喷射混凝土含钢量	t/m^3		钢筋网片工程量 ÷ 喷射混凝土工程量（m^3）					
2.7.11	衬砌混凝土含钢量	t/m^3		钢格栅工程量 ÷ 衬砌混凝土工程量（m^3）					
2.7.12	混凝土含钢量	t/m^3		钢筋工程量 ÷ 混凝土工程量（m^3）					

表 B-08-05（续）

序号	名称	计量单位	工程量	单位指标	相关指标				备注
					相关基数	数量	单位	相关单位指标	
			A	B		C		D=A÷C	
2.8	盾构工程								
2.8.1	盾构机安装、拆除	次		工程数量 ÷ 管廊长度（m）	管廊净面积		m^2	工程数量 ÷ 管廊净面积（m^2）	
2.8.2	车架安装、拆除	次		工程数量 ÷ 管廊长度（m）	管廊净面积		m^2	工程数量 ÷ 管廊净面积（m^2）	
2.8.3	盾构掘进	m		工程数量 ÷ 管廊长度（m）	管廊净面积		m^2	工程数量 ÷ 管廊净面积（m^2）	
2.8.4	盾构管片	m^2		工程数量 ÷ 管廊长度（m）	管廊净面积		m^2	工程数量 ÷ 管廊净面积（m^2）	
2.8.5	衬砌压浆	m^3		工程数量 ÷ 管廊长度（m）	管廊净面积		m^2	工程数量 ÷ 管廊净面积（m^2）	
2.8.6	柔性接缝	m		工程数量 ÷ 管廊长度（m）	管廊净面积		m^2	工程数量 ÷ 管廊净面积（m^2）	
2.8.7	洞口钢筋混凝土环圈	m^3		工程数量 ÷ 管廊长度（m）	管廊净面积		m^2	工程数量 ÷ 管廊净面积（m^2）	
2.8.8	负环段管片及隧道内管线拆除	m		工程数量 ÷ 管廊长度（m）	管廊净面积		m^2	工程数量 ÷ 管廊净面积（m^2）	
2.8.9	盾构其他工程	m		工程数量 ÷ 管廊长度（m）	管廊净面积		m^2	工程数量 ÷ 管廊净面积（m^2）	
2.9	其他工程								
2.9.1	拆除混凝土	m^3		工程数量 ÷ 管廊长度（m）	管廊净面积		m^2	工程数量 ÷ 管廊净面积（m^2）	
2.9.2	水钻开孔	m		工程数量 ÷ 管廊长度（m）	管廊净面积		m^2	工程数量 ÷ 管廊净面积（m^2）	
2.9.3	楼梯栏杆、扶手	m		工程数量 ÷ 管廊长度（m）	管廊净面积		m^2	工程数量 ÷ 管廊净面积（m^2）	
2.9.4	直埋刚性防水套管	处		工程数量 ÷ 管廊长度（m）	管廊净面积		m^2	工程数量 ÷ 管廊净面积（m^2）	
2.10	措施项目								
2.10.1	施工措施费用	元		工程数量 ÷ 管廊长度（m）	管廊净面积		m^2	工程数量 ÷ 管廊净面积（m^2）	

B-08-06　厂站工程主要工程量指标表（表 B-08-06-01 ~ 表 B-08-06-07）

表 B-08-06-01　燃气厂站（门站）工程主要工程量指标表

序号	名称	计量单位	工程量	单位指标	相关指标				备注
					相关基数	数量	单位	相关单位指标	
			A	B		C		D=A÷C	
1	燃气门站工程								
1.1	建筑装饰工程								
1.1.1	厂区土方	m^3		工程数量 ÷ 供气能力（m^3/h）	年总供气量		m^3	工程数量 ÷ 年总供气量（m^3）	
1.1.2	地基处理	m^2		工程数量 ÷ 供气能力（m^3/h）	年总供气量		m^3	工程数量 ÷ 年总供气量（m^3）	
1.1.3	道路、路缘石	m^2		工程数量 ÷ 供气能力（m^3/h）	年总供气量		m^3	工程数量 ÷ 年总供气量（m^3）	
1.1.4	围墙、大门	m		工程数量 ÷ 供气能力（m^3/h）	年总供气量		m^3	工程数量 ÷ 年总供气量（m^3）	
1.1.5	绿化工程	m^2		工程数量 ÷ 供气能力（m^3/h）	年总供气量		m^3	工程数量 ÷ 年总供气量（m^3）	
1.1.6	构筑物工程	m^3		工程数量 ÷ 供气能力（m^3/h）	年总供气量		m^3	工程数量 ÷ 年总供气量（m^3）	
1.1.7	各单体建筑	m^2		工程数量 ÷ 供气能力（m^3/h）	年总供气量		m^3	工程数量 ÷ 年总供气量（m^3）	
1.2	设备及安装系统								
1.2.1	燃气工艺系统								
1.2.1.1	工艺设备	个		工程数量 ÷ 供气能力（m^3/h）	年总供气量		m^3	工程数量 ÷ 年总供气量（m^3）	
1.2.1.2	燃气管道	m		工程数量 ÷ 供气能力（m^3/h）	年总供气量		m^3	工程数量 ÷ 年总供气量（m^3）	
1.2.1.3	阀门	个		工程数量 ÷ 供气能力（m^3/h）	年总供气量		m^3	工程数量 ÷ 年总供气量（m^3）	
1.2.1.4	电保护	个		工程数量 ÷ 供气能力（m^3/h）	年总供气量		m^3	工程数量 ÷ 年总供气量（m^3）	
1.2.2	电气工程								

表 B-08-06-01（续）

序号	名称	计量单位	工程量	单位指标	相关指标				备注
					相关基数	数量	单位	相关单位指标	
			A	B		C		D=A÷C	
1.2.2.1	电气设备	个		工程数量 ÷ 供气能力（m^3/h）	年总供气量		m^3	工程数量 ÷ 年总供气量（m^3）	
1.2.2.2	电缆	m		工程数量 ÷ 供气能力（m^3/h）	年总供气量		m^3	工程数量 ÷ 年总供气量（m^3）	
1.2.2.3	配管、配线	m		工程数量 ÷ 供气能力（m^3/h）	年总供气量		m^3	工程数量 ÷ 年总供气量（m^3）	
1.2.2.4	照明器具	个		工程数量 ÷ 供气能力（m^3/h）	年总供气量		m^3	工程数量 ÷ 年总供气量（m^3）	
1.2.2.5	防雷及接地装置	个		工程数量 ÷ 供气能力（m^3/h）	年总供气量		m^3	工程数量 ÷ 年总供气量（m^3）	
1.2.3	自动化控制								
1.2.3.1	自动化控制设备	套		工程数量 ÷ 供气能力（m^3/h）	年总供气量		m^3	工程数量 ÷ 年总供气量（m^3）	
1.2.3.2	流量仪表	个		工程数量 ÷ 供气能力（m^3/h）	年总供气量		m^3	工程数量 ÷ 年总供气量（m^3）	
1.2.3.3	压力仪表	个		工程数量 ÷ 供气能力（m^3/h）	年总供气量		m^3	工程数量 ÷ 年总供气量（m^3）	
1.2.3.4	温度仪表	个		工程数量 ÷ 供气能力（m^3/h）	年总供气量		m^3	工程数量 ÷ 年总供气量（m^3）	
1.2.3.5	电缆	m		工程数量 ÷ 供气能力（m^3/h）	年总供气量		m^3	工程数量 ÷ 年总供气量（m^3）	
1.2.3.6	配管、配线	m		工程数量 ÷ 供气能力（m^3/h）	年总供气量		m^3	工程数量 ÷ 年总供气量（m^3）	
1.2.3.7	安全监控装置	个		工程数量 ÷ 供气能力（m^3/h）	年总供气量		m^3	工程数量 ÷ 年总供气量（m^3）	
1.2.4	通风空调工程								
1.2.4.1	通风空调	个		工程数量 ÷ 供气能力（m^3/h）	年总供气量		m^3	工程数量 ÷ 年总供气量（m^3）	

表 B-08-06-01（续）

序号	名称	计量单位	工程量	单位指标	相关指标				备注
					相关基数	数量	单位	相关单位指标	
			A	B		C		D=A÷C	
1.2.4.2	通风管道	m		工程数量 ÷ 供气能力（m^3/h）	年总供气量		m^3	工程数量 ÷ 年总供气量（m^3）	
1.2.5	热力工程								
1.2.5.1	热力设备	个		工程数量 ÷ 供气能力（m^3/h）	年总供气量		m^3	工程数量 ÷ 年总供气量（m^3）	
1.2.5.2	热力管道	m		工程数量 ÷ 供气能力（m^3/h）	年总供气量		m^3	工程数量 ÷ 年总供气量（m^3）	
1.2.5.3	阀门	个		工程数量 ÷ 供气能力（m^3/h）	年总供气量		m^3	工程数量 ÷ 年总供气量（m^3）	
1.2.6	消防工程								
1.2.6.1	消防设备	个		工程数量 ÷ 供气能力（m^3/h）	年总供气量		m^3	工程数量 ÷ 年总供气量（m^3）	
1.2.6.2	消防管道	m		工程数量 ÷ 供气能力（m^3/h）	年总供气量		m^3	工程数量 ÷ 年总供气量（m^3）	
1.2.6.3	自动报警装置	个		工程数量 ÷ 供气能力（m^3/h）	年总供气量		m^3	工程数量 ÷ 年总供气量（m^3）	
1.2.7	建筑智能化工程								
1.2.7.1	闭路监控系统	个		工程数量 ÷ 供气能力（m^3/h）	年总供气量		m^3	工程数量 ÷ 年总供气量（m^3）	
1.2.7.2	门禁控制系统	个		工程数量 ÷ 供气能力（m^3/h）	年总供气量		m^3	工程数量 ÷ 年总供气量（m^3）	
1.2.8	采暖、给水、排水工程								
1.2.8.1	给水、排水、采暖管道	m		工程数量 ÷ 供气能力（m^3/h）	年总供气量		m^3	工程数量 ÷ 年总供气量（m^3）	
1.2.8.2	卫生器具	个		工程数量 ÷ 供气能力（m^3/h）	年总供气量		m^3	工程数量 ÷ 年总供气量（m^3）	
1.2.8.3	采暖器具	个		工程数量 ÷ 供气能力（m^3/h）	年总供气量		m^3	工程数量 ÷ 年总供气量（m^3）	

表 B-08-06-02　燃气厂站（储备站）工程主要工程量指标表

序号	名称	计量单位	工程量	单位指标	相关指标				备注
					相关基数	数量	单位	相关单位指标	
			A	B		C		D=A ÷ C	
2	燃气储配站工程								
2.1	建筑装饰工程								
2.1.1	厂区土方	m^3		工程数量 ÷ 供气能力（m^3/h）	年总供气量		m^3	工程数量 ÷ 年总供气量（m^3）	
2.1.2	地基处理	m^2		工程数量 ÷ 供气能力（m^3/h）	年总供气量		m^3	工程数量 ÷ 年总供气量（m^3）	
2.1.3	道路、路缘石	m^2		工程数量 ÷ 供气能力（m^3/h）	年总供气量		m^3	工程数量 ÷ 年总供气量（m^3）	
2.1.4	围墙、大门	m		工程数量 ÷ 供气能力（m^3/h）	年总供气量		m^3	工程数量 ÷ 年总供气量（m^3）	
2.1.5	绿化工程	m^2		工程数量 ÷ 供气能力（m^3/h）	年总供气量		m^3	工程数量 ÷ 年总供气量（m^3）	
2.1.6	构筑物工程	m^3		工程数量 ÷ 供气能力（m^3/h）	年总供气量		m^3	工程数量 ÷ 年总供气量（m^3）	
2.1.7	各单体建筑	m^2		工程数量 ÷ 供气能力（m^3/h）	年总供气量		m^3	工程数量 ÷ 年总供气量（m^3）	
2.2	设备及安装系统								
2.2.1	燃气工艺系统								
2.2.1.1	工艺设备	个		工程数量 ÷ 供气能力（m^3/h）	年总供气量		m^3	工程数量 ÷ 年总供气量（m^3）	
2.2.1.2	燃气管道	m		工程数量 ÷ 供气能力（m^3/h）	年总供气量		m^3	工程数量 ÷ 年总供气量（m^3）	
2.2.1.3	阀门	个		工程数量 ÷ 供气能力（m^3/h）	年总供气量		m^3	工程数量 ÷ 年总供气量（m^3）	
2.2.1.4	电保护	个		工程数量 ÷ 供气能力（m^3/h）	年总供气量		m^3	工程数量 ÷ 年总供气量（m^3）	
2.2.2	电气工程								
2.2.2.1	电气设备	个		工程数量 ÷ 供气能力（m^3/h）	年总供气量		m^3	工程数量 ÷ 年总供气量（m^3）	

表 B-08-06-02（续）

序号	名称	计量单位	工程量	单位指标	相关指标				备注
					相关基数	数量	单位	相关单位指标	
			A	B		C		D=A÷C	
2.2.2.2	电缆	m		工程数量 ÷ 供气能力（m^3/h）	年总供气量		m^3	工程数量 ÷ 年总供气量（m^3）	
2.2.2.3	配管、配线	m		工程数量 ÷ 供气能力（m^3/h）	年总供气量		m^3	工程数量 ÷ 年总供气量（m^3）	
2.2.2.4	照明器具	个		工程数量 ÷ 供气能力（m^3/h）	年总供气量		m^3	工程数量 ÷ 年总供气量（m^3）	
2.2.2.5	防雷及接地装置	个		工程数量 ÷ 供气能力（m^3/h）	年总供气量		m^3	工程数量 ÷ 年总供气量（m^3）	
2.2.3	自动化控制								
2.2.3.1	自动化控制设备	套		工程数量 ÷ 供气能力（m^3/h）	年总供气量		m^3	工程数量 ÷ 年总供气量（m^3）	
2.2.3.2	流量仪表	个		工程数量 ÷ 供气能力（m^3/h）	年总供气量		m^3	工程数量 ÷ 年总供气量（m^3）	
2.2.3.3	压力仪表	个		工程数量 ÷ 供气能力（m^3/h）	年总供气量		m^3	工程数量 ÷ 年总供气量（m^3）	
2.2.3.4	温度仪表	个		工程数量 ÷ 供气能力（m^3/h）	年总供气量		m^3	工程数量 ÷ 年总供气量（m^3）	
2.2.3.5	电缆	m		工程数量 ÷ 供气能力（m^3/h）	年总供气量		m^3	工程数量 ÷ 年总供气量（m^3）	
2.2.3.6	配管、配线	m		工程数量 ÷ 供气能力（m^3/h）	年总供气量		m^3	工程数量 ÷ 年总供气量（m^3）	
2.2.3.7	安全监控装置	个		工程数量 ÷ 供气能力（m^3/h）	年总供气量		m^3	工程数量 ÷ 年总供气量（m^3）	
2.2.4	通风空调工程								
2.2.4.1	通风空调	个		工程数量 ÷ 供气能力（m^3/h）	年总供气量		m^3	工程数量 ÷ 年总供气量（m^3）	
2.2.4.2	通风管道	m		工程数量 ÷ 供气能力（m^3/h）	年总供气量		m^3	工程数量 ÷ 年总供气量（m^3）	
2.2.5	热力工程								

表 B-08-06-02（续）

序号	名称	计量单位	工程量	单位指标	相关指标				备注
					相关基数	数量	单位	相关单位指标	
			A	B		C		D=A ÷ C	
2.2.5.1	热力设备	个		工程数量 ÷ 供气能力（m^3/h）	年总供气量		m^3	工程数量 ÷ 年总供气量（m^3）	
2.2.5.2	热力管道	m		工程数量 ÷ 供气能力（m^3/h）	年总供气量		m^3	工程数量 ÷ 年总供气量（m^3）	
2.2.5.3	阀门	个		工程数量 ÷ 供气能力（m^3/h）	年总供气量		m^3	工程数量 ÷ 年总供气量（m^3）	
2.2.6	消防工程								
2.2.6.1	消防设备	个		工程数量 ÷ 供气能力（m^3/h）	年总供气量		m^3	工程数量 ÷ 年总供气量（m^3）	
2.2.6.2	消防管道	m		工程数量 ÷ 供气能力（m^3/h）	年总供气量		m^3	工程数量 ÷ 年总供气量（m^3）	
2.2.6.3	自动报警装置	个		工程数量 ÷ 供气能力（m^3/h）	年总供气量		m^3	工程数量 ÷ 年总供气量（m^3）	
2.2.7	建筑智能化工程								
2.2.7.1	闭路监控系统	个		工程数量 ÷ 供气能力（m^3/h）	年总供气量		m^3	工程数量 ÷ 年总供气量（m^3）	
2.2.7.2	门禁控制系统	个		工程数量 ÷ 供气能力（m^3/h）	年总供气量		m^3	工程数量 ÷ 年总供气量（m^3）	
2.2.8	采暖、给水、排水工程								
2.2.8.1	给水、排水、采暖管道	m		工程数量 ÷ 供气能力（m^3/h）	年总供气量		m^3	工程数量 ÷ 年总供气量（m^3）	
2.2.8.2	卫生器具	个		工程数量 ÷ 供气能力（m^3/h）	年总供气量		m^3	工程数量 ÷ 年总供气量（m^3）	
2.2.8.3	采暖器具	个		工程数量 ÷ 供气能力（m^3/h）	年总供气量		m^3	工程数量 ÷ 年总供气量（m^3）	

表 B-08-06-03　燃气厂站（调压站）工程主要工程量指标表

序号	名称	计量单位	工程量	单位指标	相关指标				备注
					相关基数	数量	单位	相关单位指标	
			A	B		C		D=A÷C	
3	燃气调压站工程								
3.1	建筑装饰工程								
3.1.1	厂区土方	m^3		工程数量 ÷ 供气能力（m^3/h）	年总供气量		m^3	工程数量 ÷ 年总供气量（m^3）	
3.1.2	地基处理	m^2		工程数量 ÷ 供气能力（m^3/h）	年总供气量		m^3	工程数量 ÷ 年总供气量（m^3）	
3.1.3	道路、路缘石	m^2		工程数量 ÷ 供气能力（m^3/h）	年总供气量		m^3	工程数量 ÷ 年总供气量（m^3）	
3.1.4	围墙、大门	m		工程数量 ÷ 供气能力（m^3/h）	年总供气量		m^3	工程数量 ÷ 年总供气量（m^3）	
3.1.5	绿化工程	m^2		工程数量 ÷ 供气能力（m^3/h）	年总供气量		m^3	工程数量 ÷ 年总供气量（m^3）	
3.1.6	构筑物工程	m^3		工程数量 ÷ 供气能力（m^3/h）	年总供气量		m^3	工程数量 ÷ 年总供气量（m^3）	
3.1.7	各单体建筑	m^2		工程数量 ÷ 供气能力（m^3/h）	年总供气量		m^3	工程数量 ÷ 年总供气量（m^3）	
3.2	设备及安装系统								
3.2.1	燃气工艺系统								
3.2.1.1	工艺设备	个		工程数量 ÷ 供气能力（m^3/h）	年总供气量		m^3	工程数量 ÷ 年总供气量（m^3）	
3.2.1.2	燃气管道	m		工程数量 ÷ 供气能力（m^3/h）	年总供气量		m^3	工程数量 ÷ 年总供气量（m^3）	
3.2.1.3	阀门	个		工程数量 ÷ 供气能力（m^3/h）	年总供气量		m^3	工程数量 ÷ 年总供气量（m^3）	
3.2.1.4	电保护	个		工程数量 ÷ 供气能力（m^3/h）	年总供气量		m^3	工程数量 ÷ 年总供气量（m^3）	
3.2.2	电气工程								
3.2.2.1	电气设备	个		工程数量 ÷ 供气能力（m^3/h）	年总供气量		m^3	工程数量 ÷ 年总供气量（m^3）	

表 B-08-06-03（续）

序号	名称	计量单位	工程量	单位指标	相关指标				备注
					相关基数	数量	单位	相关单位指标	
			A	B		C		D=A÷C	
3.2.2.2	电缆	m		工程数量 ÷ 供气能力（m^3/h）	年总供气量		m^3	工程数量 ÷ 年总供气量（m^3）	
3.2.2.3	配管、配线	m		工程数量 ÷ 供气能力（m^3/h）	年总供气量		m^3	工程数量 ÷ 年总供气量（m^3）	
3.2.2.4	照明器具	个		工程数量 ÷ 供气能力（m^3/h）	年总供气量		m^3	工程数量 ÷ 年总供气量（m^3）	
3.2.2.5	防雷及接地装置	个		工程数量 ÷ 供气能力（m^3/h）	年总供气量		m^3	工程数量 ÷ 年总供气量（m^3）	
3.2.3	自动化控制								
3.2.3.1	自动化控制设备	套		工程数量 ÷ 供气能力（m^3/h）	年总供气量		m^3	工程数量 ÷ 年总供气量（m^3）	
3.2.3.2	流量仪表	个		工程数量 ÷ 供气能力（m^3/h）	年总供气量		m^3	工程数量 ÷ 年总供气量（m^3）	
3.2.3.3	压力仪表	个		工程数量 ÷ 供气能力（m^3/h）	年总供气量		m^3	工程数量 ÷ 年总供气量（m^3）	
3.2.3.4	温度仪表	个		工程数量 ÷ 供气能力（m^3/h）	年总供气量		m^3	工程数量 ÷ 年总供气量（m^3）	
3.2.3.5	电缆	m		工程数量 ÷ 供气能力（m^3/h）	年总供气量		m^3	工程数量 ÷ 年总供气量（m^3）	
3.2.3.6	配管、配线	m		工程数量 ÷ 供气能力（m^3/h）	年总供气量		m^3	工程数量 ÷ 年总供气量（m^3）	
3.2.3.7	安全监控装置	个		工程数量 ÷ 供气能力（m^3/h）	年总供气量		m^3	工程数量 ÷ 年总供气量（m^3）	
3.2.4	通风空调工程								
3.2.4.1	通风空调	个		工程数量 ÷ 供气能力（m^3/h）	年总供气量		m^3	工程数量 ÷ 年总供气量（m^3）	
3.2.4.2	通风管道	m		工程数量 ÷ 供气能力（m^3/h）	年总供气量		m^3	工程数量 ÷ 年总供气量（m^3）	
3.2.5	热力工程								

表 B-08-06-03（续）

序号	名称	计量单位	工程量	单位指标	相关指标				备注
					相关基数	数量	单位	相关单位指标	
			A	B		C		D=A ÷ C	
3.2.5.1	热力设备	个		工程数量 ÷ 供气能力（m^3/h）	年总供气量		m^3	工程数量 ÷ 年总供气量（m^3）	
3.2.5.2	热力管道	m		工程数量 ÷ 供气能力（m^3/h）	年总供气量		m^3	工程数量 ÷ 年总供气量（m^3）	
3.2.5.3	阀门	个		工程数量 ÷ 供气能力（m^3/h）	年总供气量		m^3	工程数量 ÷ 年总供气量（m^3）	
3.2.6	消防工程								
3.2.6.1	消防设备	个		工程数量 ÷ 供气能力（m^3/h）	年总供气量		m^3	工程数量 ÷ 年总供气量（m^3）	
3.2.6.2	消防管道	m		工程数量 ÷ 供气能力（m^3/h）	年总供气量		m^3	工程数量 ÷ 年总供气量（m^3）	
3.2.6.3	自动报警装置	个		工程数量 ÷ 供气能力（m^3/h）	年总供气量		m^3	工程数量 ÷ 年总供气量（m^3）	
3.2.7	建筑智能化工程								
3.2.7.1	闭路监控系统	个		工程数量 ÷ 供气能力（m^3/h）	年总供气量		m^3	工程数量 ÷ 年总供气量（m^3）	
3.2.7.2	门禁控制系统	个		工程数量 ÷ 供气能力（m^3/h）	年总供气量		m^3	工程数量 ÷ 年总供气量（m^3）	
3.2.8	采暖、给水、排水工程								
3.2.8.1	给水、排水、采暖管道	m		工程数量 ÷ 供气能力（m^3/h）	年总供气量		m^3	工程数量 ÷ 年总供气量（m^3）	
3.2.8.2	卫生器具	个		工程数量 ÷ 供气能力（m^3/h）	年总供气量		m^3	工程数量 ÷ 年总供气量（m^3）	
3.2.8.3	采暖器具	个		工程数量 ÷ 供气能力（m^3/h）	年总供气量		m^3	工程数量 ÷ 年总供气量（m^3）	

表 B-08-06-04　热力厂站（热源厂）工程主要工程量指标表

序号	名称	计量单位	工程量	单位指标	相关指标				备注
					相关基数	数量	单位	相关单位指标	
			A	B		C		D=A÷C	
4	热力热源厂工程								
4.1	建筑装饰工程								
4.1.1	厂区土方	m^3		工程数量 ÷ 供热能力（MW 或蒸吨）	供热面积		m^2	工程数量 ÷ 供热面积（m^2）	
4.1.2	地基处理	m^2		工程数量 ÷ 供热能力（MW 或蒸吨）	供热面积		m^2	工程数量 ÷ 供热面积（m^2）	
4.1.3	道路、路缘石	m^2		工程数量 ÷ 供热能力（MW 或蒸吨）	供热面积		m^2	工程数量 ÷ 供热面积（m^2）	
4.1.4	围墙、大门	m		工程数量 ÷ 供热能力（MW 或蒸吨）	供热面积		m^2	工程数量 ÷ 供热面积（m^2）	
4.1.5	绿化工程	m^2		工程数量 ÷ 供热能力（MW 或蒸吨）	供热面积		m^2	工程数量 ÷ 供热面积（m^2）	
4.1.6	构筑物工程	m^3		工程数量 ÷ 供热能力（MW 或蒸吨）	供热面积		m^2	工程数量 ÷ 供热面积（m^2）	
4.1.7	各单体建筑	m^2		工程数量 ÷ 供热能力（MW 或蒸吨）	供热面积		m^2	工程数量 ÷ 供热面积（m^2）	
4.2	设备及安装系统								
4.2.1	热力工艺系统								
4.2.1.1	工艺设备	个		工程数量 ÷ 供热能力（MW 或蒸吨）	供热面积		m^2	工程数量 ÷ 供热面积（m^2）	
4.2.1.2	热力管道	m		工程数量 ÷ 供热能力（MW 或蒸吨）	供热面积		m^2	工程数量 ÷ 供热面积（m^2）	
4.2.1.3	阀门	个		工程数量 ÷ 供热能力（MW 或蒸吨）	供热面积		m^2	工程数量 ÷ 供热面积（m^2）	
4.2.2	电气工程								
4.2.2.1	电气设备	个		工程数量 ÷ 供热能力（MW 或蒸吨）	供热面积		m^2	工程数量 ÷ 供热面积（m^2）	

表 B-08-06-04（续）

序号	名称	计量单位	工程量	单位指标	相关指标				备注
					相关基数	数量	单位	相关单位指标	
			A	B		C		D=A÷C	
4.2.2.2	电缆	m		工程数量 ÷ 供热能力（MW 或蒸吨）	供热面积		m^2	工程数量 ÷ 供热面积（m^2）	
4.2.2.3	配管、配线	m		工程数量 ÷ 供热能力（MW 或蒸吨）	供热面积		m^2	工程数量 ÷ 供热面积（m^2）	
4.2.2.4	照明器具	个		工程数量 ÷ 供热能力（MW 或蒸吨）	供热面积		m^2	工程数量 ÷ 供热面积（m^2）	
4.2.2.5	防雷及接地装置	个		工程数量 ÷ 供热能力（MW 或蒸吨）	供热面积		m^2	工程数量 ÷ 供热面积（m^2）	
4.2.3	自动化控制								
4.2.3.1	自动化控制设备	套		工程数量 ÷ 供热能力（MW 或蒸吨）	供热面积		m^2	工程数量 ÷ 供热面积（m^2）	
4.2.3.2	流量仪表	个		工程数量 ÷ 供热能力（MW 或蒸吨）	供热面积		m^2	工程数量 ÷ 供热面积（m^2）	
4.2.3.3	压力仪表	个		工程数量 ÷ 供热能力（MW 或蒸吨）	供热面积		m^2	工程数量 ÷ 供热面积（m^2）	
4.2.3.4	温度仪表	个		工程数量 ÷ 供热能力（MW 或蒸吨）	供热面积		m^2	工程数量 ÷ 供热面积（m^2）	
4.2.3.5	电缆	m		工程数量 ÷ 供热能力（MW 或蒸吨）	供热面积		m^2	工程数量 ÷ 供热面积（m^2）	
4.2.3.6	配管、配线	m		工程数量 ÷ 供热能力（MW 或蒸吨）	供热面积		m^2	工程数量 ÷ 供热面积（m^2）	
4.2.3.7	安全监控装置	个		工程数量 ÷ 供热能力（MW 或蒸吨）	供热面积		m^2	工程数量 ÷ 供热面积（m^2）	
4.2.4	通风空调工程								
4.2.4.1	通风空调	个		工程数量 ÷ 供热能力（MW 或蒸吨）	供热面积		m^2	工程数量 ÷ 供热面积（m^2）	
4.2.4.2	通风管道	m		工程数量 ÷ 供热能力（MW 或蒸吨）	供热面积		m^2	工程数量 ÷ 供热面积（m^2）	
4.2.5	燃气工程								

表 B-08-06-04（续）

序号	名称	计量单位	工程量	单位指标	相关指标				备注
					相关基数	数量	单位	相关单位指标	
			A	B		C		D=A÷C	
4.2.5.1	燃气管道	m		工程数量 ÷ 供热能力（MW 或蒸吨）	供热面积		m^2	工程数量 ÷ 供热面积（m^2）	
4.2.5.2	阀门	个		工程数量 ÷ 供热能力（MW 或蒸吨）	供热面积		m^2	工程数量 ÷ 供热面积（m^2）	
4.2.6	消防工程								
4.2.6.1	消防设备	个		工程数量 ÷ 供热能力（MW 或蒸吨）	供热面积		m^2	工程数量 ÷ 供热面积（m^2）	
4.2.6.2	消防管道	m		工程数量 ÷ 供热能力（MW 或蒸吨）	供热面积		m^2	工程数量 ÷ 供热面积（m^2）	
4.2.6.3	自动报警装置	个		工程数量 ÷ 供热能力（MW 或蒸吨）	供热面积		m^2	工程数量 ÷ 供热面积（m^2）	
4.2.7	建筑智能化工程								
4.2.7.1	闭路监控系统	个		工程数量 ÷ 供热能力（MW 或蒸吨）	供热面积		m^2	工程数量 ÷ 供热面积（m^2）	
4.2.7.2	门禁控制系统	个		工程数量 ÷ 供热能力（MW 或蒸吨）	供热面积		m^2	工程数量 ÷ 供热面积（m^2）	
4.2.8	采暖、给水、排水工程								
4.2.8.1	给水、排水、采暖管道	m		工程数量 ÷ 供热能力（MW 或蒸吨）	供热面积		m^2	工程数量 ÷ 供热面积（m^2）	
4.2.8.2	卫生器具	个		工程数量 ÷ 供热能力（MW 或蒸吨）	供热面积		m^2	工程数量 ÷ 供热面积（m^2）	
4.2.8.3	采暖器具	个		工程数量 ÷ 供热能力（MW 或蒸吨）	供热面积		m^2	工程数量 ÷ 供热面积（m^2）	

表 B-08-06-05 热力厂站（中继泵站）工程主要工程量指标表

序号	名称	计量单位	工程量	单位指标	相关指标				备注
					相关基数	数量	单位	相关单位指标	
			A	B		C		D=A÷C	
5	热力中继泵站工程								
5.1	建筑装饰工程								
5.1.1	厂区土方	m^3		工程数量 ÷ 供热能力（MW 或蒸吨）	供热面积		m^2	工程数量 ÷ 供热面积（m^2）	
5.1.2	地基处理	m^2		工程数量 ÷ 供热能力（MW 或蒸吨）	供热面积		m^2	工程数量 ÷ 供热面积（m^2）	
5.1.3	道路、路缘石	m^2		工程数量 ÷ 供热能力（MW 或蒸吨）	供热面积		m^2	工程数量 ÷ 供热面积（m^2）	
5.1.4	围墙、大门	m		工程数量 ÷ 供热能力（MW 或蒸吨）	供热面积		m^2	工程数量 ÷ 供热面积（m^2）	
5.1.5	绿化工程	m^2		工程数量 ÷ 供热能力（MW 或蒸吨）	供热面积		m^2	工程数量 ÷ 供热面积（m^2）	
5.1.6	构筑物工程	m^3		工程数量 ÷ 供热能力（MW 或蒸吨）	供热面积		m^2	工程数量 ÷ 供热面积（m^2）	
5.1.7	各单体建筑	m^2		工程数量 ÷ 供热能力（MW 或蒸吨）	供热面积		m^2	工程数量 ÷ 供热面积（m^2）	
5.2	设备及安装系统								
5.2.1	热力工艺系统								
5.2.1.1	工艺设备	个		工程数量 ÷ 供热能力（MW 或蒸吨）	供热面积		m^2	工程数量 ÷ 供热面积（m^2）	
5.2.1.2	热力管道	m		工程数量 ÷ 供热能力（MW 或蒸吨）	供热面积		m^2	工程数量 ÷ 供热面积（m^2）	
5.2.1.3	阀门	个		工程数量 ÷ 供热能力（MW 或蒸吨）	供热面积		m^2	工程数量 ÷ 供热面积（m^2）	

表 B-08-06-05（续）

序号	名称	计量单位	工程量	单位指标	相关指标				备注
					相关基数	数量	单位	相关单位指标	
			A	B		C		D=A÷C	
5.2.2	电气工程								
5.2.2.1	电气设备	个		工程数量 ÷ 供热能力（MW 或蒸吨）	供热面积		m^2	工程数量 ÷ 供热面积（m^2）	
5.2.2.2	电缆	m		工程数量 ÷ 供热能力（MW 或蒸吨）	供热面积		m^2	工程数量 ÷ 供热面积（m^2）	
5.2.2.3	配管、配线	m		工程数量 ÷ 供热能力（MW 或蒸吨）	供热面积		m^2	工程数量 ÷ 供热面积（m^2）	
5.2.2.4	照明器具	个		工程数量 ÷ 供热能力（MW 或蒸吨）	供热面积		m^2	工程数量 ÷ 供热面积（m^2）	
5.2.2.5	防雷及接地装置	个		工程数量 ÷ 供热能力（MW 或蒸吨）	供热面积		m^2	工程数量 ÷ 供热面积（m^2）	
5.2.3	自动化控制								
5.2.3.1	自动化控制设备	套		工程数量 ÷ 供热能力（MW 或蒸吨）	供热面积		m^2	工程数量 ÷ 供热面积（m^2）	
5.2.3.2	流量仪表	个		工程数量 ÷ 供热能力（MW 或蒸吨）	供热面积		m^2	工程数量 ÷ 供热面积（m^2）	
5.2.3.3	压力仪表	个		工程数量 ÷ 供热能力（MW 或蒸吨）	供热面积		m^2	工程数量 ÷ 供热面积（m^2）	
5.2.3.4	温度仪表	个		工程数量 ÷ 供热能力（MW 或蒸吨）	供热面积		m^2	工程数量 ÷ 供热面积（m^2）	
5.2.3.5	电缆	m		工程数量 ÷ 供热能力（MW 或蒸吨）	供热面积		m^2	工程数量 ÷ 供热面积（m^2）	
5.2.3.6	配管、配线	m		工程数量 ÷ 供热能力（MW 或蒸吨）	供热面积		m^2	工程数量 ÷ 供热面积（m^2）	
5.2.3.7	安全监控装置	个		工程数量 ÷ 供热能力（MW 或蒸吨）	供热面积		m^2	工程数量 ÷ 供热面积（m^2）	
5.2.4	通风空调工程								

表 B-08-06-05（续）

序号	名称	计量单位	工程量	单位指标	相关指标				备注
					相关基数	数量	单位	相关单位指标	
			A	B		C		D=A÷C	
5.2.4.1	通风空调	个		工程数量 ÷ 供热能力（MW 或蒸吨）	供热面积		m^2	工程数量 ÷ 供热面积（m^2）	
5.2.4.2	通风管道	m		工程数量 ÷ 供热能力（MW 或蒸吨）	供热面积		m^2	工程数量 ÷ 供热面积（m^2）	
5.2.5	燃气工程								
5.2.5.1	燃气管道	m		工程数量 ÷ 供热能力（MW 或蒸吨）	供热面积		m^2	工程数量 ÷ 供热面积（m^2）	
5.2.5.2	阀门	个		工程数量 ÷ 供热能力（MW 或蒸吨）	供热面积		m^2	工程数量 ÷ 供热面积（m^2）	
5.2.6	消防工程								
5.2.6.1	消防设备	个		工程数量 ÷ 供热能力（MW 或蒸吨）	供热面积		m^2	工程数量 ÷ 供热面积（m^2）	
5.2.6.2	消防管道	m		工程数量 ÷ 供热能力（MW 或蒸吨）	供热面积		m^2	工程数量 ÷ 供热面积（m^2）	
5.2.6.3	自动报警装置	个		工程数量 ÷ 供热能力（MW 或蒸吨）	供热面积		m^2	工程数量 ÷ 供热面积（m^2）	
5.2.7	建筑智能化工程								
5.2.7.1	闭路监控系统	个		工程数量 ÷ 供热能力（MW 或蒸吨）	供热面积		m^2	工程数量 ÷ 供热面积（m^2）	
5.2.7.2	门禁控制系统	个		工程数量 ÷ 供热能力（MW 或蒸吨）	供热面积		m^2	工程数量 ÷ 供热面积（m^2）	
5.2.8	采暖、给水、排水工程								
5.2.8.1	给水、排水、采暖管道	m		工程数量 ÷ 供热能力（MW 或蒸吨）	供热面积		m^2	工程数量 ÷ 供热面积（m^2）	
5.2.8.2	卫生器具	个		工程数量 ÷ 供热能力（MW 或蒸吨）	供热面积		m^2	工程数量 ÷ 供热面积（m^2）	
5.2.8.3	采暖器具	个		工程数量 ÷ 供热能力（MW 或蒸吨）	供热面积		m^2	工程数量 ÷ 供热面积（m^2）	

表 B-08-06-06　热力厂站（热力站）工程主要工程量指标表

序号	名称	计量单位	工程量	单位指标	相关指标				备注
					相关基数	数量	单位	相关单位指标	
			A	B		C		D=A÷C	
6	热力站工程								
6.1	建筑装饰工程								
6.1.1	厂区土方	m^3		工程数量 ÷ 供热能力（MW 或蒸吨）	供热面积		m^2	工程数量 ÷ 供热面积（m^2）	
6.1.2	地基处理	m^2		工程数量 ÷ 供热能力（MW 或蒸吨）	供热面积		m^2	工程数量 ÷ 供热面积（m^2）	
6.1.3	道路、路缘石	m^2		工程数量 ÷ 供热能力（MW 或蒸吨）	供热面积		m^2	工程数量 ÷ 供热面积（m^2）	
6.1.4	围墙、大门	m		工程数量 ÷ 供热能力（MW 或蒸吨）	供热面积		m^2	工程数量 ÷ 供热面积（m^2）	
6.1.5	绿化工程	m^2		工程数量 ÷ 供热能力（MW 或蒸吨）	供热面积		m^2	工程数量 ÷ 供热面积（m^2）	
6.1.6	构筑物工程	m^3		工程数量 ÷ 供热能力（MW 或蒸吨）	供热面积		m^2	工程数量 ÷ 供热面积（m^2）	
6.1.7	各单体建筑	m^2		工程数量 ÷ 供热能力（MW 或蒸吨）	供热面积		m^2	工程数量 ÷ 供热面积（m^2）	
6.2	设备及安装系统								
6.2.1	热力工艺系统								
6.2.1.1	工艺设备	个		工程数量 ÷ 供热能力（MW 或蒸吨）	供热面积		m^2	工程数量 ÷ 供热面积（m^2）	
6.2.1.2	热力管道	m		工程数量 ÷ 供热能力（MW 或蒸吨）	供热面积		m^2	工程数量 ÷ 供热面积（m^2）	
6.2.1.3	阀门	个		工程数量 ÷ 供热能力（MW 或蒸吨）	供热面积		m^2	工程数量 ÷ 供热面积（m^2）	
6.2.2	电气工程								
6.2.2.1	电气设备	个		工程数量 ÷ 供热能力（MW 或蒸吨）	供热面积		m^2	工程数量 ÷ 供热面积（m^2）	

表 B-08-06-06（续）

序号	名称	计量单位	工程量	单位指标	相关指标				备注
					相关基数	数量	单位	相关单位指标	
			A	B		C		D=A÷C	
6.2.2.2	电缆	m		工程数量 ÷ 供热能力（MW 或蒸吨）	供热面积		m^2	工程数量 ÷ 供热面积（m^2）	
6.2.2.3	配管、配线	m		工程数量 ÷ 供热能力（MW 或蒸吨）	供热面积		m^2	工程数量 ÷ 供热面积（m^2）	
6.2.2.4	照明器具	个		工程数量 ÷ 供热能力（MW 或蒸吨）	供热面积		m^2	工程数量 ÷ 供热面积（m^2）	
6.2.2.5	防雷及接地装置	个		工程数量 ÷ 供热能力（MW 或蒸吨）	供热面积		m^2	工程数量 ÷ 供热面积（m^2）	
6.2.3	自动化控制								
6.2.3.1	自动化控制设备	套		工程数量 ÷ 供热能力（MW 或蒸吨）	供热面积		m^2	工程数量 ÷ 供热面积（m^2）	
6.2.3.2	流量仪表	个		工程数量 ÷ 供热能力（MW 或蒸吨）	供热面积		m^2	工程数量 ÷ 供热面积（m^2）	
6.2.3.3	压力仪表	个		工程数量 ÷ 供热能力（MW 或蒸吨）	供热面积		m^2	工程数量 ÷ 供热面积（m^2）	
6.2.3.4	温度仪表	个		工程数量 ÷ 供热能力（MW 或蒸吨）	供热面积		m^2	工程数量 ÷ 供热面积（m^2）	
6.2.3.5	电缆	m		工程数量 ÷ 供热能力（MW 或蒸吨）	供热面积		m^2	工程数量 ÷ 供热面积（m^2）	
6.2.3.6	配管、配线	m		工程数量 ÷ 供热能力（MW 或蒸吨）	供热面积		m^2	工程数量 ÷ 供热面积（m^2）	
6.2.3.7	安全监控装置	个		工程数量 ÷ 供热能力（MW 或蒸吨）	供热面积		m^2	工程数量 ÷ 供热面积（m^2）	
6.2.4	通风空调工程								
6.2.4.1	通风空调	个		工程数量 ÷ 供热能力（MW 或蒸吨）	供热面积		m^2	工程数量 ÷ 供热面积（m^2）	
6.2.4.2	通风管道	m		工程数量 ÷ 供热能力（MW 或蒸吨）	供热面积		m^2	工程数量 ÷ 供热面积（m^2）	

表 B-08-06-06（续）

序号	名称	计量单位	工程量	单位指标	相关指标				备注
					相关基数	数量	单位	相关单位指标	
			A	B		C		D=A ÷ C	
6.2.5	燃气工程								
6.2.5.1	燃气管道	m		工程数量 ÷ 供热能力（MW 或蒸吨）	供热面积		m^2	工程数量 ÷ 供热面积（m^2）	
6.2.5.2	阀门	个		工程数量 ÷ 供热能力（MW 或蒸吨）	供热面积		m^2	工程数量 ÷ 供热面积（m^2）	
6.2.6	消防工程								
6.2.6.1	消防设备	个		工程数量 ÷ 供热能力（MW 或蒸吨）	供热面积		m^2	工程数量 ÷ 供热面积（m^2）	
6.2.6.2	消防管道	m		工程数量 ÷ 供热能力（MW 或蒸吨）	供热面积		m^2	工程数量 ÷ 供热面积（m^2）	
6.2.6.3	自动报警装置	个		工程数量 ÷ 供热能力（MW 或蒸吨）	供热面积		m^2	工程数量 ÷ 供热面积（m^2）	
6.2.7	建筑智能化工程								
6.2.7.1	闭路监控系统	个		工程数量 ÷ 供热能力（MW 或蒸吨）	供热面积		m^2	工程数量 ÷ 供热面积（m^2）	
6.2.7.2	门禁控制系统	个		工程数量 ÷ 供热能力（MW 或蒸吨）	供热面积		m^2	工程数量 ÷ 供热面积（m^2）	
6.2.8	采暖、给水、排水工程								
6.2.8.1	给水、排水、采暖管道	m		工程数量 ÷ 供热能力（MW 或蒸吨）	供热面积		m^2	工程数量 ÷ 供热面积（m^2）	
6.2.8.2	卫生器具	个		工程数量 ÷ 供热能力（MW 或蒸吨）	供热面积		m^2	工程数量 ÷ 供热面积（m^2）	
6.2.8.3	采暖器具	个		工程数量 ÷ 供热能力（MW 或蒸吨）	供热面积		m^2	工程数量 ÷ 供热面积（m^2）	

表 B-08-06-07　雨、污水泵站工程主要工程量指标表

序号	名称	计量单位	工程量	单位指标	相关指标				备注
					相关基数	数量	单位	相关单位指标	
			A	B		C		D=A÷C	
7	雨、污水泵站工程								
7.1	建筑装饰工程								
7.1.1	厂区土方	m^3		工程数量÷设计流量（m^3/s）	占地面积		m^2	工程数量÷占地面积（m^2）	
7.1.2	地基处理	m^2		工程数量÷设计流量（m^3/s）	占地面积		m^2	工程数量÷占地面积（m^2）	
7.1.3	道路、路缘石	m^2		工程数量÷设计流量（m^3/s）	占地面积		m^2	工程数量÷占地面积（m^2）	
7.1.4	围墙、大门	m		工程数量÷设计流量（m^3/s）	占地面积		m^2	工程数量÷占地面积（m^2）	
7.1.5	绿化工程	m^2		工程数量÷设计流量（m^3/s）	占地面积		m^2	工程数量÷占地面积（m^2）	
7.1.6	构筑物工程	m^3		工程数量÷设计流量（m^3/s）	占地面积		m^2	工程数量÷占地面积（m^2）	工程量为净容积
7.1.7	各单体建筑	m^2		工程数量÷设计流量（m^3/s）	占地面积		m^2	工程数量÷占地面积（m^2）	
7.2	设备及安装系统								
7.2.1	工艺系统								
7.2.1.1	工艺设备	套		工程数量÷设计流量（m^3/s）	占地面积		m^2	工程数量÷占地面积（m^2）	主要设备
7.2.1.2	工艺管道	m		工程数量÷设计流量（m^3/s）	占地面积		m^2	工程数量÷占地面积（m^2）	
7.2.2	电气工程								
7.2.2.1	电气设备	套		工程数量÷设计流量（m^3/s）	占地面积		m^2	工程数量÷占地面积（m^2）	主要设备

表 B-08-06-07（续）

序号	名称	计量单位	工程量	单位指标	相关指标				备注
					相关基数	数量	单位	相关单位指标	
			A	B		C		D=A÷C	
7.2.2.2	电缆	m		工程数量 ÷ 设计流量（m^3/s）	占地面积		m^2	工程数量 ÷ 占地面积（m^2）	
7.2.2.3	配管、配线	m		工程数量 ÷ 设计流量（m^3/s）	占地面积		m^2	工程数量 ÷ 占地面积（m^2）	
7.2.2.4	照明器具	个		工程数量 ÷ 设计流量（m^3/s）	占地面积		m^2	工程数量 ÷ 占地面积（m^2）	
7.2.2.5	防雷及接地装置	个		工程数量 ÷ 设计流量（m^3/s）	占地面积		m^2	工程数量 ÷ 占地面积（m^2）	
7.2.3	自动化控制								
7.2.3.1	自动化控制设备	套		工程数量 ÷ 设计流量（m^3/s）	占地面积		m^2	工程数量 ÷ 占地面积（m^2）	主要设备
7.2.3.2	流量仪表	个		工程数量 ÷ 设计流量（m^3/s）	占地面积		m^2	工程数量 ÷ 占地面积（m^2）	
7.2.3.3	液位仪表	个		工程数量 ÷ 设计流量（m^3/s）	占地面积		m^2	工程数量 ÷ 占地面积（m^2）	
7.2.3.4	雨量监测设施	套		工程数量 ÷ 设计流量（m^3/s）	占地面积		m^2	工程数量 ÷ 占地面积（m^2）	
7.2.3.5	电缆	m		工程数量 ÷ 设计流量（m^3/s）	占地面积		m^2	工程数量 ÷ 占地面积（m^2）	
7.2.3.6	配管、配线	m		工程数量 ÷ 设计流量（m^3/s）	占地面积		m^2	工程数量 ÷ 占地面积（m^2）	
7.2.3.7	安全监控（火灾、安防、有害气体等）装置	套		工程数量 ÷ 设计流量（m^3/s）	占地面积		m^2	工程数量 ÷ 占地面积（m^2）	
7.2.4	通风空调工程								
7.2.4.1	通风机	台		工程数量 ÷ 设计流量（m^3/s）	占地面积		m^2	工程数量 ÷ 占地面积（m^2）	

表 B-08-06-07（续）

序号	名称	计量单位	工程量	单位指标	相关指标				备注
					相关基数	数量	单位	相关单位指标	
			A	B		C		D=A ÷ C	
7.2.4.2	空调	台		工程数量 ÷ 设计流量（m^3/s）	占地面积		m^2	工程数量 ÷ 占地面积（m^2）	
7.2.4.3	通风管道	m		工程数量 ÷ 设计流量（m^3/s）	占地面积		m^2	工程数量 ÷ 占地面积（m^2）	
7.2.5	消防工程								
7.2.5.1	消防设备	个		工程数量 ÷ 设计流量（m^3/s）	占地面积		m^2	工程数量 ÷ 占地面积（m^2）	
7.2.5.2	消防管道	m		工程数量 ÷ 设计流量（m^3/s）	占地面积		m^2	工程数量 ÷ 占地面积（m^2）	
7.2.5.3	自动报警装置	个		工程数量 ÷ 设计流量（m^3/s）	占地面积		m^2	工程数量 ÷ 占地面积（m^2）	
7.2.6	建筑智能化工程								
7.2.6.1	闭路监控系统	套		工程数量 ÷ 设计流量（m^3/s）	占地面积		m^2	工程数量 ÷ 占地面积（m^2）	
7.2.6.2	门禁控制系统	套		工程数量 ÷ 设计流量（m^3/s）	占地面积		m^2	工程数量 ÷ 占地面积（m^2）	
7.2.7	采暖、给水、排水工程								
7.2.7.1	给水、排水、采暖管道	m		工程数量 ÷ 设计流量（m^3/s）	占地面积		m^2	工程数量 ÷ 占地面积（m^2）	
7.2.7.2	卫生器具	个		工程数量 ÷ 设计流量（m^3/s）	占地面积		m^2	工程数量 ÷ 占地面积（m^2）	
7.2.7.3	采暖器具	个		工程数量 ÷ 设计流量（m^3/s）	占地面积		m^2	工程数量 ÷ 占地面积（m^2）	

B-08-08　绿化工程主要工程量指标表（表 B-08-08）

表 B-08-08　绿化工程主要工程量指标表

序号	名称	计量单位	工程量	单位指标	相关指标				备注
					相关基数	数量	单位	相关单位指标	
			A	B		C		D=A÷C	
	绿化工程								
1	绿化用地整理								
1.1	平整用地	m^2		工程数量÷绿化面积（m^2）	道路面积		m^2	工程数量÷道路面积（m^2）	
1.2	挖、填土方	m^3		工程数量÷绿化面积（m^2）	道路面积		m^2	工程数量÷道路面积（m^2）	
1.3	拆除旧路与构筑物	m^3		工程数量÷绿化面积（m^2）	道路面积		m^2	工程数量÷道路面积（m^2）	
1.4	伐树、挖树根、砍挖灌木	株		工程数量÷绿化面积（m^2）	道路面积		m^2	工程数量÷道路面积（m^2）	
1.5	砍挖绿篱、清除地被植物等	m^2		工程数量÷绿化面积（m^2）	道路面积		m^2	工程数量÷道路面积（m^2）	
1.6	渣土外运	m^3		工程数量÷绿化面积（m^2）	道路面积		m^2	工程数量÷道路面积（m^2）	
2	栽植花木								
2.1	种植乔木	株		工程数量÷绿化面积（m^2）	道路面积		m^2	工程数量÷道路面积（m^2）	
2.2	灌木	株		工程数量÷绿化面积（m^2）	道路面积		m^2	工程数量÷道路面积（m^2）	
2.3	绿篱	m		工程数量÷绿化面积（m^2）	道路面积		m^2	工程数量÷道路面积（m^2）	
2.4	色带	m^2		工程数量÷绿化面积（m^2）	道路面积		m^2	工程数量÷道路面积（m^2）	
2.5	花卉	m^2		工程数量÷绿化面积（m^2）	道路面积		m^2	工程数量÷道路面积（m^2）	
2.6	草坪	m^2		工程数量÷绿化面积（m^2）	道路面积		m^2	工程数量÷道路面积（m^2）	

表 B-08-08（续）

序号	名称	计量单位	工程量	单位指标	相关指标				备注
					相关基数	数量	单位	相关单位指标	
			A	B		C		D=A÷C	
2.7	坡地喷播植草	m^2		工程数量 ÷ 绿化面积（m^2）	道路面积		m^2	工程数量 ÷ 道路面积（m^2）	
3	掘苗、运输	株		工程数量 ÷ 绿化面积（m^2）	道路面积		m^2	工程数量 ÷ 道路面积（m^2）	
3.1	裸根乔木、灌木	株		工程数量 ÷ 绿化面积（m^2）	道路面积		m^2	工程数量 ÷ 道路面积（m^2）	
3.2	土球苗木	株		工程数量 ÷ 绿化面积（m^2）	道路面积		m^2	工程数量 ÷ 道路面积（m^2）	
3.3	木箱苗木	株		工程数量 ÷ 绿化面积（m^2）	道路面积		m^2	工程数量 ÷ 道路面积（m^2）	
4	绿地喷灌系统								
4.1	管道安装	m		工程数量 ÷ 绿化面积（m^2）	道路面积		m^2	工程数量 ÷ 道路面积（m^2）	
4.2	阀门安装	个		工程数量 ÷ 绿化面积（m^2）	道路面积		m^2	工程数量 ÷ 道路面积（m^2）	
4.3	喷灌喷头与快速取水阀安装	个		工程数量 ÷ 绿化面积（m^2）	道路面积		m^2	工程数量 ÷ 道路面积（m^2）	
4.4	井室砌筑	处		工程数量 ÷ 绿化面积（m^2）	道路面积		m^2	工程数量 ÷ 道路面积（m^2）	
5	自动智能喷灌系统安装								
5.1	传感装置安装	套		工程数量 ÷ 绿化面积（m^2）	道路面积		m^2	工程数量 ÷ 道路面积（m^2）	
5.2	控制器、模块安装	台		工程数量 ÷ 绿化面积（m^2）	道路面积		m^2	工程数量 ÷ 道路面积（m^2）	
5.3	解码器安装	个		工程数量 ÷ 绿化面积（m^2）	道路面积		m^2	工程数量 ÷ 道路面积（m^2）	
5.4	接地电泳保护器安装	组		工程数量 ÷ 绿化面积（m^2）	道路面积		m^2	工程数量 ÷ 道路面积（m^2）	
6	定比施肥系统安装	套		工程数量 ÷ 绿化面积（m^2）	道路面积		m^2	工程数量 ÷ 道路面积（m^2）	

B-08-09　交通安全设施工程主要工程量指标表（表 B-08-09）

表 B-08-09　交通安全设施工程主要工程量指标表

序号	名称	计量单位	工程量	单位指标	相关指标				备注
					相关基数	数量	单位	相关单位指标	
			A	B		C		D=A÷C	
	交通安全设施工程								
1	交通标志								
1.1	交通标志	套		工程数量 ÷ 道路总面积（m^2）	道路总长度		m	工程数量 ÷ 道路总长度（m）	
1.2	可变信息板	套		工程数量 ÷ 道路总面积（m^2）	道路总长度		m	工程数量 ÷ 道路总长度（m）	
1.3	可变限速标志	套		工程数量 ÷ 道路总面积（m^2）	道路总长度		m	工程数量 ÷ 道路总长度（m）	
2	交通标线								
2.1	交通标线	m^2		工程数量 ÷ 道路总面积（m^2）	道路总长度		m	工程数量 ÷ 道路总长度（m）	
3	防护设施								
3.1	防撞护栏	m		工程数量 ÷ 道路总面积（m^2）	道路总长度		m	工程数量 ÷ 道路总长度（m）	
3.2	护栏	m		工程数量 ÷ 道路总面积（m^2）	道路总长度		m	工程数量 ÷ 道路总长度（m）	
3.3	分隔设施	m		工程数量 ÷ 道路总面积（m^2）	道路总长度		m	工程数量 ÷ 道路总长度（m）	
4	交通信号灯								
4.1	信号灯								
4.1.1	信号灯	套		工程数量 ÷ 道路总面积（m^2）	道路总长度		m	工程数量 ÷ 道路总长度（m）	
4.1.2	电源电缆	m		工程数量 ÷ 道路总面积（m^2）	道路总长度		m	工程数量 ÷ 道路总长度（m）	
4.1.3	管道埋设	m		工程数量 ÷ 道路总面积（m^2）	道路总长度		m	工程数量 ÷ 道路总长度（m）	
4.1.4	手孔井	座		工程数量 ÷ 道路总面积（m^2）	道路总长度		m	工程数量 ÷ 道路总长度（m）	

表 B-08-09（续）

序号	名称	计量单位	工程量	单位指标	相关指标				备注
					相关基数	数量	单位	相关单位指标	
			A	B		C		D=A÷C	
4.2	交通信号控制系统	套		工程数量 ÷ 道路总面积（m^2）	道路总长度		m	工程数量 ÷ 道路总长度（m）	
5	智能化交通设施								
5.1	电子警察监控系统	处		工程数量 ÷ 道路总面积（m^2）	道路总长度		m	工程数量 ÷ 道路总长度（m）	
5.1.1	路口电子警察抓拍设备	套		工程数量 ÷ 道路总面积（m^2）	道路总长度		m	工程数量 ÷ 道路总长度（m）	
5.1.2	路段电子警察抓拍设备	套		工程数量 ÷ 道路总面积（m^2）	道路总长度		m	工程数量 ÷ 道路总长度（m）	
5.1.3	交通监控球机	套		工程数量 ÷ 道路总面积（m^2）	道路总长度		m	工程数量 ÷ 道路总长度（m）	
5.1.4	补光红外一体灯	套		工程数量 ÷ 道路总面积（m^2）	道路总长度		m	工程数量 ÷ 道路总长度（m）	
5.1.5	电子警察监控杆	根		工程数量 ÷ 道路总面积（m^2）	道路总长度		m	工程数量 ÷ 道路总长度（m）	
5.1.6	机箱机柜及交换机	套		工程数量 ÷ 道路总面积（m^2）	道路总长度		m	工程数量 ÷ 道路总长度（m）	
5.2	全景视频综合监控	处		工程数量 ÷ 道路总面积（m^2）	道路总长度		m	工程数量 ÷ 道路总长度（m）	
5.2.1	网络摄像机	台		工程数量 ÷ 道路总面积（m^2）	道路总长度		m	工程数量 ÷ 道路总长度（m）	
5.2.2	全景视频综合监控杆	根		工程数量 ÷ 道路总面积（m^2）	道路总长度		m	工程数量 ÷ 道路总长度（m）	
5.2.3	机箱机柜及交换机	套		工程数量 ÷ 道路总面积（m^2）	道路总长度		m	工程数量 ÷ 道路总长度（m）	
5.3	交通流信息采集	处		工程数量 ÷ 道路总面积（m^2）	道路总长度		m	工程数量 ÷ 道路总长度（m）	
5.3.1	微波检测器	套		工程数量 ÷ 道路总面积（m^2）	道路总长度		m	工程数量 ÷ 道路总长度（m）	

表 B-08-09（续）

序号	名称	计量单位	工程量	单位指标	相关指标				备注
					相关基数	数量	单位	相关单位指标	
			A	B		C		D=A÷C	
5.3.2	机箱机柜及交换机	套		工程数量 ÷ 道路总面积（m^2）	道路总长度		m	工程数量 ÷ 道路总长度（m）	
5.4	违法停车抓拍系统	套		工程数量 ÷ 道路总面积（m^2）	道路总长度		m	工程数量 ÷ 道路总长度（m）	
5.4.1	违停抓拍设备	台		工程数量 ÷ 道路总面积（m^2）	道路总长度		m	工程数量 ÷ 道路总长度（m）	
5.4.2	违法信息提示屏	块		工程数量 ÷ 道路总面积（m^2）	道路总长度		m	工程数量 ÷ 道路总长度（m）	
5.4.3	违法停车抓拍系统监控杆	根		工程数量 ÷ 道路总面积（m^2）	道路总长度		m	工程数量 ÷ 道路总长度（m）	
5.4.4	机箱机柜及交换机	套		工程数量 ÷ 道路总面积（m^2）	道路总长度		m	工程数量 ÷ 道路总长度（m）	
5.5	机动车闯禁行系统	处		工程数量 ÷ 道路总面积（m^2）	道路总长度		m	工程数量 ÷ 道路总长度（m）	
5.5.1	闯禁行抓拍设备	套		工程数量 ÷ 道路总面积（m^2）	道路总长度		m	工程数量 ÷ 道路总长度（m）	
5.5.2	补光红外一体灯	套		工程数量 ÷ 道路总面积（m^2）	道路总长度		m	工程数量 ÷ 道路总长度（m）	
5.5.3	机动车闯禁行系统监控杆	根		工程数量 ÷ 道路总面积（m^2）	道路总长度		m	工程数量 ÷ 道路总长度（m）	
5.5.4	机箱机柜及交换机	套		工程数量 ÷ 道路总面积（m^2）	道路总长度		m	工程数量 ÷ 道路总长度（m）	
5.6	违法鸣笛抓拍系统	处		工程数量 ÷ 道路总面积（m^2）	道路总长度		m	工程数量 ÷ 道路总长度（m）	
5.6.1	违法鸣笛抓拍设备	套		工程数量 ÷ 道路总面积（m^2）	道路总长度		m	工程数量 ÷ 道路总长度（m）	
5.6.2	违法鸣笛 LED 号牌显示屏	台		工程数量 ÷ 道路总面积（m^2）	道路总长度		m	工程数量 ÷ 道路总长度（m）	
5.6.3	违法鸣笛抓拍系统监控杆	根		工程数量 ÷ 道路总面积（m^2）	道路总长度		m	工程数量 ÷ 道路总长度（m）	

表 B-08-09（续）

序号	名称	计量单位	工程量	单位指标	相关指标				备注
					相关基数	数量	单位	相关单位指标	
			A	B		C		D=A÷C	
5.6.4	机箱机柜及交换机	套		工程数量 ÷ 道路总面积（m^2）	道路总长度		m	工程数量 ÷ 道路总长度（m）	
5.7	机动车未礼让行人抓拍	处		工程数量 ÷ 道路总面积（m^2）	道路总长度		m	工程数量 ÷ 道路总长度（m）	
5.7.1	机动车未礼让行人抓拍设备	套		工程数量 ÷ 道路总面积（m^2）	道路总长度		m	工程数量 ÷ 道路总长度（m）	
5.7.2	交通灯信号检测器	台		工程数量 ÷ 道路总面积（m^2）	道路总长度		m	工程数量 ÷ 道路总长度（m）	
5.7.3	机动车未礼让行人抓拍监控杆	根		工程数量 ÷ 道路总面积（m^2）	道路总长度		m	工程数量 ÷ 道路总长度（m）	
5.7.4	机箱机柜及交换机	套		工程数量 ÷ 道路总面积（m^2）	道路总长度		m	工程数量 ÷ 道路总长度（m）	
5.8	车路协同设施	套		工程数量 ÷ 道路总面积（m^2）	道路总长度		m	工程数量 ÷ 道路总长度（m）	
5.9	新型行人过街提示系统	处		工程数量 ÷ 道路总面积（m^2）	道路总长度		m	工程数量 ÷ 道路总长度（m）	
5.9.1	行人过街预警一体灯	处		工程数量 ÷ 道路总面积（m^2）	道路总长度		m	工程数量 ÷ 道路总长度（m）	
5.10	智慧行人过街设施	处		工程数量 ÷ 道路总面积（m^2）	道路总长度		m	工程数量 ÷ 道路总长度（m）	
5.10.1	智慧斑马线	米		工程数量 ÷ 道路总面积（m^2）	道路总长度		m	工程数量 ÷ 道路总长度（m）	
5.10.2	智慧红绿灯	套		工程数量 ÷ 道路总面积（m^2）	道路总长度		m	工程数量 ÷ 道路总长度（m）	
5.11	共享自行车规范管理电子围栏	处		工程数量 ÷ 道路总面积（m^2）	道路总长度		m	工程数量 ÷ 道路总长度（m）	
5.12	可变情报板	m^2		工程数量 ÷ 道路总面积（m^2）	道路总长度		m	工程数量 ÷ 道路总长度（m）	
5.13	道路气象检测设备	处		工程数量 ÷ 道路总面积（m^2）	道路总长度		m	工程数量 ÷ 道路总长度（m）	

B-08-10 照明工程主要工程量指标表（表 B-08-10）

表 B-08-10 照明工程主要工程量指标表

序号	名称	计量单位	工程量	单位指标	相关指标				备注
					相关基数	数量	单位	相关单位指标	
			A	B		C		D=A÷C	
	照明工程								
1	变配电设备安装								
1.1	组合型成套箱式变电站或变压器安装	台		工程数量 ÷ 道路面积（m^2）	道路长度		m	工程数量 ÷ 道路长度（m）	
1.2	开闭器安装	台		工程数量 ÷ 道路面积（m^2）	道路长度		m	工程数量 ÷ 道路长度（m）	
1.3	箱变基础	个		工程数量 ÷ 道路面积（m^2）	道路长度		m	工程数量 ÷ 道路长度（m）	
1.4	开闭器基础	个		工程数量 ÷ 道路面积（m^2）	道路长度		m	工程数量 ÷ 道路长度（m）	
1.5	配电箱（柜）安装	台		工程数量 ÷ 道路面积（m^2）	道路长度		m	工程数量 ÷ 道路长度（m）	
1.6	控制箱（柜）安装	台		工程数量 ÷ 道路面积（m^2）	道路长度		m	工程数量 ÷ 道路长度（m）	
1.7	开关柜安装	台		工程数量 ÷ 道路面积（m^2）	道路长度		m	工程数量 ÷ 道路长度（m）	
1.8	控制台安装	台		工程数量 ÷ 道路面积（m^2）	道路长度		m	工程数量 ÷ 道路长度（m）	
1.9	10kV 杆上设备安装	组		工程数量 ÷ 道路面积（m^2）	道路长度		m	工程数量 ÷ 道路长度（m）	
1.10	箱变内计量安装及电缆封堵、防火处理	台		工程数量 ÷ 道路面积（m^2）	道路长度		m	工程数量 ÷ 道路长度（m）	
1.11	送配电装置系统试验	系统		工程数量 ÷ 道路面积（m^2）	道路长度		m	工程数量 ÷ 道路长度（m）	
2	灯杆组立、安装								
2.1	常规灯杆	套		工程数量 ÷ 道路面积（m^2）	道路长度		m	工程数量 ÷ 道路长度（m）	

表 B-08-10（续）

序号	名称	计量单位	工程量	单位指标	相关指标				备注
					相关基数	数量	单位	相关单位指标	
			A	B		C		D=A÷C	
2.2	半高杆灯杆	套		工程数量 ÷ 道路面积（m^2）	道路长度		m	工程数量 ÷ 道路长度（m）	
2.3	高杆灯杆	套		工程数量 ÷ 道路面积（m^2）	道路长度		m	工程数量 ÷ 道路长度（m）	
2.4	灯杆基础	套		工程数量 ÷ 道路面积（m^2）	道路长度		m	工程数量 ÷ 道路长度（m）	
3	电缆与配管配线								
3.1	电缆敷设	m		工程数量 ÷ 道路面积（m^2）	道路长度		m	工程数量 ÷ 道路长度（m）	
3.2	电缆头安装	个		工程数量 ÷ 道路面积（m^2）	道路长度		m	工程数量 ÷ 道路长度（m）	
3.3	导线架设	km		工程数量 ÷ 道路面积（m^2）	道路长度		m	工程数量 ÷ 道路长度（m）	
3.4	接地母线地线网	m		工程数量 ÷ 道路面积（m^2）	道路长度		m	工程数量 ÷ 道路长度（m）	
3.5	接地极地线钎子	根		工程数量 ÷ 道路面积（m^2）	道路长度		m	工程数量 ÷ 道路长度（m）	
3.6	电缆保护管	m		工程数量 ÷ 道路面积（m^2）	道路长度		m	工程数量 ÷ 道路长度（m）	
3.7	过路管	m		工程数量 ÷ 道路面积（m^2）	道路长度		m	工程数量 ÷ 道路长度（m）	
3.8	上线管	根		工程数量 ÷ 道路面积（m^2）	道路长度		m	工程数量 ÷ 道路长度（m）	
3.9	管道包封	m^3		工程数量 ÷ 道路面积（m^2）	道路长度		m	工程数量 ÷ 道路长度（m）	
3.10	电力管井	座		工程数量 ÷ 道路面积（m^2）	道路长度		m	工程数量 ÷ 道路长度（m）	
3.11	新型预制工井	座		工程数量 ÷ 道路面积（m^2）	道路长度		m	工程数量 ÷ 道路长度（m）	
4	照明灯具安装								

表 B-08-10（续）

序号	名称	计量单位	工程量	单位指标	相关指标				备注
					相关基数	数量	单位	相关单位指标	
			A	B		C		D=A÷C	
4.1	单臂悬挑灯具安装	套		工程数量 ÷ 道路面积（m^2）	道路长度		m	工程数量 ÷ 道路长度（m）	
4.2	双臂悬挑灯具安装	套		工程数量 ÷ 道路面积（m^2）	道路长度		m	工程数量 ÷ 道路长度（m）	
4.3	高杆灯具安装	套		工程数量 ÷ 道路面积（m^2）	道路长度		m	工程数量 ÷ 道路长度（m）	
4.4	其他灯具安装	套		工程数量 ÷ 道路面积（m^2）	道路长度		m	工程数量 ÷ 道路长度（m）	
4.5	灯具附属装置安装	套		工程数量 ÷ 道路面积（m^2）	道路长度		m	工程数量 ÷ 道路长度（m）	
5	控制系统安装								
5.1	控制电缆敷设	m		工程数量 ÷ 道路面积（m^2）	道路长度		m	工程数量 ÷ 道路长度（m）	
5.2	光缆敷设	m		工程数量 ÷ 道路面积（m^2）	道路长度		m	工程数量 ÷ 道路长度（m）	
5.3	控制器安装	台		工程数量 ÷ 道路面积（m^2）	道路长度		m	工程数量 ÷ 道路长度（m）	
5.4	启动器安装	台		工程数量 ÷ 道路面积（m^2）	道路长度		m	工程数量 ÷ 道路长度（m）	
5.5	控制保护屏安装	台		工程数量 ÷ 道路面积（m^2）	道路长度		m	工程数量 ÷ 道路长度（m）	
5.6	控制台安装	台		工程数量 ÷ 道路面积（m^2）	道路长度		m	工程数量 ÷ 道路长度（m）	
5.7	配电箱安装	台		工程数量 ÷ 道路面积（m^2）	道路长度		m	工程数量 ÷ 道路长度（m）	
5.8	无线终端	个		工程数量 ÷ 道路面积（m^2）	道路长度		m	工程数量 ÷ 道路长度（m）	
5.9	光网络单元	台		工程数量 ÷ 道路面积（m^2）	道路长度		m	工程数量 ÷ 道路长度（m）	

表 B–08–10（续）

序号	名称	计量单位	工程量	单位指标	相关指标				备注
					相关基数	数量	单位	相关单位指标	
			A	B		C		D=A ÷ C	
5.10	分光器	台		工程数量 ÷ 道路面积（m^2）	道路长度		m	工程数量 ÷ 道路长度（m）	
5.11	分线接线箱（盒）	个		工程数量 ÷ 道路面积（m^2）	道路长度		m	工程数量 ÷ 道路长度（m）	
5.12	标志牌	块		工程数量 ÷ 道路面积（m^2）	道路长度		m	工程数量 ÷ 道路长度（m）	
5.13	尾纤	根		工程数量 ÷ 道路面积（m^2）	道路长度		m	工程数量 ÷ 道路长度（m）	
5.14	计算机应用、网络系统系统联调	系统		工程数量 ÷ 道路面积（m^2）	道路长度		m	工程数量 ÷ 道路长度（m）	

B–09　主要工料价格与消耗量指标表（表 B–09）

表 B–09　主要工料价格与消耗量指标表

序号	名称	计量单位	消耗量	单价（元）	合价（元）	单位指标	造价占比（%）	备注
			A	B	C=A × B	D		

B–10 单位工程工料价格指标表

B–10–01 道路工程单位工程工料价格指标表（表 B–10–01–01 ~ 表 B–10–01–03）

表 B–10–01–01 道路工程（各等级）单位工程工料价格指标表

序号	名称	单位工程金额（元）	人工费			材料费			施工机具使用费			设备费			备注
			金额（元）	单位指标	造价占比（%）	金额（元）	单位指标	造价占比（%）	金额（元）	单位指标	造价占比（%）	金额（元）	单位指标	造价占比（%）	
		A	B	C	D=B÷A	E	F	G=E÷A	H	I	J=H÷A	K	L	M=K÷A	
	道路工程			人工费金额÷道路面积（m^2）	人工费金额÷单位工程金额		材料费金额÷道路面积（m^2）	材料费金额÷单位工程金额		施工机具使用费金额÷道路面积（m^2）	施工机具使用费金额÷单位工程金额				
1	路基与防护工程			人工费金额÷道路面积（m^2）	人工费金额÷单位工程金额		材料费金额÷道路面积（m^2）	材料费金额÷单位工程金额		施工机具使用费金额÷道路面积（m^2）	施工机具使用费金额÷单位工程金额				
1.1	土石方工程			人工费金额÷道路面积（m^2）	人工费金额÷分部分项金额		材料费金额÷道路面积（m^2）	材料费金额÷分部分项金额		施工机具使用费金额÷道路面积（m^2）	施工机具使用费金额÷分部分项金额				
1.2	盲沟及路基处理			人工费金额÷道路面积（m^2）	人工费金额÷分部分项金额		材料费金额÷道路面积（m^2）	材料费金额÷分部分项金额		施工机具使用费金额÷道路面积（m^2）	施工机具使用费金额÷分部分项金额				

表 B-10-01-01（续）

序号	名称	单位工程金额（元）	人工费			材料费			施工机具使用费			设备费			备注
			金额（元）	单位指标	造价占比（%）	金额（元）	单位指标	造价占比（%）	金额（元）	单位指标	造价占比（%）	金额（元）	单位指标	造价占比（%）	
		A	B	C	D=B÷A	E	F	G=E÷A	H	I	J=H÷A	K	L	M=K÷A	
1.3	护坡及挡墙			人工费金额÷道路面积（m^2）	人工费金额÷分部分项金额		材料费金额÷道路面积（m^2）	材料费金额÷分部分项金额		施工机具使用费金额÷道路面积（m^2）	施工机具使用费金额÷分部分项金额				
2	路面结构工程			人工费金额÷道路面积（m^2）	人工费金额÷单位工程金额		材料费金额÷道路面积（m^2）	材料费金额÷单位工程金额		施工机具使用费金额÷道路面积（m^2）	施工机具使用费金额÷单位工程金额				
2.1	道路基层			人工费金额÷道路面积（m^2）	人工费金额÷分部分项金额		材料费金额÷道路面积（m^2）	材料费金额÷分部分项金额		施工机具使用费金额÷道路面积（m^2）	施工机具使用费金额÷分部分项金额				
2.1.1	机动车道基层			人工费金额÷道路面积（m^2）	人工费金额÷分部分项金额		材料费金额÷道路面积（m^2）	材料费金额÷分部分项金额		施工机具使用费金额÷道路面积（m^2）	施工机具使用费金额÷分部分项金额				
2.1.2	非机动车道基层			人工费金额÷道路面积（m^2）	人工费金额÷分部分项金额		材料费金额÷道路面积（m^2）	材料费金额÷分部分项金额		施工机具使用费金额÷道路面积（m^2）	施工机具使用费金额÷分部分项金额				

表 B-10-01-01（续）

序号	名称	单位工程金额（元）	人工费			材料费			施工机具使用费			设备费			备注
			金额（元）	单位指标	造价占比（%）	金额（元）	单位指标	造价占比（%）	金额（元）	单位指标	造价占比（%）	金额（元）	单位指标	造价占比（%）	
		A	B	C	D=B÷A	E	F	G=E÷A	H	I	J=H÷A	K	L	M=K÷A	
2.2	道路面层			人工费金额÷道路面积（m^2）	人工费金额÷分部分项金额		材料费金额÷道路面积（m^2）	材料费金额÷分部分项金额		施工机具使用费金额÷道路面积（m^2）	施工机具使用费金额÷分部分项金额				
2.2.1	机动车道面层			人工费金额÷道路面积（m^2）	人工费金额÷分部分项金额		材料费金额÷道路面积（m^2）	材料费金额÷分部分项金额		施工机具使用费金额÷道路面积（m^2）	施工机具使用费金额÷分部分项金额				
2.2.2	非机动车道面层			人工费金额÷道路面积（m^2）	人工费金额÷分部分项金额		材料费金额÷道路面积（m^2）	材料费金额÷分部分项金额		施工机具使用费金额÷道路面积（m^2）	施工机具使用费金额÷分部分项金额				
3	路缘石工程			人工费金额÷道路面积（m^2）	人工费金额÷单位工程金额		材料费金额÷道路面积（m^2）	材料费金额÷单位工程金额		施工机具使用费金额÷道路面积（m^2）	施工机具使用费金额÷单位工程金额				
4	人行道及树池			人工费金额÷道路面积（m^2）	人工费金额÷单位工程金额		材料费金额÷道路面积（m^2）	材料费金额÷单位工程金额		施工机具使用费金额÷道路面积（m^2）	施工机具使用费金额÷单位工程金额				

表 B-10-01-01（续）

序号	名称	单位工程金额（元）	人工费			材料费			施工机具使用费			设备费			备注
			金额（元）	单位指标	造价占比（%）	金额（元）	单位指标	造价占比（%）	金额（元）	单位指标	造价占比（%）	金额（元）	单位指标	造价占比（%）	
		A	B	C	D=B÷A	E	F	G=E÷A	H	I	J=H÷A	K	L	M=K÷A	
4.1	人行道面层			人工费金额÷道路面积（m^2）	人工费金额÷分部分项金额		材料费金额÷道路面积（m^2）	材料费金额÷分部分项金额		施工机具使用费金额÷道路面积（m^2）	施工机具使用费金额÷分部分项金额				
4.2	人行道基层			人工费金额÷道路面积（m^2）	人工费金额÷分部分项金额		材料费金额÷道路面积（m^2）	材料费金额÷分部分项金额		施工机具使用费金额÷道路面积（m^2）	施工机具使用费金额÷分部分项金额				
4.3	树池			人工费金额÷道路面积（m^2）	人工费金额÷分部分项金额		材料费金额÷道路面积（m^2）	材料费金额÷分部分项金额		施工机具使用费金额÷道路面积（m^2）	施工机具使用费金额÷分部分项金额				
5	附属工程			人工费金额÷道路面积（m^2）	人工费金额÷单位工程金额		材料费金额÷道路面积（m^2）	材料费金额÷单位工程金额		施工机具使用费金额÷道路面积（m^2）	施工机具使用费金额÷单位工程金额				

表 B-10-01-02　城市广场工程单位工程工料价格指标表

序号	名称	单位工程金额（元）	人工费			材料费			施工机具使用费			设备费			备注
			金额（元）	单位指标	造价占比（%）	金额（元）	单位指标	造价占比（%）	金额（元）	单位指标	造价占比（%）	金额（元）	单位指标	造价占比（%）	
		A	B	C	D=B÷A	E	F	G=E÷A	H	I	J=H÷A	K	L	M=K÷A	
	城市广场工程			人工费金额÷广场面积（m^2）	人工费金额÷单位工程金额		材料费金额÷广场面积（m^2）	材料费金额÷单位工程金额		施工机具使用费金额÷广场面积（m^2）	施工机具使用费金额÷单位工程金额				
1	广场铺装工程			人工费金额÷广场面积（m^2）	人工费金额÷单位工程金额		材料费金额÷广场面积（m^2）	材料费金额÷单位工程金额		施工机具使用费金额÷广场面积（m^2）	施工机具使用费金额÷单位工程金额				
1.1	土石方工程			人工费金额÷广场面积（m^2）	人工费金额÷单位工程金额		材料费金额÷广场面积（m^2）	材料费金额÷单位工程金额		施工机具使用费金额÷广场面积（m^2）	施工机具使用费金额÷单位工程金额				
1.2	广场铺装			人工费金额÷广场面积（m^2）	人工费金额÷单位工程金额		材料费金额÷广场面积（m^2）	材料费金额÷单位工程金额		施工机具使用费金额÷广场面积（m^2）	施工机具使用费金额÷单位工程金额				
1.3	辅助工程			人工费金额÷广场面积（m^2）	人工费金额÷单位工程金额		材料费金额÷广场面积（m^2）	材料费金额÷单位工程金额		施工机具使用费金额÷广场面积（m^2）	施工机具使用费金额÷单位工程金额				

表 B-10-01-02（续）

序号	名称	单位工程金额（元）	人工费			材料费			施工机具使用费			设备费			备注
			金额（元）	单位指标	造价占比（%）	金额（元）	单位指标	造价占比（%）	金额（元）	单位指标	造价占比（%）	金额（元）	单位指标	造价占比（%）	
		A	B	C	D=B ÷ A	E	F	G=E ÷ A	H	I	J=H ÷ A	K	L	M=K ÷ A	
2	功能性建筑			人工费金额 ÷ 广场面积（m^2）	人工费金额 ÷ 单位工程金额		材料费金额 ÷ 广场面积（m^2）	材料费金额 ÷ 单位工程金额		施工机具使用费金额 ÷ 广场面积（m^2）	施工机具使用费金额 ÷ 单位工程金额				
2.1	标志性建筑			人工费金额 ÷ 广场面积（m^2）	人工费金额 ÷ 单位工程金额		材料费金额 ÷ 广场面积（m^2）	材料费金额 ÷ 单位工程金额		施工机具使用费金额 ÷ 广场面积（m^2）	施工机具使用费金额 ÷ 单位工程金额				
2.2	建筑小品			人工费金额 ÷ 广场面积（m^2）	人工费金额 ÷ 单位工程金额		材料费金额 ÷ 广场面积（m^2）	材料费金额 ÷ 单位工程金额		施工机具使用费金额 ÷ 广场面积（m^2）	施工机具使用费金额 ÷ 单位工程金额				
2.3	其他			人工费金额 ÷ 广场面积（m^2）	人工费金额 ÷ 单位工程金额		材料费金额 ÷ 广场面积（m^2）	材料费金额 ÷ 单位工程金额		施工机具使用费金额 ÷ 广场面积（m^2）	施工机具使用费金额 ÷ 单位工程金额				
3	配套设施			人工费金额 ÷ 广场面积（m^2）	人工费金额 ÷ 单位工程金额		材料费金额 ÷ 广场面积（m^2）	材料费金额 ÷ 单位工程金额		施工机具使用费金额 ÷ 广场面积（m^2）	施工机具使用费金额 ÷ 单位工程金额				

表 B-10-01-02（续）

序号	名称	单位工程金额（元）	人工费			材料费			施工机具使用费			设备费			备注
			金额（元）	单位指标	造价占比（%）	金额（元）	单位指标	造价占比（%）	金额（元）	单位指标	造价占比（%）	金额（元）	单位指标	造价占比（%）	
		A	B	C	D=B÷A	E	F	G=E÷A	H	I	J=H÷A	K	L	M=K÷A	
3.1	给水排水与消防			人工费金额÷广场面积（m^2）	人工费金额÷单位工程金额		材料费金额÷广场面积（m^2）	材料费金额÷单位工程金额		施工机具使用费金额÷广场面积（m^2）	施工机具使用费金额÷单位工程金额				
3.2	照明与供电			人工费金额÷广场面积（m^2）	人工费金额÷单位工程金额		材料费金额÷广场面积（m^2）	材料费金额÷单位工程金额		施工机具使用费金额÷广场面积（m^2）	施工机具使用费金额÷单位工程金额				
3.3	监控系统			人工费金额÷广场面积（m^2）	人工费金额÷单位工程金额		材料费金额÷广场面积（m^2）	材料费金额÷单位工程金额		施工机具使用费金额÷广场面积（m^2）	施工机具使用费金额÷单位工程金额				
3.4	导向标识			人工费金额÷广场面积（m^2）	人工费金额÷单位工程金额		材料费金额÷广场面积（m^2）	材料费金额÷单位工程金额		施工机具使用费金额÷广场面积（m^2）	施工机具使用费金额÷单位工程金额				
3.5	其他			人工费金额÷广场面积（m^2）	人工费金额÷单位工程金额		材料费金额÷广场面积（m^2）	材料费金额÷单位工程金额		施工机具使用费金额÷广场面积（m^2）	施工机具使用费金额÷单位工程金额				

表 B-10-01-03　停车场工程单位工程工料价格指标表

序号	名称	单位工程金额（元）	人工费			材料费			施工机具使用费			设备费			备注
			金额（元）	单位指标	造价占比（%）	金额（元）	单位指标	造价占比（%）	金额（元）	单位指标	造价占比（%）	金额（元）	单位指标	造价占比（%）	
		A	B	C	D=B÷A	E	F	G=E÷A	H	I	J=H÷A	K	L	M=K÷A	
	停车场工程			人工费金额÷停车场面积（m^2）	人工费金额÷单位工程金额		材料费金额÷停车场面积（m^2）	材料费金额÷单位工程金额		施工机具使用费金额÷停车场面积（m^2）	施工机具使用费金额÷单位工程金额				
1	铺装工程			人工费金额÷停车场面积（m^2）	人工费金额÷单位工程金额		材料费金额÷停车场面积（m^2）	材料费金额÷单位工程金额		施工机具使用费金额÷停车场面积（m^2）	施工机具使用费金额÷单位工程金额				
1.1	土石方工程			人工费金额÷停车场面积（m^2）	人工费金额÷单位工程金额		材料费金额÷停车场面积（m^2）	材料费金额÷单位工程金额		施工机具使用费金额÷停车场面积（m^2）	施工机具使用费金额÷单位工程金额				
1.2	停车场铺装			人工费金额÷停车场面积（m^2）	人工费金额÷单位工程金额		材料费金额÷停车场面积（m^2）	材料费金额÷单位工程金额		施工机具使用费金额÷停车场面积（m^2）	施工机具使用费金额÷单位工程金额				

表 B-10-01-03（续）

序号	名称	单位工程金额（元）	人工费			材料费			施工机具使用费			设备费			备注
			金额（元）	单位指标	造价占比（%）	金额（元）	单位指标	造价占比（%）	金额（元）	单位指标	造价占比（%）	金额（元）	单位指标	造价占比（%）	
		A	B	C	D=B÷A	E	F	G=E÷A	H	I	J=H÷A	K	L	M=K÷A	
1.3	辅助工程			人工费金额÷停车场面积（m^2）	人工费金额÷单位工程金额		材料费金额÷停车场面积（m^2）	材料费金额÷单位工程金额		施工机具使用费金额÷停车场面积（m^2）	施工机具使用费金额÷单位工程金额				
2	配套设施			人工费金额÷停车场面积（m^2）	人工费金额÷单位工程金额		材料费金额÷停车场面积（m^2）	材料费金额÷单位工程金额		施工机具使用费金额÷停车场面积（m^2）	施工机具使用费金额÷单位工程金额				
2.1	给水排水与消防			人工费金额÷停车场面积（m^2）	人工费金额÷单位工程金额		材料费金额÷停车场面积（m^2）	材料费金额÷单位工程金额		施工机具使用费金额÷停车场面积（m^2）	施工机具使用费金额÷单位工程金额				
2.2	照明与供电			人工费金额÷停车场面积（m^2）	人工费金额÷单位工程金额		材料费金额÷停车场面积（m^2）	材料费金额÷单位工程金额		施工机具使用费金额÷停车场面积（m^2）	施工机具使用费金额÷单位工程金额				

表 B-10-01-03（续）

序号	名称	单位工程金额（元）	人工费			材料费			施工机具使用费			设备费			备注
			金额（元）	单位指标	造价占比（%）	金额（元）	单位指标	造价占比（%）	金额（元）	单位指标	造价占比（%）	金额（元）	单位指标	造价占比（%）	
		A	B	C	D=B÷A	E	F	G=E÷A	H	I	J=H÷A	K	L	M=K÷A	
2.3	收费系统			人工费金额÷停车场面积（m^2）	人工费金额÷单位工程金额		材料费金额÷停车场面积（m^2）	材料费金额÷单位工程金额		施工机具使用费金额÷停车场面积（m^2）	施工机具使用费金额÷单位工程金额				
2.4	监控系统			人工费金额÷停车场面积（m^2）	人工费金额÷单位工程金额		材料费金额÷停车场面积（m^2）	材料费金额÷单位工程金额		施工机具使用费金额÷停车场面积（m^2）	施工机具使用费金额÷单位工程金额				
2.5	其他			人工费金额÷停车场面积（m^2）	人工费金额÷单位工程金额		材料费金额÷停车场面积（m^2）	材料费金额÷单位工程金额		施工机具使用费金额÷停车场面积（m^2）	施工机具使用费金额÷单位工程金额				

B-10-02　桥涵工程单位工程工料价格指标表（表 B-10-02-01 ~ 表 B-10-02-10）

表 B-10-02-01　桥梁工程（分离式立交桥 / 跨线桥）单位工程工料价格指标表

序号	名称	单位工程金额（元）	人工费			材料费			施工机具使用费			设备费			备注
			金额（元）	单位指标	造价占比（%）	金额（元）	单位指标	造价占比（%）	金额（元）	单位指标	造价占比（%）	金额（元）	单位指标	造价占比（%）	
		A	B	C	D=B÷A	E	F	G=E÷A	H	I	J=H÷A	K	L	M=K÷A	
	桥梁工程			人工费金额 ÷ 桥梁面积（m^2）	人工费金额 ÷ 单位工程金额		材料费金额 ÷ 桥梁面积（m^2）	材料费金额 ÷ 单位工程金额		施工机具使用费金额 ÷ 桥梁面积（m^2）	施工机具使用费金额 ÷ 单位工程金额				
1	分离式立交桥 / 跨线桥			人工费金额 ÷ 桥梁面积（m^2）	人工费金额 ÷ 单位工程金额		材料费金额 ÷ 桥梁面积（m^2）	材料费金额 ÷ 单位工程金额		施工机具使用费金额 ÷ 桥梁面积（m^2）	施工机具使用费金额 ÷ 单位工程金额				
1.1	基础工程			人工费金额 ÷ 桥梁面积（m^2）	人工费金额 ÷ 分部分项工程金额		材料费金额 ÷ 桥梁面积（m^2）	材料费金额 ÷ 分部分项工程金额		施工机具使用费金额 ÷ 桥梁面积（m^2）	施工机具使用费金额 ÷ 分部分项工程金额				
1.1.1	土石方工程			人工费金额 ÷ 桥梁面积（m^2）	人工费金额 ÷ 分部分项工程金额		材料费金额 ÷ 桥梁面积（m^2）	材料费金额 ÷ 分部分项工程金额		施工机具使用费金额 ÷ 桥梁面积（m^2）	施工机具使用费金额 ÷ 分部分项工程金额				

表 B-10-02-01（续）

序号	名称	单位工程金额（元）	人工费			材料费			施工机具使用费			设备费			备注
			金额（元）	单位指标	造价占比（%）	金额（元）	单位指标	造价占比（%）	金额（元）	单位指标	造价占比（%）	金额（元）	单位指标	造价占比（%）	
		A	B	C	D=B÷A	E	F	G=E÷A	H	I	J=H÷A	K	L	M=K÷A	
1.1.2	基坑支护			人工费金额÷桥梁面积（m^2）	人工费金额÷分部分项工程金额		材料费金额÷桥梁面积（m^2）	材料费金额÷分部分项工程金额		施工机具使用费金额÷桥梁面积（m^2）	施工机具使用费金额÷分部分项工程金额				
1.1.3	桩基础			人工费金额÷桥梁面积（m^2）	人工费金额÷分部分项工程金额		材料费金额÷桥梁面积（m^2）	材料费金额÷分部分项工程金额		施工机具使用费金额÷桥梁面积（m^2）	施工机具使用费金额÷分部分项工程金额				
1.1.4	扩大基础			人工费金额÷桥梁面积（m^2）	人工费金额÷分部分项工程金额		材料费金额÷桥梁面积（m^2）	材料费金额÷分部分项工程金额		施工机具使用费金额÷桥梁面积（m^2）	施工机具使用费金额÷分部分项工程金额				
1.1.5	沉井基础			人工费金额÷桥梁面积（m^2）	人工费金额÷分部分项工程金额		材料费金额÷桥梁面积（m^2）	材料费金额÷分部分项工程金额		施工机具使用费金额÷桥梁面积（m^2）	施工机具使用费金额÷分部分项工程金额				

表 B-10-02-01（续）

序号	名称	单位工程金额（元）	人工费			材料费			施工机具使用费			设备费			备注
			金额（元）	单位指标	造价占比（%）	金额（元）	单位指标	造价占比（%）	金额（元）	单位指标	造价占比（%）	金额（元）	单位指标	造价占比（%）	
		A	B	C	D=B÷A	E	F	G=E÷A	H	I	J=H÷A	K	L	M=K÷A	
1.1.6	承台、系梁			人工费金额÷桥梁面积（m^2）	人工费金额÷分部分项工程金额		材料费金额÷桥梁面积（m^2）	材料费金额÷分部分项工程金额		施工机具使用费金额÷桥梁面积（m^2）	施工机具使用费金额÷分部分项工程金额				
1.2	下部结构			人工费金额÷桥梁面积（m^2）	人工费金额÷分部分项工程金额		材料费金额÷桥梁面积（m^2）	材料费金额÷分部分项工程金额		施工机具使用费金额÷桥梁面积（m^2）	施工机具使用费金额÷分部分项工程金额				
1.2.1	墩（台）身			人工费金额÷桥梁面积（m^2）	人工费金额÷分部分项工程金额		材料费金额÷桥梁面积（m^2）	材料费金额÷分部分项工程金额		施工机具使用费金额÷桥梁面积（m^2）	施工机具使用费金额÷分部分项工程金额				
1.2.2	墩（台）帽、盖梁			人工费金额÷桥梁面积（m^2）	人工费金额÷分部分项工程金额		材料费金额÷桥梁面积（m^2）	材料费金额÷分部分项工程金额		施工机具使用费金额÷桥梁面积（m^2）	施工机具使用费金额÷分部分项工程金额				

表 B–10–02–01（续）

序号	名称	单位工程金额（元）	人工费			材料费			施工机具使用费			设备费			备注
			金额（元）	单位指标	造价占比（%）	金额（元）	单位指标	造价占比（%）	金额（元）	单位指标	造价占比（%）	金额（元）	单位指标	造价占比（%）	
		A	B	C	D=B÷A	E	F	G=E÷A	H	I	J=H÷A	K	L	M=K÷A	
1.2.3	支承梁、横梁			人工费金额÷桥梁面积（m^2）	人工费金额÷分部分项工程金额		材料费金额÷桥梁面积（m^2）	材料费金额÷分部分项工程金额		施工机具使用费金额÷桥梁面积（m^2）	施工机具使用费金额÷分部分项工程金额				
1.3	上部结构			人工费金额÷桥梁面积（m^2）	人工费金额÷分部分项工程金额		材料费金额÷桥梁面积（m^2）	材料费金额÷分部分项工程金额		施工机具使用费金额÷桥梁面积（m^2）	施工机具使用费金额÷分部分项工程金额				
1.3.1	钢筋混凝土梁			人工费金额÷桥梁面积（m^2）	人工费金额÷分部分项工程金额		材料费金额÷桥梁面积（m^2）	材料费金额÷分部分项工程金额		施工机具使用费金额÷桥梁面积（m^2）	施工机具使用费金额÷分部分项工程金额				
1.3.2	钢梁			人工费金额÷桥梁面积（m^2）	人工费金额÷分部分项工程金额		材料费金额÷桥梁面积（m^2）	材料费金额÷分部分项工程金额		施工机具使用费金额÷桥梁面积（m^2）	施工机具使用费金额÷分部分项工程金额				

表 B-10-02-01（续）

序号	名称	单位工程金额（元）	人工费			材料费			施工机具使用费			设备费			备注
			金额（元）	单位指标	造价占比（%）	金额（元）	单位指标	造价占比（%）	金额（元）	单位指标	造价占比（%）	金额（元）	单位指标	造价占比（%）	
		A	B	C	D=B÷A	E	F	G=E÷A	H	I	J=H÷A	K	L	M=K÷A	
1.3.3	钢混结合梁			人工费金额 ÷ 桥梁面积（m^2）	人工费金额 ÷ 分部分项工程金额		材料费金额 ÷ 桥梁面积（m^2）	材料费金额 ÷ 分部分项工程金额		施工机具使用费金额 ÷ 桥梁面积（m^2）	施工机具使用费金额 ÷ 分部分项工程金额				
1.3.4	钢结构			人工费金额 ÷ 桥梁面积（m^2）	人工费金额 ÷ 分部分项工程金额		材料费金额 ÷ 桥梁面积（m^2）	材料费金额 ÷ 分部分项工程金额		施工机具使用费金额 ÷ 桥梁面积（m^2）	施工机具使用费金额 ÷ 分部分项工程金额				
1.4	桥面系			人工费金额 ÷ 桥梁面积（m^2）	人工费金额 ÷ 分部分项工程金额		材料费金额 ÷ 桥梁面积（m^2）	材料费金额 ÷ 分部分项工程金额		施工机具使用费金额 ÷ 桥梁面积（m^2）	施工机具使用费金额 ÷ 分部分项工程金额				
1.5	附属工程			人工费金额 ÷ 桥梁面积（m^2）	人工费金额 ÷ 分部分项工程金额		材料费金额 ÷ 桥梁面积（m^2）	材料费金额 ÷ 分部分项工程金额		施工机具使用费金额 ÷ 桥梁面积（m^2）	施工机具使用费金额 ÷ 分部分项工程金额				

表 B-10-02-02 桥梁工程（互通式立交）单位工程工料价格指标表

序号	名称	单位工程金额（元）	人工费			材料费			施工机具使用费			设备费			备注
			金额（元）	单位指标	占造价比例（%）	金额（元）	单位指标	占造价比例（%）	金额（元）	单位指标	占造价比例（%）	金额（元）	单位指标	占造价比例（%）	
		A	B	C	D=B÷A	E	F	G=E÷A	H	I	J=H÷A	K	L	M=K÷A	
2	互通式立交			人工费金额÷桥梁面积（m^2）	人工费金额÷单位工程金额		材料费金额÷桥梁面积（m^2）	材料费金额÷单位工程金额		施工机具使用费金额÷桥梁面积（m^2）	施工机具使用费金额÷单位工程金额				机动车道面积+非机动车道面积=道路面积
2.1	主桥			人工费金额÷桥梁面积（m^2）	人工费金额÷单位工程金额		材料费金额÷桥梁面积（m^2）	材料费金额÷单位工程金额		施工机具使用费金额÷桥梁面积（m^2）	施工机具使用费金额÷单位工程金额				
2.1.1	基础工程			人工费金额÷桥梁面积（m^2）	人工费金额÷分部分项工程		材料费金额÷桥梁面积（m^2）	材料费金额÷分部分项工程		施工机具使用费金额÷桥梁面积（m^2）	施工机具使用费金额÷分部分项工程				
2.1.1.1	土石方工程			人工费金额÷桥梁面积（m^2）	人工费金额÷分部分项工程		材料费金额÷桥梁面积（m^2）	材料费金额÷分部分项工程		施工机具使用费金额÷桥梁面积（m^2）	施工机具使用费金额÷分部分项工程				
2.1.1.2	基坑支护			人工费金额÷桥梁面积（m^2）	人工费金额÷分部分项工程		材料费金额÷桥梁面积（m^2）	材料费金额÷分部分项工程		施工机具使用费金额÷桥梁面积（m^2）	施工机具使用费金额÷分部分项工程				

表 B-10-02-02（续）

序号	名称	单位工程金额（元）	人工费			材料费			施工机具使用费			设备费			备注
			金额（元）	单位指标	占造价比例（%）	金额（元）	单位指标	占造价比例（%）	金额（元）	单位指标	占造价比例（%）	金额（元）	单位指标	占造价比例（%）	
		A	B	C	D=B÷A	E	F	G=E÷A	H	I	J=H÷A	K	L	M=K÷A	
2.1.1.3	桩基础			人工费金额÷桥梁面积（m^2）	人工费金额÷分部分项工程		材料费金额÷桥梁面积（m^2）	材料费金额÷分部分项工程		施工机具使用费金额÷桥梁面积（m^2）	施工机具使用费金额÷分部分项工程				
2.1.1.4	扩大基础			人工费金额÷桥梁面积（m^2）	人工费金额÷分部分项工程		材料费金额÷桥梁面积（m^2）	材料费金额÷分部分项工程		施工机具使用费金额÷桥梁面积（m^2）	施工机具使用费金额÷分部分项工程				
2.1.1.5	沉井基础			人工费金额÷桥梁面积（m^2）	人工费金额÷分部分项工程		材料费金额÷桥梁面积（m^2）	材料费金额÷分部分项工程		施工机具使用费金额÷桥梁面积（m^2）	施工机具使用费金额÷分部分项工程				
2.1.1.6	承台、系梁			人工费金额÷桥梁面积（m^2）	人工费金额÷分部分项工程		材料费金额÷桥梁面积（m^2）	材料费金额÷分部分项工程		施工机具使用费金额÷桥梁面积（m^2）	施工机具使用费金额÷分部分项工程				
2.1.2	下部结构			人工费金额÷桥梁面积（m^2）	人工费金额÷分部分项工程		材料费金额÷桥梁面积（m^2）	材料费金额÷分部分项工程		施工机具使用费金额÷桥梁面积（m^2）	施工机具使用费金额÷分部分项工程				

表 B-10-02-02（续）

序号	名称	单位工程金额（元）	人工费			材料费			施工机具使用费			设备费			备注
			金额（元）	单位指标	占造价比例（%）	金额（元）	单位指标	占造价比例（%）	金额（元）	单位指标	占造价比例（%）	金额（元）	单位指标	占造价比例（%）	
		A	B	C	D=B÷A	E	F	G=E÷A	H	I	J=H÷A	K	L	M=K÷A	
2.1.2.1	墩（台）身			人工费金额÷桥梁面积（m^2）	人工费金额÷分部分项工程		材料费金额÷桥梁面积（m^2）	材料费金额÷分部分项工程		施工机具使用费金额÷桥梁面积（m^2）	施工机具使用费金额÷分部分项工程				
2.1.2.2	墩（台）帽、盖梁			人工费金额÷桥梁面积（m^2）	人工费金额÷分部分项工程		材料费金额÷桥梁面积（m^2）	材料费金额÷分部分项工程		施工机具使用费金额÷桥梁面积（m^2）	施工机具使用费金额÷分部分项工程				
2.1.2.3	支承梁、横梁			人工费金额÷桥梁面积（m^2）	人工费金额÷分部分项工程		材料费金额÷桥梁面积（m^2）	材料费金额÷分部分项工程		施工机具使用费金额÷桥梁面积（m^2）	施工机具使用费金额÷分部分项工程				
2.1.3	上部结构			人工费金额÷桥梁面积（m^2）	人工费金额÷分部分项工程		材料费金额÷桥梁面积（m^2）	材料费金额÷分部分项工程		施工机具使用费金额÷桥梁面积（m^2）	施工机具使用费金额÷分部分项工程				
2.1.3.1	钢筋混凝土梁			人工费金额÷桥梁面积（m^2）	人工费金额÷分部分项工程		材料费金额÷桥梁面积（m^2）	材料费金额÷分部分项工程		施工机具使用费金额÷桥梁面积（m^2）	施工机具使用费金额÷分部分项工程				

表 B-10-02-02（续）

序号	名称	单位工程金额（元）	人工费			材料费			施工机具使用费			设备费			备注
			金额（元）	单位指标	占造价比例（%）	金额（元）	单位指标	占造价比例（%）	金额（元）	单位指标	占造价比例（%）	金额（元）	单位指标	占造价比例（%）	
		A	B	C	D=B÷A	E	F	G=E÷A	H	I	J=H÷A	K	L	M=K÷A	
2.1.3.2	钢梁			人工费金额÷桥梁面积（m^2）	人工费金额÷分部分项工程		材料费金额÷桥梁面积（m^2）	材料费金额÷分部分项工程		施工机具使用费金额÷桥梁面积（m^2）	施工机具使用费金额÷分部分项工程				
2.1.3.3	钢混结合梁			人工费金额÷桥梁面积（m^2）	人工费金额÷分部分项工程		材料费金额÷桥梁面积（m^2）	材料费金额÷分部分项工程		施工机具使用费金额÷桥梁面积（m^2）	施工机具使用费金额÷分部分项工程				
2.1.3.4	钢结构			人工费金额÷桥梁面积（m^2）	人工费金额÷分部分项工程		材料费金额÷桥梁面积（m^2）	材料费金额÷分部分项工程		施工机具使用费金额÷桥梁面积（m^2）	施工机具使用费金额÷分部分项工程				
2.1.4	桥面系			人工费金额÷桥梁面积（m^2）	人工费金额÷分部分项工程		材料费金额÷桥梁面积（m^2）	材料费金额÷分部分项工程		施工机具使用费金额÷桥梁面积（m^2）	施工机具使用费金额÷分部分项工程				
2.1.5	附属工程			人工费金额÷桥梁面积（m^2）	人工费金额÷分部分项工程		材料费金额÷桥梁面积（m^2）	材料费金额÷分部分项工程		施工机具使用费金额÷桥梁面积（m^2）	施工机具使用费金额÷分部分项工程				

表 B-10-02-02（续）

序号	名称	单位工程金额（元）	人工费			材料费			施工机具使用费			设备费			备注
			金额（元）	单位指标	占造价比例（%）	金额（元）	单位指标	占造价比例（%）	金额（元）	单位指标	占造价比例（%）	金额（元）	单位指标	占造价比例（%）	
		A	B	C	D=B÷A	E	F	G=E÷A	H	I	J=H÷A	K	L	M=K÷A	
2.2	匝道桥			人工费金额÷桥梁面积（m^2）	人工费金额÷单位工程金额		材料费金额÷桥梁面积（m^2）	材料费金额÷单位工程金额		施工机具使用费金额÷桥梁面积（m^2）	施工机具使用费金额÷单位工程金额				
2.2.1	基础工程			人工费金额÷桥梁面积（m^2）	人工费金额÷分部分项工程		材料费金额÷桥梁面积（m^2）	材料费金额÷分部分项工程		施工机具使用费金额÷桥梁面积（m^2）	施工机具使用费金额÷分部分项工程				
2.2.1.1	土石方工程			人工费金额÷桥梁面积（m^2）	人工费金额÷分部分项工程		材料费金额÷桥梁面积（m^2）	材料费金额÷分部分项工程		施工机具使用费金额÷桥梁面积（m^2）	施工机具使用费金额÷分部分项工程				
2.2.1.2	基坑支护			人工费金额÷桥梁面积（m^2）	人工费金额÷分部分项工程		材料费金额÷桥梁面积（m^2）	材料费金额÷分部分项工程		施工机具使用费金额÷桥梁面积（m^2）	施工机具使用费金额÷分部分项工程				
2.2.1.3	桩基础			人工费金额÷桥梁面积（m^2）	人工费金额÷分部分项工程		材料费金额÷桥梁面积（m^2）	材料费金额÷分部分项工程		施工机具使用费金额÷桥梁面积（m^2）	施工机具使用费金额÷分部分项工程				

表 B-10-02-02（续）

序号	名称	单位工程金额（元）	人工费			材料费			施工机具使用费			设备费			备注
			金额（元）	单位指标	占造价比例（%）	金额（元）	单位指标	占造价比例（%）	金额（元）	单位指标	占造价比例（%）	金额（元）	单位指标	占造价比例（%）	
		A	B	C	D=B÷A	E	F	G=E÷A	H	I	J=H÷A	K	L	M=K÷A	
2.2.1.4	扩大基础			人工费金额÷桥梁面积（m^2）	人工费金额÷分部分项工程		材料费金额÷桥梁面积（m^2）	材料费金额÷分部分项工程		施工机具使用费金额÷桥梁面积（m^2）	施工机具使用费金额÷分部分项工程				
2.2.1.5	沉井基础			人工费金额÷桥梁面积（m^2）	人工费金额÷分部分项工程		材料费金额÷桥梁面积（m^2）	材料费金额÷分部分项工程		施工机具使用费金额÷桥梁面积（m^2）	施工机具使用费金额÷分部分项工程				
2.2.1.6	承台、系梁			人工费金额÷桥梁面积（m^2）	人工费金额÷分部分项工程		材料费金额÷桥梁面积（m^2）	材料费金额÷分部分项工程		施工机具使用费金额÷桥梁面积（m^2）	施工机具使用费金额÷分部分项工程				
2.2.2	下部结构			人工费金额÷桥梁面积（m^2）	人工费金额÷分部分项工程		材料费金额÷桥梁面积（m^2）	材料费金额÷分部分项工程		施工机具使用费金额÷桥梁面积（m^2）	施工机具使用费金额÷分部分项工程				
2.2.2.1	墩（台）身			人工费金额÷桥梁面积（m^2）	人工费金额÷分部分项工程		材料费金额÷桥梁面积（m^2）	材料费金额÷分部分项工程		施工机具使用费金额÷桥梁面积（m^2）	施工机具使用费金额÷分部分项工程				

表 B-10-02-02（续）

序号	名称	单位工程金额（元）	人工费			材料费			施工机具使用费			设备费			备注
			金额（元）	单位指标	占造价比例（%）	金额（元）	单位指标	占造价比例（%）	金额（元）	单位指标	占造价比例（%）	金额（元）	单位指标	占造价比例（%）	
		A	B	C	D=B÷A	E	F	G=E÷A	H	I	J=H÷A	K	L	M=K÷A	
2.2.2.2	墩（台）帽、盖梁			人工费金额÷桥梁面积（m^2）	人工费金额÷分部分项工程		材料费金额÷桥梁面积（m^2）	材料费金额÷分部分项工程		施工机具使用费金额÷桥梁面积（m^2）	施工机具使用费金额÷分部分项工程				
2.2.2.3	支承梁、横梁			人工费金额÷桥梁面积（m^2）	人工费金额÷分部分项工程		材料费金额÷桥梁面积（m^2）	材料费金额÷分部分项工程		施工机具使用费金额÷桥梁面积（m^2）	施工机具使用费金额÷分部分项工程				
2.2.3	上部结构			人工费金额÷桥梁面积（m^2）	人工费金额÷分部分项工程		材料费金额÷桥梁面积（m^2）	材料费金额÷分部分项工程		施工机具使用费金额÷桥梁面积（m^2）	施工机具使用费金额÷分部分项工程				
2.2.3.1	钢筋混凝土梁			人工费金额÷桥梁面积（m^2）	人工费金额÷分部分项工程		材料费金额÷桥梁面积（m^2）	材料费金额÷分部分项工程		施工机具使用费金额÷桥梁面积（m^2）	施工机具使用费金额÷分部分项工程				
2.2.3.2	钢梁			人工费金额÷桥梁面积（m^2）	人工费金额÷分部分项工程		材料费金额÷桥梁面积（m^2）	材料费金额÷分部分项工程		施工机具使用费金额÷桥梁面积（m^2）	施工机具使用费金额÷分部分项工程				

表 B-10-02-02（续）

序号	名称	单位工程金额（元）	人工费			材料费			施工机具使用费			设备费			备注
			金额（元）	单位指标	占造价比例（%）	金额（元）	单位指标	占造价比例（%）	金额（元）	单位指标	占造价比例（%）	金额（元）	单位指标	占造价比例（%）	
		A	B	C	D=B÷A	E	F	G=E÷A	H	I	J=H÷A	K	L	M=K÷A	
2.2.3.3	钢混结合梁			人工费金额÷桥梁面积（m^2）	人工费金额÷分部分项工程		材料费金额÷桥梁面积（m^2）	材料费金额÷分部分项工程		施工机具使用费金额÷桥梁面积（m^2）	施工机具使用费金额÷分部分项工程				
2.2.3.4	钢结构			人工费金额÷桥梁面积（m^2）	人工费金额÷分部分项工程		材料费金额÷桥梁面积（m^2）	材料费金额÷分部分项工程		施工机具使用费金额÷桥梁面积（m^2）	施工机具使用费金额÷分部分项工程				
2.2.4	桥面系			人工费金额÷桥梁面积（m^2）	人工费金额÷分部分项工程		材料费金额÷桥梁面积（m^2）	材料费金额÷分部分项工程		施工机具使用费金额÷桥梁面积（m^2）	施工机具使用费金额÷分部分项工程				
2.2.5	附属工程			人工费金额÷桥梁面积（m^2）	人工费金额÷分部分项工程		材料费金额÷桥梁面积（m^2）	材料费金额÷分部分项工程		施工机具使用费金额÷桥梁面积（m^2）	施工机具使用费金额÷分部分项工程				

表 B-10-02-03　桥梁工程（高架桥）单位工程工料价格指标表

序号	名称	单位工程金额（元）	人工费			材料费			施工机具使用费			设备费			备注
			金额（元）	单位指标	造价占比（%）	金额（元）	单位指标	造价占比（%）	金额（元）	单位指标	造价占比（%）	金额（元）	单位指标	造价占比（%）	
		A	B	C	D=B÷A	E	F	G=E÷A	H	I	J=H÷A	K	L	M=K÷A	
3	高架桥			人工费金额÷桥梁面积（m^2）	人工费金额÷单位工程金额		材料费金额÷桥梁面积（m^2）	材料费金额÷单位工程金额		施工机具使用费金额÷桥梁面积（m^2）	施工机具使用费金额÷单位工程金额				
3.1	基础工程			人工费金额÷桥梁面积（m^2）	人工费金额÷分部分项工程金额		材料费金额÷桥梁面积（m^2）	材料费金额÷分部分项工程金额		施工机具使用费金额÷桥梁面积（m^2）	施工机具使用费金额÷分部分项工程金额				
3.1.1	土石方工程			人工费金额÷桥梁面积（m^2）	人工费金额÷分部分项工程金额		材料费金额÷桥梁面积（m^2）	材料费金额÷分部分项工程金额		施工机具使用费金额÷桥梁面积（m^2）	施工机具使用费金额÷分部分项工程金额				
3.1.2	基坑支护			人工费金额÷桥梁面积（m^2）	人工费金额÷分部分项工程金额		材料费金额÷桥梁面积（m^2）	材料费金额÷分部分项工程金额		施工机具使用费金额÷桥梁面积（m^2）	施工机具使用费金额÷分部分项工程金额				

表 B-10-02-03（续）

序号	名称	单位工程金额（元）	人工费			材料费			施工机具使用费			设备费			备注
			金额（元）	单位指标	造价占比（%）	金额（元）	单位指标	造价占比（%）	金额（元）	单位指标	造价占比（%）	金额（元）	单位指标	造价占比（%）	
		A	B	C	D=B÷A	E	F	G=E÷A	H	I	J=H÷A	K	L	M=K÷A	
3.1.3	桩基础			人工费金额÷桥梁面积（m^2）	人工费金额÷分部分项工程金额		材料费金额÷桥梁面积（m^2）	材料费金额÷分部分项工程金额		施工机具使用费金额÷桥梁面积（m^2）	施工机具使用费金额÷分部分项工程金额				
3.1.4	扩大基础			人工费金额÷桥梁面积（m^2）	人工费金额÷分部分项工程金额		材料费金额÷桥梁面积（m^2）	材料费金额÷分部分项工程金额		施工机具使用费金额÷桥梁面积（m^2）	施工机具使用费金额÷分部分项工程金额				
3.1.5	沉井基础			人工费金额÷桥梁面积（m^2）	人工费金额÷分部分项工程金额		材料费金额÷桥梁面积（m^2）	材料费金额÷分部分项工程金额		施工机具使用费金额÷桥梁面积（m^2）	施工机具使用费金额÷分部分项工程金额				
3.1.6	承台、系梁			人工费金额÷桥梁面积（m^2）	人工费金额÷分部分项工程金额		材料费金额÷桥梁面积（m^2）	材料费金额÷分部分项工程金额		施工机具使用费金额÷桥梁面积（m^2）	施工机具使用费金额÷分部分项工程金额				

表 B-10-02-03（续）

序号	名称	单位工程金额（元）	人工费			材料费			施工机具使用费			设备费			备注
			金额（元）	单位指标	造价占比（%）	金额（元）	单位指标	造价占比（%）	金额（元）	单位指标	造价占比（%）	金额（元）	单位指标	造价占比（%）	
		A	B	C	D=B÷A	E	F	G=E÷A	H	I	J=H÷A	K	L	M=K÷A	
3.2	下部结构			人工费金额÷桥梁面积（m^2）	人工费金额÷分部分项工程金额		材料费金额÷桥梁面积（m^2）	材料费金额÷分部分项工程金额		施工机具使用费金额÷桥梁面积（m^2）	施工机具使用费金额÷分部分项工程金额				
3.2.1	墩（台）身			人工费金额÷桥梁面积（m^2）	人工费金额÷分部分项工程金额		材料费金额÷桥梁面积（m^2）	材料费金额÷分部分项工程金额		施工机具使用费金额÷桥梁面积（m^2）	施工机具使用费金额÷分部分项工程金额				
3.2.2	墩（台）帽、盖梁			人工费金额÷桥梁面积（m^2）	人工费金额÷分部分项工程金额		材料费金额÷桥梁面积（m^2）	材料费金额÷分部分项工程金额		施工机具使用费金额÷桥梁面积（m^2）	施工机具使用费金额÷分部分项工程金额				
3.2.3	支承梁、横梁			人工费金额÷桥梁面积（m^2）	人工费金额÷分部分项工程金额		材料费金额÷桥梁面积（m^2）	材料费金额÷分部分项工程金额		施工机具使用费金额÷桥梁面积（m^2）	施工机具使用费金额÷分部分项工程金额				

表 B-10-02-03（续）

序号	名称	单位工程金额（元）	人工费			材料费			施工机具使用费			设备费			备注
			金额（元）	单位指标	造价占比（%）	金额（元）	单位指标	造价占比（%）	金额（元）	单位指标	造价占比（%）	金额（元）	单位指标	造价占比（%）	
		A	B	C	D=B÷A	E	F	G=E÷A	H	I	J=H÷A	K	L	M=K÷A	
3.3	上部结构			人工费金额÷桥梁面积（m^2）	人工费金额÷分部分项工程金额		材料费金额÷桥梁面积（m^2）	材料费金额÷分部分项工程金额		施工机具使用费金额÷桥梁面积（m^2）	施工机具使用费金额÷分部分项工程金额				
3.3.1	钢筋混凝土梁			人工费金额÷桥梁面积（m^2）	人工费金额÷分部分项工程金额		材料费金额÷桥梁面积（m^2）	材料费金额÷分部分项工程金额		施工机具使用费金额÷桥梁面积（m^2）	施工机具使用费金额÷分部分项工程金额				
3.3.2	钢梁			人工费金额÷桥梁面积（m^2）	人工费金额÷分部分项工程金额		材料费金额÷桥梁面积（m^2）	材料费金额÷分部分项工程金额		施工机具使用费金额÷桥梁面积（m^2）	施工机具使用费金额÷分部分项工程金额				
3.3.3	钢混结合梁			人工费金额÷桥梁面积（m^2）	人工费金额÷分部分项工程金额		材料费金额÷桥梁面积（m^2）	材料费金额÷分部分项工程金额		施工机具使用费金额÷桥梁面积（m^2）	施工机具使用费金额÷分部分项工程金额				

表 B-10-02-03（续）

序号	名称	单位工程金额（元）	人工费			材料费			施工机具使用费			设备费			备注
			金额（元）	单位指标	造价占比（%）	金额（元）	单位指标	造价占比（%）	金额（元）	单位指标	造价占比（%）	金额（元）	单位指标	造价占比（%）	
		A	B	C	D=B÷A	E	F	G=E÷A	H	I	J=H÷A	K	L	M=K÷A	
3.3.4	钢结构			人工费金额÷桥梁面积（m^2）	人工费金额÷分部分项工程金额		材料费金额÷桥梁面积（m^2）	材料费金额÷分部分项工程金额		施工机具使用费金额÷桥梁面积（m^2）	施工机具使用费金额÷分部分项工程金额				
3.4	桥面系			人工费金额÷桥梁面积（m^2）	人工费金额÷分部分项工程金额		材料费金额÷桥梁面积（m^2）	材料费金额÷分部分项工程金额		施工机具使用费金额÷桥梁面积（m^2）	施工机具使用费金额÷分部分项工程金额				
3.5	附属工程			人工费金额÷桥梁面积（m^2）	人工费金额÷分部分项工程金额		材料费金额÷桥梁面积（m^2）	材料费金额÷分部分项工程金额		施工机具使用费金额÷桥梁面积（m^2）	施工机具使用费金额÷分部分项工程金额				

表 B-10-02-04　桥梁工程（跨河梁桥）单位工程工料价格指标表

序号	名称	单位工程金额（元）	人工费			材料费			施工机具使用费			设备费			备注
			金额（元）	单位指标	造价占比（%）	金额（元）	单位指标	造价占比（%）	金额（元）	单位指标	造价占比（%）	金额（元）	单位指标	造价占比（%）	
		A	B	C	D=B÷A	E	F	G=E÷A	H	I	J=H÷A	K	L	M=K÷A	
4	跨河梁桥			人工费金额÷桥梁面积（m^2）	人工费金额÷单位工程金额		材料费金额÷桥梁面积（m^2）	材料费金额÷单位工程金额		施工机具使用费金额÷桥梁面积（m^2）	施工机具使用费金额÷单位工程金额				
4.1	基础工程			人工费金额÷桥梁面积（m^2）	人工费金额÷分部分项工程金额		材料费金额÷桥梁面积（m^2）	材料费金额÷分部分项工程金额		施工机具使用费金额÷桥梁面积（m^2）	施工机具使用费金额÷分部分项工程金额				
4.1.1	筑岛围堰			人工费金额÷桥梁面积（m^2）	人工费金额÷分部分项工程金额		材料费金额÷桥梁面积（m^2）	材料费金额÷分部分项工程金额		施工机具使用费金额÷桥梁面积（m^2）	施工机具使用费金额÷分部分项工程金额				
4.1.2	土石方工程			人工费金额÷桥梁面积（m^2）	人工费金额÷分部分项工程金额		材料费金额÷桥梁面积（m^2）	材料费金额÷分部分项工程金额		施工机具使用费金额÷桥梁面积（m^2）	施工机具使用费金额÷分部分项工程金额				

表 B-10-02-04（续）

序号	名称	单位工程金额（元）	人工费			材料费			施工机具使用费			设备费			备注
			金额（元）	单位指标	造价占比（%）	金额（元）	单位指标	造价占比（%）	金额（元）	单位指标	造价占比（%）	金额（元）	单位指标	造价占比（%）	
		A	B	C	D=B÷A	E	F	G=E÷A	H	I	J=H÷A	K	L	M=K÷A	
4.1.3	基坑支护			人工费金额÷桥梁面积（m^2）	人工费金额÷分部分项工程金额		材料费金额÷桥梁面积（m^2）	材料费金额÷分部分项工程金额		施工机具使用费金额÷桥梁面积（m^2）	施工机具使用费金额÷分部分项工程金额				
4.1.4	桩基础			人工费金额÷桥梁面积（m^2）	人工费金额÷分部分项工程金额		材料费金额÷桥梁面积（m^2）	材料费金额÷分部分项工程金额		施工机具使用费金额÷桥梁面积（m^2）	施工机具使用费金额÷分部分项工程金额				
4.1.5	扩大基础			人工费金额÷桥梁面积（m^2）	人工费金额÷分部分项工程金额		材料费金额÷桥梁面积（m^2）	材料费金额÷分部分项工程金额		施工机具使用费金额÷桥梁面积（m^2）	施工机具使用费金额÷分部分项工程金额				
4.1.6	沉井基础			人工费金额÷桥梁面积（m^2）	人工费金额÷分部分项工程金额		材料费金额÷桥梁面积（m^2）	材料费金额÷分部分项工程金额		施工机具使用费金额÷桥梁面积（m^2）	施工机具使用费金额÷分部分项工程金额				

表 B-10-02-04（续）

序号	名称	单位工程金额（元）	人工费			材料费			施工机具使用费			设备费			备注
			金额（元）	单位指标	造价占比（%）	金额（元）	单位指标	造价占比（%）	金额（元）	单位指标	造价占比（%）	金额（元）	单位指标	造价占比（%）	
		A	B	C	D=B÷A	E	F	G=E÷A	H	I	J=H÷A	K	L	M=K÷A	
4.1.7	承台、系梁			人工费金额÷桥梁面积（m^2）	人工费金额÷分部分项工程金额		材料费金额÷桥梁面积（m^2）	材料费金额÷分部分项工程金额		施工机具使用费金额÷桥梁面积（m^2）	施工机具使用费金额÷分部分项工程金额				
4.2	下部结构			人工费金额÷桥梁面积（m^2）	人工费金额÷分部分项工程金额		材料费金额÷桥梁面积（m^2）	材料费金额÷分部分项工程金额		施工机具使用费金额÷桥梁面积（m^2）	施工机具使用费金额÷分部分项工程金额				
4.2.1	墩（台）身			人工费金额÷桥梁面积（m^2）	人工费金额÷分部分项工程金额		材料费金额÷桥梁面积（m^2）	材料费金额÷分部分项工程金额		施工机具使用费金额÷桥梁面积（m^2）	施工机具使用费金额÷分部分项工程金额				
4.2.2	墩（台）帽、盖梁			人工费金额÷桥梁面积（m^2）	人工费金额÷分部分项工程金额		材料费金额÷桥梁面积（m^2）	材料费金额÷分部分项工程金额		施工机具使用费金额÷桥梁面积（m^2）	施工机具使用费金额÷分部分项工程金额				

表 B-10-02-04（续）

序号	名称	单位工程金额（元）	人工费			材料费			施工机具使用费			设备费			备注
			金额（元）	单位指标	造价占比（%）	金额（元）	单位指标	造价占比（%）	金额（元）	单位指标	造价占比（%）	金额（元）	单位指标	造价占比（%）	
		A	B	C	D=B÷A	E	F	G=E÷A	H	I	J=H÷A	K	L	M=K÷A	
4.2.3	支承梁、横梁			人工费金额÷桥梁面积（m^2）	人工费金额÷分部分项工程金额		材料费金额÷桥梁面积（m^2）	材料费金额÷分部分项工程金额		施工机具使用费金额÷桥梁面积（m^2）	施工机具使用费金额÷分部分项工程金额				
4.3	上部结构			人工费金额÷桥梁面积（m^2）	人工费金额÷分部分项工程金额		材料费金额÷桥梁面积（m^2）	材料费金额÷分部分项工程金额		施工机具使用费金额÷桥梁面积（m^2）	施工机具使用费金额÷分部分项工程金额				
4.3.1	钢筋混凝土梁			人工费金额÷桥梁面积（m^2）	人工费金额÷分部分项工程金额		材料费金额÷桥梁面积（m^2）	材料费金额÷分部分项工程金额		施工机具使用费金额÷桥梁面积（m^2）	施工机具使用费金额÷分部分项工程金额				
4.3.2	钢梁			人工费金额÷桥梁面积（m^2）	人工费金额÷分部分项工程金额		材料费金额÷桥梁面积（m^2）	材料费金额÷分部分项工程金额		施工机具使用费金额÷桥梁面积（m^2）	施工机具使用费金额÷分部分项工程金额				

表 B-10-02-04（续）

序号	名称	单位工程金额（元）	人工费			材料费			施工机具使用费			设备费			备注
			金额（元）	单位指标	造价占比（%）	金额（元）	单位指标	造价占比（%）	金额（元）	单位指标	造价占比（%）	金额（元）	单位指标	造价占比（%）	
		A	B	C	D=B÷A	E	F	G=E÷A	H	I	J=H÷A	K	L	M=K÷A	
4.3.3	钢混结合梁			人工费金额÷桥梁面积（m^2）	人工费金额÷分部分项工程金额		材料费金额÷桥梁面积（m^2）	材料费金额÷分部分项工程金额		施工机具使用费金额÷桥梁面积（m^2）	施工机具使用费金额÷分部分项工程金额				
4.3.4	钢结构			人工费金额÷桥梁面积（m^2）	人工费金额÷分部分项工程金额		材料费金额÷桥梁面积（m^2）	材料费金额÷分部分项工程金额		施工机具使用费金额÷桥梁面积（m^2）	施工机具使用费金额÷分部分项工程金额				
4.4	桥面系			人工费金额÷桥梁面积（m^2）	人工费金额÷分部分项工程金额		材料费金额÷桥梁面积（m^2）	材料费金额÷分部分项工程金额		施工机具使用费金额÷桥梁面积（m^2）	施工机具使用费金额÷分部分项工程金额				
4.5	附属工程			人工费金额÷桥梁面积（m^2）	人工费金额÷分部分项工程金额		材料费金额÷桥梁面积（m^2）	材料费金额÷分部分项工程金额		施工机具使用费金额÷桥梁面积（m^2）	施工机具使用费金额÷分部分项工程金额				

表 B-10-02-05　桥梁工程（跨河拱桥）单位工程工料价格指标表

序号	名称	单位工程金额（元）	人工费			材料费			施工机具使用费			设备费			备注
			金额（元）	单位指标	造价占比（%）	金额（元）	单位指标	造价占比（%）	金额（元）	单位指标	造价占比（%）	金额（元）	单位指标	造价占比（%）	
		A	B	C	D=B÷A	E	F	G=E÷A	H	I	J=H÷A	K	L	M=K÷A	
5	跨河拱桥			人工费金额÷桥梁面积（m^2）	人工费金额÷单位工程金额		材料费金额÷桥梁面积（m^2）	材料费金额÷单位工程金额		施工机具使用费金额÷桥梁面积（m^2）	施工机具使用费金额÷单位工程金额				
5.1	基础工程			人工费金额÷桥梁面积（m^2）	人工费金额÷分部分项工程金额		材料费金额÷桥梁面积（m^2）	材料费金额÷分部分项工程金额		施工机具使用费金额÷桥梁面积（m^2）	施工机具使用费金额÷分部分项工程金额				
5.1.1	筑岛围堰			人工费金额÷桥梁面积（m^2）	人工费金额÷分部分项工程金额		材料费金额÷桥梁面积（m^2）	材料费金额÷分部分项工程金额		施工机具使用费金额÷桥梁面积（m^2）	施工机具使用费金额÷分部分项工程金额				
5.1.2	土石方工程			人工费金额÷桥梁面积（m^2）	人工费金额÷分部分项工程金额		材料费金额÷桥梁面积（m^2）	材料费金额÷分部分项工程金额		施工机具使用费金额÷桥梁面积（m^2）	施工机具使用费金额÷分部分项工程金额				

表 B-10-02-05（续）

序号	名称	单位工程金额（元）	人工费			材料费			施工机具使用费			设备费			备注
			金额（元）	单位指标	造价占比（%）	金额（元）	单位指标	造价占比（%）	金额（元）	单位指标	造价占比（%）	金额（元）	单位指标	造价占比（%）	
		A	B	C	D=B÷A	E	F	G=E÷A	H	I	J=H÷A	K	L	M=K÷A	
5.1.3	基坑支护			人工费金额÷桥梁面积（m^2）	人工费金额÷分部分项工程金额		材料费金额÷桥梁面积（m^2）	材料费金额÷分部分项工程金额		施工机具使用费金额÷桥梁面积（m^2）	施工机具使用费金额÷分部分项工程金额				
5.1.4	桩基础			人工费金额÷桥梁面积（m^2）	人工费金额÷分部分项工程金额		材料费金额÷桥梁面积（m^2）	材料费金额÷分部分项工程金额		施工机具使用费金额÷桥梁面积（m^2）	施工机具使用费金额÷分部分项工程金额				
5.1.5	扩大基础			人工费金额÷桥梁面积（m^2）	人工费金额÷分部分项工程金额		材料费金额÷桥梁面积（m^2）	材料费金额÷分部分项工程金额		施工机具使用费金额÷桥梁面积（m^2）	施工机具使用费金额÷分部分项工程金额				
5.1.6	沉井基础			人工费金额÷桥梁面积（m^2）	人工费金额÷分部分项工程金额		材料费金额÷桥梁面积（m^2）	材料费金额÷分部分项工程金额		施工机具使用费金额÷桥梁面积（m^2）	施工机具使用费金额÷分部分项工程金额				

表 B-10-02-05（续）

序号	名称	单位工程金额（元）	人工费			材料费			施工机具使用费			设备费			备注
			金额（元）	单位指标	造价占比（%）	金额（元）	单位指标	造价占比（%）	金额（元）	单位指标	造价占比（%）	金额（元）	单位指标	造价占比（%）	
		A	B	C	D=B÷A	E	F	G=E÷A	H	I	J=H÷A	K	L	M=K÷A	
5.1.7	承台、系梁			人工费金额÷桥梁面积（m^2）	人工费金额÷分部分项工程金额		材料费金额÷桥梁面积（m^2）	材料费金额÷分部分项工程金额		施工机具使用费金额÷桥梁面积（m^2）	施工机具使用费金额÷分部分项工程金额				
5.2	下部结构			人工费金额÷桥梁面积（m^2）	人工费金额÷分部分项工程金额		材料费金额÷桥梁面积（m^2）	材料费金额÷分部分项工程金额		施工机具使用费金额÷桥梁面积（m^2）	施工机具使用费金额÷分部分项工程金额				
5.2.1	拱座			人工费金额÷桥梁面积（m^2）	人工费金额÷分部分项工程金额		材料费金额÷桥梁面积（m^2）	材料费金额÷分部分项工程金额		施工机具使用费金额÷桥梁面积（m^2）	施工机具使用费金额÷分部分项工程金额				
5.3	上部结构			人工费金额÷桥梁面积（m^2）	人工费金额÷分部分项工程金额		材料费金额÷桥梁面积（m^2）	材料费金额÷分部分项工程金额		施工机具使用费金额÷桥梁面积（m^2）	施工机具使用费金额÷分部分项工程金额				

表 B-10-02-05（续）

序号	名称	单位工程金额（元）	人工费			材料费			施工机具使用费			设备费			备注
			金额（元）	单位指标	造价占比（%）	金额（元）	单位指标	造价占比（%）	金额（元）	单位指标	造价占比（%）	金额（元）	单位指标	造价占比（%）	
		A	B	C	D=B÷A	E	F	G=E÷A	H	I	J=H÷A	K	L	M=K÷A	
5.3.1	拱圈			人工费金额÷桥梁面积（m^2）	人工费金额÷分部分项工程金额		材料费金额÷桥梁面积（m^2）	材料费金额÷分部分项工程金额		施工机具使用费金额÷桥梁面积（m^2）	施工机具使用费金额÷分部分项工程金额				
5.3.2	梁			人工费金额÷桥梁面积（m^2）	人工费金额÷分部分项工程金额		材料费金额÷桥梁面积（m^2）	材料费金额÷分部分项工程金额		施工机具使用费金额÷桥梁面积（m^2）	施工机具使用费金额÷分部分项工程金额				
5.3.3	吊杆			人工费金额÷桥梁面积（m^2）	人工费金额÷分部分项工程金额		材料费金额÷桥梁面积（m^2）	材料费金额÷分部分项工程金额		施工机具使用费金额÷桥梁面积（m^2）	施工机具使用费金额÷分部分项工程金额				

表 B-10-02-05（续）

序号	名称	单位工程金额（元）	人工费			材料费			施工机具使用费			设备费			备注
			金额（元）	单位指标	造价占比（%）	金额（元）	单位指标	造价占比（%）	金额（元）	单位指标	造价占比（%）	金额（元）	单位指标	造价占比（%）	
		A	B	C	D=B÷A	E	F	G=E÷A	H	I	J=H÷A	K	L	M=K÷A	
5.3.4	拱上构造			人工费金额 ÷ 桥梁面积（m^2）	人工费金额 ÷ 分部分项工程金额		材料费金额 ÷ 桥梁面积（m^2）	材料费金额 ÷ 分部分项工程金额		施工机具使用费金额 ÷ 桥梁面积（m^2）	施工机具使用费金额 ÷ 分部分项工程金额				
5.4	桥面系			人工费金额 ÷ 桥梁面积（m^2）	人工费金额 ÷ 分部分项工程金额		材料费金额 ÷ 桥梁面积（m^2）	材料费金额 ÷ 分部分项工程金额		施工机具使用费金额 ÷ 桥梁面积（m^2）	施工机具使用费金额 ÷ 分部分项工程金额				
5.5	附属工程			人工费金额 ÷ 桥梁面积（m^2）	人工费金额 ÷ 分部分项工程金额		材料费金额 ÷ 桥梁面积（m^2）	材料费金额 ÷ 分部分项工程金额		施工机具使用费金额 ÷ 桥梁面积（m^2）	施工机具使用费金额 ÷ 分部分项工程金额				

表 B-10-02-06　桥梁工程（跨河悬索桥）单位工程工料价格指标表

序号	名称	单位工程金额（元）	人工费			材料费			施工机具使用费			设备费			备注
			金额（元）	单位指标	造价占比（%）	金额（元）	单位指标	造价占比（%）	金额（元）	单位指标	造价占比（%）	金额（元）	单位指标	造价占比（%）	
		A	B	C	D=B ÷ A	E	F	G=E ÷ A	H	I	J=H ÷ A	K	L	M=K ÷ A	
6	悬索桥			人工费金额 ÷ 桥梁面积（m^2）	人工费金额 ÷ 单位工程金额		材料费金额 ÷ 桥梁面积（m^2）	材料费金额 ÷ 单位工程金额		施工机具使用费金额 ÷ 桥梁面积（m^2）	施工机具使用费金额 ÷ 单位工程金额				
6.1	基础工程			人工费金额 ÷ 桥梁面积（m^2）	人工费金额 ÷ 分部分项工程金额		材料费金额 ÷ 桥梁面积（m^2）	材料费金额 ÷ 分部分项工程金额		施工机具使用费金额 ÷ 桥梁面积（m^2）	施工机具使用费金额 ÷ 分部分项工程金额				
6.1.1	筑岛围堰			人工费金额 ÷ 桥梁面积（m^2）	人工费金额 ÷ 分部分项工程金额		材料费金额 ÷ 桥梁面积（m^2）	材料费金额 ÷ 分部分项工程金额		施工机具使用费金额 ÷ 桥梁面积（m^2）	施工机具使用费金额 ÷ 分部分项工程金额				
6.1.2	土石方工程			人工费金额 ÷ 桥梁面积（m^2）	人工费金额 ÷ 分部分项工程金额		材料费金额 ÷ 桥梁面积（m^2）	材料费金额 ÷ 分部分项工程金额		施工机具使用费金额 ÷ 桥梁面积（m^2）	施工机具使用费金额 ÷ 分部分项工程金额				

表 B-10-02-06（续）

序号	名称	单位工程金额（元）	人工费			材料费			施工机具使用费			设备费			备注
			金额（元）	单位指标	造价占比（%）	金额（元）	单位指标	造价占比（%）	金额（元）	单位指标	造价占比（%）	金额（元）	单位指标	造价占比（%）	
		A	B	C	D=B÷A	E	F	G=E÷A	H	I	J=H÷A	K	L	M=K÷A	
6.1.3	基坑支护			人工费金额÷桥梁面积（m^2）	人工费金额÷分部分项工程金额		材料费金额÷桥梁面积（m^2）	材料费金额÷分部分项工程金额		施工机具使用费金额÷桥梁面积（m^2）	施工机具使用费金额÷分部分项工程金额				
6.1.4	桩基础			人工费金额÷桥梁面积（m^2）	人工费金额÷分部分项工程金额		材料费金额÷桥梁面积（m^2）	材料费金额÷分部分项工程金额		施工机具使用费金额÷桥梁面积（m^2）	施工机具使用费金额÷分部分项工程金额				
6.1.5	沉井基础			人工费金额÷桥梁面积（m^2）	人工费金额÷分部分项工程金额		材料费金额÷桥梁面积（m^2）	材料费金额÷分部分项工程金额		施工机具使用费金额÷桥梁面积（m^2）	施工机具使用费金额÷分部分项工程金额				
6.1.6	承台、系梁			人工费金额÷桥梁面积（m^2）	人工费金额÷分部分项工程金额		材料费金额÷桥梁面积（m^2）	材料费金额÷分部分项工程金额		施工机具使用费金额÷桥梁面积（m^2）	施工机具使用费金额÷分部分项工程金额				

表 B-10-02-06（续）

序号	名称	单位工程金额（元）	人工费			材料费			施工机具使用费			设备费			备注
			金额（元）	单位指标	造价占比（%）	金额（元）	单位指标	造价占比（%）	金额（元）	单位指标	造价占比（%）	金额（元）	单位指标	造价占比（%）	
		A	B	C	D=B÷A	E	F	G=E÷A	H	I	J=H÷A	K	L	M=K÷A	
6.2	下部结构			人工费金额÷桥梁面积（m^2）	人工费金额÷分部分项工程金额		材料费金额÷桥梁面积（m^2）	材料费金额÷分部分项工程金额		施工机具使用费金额÷桥梁面积（m^2）	施工机具使用费金额÷分部分项工程金额				
6.2.1	墩（台）身			人工费金额÷桥梁面积（m^2）	人工费金额÷分部分项工程金额		材料费金额÷桥梁面积（m^2）	材料费金额÷分部分项工程金额		施工机具使用费金额÷桥梁面积（m^2）	施工机具使用费金额÷分部分项工程金额				
6.2.2	墩（台）帽、盖梁			人工费金额÷桥梁面积（m^2）	人工费金额÷分部分项工程金额		材料费金额÷桥梁面积（m^2）	材料费金额÷分部分项工程金额		施工机具使用费金额÷桥梁面积（m^2）	施工机具使用费金额÷分部分项工程金额				
6.2.3	支承梁、横梁			人工费金额÷桥梁面积（m^2）	人工费金额÷分部分项工程金额		材料费金额÷桥梁面积（m^2）	材料费金额÷分部分项工程金额		施工机具使用费金额÷桥梁面积（m^2）	施工机具使用费金额÷分部分项工程金额				

表 B-10-02-06（续）

序号	名称	单位工程金额（元）	人工费			材料费			施工机具使用费			设备费			备注
			金额（元）	单位指标	造价占比（%）	金额（元）	单位指标	造价占比（%）	金额（元）	单位指标	造价占比（%）	金额（元）	单位指标	造价占比（%）	
		A	B	C	D=B÷A	E	F	G=E÷A	H	I	J=H÷A	K	L	M=K÷A	
6.2.4	锚碇			人工费金额÷桥梁面积（m^2）	人工费金额÷分部分项工程金额		材料费金额÷桥梁面积（m^2）	材料费金额÷分部分项工程金额		施工机具使用费金额÷桥梁面积（m^2）	施工机具使用费金额÷分部分项工程金额				
6.3	上部结构			人工费金额÷桥梁面积（m^2）	人工费金额÷分部分项工程金额		材料费金额÷桥梁面积（m^2）	材料费金额÷分部分项工程金额		施工机具使用费金额÷桥梁面积（m^2）	施工机具使用费金额÷分部分项工程金额				
6.3.1	钢筋混凝土梁			人工费金额÷桥梁面积（m^2）	人工费金额÷分部分项工程金额		材料费金额÷桥梁面积（m^2）	材料费金额÷分部分项工程金额		施工机具使用费金额÷桥梁面积（m^2）	施工机具使用费金额÷分部分项工程金额				
6.3.2	钢梁			人工费金额÷桥梁面积（m^2）	人工费金额÷分部分项工程金额		材料费金额÷桥梁面积（m^2）	材料费金额÷分部分项工程金额		施工机具使用费金额÷桥梁面积（m^2）	施工机具使用费金额÷分部分项工程金额				

表 B-10-02-06（续）

序号	名称	单位工程金额（元）	人工费			材料费			施工机具使用费			设备费			备注
			金额（元）	单位指标	造价占比（%）	金额（元）	单位指标	造价占比（%）	金额（元）	单位指标	造价占比（%）	金额（元）	单位指标	造价占比（%）	
		A	B	C	D=B÷A	E	F	G=E÷A	H	I	J=H÷A	K	L	M=K÷A	
6.3.3	钢混结合梁			人工费金额÷桥梁面积（m^2）	人工费金额÷分部分项工程金额		材料费金额÷桥梁面积（m^2）	材料费金额÷分部分项工程金额		施工机具使用费金额÷桥梁面积（m^2）	施工机具使用费金额÷分部分项工程金额				
6.3.4	钢结构			人工费金额÷桥梁面积（m^2）	人工费金额÷分部分项工程金额		材料费金额÷桥梁面积（m^2）	材料费金额÷分部分项工程金额		施工机具使用费金额÷桥梁面积（m^2）	施工机具使用费金额÷分部分项工程金额				
6.3.5	索塔			人工费金额÷桥梁面积（m^2）	人工费金额÷分部分项工程金额		材料费金额÷桥梁面积（m^2）	材料费金额÷分部分项工程金额		施工机具使用费金额÷桥梁面积（m^2）	施工机具使用费金额÷分部分项工程金额				
6.3.6	索缆			人工费金额÷桥梁面积（m^2）	人工费金额÷分部分项工程金额		材料费金额÷桥梁面积（m^2）	材料费金额÷分部分项工程金额		施工机具使用费金额÷桥梁面积（m^2）	施工机具使用费金额÷分部分项工程金额				

表 B-10-02-06（续）

序号	名称	单位工程金额（元）	人工费			材料费			施工机具使用费			设备费			备注
			金额（元）	单位指标	造价占比（%）	金额（元）	单位指标	造价占比（%）	金额（元）	单位指标	造价占比（%）	金额（元）	单位指标	造价占比（%）	
		A	B	C	D=B÷A	E	F	G=E÷A	H	I	J=H÷A	K	L	M=K÷A	
6.3.7	吊杆			人工费金额 ÷ 桥梁面积（m^2）	人工费金额 ÷ 分部分项工程金额		材料费金额 ÷ 桥梁面积（m^2）	材料费金额 ÷ 分部分项工程金额		施工机具使用费金额 ÷ 桥梁面积（m^2）	施工机具使用费金额 ÷ 分部分项工程金额				
6.4	桥面系			人工费金额 ÷ 桥梁面积（m^2）	人工费金额 ÷ 分部分项工程金额		材料费金额 ÷ 桥梁面积（m^2）	材料费金额 ÷ 分部分项工程金额		施工机具使用费金额 ÷ 桥梁面积（m^2）	施工机具使用费金额 ÷ 分部分项工程金额				
6.5	附属工程			人工费金额 ÷ 桥梁面积（m^2）	人工费金额 ÷ 分部分项工程金额		材料费金额 ÷ 桥梁面积（m^2）	材料费金额 ÷ 分部分项工程金额		施工机具使用费金额 ÷ 桥梁面积（m^2）	施工机具使用费金额 ÷ 分部分项工程金额				

表 B-10-02-07　桥梁工程（跨河斜拉桥）单位工程工料价格指标表

序号	名称	单位工程金额（元）	人工费			材料费			施工机具使用费			设备费			备注
			金额（元）	单位指标	造价占比（%）	金额（元）	单位指标	造价占比（%）	金额（元）	单位指标	造价占比（%）	金额（元）	单位指标	造价占比（%）	
		A	B	C	D=B÷A	E	F	G=E÷A	H	I	J=H÷A	K	L	M=K÷A	
7	跨河斜拉桥			人工费金额÷桥梁面积（m^2）	人工费金额÷单位工程金额		材料费金额÷桥梁面积（m^2）	材料费金额÷单位工程金额		施工机具使用费金额÷桥梁面积（m^2）	施工机具使用费金额÷单位工程金额				
7.1	基础工程			人工费金额÷桥梁面积（m^2）	人工费金额÷分部分项工程金额		材料费金额÷桥梁面积（m^2）	材料费金额÷分部分项工程金额		施工机具使用费金额÷桥梁面积（m^2）	施工机具使用费金额÷分部分项工程金额				
7.1.1	筑岛围堰			人工费金额÷桥梁面积（m^2）	人工费金额÷分部分项工程金额		材料费金额÷桥梁面积（m^2）	材料费金额÷分部分项工程金额		施工机具使用费金额÷桥梁面积（m^2）	施工机具使用费金额÷分部分项工程金额				
7.1.2	土石方工程			人工费金额÷桥梁面积（m^2）	人工费金额÷分部分项工程金额		材料费金额÷桥梁面积（m^2）	材料费金额÷分部分项工程金额		施工机具使用费金额÷桥梁面积（m^2）	施工机具使用费金额÷分部分项工程金额				
7.1.3	基坑支护			人工费金额÷桥梁面积（m^2）	人工费金额÷分部分项工程金额		材料费金额÷桥梁面积（m^2）	材料费金额÷分部分项工程金额		施工机具使用费金额÷桥梁面积（m^2）	施工机具使用费金额÷分部分项工程金额				

表 B-10-02-07（续）

序号	名称	单位工程金额（元）	人工费			材料费			施工机具使用费			设备费			备注
			金额（元）	单位指标	造价占比（%）	金额（元）	单位指标	造价占比（%）	金额（元）	单位指标	造价占比（%）	金额（元）	单位指标	造价占比（%）	
		A	B	C	D=B÷A	E	F	G=E÷A	H	I	J=H÷A	K	L	M=K÷A	
7.1.4	桩基础			人工费金额÷桥梁面积（m^2）	人工费金额÷分部分项工程金额		材料费金额÷桥梁面积（m^2）	材料费金额÷分部分项工程金额		施工机具使用费金额÷桥梁面积（m^2）	施工机具使用费金额÷分部分项工程金额				
7.1.5	沉井基础			人工费金额÷桥梁面积（m^2）	人工费金额÷分部分项工程金额		材料费金额÷桥梁面积（m^2）	材料费金额÷分部分项工程金额		施工机具使用费金额÷桥梁面积（m^2）	施工机具使用费金额÷分部分项工程金额				
7.1.6	承台、系梁			人工费金额÷桥梁面积（m^2）	人工费金额÷分部分项工程金额		材料费金额÷桥梁面积（m^2）	材料费金额÷分部分项工程金额		施工机具使用费金额÷桥梁面积（m^2）	施工机具使用费金额÷分部分项工程金额				
7.2	下部结构			人工费金额÷桥梁面积（m^2）	人工费金额÷分部分项工程金额		材料费金额÷桥梁面积（m^2）	材料费金额÷分部分项工程金额		施工机具使用费金额÷桥梁面积（m^2）	施工机具使用费金额÷分部分项工程金额				

表 B-10-02-07（续）

序号	名称	单位工程金额（元）	人工费			材料费			施工机具使用费			设备费			备注
			金额（元）	单位指标	造价占比（%）	金额（元）	单位指标	造价占比（%）	金额（元）	单位指标	造价占比（%）	金额（元）	单位指标	造价占比（%）	
		A	B	C	D=B÷A	E	F	G=E÷A	H	I	J=H÷A	K	L	M=K÷A	
7.2.1	墩（台）身			人工费金额÷桥梁面积（m^2）	人工费金额÷分部分项工程金额		材料费金额÷桥梁面积（m^2）	材料费金额÷分部分项工程金额		施工机具使用费金额÷桥梁面积（m^2）	施工机具使用费金额÷分部分项工程金额				
7.2.2	墩（台）帽、盖梁			人工费金额÷桥梁面积（m^2）	人工费金额÷分部分项工程金额		材料费金额÷桥梁面积（m^2）	材料费金额÷分部分项工程金额		施工机具使用费金额÷桥梁面积（m^2）	施工机具使用费金额÷分部分项工程金额				
7.2.3	支承梁、横梁			人工费金额÷桥梁面积（m^2）	人工费金额÷分部分项工程金额		材料费金额÷桥梁面积（m^2）	材料费金额÷分部分项工程金额		施工机具使用费金额÷桥梁面积（m^2）	施工机具使用费金额÷分部分项工程金额				
7.3	上部结构			人工费金额÷桥梁面积（m^2）	人工费金额÷分部分项工程金额		材料费金额÷桥梁面积（m^2）	材料费金额÷分部分项工程金额		施工机具使用费金额÷桥梁面积（m^2）	施工机具使用费金额÷分部分项工程金额				

表 B-10-02-07（续）

序号	名称	单位工程金额（元）	人工费			材料费			施工机具使用费			设备费			备注
			金额（元）	单位指标	造价占比（%）	金额（元）	单位指标	造价占比（%）	金额（元）	单位指标	造价占比（%）	金额（元）	单位指标	造价占比（%）	
		A	B	C	D=B÷A	E	F	G=E÷A	H	I	J=H÷A	K	L	M=K÷A	
7.3.1	钢筋混凝土梁			人工费金额÷桥梁面积（m^2）	人工费金额÷分部分项工程金额		材料费金额÷桥梁面积（m^2）	材料费金额÷分部分项工程金额		施工机具使用费金额÷桥梁面积（m^2）	施工机具使用费金额÷分部分项工程金额				
7.3.2	钢梁			人工费金额÷桥梁面积（m^2）	人工费金额÷分部分项工程金额		材料费金额÷桥梁面积（m^2）	材料费金额÷分部分项工程金额		施工机具使用费金额÷桥梁面积（m^2）	施工机具使用费金额÷分部分项工程金额				
7.3.3	钢混结合梁			人工费金额÷桥梁面积（m^2）	人工费金额÷分部分项工程金额		材料费金额÷桥梁面积（m^2）	材料费金额÷分部分项工程金额		施工机具使用费金额÷桥梁面积（m^2）	施工机具使用费金额÷分部分项工程金额				
7.3.4	钢结构			人工费金额÷桥梁面积（m^2）	人工费金额÷分部分项工程金额		材料费金额÷桥梁面积（m^2）	材料费金额÷分部分项工程金额		施工机具使用费金额÷桥梁面积（m^2）	施工机具使用费金额÷分部分项工程金额				

表 B-10-02-07（续）

序号	名称	单位工程金额（元）	人工费			材料费			施工机具使用费			设备费			备注
			金额（元）	单位指标	造价占比（%）	金额（元）	单位指标	造价占比（%）	金额（元）	单位指标	造价占比（%）	金额（元）	单位指标	造价占比（%）	
		A	B	C	D=B÷A	E	F	G=E÷A	H	I	J=H÷A	K	L	M=K÷A	
7.3.5	索塔			人工费金额÷桥梁面积（m^2）	人工费金额÷分部分项工程金额		材料费金额÷桥梁面积（m^2）	材料费金额÷分部分项工程金额		施工机具使用费金额÷桥梁面积（m^2）	施工机具使用费金额÷分部分项工程金额				
7.3.6	斜拉索			人工费金额÷桥梁面积（m^2）	人工费金额÷分部分项工程金额		材料费金额÷桥梁面积（m^2）	材料费金额÷分部分项工程金额		施工机具使用费金额÷桥梁面积（m^2）	施工机具使用费金额÷分部分项工程金额				
7.4	桥面系			人工费金额÷桥梁面积（m^2）	人工费金额÷分部分项工程金额		材料费金额÷桥梁面积（m^2）	材料费金额÷分部分项工程金额		施工机具使用费金额÷桥梁面积（m^2）	施工机具使用费金额÷分部分项工程金额				
7.5	附属工程			人工费金额÷桥梁面积（m^2）	人工费金额÷分部分项工程金额		材料费金额÷桥梁面积（m^2）	材料费金额÷分部分项工程金额		施工机具使用费金额÷桥梁面积（m^2）	施工机具使用费金额÷分部分项工程金额				

表 B-10-02-08　桥梁工程（通道箱涵）单位工程工料价格指标表

序号	名称	单位工程金额（元）	人工费			材料费			施工机具使用费			设备费			备注
			金额（元）	单位指标	造价占比（%）	金额（元）	单位指标	造价占比（%）	金额（元）	单位指标	造价占比（%）	金额（元）	单位指标	造价占比（%）	
		A	B	C	D=B÷A	E	F	G=E÷A	H	I	J=H÷A	K	L	M=K÷A	
8	通道（箱涵）			人工费金额÷桥梁面积（m^2）	人工费金额÷单位工程金额		材料费金额÷桥梁面积（m^2）	材料费金额÷单位工程金额		施工机具使用费金额÷桥梁面积（m^2）	施工机具使用费金额÷单位工程金额				
8.1	基础工程			人工费金额÷桥梁面积（m^2）	人工费金额÷分部分项工程金额		材料费金额÷桥梁面积（m^2）	材料费金额÷分部分项工程金额		施工机具使用费金额÷桥梁面积（m^2）	施工机具使用费金额÷分部分项工程金额				
8.1.1	土石方工程			人工费金额÷桥梁面积（m^2）	人工费金额÷分部分项工程金额		材料费金额÷桥梁面积（m^2）	材料费金额÷分部分项工程金额		施工机具使用费金额÷桥梁面积（m^2）	施工机具使用费金额÷分部分项工程金额				
8.1.2	基坑支护			人工费金额÷桥梁面积（m^2）	人工费金额÷分部分项工程金额		材料费金额÷桥梁面积（m^2）	材料费金额÷分部分项工程金额		施工机具使用费金额÷桥梁面积（m^2）	施工机具使用费金额÷分部分项工程金额				
8.1.3	桩基础			人工费金额÷桥梁面积（m^2）	人工费金额÷分部分项工程金额		材料费金额÷桥梁面积（m^2）	材料费金额÷分部分项工程金额		施工机具使用费金额÷桥梁面积（m^2）	施工机具使用费金额÷分部分项工程金额				

表 B-10-02-08（续）

序号	名称	单位工程金额（元）	人工费			材料费			施工机具使用费			设备费			备注
			金额（元）	单位指标	造价占比（%）	金额（元）	单位指标	造价占比（%）	金额（元）	单位指标	造价占比（%）	金额（元）	单位指标	造价占比（%）	
		A	B	C	D=B÷A	E	F	G=E÷A	H	I	J=H÷A	K	L	M=K÷A	
8.2	通道（箱涵）工程			人工费金额÷桥梁面积（m^2）	人工费金额÷分部分项工程金额		材料费金额÷桥梁面积（m^2）	材料费金额÷分部分项工程金额		施工机具使用费金额÷桥梁面积（m^2）	施工机具使用费金额÷分部分项工程金额				
8.2.1	通道（箱涵）现浇			人工费金额÷桥梁面积（m^2）	人工费金额÷分部分项工程金额		材料费金额÷桥梁面积（m^2）	材料费金额÷分部分项工程金额		施工机具使用费金额÷桥梁面积（m^2）	施工机具使用费金额÷分部分项工程金额				
8.2.2	滑板制作			人工费金额÷桥梁面积（m^2）	人工费金额÷分部分项工程金额		材料费金额÷桥梁面积（m^2）	材料费金额÷分部分项工程金额		施工机具使用费金额÷桥梁面积（m^2）	施工机具使用费金额÷分部分项工程金额				
8.2.3	通道（箱涵）预制			人工费金额÷桥梁面积（m^2）	人工费金额÷分部分项工程金额		材料费金额÷桥梁面积（m^2）	材料费金额÷分部分项工程金额		施工机具使用费金额÷桥梁面积（m^2）	施工机具使用费金额÷分部分项工程金额				

表 B-10-02-08（续）

序号	名称	单位工程金额（元）	人工费			材料费			施工机具使用费			设备费			备注
			金额（元）	单位指标	造价占比（%）	金额（元）	单位指标	造价占比（%）	金额（元）	单位指标	造价占比（%）	金额（元）	单位指标	造价占比（%）	
		A	B	C	D=B ÷ A	E	F	G=E ÷ A	H	I	J=H ÷ A	K	L	M=K ÷ A	
8.2.4	通道（箱涵）顶进			人工费金额 ÷ 桥梁面积（m^2）	人工费金额 ÷ 分部分项工程金额		材料费金额 ÷ 桥梁面积（m^2）	材料费金额 ÷ 分部分项工程金额		施工机具使用费金额 ÷ 桥梁面积（m^2）	施工机具使用费金额 ÷ 分部分项工程金额				
8.2.5	接缝处理			人工费金额 ÷ 桥梁面积（m^2）	人工费金额 ÷ 分部分项工程金额		材料费金额 ÷ 桥梁面积（m^2）	材料费金额 ÷ 分部分项工程金额		施工机具使用费金额 ÷ 桥梁面积（m^2）	施工机具使用费金额 ÷ 分部分项工程金额				
8.3	桥面系			人工费金额 ÷ 桥梁面积（m^2）	人工费金额 ÷ 分部分项工程金额		材料费金额 ÷ 桥梁面积（m^2）	材料费金额 ÷ 分部分项工程金额		施工机具使用费金额 ÷ 桥梁面积（m^2）	施工机具使用费金额 ÷ 分部分项工程金额				
8.4	附属工程			人工费金额 ÷ 桥梁面积（m^2）	人工费金额 ÷ 分部分项工程金额		材料费金额 ÷ 桥梁面积（m^2）	材料费金额 ÷ 分部分项工程金额		施工机具使用费金额 ÷ 桥梁面积（m^2）	施工机具使用费金额 ÷ 分部分项工程金额				

表 B-10-02-09　桥梁工程（人行地下通道）单位工程工料价格指标表

序号	名称	单位工程金额（元）	人工费			材料费			施工机具使用费			设备费			备注
			金额（元）	单位指标	造价占比（%）	金额（元）	单位指标	造价占比（%）	金额（元）	单位指标	造价占比（%）	金额（元）	单位指标	造价占比（%）	
		A	B	C	D=B÷A	E	F	G=E÷A	H	I	J=H÷A	K	L	M=K÷A	
8	人行通道			人工费金额÷桥梁面积（m^2）	人工费金额÷单位工程金额		材料费金额÷桥梁面积（m^2）	材料费金额÷单位工程金额		施工机具使用费金额÷桥梁面积（m^2）	施工机具使用费金额÷单位工程金额				
8.1	基础工程			人工费金额÷桥梁面积（m^2）	人工费金额÷分部分项工程金额		材料费金额÷桥梁面积（m^2）	材料费金额÷分部分项工程金额		施工机具使用费金额÷桥梁面积（m^2）	施工机具使用费金额÷分部分项工程金额				
8.1.1	土石方工程			人工费金额÷桥梁面积（m^2）	人工费金额÷分部分项工程金额		材料费金额÷桥梁面积（m^2）	材料费金额÷分部分项工程金额		施工机具使用费金额÷桥梁面积（m^2）	施工机具使用费金额÷分部分项工程金额				
8.1.2	基坑支护			人工费金额÷桥梁面积（m^2）	人工费金额÷分部分项工程金额		材料费金额÷桥梁面积（m^2）	材料费金额÷分部分项工程金额		施工机具使用费金额÷桥梁面积（m^2）	施工机具使用费金额÷分部分项工程金额				
8.1.3	桩基础			人工费金额÷桥梁面积（m^2）	人工费金额÷分部分项工程金额		材料费金额÷桥梁面积（m^2）	材料费金额÷分部分项工程金额		施工机具使用费金额÷桥梁面积（m^2）	施工机具使用费金额÷分部分项工程金额				

表 B-10-02-09（续）

序号	名称	单位工程金额（元）	人工费			材料费			施工机具使用费			设备费			备注
			金额（元）	单位指标	造价占比（%）	金额（元）	单位指标	造价占比（%）	金额（元）	单位指标	造价占比（%）	金额（元）	单位指标	造价占比（%）	
		A	B	C	D=B÷A	E	F	G=E÷A	H	I	J=H÷A	K	L	M=K÷A	
8.2	通道（箱涵）工程			人工费金额÷桥梁面积（m^2）	人工费金额÷分部分项工程金额		材料费金额÷桥梁面积（m^2）	材料费金额÷分部分项工程金额		施工机具使用费金额÷桥梁面积（m^2）	施工机具使用费金额÷分部分项工程金额				
8.2.1	通道（箱涵）现浇			人工费金额÷桥梁面积（m^2）	人工费金额÷分部分项工程金额		材料费金额÷桥梁面积（m^2）	材料费金额÷分部分项工程金额		施工机具使用费金额÷桥梁面积（m^2）	施工机具使用费金额÷分部分项工程金额				
8.2.2	滑板制作			人工费金额÷桥梁面积（m^2）	人工费金额÷分部分项工程金额		材料费金额÷桥梁面积（m^2）	材料费金额÷分部分项工程金额		施工机具使用费金额÷桥梁面积（m^2）	施工机具使用费金额÷分部分项工程金额				
8.2.3	通道（箱涵）预制			人工费金额÷桥梁面积（m^2）	人工费金额÷分部分项工程金额		材料费金额÷桥梁面积（m^2）	材料费金额÷分部分项工程金额		施工机具使用费金额÷桥梁面积（m^2）	施工机具使用费金额÷分部分项工程金额				

表 B-10-02-09（续）

序号	名称	单位工程金额（元）	人工费			材料费			施工机具使用费			设备费			备注
			金额（元）	单位指标	造价占比（%）	金额（元）	单位指标	造价占比（%）	金额（元）	单位指标	造价占比（%）	金额（元）	单位指标	造价占比（%）	
		A	B	C	D=B÷A	E	F	G=E÷A	H	I	J=H÷A	K	L	M=K÷A	
8.2.4	通道（箱涵）顶进			人工费金额÷桥梁面积（m^2）	人工费金额÷分部分项工程金额		材料费金额÷桥梁面积（m^2）	材料费金额÷分部分项工程金额		施工机具使用费金额÷桥梁面积（m^2）	施工机具使用费金额÷分部分项工程金额				
8.2.5	接缝处理			人工费金额÷桥梁面积（m^2）	人工费金额÷分部分项工程金额		材料费金额÷桥梁面积（m^2）	材料费金额÷分部分项工程金额		施工机具使用费金额÷桥梁面积（m^2）	施工机具使用费金额÷分部分项工程金额				
8.3	桥面系			人工费金额÷桥梁面积（m^2）	人工费金额÷分部分项工程金额		材料费金额÷桥梁面积（m^2）	材料费金额÷分部分项工程金额		施工机具使用费金额÷桥梁面积（m^2）	施工机具使用费金额÷分部分项工程金额				
8.4	附属工程			人工费金额÷桥梁面积（m^2）	人工费金额÷分部分项工程金额		材料费金额÷桥梁面积（m^2）	材料费金额÷分部分项工程金额		施工机具使用费金额÷桥梁面积（m^2）	施工机具使用费金额÷分部分项工程金额				

表 B-10-02-10　桥梁工程（人行天桥）单位工程工料价格指标表

序号	名称	单位工程金额（元）	人工费			材料费			施工机具使用费			设备费			备注
			金额（元）	单位指标	造价占比（%）	金额（元）	单位指标	造价占比（%）	金额（元）	单位指标	造价占比（%）	金额（元）	单位指标	造价占比（%）	
		A	B	C	D=B÷A	E	F	G=E÷A	H	I	J=H÷A	K	L	M=K÷A	
9	人行天桥			人工费金额÷桥梁面积（m^2）	人工费金额÷单位工程金额		材料费金额÷桥梁面积（m^2）	材料费金额÷单位工程金额		施工机具使用费金额÷桥梁面积（m^2）	施工机具使用费金额÷单位工程金额		设备费金额÷桥梁面积（m^2）	设备费金额÷单位工程金额	
9.1	基础工程			人工费金额÷桥梁面积（m^2）	人工费金额÷分部分项工程金额		材料费金额÷桥梁面积（m^2）	材料费金额÷分部分项工程金额		施工机具使用费金额÷桥梁面积（m^2）	施工机具使用费金额÷分部分项工程金额				
9.1.1	土石方工程			人工费金额÷桥梁面积（m^2）	人工费金额÷分部分项工程金额		材料费金额÷桥梁面积（m^2）	材料费金额÷分部分项工程金额		施工机具使用费金额÷桥梁面积（m^2）	施工机具使用费金额÷分部分项工程金额				
9.1.2	基坑支护			人工费金额÷桥梁面积（m^2）	人工费金额÷分部分项工程金额		材料费金额÷桥梁面积（m^2）	材料费金额÷分部分项工程金额		施工机具使用费金额÷桥梁面积（m^2）	施工机具使用费金额÷分部分项工程金额				

表 B-10-02-10（续）

序号	名称	单位工程金额（元）	人工费			材料费			施工机具使用费			设备费			备注
			金额（元）	单位指标	造价占比（%）	金额（元）	单位指标	造价占比（%）	金额（元）	单位指标	造价占比（%）	金额（元）	单位指标	造价占比（%）	
		A	B	C	D=B÷A	E	F	G=E÷A	H	I	J=H÷A	K	L	M=K÷A	
9.1.3	桩基础			人工费金额÷桥梁面积（m^2）	人工费金额÷分部分项工程金额		材料费金额÷桥梁面积（m^2）	材料费金额÷分部分项工程金额		施工机具使用费金额÷桥梁面积（m^2）	施工机具使用费金额÷分部分项工程金额				
9.1.4	扩大基础			人工费金额÷桥梁面积（m^2）	人工费金额÷分部分项工程金额		材料费金额÷桥梁面积（m^2）	材料费金额÷分部分项工程金额		施工机具使用费金额÷桥梁面积（m^2）	施工机具使用费金额÷分部分项工程金额				
9.1.5	承台、系梁			人工费金额÷桥梁面积（m^2）	人工费金额÷分部分项工程金额		材料费金额÷桥梁面积（m^2）	材料费金额÷分部分项工程金额		施工机具使用费金额÷桥梁面积（m^2）	施工机具使用费金额÷分部分项工程金额				
9.2	下部结构			人工费金额÷桥梁面积（m^2）	人工费金额÷分部分项工程金额		材料费金额÷桥梁面积（m^2）	材料费金额÷分部分项工程金额		施工机具使用费金额÷桥梁面积（m^2）	施工机具使用费金额÷分部分项工程金额				

表 B–10–02–10（续）

序号	名称	单位工程金额（元）	人工费			材料费			施工机具使用费			设备费			备注
			金额（元）	单位指标	造价占比（%）	金额（元）	单位指标	造价占比（%）	金额（元）	单位指标	造价占比（%）	金额（元）	单位指标	造价占比（%）	
		A	B	C	D=B÷A	E	F	G=E÷A	H	I	J=H÷A	K	L	M=K÷A	
9.2.1	墩（台）身			人工费金额 ÷ 桥梁面积（m^2）	人工费金额 ÷ 分部分项工程金额		材料费金额 ÷ 桥梁面积（m^2）	材料费金额 ÷ 分部分项工程金额		施工机具使用费金额 ÷ 桥梁面积（m^2）	施工机具使用费金额 ÷ 分部分项工程金额				
9.2.2	墩（台）帽、盖梁			人工费金额 ÷ 桥梁面积（m^2）	人工费金额 ÷ 分部分项工程金额		材料费金额 ÷ 桥梁面积（m^2）	材料费金额 ÷ 分部分项工程金额		施工机具使用费金额 ÷ 桥梁面积（m^2）	施工机具使用费金额 ÷ 分部分项工程金额				
9.2.3	支承梁、横梁			人工费金额 ÷ 桥梁面积（m^2）	人工费金额 ÷ 分部分项工程金额		材料费金额 ÷ 桥梁面积（m^2）	材料费金额 ÷ 分部分项工程金额		施工机具使用费金额 ÷ 桥梁面积（m^2）	施工机具使用费金额 ÷ 分部分项工程金额				
9.3	上部结构			人工费金额 ÷ 桥梁面积（m^2）	人工费金额 ÷ 分部分项工程金额		材料费金额 ÷ 桥梁面积（m^2）	材料费金额 ÷ 分部分项工程金额		施工机具使用费金额 ÷ 桥梁面积（m^2）	施工机具使用费金额 ÷ 分部分项工程金额				

表 B–10–02–10（续）

序号	名称	单位工程金额（元）	人工费			材料费			施工机具使用费			设备费			备注
			金额（元）	单位指标	造价占比（%）	金额（元）	单位指标	造价占比（%）	金额（元）	单位指标	造价占比（%）	金额（元）	单位指标	造价占比（%）	
		A	B	C	D=B ÷ A	E	F	G=E ÷ A	H	I	J=H ÷ A	K	L	M=K ÷ A	
9.3.1	钢筋混凝土梁			人工费金额 ÷ 桥梁面积（m^2）	人工费金额 ÷ 分部分项工程金额		材料费金额 ÷ 桥梁面积（m^2）	材料费金额 ÷ 分部分项工程金额		施工机具使用费金额 ÷ 桥梁面积（m^2）	施工机具使用费金额 ÷ 分部分项工程金额				
9.3.2	钢梁			人工费金额 ÷ 桥梁面积（m^2）	人工费金额 ÷ 分部分项工程金额		材料费金额 ÷ 桥梁面积（m^2）	材料费金额 ÷ 分部分项工程金额		施工机具使用费金额 ÷ 桥梁面积（m^2）	施工机具使用费金额 ÷ 分部分项工程金额				
9.3.3	玻璃钢			人工费金额 ÷ 桥梁面积（m^2）	人工费金额 ÷ 分部分项工程金额		材料费金额 ÷ 桥梁面积（m^2）	材料费金额 ÷ 分部分项工程金额		施工机具使用费金额 ÷ 桥梁面积（m^2）	施工机具使用费金额 ÷ 分部分项工程金额				

表 B-10-02-10（续）

序号	名称	单位工程金额（元）	人工费			材料费			施工机具使用费			设备费			备注
			金额（元）	单位指标	造价占比（%）	金额（元）	单位指标	造价占比（%）	金额（元）	单位指标	造价占比（%）	金额（元）	单位指标	造价占比（%）	
		A	B	C	D=B÷A	E	F	G=E÷A	H	I	J=H÷A	K	L	M=K÷A	
9.3.4	钢结构			人工费金额÷桥梁面积（m^2）	人工费金额÷分部分项工程金额		材料费金额÷桥梁面积（m^2）	材料费金额÷分部分项工程金额		施工机具使用费金额÷桥梁面积（m^2）	施工机具使用费金额÷分部分项工程金额				
9.4	桥面系			人工费金额÷桥梁面积（m^2）	人工费金额÷分部分项工程金额		材料费金额÷桥梁面积（m^2）	材料费金额÷分部分项工程金额		施工机具使用费金额÷桥梁面积（m^2）	施工机具使用费金额÷分部分项工程金额				
9.5	附属工程			人工费金额÷桥梁面积（m^2）	人工费金额÷分部分项工程金额		材料费金额÷桥梁面积（m^2）	材料费金额÷分部分项工程金额		施工机具使用费金额÷桥梁面积（m^2）	施工机具使用费金额÷分部分项工程金额		设备费金额÷桥梁面积	设备费金额÷分部分项工程金额	

B-10-03　隧道工程单位工程工料价格指标表（表 B-10-03-01 ~ 表 B-10-03-06）

表 B-10-03-01　明挖隧道工程单位工程工料价格指标表

序号	名称	单位工程金额（元）	人工费			材料费			施工机具使用费			设备费			备注
			金额（元）	单位指标	造价占比（%）	金额（元）	单位指标	造价占比（%）	金额（元）	单位指标	造价占比（%）	金额（元）	单位指标	造价占比（%）	
		A	B	C	D=B÷A	E	F	G=E÷A	H	I	J=H÷A	K	L	M=K÷A	
	明挖隧道工程			人工费金额÷隧道净面积（m^2）	人工费金额÷单位工程金额		材料费金额÷隧道净面积（m^2）	材料费金额÷单位工程金额		施工机具使用费金额÷隧道净面积（m^2）	施工机具使用费金额÷单位工程金额				
1	土石方工程			人工费金额÷隧道净面积（m^2）	人工费金额÷单位工程金额		材料费金额÷隧道净面积（m^2）	材料费金额÷单位工程金额		施工机具使用费金额÷隧道净面积（m^2）	施工机具使用费金额÷单位工程金额				
2	围护结构工程			人工费金额÷隧道净面积（m^2）	人工费金额÷单位工程金额		材料费金额÷隧道净面积（m^2）	材料费金额÷单位工程金额		施工机具使用费金额÷隧道净面积（m^2）	施工机具使用费金额÷单位工程金额				

表 B-10-03-01（续）

序号	名称	单位工程金额（元）	人工费			材料费			施工机具使用费			设备费			备注
			金额（元）	单位指标	造价占比（%）	金额（元）	单位指标	造价占比（%）	金额（元）	单位指标	造价占比（%）	金额（元）	单位指标	造价占比（%）	
		A	B	C	D=B÷A	E	F	G=E÷A	H	I	J=H÷A	K	L	M=K÷A	
2.1	地基处理			人工费金额÷隧道净面积（m^2）	人工费金额÷单位工程金额		材料费金额÷隧道净面积（m^2）	材料费金额÷单位工程金额		施工机具使用费金额÷隧道净面积（m^2）	施工机具使用费金额÷单位工程金额				
2.2	基坑与边坡支护			人工费金额÷隧道净面积（m^2）	人工费金额÷单位工程金额		材料费金额÷隧道净面积（m^2）	材料费金额÷单位工程金额		施工机具使用费金额÷隧道净面积（m^2）	施工机具使用费金额÷单位工程金额				
3	主体结构			人工费金额÷隧道净面积（m^2）	人工费金额÷单位工程金额		材料费金额÷隧道净面积（m^2）	材料费金额÷单位工程金额		施工机具使用费金额÷隧道净面积（m^2）	施工机具使用费金额÷单位工程金额				
4	防水及其他			人工费金额÷隧道净面积（m^2）	人工费金额÷单位工程金额		材料费金额÷隧道净面积（m^2）	材料费金额÷单位工程金额		施工机具使用费金额÷隧道净面积（m^2）	施工机具使用费金额÷单位工程金额				

表 B-10-03-01（续）

序号	名称	单位工程金额（元）	人工费			材料费			施工机具使用费			设备费			备注
			金额（元）	单位指标	造价占比（%）	金额（元）	单位指标	造价占比（%）	金额（元）	单位指标	造价占比（%）	金额（元）	单位指标	造价占比（%）	
		A	B	C	D=B÷A	E	F	G=E÷A	H	I	J=H÷A	K	L	M=K÷A	
4.1	防水工程			人工费金额÷隧道净面积（m^2）	人工费金额÷单位工程金额		材料费金额÷隧道净面积（m^2）	材料费金额÷单位工程金额		施工机具使用费金额÷隧道净面积（m^2）	施工机具使用费金额÷单位工程金额				
4.2	其他工程			人工费金额÷隧道净面积（m^2）	人工费金额÷单位工程金额		材料费金额÷隧道净面积（m^2）	材料费金额÷单位工程金额		施工机具使用费金额÷隧道净面积（m^2）	施工机具使用费金额÷单位工程金额				
5	附属工程			人工费金额÷隧道净面积（m^2）	人工费金额÷单位工程金额		材料费金额÷隧道净面积（m^2）	材料费金额÷单位工程金额		施工机具使用费金额÷隧道净面积（m^2）	施工机具使用费金额÷单位工程金额				

表 B-10-03-02　明挖隧道（U 形槽）工程单位工程工料价格指标表

序号	名称	单位工程金额（元）	人工费			材料费			施工机具使用费			设备费			备注
			金额（元）	单位指标	造价占比（%）	金额（元）	单位指标	造价占比（%）	金额（元）	单位指标	造价占比（%）	金额（元）	单位指标	造价占比（%）	
		A	B	C	D=B÷A	E	F	G=E÷A	H	I	J=H÷A	K	L	M=K÷A	
	明挖隧道（U 形槽）工程			人工费金额÷隧道净面积（m^2）	人工费金额÷单位工程金额		材料费金额÷隧道净面积（m^2）	材料费金额÷单位工程金额		施工机具使用费金额÷隧道净面积（m^2）	施工机具使用费金额÷单位工程金额				
1	土石方工程			人工费金额÷隧道净面积（m^2）	人工费金额÷单位工程金额		材料费金额÷隧道净面积（m^2）	材料费金额÷单位工程金额		施工机具使用费金额÷隧道净面积（m^2）	施工机具使用费金额÷单位工程金额				
2	围护结构工程			人工费金额÷隧道净面积（m^2）	人工费金额÷单位工程金额		材料费金额÷隧道净面积（m^2）	材料费金额÷单位工程金额		施工机具使用费金额÷隧道净面积（m^2）	施工机具使用费金额÷单位工程金额				
2.1	地基处理			人工费金额÷隧道净面积（m^2）	人工费金额÷单位工程金额		材料费金额÷隧道净面积（m^2）	材料费金额÷单位工程金额		施工机具使用费金额÷隧道净面积（m^2）	施工机具使用费金额÷单位工程金额				

表 B-10-03-02（续）

序号	名称	单位工程金额（元）	人工费			材料费			施工机具使用费			设备费			备注
			金额（元）	单位指标	造价占比（%）	金额（元）	单位指标	造价占比（%）	金额（元）	单位指标	造价占比（%）	金额（元）	单位指标	造价占比（%）	
		A	B	C	D=B÷A	E	F	G=E÷A	H	I	J=H÷A	K	L	M=K÷A	
2.2	基坑与边坡支护			人工费金额÷隧道净面积（m^2）	人工费金额÷单位工程金额		材料费金额÷隧道净面积（m^2）	材料费金额÷单位工程金额		施工机具使用费金额÷隧道净面积（m^2）	施工机具使用费金额÷单位工程金额				
3	主体结构			人工费金额÷隧道净面积（m^2）	人工费金额÷单位工程金额		材料费金额÷隧道净面积（m^2）	材料费金额÷单位工程金额		施工机具使用费金额÷隧道净面积（m^2）	施工机具使用费金额÷单位工程金额				
4	防水及其他			人工费金额÷隧道净面积（m^2）	人工费金额÷单位工程金额		材料费金额÷隧道净面积（m^2）	材料费金额÷单位工程金额		施工机具使用费金额÷隧道净面积（m^2）	施工机具使用费金额÷单位工程金额				

表 B-10-03-02（续）

序号	名称	单位工程金额（元）	人工费			材料费			施工机具使用费			设备费			备注
			金额（元）	单位指标	造价占比（%）	金额（元）	单位指标	造价占比（%）	金额（元）	单位指标	造价占比（%）	金额（元）	单位指标	造价占比（%）	
		A	B	C	D=B÷A	E	F	G=E÷A	H	I	J=H÷A	K	L	M=K÷A	
4.1	防水工程			人工费金额÷隧道净面积（m^2）	人工费金额÷单位工程金额		材料费金额÷隧道净面积（m^2）	材料费金额÷单位工程金额		施工机具使用费金额÷隧道净面积（m^2）	施工机具使用费金额÷单位工程金额				
4.2	其他工程			人工费金额÷隧道净面积（m^2）	人工费金额÷单位工程金额		材料费金额÷隧道净面积（m^2）	材料费金额÷单位工程金额		施工机具使用费金额÷隧道净面积（m^2）	施工机具使用费金额÷单位工程金额				
5	附属工程			人工费金额÷隧道净面积（m^2）	人工费金额÷单位工程金额		材料费金额÷隧道净面积（m^2）	材料费金额÷单位工程金额		施工机具使用费金额÷隧道净面积（m^2）	施工机具使用费金额÷单位工程金额				

表 B-10-03-03　暗挖隧道工程单位工程工料价格指标表

序号	名称	单位工程金额（元）	人工费			材料费			施工机具使用费			设备费			备注
			金额（元）	单位指标	造价占比（%）	金额（元）	单位指标	造价占比（%）	金额（元）	单位指标	造价占比（%）	金额（元）	单位指标	造价占比（%）	
		A	B	C	D=B÷A	E	F	G=E÷A	H	I	J=H÷A	K	L	M=K÷A	
	暗挖隧道工程			人工费金额÷隧道净面积（m^2）	人工费金额÷单位工程金额		材料费金额÷隧道净面积（m^2）	材料费金额÷单位工程金额		施工机具使用费金额÷隧道净面积（m^2）	施工机具使用费金额÷单位工程金额				
1	土石方工程			人工费金额÷隧道净面积（m^2）	人工费金额÷单位工程金额		材料费金额÷隧道净面积（m^2）	材料费金额÷单位工程金额		施工机具使用费金额÷隧道净面积（m^2）	施工机具使用费金额÷单位工程金额				
2	初衬结构			人工费金额÷隧道净面积（m^2）	人工费金额÷单位工程金额		材料费金额÷隧道净面积（m^2）	材料费金额÷单位工程金额		施工机具使用费金额÷隧道净面积（m^2）	施工机具使用费金额÷单位工程金额				
3	二衬结构			人工费金额÷隧道净面积（m^2）	人工费金额÷单位工程金额		材料费金额÷隧道净面积（m^2）	材料费金额÷单位工程金额		施工机具使用费金额÷隧道净面积（m^2）	施工机具使用费金额÷单位工程金额				

表 B-10-03-03（续）

序号	名称	单位工程金额（元）	人工费			材料费			施工机具使用费			设备费			备注
			金额（元）	单位指标	造价占比（%）	金额（元）	单位指标	造价占比（%）	金额（元）	单位指标	造价占比（%）	金额（元）	单位指标	造价占比（%）	
		A	B	C	D=B÷A	E	F	G=E÷A	H	I	J=H÷A	K	L	M=K÷A	
4	防水及其他			人工费金额÷隧道净面积（m^2）	人工费金额÷单位工程金额		材料费金额÷隧道净面积（m^2）	材料费金额÷单位工程金额		施工机具使用费金额÷隧道净面积（m^2）	施工机具使用费金额÷单位工程金额				
4.1	防水工程			人工费金额÷隧道净面积（m^2）	人工费金额÷单位工程金额		材料费金额÷隧道净面积（m^2）	材料费金额÷单位工程金额		施工机具使用费金额÷隧道净面积（m^2）	施工机具使用费金额÷单位工程金额				
4.2	其他工程			人工费金额÷隧道净面积（m^2）	人工费金额÷单位工程金额		材料费金额÷隧道净面积（m^2）	材料费金额÷单位工程金额		施工机具使用费金额÷隧道净面积（m^2）	施工机具使用费金额÷单位工程金额				
5	竖井及联络通道			人工费金额÷隧道净面积（m^2）	人工费金额÷单位工程金额		材料费金额÷隧道净面积（m^2）	材料费金额÷单位工程金额		施工机具使用费金额÷隧道净面积（m^2）	施工机具使用费金额÷单位工程金额				
6	附属工程			人工费金额÷隧道净面积（m^2）	人工费金额÷单位工程金额		材料费金额÷隧道净面积（m^2）	材料费金额÷单位工程金额		施工机具使用费金额÷隧道净面积（m^2）	施工机具使用费金额÷单位工程金额				

表 B-10-03-04　盾构隧道工程单位工程工料价格指标表

序号	名称	单位工程金额（元）	人工费			材料费			施工机具使用费			设备费			备注
			金额（元）	单位指标	造价占比（%）	金额（元）	单位指标	造价占比（%）	金额（元）	单位指标	造价占比（%）	金额（元）	单位指标	造价占比（%）	
		A	B	C	D=B÷A	E	F	G=E÷A	H	I	J=H÷A	K	L	M=K÷A	
	盾构隧道工程			人工费金额÷隧道净面积（m^2）	人工费金额÷单位工程金额		材料费金额÷隧道净面积（m^2）	材料费金额÷单位工程金额		施工机具使用费金额÷隧道净面积（m^2）	施工机具使用费金额÷单位工程金额				
1	掘进及出渣			人工费金额÷隧道净面积（m^2）	人工费金额÷单位工程金额		材料费金额÷隧道净面积（m^2）	材料费金额÷单位工程金额		施工机具使用费金额÷隧道净面积（m^2）	施工机具使用费金额÷单位工程金额				
2	管片拼装			人工费金额÷隧道净面积（m^2）	人工费金额÷单位工程金额		材料费金额÷隧道净面积（m^2）	材料费金额÷单位工程金额		施工机具使用费金额÷隧道净面积（m^2）	施工机具使用费金额÷单位工程金额				
3	预埋槽道			人工费金额÷隧道净面积（m^2）	人工费金额÷单位工程金额		材料费金额÷隧道净面积（m^2）	材料费金额÷单位工程金额		施工机具使用费金额÷隧道净面积（m^2）	施工机具使用费金额÷单位工程金额				

表 B-10-03-04（续）

序号	名称	单位工程金额（元）	人工费			材料费			施工机具使用费			设备费			备注
			金额（元）	单位指标	造价占比（%）	金额（元）	单位指标	造价占比（%）	金额（元）	单位指标	造价占比（%）	金额（元）	单位指标	造价占比（%）	
		A	B	C	D=B÷A	E	F	G=E÷A	H	I	J=H÷A	K	L	M=K÷A	
4	端头加固			人工费金额÷隧道净面积（m^2）	人工费金额÷单位工程金额		材料费金额÷隧道净面积（m^2）	材料费金额÷单位工程金额		施工机具使用费金额÷隧道净面积（m^2）	施工机具使用费金额÷单位工程金额				
5	盾构井			人工费金额÷隧道净面积（m^2）	人工费金额÷单位工程金额		材料费金额÷隧道净面积（m^2）	材料费金额÷单位工程金额		施工机具使用费金额÷隧道净面积（m^2）	施工机具使用费金额÷单位工程金额				
6	联络通道			人工费金额÷隧道净面积（m^2）	人工费金额÷单位工程金额		材料费金额÷隧道净面积（m^2）	材料费金额÷单位工程金额		施工机具使用费金额÷隧道净面积（m^2）	施工机具使用费金额÷单位工程金额				
7	附属工程			人工费金额÷隧道净面积（m^2）	人工费金额÷单位工程金额		材料费金额÷隧道净面积（m^2）	材料费金额÷单位工程金额		施工机具使用费金额÷隧道净面积（m^2）	施工机具使用费金额÷单位工程金额				

表 B-10-03-05　隧道交通安全与辅助设施单位工程工料价格指标表

序号	名称	单位工程金额（元）	人工费			材料费			施工机具使用费			设备费			备注
			金额（元）	单位指标	造价占比（%）	金额（元）	单位指标	造价占比（%）	金额（元）	单位指标	造价占比（%）	金额（元）	单位指标	造价占比（%）	
		A	B	C	D=B÷A	E	F	G=E÷A	H	I	J=H÷A	K	L	M=K÷A	
	交通安全与辅助设施			人工费金额÷隧道净面积（m^2）	人工费金额÷单位工程金额		材料费金额÷隧道净面积（m^2）	材料费金额÷单位工程金额		施工机具使用费金额÷隧道净面积（m^2）	施工机具使用费金额÷单位工程金额		设备费金额÷隧道净面积（m^2）	设备费金额÷单位工程金额	
1	交通安全设施			人工费金额÷隧道净面积（m^2）	人工费金额÷单位工程金额		材料费金额÷隧道净面积（m^2）	材料费金额÷单位工程金额		施工机具使用费金额÷隧道净面积（m^2）	施工机具使用费金额÷单位工程金额		设备费金额÷隧道净面积（m^2）	设备费金额÷单位工程金额	
1.1	交通监控设施			人工费金额÷隧道净面积（m^2）	人工费金额÷单位工程金额		材料费金额÷隧道净面积（m^2）	材料费金额÷单位工程金额		施工机具使用费金额÷隧道净面积（m^2）	施工机具使用费金额÷单位工程金额		设备费金额÷隧道净面积（m^2）	设备费金额÷单位工程金额	
1.2	紧急呼叫设施			人工费金额÷隧道净面积（m^2）	人工费金额÷单位工程金额		材料费金额÷隧道净面积（m^2）	材料费金额÷单位工程金额		施工机具使用费金额÷隧道净面积（m^2）	施工机具使用费金额÷单位工程金额		设备费金额÷隧道净面积（m^2）	设备费金额÷单位工程金额	

表 B-10-03-05（续）

序号	名称	单位工程金额（元）	人工费			材料费			施工机具使用费			设备费			备注
			金额（元）	单位指标	造价占比（%）	金额（元）	单位指标	造价占比（%）	金额（元）	单位指标	造价占比（%）	金额（元）	单位指标	造价占比（%）	
		A	B	C	D=B÷A	E	F	G=E÷A	H	I	J=H÷A	K	L	M=K÷A	
1.3	火灾报警设施			人工费金额÷隧道净面积（m^2）	人工费金额÷单位工程金额		材料费金额÷隧道净面积（m^2）	材料费金额÷单位工程金额		施工机具使用费金额÷隧道净面积（m^2）	施工机具使用费金额÷单位工程金额		设备费金额÷隧道净面积（m^2）	设备费金额÷单位工程金额	
1.4	消防与避难设施			人工费金额÷隧道净面积（m^2）	人工费金额÷单位工程金额		材料费金额÷隧道净面积（m^2）	材料费金额÷单位工程金额		施工机具使用费金额÷隧道净面积（m^2）	施工机具使用费金额÷单位工程金额		设备费金额÷隧道净面积（m^2）	设备费金额÷单位工程金额	
2	辅助设施			人工费金额÷隧道净面积（m^2）	人工费金额÷单位工程金额		材料费金额÷隧道净面积（m^2）	材料费金额÷单位工程金额		施工机具使用费金额÷隧道净面积（m^2）	施工机具使用费金额÷单位工程金额		设备费金额÷隧道净面积（m^2）	设备费金额÷单位工程金额	
2.1	给水系统设施			人工费金额÷隧道净面积（m^2）	人工费金额÷单位工程金额		材料费金额÷隧道净面积（m^2）	材料费金额÷单位工程金额		施工机具使用费金额÷隧道净面积（m^2）	施工机具使用费金额÷单位工程金额		设备费金额÷隧道净面积（m^2）	设备费金额÷单位工程金额	

表 B-10-03-05（续）

序号	名称	单位工程金额（元）	人工费			材料费			施工机具使用费			设备费			备注
			金额（元）	单位指标	造价占比（%）	金额（元）	单位指标	造价占比（%）	金额（元）	单位指标	造价占比（%）	金额（元）	单位指标	造价占比（%）	
		A	B	C	D=B÷A	E	F	G=E÷A	H	I	J=H÷A	K	L	M=K÷A	
2.2	排水系统设施			人工费金额÷隧道净面积（m^2）	人工费金额÷单位工程金额		材料费金额÷隧道净面积（m^2）	材料费金额÷单位工程金额		施工机具使用费金额÷隧道净面积（m^2）	施工机具使用费金额÷单位工程金额		设备费金额÷隧道净面积（m^2）	设备费金额÷单位工程金额	
2.3	照明与控制设施			人工费金额÷隧道净面积（m^2）	人工费金额÷单位工程金额		材料费金额÷隧道净面积（m^2）	材料费金额÷单位工程金额		施工机具使用费金额÷隧道净面积（m^2）	施工机具使用费金额÷单位工程金额		设备费金额÷隧道净面积（m^2）	设备费金额÷单位工程金额	
2.4	通风与控制设施			人工费金额÷隧道净面积（m^2）	人工费金额÷单位工程金额		材料费金额÷隧道净面积（m^2）	材料费金额÷单位工程金额		施工机具使用费金额÷隧道净面积（m^2）	施工机具使用费金额÷单位工程金额		设备费金额÷隧道净面积（m^2）	设备费金额÷单位工程金额	

表 B-10-03-05（续）

序号	名称	单位工程金额（元）	人工费			材料费			施工机具使用费			设备费			备注
			金额（元）	单位指标	造价占比（%）	金额（元）	单位指标	造价占比（%）	金额（元）	单位指标	造价占比（%）	金额（元）	单位指标	造价占比（%）	
		A	B	C	D=B ÷ A	E	F	G=E ÷ A	H	I	J=H ÷ A	K	L	M=K ÷ A	
2.5	供配电设施			人工费金额 ÷ 隧道净面积（m^2）	人工费金额 ÷ 单位工程金额		材料费金额 ÷ 隧道净面积（m^2）	材料费金额 ÷ 单位工程金额		施工机具使用费金额 ÷ 隧道净面积（m^2）	施工机具使用费金额 ÷ 单位工程金额		设备费金额 ÷ 隧道净面积（m^2）	设备费金额 ÷ 单位工程金额	
2.6	接地与防雷设施			人工费金额 ÷ 隧道净面积（m^2）	人工费金额 ÷ 单位工程金额		材料费金额 ÷ 隧道净面积（m^2）	材料费金额 ÷ 单位工程金额		施工机具使用费金额 ÷ 隧道净面积（m^2）	施工机具使用费金额 ÷ 单位工程金额		设备费金额 ÷ 隧道净面积（m^2）	设备费金额 ÷ 单位工程金额	
2.7	线缆与相关设施			人工费金额 ÷ 隧道净面积（m^2）	人工费金额 ÷ 单位工程金额		材料费金额 ÷ 隧道净面积（m^2）	材料费金额 ÷ 单位工程金额		施工机具使用费金额 ÷ 隧道净面积（m^2）	施工机具使用费金额 ÷ 单位工程金额		设备费金额 ÷ 隧道净面积（m^2）	设备费金额 ÷ 单位工程金额	

表 B-10-03-06　监控中心单位工程工料价格指标表

序号	名称	单位工程金额（元）	人工费			材料费			施工机具使用费			设备费			备注
			金额（元）	单位指标	造价占比（%）	金额（元）	单位指标	造价占比（%）	金额（元）	单位指标	造价占比（%）	金额（元）	单位指标	造价占比（%）	
		A	B	C	D=B÷A	E	F	G=E÷A	H	I	J=H÷A	K	L	M=K÷A	
	监控中心			人工费金额÷隧道净面积（m^2）	人工费金额÷单位工程金额		材料费金额÷隧道净面积（m^2）	材料费金额÷单位工程金额		施工机具使用费金额÷隧道净面积（m^2）	施工机具使用费金额÷单位工程金额				
1	土建工程			人工费金额÷隧道净面积（m^2）	人工费金额÷单位工程金额		材料费金额÷隧道净面积（m^2）	材料费金额÷单位工程金额		施工机具使用费金额÷隧道净面积（m^2）	施工机具使用费金额÷单位工程金额				
2	安装工程			人工费金额÷隧道净面积（m^2）	人工费金额÷单位工程金额		材料费金额÷隧道净面积（m^2）	材料费金额÷单位工程金额		施工机具使用费金额÷隧道净面积（m^2）	施工机具使用费金额÷单位工程金额		设备费金额÷隧道净面积（m^2）	设备费金额÷单位工程金额	
3	设备系统			人工费金额÷隧道净面积（m^2）	人工费金额÷单位工程金额		材料费金额÷隧道净面积（m^2）	材料费金额÷单位工程金额		施工机具使用费金额÷隧道净面积（m^2）	施工机具使用费金额÷单位工程金额		设备费金额÷隧道净面积（m^2）	设备费金额÷单位工程金额	

B-10-04　管网工程单位工程工料价格指标表（表 B-10-04-01 ~ 表 B-10-04-06）

表 B-10-04-01　管网工程（给水）单位工程工料价格指标表

序号	名称	单位工程金额（元）	人工费			材料费			施工机具使用费			设备费			备注
			金额（元）	单位指标	造价占比（%）	金额（元）	单位指标	造价占比（%）	金额（元）	单位指标	造价占比（%）	金额（元）	单位指标	造价占比（%）	
		A	B	C	D=B÷A	E	F	G=E÷A	H	I	J=H÷A	K	L	M=K÷A	
1	管网工程（给水）工程费用			人工费金额÷管道长度（m）	人工费金额÷单位工程金额		材料费金额÷管道长度（m）	材料费金额÷单位工程金额		施工机具使用费金额÷管道长度（m）	施工机具使用费金额÷单位工程金额				
1.1	土石方工程			人工费金额÷管道长度（m）	人工费金额÷分部分项金额		材料费金额÷管道长度（m）	材料费金额÷分部分项金额		施工机具使用费金额÷管道长度（m）	施工机具使用费金额÷分部分项金额				
1.1.1	开挖			人工费金额÷管道长度（m）	人工费金额÷分部分项金额		材料费金额÷管道长度（m）	材料费金额÷分部分项金额		施工机具使用费金额÷管道长度（m）	施工机具使用费金额÷分部分项金额				
1.1.2	回填			人工费金额÷管道长度（m）	人工费金额÷分部分项金额		材料费金额÷管道长度（m）	材料费金额÷分部分项金额		施工机具使用费金额÷管道长度（m）	施工机具使用费金额÷分部分项金额				

表 B-10-04-01（续）

序号	名称	单位工程金额（元）	人工费			材料费			施工机具使用费			设备费			备注
			金额（元）	单位指标	造价占比（%）	金额（元）	单位指标	造价占比（%）	金额（元）	单位指标	造价占比（%）	金额（元）	单位指标	造价占比（%）	
		A	B	C	D=B ÷ A	E	F	G=E ÷ A	H	I	J=H ÷ A	K	L	M=K ÷ A	
1.2	管道工程			人工费金额 ÷ 管道长度（m）	人工费金额 ÷ 单位工程金额		材料费金额 ÷ 管道长度（m）	材料费金额 ÷ 单位工程金额		施工机具使用费金额 ÷ 管道长度（m）	施工机具使用费金额 ÷ 单位工程金额				
1.2.1	管道安装			人工费金额 ÷ 管道长度（m）	人工费金额 ÷ 分部分项金额		材料费金额 ÷ 管道长度（m）	材料费金额 ÷ 分部分项金额		施工机具使用费金额 ÷ 管道长度（m）	施工机具使用费金额 ÷ 分部分项金额				
1.2.2	管道基础施工			人工费金额 ÷ 管道长度（m）	人工费金额 ÷ 分部分项金额		材料费金额 ÷ 管道长度（m）	材料费金额 ÷ 分部分项金额		施工机具使用费金额 ÷ 管道长度（m）	施工机具使用费金额 ÷ 分部分项金额				
1.2.3	刷油、防腐			人工费金额 ÷ 管道长度（m）	人工费金额 ÷ 分部分项金额		材料费金额 ÷ 管道长度（m）	材料费金额 ÷ 分部分项金额		施工机具使用费金额 ÷ 管道长度（m）	施工机具使用费金额 ÷ 分部分项金额				
1.3	管道附件工程			人工费金额 ÷ 管道长度（m）	人工费金额 ÷ 分部分项金额		材料费金额 ÷ 管道长度（m）	材料费金额 ÷ 分部分项金额		施工机具使用费金额 ÷ 管道长度（m）	施工机具使用费金额 ÷ 分部分项金额				

表 B-10-04-01（续）

序号	名称	单位工程金额（元）	人工费			材料费			施工机具使用费			设备费			备注
			金额（元）	单位指标	造价占比（%）	金额（元）	单位指标	造价占比（%）	金额（元）	单位指标	造价占比（%）	金额（元）	单位指标	造价占比（%）	
		A	B	C	D=B÷A	E	F	G=E÷A	H	I	J=H÷A	K	L	M=K÷A	
1.3.1	阀门安装			人工费金额÷管道长度（m）	人工费金额÷单位工程金额		材料费金额÷管道长度（m）	材料费金额÷单位工程金额		施工机具使用费金额÷管道长度（m）	施工机具使用费金额÷单位工程金额				
1.3.2	支架制作、安装			人工费金额÷管道长度（m）	人工费金额÷分部分项金额		材料费金额÷管道长度（m）	材料费金额÷分部分项金额		施工机具使用费金额÷管道长度（m）	施工机具使用费金额÷分部分项金额				
1.4	构筑物工程			人工费金额÷管道长度（m）	人工费金额÷分部分项金额		材料费金额÷管道长度（m）	材料费金额÷分部分项金额		施工机具使用费金额÷管道长度（m）	施工机具使用费金额÷分部分项金额				
1.4.1	砌筑井			人工费金额÷管道长度（m）	人工费金额÷分部分项金额		材料费金额÷管道长度（m）	材料费金额÷分部分项金额		施工机具使用费金额÷管道长度（m）	施工机具使用费金额÷分部分项金额				
1.4.2	混凝土井			人工费金额÷管道长度（m）	人工费金额÷单位工程金额		材料费金额÷管道长度（m）	材料费金额÷单位工程金额		施工机具使用费金额÷管道长度（m）	施工机具使用费金额÷单位工程金额				

表 B-10-04-01（续）

序号	名称	单位工程金额（元）	人工费			材料费			施工机具使用费			设备费			备注
			金额（元）	单位指标	造价占比（%）	金额（元）	单位指标	造价占比（%）	金额（元）	单位指标	造价占比（%）	金额（元）	单位指标	造价占比（%）	
		A	B	C	D=B÷A	E	F	G=E÷A	H	I	J=H÷A	K	L	M=K÷A	
1.4.3	成品井			人工费金额÷管道长度（m）	人工费金额÷单位工程金额		材料费金额÷管道长度（m）	材料费金额÷单位工程金额		施工机具使用费金额÷管道长度（m）	施工机具使用费金额÷单位工程金额				
1.5	其他工程			人工费金额÷管道长度（m）	人工费金额÷单位工程金额		材料费金额÷管道长度（m）	材料费金额÷单位工程金额		施工机具使用费金额÷管道长度（m）	施工机具使用费金额÷单位工程金额				
1.5.1	定向钻			人工费金额÷管道长度（m）	人工费金额÷单位工程金额		材料费金额÷管道长度（m）	材料费金额÷单位工程金额		施工机具使用费金额÷管道长度（m）	施工机具使用费金额÷单位工程金额				
1.5.2	顶管			人工费金额÷管道长度（m）	人工费金额÷单位工程金额		材料费金额÷管道长度（m）	材料费金额÷单位工程金额		施工机具使用费金额÷管道长度（m）	施工机具使用费金额÷单位工程金额				
1.5.3	其他			人工费金额÷管道长度（m）	人工费金额÷单位工程金额		材料费金额÷管道长度（m）	材料费金额÷单位工程金额		施工机具使用费金额÷管道长度（m）	施工机具使用费金额÷单位工程金额				

表 B-10-04-02　管网工程（雨水）单位工程工料价格指标表

序号	名称	单位工程金额（元）	人工费			材料费			施工机具使用费			设备费			备注
			金额（元）	单位指标	造价占比（%）	金额（元）	单位指标	造价占比（%）	金额（元）	单位指标	造价占比（%）	金额（元）	单位指标	造价占比（%）	
		A	B	C	D=B÷A	E	F	G=E÷A	H	I	J=H÷A	K	L	M=K÷A	
1	管网工程（雨水）工程费用			人工费金额÷管道长度（m）	人工费金额÷单位工程金额		材料费金额÷管道长度（m）	材料费金额÷单位工程金额		施工机具使用费金额÷管道长度（m）	施工机具使用费金额÷单位工程金额				
1.1	土石方工程			人工费金额÷管道长度（m）	人工费金额÷分部分项金额		材料费金额÷管道长度（m）	材料费金额÷分部分项金额		施工机具使用费金额÷管道长度（m）	施工机具使用费金额÷分部分项金额				
1.1.1	开挖			人工费金额÷管道长度（m）	人工费金额÷分部分项金额		材料费金额÷管道长度（m）	材料费金额÷分部分项金额		施工机具使用费金额÷管道长度（m）	施工机具使用费金额÷分部分项金额				
1.1.2	回填			人工费金额÷管道长度（m）	人工费金额÷分部分项金额		材料费金额÷管道长度（m）	材料费金额÷分部分项金额		施工机具使用费金额÷管道长度（m）	施工机具使用费金额÷分部分项金额				
1.2	管道工程			人工费金额÷管道长度（m）	人工费金额÷单位工程金额		材料费金额÷管道长度（m）	材料费金额÷单位工程金额		施工机具使用费金额÷管道长度（m）	施工机具使用费金额÷单位工程金额				

表 B-10-04-02（续）

序号	名称	单位工程金额（元）	人工费			材料费			施工机具使用费			设备费			备注
			金额（元）	单位指标	造价占比（%）	金额（元）	单位指标	造价占比（%）	金额（元）	单位指标	造价占比（%）	金额（元）	单位指标	造价占比（%）	
		A	B	C	D=B÷A	E	F	G=E÷A	H	I	J=H÷A	K	L	M=K÷A	
1.2.1	管道安装			人工费金额÷管道长度（m）	人工费金额÷分部分项金额		材料费金额÷管道长度（m）	材料费金额÷分部分项金额		施工机具使用费金额÷管道长度（m）	施工机具使用费金额÷分部分项金额				
1.2.2	管道基础施工			人工费金额÷管道长度（m）	人工费金额÷分部分项金额		材料费金额÷管道长度（m）	材料费金额÷分部分项金额		施工机具使用费金额÷管道长度（m）	施工机具使用费金额÷分部分项金额				
1.2.3	刷油、防腐			人工费金额÷管道长度（m）	人工费金额÷分部分项金额		材料费金额÷管道长度（m）	材料费金额÷分部分项金额		施工机具使用费金额÷管道长度（m）	施工机具使用费金额÷分部分项金额				
1.3	构筑物工程			人工费金额÷管道长度（m）	人工费金额÷分部分项金额		材料费金额÷管道长度（m）	材料费金额÷分部分项金额		施工机具使用费金额÷管道长度（m）	施工机具使用费金额÷分部分项金额				
1.3.1	砌筑井			人工费金额÷管道长度（m）	人工费金额÷分部分项金额		材料费金额÷管道长度（m）	材料费金额÷分部分项金额		施工机具使用费金额÷管道长度（m）	施工机具使用费金额÷分部分项金额				

表 B-10-04-02（续）

序号	名称	单位工程金额（元）	人工费			材料费			施工机具使用费			设备费			备注
			金额（元）	单位指标	造价占比（%）	金额（元）	单位指标	造价占比（%）	金额（元）	单位指标	造价占比（%）	金额（元）	单位指标	造价占比（%）	
		A	B	C	D=B÷A	E	F	G=E÷A	H	I	J=H÷A	K	L	M=K÷A	
1.3.2	混凝土井			人工费金额÷管道长度（m）	人工费金额÷单位工程金额		材料费金额÷管道长度（m）	材料费金额÷单位工程金额		施工机具使用费金额÷管道长度（m）	施工机具使用费金额÷单位工程金额				
1.3.3	成品井			人工费金额÷管道长度（m）	人工费金额÷单位工程金额		材料费金额÷管道长度（m）	材料费金额÷单位工程金额		施工机具使用费金额÷管道长度（m）	施工机具使用费金额÷单位工程金额				
1.4	其他工程			人工费金额÷管道长度（m）	人工费金额÷单位工程金额		材料费金额÷管道长度（m）	材料费金额÷单位工程金额		施工机具使用费金额÷管道长度（m）	施工机具使用费金额÷单位工程金额				
1.4.1	定向钻			人工费金额÷管道长度（m）	人工费金额÷单位工程金额		材料费金额÷管道长度（m）	材料费金额÷单位工程金额		施工机具使用费金额÷管道长度（m）	施工机具使用费金额÷单位工程金额				
1.4.2	顶管			人工费金额÷管道长度（m）	人工费金额÷单位工程金额		材料费金额÷管道长度（m）	材料费金额÷单位工程金额		施工机具使用费金额÷管道长度（m）	施工机具使用费金额÷单位工程金额				
1.4.3	其他			人工费金额÷管道长度（m）	人工费金额÷单位工程金额		材料费金额÷管道长度（m）	材料费金额÷单位工程金额		施工机具使用费金额÷管道长度（m）	施工机具使用费金额÷单位工程金额				

表 B-10-04-03　管网工程（污水）单位工程工料价格指标表

序号	名称	单位工程金额（元）	人工费			材料费			施工机具使用费			设备费			备注
			金额（元）	单位指标	造价占比（%）	金额（元）	单位指标	造价占比（%）	金额（元）	单位指标	造价占比（%）	金额（元）	单位指标	造价占比（%）	
		A	B	C	D=B÷A	E	F	G=E÷A	H	I	J=H÷A	K	L	M=K÷A	
1	管网工程（污水）工程费用			人工费金额÷管道长度（m）	人工费金额÷单位工程金额		材料费金额÷管道长度（m）	材料费金额÷单位工程金额		施工机具使用费金额÷管道长度（m）	施工机具使用费金额÷单位工程金额				
1.1	土石方工程			人工费金额÷管道长度（m）	人工费金额÷分部分项金额		材料费金额÷管道长度（m）	材料费金额÷分部分项金额		施工机具使用费金额÷管道长度（m）	施工机具使用费金额÷分部分项金额				
1.1.1	开挖			人工费金额÷管道长度（m）	人工费金额÷分部分项金额		材料费金额÷管道长度（m）	材料费金额÷分部分项金额		施工机具使用费金额÷管道长度（m）	施工机具使用费金额÷分部分项金额				
1.1.2	回填			人工费金额÷管道长度（m）	人工费金额÷分部分项金额		材料费金额÷管道长度（m）	材料费金额÷分部分项金额		施工机具使用费金额÷管道长度（m）	施工机具使用费金额÷分部分项金额				
1.2	管道工程			人工费金额÷管道长度（m）	人工费金额÷单位工程金额		材料费金额÷管道长度（m）	材料费金额÷单位工程金额		施工机具使用费金额÷管道长度（m）	施工机具使用费金额÷单位工程金额				

表 B-10-04-03（续）

序号	名称	单位工程金额（元）	人工费			材料费			施工机具使用费			设备费			备注
			金额（元）	单位指标	造价占比（%）	金额（元）	单位指标	造价占比（%）	金额（元）	单位指标	造价占比（%）	金额（元）	单位指标	造价占比（%）	
		A	B	C	D=B÷A	E	F	G=E÷A	H	I	J=H÷A	K	L	M=K÷A	
1.2.1	管道安装			人工费金额÷管道长度（m）	人工费金额÷分部分项金额		材料费金额÷管道长度（m）	材料费金额÷分部分项金额		施工机具使用费金额÷管道长度（m）	施工机具使用费金额÷分部分项金额				
1.2.2	管道基础施工			人工费金额÷管道长度（m）	人工费金额÷分部分项金额		材料费金额÷管道长度（m）	材料费金额÷分部分项金额		施工机具使用费金额÷管道长度（m）	施工机具使用费金额÷分部分项金额				
1.2.3	刷油、防腐			人工费金额÷管道长度（m）	人工费金额÷分部分项金额		材料费金额÷管道长度（m）	材料费金额÷分部分项金额		施工机具使用费金额÷管道长度（m）	施工机具使用费金额÷分部分项金额				
1.3	构筑物工程			人工费金额÷管道长度（m）	人工费金额÷分部分项金额		材料费金额÷管道长度（m）	材料费金额÷分部分项金额		施工机具使用费金额÷管道长度（m）	施工机具使用费金额÷分部分项金额				
1.3.1	砌筑井			人工费金额÷管道长度（m）	人工费金额÷分部分项金额		材料费金额÷管道长度（m）	材料费金额÷分部分项金额		施工机具使用费金额÷管道长度（m）	施工机具使用费金额÷分部分项金额				

表 B-10-04-03（续）

序号	名称	单位工程金额（元）	人工费			材料费			施工机具使用费			设备费			备注
			金额（元）	单位指标	造价占比（%）	金额（元）	单位指标	造价占比（%）	金额（元）	单位指标	造价占比（%）	金额（元）	单位指标	造价占比（%）	
		A	B	C	D=B÷A	E	F	G=E÷A	H	I	J=H÷A	K	L	M=K÷A	
1.3.2	混凝土井			人工费金额÷管道长度（m）	人工费金额÷单位工程金额		材料费金额÷管道长度（m）	材料费金额÷单位工程金额		施工机具使用费金额÷管道长度（m）	施工机具使用费金额÷单位工程金额				
1.3.3	成品井			人工费金额÷管道长度（m）	人工费金额÷单位工程金额		材料费金额÷管道长度（m）	材料费金额÷单位工程金额		施工机具使用费金额÷管道长度（m）	施工机具使用费金额÷单位工程金额				
1.4	其他工程			人工费金额÷管道长度（m）	人工费金额÷单位工程金额		材料费金额÷管道长度（m）	材料费金额÷单位工程金额		施工机具使用费金额÷管道长度（m）	施工机具使用费金额÷单位工程金额				
1.4.1	定向钻			人工费金额÷管道长度（m）	人工费金额÷单位工程金额		材料费金额÷管道长度（m）	材料费金额÷单位工程金额		施工机具使用费金额÷管道长度（m）	施工机具使用费金额÷单位工程金额				
1.4.2	顶管			人工费金额÷管道长度（m）	人工费金额÷单位工程金额		材料费金额÷管道长度（m）	材料费金额÷单位工程金额		施工机具使用费金额÷管道长度（m）	施工机具使用费金额÷单位工程金额				
1.4.3	其他			人工费金额÷管道长度（m）	人工费金额÷单位工程金额		材料费金额÷管道长度（m）	材料费金额÷单位工程金额		施工机具使用费金额÷管道长度（m）	施工机具使用费金额÷单位工程金额				

表 B-10-04-04 管网工程（再生水）单位工程工料价格指标表

序号	名称	单位工程金额（元）	人工费			材料费			施工机具使用费			设备费			备注
			金额（元）	单位指标	造价占比（%）	金额（元）	单位指标	造价占比（%）	金额（元）	单位指标	造价占比（%）	金额（元）	单位指标	造价占比（%）	
		A	B	C	D=B÷A	E	F	G=E÷A	H	I	J=H÷A	K	L	M=K÷A	
1	管网工程（再生水）工程费用			人工费金额÷管道长度（m）	人工费金额÷单位工程金额		材料费金额÷管道长度（m）	材料费金额÷单位工程金额		施工机具使用费金额÷管道长度（m）	施工机具使用费金额÷单位工程金额				
1.1	土石方工程			人工费金额÷管道长度（m）	人工费金额÷分部分项金额		材料费金额÷管道长度（m）	材料费金额÷分部分项金额		施工机具使用费金额÷管道长度（m）	施工机具使用费金额÷分部分项金额				
1.1.1	开挖			人工费金额÷管道长度（m）	人工费金额÷分部分项金额		材料费金额÷管道长度（m）	材料费金额÷分部分项金额		施工机具使用费金额÷管道长度（m）	施工机具使用费金额÷分部分项金额				
1.1.2	回填			人工费金额÷管道长度（m）	人工费金额÷分部分项金额		材料费金额÷管道长度（m）	材料费金额÷分部分项金额		施工机具使用费金额÷管道长度（m）	施工机具使用费金额÷分部分项金额				
1.2	管道工程			人工费金额÷管道长度（m）	人工费金额÷单位工程金额		材料费金额÷管道长度（m）	材料费金额÷单位工程金额		施工机具使用费金额÷管道长度（m）	施工机具使用费金额÷单位工程金额				

表 B-10-04-04（续）

序号	名称	单位工程金额（元）	人工费			材料费			施工机具使用费			设备费			备注
			金额（元）	单位指标	造价占比（%）	金额（元）	单位指标	造价占比（%）	金额（元）	单位指标	造价占比（%）	金额（元）	单位指标	造价占比（%）	
		A	B	C	D=B÷A	E	F	G=E÷A	H	I	J=H÷A	K	L	M=K÷A	
1.2.1	管道安装			人工费金额÷管道长度（m）	人工费金额÷分部分项金额		材料费金额÷管道长度（m）	材料费金额÷分部分项金额		施工机具使用费金额÷管道长度（m）	施工机具使用费金额÷分部分项金额				
1.2.2	管道基础施工			人工费金额÷管道长度（m）	人工费金额÷分部分项金额		材料费金额÷管道长度（m）	材料费金额÷分部分项金额		施工机具使用费金额÷管道长度（m）	施工机具使用费金额÷分部分项金额				
1.2.3	刷油、防腐			人工费金额÷管道长度（m）	人工费金额÷分部分项金额		材料费金额÷管道长度（m）	材料费金额÷分部分项金额		施工机具使用费金额÷管道长度（m）	施工机具使用费金额÷分部分项金额				
1.3	管道附件工程			人工费金额÷管道长度（m）	人工费金额÷分部分项金额		材料费金额÷管道长度（m）	材料费金额÷分部分项金额		施工机具使用费金额÷管道长度（m）	施工机具使用费金额÷分部分项金额				
1.3.1	阀门安装			人工费金额÷管道长度（m）	人工费金额÷单位工程金额		材料费金额÷管道长度（m）	材料费金额÷单位工程金额		施工机具使用费金额÷管道长度（m）	施工机具使用费金额÷单位工程金额				

表 B-10-04-04（续）

序号	名称	单位工程金额（元）	人工费			材料费			施工机具使用费			设备费			备注
			金额（元）	单位指标	造价占比（%）	金额（元）	单位指标	造价占比（%）	金额（元）	单位指标	造价占比（%）	金额（元）	单位指标	造价占比（%）	
		A	B	C	D=B÷A	E	F	G=E÷A	H	I	J=H÷A	K	L	M=K÷A	
1.3.2	支架制作、安装			人工费金额÷管道长度（m）	人工费金额÷分部分项金额		材料费金额÷管道长度（m）	材料费金额÷分部分项金额		施工机具使用费金额÷管道长度（m）	施工机具使用费金额÷分部分项金额				
1.4	构筑物工程			人工费金额÷管道长度（m）	人工费金额÷分部分项金额		材料费金额÷管道长度（m）	材料费金额÷分部分项金额		施工机具使用费金额÷管道长度（m）	施工机具使用费金额÷分部分项金额				
1.4.1	砌筑井			人工费金额÷管道长度（m）	人工费金额÷分部分项金额		材料费金额÷管道长度（m）	材料费金额÷分部分项金额		施工机具使用费金额÷管道长度（m）	施工机具使用费金额÷分部分项金额				
1.4.2	混凝土井			人工费金额÷管道长度（m）	人工费金额÷单位工程金额		材料费金额÷管道长度（m）	材料费金额÷单位工程金额		施工机具使用费金额÷管道长度（m）	施工机具使用费金额÷单位工程金额				
1.4.3	成品井			人工费金额÷管道长度（m）	人工费金额÷单位工程金额		材料费金额÷管道长度（m）	材料费金额÷单位工程金额		施工机具使用费金额÷管道长度（m）	施工机具使用费金额÷单位工程金额				

表 B-10-04-04（续）

序号	名称	单位工程金额（元）	人工费			材料费			施工机具使用费			设备费			备注
			金额（元）	单位指标	造价占比（%）	金额（元）	单位指标	造价占比（%）	金额（元）	单位指标	造价占比（%）	金额（元）	单位指标	造价占比（%）	
		A	B	C	D=B÷A	E	F	G=E÷A	H	I	J=H÷A	K	L	M=K÷A	
1.5	其他工程			人工费金额÷管道长度（m）	人工费金额÷单位工程金额		材料费金额÷管道长度（m）	材料费金额÷单位工程金额		施工机具使用费金额÷管道长度（m）	施工机具使用费金额÷单位工程金额				
1.5.1	定向钻			人工费金额÷管道长度（m）	人工费金额÷单位工程金额		材料费金额÷管道长度（m）	材料费金额÷单位工程金额		施工机具使用费金额÷管道长度（m）	施工机具使用费金额÷单位工程金额				
1.5.2	顶管			人工费金额÷管道长度（m）	人工费金额÷单位工程金额		材料费金额÷管道长度（m）	材料费金额÷单位工程金额		施工机具使用费金额÷管道长度（m）	施工机具使用费金额÷单位工程金额				
1.5.3	其他			人工费金额÷管道长度（m）	人工费金额÷单位工程金额		材料费金额÷管道长度（m）	材料费金额÷单位工程金额		施工机具使用费金额÷管道长度（m）	施工机具使用费金额÷单位工程金额				

表 B-10-04-05　管网工程（燃气）单位工程工料价格指标表

序号	名称	单位工程金额（元）	人工费			材料费			施工机具使用费			设备费			备注
			金额（元）	单位指标	造价占比（%）	金额（元）	单位指标	造价占比（%）	金额（元）	单位指标	造价占比（%）	金额（元）	单位指标	造价占比（%）	
		A	B	C	D=B÷A	E	F	G=E÷A	H	I	J=H÷A	K	L	M=K÷A	
1	管网工程（燃气）工程费用			人工费金额÷管道长度（m）	人工费金额÷单位工程金额		材料费金额÷管道长度（m）	材料费金额÷单位工程金额		施工机具使用费金额÷管道长度（m）	施工机具使用费金额÷单位工程金额				
1.1	土石方工程			人工费金额÷管道长度（m）	人工费金额÷分部分项金额		材料费金额÷管道长度（m）	材料费金额÷分部分项金额		施工机具使用费金额÷管道长度（m）	施工机具使用费金额÷分部分项金额				
1.1.1	开挖			人工费金额÷管道长度（m）	人工费金额÷分部分项金额		材料费金额÷管道长度（m）	材料费金额÷分部分项金额		施工机具使用费金额÷管道长度（m）	施工机具使用费金额÷分部分项金额				
1.1.2	回填			人工费金额÷管道长度（m）	人工费金额÷分部分项金额		材料费金额÷管道长度（m）	材料费金额÷分部分项金额		施工机具使用费金额÷管道长度（m）	施工机具使用费金额÷分部分项金额				
1.2	管道工程			人工费金额÷管道长度（m）	人工费金额÷单位工程金额		材料费金额÷管道长度（m）	材料费金额÷单位工程金额		施工机具使用费金额÷管道长度（m）	施工机具使用费金额÷单位工程金额				

表 B-10-04-05（续）

序号	名称	单位工程金额（元）	人工费			材料费			施工机具使用费			设备费			备注
			金额（元）	单位指标	造价占比（%）	金额（元）	单位指标	造价占比（%）	金额（元）	单位指标	造价占比（%）	金额（元）	单位指标	造价占比（%）	
		A	B	C	D=B÷A	E	F	G=E÷A	H	I	J=H÷A	K	L	M=K÷A	
1.2.1	管道安装			人工费金额÷管道长度（m）	人工费金额÷分部分项金额		材料费金额÷管道长度（m）	材料费金额÷分部分项金额		施工机具使用费金额÷管道长度（m）	施工机具使用费金额÷分部分项金额				
1.2.2	管道基础施工			人工费金额÷管道长度（m）	人工费金额÷分部分项金额		材料费金额÷管道长度（m）	材料费金额÷分部分项金额		施工机具使用费金额÷管道长度（m）	施工机具使用费金额÷分部分项金额				
1.2.3	刷油、防腐			人工费金额÷管道长度（m）	人工费金额÷分部分项金额		材料费金额÷管道长度（m）	材料费金额÷分部分项金额		施工机具使用费金额÷管道长度（m）	施工机具使用费金额÷分部分项金额				
1.2.4	探伤检测			人工费金额÷管道长度（m）	人工费金额÷分部分项金额		材料费金额÷管道长度（m）	材料费金额÷分部分项金额		施工机具使用费金额÷管道长度（m）	施工机具使用费金额÷分部分项金额				
1.2.5	电保护			人工费金额÷管道长度（m）	人工费金额÷分部分项金额		材料费金额÷管道长度（m）	材料费金额÷分部分项金额		施工机具使用费金额÷管道长度（m）	施工机具使用费金额÷分部分项金额				

表 B-10-04-05（续）

序号	名称	单位工程金额（元）	人工费			材料费			施工机具使用费			设备费			备注
			金额（元）	单位指标	造价占比（%）	金额（元）	单位指标	造价占比（%）	金额（元）	单位指标	造价占比（%）	金额（元）	单位指标	造价占比（%）	
		A	B	C	D=B ÷ A	E	F	G=E ÷ A	H	I	J=H ÷ A	K	L	M=K ÷ A	
1.3	阀门安装			人工费金额 ÷ 管道长度（m）	人工费金额 ÷ 单位工程金额		材料费金额 ÷ 管道长度（m）	材料费金额 ÷ 单位工程金额		施工机具使用费金额 ÷ 管道长度（m）	施工机具使用费金额 ÷ 单位工程金额				
1.4	构筑物工程			人工费金额 ÷ 管道长度（m）	人工费金额 ÷ 分部分项金额		材料费金额 ÷ 管道长度（m）	材料费金额 ÷ 分部分项金额		施工机具使用费金额 ÷ 管道长度（m）	施工机具使用费金额 ÷ 分部分项金额				
1.4.1	砌筑井			人工费金额 ÷ 管道长度（m）	人工费金额 ÷ 分部分项金额		材料费金额 ÷ 管道长度（m）	材料费金额 ÷ 分部分项金额		施工机具使用费金额 ÷ 管道长度（m）	施工机具使用费金额 ÷ 分部分项金额				
1.4.2	混凝土井			人工费金额 ÷ 管道长度（m）	人工费金额 ÷ 单位工程金额		材料费金额 ÷ 管道长度（m）	材料费金额 ÷ 单位工程金额		施工机具使用费金额 ÷ 管道长度（m）	施工机具使用费金额 ÷ 单位工程金额				

表 B-10-04-05（续）

序号	名称	单位工程金额（元）	人工费			材料费			施工机具使用费			设备费			备注
			金额（元）	单位指标	造价占比（%）	金额（元）	单位指标	造价占比（%）	金额（元）	单位指标	造价占比（%）	金额（元）	单位指标	造价占比（%）	
		A	B	C	D=B÷A	E	F	G=E÷A	H	I	J=H÷A	K	L	M=K÷A	
1.5	其他工程			人工费金额÷管道长度（m）	人工费金额÷单位工程金额		材料费金额÷管道长度（m）	材料费金额÷单位工程金额		施工机具使用费金额÷管道长度（m）	施工机具使用费金额÷单位工程金额				
1.5.1	定向钻			人工费金额÷管道长度（m）	人工费金额÷单位工程金额		材料费金额÷管道长度（m）	材料费金额÷单位工程金额		施工机具使用费金额÷管道长度（m）	施工机具使用费金额÷单位工程金额				
1.5.2	顶管			人工费金额÷管道长度（m）	人工费金额÷单位工程金额		材料费金额÷管道长度（m）	材料费金额÷单位工程金额		施工机具使用费金额÷管道长度（m）	施工机具使用费金额÷单位工程金额				
1.5.3	其他			人工费金额÷管道长度（m）	人工费金额÷单位工程金额		材料费金额÷管道长度（m）	材料费金额÷单位工程金额		施工机具使用费金额÷管道长度（m）	施工机具使用费金额÷单位工程金额				

表 B-10-04-06　管网工程（热力）单位工程工料价格指标表

序号	名称	单位工程金额（元）	人工费			材料费			施工机具使用费			设备费			备注
			金额（元）	单位指标	造价占比（%）	金额（元）	单位指标	造价占比（%）	金额（元）	单位指标	造价占比（%）	金额（元）	单位指标	造价占比（%）	
		A	B	C	D=B÷A	E	F	G=E÷A	H	I	J=H÷A	K	L	M=K÷A	
1	管网工程（热力）工程费用			人工费金额÷管道长度（m）	人工费金额÷单位工程金额		材料费金额÷管道长度（m）	材料费金额÷单位工程金额		施工机具使用费金额÷管道长度（m）	施工机具使用费金额÷单位工程金额				
1.1	土石方工程			人工费金额÷管道长度（m）	人工费金额÷分部分项金额		材料费金额÷管道长度（m）	材料费金额÷分部分项金额		施工机具使用费金额÷管道长度（m）	施工机具使用费金额÷分部分项金额				
1.1.1	开挖			人工费金额÷管道长度（m）	人工费金额÷分部分项金额		材料费金额÷管道长度（m）	材料费金额÷分部分项金额		施工机具使用费金额÷管道长度（m）	施工机具使用费金额÷分部分项金额				
1.1.2	回填			人工费金额÷管道长度（m）	人工费金额÷分部分项金额		材料费金额÷管道长度（m）	材料费金额÷分部分项金额		施工机具使用费金额÷管道长度（m）	施工机具使用费金额÷分部分项金额				
1.2	管道工程			人工费金额÷管道长度（m）	人工费金额÷单位工程金额		材料费金额÷管道长度（m）	材料费金额÷单位工程金额		施工机具使用费金额÷管道长度（m）	施工机具使用费金额÷单位工程金额				

表 B-10-04-06（续）

序号	名称	单位工程金额（元）	人工费			材料费			施工机具使用费			设备费			备注
			金额（元）	单位指标	造价占比（%）	金额（元）	单位指标	造价占比（%）	金额（元）	单位指标	造价占比（%）	金额（元）	单位指标	造价占比（%）	
		A	B	C	D=B÷A	E	F	G=E÷A	H	I	J=H÷A	K	L	M=K÷A	
1.2.1	管道安装			人工费金额÷管道长度（m）	人工费金额÷分部分项金额		材料费金额÷管道长度（m）	材料费金额÷分部分项金额		施工机具使用费金额÷管道长度（m）	施工机具使用费金额÷分部分项金额				
1.2.2	管道基础施工			人工费金额÷管道长度（m）	人工费金额÷分部分项金额		材料费金额÷管道长度（m）	材料费金额÷分部分项金额		施工机具使用费金额÷管道长度（m）	施工机具使用费金额÷分部分项金额				
1.2.3	刷油、防腐			人工费金额÷管道长度（m）	人工费金额÷分部分项金额		材料费金额÷管道长度（m）	材料费金额÷分部分项金额		施工机具使用费金额÷管道长度（m）	施工机具使用费金额÷分部分项金额				
1.2.4	保温、绝热			人工费金额÷管道长度（m）	人工费金额÷分部分项金额		材料费金额÷管道长度（m）	材料费金额÷分部分项金额		施工机具使用费金额÷管道长度（m）	施工机具使用费金额÷分部分项金额				
1.2.5	探伤检测			人工费金额÷管道长度（m）	人工费金额÷分部分项金额		材料费金额÷管道长度（m）	材料费金额÷分部分项金额		施工机具使用费金额÷管道长度（m）	施工机具使用费金额÷分部分项金额				

表 B-10-04-06（续）

序号	名称	单位工程金额（元）	人工费			材料费			施工机具使用费			设备费			备注
			金额（元）	单位指标	造价占比（%）	金额（元）	单位指标	造价占比（%）	金额（元）	单位指标	造价占比（%）	金额（元）	单位指标	造价占比（%）	
		A	B	C	D=B÷A	E	F	G=E÷A	H	I	J=H÷A	K	L	M=K÷A	
1.3	管道附件工程			人工费金额÷管道长度（m）	人工费金额÷分部分项金额		材料费金额÷管道长度（m）	材料费金额÷分部分项金额		施工机具使用费金额÷管道长度（m）	施工机具使用费金额÷分部分项金额				
1.3.1	阀门安装			人工费金额÷管道长度（m）	人工费金额÷单位工程金额		材料费金额÷管道长度（m）	材料费金额÷单位工程金额		施工机具使用费金额÷管道长度（m）	施工机具使用费金额÷单位工程金额				
1.3.2	补偿器			人工费金额÷管道长度（m）	人工费金额÷单位工程金额		材料费金额÷管道长度（m）	材料费金额÷单位工程金额		施工机具使用费金额÷管道长度（m）	施工机具使用费金额÷单位工程金额				
1.3.3	支架制作、安装			人工费金额÷管道长度（m）	人工费金额÷分部分项金额		材料费金额÷管道长度（m）	材料费金额÷分部分项金额		施工机具使用费金额÷管道长度（m）	施工机具使用费金额÷分部分项金额				
1.4	构筑物工程			人工费金额÷管道长度（m）	人工费金额÷分部分项金额		材料费金额÷管道长度（m）	材料费金额÷分部分项金额		施工机具使用费金额÷管道长度（m）	施工机具使用费金额÷分部分项金额				

表 B-10-04-06（续）

序号	名称	单位工程金额（元）	人工费			材料费			施工机具使用费			设备费			备注
			金额（元）	单位指标	造价占比（%）	金额（元）	单位指标	造价占比（%）	金额（元）	单位指标	造价占比（%）	金额（元）	单位指标	造价占比（%）	
		A	B	C	D=B÷A	E	F	G=E÷A	H	I	J=H÷A	K	L	M=K÷A	
1.4.1	沟槽			人工费金额÷管道长度（m）	人工费金额÷分部分项金额		材料费金额÷管道长度（m）	材料费金额÷分部分项金额		施工机具使用费金额÷管道长度（m）	施工机具使用费金额÷分部分项金额				
1.4.2	砌筑井			人工费金额÷管道长度（m）	人工费金额÷分部分项金额		材料费金额÷管道长度（m）	材料费金额÷分部分项金额		施工机具使用费金额÷管道长度（m）	施工机具使用费金额÷分部分项金额				
1.4.3	混凝土井			人工费金额÷管道长度（m）	人工费金额÷单位工程金额		材料费金额÷管道长度（m）	材料费金额÷单位工程金额		施工机具使用费金额÷管道长度（m）	施工机具使用费金额÷单位工程金额				
1.4.4	成品井			人工费金额÷管道长度（m）	人工费金额÷单位工程金额		材料费金额÷管道长度（m）	材料费金额÷单位工程金额		施工机具使用费金额÷管道长度（m）	施工机具使用费金额÷单位工程金额				

表 B-10-04-06（续）

序号	名称	单位工程金额（元）	人工费			材料费			施工机具使用费			设备费			备注
			金额（元）	单位指标	造价占比（%）	金额（元）	单位指标	造价占比（%）	金额（元）	单位指标	造价占比（%）	金额（元）	单位指标	造价占比（%）	
		A	B	C	D=B÷A	E	F	G=E÷A	H	I	J=H÷A	K	L	M=K÷A	
1.5	其他工程			人工费金额÷管道长度（m）	人工费金额÷单位工程金额		材料费金额÷管道长度（m）	材料费金额÷单位工程金额		施工机具使用费金额÷管道长度（m）	施工机具使用费金额÷单位工程金额				
1.5.1	定向钻			人工费金额÷管道长度（m）	人工费金额÷单位工程金额		材料费金额÷管道长度（m）	材料费金额÷单位工程金额		施工机具使用费金额÷管道长度（m）	施工机具使用费金额÷单位工程金额				
1.5.2	顶管			人工费金额÷管道长度（m）	人工费金额÷单位工程金额		材料费金额÷管道长度（m）	材料费金额÷单位工程金额		施工机具使用费金额÷管道长度（m）	施工机具使用费金额÷单位工程金额				
1.5.3	其他			人工费金额÷管道长度（m）	人工费金额÷单位工程金额		材料费金额÷管道长度（m）	材料费金额÷单位工程金额		施工机具使用费金额÷管道长度（m）	施工机具使用费金额÷单位工程金额				

B-10-05　综合管廊工程单位工程工料价格指标表（表 B-10-05）

表 B-10-05　综合管廊工程单位工程工料价格指标表

序号	名称	单位工程金额（元）	人工费			材料费			施工机具使用费			设备费			备注
			金额（元）	单位指标	造价占比（%）	金额（元）	单位指标	造价占比（%）	金额（元）	单位指标	造价占比（%）	金额（元）	单位指标	造价占比（%）	
		A	B	C	D=B÷A	E	F	G=E÷A	H	I	J=H÷A	K	L	M=K÷A	
	综合管廊工程			人工费金额 ÷ 管廊长度（m）	人工费金额 ÷ 单位工程金额		材料费金额 ÷ 管廊长度（m）	材料费金额 ÷ 单位工程金额		施工机具使用费金额 ÷ 管廊长度（m）	施工机具使用费金额 ÷ 单位工程金额				
1	土石方与支护结构工程			人工费金额 ÷ 管廊长度（m）	人工费金额 ÷ 单位工程金额		材料费金额 ÷ 管廊长度（m）	材料费金额 ÷ 单位工程金额		施工机具使用费金额 ÷ 管廊长度（m）	施工机具使用费金额 ÷ 单位工程金额				
1.1	土石方工程			人工费金额 ÷ 管廊长度（m）	人工费金额 ÷ 单位工程金额		材料费金额 ÷ 管廊长度（m）	材料费金额 ÷ 单位工程金额		施工机具使用费金额 ÷ 管廊长度（m）	施工机具使用费金额 ÷ 单位工程金额				
1.1.1	土方工程			人工费金额 ÷ 管廊长度（m）	人工费金额 ÷ 单位工程金额		材料费金额 ÷ 管廊长度（m）	材料费金额 ÷ 单位工程金额		施工机具使用费金额 ÷ 管廊长度（m）	施工机具使用费金额 ÷ 单位工程金额				

表 B-10-05（续）

序号	名称	单位工程金额（元）	人工费			材料费			施工机具使用费			设备费			备注
			金额（元）	单位指标	造价占比（%）	金额（元）	单位指标	造价占比（%）	金额（元）	单位指标	造价占比（%）	金额（元）	单位指标	造价占比（%）	
		A	B	C	D=B÷A	E	F	G=E÷A	H	I	J=H÷A	K	L	M=K÷A	
1.1.2	石方工程			人工费金额÷管廊长度（m）	人工费金额÷单位工程金额		材料费金额÷管廊长度（m）	材料费金额÷单位工程金额		施工机具使用费金额÷管廊长度（m）	施工机具使用费金额÷单位工程金额				
1.1.3	回填			人工费金额÷管廊长度（m）	人工费金额÷单位工程金额		材料费金额÷管廊长度（m）	材料费金额÷单位工程金额		施工机具使用费金额÷管廊长度（m）	施工机具使用费金额÷单位工程金额				
1.2	地基处理			人工费金额÷管廊长度（m）	人工费金额÷单位工程金额		材料费金额÷管廊长度（m）	材料费金额÷单位工程金额		施工机具使用费金额÷管廊长度（m）	施工机具使用费金额÷单位工程金额				
1.2.1	填料加固			人工费金额÷管廊长度（m）	人工费金额÷单位工程金额		材料费金额÷管廊长度（m）	材料费金额÷单位工程金额		施工机具使用费金额÷管廊长度（m）	施工机具使用费金额÷单位工程金额				
1.2.2	填料桩			人工费金额÷管廊长度（m）	人工费金额÷单位工程金额		材料费金额÷管廊长度（m）	材料费金额÷单位工程金额		施工机具使用费金额÷管廊长度（m）	施工机具使用费金额÷单位工程金额				

表 B-10-05（续）

序号	名称	单位工程金额（元）	人工费			材料费			施工机具使用费			设备费			备注
			金额（元）	单位指标	造价占比（%）	金额（元）	单位指标	造价占比（%）	金额（元）	单位指标	造价占比（%）	金额（元）	单位指标	造价占比（%）	
		A	B	C	D=B÷A	E	F	G=E÷A	H	I	J=H÷A	K	L	M=K÷A	
1.2.3	铺土工织物			人工费金额÷管廊长度（m）	人工费金额÷单位工程金额		材料费金额÷管廊长度（m）	材料费金额÷单位工程金额		施工机具使用费金额÷管廊长度（m）	施工机具使用费金额÷单位工程金额				
1.2.4	地基加固			人工费金额÷管廊长度（m）	人工费金额÷单位工程金额		材料费金额÷管廊长度（m）	材料费金额÷单位工程金额		施工机具使用费金额÷管廊长度（m）	施工机具使用费金额÷单位工程金额				
1.3	基坑及边坡支护			人工费金额÷管廊长度（m）	人工费金额÷单位工程金额		材料费金额÷管廊长度（m）	材料费金额÷单位工程金额		施工机具使用费金额÷管廊长度（m）	施工机具使用费金额÷单位工程金额				
1.3.1	咬合灌注桩			人工费金额÷管廊长度（m）	人工费金额÷分部分项金额		材料费金额÷管廊长度（m）	材料费金额÷分部分项金额		施工机具使用费金额÷管廊长度（m）	施工机具使用费金额÷分部分项金额				
1.3.2	型钢水泥土搅拌桩			人工费金额÷管廊长度（m）	人工费金额÷单位工程金额		材料费金额÷管廊长度（m）	材料费金额÷单位工程金额		施工机具使用费金额÷管廊长度（m）	施工机具使用费金额÷单位工程金额				

表 B-10-05（续）

序号	名称	单位工程金额（元）	人工费			材料费			施工机具使用费			设备费			备注
			金额（元）	单位指标	造价占比（%）	金额（元）	单位指标	造价占比（%）	金额（元）	单位指标	造价占比（%）	金额（元）	单位指标	造价占比（%）	
		A	B	C	D=B÷A	E	F	G=E÷A	H	I	J=H÷A	K	L	M=K÷A	
1.3.3	打拔钢板桩			人工费金额÷管廊长度（m）	人工费金额÷单位工程金额		材料费金额÷管廊长度（m）	材料费金额÷单位工程金额		施工机具使用费金额÷管廊长度（m）	施工机具使用费金额÷单位工程金额				
1.3.4	锚杆			人工费金额÷管廊长度（m）	人工费金额÷分部分项金额		材料费金额÷管廊长度（m）	材料费金额÷分部分项金额		施工机具使用费金额÷管廊长度（m）	施工机具使用费金额÷分部分项金额				
1.3.5	预应力锚索			人工费金额÷管廊长度（m）	人工费金额÷分部分项金额		材料费金额÷管廊长度（m）	材料费金额÷分部分项金额		施工机具使用费金额÷管廊长度（m）	施工机具使用费金额÷分部分项金额				
1.3.6	挂网、护坡土钉			人工费金额÷管廊长度（m）	人工费金额÷分部分项金额		材料费金额÷管廊长度（m）	材料费金额÷分部分项金额		施工机具使用费金额÷管廊长度（m）	施工机具使用费金额÷分部分项金额				
1.3.7	喷射混凝土			人工费金额÷管廊长度（m）	人工费金额÷单位工程金额		材料费金额÷管廊长度（m）	材料费金额÷单位工程金额		施工机具使用费金额÷管廊长度（m）	施工机具使用费金额÷单位工程金额				

表 B-10-05（续）

序号	名称	单位工程金额（元）	人工费			材料费			施工机具使用费			设备费			备注
			金额（元）	单位指标	造价占比（%）	金额（元）	单位指标	造价占比（%）	金额（元）	单位指标	造价占比（%）	金额（元）	单位指标	造价占比（%）	
		A	B	C	D=B÷A	E	F	G=E÷A	H	I	J=H÷A	K	L	M=K÷A	
1.4	桩基础工程			人工费金额÷管廊长度（m）	人工费金额÷单位工程金额		材料费金额÷管廊长度（m）	材料费金额÷单位工程金额		施工机具使用费金额÷管廊长度（m）	施工机具使用费金额÷单位工程金额				
1.4.1	打桩			人工费金额÷管廊长度（m）	人工费金额÷单位工程金额		材料费金额÷管廊长度（m）	材料费金额÷单位工程金额		施工机具使用费金额÷管廊长度（m）	施工机具使用费金额÷单位工程金额				
1.4.2	灌注桩			人工费金额÷管廊长度（m）	人工费金额÷单位工程金额		材料费金额÷管廊长度（m）	材料费金额÷单位工程金额		施工机具使用费金额÷管廊长度（m）	施工机具使用费金额÷单位工程金额				
2	管廊主体结构工程			人工费金额÷管廊长度（m）	人工费金额÷单位工程金额		材料费金额÷管廊长度（m）	材料费金额÷单位工程金额		施工机具使用费金额÷管廊长度（m）	施工机具使用费金额÷单位工程金额				
2.1	砌筑工程			人工费金额÷管廊长度（m）	人工费金额÷单位工程金额		材料费金额÷管廊长度（m）	材料费金额÷单位工程金额		施工机具使用费金额÷管廊长度（m）	施工机具使用费金额÷单位工程金额				

表 B-10-05（续）

序号	名称	单位工程金额（元）	人工费			材料费			施工机具使用费			设备费			备注
			金额（元）	单位指标	造价占比（%）	金额（元）	单位指标	造价占比（%）	金额（元）	单位指标	造价占比（%）	金额（元）	单位指标	造价占比（%）	
		A	B	C	D=B÷A	E	F	G=E÷A	H	I	J=H÷A	K	L	M=K÷A	
2.1.1	砖砌体			人工费金额÷管廊长度（m）	人工费金额÷单位工程金额		材料费金额÷管廊长度（m）	材料费金额÷单位工程金额		施工机具使用费金额÷管廊长度（m）	施工机具使用费金额÷单位工程金额				
2.1.2	砌块砌体			人工费金额÷管廊长度（m）	人工费金额÷单位工程金额		材料费金额÷管廊长度（m）	材料费金额÷单位工程金额		施工机具使用费金额÷管廊长度（m）	施工机具使用费金额÷单位工程金额				
2.1.3	石砌体			人工费金额÷管廊长度（m）	人工费金额÷单位工程金额		材料费金额÷管廊长度（m）	材料费金额÷单位工程金额		施工机具使用费金额÷管廊长度（m）	施工机具使用费金额÷单位工程金额				
2.1.4	垫层			人工费金额÷管廊长度（m）	人工费金额÷单位工程金额		材料费金额÷管廊长度（m）	材料费金额÷单位工程金额		施工机具使用费金额÷管廊长度（m）	施工机具使用费金额÷单位工程金额				
2.2	混凝土及钢筋混凝土工程			人工费金额÷管廊长度（m）	人工费金额÷单位工程金额		材料费金额÷管廊长度（m）	材料费金额÷单位工程金额		施工机具使用费金额÷管廊长度（m）	施工机具使用费金额÷单位工程金额				

表 B-10-05（续）

序号	名称	单位工程金额（元）	人工费			材料费			施工机具使用费			设备费			备注
			金额（元）	单位指标	造价占比（%）	金额（元）	单位指标	造价占比（%）	金额（元）	单位指标	造价占比（%）	金额（元）	单位指标	造价占比（%）	
		A	B	C	D=B÷A	E	F	G=E÷A	H	I	J=H÷A	K	L	M=K÷A	
2.2.1	现浇混凝土			人工费金额÷管廊长度（m）	人工费金额÷单位工程金额		材料费金额÷管廊长度（m）	材料费金额÷单位工程金额		施工机具使用费金额÷管廊长度（m）	施工机具使用费金额÷单位工程金额				
2.2.2	预制混凝土			人工费金额÷管廊长度（m）	人工费金额÷单位工程金额		材料费金额÷管廊长度（m）	材料费金额÷单位工程金额		施工机具使用费金额÷管廊长度（m）	施工机具使用费金额÷单位工程金额				
2.2.3	钢筋工程			人工费金额÷管廊长度（m）	人工费金额÷单位工程金额		材料费金额÷管廊长度（m）	材料费金额÷单位工程金额		施工机具使用费金额÷管廊长度（m）	施工机具使用费金额÷单位工程金额				
2.3	门窗工程			人工费金额÷管廊长度（m）	人工费金额÷单位工程金额		材料费金额÷管廊长度（m）	材料费金额÷单位工程金额		施工机具使用费金额÷管廊长度（m）	施工机具使用费金额÷单位工程金额				
2.3.1	门			人工费金额÷管廊长度（m）	人工费金额÷单位工程金额		材料费金额÷管廊长度（m）	材料费金额÷单位工程金额		施工机具使用费金额÷管廊长度（m）	施工机具使用费金额÷单位工程金额				

表 B-10-05（续）

序号	名称	单位工程金额（元）	人工费			材料费			施工机具使用费			设备费			备注
			金额（元）	单位指标	造价占比（%）	金额（元）	单位指标	造价占比（%）	金额（元）	单位指标	造价占比（%）	金额（元）	单位指标	造价占比（%）	
		A	B	C	D=B÷A	E	F	G=E÷A	H	I	J=H÷A	K	L	M=K÷A	
2.3.2	窗			人工费金额÷管廊长度（m）	人工费金额÷单位工程金额		材料费金额÷管廊长度（m）	材料费金额÷单位工程金额		施工机具使用费金额÷管廊长度（m）	施工机具使用费金额÷单位工程金额				
2.3.3	配件			人工费金额÷管廊长度（m）	人工费金额÷单位工程金额		材料费金额÷管廊长度（m）	材料费金额÷单位工程金额		施工机具使用费金额÷管廊长度（m）	施工机具使用费金额÷单位工程金额				
2.4	防水工程			人工费金额÷管廊长度（m）	人工费金额÷单位工程金额		材料费金额÷管廊长度（m）	材料费金额÷单位工程金额		施工机具使用费金额÷管廊长度（m）	施工机具使用费金额÷单位工程金额				
2.4.1	明挖防水			人工费金额÷管廊长度（m）	人工费金额÷单位工程金额		材料费金额÷管廊长度（m）	材料费金额÷单位工程金额		施工机具使用费金额÷管廊长度（m）	施工机具使用费金额÷单位工程金额				
2.4.2	暗挖防水			人工费金额÷管廊长度（m）	人工费金额÷单位工程金额		材料费金额÷管廊长度（m）	材料费金额÷单位工程金额		施工机具使用费金额÷管廊长度（m）	施工机具使用费金额÷单位工程金额				

表 B-10-05（续）

序号	名称	单位工程金额（元）	人工费			材料费			施工机具使用费			设备费			备注
			金额（元）	单位指标	造价占比（%）	金额（元）	单位指标	造价占比（%）	金额（元）	单位指标	造价占比（%）	金额（元）	单位指标	造价占比（%）	
		A	B	C	D=B÷A	E	F	G=E÷A	H	I	J=H÷A	K	L	M=K÷A	
2.4.3	刚性防水			人工费金额÷管廊长度（m）	人工费金额÷单位工程金额		材料费金额÷管廊长度（m）	材料费金额÷单位工程金额		施工机具使用费金额÷管廊长度（m）	施工机具使用费金额÷单位工程金额				
2.4.4	变形缝与施工缝			人工费金额÷管廊长度（m）	人工费金额÷单位工程金额		材料费金额÷管廊长度（m）	材料费金额÷单位工程金额		施工机具使用费金额÷管廊长度（m）	施工机具使用费金额÷单位工程金额				
2.5	装饰工程			人工费金额÷管廊长度（m）	人工费金额÷单位工程金额		材料费金额÷管廊长度（m）	材料费金额÷单位工程金额		施工机具使用费金额÷管廊长度（m）	施工机具使用费金额÷单位工程金额				
2.5.1	楼地面工程			人工费金额÷管廊长度（m）	人工费金额÷单位工程金额		材料费金额÷管廊长度（m）	材料费金额÷单位工程金额		施工机具使用费金额÷管廊长度（m）	施工机具使用费金额÷单位工程金额				
2.5.2	墙、柱面装饰工程			人工费金额÷管廊长度（m）	人工费金额÷单位工程金额		材料费金额÷管廊长度（m）	材料费金额÷单位工程金额		施工机具使用费金额÷管廊长度（m）	施工机具使用费金额÷单位工程金额				

表 B-10-05（续）

序号	名称	单位工程金额（元）	人工费			材料费			施工机具使用费			设备费			备注
			金额（元）	单位指标	造价占比（%）	金额（元）	单位指标	造价占比（%）	金额（元）	单位指标	造价占比（%）	金额（元）	单位指标	造价占比（%）	
		A	B	C	D=B÷A	E	F	G=E÷A	H	I	J=H÷A	K	L	M=K÷A	
2.5.3	顶棚工程			人工费金额÷管廊长度（m）	人工费金额÷单位工程金额		材料费金额÷管廊长度（m）	材料费金额÷单位工程金额		施工机具使用费金额÷管廊长度（m）	施工机具使用费金额÷单位工程金额				
2.6	竖井工程			人工费金额÷管廊长度（m）	人工费金额÷单位工程金额		材料费金额÷管廊长度（m）	材料费金额÷单位工程金额		施工机具使用费金额÷管廊长度（m）	施工机具使用费金额÷单位工程金额				
2.6.1	锁脚锚管			人工费金额÷管廊长度（m）	人工费金额÷单位工程金额		材料费金额÷管廊长度（m）	材料费金额÷单位工程金额		施工机具使用费金额÷管廊长度（m）	施工机具使用费金额÷单位工程金额				
2.6.2	竖井初衬钢筋			人工费金额÷管廊长度（m）	人工费金额÷单位工程金额		材料费金额÷管廊长度（m）	材料费金额÷单位工程金额		施工机具使用费金额÷管廊长度（m）	施工机具使用费金额÷单位工程金额				
2.6.3	竖井二衬钢筋			人工费金额÷管廊长度（m）	人工费金额÷单位工程金额		材料费金额÷管廊长度（m）	材料费金额÷单位工程金额		施工机具使用费金额÷管廊长度（m）	施工机具使用费金额÷单位工程金额				

表 B-10-05（续）

序号	名称	单位工程金额（元）	人工费			材料费			施工机具使用费			设备费			备注
			金额（元）	单位指标	造价占比（%）	金额（元）	单位指标	造价占比（%）	金额（元）	单位指标	造价占比（%）	金额（元）	单位指标	造价占比（%）	
		A	B	C	D=B÷A	E	F	G=E÷A	H	I	J=H÷A	K	L	M=K÷A	
2.6.4	竖井混凝土			人工费金额÷管廊长度（m）	人工费金额÷单位工程金额		材料费金额÷管廊长度（m）	材料费金额÷单位工程金额		施工机具使用费金额÷管廊长度（m）	施工机具使用费金额÷单位工程金额				
2.7	暗挖工程			人工费金额÷管廊长度（m）	人工费金额÷单位工程金额		材料费金额÷管廊长度（m）	材料费金额÷单位工程金额		施工机具使用费金额÷管廊长度（m）	施工机具使用费金额÷单位工程金额				
2.7.1	小导管			人工费金额÷管廊长度（m）	人工费金额÷单位工程金额		材料费金额÷管廊长度（m）	材料费金额÷单位工程金额		施工机具使用费金额÷管廊长度（m）	施工机具使用费金额÷单位工程金额				
2.7.2	大管棚			人工费金额÷管廊长度（m）	人工费金额÷单位工程金额		材料费金额÷管廊长度（m）	材料费金额÷单位工程金额		施工机具使用费金额÷管廊长度（m）	施工机具使用费金额÷单位工程金额				
2.7.3	洞内锚杆			人工费金额÷管廊长度（m）	人工费金额÷单位工程金额		材料费金额÷管廊长度（m）	材料费金额÷单位工程金额		施工机具使用费金额÷管廊长度（m）	施工机具使用费金额÷单位工程金额				

表 B-10-05（续）

序号	名称	单位工程金额（元）	人工费			材料费			施工机具使用费			设备费			备注
			金额（元）	单位指标	造价占比（%）	金额（元）	单位指标	造价占比（%）	金额（元）	单位指标	造价占比（%）	金额（元）	单位指标	造价占比（%）	
		A	B	C	D=B÷A	E	F	G=E÷A	H	I	J=H÷A	K	L	M=K÷A	
2.7.4	初衬钢筋			人工费金额÷管廊长度（m）	人工费金额÷单位工程金额		材料费金额÷管廊长度（m）	材料费金额÷单位工程金额		施工机具使用费金额÷管廊长度（m）	施工机具使用费金额÷单位工程金额				
2.7.5	喷射混凝土			人工费金额÷管廊长度（m）	人工费金额÷单位工程金额		材料费金额÷管廊长度（m）	材料费金额÷单位工程金额		施工机具使用费金额÷管廊长度（m）	施工机具使用费金额÷单位工程金额				
2.7.6	地下注浆			人工费金额÷管廊长度（m）	人工费金额÷单位工程金额		材料费金额÷管廊长度（m）	材料费金额÷单位工程金额		施工机具使用费金额÷管廊长度（m）	施工机具使用费金额÷单位工程金额				
2.7.7	暗挖混凝土结构			人工费金额÷管廊长度（m）	人工费金额÷单位工程金额		材料费金额÷管廊长度（m）	材料费金额÷单位工程金额		施工机具使用费金额÷管廊长度（m）	施工机具使用费金额÷单位工程金额				
2.7.8	二衬钢筋及钢构件			人工费金额÷管廊长度（m）	人工费金额÷单位工程金额		材料费金额÷管廊长度（m）	材料费金额÷单位工程金额		施工机具使用费金额÷管廊长度（m）	施工机具使用费金额÷单位工程金额				

表 B-10-05（续）

序号	名称	单位工程金额（元）	人工费			材料费			施工机具使用费			设备费			备注
			金额（元）	单位指标	造价占比（%）	金额（元）	单位指标	造价占比（%）	金额（元）	单位指标	造价占比（%）	金额（元）	单位指标	造价占比（%）	
		A	B	C	D=B÷A	E	F	G=E÷A	H	I	J=H÷A	K	L	M=K÷A	
2.7.9	洞内回填			人工费金额÷管廊长度（m）	人工费金额÷单位工程金额		材料费金额÷管廊长度（m）	材料费金额÷单位工程金额		施工机具使用费金额÷管廊长度（m）	施工机具使用费金额÷单位工程金额				
2.8	盾构结构			人工费金额÷管廊长度（m）	人工费金额÷单位工程金额		材料费金额÷管廊长度（m）	材料费金额÷单位工程金额		施工机具使用费金额÷管廊长度（m）	施工机具使用费金额÷单位工程金额				
2.8.1	盾构机安装、拆除			人工费金额÷管廊长度（m）	人工费金额÷单位工程金额		材料费金额÷管廊长度（m）	材料费金额÷单位工程金额		施工机具使用费金额÷管廊长度（m）	施工机具使用费金额÷单位工程金额				
2.8.2	车架安装、拆除			人工费金额÷管廊长度（m）	人工费金额÷单位工程金额		材料费金额÷管廊长度（m）	材料费金额÷单位工程金额		施工机具使用费金额÷管廊长度（m）	施工机具使用费金额÷单位工程金额				
2.8.3	盾构掘进			人工费金额÷管廊长度（m）	人工费金额÷单位工程金额		材料费金额÷管廊长度（m）	材料费金额÷单位工程金额		施工机具使用费金额÷管廊长度（m）	施工机具使用费金额÷单位工程金额				

表 B-10-05（续）

序号	名称	单位工程金额（元）	人工费			材料费			施工机具使用费			设备费			备注
			金额（元）	单位指标	造价占比（%）	金额（元）	单位指标	造价占比（%）	金额（元）	单位指标	造价占比（%）	金额（元）	单位指标	造价占比（%）	
		A	B	C	D=B÷A	E	F	G=E÷A	H	I	J=H÷A	K	L	M=K÷A	
2.8.4	盾构管片			人工费金额÷管廊长度（m）	人工费金额÷单位工程金额		材料费金额÷管廊长度（m）	材料费金额÷单位工程金额		施工机具使用费金额÷管廊长度（m）	施工机具使用费金额÷单位工程金额				
2.8.5	衬砌压浆			人工费金额÷管廊长度（m）	人工费金额÷单位工程金额		材料费金额÷管廊长度（m）	材料费金额÷单位工程金额		施工机具使用费金额÷管廊长度（m）	施工机具使用费金额÷单位工程金额				
2.8.6	柔性接缝			人工费金额÷管廊长度（m）	人工费金额÷单位工程金额		材料费金额÷管廊长度（m）	材料费金额÷单位工程金额		施工机具使用费金额÷管廊长度（m）	施工机具使用费金额÷单位工程金额				
2.8.7	洞口钢筋混凝土环圈			人工费金额÷管廊长度（m）	人工费金额÷单位工程金额		材料费金额÷管廊长度（m）	材料费金额÷单位工程金额		施工机具使用费金额÷管廊长度（m）	施工机具使用费金额÷单位工程金额				
2.8.8	负环段管片及隧道内管线拆除			人工费金额÷管廊长度（m）	人工费金额÷单位工程金额		材料费金额÷管廊长度（m）	材料费金额÷单位工程金额		施工机具使用费金额÷管廊长度（m）	施工机具使用费金额÷单位工程金额				

表 B-10-05（续）

序号	名称	单位工程金额（元）	人工费			材料费			施工机具使用费			设备费			备注
			金额（元）	单位指标	造价占比（%）	金额（元）	单位指标	造价占比（%）	金额（元）	单位指标	造价占比（%）	金额（元）	单位指标	造价占比（%）	
		A	B	C	D=B÷A	E	F	G=E÷A	H	I	J=H÷A	K	L	M=K÷A	
2.8.9	盾构其他工程			人工费金额÷管廊长度（m）	人工费金额÷单位工程金额		材料费金额÷管廊长度（m）	材料费金额÷单位工程金额		施工机具使用费金额÷管廊长度（m）	施工机具使用费金额÷单位工程金额				
2.9	其他工程			人工费金额÷管廊长度（m）	人工费金额÷单位工程金额		材料费金额÷管廊长度（m）	材料费金额÷单位工程金额		施工机具使用费金额÷管廊长度（m）	施工机具使用费金额÷单位工程金额				
2.9.1	拆除混凝土			人工费金额÷管廊长度（m）	人工费金额÷单位工程金额		材料费金额÷管廊长度（m）	材料费金额÷单位工程金额		施工机具使用费金额÷管廊长度（m）	施工机具使用费金额÷单位工程金额				
2.9.2	水钻开孔			人工费金额÷管廊长度（m）	人工费金额÷单位工程金额		材料费金额÷管廊长度（m）	材料费金额÷单位工程金额		施工机具使用费金额÷管廊长度（m）	施工机具使用费金额÷单位工程金额				
2.9.3	楼梯栏杆、扶手			人工费金额÷管廊长度（m）	人工费金额÷单位工程金额		材料费金额÷管廊长度（m）	材料费金额÷单位工程金额		施工机具使用费金额÷管廊长度（m）	施工机具使用费金额÷单位工程金额				

表 B-10-05（续）

序号	名称	单位工程金额（元）	人工费			材料费			施工机具使用费			设备费			备注
			金额（元）	单位指标	造价占比（%）	金额（元）	单位指标	造价占比（%）	金额（元）	单位指标	造价占比（%）	金额（元）	单位指标	造价占比（%）	
		A	B	C	D=B÷A	E	F	G=E÷A	H	I	J=H÷A	K	L	M=K÷A	
2.9.4	直埋刚性防水套管			人工费金额÷管廊长度（m）	人工费金额÷单位工程金额		材料费金额÷管廊长度（m）	材料费金额÷单位工程金额		施工机具使用费金额÷管廊长度（m）	施工机具使用费金额÷单位工程金额				
2.10	措施项目			人工费金额÷管廊长度（m）	人工费金额÷单位工程金额		材料费金额÷管廊长度（m）	材料费金额÷单位工程金额		施工机具使用费金额÷管廊长度（m）	施工机具使用费金额÷单位工程金额				
2.10.1	围堰工程			人工费金额÷管廊长度（m）	人工费金额÷单位工程金额		材料费金额÷管廊长度（m）	材料费金额÷单位工程金额		施工机具使用费金额÷管廊长度（m）	施工机具使用费金额÷单位工程金额				
2.10.2	脚手架工程			人工费金额÷管廊长度（m）	人工费金额÷单位工程金额		材料费金额÷管廊长度（m）	材料费金额÷单位工程金额		施工机具使用费金额÷管廊长度（m）	施工机具使用费金额÷单位工程金额				
2.10.3	井点降水			人工费金额÷管廊长度（m）	人工费金额÷单位工程金额		材料费金额÷管廊长度（m）	材料费金额÷单位工程金额		施工机具使用费金额÷管廊长度（m）	施工机具使用费金额÷单位工程金额				

表 B-10-05（续）

序号	名称	单位工程金额（元）	人工费			材料费			施工机具使用费			设备费			备注
			金额（元）	单位指标	造价占比（%）	金额（元）	单位指标	造价占比（%）	金额（元）	单位指标	造价占比（%）	金额（元）	单位指标	造价占比（%）	
		A	B	C	D=B÷A	E	F	G=E÷A	H	I	J=H÷A	K	L	M=K÷A	
2.10.4	模板工程			人工费金额÷管廊长度（m）	人工费金额÷单位工程金额		材料费金额÷管廊长度（m）	材料费金额÷单位工程金额		施工机具使用费金额÷管廊长度（m）	施工机具使用费金额÷单位工程金额				
2.10.5	洞内临时设施			人工费金额÷管廊长度（m）	人工费金额÷单位工程金额		材料费金额÷管廊长度（m）	材料费金额÷单位工程金额		施工机具使用费金额÷管廊长度（m）	施工机具使用费金额÷单位工程金额				
2.10.6	临时钢支撑			人工费金额÷管廊长度（m）	人工费金额÷单位工程金额		材料费金额÷管廊长度（m）	材料费金额÷单位工程金额		施工机具使用费金额÷管廊长度（m）	施工机具使用费金额÷单位工程金额				
2.10.7	大型机械设备进出场及安拆费			人工费金额÷管廊长度（m）	人工费金额÷单位工程金额		材料费金额÷管廊长度（m）	材料费金额÷单位工程金额		施工机具使用费金额÷管廊长度（m）	施工机具使用费金额÷单位工程金额				

B-10-06　厂站工程单位工程工料价格指标表（表 B-10-06-01 ~ 表 B-10-06-03）

表 B-10-06-01　燃气厂站工程单位工程工料价格指标表

序号	名称	单位工程金额（元）	人工费			材料费			施工机具使用费			设备费			备注
			金额（元）	单位指标	造价占比（%）	金额（元）	单位指标	造价占比（%）	金额（元）	单位指标	造价占比（%）	金额（元）	单位指标	造价占比（%）	
		A	B	C	D=B÷A	E	F	G=E÷A	H	I	J=H÷A	K	L	M=K÷A	
	燃气厂站工程			人工费金额÷供气能力（m^3/h）	人工费金额÷单位工程金额		材料费金额÷供气能力（m^3/h）	材料费金额÷单位工程金额		施工机具使用费金额÷供气能力（m^3/h）	施工机具使用费金额÷单位工程金额				
1	建筑装饰工程			人工费金额÷供气能力（m^3/h）	人工费金额÷单位工程金额		材料费金额÷供气能力（m^3/h）	材料费金额÷单位工程金额		施工机具使用费金额÷供气能力（m^3/h）	施工机具使用费金额÷单位工程金额				
1.1	厂区土方			人工费金额÷供气能力（m^3/h）	人工费金额÷单位工程金额		材料费金额÷供气能力（m^3/h）	材料费金额÷单位工程金额		施工机具使用费金额÷供气能力（m^3/h）	施工机具使用费金额÷单位工程金额				

表 B-10-06-01（续）

序号	名称	单位工程金额（元）	人工费			材料费			施工机具使用费			设备费			备注
			金额（元）	单位指标	造价占比（%）	金额（元）	单位指标	造价占比（%）	金额（元）	单位指标	造价占比（%）	金额（元）	单位指标	造价占比（%）	
		A	B	C	D=B÷A	E	F	G=E÷A	H	I	J=H÷A	K	L	M=K÷A	
1.2	地基处理			人工费金额 ÷ 供气能力（m^3/h）	人工费金额 ÷ 单位工程金额		材料费金额 ÷ 供气能力（m^3/h）	材料费金额 ÷ 单位工程金额		施工机具使用费金额 ÷ 供气能力（m^3/h）	施工机具使用费金额 ÷ 单位工程金额				
1.3	道路、路缘石			人工费金额 ÷ 供气能力（m^3/h）	人工费金额 ÷ 单位工程金额		材料费金额 ÷ 供气能力（m^3/h）	材料费金额 ÷ 单位工程金额		施工机具使用费金额 ÷ 供气能力（m^3/h）	施工机具使用费金额 ÷ 单位工程金额				
1.4	围墙、大门			人工费金额 ÷ 供气能力（m^3/h）	人工费金额 ÷ 单位工程金额		材料费金额 ÷ 供气能力（m^3/h）	材料费金额 ÷ 单位工程金额		施工机具使用费金额 ÷ 供气能力（m^3/h）	施工机具使用费金额 ÷ 单位工程金额				
1.5	绿化工程			人工费金额 ÷ 供气能力（m^3/h）	人工费金额 ÷ 单位工程金额		材料费金额 ÷ 供气能力（m^3/h）	材料费金额 ÷ 单位工程金额		施工机具使用费金额 ÷ 供气能力（m^3/h）	施工机具使用费金额 ÷ 单位工程金额				

表 B-10-06-01（续）

序号	名称	单位工程金额（元）	人工费			材料费			施工机具使用费			设备费			备注
			金额（元）	单位指标	造价占比（%）	金额（元）	单位指标	造价占比（%）	金额（元）	单位指标	造价占比（%）	金额（元）	单位指标	造价占比（%）	
		A	B	C	D=B÷A	E	F	G=E÷A	H	I	J=H÷A	K	L	M=K÷A	
1.6	构筑物工程			人工费金额÷供气能力（m^3/h）	人工费金额÷单位工程金额		材料费金额÷供气能力（m^3/h）	材料费金额÷单位工程金额		施工机具使用费金额÷供气能力（m^3/h）	施工机具使用费金额÷单位工程金额				
1.7	各单体建筑			人工费金额÷供气能力（m^3/h）	人工费金额÷单位工程金额		材料费金额÷供气能力（m^3/h）	材料费金额÷单位工程金额		施工机具使用费金额÷供气能力（m^3/h）	施工机具使用费金额÷单位工程金额				
2	设备及系统安装工程			人工费金额÷供气能力（m^3/h）	人工费金额÷单位工程金额		材料费金额÷供气能力（m^3/h）	材料费金额÷单位工程金额		施工机具使用费金额÷供气能力（m^3/h）	施工机具使用费金额÷单位工程金额		设备费金额÷供气能力（m^3/h）	设备费金额÷单位工程金额	
2.1	燃气工艺系统			人工费金额÷供气能力（m^3/h）	人工费金额÷单位工程金额		材料费金额÷供气能力（m^3/h）	材料费金额÷单位工程金额		施工机具使用费金额÷供气能力（m^3/h）	施工机具使用费金额÷单位工程金额		设备费金额÷供气能力（m^3/h）	设备费金额÷单位工程金额	

表 B-10-06-01（续）

序号	名称	单位工程金额（元）	人工费			材料费			施工机具使用费			设备费			备注
			金额（元）	单位指标	造价占比（%）	金额（元）	单位指标	造价占比（%）	金额（元）	单位指标	造价占比（%）	金额（元）	单位指标	造价占比（%）	
		A	B	C	D=B÷A	E	F	G=E÷A	H	I	J=H÷A	K	L	M=K÷A	
2.1.1	工艺设备			人工费金额÷供气能力（m^3/h）	人工费金额÷单位工程金额		材料费金额÷供气能力（m^3/h）	材料费金额÷单位工程金额		施工机具使用费金额÷供气能力（m^3/h）	施工机具使用费金额÷单位工程金额		设备费金额÷供气能力（m^3/h）	设备费金额÷单位工程金额	
2.1.2	燃气管道			人工费金额÷供气能力（m^3/h）	人工费金额÷单位工程金额		材料费金额÷供气能力（m^3/h）	材料费金额÷单位工程金额		施工机具使用费金额÷供气能力（m^3/h）	施工机具使用费金额÷单位工程金额		设备费金额÷供气能力（m^3/h）	设备费金额÷单位工程金额	
2.1.3	阀门			人工费金额÷供气能力（m^3/h）	人工费金额÷单位工程金额		材料费金额÷供气能力（m^3/h）	材料费金额÷单位工程金额		施工机具使用费金额÷供气能力（m^3/h）	施工机具使用费金额÷单位工程金额		设备费金额÷供气能力（m^3/h）	设备费金额÷单位工程金额	
2.1.4	电保护			人工费金额÷供气能力（m^3/h）	人工费金额÷单位工程金额		材料费金额÷供气能力（m^3/h）	材料费金额÷单位工程金额		施工机具使用费金额÷供气能力（m^3/h）	施工机具使用费金额÷单位工程金额		设备费金额÷供气能力（m^3/h）	设备费金额÷单位工程金额	

表 B-10-06-01（续）

序号	名称	单位工程金额（元）	人工费			材料费			施工机具使用费			设备费			备注
			金额（元）	单位指标	造价占比（%）	金额（元）	单位指标	造价占比（%）	金额（元）	单位指标	造价占比（%）	金额（元）	单位指标	造价占比（%）	
		A	B	C	D=B÷A	E	F	G=E÷A	H	I	J=H÷A	K	L	M=K÷A	
2.2	电气工程			人工费金额÷供气能力（m^3/h）	人工费金额÷单位工程金额		材料费金额÷供气能力（m^3/h）	材料费金额÷单位工程金额		施工机具使用费金额÷供气能力（m^3/h）	施工机具使用费金额÷单位工程金额		设备费金额÷供气能力（m^3/h）	设备费金额÷单位工程金额	
2.2.1	电气设备			人工费金额÷供气能力（m^3/h）	人工费金额÷单位工程金额		材料费金额÷供气能力（m^3/h）	材料费金额÷单位工程金额		施工机具使用费金额÷供气能力（m^3/h）	施工机具使用费金额÷单位工程金额		设备费金额÷供气能力（m^3/h）	设备费金额÷单位工程金额	
2.2.2	电缆			人工费金额÷供气能力（m^3/h）	人工费金额÷单位工程金额		材料费金额÷供气能力（m^3/h）	材料费金额÷单位工程金额		施工机具使用费金额÷供气能力（m^3/h）	施工机具使用费金额÷单位工程金额		设备费金额÷供气能力（m^3/h）	设备费金额÷单位工程金额	
2.2.3	配管、配线			人工费金额÷供气能力（m^3/h）	人工费金额÷单位工程金额		材料费金额÷供气能力（m^3/h）	材料费金额÷单位工程金额		施工机具使用费金额÷供气能力（m^3/h）	施工机具使用费金额÷单位工程金额		设备费金额÷供气能力（m^3/h）	设备费金额÷单位工程金额	

表 B-10-06-01（续）

序号	名称	单位工程金额（元）	人工费			材料费			施工机具使用费			设备费			备注
			金额（元）	单位指标	造价占比（%）	金额（元）	单位指标	造价占比（%）	金额（元）	单位指标	造价占比（%）	金额（元）	单位指标	造价占比（%）	
		A	B	C	D=B÷A	E	F	G=E÷A	H	I	J=H÷A	K	L	M=K÷A	
2.2.4	照明器具			人工费金额÷供气能力（m^3/h）	人工费金额÷单位工程金额		材料费金额÷供气能力（m^3/h）	材料费金额÷单位工程金额		施工机具使用费金额÷供气能力（m^3/h）	施工机具使用费金额÷单位工程金额		设备费金额÷供气能力（m^3/h）	设备费金额÷单位工程金额	
2.2.5	防雷及接地装置			人工费金额÷供气能力（m^3/h）	人工费金额÷单位工程金额		材料费金额÷供气能力（m^3/h）	材料费金额÷单位工程金额		施工机具使用费金额÷供气能力（m^3/h）	施工机具使用费金额÷单位工程金额		设备费金额÷供气能力（m^3/h）	设备费金额÷单位工程金额	
2.3	自动化控制			人工费金额÷供气能力（m^3/h）	人工费金额÷单位工程金额		材料费金额÷供气能力（m^3/h）	材料费金额÷单位工程金额		施工机具使用费金额÷供气能力（m^3/h）	施工机具使用费金额÷单位工程金额		设备费金额÷供气能力（m^3/h）	设备费金额÷单位工程金额	
2.3.1	自动化控制设备			人工费金额÷供气能力（m^3/h）	人工费金额÷单位工程金额		材料费金额÷供气能力（m^3/h）	材料费金额÷单位工程金额		施工机具使用费金额÷供气能力（m^3/h）	施工机具使用费金额÷单位工程金额		设备费金额÷供气能力（m^3/h）	设备费金额÷单位工程金额	

表 B-10-06-01（续）

序号	名称	单位工程金额（元）	人工费			材料费			施工机具使用费			设备费			备注
			金额（元）	单位指标	造价占比（%）	金额（元）	单位指标	造价占比（%）	金额（元）	单位指标	造价占比（%）	金额（元）	单位指标	造价占比（%）	
		A	B	C	D=B÷A	E	F	G=E÷A	H	I	J=H÷A	K	L	M=K÷A	
2.3.2	流量仪表			人工费金额÷供气能力（m^3/h）	人工费金额÷单位工程金额		材料费金额÷供气能力（m^3/h）	材料费金额÷单位工程金额		施工机具使用费金额÷供气能力（m^3/h）	施工机具使用费金额÷单位工程金额		设备费金额÷供气能力（m^3/h）	设备费金额÷单位工程金额	
2.3.3	压力仪表			人工费金额÷供气能力（m^3/h）	人工费金额÷单位工程金额		材料费金额÷供气能力（m^3/h）	材料费金额÷单位工程金额		施工机具使用费金额÷供气能力（m^3/h）	施工机具使用费金额÷单位工程金额		设备费金额÷供气能力（m^3/h）	设备费金额÷单位工程金额	
2.3.4	温度仪表			人工费金额÷供气能力（m^3/h）	人工费金额÷单位工程金额		材料费金额÷供气能力（m^3/h）	材料费金额÷单位工程金额		施工机具使用费金额÷供气能力（m^3/h）	施工机具使用费金额÷单位工程金额		设备费金额÷供气能力（m^3/h）	设备费金额÷单位工程金额	
2.3.5	电缆			人工费金额÷供气能力（m^3/h）	人工费金额÷单位工程金额		材料费金额÷供气能力（m^3/h）	材料费金额÷单位工程金额		施工机具使用费金额÷供气能力（m^3/h）	施工机具使用费金额÷单位工程金额		设备费金额÷供气能力（m^3/h）	设备费金额÷单位工程金额	

表 B-10-06-01（续）

序号	名称	单位工程金额（元）	人工费			材料费			施工机具使用费			设备费			备注
			金额（元）	单位指标	造价占比（%）	金额（元）	单位指标	造价占比（%）	金额（元）	单位指标	造价占比（%）	金额（元）	单位指标	造价占比（%）	
		A	B	C	D=B÷A	E	F	G=E÷A	H	I	J=H÷A	K	L	M=K÷A	
2.3.6	配管、配线			人工费金额÷供气能力（m^3/h）	人工费金额÷单位工程金额		材料费金额÷供气能力（m^3/h）	材料费金额÷单位工程金额		施工机具使用费金额÷供气能力（m^3/h）	施工机具使用费金额÷单位工程金额		设备费金额÷供气能力（m^3/h）	设备费金额÷单位工程金额	
2.3.7	安全监控装置			人工费金额÷供气能力（m^3/h）	人工费金额÷单位工程金额		材料费金额÷供气能力（m^3/h）	材料费金额÷单位工程金额		施工机具使用费金额÷供气能力（m^3/h）	施工机具使用费金额÷单位工程金额		设备费金额÷供气能力（m^3/h）	设备费金额÷单位工程金额	
2.4	通风空调工程			人工费金额÷供气能力（m^3/h）	人工费金额÷单位工程金额		材料费金额÷供气能力（m^3/h）	材料费金额÷单位工程金额		施工机具使用费金额÷供气能力（m^3/h）	施工机具使用费金额÷单位工程金额		设备费金额÷供气能力（m^3/h）	设备费金额÷单位工程金额	
2.4.1	通风空调			人工费金额÷供气能力（m^3/h）	人工费金额÷单位工程金额		材料费金额÷供气能力（m^3/h）	材料费金额÷单位工程金额		施工机具使用费金额÷供气能力（m^3/h）	施工机具使用费金额÷单位工程金额		设备费金额÷供气能力（m^3/h）	设备费金额÷单位工程金额	

表 B-10-06-01（续）

序号	名称	单位工程金额（元）	人工费			材料费			施工机具使用费			设备费			备注
			金额（元）	单位指标	造价占比（%）	金额（元）	单位指标	造价占比（%）	金额（元）	单位指标	造价占比（%）	金额（元）	单位指标	造价占比（%）	
		A	B	C	D=B÷A	E	F	G=E÷A	H	I	J=H÷A	K	L	M=K÷A	
2.4.2	通风管道			人工费金额÷供气能力（m^3/h）	人工费金额÷单位工程金额		材料费金额÷供气能力（m^3/h）	材料费金额÷单位工程金额		施工机具使用费金额÷供气能力（m^3/h）	施工机具使用费金额÷单位工程金额		设备费金额÷供气能力（m^3/h）	设备费金额÷单位工程金额	
2.5	热力工程			人工费金额÷供气能力（m^3/h）	人工费金额÷单位工程金额		材料费金额÷供气能力（m^3/h）	材料费金额÷单位工程金额		施工机具使用费金额÷供气能力（m^3/h）	施工机具使用费金额÷单位工程金额		设备费金额÷供气能力（m^3/h）	设备费金额÷单位工程金额	
2.5.1	热力设备			人工费金额÷供气能力（m^3/h）	人工费金额÷单位工程金额		材料费金额÷供气能力（m^3/h）	材料费金额÷单位工程金额		施工机具使用费金额÷供气能力（m^3/h）	施工机具使用费金额÷单位工程金额		设备费金额÷供气能力（m^3/h）	设备费金额÷单位工程金额	
2.5.2	热力管道			人工费金额÷供气能力（m^3/h）	人工费金额÷单位工程金额		材料费金额÷供气能力（m^3/h）	材料费金额÷单位工程金额		施工机具使用费金额÷供气能力（m^3/h）	施工机具使用费金额÷单位工程金额		设备费金额÷供气能力（m^3/h）	设备费金额÷单位工程金额	

表 B-10-06-01（续）

序号	名称	单位工程金额（元）	人工费			材料费			施工机具使用费			设备费			备注
			金额（元）	单位指标	造价占比（%）	金额（元）	单位指标	造价占比（%）	金额（元）	单位指标	造价占比（%）	金额（元）	单位指标	造价占比（%）	
		A	B	C	D=B÷A	E	F	G=E÷A	H	I	J=H÷A	K	L	M=K÷A	
2.5.3	阀门			人工费金额÷供气能力（m^3/h）	人工费金额÷单位工程金额		材料费金额÷供气能力（m^3/h）	材料费金额÷单位工程金额		施工机具使用费金额÷供气能力（m^3/h）	施工机具使用费金额÷单位工程金额		设备费金额÷供气能力（m^3/h）	设备费金额÷单位工程金额	
2.6	消防工程			人工费金额÷供气能力（m^3/h）	人工费金额÷单位工程金额		材料费金额÷供气能力（m^3/h）	材料费金额÷单位工程金额		施工机具使用费金额÷供气能力（m^3/h）	施工机具使用费金额÷单位工程金额		设备费金额÷供气能力（m^3/h）	设备费金额÷单位工程金额	
2.6.1	消防设备			人工费金额÷供气能力（m^3/h）	人工费金额÷单位工程金额		材料费金额÷供气能力（m^3/h）	材料费金额÷单位工程金额		施工机具使用费金额÷供气能力（m^3/h）	施工机具使用费金额÷单位工程金额		设备费金额÷供气能力（m^3/h）	设备费金额÷单位工程金额	
2.6.2	消防管道			人工费金额÷供气能力（m^3/h）	人工费金额÷单位工程金额		材料费金额÷供气能力（m^3/h）	材料费金额÷单位工程金额		施工机具使用费金额÷供气能力（m^3/h）	施工机具使用费金额÷单位工程金额		设备费金额÷供气能力（m^3/h）	设备费金额÷单位工程金额	

表 B-10-06-01（续）

序号	名称	单位工程金额（元）	人工费			材料费			施工机具使用费			设备费			备注
			金额（元）	单位指标	造价占比（%）	金额（元）	单位指标	造价占比（%）	金额（元）	单位指标	造价占比（%）	金额（元）	单位指标	造价占比（%）	
		A	B	C	D=B÷A	E	F	G=E÷A	H	I	J=H÷A	K	L	M=K÷A	
2.6.3	自动报警装置			人工费金额÷供气能力（m^3/h）	人工费金额÷单位工程金额		材料费金额÷供气能力（m^3/h）	材料费金额÷单位工程金额		施工机具使用费金额÷供气能力（m^3/h）	施工机具使用费金额÷单位工程金额		设备费金额÷供气能力（m^3/h）	设备费金额÷单位工程金额	
2.7	建筑智能化工程			人工费金额÷供气能力（m^3/h）	人工费金额÷单位工程金额		材料费金额÷供气能力（m^3/h）	材料费金额÷单位工程金额		施工机具使用费金额÷供气能力（m^3/h）	施工机具使用费金额÷单位工程金额		设备费金额÷供气能力（m^3/h）	设备费金额÷单位工程金额	
2.7.1	闭路监控系统			人工费金额÷供气能力（m^3/h）	人工费金额÷单位工程金额		材料费金额÷供气能力（m^3/h）	材料费金额÷单位工程金额		施工机具使用费金额÷供气能力（m^3/h）	施工机具使用费金额÷单位工程金额		设备费金额÷供气能力（m^3/h）	设备费金额÷单位工程金额	
2.7.2	门禁控制系统			人工费金额÷供气能力（m^3/h）	人工费金额÷单位工程金额		材料费金额÷供气能力（m^3/h）	材料费金额÷单位工程金额		施工机具使用费金额÷供气能力（m^3/h）	施工机具使用费金额÷单位工程金额		设备费金额÷供气能力（m^3/h）	设备费金额÷单位工程金额	

表 B-10-06-01（续）

序号	名称	单位工程金额（元）	人工费			材料费			施工机具使用费			设备费			备注
			金额（元）	单位指标	造价占比（%）	金额（元）	单位指标	造价占比（%）	金额（元）	单位指标	造价占比（%）	金额（元）	单位指标	造价占比（%）	
		A	B	C	D=B÷A	E	F	G=E÷A	H	I	J=H÷A	K	L	M=K÷A	
2.8	采暖给水排水工程			人工费金额÷供气能力（m^3/h）	人工费金额÷单位工程金额		材料费金额÷供气能力（m^3/h）	材料费金额÷单位工程金额		施工机具使用费金额÷供气能力（m^3/h）	施工机具使用费金额÷单位工程金额		设备费金额÷供气能力（m^3/h）	设备费金额÷单位工程金额	
2.8.1	给排水采暖管道			人工费金额÷供气能力（m^3/h）	人工费金额÷单位工程金额		材料费金额÷供气能力（m^3/h）	材料费金额÷单位工程金额		施工机具使用费金额÷供气能力（m^3/h）	施工机具使用费金额÷单位工程金额		设备费金额÷供气能力（m^3/h）	设备费金额÷单位工程金额	
2.8.2	卫生器具			人工费金额÷供气能力（m^3/h）	人工费金额÷单位工程金额		材料费金额÷供气能力（m^3/h）	材料费金额÷单位工程金额		施工机具使用费金额÷供气能力（m^3/h）	施工机具使用费金额÷单位工程金额		设备费金额÷供气能力（m^3/h）	设备费金额÷单位工程金额	
2.8.3	采暖器具			人工费金额÷供气能力（m^3/h）	人工费金额÷单位工程金额		材料费金额÷供气能力（m^3/h）	材料费金额÷单位工程金额		施工机具使用费金额÷供气能力（m^3/h）	施工机具使用费金额÷单位工程金额		设备费金额÷供气能力（m^3/h）	设备费金额÷单位工程金额	

表 B-10-06-02　热力厂站工程单位工程工料价格指标表

序号	名称	单位工程金额（元）	人工费			材料费			施工机具使用费			设备费			备注
			金额（元）	单位指标	造价占比（%）	金额（元）	单位指标	造价占比（%）	金额（元）	单位指标	造价占比（%）	金额（元）	单位指标	造价占比（%）	
		A	B	C	D=B÷A	E	F	G=E÷A	H	I	J=H÷A	K	L	M=K÷A	
	热力热源厂工程			人工费金额÷供热能力（MW或蒸吨）	人工费金额÷单位工程金额		材料费金额÷供热能力（MW或蒸吨）	材料费金额÷单位工程金额		施工机具使用费金额÷供热能力（MW或蒸吨）	施工机具使用费金额÷单位工程金额				
1	建筑装饰工程			人工费金额÷供热能力（MW或蒸吨）	人工费金额÷单位工程金额		材料费金额÷供热能力（MW或蒸吨）	材料费金额÷单位工程金额		施工机具使用费金额÷供热能力（MW或蒸吨）	施工机具使用费金额÷单位工程金额				
1.1	厂区土方			人工费金额÷供热能力（MW或蒸吨）	人工费金额÷单位工程金额		材料费金额÷供热能力（MW或蒸吨）	材料费金额÷单位工程金额		施工机具使用费金额÷供热能力（MW或蒸吨）	施工机具使用费金额÷单位工程金额				
1.2	地基处理			人工费金额÷供热能力（MW或蒸吨）	人工费金额÷单位工程金额		材料费金额÷供热能力（MW或蒸吨）	材料费金额÷单位工程金额		施工机具使用费金额÷供热能力（MW或蒸吨）	施工机具使用费金额÷单位工程金额				

表 B-10-06-02（续）

序号	名称	单位工程金额（元）	人工费			材料费			施工机具使用费			设备费			备注
			金额（元）	单位指标	造价占比（%）	金额（元）	单位指标	造价占比（%）	金额（元）	单位指标	造价占比（%）	金额（元）	单位指标	造价占比（%）	
		A	B	C	D=B÷A	E	F	G=E÷A	H	I	J=H÷A	K	L	M=K÷A	
1.3	道路、路缘石			人工费金额÷供热能力（MW或蒸吨）	人工费金额÷单位工程金额		材料费金额÷供热能力（MW或蒸吨）	材料费金额÷单位工程金额		施工机具使用费金额÷供热能力（MW或蒸吨）	施工机具使用费金额÷单位工程金额				
1.4	围墙、大门			人工费金额÷供热能力（MW或蒸吨）	人工费金额÷单位工程金额		材料费金额÷供热能力（MW或蒸吨）	材料费金额÷单位工程金额		施工机具使用费金额÷供热能力（MW或蒸吨）	施工机具使用费金额÷单位工程金额				
1.5	绿化工程			人工费金额÷供热能力（MW或蒸吨）	人工费金额÷单位工程金额		材料费金额÷供热能力（MW或蒸吨）	材料费金额÷单位工程金额		施工机具使用费金额÷供热能力（MW或蒸吨）	施工机具使用费金额÷单位工程金额				
1.6	构筑物工程			人工费金额÷供热能力（MW或蒸吨）	人工费金额÷单位工程金额		材料费金额÷供热能力（MW或蒸吨）	材料费金额÷单位工程金额		施工机具使用费金额÷供热能力（MW或蒸吨）	施工机具使用费金额÷单位工程金额				

表 B-10-06-02（续）

序号	名称	单位工程金额（元）	人工费			材料费			施工机具使用费			设备费			备注
			金额（元）	单位指标	造价占比（%）	金额（元）	单位指标	造价占比（%）	金额（元）	单位指标	造价占比（%）	金额（元）	单位指标	造价占比（%）	
		A	B	C	D=B÷A	E	F	G=E÷A	H	I	J=H÷A	K	L	M=K÷A	
1.7	各单体建筑			人工费金额÷供热能力（MW或蒸吨）	人工费金额÷单位工程金额		材料费金额÷供热能力（MW或蒸吨）	材料费金额÷单位工程金额		施工机具使用费金额÷供热能力（MW或蒸吨）	施工机具使用费金额÷单位工程金额				
2	设备及系统安装工程			人工费金额÷供热能力（MW或蒸吨）	人工费金额÷单位工程金额		材料费金额÷供热能力（MW或蒸吨）	材料费金额÷单位工程金额		施工机具使用费金额÷供热能力（MW或蒸吨）	施工机具使用费金额÷单位工程金额		设备费金额÷供热能力（MW或蒸吨）	设备费金额÷单位工程金额	
2.1	热力工艺系统			人工费金额÷供热能力（MW或蒸吨）	人工费金额÷单位工程金额		材料费金额÷供热能力（MW或蒸吨）	材料费金额÷单位工程金额		施工机具使用费金额÷供热能力（MW或蒸吨）	施工机具使用费金额÷单位工程金额		设备费金额÷供热能力（MW或蒸吨）	设备费金额÷单位工程金额	
2.1.1	工艺设备			人工费金额÷供热能力（MW或蒸吨）	人工费金额÷单位工程金额		材料费金额÷供热能力（MW或蒸吨）	材料费金额÷单位工程金额		施工机具使用费金额÷供热能力（MW或蒸吨）	施工机具使用费金额÷单位工程金额		设备费金额÷供热能力（MW或蒸吨）	设备费金额÷单位工程金额	

表 B-10-06-02（续）

序号	名称	单位工程金额（元）	人工费			材料费			施工机具使用费			设备费			备注
			金额（元）	单位指标	造价占比（%）	金额（元）	单位指标	造价占比（%）	金额（元）	单位指标	造价占比（%）	金额（元）	单位指标	造价占比（%）	
		A	B	C	D=B÷A	E	F	G=E÷A	H	I	J=H÷A	K	L	M=K÷A	
2.1.2	热力管道			人工费金额÷供热能力（MW或蒸吨）	人工费金额÷单位工程金额		材料费金额÷供热能力（MW或蒸吨）	材料费金额÷单位工程金额		施工机具使用费金额÷供热能力（MW或蒸吨）	施工机具使用费金额÷单位工程金额		设备费金额÷供热能力（MW或蒸吨）	设备费金额÷单位工程金额	
2.1.3	阀门			人工费金额÷供热能力（MW或蒸吨）	人工费金额÷单位工程金额		材料费金额÷供热能力（MW或蒸吨）	材料费金额÷单位工程金额		施工机具使用费金额÷供热能力（MW或蒸吨）	施工机具使用费金额÷单位工程金额		设备费金额÷供热能力（MW或蒸吨）	设备费金额÷单位工程金额	
2.2	电气工程			人工费金额÷供热能力（MW或蒸吨）	人工费金额÷单位工程金额		材料费金额÷供热能力（MW或蒸吨）	材料费金额÷单位工程金额		施工机具使用费金额÷供热能力（MW或蒸吨）	施工机具使用费金额÷单位工程金额		设备费金额÷供热能力（MW或蒸吨）	设备费金额÷单位工程金额	
2.2.1	电气设备			人工费金额÷供热能力（MW或蒸吨）	人工费金额÷单位工程金额		材料费金额÷供热能力（MW或蒸吨）	材料费金额÷单位工程金额		施工机具使用费金额÷供热能力（MW或蒸吨）	施工机具使用费金额÷单位工程金额		设备费金额÷供热能力（MW或蒸吨）	设备费金额÷单位工程金额	

表 B-10-06-02（续）

序号	名称	单位工程金额（元）	人工费			材料费			施工机具使用费			设备费			备注
			金额（元）	单位指标	造价占比（%）	金额（元）	单位指标	造价占比（%）	金额（元）	单位指标	造价占比（%）	金额（元）	单位指标	造价占比（%）	
		A	B	C	D=B÷A	E	F	G=E÷A	H	I	J=H÷A	K	L	M=K÷A	
2.2.2	电缆			人工费金额÷供热能力（MW或蒸吨）	人工费金额÷单位工程金额		材料费金额÷供热能力（MW或蒸吨）	材料费金额÷单位工程金额		施工机具使用费金额÷供热能力（MW或蒸吨）	施工机具使用费金额÷单位工程金额		设备费金额÷供热能力（MW或蒸吨）	设备费金额÷单位工程金额	
2.2.3	配管、配线			人工费金额÷供热能力（MW或蒸吨）	人工费金额÷单位工程金额		材料费金额÷供热能力（MW或蒸吨）	材料费金额÷单位工程金额		施工机具使用费金额÷供热能力（MW或蒸吨）	施工机具使用费金额÷单位工程金额		设备费金额÷供热能力（MW或蒸吨）	设备费金额÷单位工程金额	
2.2.4	照明器具			人工费金额÷供热能力（MW或蒸吨）	人工费金额÷单位工程金额		材料费金额÷供热能力（MW或蒸吨）	材料费金额÷单位工程金额		施工机具使用费金额÷供热能力（MW或蒸吨）	施工机具使用费金额÷单位工程金额		设备费金额÷供热能力（MW或蒸吨）	设备费金额÷单位工程金额	
2.2.5	防雷及接地装置			人工费金额÷供热能力（MW或蒸吨）	人工费金额÷单位工程金额		材料费金额÷供热能力（MW或蒸吨）	材料费金额÷单位工程金额		施工机具使用费金额÷供热能力（MW或蒸吨）	施工机具使用费金额÷单位工程金额		设备费金额÷供热能力（MW或蒸吨）	设备费金额÷单位工程金额	

表 B-10-06-02（续）

序号	名称	单位工程金额（元）	人工费			材料费			施工机具使用费			设备费			备注
			金额（元）	单位指标	造价占比（%）	金额（元）	单位指标	造价占比（%）	金额（元）	单位指标	造价占比（%）	金额（元）	单位指标	造价占比（%）	
		A	B	C	D=B÷A	E	F	G=E÷A	H	I	J=H÷A	K	L	M=K÷A	
2.3	自动化控制			人工费金额÷供热能力（MW或蒸吨）	人工费金额÷单位工程金额		材料费金额÷供热能力（MW或蒸吨）	材料费金额÷单位工程金额		施工机具使用费金额÷供热能力（MW或蒸吨）	施工机具使用费金额÷单位工程金额		设备费金额÷供热能力（MW或蒸吨）	设备费金额÷单位工程金额	
2.3.1	自动化控制设备			人工费金额÷供热能力（MW或蒸吨）	人工费金额÷单位工程金额		材料费金额÷供热能力（MW或蒸吨）	材料费金额÷单位工程金额		施工机具使用费金额÷供热能力（MW或蒸吨）	施工机具使用费金额÷单位工程金额		设备费金额÷供热能力（MW或蒸吨）	设备费金额÷单位工程金额	
2.3.2	流量仪表			人工费金额÷供热能力（MW或蒸吨）	人工费金额÷单位工程金额		材料费金额÷供热能力（MW或蒸吨）	材料费金额÷单位工程金额		施工机具使用费金额÷供热能力（MW或蒸吨）	施工机具使用费金额÷单位工程金额		设备费金额÷供热能力（MW或蒸吨）	设备费金额÷单位工程金额	
2.3.3	压力仪表			人工费金额÷供热能力（MW或蒸吨）	人工费金额÷单位工程金额		材料费金额÷供热能力（MW或蒸吨）	材料费金额÷单位工程金额		施工机具使用费金额÷供热能力（MW或蒸吨）	施工机具使用费金额÷单位工程金额		设备费金额÷供热能力（MW或蒸吨）	设备费金额÷单位工程金额	

表 B-10-06-02（续）

序号	名称	单位工程金额（元）	人工费			材料费			施工机具使用费			设备费			备注
			金额（元）	单位指标	造价占比（%）	金额（元）	单位指标	造价占比（%）	金额（元）	单位指标	造价占比（%）	金额（元）	单位指标	造价占比（%）	
		A	B	C	D=B÷A	E	F	G=E÷A	H	I	J=H÷A	K	L	M=K÷A	
2.3.4	温度仪表			人工费金额÷供热能力（MW或蒸吨）	人工费金额÷单位工程金额		材料费金额÷供热能力（MW或蒸吨）	材料费金额÷单位工程金额		施工机具使用费金额÷供热能力（MW或蒸吨）	施工机具使用费金额÷单位工程金额		设备费金额÷供热能力（MW或蒸吨）	设备费金额÷单位工程金额	
2.3.5	电缆			人工费金额÷供热能力（MW或蒸吨）	人工费金额÷单位工程金额		材料费金额÷供热能力（MW或蒸吨）	材料费金额÷单位工程金额		施工机具使用费金额÷供热能力（MW或蒸吨）	施工机具使用费金额÷单位工程金额		设备费金额÷供热能力（MW或蒸吨）	设备费金额÷单位工程金额	
2.3.6	配管、配线			人工费金额÷供热能力（MW或蒸吨）	人工费金额÷单位工程金额		材料费金额÷供热能力（MW或蒸吨）	材料费金额÷单位工程金额		施工机具使用费金额÷供热能力（MW或蒸吨）	施工机具使用费金额÷单位工程金额		设备费金额÷供热能力（MW或蒸吨）	设备费金额÷单位工程金额	
2.3.7	安全监控装置			人工费金额÷供热能力（MW或蒸吨）	人工费金额÷单位工程金额		材料费金额÷供热能力（MW或蒸吨）	材料费金额÷单位工程金额		施工机具使用费金额÷供热能力（MW或蒸吨）	施工机具使用费金额÷单位工程金额		设备费金额÷供热能力（MW或蒸吨）	设备费金额÷单位工程金额	

表 B-10-06-02（续）

序号	名称	单位工程金额（元）	人工费			材料费			施工机具使用费			设备费			备注
			金额（元）	单位指标	造价占比（%）	金额（元）	单位指标	造价占比（%）	金额（元）	单位指标	造价占比（%）	金额（元）	单位指标	造价占比（%）	
		A	B	C	D=B÷A	E	F	G=E÷A	H	I	J=H÷A	K	L	M=K÷A	
2.4	通风空调工程			人工费金额÷供热能力（MW或蒸吨）	人工费金额÷单位工程金额		材料费金额÷供热能力（MW或蒸吨）	材料费金额÷单位工程金额		施工机具使用费金额÷供热能力（MW或蒸吨）	施工机具使用费金额÷单位工程金额		设备费金额÷供热能力（MW或蒸吨）	设备费金额÷单位工程金额	
2.4.1	通风空调			人工费金额÷供热能力（MW或蒸吨）	人工费金额÷单位工程金额		材料费金额÷供热能力（MW或蒸吨）	材料费金额÷单位工程金额		施工机具使用费金额÷供热能力（MW或蒸吨）	施工机具使用费金额÷单位工程金额		设备费金额÷供热能力（MW或蒸吨）	设备费金额÷单位工程金额	
2.4.2	通风管道			人工费金额÷供热能力（MW或蒸吨）	人工费金额÷单位工程金额		材料费金额÷供热能力（MW或蒸吨）	材料费金额÷单位工程金额		施工机具使用费金额÷供热能力（MW或蒸吨）	施工机具使用费金额÷单位工程金额		设备费金额÷供热能力（MW或蒸吨）	设备费金额÷单位工程金额	
2.5	燃气工程			人工费金额÷供热能力（MW或蒸吨）	人工费金额÷单位工程金额		材料费金额÷供热能力（MW或蒸吨）	材料费金额÷单位工程金额		施工机具使用费金额÷供热能力（MW或蒸吨）	施工机具使用费金额÷单位工程金额		设备费金额÷供热能力（MW或蒸吨）	设备费金额÷单位工程金额	

表 B-10-06-02（续）

序号	名称	单位工程金额（元）	人工费			材料费			施工机具使用费			设备费			备注
			金额（元）	单位指标	造价占比（%）	金额（元）	单位指标	造价占比（%）	金额（元）	单位指标	造价占比（%）	金额（元）	单位指标	造价占比（%）	
		A	B	C	D=B÷A	E	F	G=E÷A	H	I	J=H÷A	K	L	M=K÷A	
2.5.1	燃气管道			人工费金额÷供热能力（MW或蒸吨）	人工费金额÷单位工程金额		材料费金额÷供热能力（MW或蒸吨）	材料费金额÷单位工程金额		施工机具使用费金额÷供热能力（MW或蒸吨）	施工机具使用费金额÷单位工程金额		设备费金额÷供热能力（MW或蒸吨）	设备费金额÷单位工程金额	
2.5.2	阀门			人工费金额÷供热能力（MW或蒸吨）	人工费金额÷单位工程金额		材料费金额÷供热能力（MW或蒸吨）	材料费金额÷单位工程金额		施工机具使用费金额÷供热能力（MW或蒸吨）	施工机具使用费金额÷单位工程金额		设备费金额÷供热能力（MW或蒸吨）	设备费金额÷单位工程金额	
2.6	消防工程			人工费金额÷供热能力（MW或蒸吨）	人工费金额÷单位工程金额		材料费金额÷供热能力（MW或蒸吨）	材料费金额÷单位工程金额		施工机具使用费金额÷供热能力（MW或蒸吨）	施工机具使用费金额÷单位工程金额		设备费金额÷供热能力（MW或蒸吨）	设备费金额÷单位工程金额	
2.6.1	消防设备			人工费金额÷供热能力（MW或蒸吨）	人工费金额÷单位工程金额		材料费金额÷供热能力（MW或蒸吨）	材料费金额÷单位工程金额		施工机具使用费金额÷供热能力（MW或蒸吨）	施工机具使用费金额÷单位工程金额		设备费金额÷供热能力（MW或蒸吨）	设备费金额÷单位工程金额	

表 B–10–06–02（续）

序号	名称	单位工程金额（元）	人工费			材料费			施工机具使用费			设备费			备注
			金额（元）	单位指标	造价占比（%）	金额（元）	单位指标	造价占比（%）	金额（元）	单位指标	造价占比（%）	金额（元）	单位指标	造价占比（%）	
		A	B	C	D=B÷A	E	F	G=E÷A	H	I	J=H÷A	K	L	M=K÷A	
2.6.2	消防管道			人工费金额÷供热能力（MW或蒸吨）	人工费金额÷单位工程金额		材料费金额÷供热能力（MW或蒸吨）	材料费金额÷单位工程金额		施工机具使用费金额÷供热能力（MW或蒸吨）	施工机具使用费金额÷单位工程金额		设备费金额÷供热能力（MW或蒸吨）	设备费金额÷单位工程金额	
2.6.3	自动报警装置			人工费金额÷供热能力（MW或蒸吨）	人工费金额÷单位工程金额		材料费金额÷供热能力（MW或蒸吨）	材料费金额÷单位工程金额		施工机具使用费金额÷供热能力（MW或蒸吨）	施工机具使用费金额÷单位工程金额		设备费金额÷供热能力（MW或蒸吨）	设备费金额÷单位工程金额	
2.7	建筑智能化工程			人工费金额÷供热能力（MW或蒸吨）	人工费金额÷单位工程金额		材料费金额÷供热能力（MW或蒸吨）	材料费金额÷单位工程金额		施工机具使用费金额÷供热能力（MW或蒸吨）	施工机具使用费金额÷单位工程金额		设备费金额÷供热能力（MW或蒸吨）	设备费金额÷单位工程金额	
2.7.1	闭路监控系统			人工费金额÷供热能力（MW或蒸吨）	人工费金额÷单位工程金额		材料费金额÷供热能力（MW或蒸吨）	材料费金额÷单位工程金额		施工机具使用费金额÷供热能力（MW或蒸吨）	施工机具使用费金额÷单位工程金额		设备费金额÷供热能力（MW或蒸吨）	设备费金额÷单位工程金额	

表 B-10-06-02（续）

序号	名称	单位工程金额（元）	人工费			材料费			施工机具使用费			设备费			备注
			金额（元）	单位指标	造价占比（%）	金额（元）	单位指标	造价占比（%）	金额（元）	单位指标	造价占比（%）	金额（元）	单位指标	造价占比（%）	
		A	B	C	D=B÷A	E	F	G=E÷A	H	I	J=H÷A	K	L	M=K÷A	
2.7.2	门禁控制系统			人工费金额÷供热能力（MW或蒸吨）	人工费金额÷单位工程金额		材料费金额÷供热能力（MW或蒸吨）	材料费金额÷单位工程金额		施工机具使用费金额÷供热能力（MW或蒸吨）	施工机具使用费金额÷单位工程金额		设备费金额÷供热能力（MW或蒸吨）	设备费金额÷单位工程金额	
2.8	采暖给水排水工程			人工费金额÷供热能力（MW或蒸吨）	人工费金额÷单位工程金额		材料费金额÷供热能力（MW或蒸吨）	材料费金额÷单位工程金额		施工机具使用费金额÷供热能力（MW或蒸吨）	施工机具使用费金额÷单位工程金额		设备费金额÷供热能力（MW或蒸吨）	设备费金额÷单位工程金额	
2.8.1	给水排水采暖管道			人工费金额÷供热能力（MW或蒸吨）	人工费金额÷单位工程金额		材料费金额÷供热能力（MW或蒸吨）	材料费金额÷单位工程金额		施工机具使用费金额÷供热能力（MW或蒸吨）	施工机具使用费金额÷单位工程金额		设备费金额÷供热能力（MW或蒸吨）	设备费金额÷单位工程金额	
2.8.2	卫生器具			人工费金额÷供热能力（MW或蒸吨）	人工费金额÷单位工程金额		材料费金额÷供热能力（MW或蒸吨）	材料费金额÷单位工程金额		施工机具使用费金额÷供热能力（MW或蒸吨）	施工机具使用费金额÷单位工程金额		设备费金额÷供热能力（MW或蒸吨）	设备费金额÷单位工程金额	
2.8.3	采暖器具			人工费金额÷供热能力（MW或蒸吨）	人工费金额÷单位工程金额		材料费金额÷供热能力（MW或蒸吨）	材料费金额÷单位工程金额		施工机具使用费金额÷供热能力（MW或蒸吨）	施工机具使用费金额÷单位工程金额		设备费金额÷供热能力（MW或蒸吨）	设备费金额÷单位工程金额	

表 B-10-06-03　雨、污水泵站工程单位工程工料价格指标表

序号	名称	单位工程金额（元）	人工费			材料费			施工机具使用费			设备费			备注
			金额（元）	单位指标	造价占比（%）	金额（元）	单位指标	造价占比（%）	金额（元）	单位指标	造价占比（%）	金额（元）	单位指标	造价占比（%）	
		A	B	C	D=B÷A	E	F	G=E÷A	H	I	J=H÷A	K	L	M=K÷A	
	雨、污水泵站工程			人工费金额÷设计流量（m^3/s）	人工费金额÷单位工程金额		材料费金额÷设计流量（m^3/s）	材料费金额÷单位工程金额		施工机具使用费金额÷设计流量（m^3/s）	施工机具使用费金额÷单位工程金额				
1	建筑装饰工程			人工费金额÷设计流量（m^3/s）	人工费金额÷单位工程金额		材料费金额÷设计流量（m^3/s）	材料费金额÷单位工程金额		施工机具使用费金额÷设计流量（m^3/s）	施工机具使用费金额÷单位工程金额				
1.1	厂区土方			人工费金额÷设计流量（m^3/s）	人工费金额÷单位工程金额		材料费金额÷设计流量（m^3/s）	材料费金额÷单位工程金额		施工机具使用费金额÷设计流量（m^3/s）	施工机具使用费金额÷单位工程金额				
1.2	地基处理			人工费金额÷设计流量（m^3/s）	人工费金额÷单位工程金额		材料费金额÷设计流量（m^3/s）	材料费金额÷单位工程金额		施工机具使用费金额÷设计流量（m^3/s）	施工机具使用费金额÷单位工程金额				
1.3	道路、路缘石			人工费金额÷设计流量（m^3/s）	人工费金额÷单位工程金额		材料费金额÷设计流量（m^3/s）	材料费金额÷单位工程金额		施工机具使用费金额÷设计流量（m^3/s）	施工机具使用费金额÷单位工程金额				

表 B-10-06-03（续）

序号	名称	单位工程金额（元）	人工费			材料费			施工机具使用费			设备费			备注
			金额（元）	单位指标	造价占比（%）	金额（元）	单位指标	造价占比（%）	金额（元）	单位指标	造价占比（%）	金额（元）	单位指标	造价占比（%）	
		A	B	C	D=B÷A	E	F	G=E÷A	H	I	J=H÷A	K	L	M=K÷A	
1.4	围墙、大门			人工费金额÷设计流量（m^3/s）	人工费金额÷单位工程金额		材料费金额÷设计流量（m^3/s）	材料费金额÷单位工程金额		施工机具使用费金额÷设计流量（m^3/s）	施工机具使用费金额÷单位工程金额				
1.5	绿化工程			人工费金额÷设计流量（m^3/s）	人工费金额÷单位工程金额		材料费金额÷设计流量（m^3/s）	材料费金额÷单位工程金额		施工机具使用费金额÷设计流量（m^3/s）	施工机具使用费金额÷单位工程金额				
1.6	构筑物工程			人工费金额÷设计流量（m^3/s）	人工费金额÷单位工程金额		材料费金额÷设计流量（m^3/s）	材料费金额÷单位工程金额		施工机具使用费金额÷设计流量（m^3/s）	施工机具使用费金额÷单位工程金额				
1.7	各单体建筑			人工费金额÷设计流量（m^3/s）	人工费金额÷单位工程金额		材料费金额÷设计流量（m^3/s）	材料费金额÷单位工程金额		施工机具使用费金额÷设计流量（m^3/s）	施工机具使用费金额÷单位工程金额				
2	设备及系统安装工程			人工费金额÷设计流量（m^3/s）	人工费金额÷单位工程金额		材料费金额÷设计流量（m^3/s）	材料费金额÷单位工程金额		施工机具使用费金额÷设计流量（m^3/s）	施工机具使用费金额÷单位工程金额		设备费金额÷设计流量（m^3/s）	设备费金额÷单位工程金额	

表 B-10-06-03（续）

序号	名称	单位工程金额（元）	人工费			材料费			施工机具使用费			设备费			备注
			金额（元）	单位指标	造价占比（%）	金额（元）	单位指标	造价占比（%）	金额（元）	单位指标	造价占比（%）	金额（元）	单位指标	造价占比（%）	
		A	B	C	D=B÷A	E	F	G=E÷A	H	I	J=H÷A	K	L	M=K÷A	
2.1	工艺系统			人工费金额÷设计流量（m^3/s）	人工费金额÷单位工程金额		材料费金额÷设计流量（m^3/s）	材料费金额÷单位工程金额		施工机具使用费金额÷设计流量（m^3/s）	施工机具使用费金额÷单位工程金额		设备费金额÷设计流量（m^3/s）	设备费金额÷单位工程金额	
2.1.1	工艺设备			人工费金额÷设计流量（m^3/s）	人工费金额÷单位工程金额		材料费金额÷设计流量（m^3/s）	材料费金额÷单位工程金额		施工机具使用费金额÷设计流量（m^3/s）	施工机具使用费金额÷单位工程金额		设备费金额÷设计流量（m^3/s）	设备费金额÷单位工程金额	
2.1.2	工艺管道			人工费金额÷设计流量（m^3/s）	人工费金额÷单位工程金额		材料费金额÷设计流量（m^3/s）	材料费金额÷单位工程金额		施工机具使用费金额÷设计流量（m^3/s）	施工机具使用费金额÷单位工程金额		设备费金额÷设计流量（m^3/s）	设备费金额÷单位工程金额	
2.2	电气工程			人工费金额÷设计流量（m^3/s）	人工费金额÷单位工程金额		材料费金额÷设计流量（m^3/s）	材料费金额÷单位工程金额		施工机具使用费金额÷设计流量（m^3/s）	施工机具使用费金额÷单位工程金额		设备费金额÷设计流量（m^3/s）	设备费金额÷单位工程金额	
2.2.1	电气设备			人工费金额÷设计流量（m^3/s）	人工费金额÷单位工程金额		材料费金额÷设计流量（m^3/s）	材料费金额÷单位工程金额		施工机具使用费金额÷设计流量（m^3/s）	施工机具使用费金额÷单位工程金额		设备费金额÷设计流量（m^3/s）	设备费金额÷单位工程金额	

表 B-10-06-03（续）

序号	名称	单位工程金额（元）	人工费			材料费			施工机具使用费			设备费			备注
			金额（元）	单位指标	造价占比（%）	金额（元）	单位指标	造价占比（%）	金额（元）	单位指标	造价占比（%）	金额（元）	单位指标	造价占比（%）	
		A	B	C	D=B÷A	E	F	G=E÷A	H	I	J=H÷A	K	L	M=K÷A	
2.2.2	电缆			人工费金额÷设计流量（m^3/s）	人工费金额÷单位工程金额		材料费金额÷设计流量（m^3/s）	材料费金额÷单位工程金额		施工机具使用费金额÷设计流量（m^3/s）	施工机具使用费金额÷单位工程金额		设备费金额÷设计流量（m^3/s）	设备费金额÷单位工程金额	
2.2.3	配管、配线			人工费金额÷设计流量（m^3/s）	人工费金额÷单位工程金额		材料费金额÷设计流量（m^3/s）	材料费金额÷单位工程金额		施工机具使用费金额÷设计流量（m^3/s）	施工机具使用费金额÷单位工程金额		设备费金额÷设计流量（m^3/s）	设备费金额÷单位工程金额	
2.2.4	照明器具			人工费金额÷设计流量（m^3/s）	人工费金额÷单位工程金额		材料费金额÷设计流量（m^3/s）	材料费金额÷单位工程金额		施工机具使用费金额÷设计流量（m^3/s）	施工机具使用费金额÷单位工程金额		设备费金额÷设计流量（m^3/s）	设备费金额÷单位工程金额	
2.2.5	防雷及接地装置			人工费金额÷设计流量（m^3/s）	人工费金额÷单位工程金额		材料费金额÷设计流量（m^3/s）	材料费金额÷单位工程金额		施工机具使用费金额÷设计流量（m^3/s）	施工机具使用费金额÷单位工程金额		设备费金额÷设计流量（m^3/s）	设备费金额÷单位工程金额	
2.3	自动化控制			人工费金额÷设计流量（m^3/s）	人工费金额÷单位工程金额		材料费金额÷设计流量（m^3/s）	材料费金额÷单位工程金额		施工机具使用费金额÷设计流量（m^3/s）	施工机具使用费金额÷单位工程金额		设备费金额÷设计流量（m^3/s）	设备费金额÷单位工程金额	

表 B-10-06-03（续）

序号	名称	单位工程金额（元）	人工费			材料费			施工机具使用费			设备费			备注
			金额（元）	单位指标	造价占比（%）	金额（元）	单位指标	造价占比（%）	金额（元）	单位指标	造价占比（%）	金额（元）	单位指标	造价占比（%）	
		A	B	C	D=B÷A	E	F	G=E÷A	H	I	J=H÷A	K	L	M=K÷A	
2.3.1	自动化控制设备			人工费金额÷设计流量（m^3/s）	人工费金额÷单位工程金额		材料费金额÷设计流量（m^3/s）	材料费金额÷单位工程金额		施工机具使用费金额÷设计流量（m^3/s）	施工机具使用费金额÷单位工程金额		设备费金额÷设计流量（m^3/s）	设备费金额÷单位工程金额	
2.3.2	流量仪表			人工费金额÷设计流量（m^3/s）	人工费金额÷单位工程金额		材料费金额÷设计流量（m^3/s）	材料费金额÷单位工程金额		施工机具使用费金额÷设计流量（m^3/s）	施工机具使用费金额÷单位工程金额		设备费金额÷设计流量（m^3/s）	设备费金额÷单位工程金额	
2.3.3	液位仪表			人工费金额÷设计流量（m^3/s）	人工费金额÷单位工程金额		材料费金额÷设计流量（m^3/s）	材料费金额÷单位工程金额		施工机具使用费金额÷设计流量（m^3/s）	施工机具使用费金额÷单位工程金额		设备费金额÷设计流量（m^3/s）	设备费金额÷单位工程金额	
2.3.4	雨量监测设施			人工费金额÷设计流量（m^3/s）	人工费金额÷单位工程金额		材料费金额÷设计流量（m^3/s）	材料费金额÷单位工程金额		施工机具使用费金额÷设计流量（m^3/s）	施工机具使用费金额÷单位工程金额		设备费金额÷设计流量（m^3/s）	设备费金额÷单位工程金额	
2.3.5	电缆			人工费金额÷设计流量（m^3/s）	人工费金额÷单位工程金额		材料费金额÷设计流量（m^3/s）	材料费金额÷单位工程金额		施工机具使用费金额÷设计流量（m^3/s）	施工机具使用费金额÷单位工程金额		设备费金额÷设计流量（m^3/s）	设备费金额÷单位工程金额	

表 B-10-06-03（续）

序号	名称	单位工程金额（元）	人工费			材料费			施工机具使用费			设备费			备注
			金额（元）	单位指标	造价占比（%）	金额（元）	单位指标	造价占比（%）	金额（元）	单位指标	造价占比（%）	金额（元）	单位指标	造价占比（%）	
		A	B	C	D=B÷A	E	F	G=E÷A	H	I	J=H÷A	K	L	M=K÷A	
2.3.6	配管、配线			人工费金额÷设计流量（m^3/s）	人工费金额÷单位工程金额		材料费金额÷设计流量（m^3/s）	材料费金额÷单位工程金额		施工机具使用费金额÷设计流量（m^3/s）	施工机具使用费金额÷单位工程金额		设备费金额÷设计流量（m^3/s）	设备费金额÷单位工程金额	
2.3.7	安全监控(火灾、安防、有害气体等)装置			人工费金额÷设计流量（m^3/s）	人工费金额÷单位工程金额		材料费金额÷设计流量（m^3/s）	材料费金额÷单位工程金额		施工机具使用费金额÷设计流量（m^3/s）	施工机具使用费金额÷单位工程金额		设备费金额÷设计流量（m^3/s）	设备费金额÷单位工程金额	
2.4	通风空调工程			人工费金额÷设计流量（m^3/s）	人工费金额÷单位工程金额		材料费金额÷设计流量（m^3/s）	材料费金额÷单位工程金额		施工机具使用费金额÷设计流量（m^3/s）	施工机具使用费金额÷单位工程金额		设备费金额÷设计流量（m^3/s）	设备费金额÷单位工程金额	
2.4.1	通风空调设备			人工费金额÷设计流量（m^3/s）	人工费金额÷单位工程金额		材料费金额÷设计流量（m^3/s）	材料费金额÷单位工程金额		施工机具使用费金额÷设计流量（m^3/s）	施工机具使用费金额÷单位工程金额		设备费金额÷设计流量（m^3/s）	设备费金额÷单位工程金额	

表 B-10-06-03（续）

序号	名称	单位工程金额（元）	人工费			材料费			施工机具使用费			设备费			备注
			金额（元）	单位指标	造价占比（%）	金额（元）	单位指标	造价占比（%）	金额（元）	单位指标	造价占比（%）	金额（元）	单位指标	造价占比（%）	
		A	B	C	D=B÷A	E	F	G=E÷A	H	I	J=H÷A	K	L	M=K÷A	
2.4.2	通风管道			人工费金额÷设计流量（m^3/s）	人工费金额÷单位工程金额		材料费金额÷设计流量（m^3/s）	材料费金额÷单位工程金额		施工机具使用费金额÷设计流量（m^3/s）	施工机具使用费金额÷单位工程金额		设备费金额÷设计流量（m^3/s）	设备费金额÷单位工程金额	
2.5	消防工程			人工费金额÷设计流量（m^3/s）	人工费金额÷单位工程金额		材料费金额÷设计流量（m^3/s）	材料费金额÷单位工程金额		施工机具使用费金额÷设计流量（m^3/s）	施工机具使用费金额÷单位工程金额		设备费金额÷设计流量（m^3/s）	设备费金额÷单位工程金额	
2.5.1	消防设备			人工费金额÷设计流量（m^3/s）	人工费金额÷单位工程金额		材料费金额÷设计流量（m^3/s）	材料费金额÷单位工程金额		施工机具使用费金额÷设计流量（m^3/s）	施工机具使用费金额÷单位工程金额		设备费金额÷设计流量（m^3/s）	设备费金额÷单位工程金额	
2.5.2	消防管道			人工费金额÷设计流量（m^3/s）	人工费金额÷单位工程金额		材料费金额÷设计流量（m^3/s）	材料费金额÷单位工程金额		施工机具使用费金额÷设计流量（m^3/s）	施工机具使用费金额÷单位工程金额		设备费金额÷设计流量（m^3/s）	设备费金额÷单位工程金额	

表 B-10-06-03（续）

序号	名称	单位工程金额（元）	人工费			材料费			施工机具使用费			设备费			备注
			金额（元）	单位指标	造价占比（%）	金额（元）	单位指标	造价占比（%）	金额（元）	单位指标	造价占比（%）	金额（元）	单位指标	造价占比（%）	
		A	B	C	D=B÷A	E	F	G=E÷A	H	I	J=H÷A	K	L	M=K÷A	
2.5.3	自动报警装置			人工费金额÷设计流量（m^3/s）	人工费金额÷单位工程金额		材料费金额÷设计流量（m^3/s）	材料费金额÷单位工程金额		施工机具使用费金额÷设计流量（m^3/s）	施工机具使用费金额÷单位工程金额		设备费金额÷设计流量（m^3/s）	设备费金额÷单位工程金额	
2.6	建筑智能化工程			人工费金额÷设计流量（m^3/s）	人工费金额÷单位工程金额		材料费金额÷设计流量（m^3/s）	材料费金额÷单位工程金额		施工机具使用费金额÷设计流量（m^3/s）	施工机具使用费金额÷单位工程金额		设备费金额÷设计流量（m^3/s）	设备费金额÷单位工程金额	
2.6.1	闭路监控系统			人工费金额÷设计流量（m^3/s）	人工费金额÷单位工程金额		材料费金额÷设计流量（m^3/s）	材料费金额÷单位工程金额		施工机具使用费金额÷设计流量（m^3/s）	施工机具使用费金额÷单位工程金额		设备费金额÷设计流量（m^3/s）	设备费金额÷单位工程金额	
2.6.2	门禁控制系统			人工费金额÷设计流量（m^3/s）	人工费金额÷单位工程金额		材料费金额÷设计流量（m^3/s）	材料费金额÷单位工程金额		施工机具使用费金额÷设计流量（m^3/s）	施工机具使用费金额÷单位工程金额		设备费金额÷设计流量（m^3/s）	设备费金额÷单位工程金额	

表 B-10-06-03（续）

序号	名称	单位工程金额（元）	人工费			材料费			施工机具使用费			设备费			备注
			金额（元）	单位指标	造价占比（%）	金额（元）	单位指标	造价占比（%）	金额（元）	单位指标	造价占比（%）	金额（元）	单位指标	造价占比（%）	
		A	B	C	D=B÷A	E	F	G=E÷A	H	I	J=H÷A	K	L	M=K÷A	
2.7	采暖给水排水工程			人工费金额÷设计流量（m^3/s）	人工费金额÷单位工程金额		材料费金额÷设计流量（m^3/s）	材料费金额÷单位工程金额		施工机具使用费金额÷设计流量（m^3/s）	施工机具使用费金额÷单位工程金额		设备费金额÷设计流量（m^3/s）	设备费金额÷单位工程金额	
2.7.1	给水排水采暖管道			人工费金额÷设计流量（m^3/s）	人工费金额÷单位工程金额		材料费金额÷设计流量（m^3/s）	材料费金额÷单位工程金额		施工机具使用费金额÷设计流量（m^3/s）	施工机具使用费金额÷单位工程金额		设备费金额÷设计流量（m^3/s）	设备费金额÷单位工程金额	
2.7.2	卫生器具			人工费金额÷设计流量（m^3/s）	人工费金额÷单位工程金额		材料费金额÷设计流量（m^3/s）	材料费金额÷单位工程金额		施工机具使用费金额÷设计流量（m^3/s）	施工机具使用费金额÷单位工程金额		设备费金额÷设计流量（m^3/s）	设备费金额÷单位工程金额	
2.7.3	采暖器具			人工费金额÷设计流量（m^3/s）	人工费金额÷单位工程金额		材料费金额÷设计流量（m^3/s）	材料费金额÷单位工程金额		施工机具使用费金额÷设计流量（m^3/s）	施工机具使用费金额÷单位工程金额		设备费金额÷设计流量（m^3/s）	设备费金额÷单位工程金额	

B-10-08　绿化工程单位工程工料价格指标表（表 B-10-08）

表 B-10-08　绿化工程单位工程工料价格指标表

序号	名称	单位工程金额（元）	人工费			材料费			施工机具使用费			设备费			备注
			金额（元）	单位指标	造价占比（%）	金额（元）	单位指标	造价占比（%）	金额（元）	单位指标	造价占比（%）	金额（元）	单位指标	造价占比（%）	
		A	B	C	D=B÷A	E	F	G=E÷A	H	I	J=H÷A	K	L	M=K÷A	
	绿化工程			人工费金额÷绿化面积（m^2）	人工费金额÷单位工程金额		材料费金额÷绿化面积（m^2）	材料费金额÷单位工程金额		施工机具使用费金额÷绿化面积（m^2）	施工机具使用费金额÷单位工程金额				
1	绿化用地整理			人工费金额÷绿化面积（m^2）	人工费金额÷单位工程金额		材料费金额÷绿化面积（m^2）	材料费金额÷单位工程金额		施工机具使用费金额÷绿化面积（m^2）	施工机具使用费金额÷单位工程金额				
2	栽植花木			人工费金额÷绿化面积（m^2）	人工费金额÷单位工程金额		材料费金额÷绿化面积（m^2）	材料费金额÷单位工程金额		施工机具使用费金额÷绿化面积（m^2）	施工机具使用费金额÷单位工程金额				

表 B-10-08（续）

序号	名称	单位工程金额（元）	人工费			材料费			施工机具使用费			设备费			备注
			金额（元）	单位指标	造价占比（%）	金额（元）	单位指标	造价占比（%）	金额（元）	单位指标	造价占比（%）	金额（元）	单位指标	造价占比（%）	
		A	B	C	D=B÷A	E	F	G=E÷A	H	I	J=H÷A	K	L	M=K÷A	
3	掘苗、运输			人工费金额÷绿化面积（m^2）	人工费金额÷单位工程金额		材料费金额÷绿化面积（m^2）	材料费金额÷单位工程金额		施工机具使用费金额÷绿化面积（m^2）	施工机具使用费金额÷单位工程金额				
4	绿地喷灌系统			人工费金额÷绿化面积（m^2）	人工费金额÷单位工程金额		材料费金额÷绿化面积（m^2）	材料费金额÷单位工程金额		施工机具使用费金额÷绿化面积（m^2）	施工机具使用费金额÷单位工程金额				
5	自动智能喷灌系统安装			人工费金额÷绿化面积（m^2）	人工费金额÷单位工程金额		材料费金额÷绿化面积（m^2）	材料费金额÷单位工程金额		施工机具使用费金额÷绿化面积（m^2）	施工机具使用费金额÷单位工程金额				
6	定比施肥系统安装			人工费金额÷绿化面积（m^2）	人工费金额÷单位工程金额		材料费金额÷绿化面积（m^2）	材料费金额÷单位工程金额		施工机具使用费金额÷绿化面积（m^2）	施工机具使用费金额÷单位工程金额				

B-10-09　交通安全设施工程单位工程工料价格指标表（表 B-10-09）

表 B-10-09　交通安全设施工程单位工程工料价格指标表

序号	名称	单位工程金额（元）	人工费			材料费			施工机具使用费			设备费			备注
			金额（元）	单位指标	造价占比（%）	金额（元）	单位指标	造价占比（%）	金额（元）	单位指标	造价占比（%）	金额（元）	单位指标	造价占比（%）	
		A	B	C	D=B÷A	E	F	G=E÷A	H	I	J=H÷A	K	L	M=K÷A	
	交通工程			人工费金额÷道路总面积（m^2）	人工费金额÷单位工程金额		材料费金额÷道路总面积（m^2）	材料费金额÷单位工程金额		施工机具使用费金额÷道路总面积（m^2）	施工机具使用费金额÷单位工程金额		设备费金额÷道路总面积（m^2）	设备费金额÷单位工程金额	
1	交通标志			人工费金额÷道路总面积（m^2）	人工费金额÷单位工程金额		材料费金额÷道路总面积（m^2）	材料费金额÷单位工程金额		施工机具使用费金额÷道路总面积（m^2）	施工机具使用费金额÷单位工程金额				
2	交通标线			人工费金额÷道路总面积（m^2）	人工费金额÷单位工程金额		材料费金额÷道路总面积（m^2）	材料费金额÷单位工程金额		施工机具使用费金额÷道路总面积（m^2）	施工机具使用费金额÷单位工程金额				

表 B-10-09（续）

序号	名称	单位工程金额（元）	人工费			材料费			施工机具使用费			设备费			备注
			金额（元）	单位指标	造价占比（%）	金额（元）	单位指标	造价占比（%）	金额（元）	单位指标	造价占比（%）	金额（元）	单位指标	造价占比（%）	
		A	B	C	D=B÷A	E	F	G=E÷A	H	I	J=H÷A	K	L	M=K÷A	
3	防护设施			人工费金额÷道路总面积（m^2）	人工费金额÷单位工程金额		材料费金额÷道路总面积（m^2）	材料费金额÷单位工程金额		施工机具使用费金额÷道路总面积（m^2）	施工机具使用费金额÷单位工程金额				
3.1	防撞护栏			人工费金额÷道路总面积（m^2）	人工费金额÷单位工程金额		材料费金额÷道路总面积（m^2）	材料费金额÷单位工程金额		施工机具使用费金额÷道路总面积（m^2）	施工机具使用费金额÷单位工程金额				
3.2	护栏			人工费金额÷道路总面积（m^2）	人工费金额÷单位工程金额		材料费金额÷道路总面积（m^2）	材料费金额÷单位工程金额		施工机具使用费金额÷道路总面积（m^2）	施工机具使用费金额÷单位工程金额				
3.3	分隔设施			人工费金额÷道路总面积（m^2）	人工费金额÷单位工程金额		材料费金额÷道路总面积（m^2）	材料费金额÷单位工程金额		施工机具使用费金额÷道路总面积（m^2）	施工机具使用费金额÷单位工程金额				

表 B-10-09（续）

序号	名称	单位工程金额（元）	人工费			材料费			施工机具使用费			设备费			备注
			金额（元）	单位指标	造价占比（%）	金额（元）	单位指标	造价占比（%）	金额（元）	单位指标	造价占比（%）	金额（元）	单位指标	造价占比（%）	
		A	B	C	D=B÷A	E	F	G=E÷A	H	I	J=H÷A	K	L	M=K÷A	
4	交通信号灯			人工费金额÷道路总面积（m^2）	人工费金额÷单位工程金额		材料费金额÷道路总面积（m^2）	材料费金额÷单位工程金额		施工机具使用费金额÷道路总面积（m^2）	施工机具使用费金额÷单位工程金额		设备费金额÷道路总面积（m^2）	设备费金额÷单位工程金额	
5	智能化交通设施			人工费金额÷道路总面积（m^2）	人工费金额÷单位工程金额		材料费金额÷道路总面积（m^2）	材料费金额÷单位工程金额		施工机具使用费金额÷道路总面积（m^2）	施工机具使用费金额÷单位工程金额		设备费金额÷道路总面积（m^2）	设备费金额÷单位工程金额	
5.1	电子警察监控系统			人工费金额÷道路总面积（m^2）	人工费金额÷单位工程金额		材料费金额÷道路总面积（m^2）	材料费金额÷单位工程金额		施工机具使用费金额÷道路总面积（m^2）	施工机具使用费金额÷单位工程金额		设备费金额÷道路总面积（m^2）	设备费金额÷单位工程金额	
5.2	全景视频综合监控			人工费金额÷道路总面积（m^2）	人工费金额÷单位工程金额		材料费金额÷道路总面积（m^2）	材料费金额÷单位工程金额		施工机具使用费金额÷道路总面积（m^2）	施工机具使用费金额÷单位工程金额		设备费金额÷道路总面积（m^2）	设备费金额÷单位工程金额	

表 B-10-09（续）

序号	名称	单位工程金额（元）	人工费			材料费			施工机具使用费			设备费			备注
			金额（元）	单位指标	造价占比（%）	金额（元）	单位指标	造价占比（%）	金额（元）	单位指标	造价占比（%）	金额（元）	单位指标	造价占比（%）	
		A	B	C	D=B÷A	E	F	G=E÷A	H	I	J=H÷A	K	L	M=K÷A	
5.3	交通流信息采集			人工费金额÷道路总面积（m^2）	人工费金额÷单位工程金额		材料费金额÷道路总面积（m^2）	材料费金额÷单位工程金额		施工机具使用费金额÷道路总面积（m^2）	施工机具使用费金额÷单位工程金额		设备费金额÷道路总面积（m^2）	设备费金额÷单位工程金额	
5.4	违法停车抓拍系统			人工费金额÷道路总面积（m^2）	人工费金额÷单位工程金额		材料费金额÷道路总面积（m^2）	材料费金额÷单位工程金额		施工机具使用费金额÷道路总面积（m^2）	施工机具使用费金额÷单位工程金额		设备费金额÷道路总面积（m^2）	设备费金额÷单位工程金额	
5.5	机动车闯禁行系统			人工费金额÷道路总面积（m^2）	人工费金额÷单位工程金额		材料费金额÷道路总面积（m^2）	材料费金额÷单位工程金额		施工机具使用费金额÷道路总面积（m^2）	施工机具使用费金额÷单位工程金额		设备费金额÷道路总面积（m^2）	设备费金额÷单位工程金额	
5.6	违法鸣笛抓拍系统			人工费金额÷道路总面积（m^2）	人工费金额÷单位工程金额		材料费金额÷道路总面积（m^2）	材料费金额÷单位工程金额		施工机具使用费金额÷道路总面积（m^2）	施工机具使用费金额÷单位工程金额		设备费金额÷道路总面积（m^2）	设备费金额÷单位工程金额	

表 B-10-09（续）

序号	名称	单位工程金额（元）	人工费			材料费			施工机具使用费			设备费			备注
			金额（元）	单位指标	造价占比（%）	金额（元）	单位指标	造价占比（%）	金额（元）	单位指标	造价占比（%）	金额（元）	单位指标	造价占比（%）	
		A	B	C	D=B÷A	E	F	G=E÷A	H	I	J=H÷A	K	L	M=K÷A	
5.7	机动车未礼让行人抓拍			人工费金额÷道路总面积（m^2）	人工费金额÷单位工程金额		材料费金额÷道路总面积（m^2）	材料费金额÷单位工程金额		施工机具使用费金额÷道路总面积（m^2）	施工机具使用费金额÷单位工程金额		设备费金额÷道路总面积（m^2）	设备费金额÷单位工程金额	
5.8	车路协同设施			人工费金额÷道路总面积（m^2）	人工费金额÷单位工程金额		材料费金额÷道路总面积（m^2）	材料费金额÷单位工程金额		施工机具使用费金额÷道路总面积（m^2）	施工机具使用费金额÷单位工程金额		设备费金额÷道路总面积（m^2）	设备费金额÷单位工程金额	
5.9	新型行人过街提示系统			人工费金额÷道路总面积（m^2）	人工费金额÷单位工程金额		材料费金额÷道路总面积（m^2）	材料费金额÷单位工程金额		施工机具使用费金额÷道路总面积（m^2）	施工机具使用费金额÷单位工程金额		设备费金额÷道路总面积（m^2）	设备费金额÷单位工程金额	
5.10	智慧行人过街设施			人工费金额÷道路总面积（m^2）	人工费金额÷单位工程金额		材料费金额÷道路总面积（m^2）	材料费金额÷单位工程金额		施工机具使用费金额÷道路总面积（m^2）	施工机具使用费金额÷单位工程金额		设备费金额÷道路总面积（m^2）	设备费金额÷单位工程金额	

表 B-10-09（续）

序号	名称	单位工程金额（元）	人工费			材料费			施工机具使用费			设备费			备注
			金额（元）	单位指标	造价占比（%）	金额（元）	单位指标	造价占比（%）	金额（元）	单位指标	造价占比（%）	金额（元）	单位指标	造价占比（%）	
		A	B	C	D=B÷A	E	F	G=E÷A	H	I	J=H÷A	K	L	M=K÷A	
5.11	共享自行车规范管理电子围栏			人工费金额÷道路总面积（m^2）	人工费金额÷单位工程金额		材料费金额÷道路总面积（m^2）	材料费金额÷单位工程金额		施工机具使用费金额÷道路总面积（m^2）	施工机具使用费金额÷单位工程金额		设备费金额÷道路总面积（m^2）	设备费金额÷单位工程金额	
5.12	可变情报板			人工费金额÷道路总面积（m^2）	人工费金额÷单位工程金额		材料费金额÷道路总面积（m^2）	材料费金额÷单位工程金额		施工机具使用费金额÷道路总面积（m^2）	施工机具使用费金额÷单位工程金额		设备费金额÷道路总面积（m^2）	设备费金额÷单位工程金额	
5.13	道路气象检测设备			人工费金额÷道路总面积（m^2）	人工费金额÷单位工程金额		材料费金额÷道路总面积（m^2）	材料费金额÷单位工程金额		施工机具使用费金额÷道路总面积（m^2）	施工机具使用费金额÷单位工程金额		设备费金额÷道路总面积（m^2）	设备费金额÷单位工程金额	

B-10-10 照明工程单位工程工料价格指标表（表 B-10-10）

表 B-10-10 照明工程单位工程工料价格指标表

序号	名称	单位工程金额（元）	人工费			材料费			施工机具使用费			设备费			备注
			金额（元）	单位指标	造价占比（%）	金额（元）	单位指标	造价占比（%）	金额（元）	单位指标	造价占比（%）	金额（元）	单位指标	造价占比（%）	
		A	B	C	D=B÷A	E	F	G=E÷A	H	I	J=H÷A	K	L	M=K÷A	
	照明工程			人工费金额÷道路面积（m^2）	人工费金额÷单位工程金额		材料费金额÷道路面积（m^2）	材料费金额÷单位工程金额		施工机具使用费金额÷道路面积（m^2）	施工机具使用费金额÷单位工程金额		设备费金额÷道路面积（m^2）	设备费金额÷单位工程金额	
1.1	变配电设备安装			人工费金额÷道路面积（m^2）	人工费金额÷单位工程金额		材料费金额÷道路面积（m^2）	材料费金额÷单位工程金额		施工机具使用费金额÷道路面积（m^2）	施工机具使用费金额÷单位工程金额		设备费金额÷道路面积（m^2）	设备费金额÷单位工程金额	
1.1.1	变压器安装			人工费金额÷道路面积（m^2）	人工费金额÷单位工程金额		材料费金额÷道路面积（m^2）	材料费金额÷单位工程金额		施工机具使用费金额÷道路面积（m^2）	施工机具使用费金额÷单位工程金额		设备费金额÷道路面积（m^2）	设备费金额÷单位工程金额	
1.1.2	组合型成套箱式变电站 160kV·A			人工费金额÷道路面积（m^2）	人工费金额÷单位工程金额		材料费金额÷道路面积（m^2）	材料费金额÷单位工程金额		施工机具使用费金额÷道路面积（m^2）	施工机具使用费金额÷单位工程金额		设备费金额÷道路面积（m^2）	设备费金额÷单位工程金额	

表 B-10-10（续）

序号	名称	单位工程金额（元）	人工费			材料费			施工机具使用费			设备费			备注
			金额（元）	单位指标	造价占比（%）	金额（元）	单位指标	造价占比（%）	金额（元）	单位指标	造价占比（%）	金额（元）	单位指标	造价占比（%）	
		A	B	C	D=B÷A	E	F	G=E÷A	H	I	J=H÷A	K	L	M=K÷A	
1.1.3	开闭器安装			人工费金额÷道路面积（m^2）	人工费金额÷单位工程金额		材料费金额÷道路面积（m^2）	材料费金额÷单位工程金额		施工机具使用费金额÷道路面积（m^2）	施工机具使用费金额÷单位工程金额		设备费金额÷道路面积（m^2）	设备费金额÷单位工程金额	
1.1.4	箱变基础			人工费金额÷道路面积（m^2）	人工费金额÷单位工程金额		材料费金额÷道路面积（m^2）	材料费金额÷单位工程金额		施工机具使用费金额÷道路面积（m^2）	施工机具使用费金额÷单位工程金额				
1.1.5	开闭器基础			人工费金额÷道路面积（m^2）	人工费金额÷单位工程金额		材料费金额÷道路面积（m^2）	材料费金额÷单位工程金额		施工机具使用费金额÷道路面积（m^2）	施工机具使用费金额÷单位工程金额				
1.1.6	配电箱（柜）安装			人工费金额÷道路面积（m^2）	人工费金额÷单位工程金额		材料费金额÷道路面积（m^2）	材料费金额÷单位工程金额		施工机具使用费金额÷道路面积（m^2）	施工机具使用费金额÷单位工程金额				
1.1.7	控制箱（柜）安装			人工费金额÷道路面积（m^2）	人工费金额÷单位工程金额		材料费金额÷道路面积（m^2）	材料费金额÷单位工程金额		施工机具使用费金额÷道路面积（m^2）	施工机具使用费金额÷单位工程金额				

表 B-10-10（续）

序号	名称	单位工程金额（元）	人工费			材料费			施工机具使用费			设备费			备注
			金额（元）	单位指标	造价占比（%）	金额（元）	单位指标	造价占比（%）	金额（元）	单位指标	造价占比（%）	金额（元）	单位指标	造价占比（%）	
		A	B	C	D=B÷A	E	F	G=E÷A	H	I	J=H÷A	K	L	M=K÷A	
1.1.8	开关柜安装			人工费金额÷道路面积（m^2）	人工费金额÷单位工程金额		材料费金额÷道路面积（m^2）	材料费金额÷单位工程金额		施工机具使用费金额÷道路面积（m^2）	施工机具使用费金额÷单位工程金额				
1.1.9	控制台安装			人工费金额÷道路面积（m^2）	人工费金额÷单位工程金额		材料费金额÷道路面积（m^2）	材料费金额÷单位工程金额		施工机具使用费金额÷道路面积（m^2）	施工机具使用费金额÷单位工程金额		设备费金额÷道路面积（m^2）	设备费金额÷单位工程金额	
1.1.10	10kV 杆上设备安装			人工费金额÷道路面积（m^2）	人工费金额÷单位工程金额		材料费金额÷道路面积（m^2）	材料费金额÷单位工程金额		施工机具使用费金额÷道路面积（m^2）	施工机具使用费金额÷单位工程金额				
1.1.11	箱变内计量安装及电缆封堵、防火处理			人工费金额÷道路面积（m^2）	人工费金额÷单位工程金额		材料费金额÷道路面积（m^2）	材料费金额÷单位工程金额		施工机具使用费金额÷道路面积（m^2）	施工机具使用费金额÷单位工程金额				
1.1.12	送配电装置系统试验			人工费金额÷道路面积（m^2）	人工费金额÷单位工程金额		材料费金额÷道路面积（m^2）	材料费金额÷单位工程金额		施工机具使用费金额÷道路面积（m^2）	施工机具使用费金额÷单位工程金额				

表 B-10-10（续）

序号	名称	单位工程金额（元）	人工费			材料费			施工机具使用费			设备费			备注
			金额（元）	单位指标	造价占比（%）	金额（元）	单位指标	造价占比（%）	金额（元）	单位指标	造价占比（%）	金额（元）	单位指标	造价占比（%）	
		A	B	C	D=B÷A	E	F	G=E÷A	H	I	J=H÷A	K	L	M=K÷A	
1.1.13	其他			人工费金额÷道路面积（m^2）	人工费金额÷单位工程金额		材料费金额÷道路面积（m^2）	材料费金额÷单位工程金额		施工机具使用费金额÷道路面积（m^2）	施工机具使用费金额÷单位工程金额				
1.2	灯杆组立、安装			人工费金额÷道路面积（m^2）	人工费金额÷单位工程金额		材料费金额÷道路面积（m^2）	材料费金额÷单位工程金额		施工机具使用费金额÷道路面积（m^2）	施工机具使用费金额÷单位工程金额				
1.2.1	常规灯杆			人工费金额÷道路面积（m^2）	人工费金额÷单位工程金额		材料费金额÷道路面积（m^2）	材料费金额÷单位工程金额		施工机具使用费金额÷道路面积（m^2）	施工机具使用费金额÷单位工程金额				
1.2.2	半高杆灯杆			人工费金额÷道路面积（m^2）	人工费金额÷单位工程金额		材料费金额÷道路面积（m^2）	材料费金额÷单位工程金额		施工机具使用费金额÷道路面积（m^2）	施工机具使用费金额÷单位工程金额				
1.2.3	高杆灯杆			人工费金额÷道路面积（m^2）	人工费金额÷单位工程金额		材料费金额÷道路面积（m^2）	材料费金额÷单位工程金额		施工机具使用费金额÷道路面积（m^2）	施工机具使用费金额÷单位工程金额				

表 B-10-10（续）

序号	名称	单位工程金额（元）	人工费			材料费			施工机具使用费			设备费			备注
			金额（元）	单位指标	造价占比（%）	金额（元）	单位指标	造价占比（%）	金额（元）	单位指标	造价占比（%）	金额（元）	单位指标	造价占比（%）	
		A	B	C	D=B÷A	E	F	G=E÷A	H	I	J=H÷A	K	L	M=K÷A	
1.2.4	灯杆基础			人工费金额÷道路面积（m^2）	人工费金额÷单位工程金额		材料费金额÷道路面积（m^2）	材料费金额÷单位工程金额		施工机具使用费金额÷道路面积（m^2）	施工机具使用费金额÷单位工程金额				
1.2.5	其他			人工费金额÷道路面积（m^2）	人工费金额÷单位工程金额		材料费金额÷道路面积（m^2）	材料费金额÷单位工程金额		施工机具使用费金额÷道路面积（m^2）	施工机具使用费金额÷单位工程金额				
1.3	电缆与配管配线			人工费金额÷道路面积（m^2）	人工费金额÷单位工程金额		材料费金额÷道路面积（m^2）	材料费金额÷单位工程金额		施工机具使用费金额÷道路面积（m^2）	施工机具使用费金额÷单位工程金额				
1.3.1	电缆敷设			人工费金额÷道路面积（m^2）	人工费金额÷单位工程金额		材料费金额÷道路面积（m^2）	材料费金额÷单位工程金额		施工机具使用费金额÷道路面积（m^2）	施工机具使用费金额÷单位工程金额				
1.3.2	电缆头安装			人工费金额÷道路面积（m^2）	人工费金额÷单位工程金额		材料费金额÷道路面积（m^2）	材料费金额÷单位工程金额		施工机具使用费金额÷道路面积（m^2）	施工机具使用费金额÷单位工程金额				

表 B-10-10（续）

序号	名称	单位工程金额（元）	人工费			材料费			施工机具使用费			设备费			备注
			金额（元）	单位指标	造价占比（%）	金额（元）	单位指标	造价占比（%）	金额（元）	单位指标	造价占比（%）	金额（元）	单位指标	造价占比（%）	
		A	B	C	D=B÷A	E	F	G=E÷A	H	I	J=H÷A	K	L	M=K÷A	
1.3.3	导线架设			人工费金额÷道路面积（m^2）	人工费金额÷单位工程金额		材料费金额÷道路面积（m^2）	材料费金额÷单位工程金额		施工机具使用费金额÷道路面积（m^2）	施工机具使用费金额÷单位工程金额				
1.3.4	接地母线地线网			人工费金额÷道路面积（m^2）	人工费金额÷单位工程金额		材料费金额÷道路面积（m^2）	材料费金额÷单位工程金额		施工机具使用费金额÷道路面积（m^2）	施工机具使用费金额÷单位工程金额				
1.3.5	接地极地线钎子			人工费金额÷道路面积（m^2）	人工费金额÷单位工程金额		材料费金额÷道路面积（m^2）	材料费金额÷单位工程金额		施工机具使用费金额÷道路面积（m^2）	施工机具使用费金额÷单位工程金额				
1.3.6	电缆保护管			人工费金额÷道路面积（m^2）	人工费金额÷单位工程金额		材料费金额÷道路面积（m^2）	材料费金额÷单位工程金额		施工机具使用费金额÷道路面积（m^2）	施工机具使用费金额÷单位工程金额				
1.3.7	过路管			人工费金额÷道路面积（m^2）	人工费金额÷单位工程金额		材料费金额÷道路面积（m^2）	材料费金额÷单位工程金额		施工机具使用费金额÷道路面积（m^2）	施工机具使用费金额÷单位工程金额				

表 B-10-10（续）

序号	名称	单位工程金额（元）	人工费			材料费			施工机具使用费			设备费			备注
			金额（元）	单位指标	造价占比（%）	金额（元）	单位指标	造价占比（%）	金额（元）	单位指标	造价占比（%）	金额（元）	单位指标	造价占比（%）	
		A	B	C	D=B÷A	E	F	G=E÷A	H	I	J=H÷A	K	L	M=K÷A	
1.3.8	上线管			人工费金额÷道路面积（m^2）	人工费金额÷单位工程金额		材料费金额÷道路面积（m^2）	材料费金额÷单位工程金额		施工机具使用费金额÷道路面积（m^2）	施工机具使用费金额÷单位工程金额				
1.3.9	管道包封			人工费金额÷道路面积（m^2）	人工费金额÷单位工程金额		材料费金额÷道路面积（m^2）	材料费金额÷单位工程金额		施工机具使用费金额÷道路面积（m^2）	施工机具使用费金额÷单位工程金额				
1.3.10	电力管井			人工费金额÷道路面积（m^2）	人工费金额÷单位工程金额		材料费金额÷道路面积（m^2）	材料费金额÷单位工程金额		施工机具使用费金额÷道路面积（m^2）	施工机具使用费金额÷单位工程金额				
1.3.11	新型预制工井			人工费金额÷道路面积（m^2）	人工费金额÷单位工程金额		材料费金额÷道路面积（m^2）	材料费金额÷单位工程金额		施工机具使用费金额÷道路面积（m^2）	施工机具使用费金额÷单位工程金额				
1.3.12	其他			人工费金额÷道路面积（m^2）	人工费金额÷单位工程金额		材料费金额÷道路面积（m^2）	材料费金额÷单位工程金额		施工机具使用费金额÷道路面积（m^2）	施工机具使用费金额÷单位工程金额				

表 B-10-10（续）

序号	名称	单位工程金额（元）	人工费			材料费			施工机具使用费			设备费			备注
			金额（元）	单位指标	造价占比（%）	金额（元）	单位指标	造价占比（%）	金额（元）	单位指标	造价占比（%）	金额（元）	单位指标	造价占比（%）	
		A	B	C	D=B÷A	E	F	G=E÷A	H	I	J=H÷A	K	L	M=K÷A	
1.4	照明灯具安装			人工费金额÷道路面积（m^2）	人工费金额÷单位工程金额		材料费金额÷道路面积（m^2）	材料费金额÷单位工程金额		施工机具使用费金额÷道路面积（m^2）	施工机具使用费金额÷单位工程金额				
1.4.1	单臂悬挑灯具安装			人工费金额÷道路面积（m^2）	人工费金额÷单位工程金额		材料费金额÷道路面积（m^2）	材料费金额÷单位工程金额		施工机具使用费金额÷道路面积（m^2）	施工机具使用费金额÷单位工程金额				
1.4.2	双臂悬挑灯具安装			人工费金额÷道路面积（m^2）	人工费金额÷单位工程金额		材料费金额÷道路面积（m^2）	材料费金额÷单位工程金额		施工机具使用费金额÷道路面积（m^2）	施工机具使用费金额÷单位工程金额				
1.4.3	高杆灯具安装			人工费金额÷道路面积（m^2）	人工费金额÷单位工程金额		材料费金额÷道路面积（m^2）	材料费金额÷单位工程金额		施工机具使用费金额÷道路面积（m^2）	施工机具使用费金额÷单位工程金额				
1.4.4	其他灯具安装			人工费金额÷道路面积（m^2）	人工费金额÷单位工程金额		材料费金额÷道路面积（m^2）	材料费金额÷单位工程金额		施工机具使用费金额÷道路面积（m^2）	施工机具使用费金额÷单位工程金额				

表 B-10-10（续）

序号	名称	单位工程金额（元）	人工费			材料费			施工机具使用费			设备费			备注
			金额（元）	单位指标	造价占比（%）	金额（元）	单位指标	造价占比（%）	金额（元）	单位指标	造价占比（%）	金额（元）	单位指标	造价占比（%）	
		A	B	C	D=B÷A	E	F	G=E÷A	H	I	J=H÷A	K	L	M=K÷A	
1.4.5	灯具附属装置安装			人工费金额÷道路面积（m^2）	人工费金额÷单位工程金额		材料费金额÷道路面积（m^2）	材料费金额÷单位工程金额		施工机具使用费金额÷道路面积（m^2）	施工机具使用费金额÷单位工程金额				
1.4.6	其他			人工费金额÷道路面积（m^2）	人工费金额÷单位工程金额		材料费金额÷道路面积（m^2）	材料费金额÷单位工程金额		施工机具使用费金额÷道路面积（m^2）	施工机具使用费金额÷单位工程金额				
1.5	控制系统安装			人工费金额÷道路面积（m^2）	人工费金额÷单位工程金额		材料费金额÷道路面积（m^2）	材料费金额÷单位工程金额		施工机具使用费金额÷道路面积（m^2）	施工机具使用费金额÷单位工程金额				
1.5.1	控制电缆敷设			人工费金额÷道路面积（m^2）	人工费金额÷单位工程金额		材料费金额÷道路面积（m^2）	材料费金额÷单位工程金额		施工机具使用费金额÷道路面积（m^2）	施工机具使用费金额÷单位工程金额				
1.5.2	光缆敷设			人工费金额÷道路面积（m^2）	人工费金额÷单位工程金额		材料费金额÷道路面积（m^2）	材料费金额÷单位工程金额		施工机具使用费金额÷道路面积（m^2）	施工机具使用费金额÷单位工程金额				

表 B–10–10（续）

序号	名称	单位工程金额（元）	人工费			材料费			施工机具使用费			设备费			备注
			金额（元）	单位指标	造价占比（%）	金额（元）	单位指标	造价占比（%）	金额（元）	单位指标	造价占比（%）	金额（元）	单位指标	造价占比（%）	
		A	B	C	D=B÷A	E	F	G=E÷A	H	I	J=H÷A	K	L	M=K÷A	
1.5.3	控制器安装			人工费金额÷道路面积（m^2）	人工费金额÷单位工程金额		材料费金额÷道路面积（m^2）	材料费金额÷单位工程金额		施工机具使用费金额÷道路面积（m^2）	施工机具使用费金额÷单位工程金额				
1.5.4	启动器安装			人工费金额÷道路面积（m^2）	人工费金额÷单位工程金额		材料费金额÷道路面积（m^2）	材料费金额÷单位工程金额		施工机具使用费金额÷道路面积（m^2）	施工机具使用费金额÷单位工程金额				
1.5.5	控制保护屏安装			人工费金额÷道路面积（m^2）	人工费金额÷单位工程金额		材料费金额÷道路面积（m^2）	材料费金额÷单位工程金额		施工机具使用费金额÷道路面积（m^2）	施工机具使用费金额÷单位工程金额				
1.5.6	控制台安装			人工费金额÷道路面积（m^2）	人工费金额÷单位工程金额		材料费金额÷道路面积（m^2）	材料费金额÷单位工程金额		施工机具使用费金额÷道路面积（m^2）	施工机具使用费金额÷单位工程金额				
1.5.7	配电箱安装			人工费金额÷道路面积（m^2）	人工费金额÷单位工程金额		材料费金额÷道路面积（m^2）	材料费金额÷单位工程金额		施工机具使用费金额÷道路面积（m^2）	施工机具使用费金额÷单位工程金额				

表 B-10-10（续）

序号	名称	单位工程金额（元）	人工费			材料费			施工机具使用费			设备费			备注
			金额（元）	单位指标	造价占比（%）	金额（元）	单位指标	造价占比（%）	金额（元）	单位指标	造价占比（%）	金额（元）	单位指标	造价占比（%）	
		A	B	C	D=B÷A	E	F	G=E÷A	H	I	J=H÷A	K	L	M=K÷A	
1.5.8	无线终端			人工费金额÷道路面积（m^2）	人工费金额÷单位工程金额		材料费金额÷道路面积（m^2）	材料费金额÷单位工程金额		施工机具使用费金额÷道路面积（m^2）	施工机具使用费金额÷单位工程金额				
1.5.9	光网络单元			人工费金额÷道路面积（m^2）	人工费金额÷单位工程金额		材料费金额÷道路面积（m^2）	材料费金额÷单位工程金额		施工机具使用费金额÷道路面积（m^2）	施工机具使用费金额÷单位工程金额				
1.5.10	分光器			人工费金额÷道路面积（m^2）	人工费金额÷单位工程金额		材料费金额÷道路面积（m^2）	材料费金额÷单位工程金额		施工机具使用费金额÷道路面积（m^2）	施工机具使用费金额÷单位工程金额				
1.5.11	分线接线箱（盒）			人工费金额÷道路面积（m^2）	人工费金额÷单位工程金额		材料费金额÷道路面积（m^2）	材料费金额÷单位工程金额		施工机具使用费金额÷道路面积（m^2）	施工机具使用费金额÷单位工程金额				

表 B-10-10（续）

序号	名称	单位工程金额（元）	人工费			材料费			施工机具使用费			设备费			备注
			金额（元）	单位指标	造价占比（%）	金额（元）	单位指标	造价占比（%）	金额（元）	单位指标	造价占比（%）	金额（元）	单位指标	造价占比（%）	
		A	B	C	D=B÷A	E	F	G=E÷A	H	I	J=H÷A	K	L	M=K÷A	
1.5.12	标志牌			人工费金额÷道路面积（m^2）	人工费金额÷单位工程金额		材料费金额÷道路面积（m^2）	材料费金额÷单位工程金额		施工机具使用费金额÷道路面积（m^2）	施工机具使用费金额÷单位工程金额				
1.5.13	尾纤			人工费金额÷道路面积（m^2）	人工费金额÷单位工程金额		材料费金额÷道路面积（m^2）	材料费金额÷单位工程金额		施工机具使用费金额÷道路面积（m^2）	施工机具使用费金额÷单位工程金额				
1.5.14	计算机应用、网络系统联调			人工费金额÷道路面积（m^2）	人工费金额÷单位工程金额		材料费金额÷道路面积（m^2）	材料费金额÷单位工程金额		施工机具使用费金额÷道路面积（m^2）	施工机具使用费金额÷单位工程金额				
1.5.15	其他			人工费金额÷道路面积（m^2）	人工费金额÷单位工程金额		材料费金额÷道路面积（m^2）	材料费金额÷单位工程金额		施工机具使用费金额÷道路面积（m^2）	施工机具使用费金额÷单位工程金额				

B-11　功能性（相关性）指标表

B-11-01　道路工程功能性（相关性）指标表（表 B-11-01-01 ~ 表 B-11-01-03）

表 B-11-01-01　道路工程功能性（相关性）指标表

序号	名称	工程量	金额（元）或工程量	单位指标	单位	备注
	道路工程					
1	特殊路基处理					
1.1	强夯处理			金额（元）÷ 道路面积（m^2）	元 /m^2	
1.2	石灰砂桩			金额（元）÷ 道路面积（m^2）	元 /m^2	
1.3	挤密砂桩			金额（元）÷ 道路面积（m^2）	元 /m^2	
1.4	振冲粒料桩			金额（元）÷ 道路面积（m^2）	元 /m^2	
1.5	深层搅拌桩			金额（元）÷ 道路面积（m^2）	元 /m^2	
1.6	粉喷桩			金额（元）÷ 道路面积（m^2）	元 /m^2	
1.7	柱锤冲扩桩			金额（元）÷ 道路面积（m^2）	元 /m^2	
1.8	刚性桩			金额（元）÷ 道路面积（m^2）	元 /m^2	
1.8.1	预应力管桩			金额（元）÷ 道路面积（m^2）	元 /m^2	
1.8.2	CFG 桩			金额（元）÷ 道路面积（m^2）	元 /m^2	
1.8.3	褥垫层			金额（元）÷ 道路面积（m^2）	元 /m^2	
2	挡墙					
2.1	砌筑挡墙			金额（元）÷ 挡墙长度（m）	元 /m	挡墙含基础
2.1.1	混凝土基础			金额（元）÷ 挡墙体积（m^3）	元 /m^3	
2.1.2	混凝土基础钢筋			金额（元）÷ 挡墙体积（m^3）	元 /m^3	
2.1.3	砌筑基础			金额（元）÷ 挡墙体积（m^3）	元 /m^3	
2.1.4	砌筑挡墙			金额（元）÷ 挡墙体积（m^3）	元 /m^3	
2.2	现浇混凝土挡墙			金额（元）÷ 挡墙长度（m）	元 /m	挡墙含基础
2.2.1	混凝土基础			金额（元）÷ 挡墙体积（m^3）	元 /m^3	

表 B-11-01-01（续）

序号	名称	工程量	金额（元）或工程量	单位指标	单位	备注
2.2.2	混凝土墙身			金额（元）÷ 挡墙体积（m^3）	元 /m^3	
2.2.3	钢筋			金额（元）÷ 挡墙体积（m^3）	元 /m^3	
2.3	预制混凝土挡墙			金额（元）÷ 挡墙长度（m）	元 /m	挡墙含基础
2.3.1	现浇混凝土基础			金额（元）÷ 挡墙体积（m^3）	元 /m^3	
2.3.2	预制混凝土挡墙板			金额（元）÷ 挡墙体积（m^3）	元 /m^3	
2.3.3	基础钢筋			金额（元）÷ 挡墙体积（m^3）	元 /m^3	
2.3.4	挡墙钢筋			金额（元）÷ 挡墙体积（m^3）	元 /m^3	

表 B-11-01-02　城市广场工程功能性（相关性）指标表

序号	名称	工程量	金额（元）或工程量	单位指标	单位	备注
	城市广场工程					
1	广场铺装面积			铺装面积（m^2）÷ 广场面积（m^2）	%	
2	车行道面积			车行道面积（m^2）÷ 广场面积（m^2）	%	
3	广场绿化率			绿化面积（m^2）÷ 广场面积（m^2）	%	

表 B-11-01-03　停车场工程功能性（相关性）指标表

序号	名称	工程量	金额（元）或工程量	单位指标	单位	备注
	停车场工程					
1	停车位数			金额 / 停车位数（位）	元 / 位	
2	停车位占停车场面积			停车位数（位）÷ 停车场面积（m^2）	位 /m^2	
3	车行道占停车场面积			车行道面积（m^2）÷ 停车场面积（m^2）	%	
4	停车场绿化率			绿化面积（m^2）÷ 停车场面积（m^2）	%	

B-11-02　桥梁工程功能性（相关性）指标表（表 B-11-02）

表 B-11-02　桥梁工程功能性（相关性）指标表

序号	名称	工程量	金额（元）或工程量	单位指标	单位	备注
一	桥梁工程面积指标					
1	分离式立交桥 / 跨线桥	混凝土体积		工程量 ÷ 桥梁面积	m^3/m^2	
		钢筋重量		工程量 ÷ 桥梁面积	t/m^2	
2	互通式立交桥					
2.1	主桥	混凝土体积		工程量 ÷ 桥梁面积	m^3/m^2	
		钢筋重量		工程量 ÷ 桥梁面积	t/m^2	
2.2	匝道桥	混凝土体积		工程量 ÷ 桥梁面积	m^3/m^2	
		钢筋重量		工程量 ÷ 桥梁面积	t/m^2	
3	高架桥	混凝土体积		工程量 ÷ 桥梁面积	m^3/m^2	
		钢筋重量		工程量 ÷ 桥梁面积	t/m^2	
4	跨河梁桥	混凝土体积		工程量 ÷ 桥梁面积	m^3/m^2	
		钢筋重量		工程量 ÷ 桥梁面积	t/m^2	
5	跨河拱桥	混凝土体积		工程量 ÷ 桥梁面积	m^3/m^2	
		钢筋重量		工程量 ÷ 桥梁面积	t/m^2	
6	跨河悬索桥	混凝土体积		工程量 ÷ 桥梁面积	m^3/m^2	
		钢筋重量		工程量 ÷ 桥梁面积	t/m^2	
7	跨河斜拉桥	混凝土体积		工程量 ÷ 桥梁面积	m^3/m^2	
		钢筋重量		工程量 ÷ 桥梁面积	t/m^2	
8	通道箱涵	混凝土体积		工程量 ÷ 桥梁面积	m^3/m^2	
		钢筋重量		工程量 ÷ 桥梁面积	t/m^2	

表 B-11-02（续）

序号	名称	工程量	金额（元）或工程量	单位指标	单位	备注
9	人行通道	混凝土体积		工程量 ÷ 桥梁面积	m^3/m^2	
		钢筋重量		工程量 ÷ 桥梁面积	t/m^2	
10	人行天桥	混凝土体积		工程量 ÷ 桥梁面积	m^3/m^2	
		钢筋重量		工程量 ÷ 桥梁面积	t/m^2	
二	钢含量指标					
1	桩基础混凝土含钢量			钢筋笼工程量 ÷ 桩基工程混凝土量合计（m^3）	t/m^3	
2	扩大基础混凝土含钢量			钢筋工程量 ÷ 扩大基础混凝土量合计（m^3）	t/m^3	
3	沉井基础混凝土含钢量			钢筋工程量 ÷ 沉井基础混凝土量合计（m^3）	t/m^3	
4	承台、系梁混凝土含钢量			钢筋工程量 ÷ 承台、系混梁凝土量合计（m^3）	t/m^3	
5	下部结构混凝土含钢量			钢筋工程量 ÷ 下部结构混凝土量合计（m^3）	t/m^3	
6	现浇混凝土上部结构含钢量			钢筋工程量 ÷ 现浇上部结构混凝土量合计（m^3）	t/m^3	
7	预制混凝土上部结构含钢量			钢筋工程量 ÷ 预制上部结构混凝土量合计（m^3）	t/m^3	
8	锚碇混凝土含钢量			钢筋工程量 ÷ 锚碇混凝土量合计（m^3）	t/m^3	
9	索塔混凝土含钢量			钢筋工程量 ÷ 索塔混凝土量合计（m^3）	t/m^3	
10	混凝土含钢量			钢筋工程量 ÷ 全桥混凝土量合计（m^3）	t/m^3	

B-11-03　隧道工程功能性（相关性）指标表（表 B-11-03）

表 B-11-03　隧道工程功能性（相关性）指标表

序号	名称	工程量	金额（元）或工程量	单位指标	单位	备注
一	面积指标					
1	明挖隧道	混凝土体积		工程量 ÷ 隧道净面积	m^3/m^2	
		钢筋重量		工程量 ÷ 隧道净面积	t/m^2	
2	明挖隧道（U 形槽）	混凝土体积		工程量 ÷ 隧道净面积	m^3/m^2	
		钢筋重量		工程量 ÷ 隧道净面积	t/m^2	
3	暗挖隧道	混凝土体积		工程量 ÷ 隧道净面积	m^3/m^2	
		钢筋重量		工程量 ÷ 隧道净面积	t/m^2	
4	盾构隧道	混凝土体积		工程量 ÷ 隧道净面积	m^3/m^2	
		钢筋重量		工程量 ÷ 隧道净面积	t/m^2	
5	交通安全与辅助设施	面积		工程量 ÷ 隧道净面积	m^2/m^2	
6	监控中心	面积		工程量 ÷ 隧道净面积	m^2/m^2	
二	特殊工程量指标					
（一）	主体结构					
1	地连墙工程混凝土含钢量			地连墙钢筋笼工程量（t）÷ 地连墙工程混凝土量合计（m^3）	t/m^3	地连墙钢筋笼工程量和地连墙混凝土工程量引用 B-08-03 工程量指标表中对应名称的工程量

表 B-11-03（续）

序号	名称	工程量	金额（元）或工程量	单位指标	单位	备注
2	现浇混凝土含钢量			现浇混凝土钢筋、连接筋工程量（t）÷ 现浇混凝土工程量（m^3）	t/m^3	现浇混凝土钢筋、连接筋工程量和现浇混凝土工程量引用 B-08-03 工程量指标表中对应名称的工程量
3	预制混凝土含钢量			预制构件钢筋工程量（t）÷ 预制混凝土工程量（m^3）	t/m^3	预制构件钢筋工程量和预制混凝土工程量引用 B-08-03 工程量指标表中对应名称的工程量
4	灌注桩工程混凝土含钢量			钢筋笼工程量（t）÷ 灌注桩工程混凝土量合计（m^3）	t/m^3	钢筋笼工程量和灌注桩混凝土工程量引用 B-08-03 工程量指标表中对应名称的工程量
5	喷射混凝土含钢量			钢筋网片工程量（t）÷ 喷射混凝土工程量（m^3）	t/m^3	钢筋网片工程量和喷射混凝土工程量引用 B-08-03 工程量指标表中对应名称的工程量
6	衬砌混凝土含钢量			钢格栅工程量（t）÷ 初支喷射混凝土工程量（m^3）	t/m^3	钢筋网片工程量和喷射混凝土工程量引用 B-08-03 工程量指标表中对应名称的工程量
7	二衬混凝土含钢量			二衬钢筋工程量（t）÷ 隧道内衬混凝土工程量（m^3）	t/m^3	二衬钢筋工程量和隧道内衬混凝土工程量引用 B-08-03 工程量指标表中对应名称的工程量

表 B-11-03（续）

序号	名称	工程量	金额（元）或工程量	单位指标	单位	备注
8	混凝土含钢量			钢筋工程量（t）÷混凝土工程量（m^3）	t/m^3	钢筋工程量和混凝土工程量引用B-08-03工程量指标表中地连墙混凝土、现浇混凝土、预制混凝土、桩基工程、喷射混凝土、衬砌混凝土、隧道内衬项目的合计
（二）	交通安全与辅助设施					
1	电缆头			电缆头工程量（个）÷电力电缆长度（m）	个/m	电缆头工程量和电力电缆长度引用B-08-03-05工程量指标表中对应名称的工程量
2	光缆成端、接续			光缆成端、接续工程量（个）÷光缆长度（m）	个/m	光缆成端、接续工程量和光缆长度引用B-08-03-05工程量指标表中对应名称的工程量
（三）	监控中心					
1	电缆头			电缆头工程量（个）÷电力电缆长度（m）	个/m	电缆头工程量和电力电缆长度引用B-08-03-06工程量指标表中设备系统对应名称的工程量
2	光缆成端、接续			光缆成端、接续工程量（个）÷光缆长度（m）	个/m	光缆成端、接续工程量和光缆长度引用B-08-03-06工程量指标表中设备系统对应名称的工程量

B-11-04　管网工程功能性（相关性）指标表（表 B-11-04）

表 B-11-04　管网工程功能性（相关性）指标表

序号	名称	工程量	金额（元）或工程量	单位指标	单位	备注
1	管网工程（给水）	管网长度		管网长度 ÷ 道路总长度	m/m	
2	管网工程（雨水）	管网长度		管网长度 ÷ 道路总长度	m/m	
3	管网工程（污水）	管网长度		管网长度 ÷ 道路总长度	m/m	
4	管网工程（再生水）	管网长度		管网长度 ÷ 道路总长度	m/m	
5	管网工程（燃气）	管网长度		管网长度 ÷ 户数	m/ 户	
6	管网工程（热力）	管网长度		管网长度 ÷ 供热面积	m/m^2	

B-11-05　综合管廊工程功能性（相关性）指标表（表 B-11-05）

表 B-11-05　综合管廊工程功能性（相关性）指标表

序号	名称	工程量	金额（元）或工程量	单位指标	单位	备注
一	综合管廊主线长度指标					
1	明开土建工程	混凝土体积		工程量 ÷ 管廊净空面积	m^3/m^2	
		钢筋重量		工程量 ÷ 管廊净空面积	t/m^2	
2	暗挖结构工程	混凝土体积		工程量 ÷ 管廊净空面积	m^3/m^2	
		钢筋重量		工程量 ÷ 管廊净空面积	t/m^2	
3	盾构结构	混凝土体积		工程量 ÷ 管廊净空面积	m^3/m^2	
		钢筋重量		工程量 ÷ 管廊净空面积	t/m^2	
二	综合管廊单舱单公里指标			金额（元）÷ 管廊单舱总长度（m）	元 /m	管廊单舱总长度 = 主管廊舱数 × 管廊主线长 + 支管廊舱数 × 支管廊长度

表 B-11-05（续）

序号	名称	工程量	金额（元）或工程量	单位指标	单位	备注
1	明开土建工程			金额（元）÷ 管廊单舱总长度（m）	元 /m	
2	暗挖			金额（元）÷ 管廊单舱总长度（m）	元 /m	
3	盾构			金额（元）÷ 管廊单舱总长度（m）	元 /m	
4	安装工程			金额（元）÷ 管廊单舱总长度（m）	元 /m	
三	监控中心			金额（元）÷ 建筑面积（m^2）	元 /m^2	
1	土建工程			金额（元）÷ 建筑面积（m^2）	元 /m^2	
2	装饰工程			金额（元）÷ 建筑面积（m^2）	元 /m^2	
3	设备系统			金额（元）÷ 建筑面积（m^2）	元 /m^2	

B-11-06　厂站工程功能性（相关性）指标表（表 B-11-06-01 ~ 表B-11-06-03）

表 B-11-06-01　燃气厂站工程功能性（相关性）指标表

序号	名称	工程量	金额（元）或工程量	单位指标	单位	备注
	燃气厂站工程指标					
1.1	门站			金额（元）÷ 户数（户）	元 / 户	
1.2	储配站			金额（元）÷ 户数（户）	元 / 户	
1.3	调压站（箱 / 柜）			金额（元）÷ 户数（户）	元 / 户	
1.4	其他厂站			金额（元）÷ 户数（户）	元 / 户	

表 B-11-06-02　热力厂站工程功能性（相关性）指标表

序号	名称	工程量	金额（元）或工程量	单位指标	单位	备注
	热力厂站工程指标					
1.1	热源厂			金额（元）÷ 厂站占地面积（m^2）	元 /m^2	
1.2	中继泵站			金额（元）÷ 厂站占地面积（m^2）	元 /m^2	
1.3	热力站			金额（元）÷ 厂站占地面积（m^2）	元 /m^2	
1.4	其他厂站			金额（元）÷ 厂站占地面积（m^2）	元 /m^2	

表 B-11-06-03　雨、污水泵站工程功能性（相关性）指标表

序号	名称	工程量	金额（元）或工程量	单位指标	单位	备注
	雨污水泵站工程指标					
1	构筑物占占地面积比例			构筑物面积（m^2）÷ 占地面积（m^2）	%	
1.1	构筑物占总建筑面积比例			构筑物面积（m^2）÷ 总建筑面积（m^2）	%	
1.2	建筑物占总建筑面积比例			建筑物面积（m^2）÷ 总建筑面积（m^2）	%	

B-11-08　绿化工程功能性（相关性）指标表（表 B-11-08）

表 B-11-08　绿化工程功能性（相关性）指标表

序号	名称	工程量	金额（元）或工程量	单位指标	单位	备注
1	绿化用地整理			金额 ÷ 道路长度（m）	元 /m	
2	栽植花木			金额 ÷ 道路长度（m）	元 /m	
3	掘苗、运输			金额 ÷ 道路长度（m）	元 /m	
4	绿地喷灌系统			金额 ÷ 道路长度（m）	元 /m	
5	自动智能喷灌系统安装			金额 ÷ 道路长度（m）	元 /m	
6	定比施肥系统安装			金额 ÷ 道路长度（m）	元 /m	

B–11–09　交通安全设施工程功能性（相关性）指标表（表 B–11–09）

表 B–11–09　交通安全设施工程功能性（相关性）指标表

序号	名称	工程量	金额（元）或工程量	单位指标	单位	备注
1	交通标志			金额（元）÷ 道路总长度（m）	元 /m	
2	交通标线			金额（元）÷ 道路总长度（m）	元 /m	
3	防护设施			金额（元）÷ 道路总长度（m）	元 /m	
4	交通信号灯			金额（元）÷ 道路总长度（m）	元 /m	
5	智能化交通设施			金额（元）÷ 道路总长度（m）	元 /m	

B–11–10　照明工程功能性（相关性）指标表（表 B–11–10）

表 B–11–10　照明工程功能性（相关性）指标表

<table>
<tr><th>序号</th><th>名称</th><th>工程量</th><th>金额（元）或工程量</th><th>单位指标</th><th>单位</th><th>备注</th></tr>
<tr><td>1</td><td>箱变</td><td></td><td></td><td>金额 ÷ 箱变座数</td><td>元 / 座</td><td></td></tr>
<tr><td rowspan="2">2</td><td rowspan="2">灯杆</td><td></td><td></td><td>金额 ÷ 灯杆数</td><td>元 / 根</td><td>除箱变外的全部照明工程费</td></tr>
<tr><td></td><td></td><td>灯杆数量 ÷ 道路总长度</td><td>根 /km</td><td></td></tr>
</table>